外国心理学流派大系

FOREIGN PSYCHOLOGY SCHOOL SERIES

郭本禹 主编

U0807522

理性的消解

——后现代心理学（上）

高峰强 等著

山东教育出版社

·济南·

图书在版编目（CIP）数据

理性的消解：后现代心理学：全二册 / 高峰强等著. -- 2版. -- 济南：山东教育出版社，2025. 1.
（外国心理学流派大系 / 郭本禹主编）. -- ISBN 978-7-5701-3448-9

Ⅰ. B84-069

中国国家版本馆CIP数据核字第20249G4S14号

WAIGUO XINLIXUE LIUPAI DAXI

LIXING DE XIAOJIE——HOUXIANDAI XINLIXUE QUANERCE

外国心理学流派大系　　郭本禹　主编

理性的消解——后现代心理学　全二册　　高峰强　等著

主管单位：山东出版传媒股份有限公司

出版发行：山东教育出版社

地址：济南市市中区二环南路2066号4区1号　　邮编：250003

电话：（0531）82092660　　网址：www.sjs.com.cn

印　　刷：山东华立印务有限公司

版　　次：2025年1月第2版

印　　次：2025年1月第1次印刷

开　　本：710毫米 ×1000毫米　1/16

印　　张：30.75

字　　数：493千

定　　价：128.00元

（如印装质量有问题，请与印刷厂联系调换）印厂电话：0531-76216033

主　编　郭本禹

副主编　高峰强　杨韶刚　高申春

编　委　（以姓氏笔画为序）

丁　芳　方双虎　王国芳　李广军　杨韶刚　修巧艳

贾林祥　郭本禹　高申春　高峰强　崔光辉　熊哲宏

目录

Contents

总 序

著名心理学家艾宾浩斯曾说过:“心理学虽有一长期的过去,但仅有一短期的历史。”心理学的长期过去可以上溯到古希腊、古罗马时期的心理学思想,从大约公元前6世纪到公元19世纪中叶的这一时期被称为前科学心理学时期或哲学心理学时期。1879年,冯特在德国莱比锡大学创建了世界上第一个心理学实验室,标志着科学心理学的诞生。此后的短期历史被称为科学心理学时期。科学心理学是指具有科学形态的心理学,与之相对的是前科学形态的心理学。前科学形态的心理学主要指形而上学的心理学,它以纯粹思辨的方式进行推演研究,试图揭示心理现象的本质。科学形态的心理学即科学心理学,它主要受到近代科学尤其是自然科学的影响,采用经验尤其是实验的方式进行归纳研究,得出心理现象本质的知识。

从理论形态演变上看,科学心理学的发展主要表现为不同心理学流派的产生、发展和更替过程。这一过程大致沿着科学主义心理学和人文主义心理学两条路线不断演进。科学主义心理学是主流的心理学取向,主要包括内容心理学、构造心理学、机能心理学、行为主义心理学、皮亚杰学派心理学和认知心理学等流派。人文主义心理学是非主流的心理学取向,主要包括意动心理学、精神分析心理学、格式塔心理学、现象学心理学、存在心理学和人本主义心理学等流派。现代心理学流派的发展过程大致可以划分为三个阶段:一是哲学心理学时期的思想起源,从大约公元前6世纪到19世纪70年代;二是心理学流派自身的历史演进,从19世纪70年代到20世纪80年代;三是心理学流派的当代效应,从20世纪80年代至今。

一、现代心理学流派的思想起源

在前科学心理学的漫长历史中,心理学曾一度是“灵魂的奴仆”、“神学的婢女”和“哲学的附庸”。现代心理学流派萌芽于古希腊,发端于近代欧洲。古希腊心理学思想表现为存在(being)与形成(becoming)的张力,近代欧洲心理学思想表现为经验主义与理性主义的对立，到科学心理学时期就演变为科学主义心理学和人文主义心理学的纷争。

1. **思想萌芽**

古希腊是现代心理学流派的思想源头。在哲学形成之前，古希腊人已经开始了对灵魂（psyche）的探索。当时人们认为灵魂是一种生命气息，它在人死亡时离去。“心理学”（psychology）一词就由此而来。大约在公元前6世纪，古希腊产生了哲学。古希腊哲学致力于探究世界的本原，其中包括回答灵魂是什么。因此，此时的心理学是灵魂的奴仆。

古希腊哲学隐含着存在与形成的张力。这一张力最初体现在巴门尼德和赫拉克利特之间。巴门尼德提出，要通过理性的道路来获得确定无疑的知识。他推崇理性认识的重要性，贬低感觉经验的作用，认为后者只能产生纷乱的意见。赫拉克利特则通过“人不能两次踏入同一条河流”来表述世界变动不居的特征。他重视感觉经验的重要性，甚至认为视觉经验比听觉经验更可靠。存在与形成的张力在柏拉图和亚里士多德那里达到顶峰。柏拉图发展了巴门尼德的观点，认为存在着普遍的理念世界，变化中的现实事物只是对不变的理念的一种模仿。理性是最高级的灵魂，并指导着意气和情欲。亚里士多德是古希腊思想的集大成者，其《论灵魂》一书可以视为西方心理学史上第一本心理学著作。他持有形成的立场，对柏拉图的观点进行了改造。在他看来，世间万物都是有目的的，朝向隐得来希即自身的全面发展迈进，因而处于时刻流转中，灵魂也是如此。他强调感觉经验在灵魂中的重要地位，认为感觉限定着灵魂的认识活动。

在古希腊之后，西方心理学思想的目的虽然发生了变化，但却依然延续着存在与形成的张力。到了中世纪，一切思想均转向认识上帝，此时的心理学成为“神学的婢女”。两位基督教哲学家奥古斯丁和托马斯·阿奎那为心理学思想指出两条不同的道路。奥古斯丁提出通过内心的感受来获得上帝的启示，从而走向形成立场；托马斯·阿奎那提出通过理性和逻辑论证来获得上帝的启示，从而走向存在立场。

总之，从古希腊到中世纪，心理学从作为“灵魂的奴仆”到作为“神学的婢女”，提出了许多朴素的心理学思想，构成了现代心理学流派的思想萌芽，其间一直延续着存在与形成的张力，开启了现代科学主义心理学和人文主义心理学纷争的历史源头。

2. **思想发端**

经过漫长的中世纪，西方世界从文艺复兴时期进入近代。近代自然科学的进步使世界图景发生了根本改变，从中世纪以上帝为中心的神秘世界观转变为数学的机械世界观，对哲学以及心理学产生着越来越重要的影响。近代哲学的目的从古希腊探讨世界本原是什么转向如何认识世界。近代心理学由“神学的婢女”变成“哲学的附庸”，不再是对灵魂和上帝的探讨，而是围绕如何认识世界对心理学问题展开系统的理论阐述，表现为经验主义与理性主义两种对立的观点。这两种对立的观点由先前形成与存在的张力衍生而来：经验主义延续了形成的观点，理性主义延续了存在的观点。近代心理学思想在英国和法国表现为经验主义心理学思想，在荷兰和德国表现为理性主义心理学思想。

经验主义心理学思想主张，一切心理现象均是经验（如感觉和观念）的集合或联结。经验主义心理学思想从英国的培根开始。他认为，知识和观念起源于感性世界，感觉经验是一切知识的源泉。在培根之后，经验主义心理学思想有两种形式：英国的联想论心理学思想和法国的感觉论心理学思想。英国的联想论心理学思想以经验为基础，以联想为工具，试图揭示观念的形成和发展的规律。霍布斯是联想论心理学思想的先驱，他坚持知识和观念来源于感觉经验。洛克第一个提出“联想”概念，认为联想是观念的联合，简单观念经过综合、联系和分离形成人的心灵内容。贝克莱和休谟进一步发展了联想论心理学思想，解释了空间知觉和联想规律。哈特莱是联想论心理学思想体系的建立者，试图用生理学概念把经验论和联想论结合起来，用联想去解释一切心理现象。培因是联想论心理学思想的集大成者，对联想的规律、种类和动力等进行了系统化的阐述，在联想论心理学思想向科学心理学的过渡上起到承前启后的作用。

法国的感觉论心理学思想主要受到笛卡儿关于身体是机器的思想和洛克的唯物主义经验论的影响，强调感觉经验在认识中的作用。与联想论心理学思想一样，感觉论心理学思想也认为，一切观念源自经验，所有的心理事件都能用感觉和联想规律来解释，同时，它还重视心理与脑的关系，认为心理是脑的属性，脑是思想的器官，这对科学心理学的产生起到积极的作用。拉·美特利提出了“人是机器”的观点，对后来行为主义心理学有重要的影响。孔狄亚克改造了洛克的经验论心理学思想，形成了感觉论心理学思想体系。此后经过爱尔维修和波纳等人的发展，到卡巴尼斯那里，感觉论心理学思想发展到极致，并推进了生理心理学的发展。

理性主义心理学思想主张，人的心理是一种主动活动的、富于理性的固有观念，即一切心理作用都归结为不同程度的理性。理性主义心理学思想从法国的笛卡儿开始。他认为，人的知识不是来源于感觉经验，而是来源于理性,理性的演绎是唯一正确方法。作为理性表现的知识和能力是先天具有的,因此,他主张天赋观念论。莱布尼茨是理性主义心理学思想的开创者,他提出统觉说,认为心理从无意识的微觉到最有意识的统觉,具有把握对象的不同程度。他把统觉视为对感知自身内在状态的意识,即自我意识。沃尔夫是官能心理学的创始人,他认为人的心灵具有各种官能,心灵利用其不同的官能从事不同的活动。康德提出心理的先天范畴论,并使心理过程的知、情、意三分法流行起来。他认为,统觉是人的一种先验的综合统一的认识能力。赫尔巴特第一次明确宣称心理学是一门科学,但还需要建立在形而上学之上,仍属于哲学的科学。他还将统觉团等思想应用到教育心理学中。陆宰是实验心理学建立前的最后一位哲学心理学家,提出空间知觉的符号部位说,在理性主义心理学思想向科学心理学的过渡上起到承前启后的作用。

总之,近代心理学思想具有丰富的内容,形成了系统的心理学思想体系。它与近代科学一起,直接促成了科学心理学的诞生。经验主义心理学思想提出被动的心灵观,强调主体后天的经验性、心理活动的元素性和被动性,将人的心理视作静态的联想过程。理性主义心理学思想提出主动的心灵观,强调主体先天的主动性、心理活动的整体性和动力性,将人的心理视作发展的过程。经验主义心理学思想演变为现代心理学中的科学主义心理学,理性主义心理学思想演变为现代心理学中的人文主义心理学。正是在这种意义上,近代心理学思想成为现代心理学流派的思想发端。

二、现代心理学流派的历史演进

科学心理学产生于19世纪70年代,一开始就表现为两种理论形态,即科学主义心理学和人文主义心理学。科学主义心理学的第一个学派是冯特创立的内容心理学(主要是实验心理学),人文主义心理学的第一个学派是布伦塔诺创立的意动心理学。内容心理学与意动心理学形成了心理学史上两条路线之间的第一次对立与纷争。自此,科学主义心理学与人文主义心理学各自相对独立发展,两者之间少有相互交流和彼此借鉴。

过去人们主要是从狭义上来理解科学心理学,认为科学心理学完全等同于冯特创立的内容心理学(主要是实验心理学)。现在人们倾向于从大科学观来看待科学,认为科学既包括自然科学也包括人文科学和社会科学。尽管两者的研究对象不同、追求的真理目标和价值不同、探究真理的方式和方法不同,但它们毕竟都是科学,都以探究终极真理为己任。对于以既具自然属性又具社会属性的人为研究对象的科学心理学来说，只有以实验心理学为代表的科学主义心理学是远远不够的，还需要另一种心理学即人文主义心理学。历史发展的事实也是如此，1874 年，冯特的《生理心理学原理》(下卷)和布伦塔诺的《经验观点的心理学》同时出版，这两本著作都把新心理学界定为一门经验科学，分别标志着现代科学主义心理学和现代人文主义心理学的开端。因此，科学心理学有两个创始人或者说有两位“父亲”，一个是冯特，另一个是布伦塔诺。过去人们之所以只提冯特是科学心理学之父，是因为波林那本著名的《实验心理学史》教科书造成了我们的误解。波林是铁钦纳的学生，铁钦纳力图把自己标榜为冯特的正统传人，要求波林按照他的实验心理学内容重新解读冯特的心理学体系。① 因此，在《实验心理学史》中大量论述冯特等人的实验心理学内容，而对冯特的对立者布伦塔诺等人的贡献则不予重视，以至于布伦塔诺被历史埋没了近半个世纪，成为学术史上的“隐身人”。这不能不说是一个历史的误会！我们今天需要澄清铁钦纳和波林所造成的误解，还布伦塔诺及其意动心理学的历史本来面目。

在现代心理学流派的演进过程中，有的作为一个心理学派别已经消失，融进了心理学的历史进程，如内容心理学、意动心理学和机能心理学等；有的犹如老树常青，如行为主义心理学和精神分析心理学在今天仍然具有活力。某些较大的心理学流派又包括一些较小的分支派别，如行为主义前后有三代，精神分析更是分支派别繁多。

1. 科学主义心理学流派的历史演进

科学主义心理学亦称自然科学心理学，是指一种以自然科学为价值定向的心理学研究取向，它坚持心理学的自然科学观和实证主义的客观实验范式，力图建构以自然科学为模板的心理学理论模式。科学主义心理学是主流的心理学取向，它从内容心理学开始，依次表现为构造心理学、机能心理学、行为主义心理学、皮亚杰学派心理学和认知心理学等派别。它们之间具有明显的连续性，要么是一种继承关系，如构造心理学对内容心理学的继承；要么具有对立关系，如认知心理学对行为主义心理学的反动。

(1) 内容心理学。

科学主义心理学从冯特的内容心理学(content psychology)开始。在冯特之前，心理学一直附庸于哲学，处于默默无闻的状态。冯特全面总结了哲学心理学、生理学和心理物理学的研究成果，把哲学心理学的理论观点、自然科学的研究方法与心理学的有关研究课题结合起来，将实验法引入心理

① 据说波林每写完《实验心理学史》的一章，都要交给铁钦纳审读。

学研究领域，于1879年在德国莱比锡建立了世界上第一个心理学实验室，使心理学获得了科学的形态，标志着现代科学心理学的确立。莱比锡成为世界新心理学的圣地，各国的学生都前往跟随冯特学习。

冯特创立的实验心理学，开辟了科学心理学的科学主义研究路线。冯特认为，科学心理学应该是一门经验科学，他把心理学的研究对象规定为直接经验，而不同于自然科学所研究的间接经验。他认为，心理学作为研究心理、意识事实的一门经验科学，其任务就在于分析出心理或意识的元素，并确定元素构成复合观念的原理与规律。冯特通过实验内省法分析，发现最基本的心理元素有两个，即感觉元素与感情元素。任何复杂的心理现象都是由心理元素结合而成的，简单的心理元素通过联想、统觉结合成为心理复合体。正是从这个意义上说，冯特的实验心理学被贴上"内容心理学"的标签。冯特的内容心理学与其同时代的布伦塔诺的意动心理学形成直接对立，这也是科学主义心理学与人文主义心理学长期纷争的开始。

与冯特同时代的德国心理学家艾宾浩斯和缪勒等人发展了他的内容心理学。艾宾浩斯创造性地运用实验法研究记忆这种高级的心理过程，开辟了实验研究的新领域。缪勒在哥廷根大学创建了一个设备完善的心理学实验室，其地位仅次于莱比锡心理学实验室，吸引了从欧洲和美国来的许多学生，取得了多方面的研究成果。以冯特的学生铁钦纳为代表的构造心理学(structural psychology)又称构造主义(structuralism)，其思想体系继承和发展了冯特的内容心理学的主要观点，特别是在坚持心理学是一门实验科学的观点上，二者一脉相承，可以看成是冯特的内容心理学的极端形式。

(2) 机能心理学。

机能心理学(functional psychology)产生于19世纪末20世纪初的美国，是美国本土出现的第一个正式的科学心理学思想体系。早在1890年，美国心理学之父詹姆斯在《心理学原理》中就将机体适应环境的心理功效规定为心理学的研究对象，这为19世纪末20世纪初的美国心理学定下了机能心理学的总基调。美国机能心理学与德国实验心理学之间存在着密切的关系。冯特在德国创建了心理学实验室之后，美国有许多年轻人来到冯特的实验室学习新的内容心理学，这些人回国后热心倡导生理心理学和实验心理学，并在各自所在的大学开设新课程，建立实验室。这样，德国实验心理学的科学形式就传入了美国，为美国的心理学家们提供了一种科学的思维方式和研究手段。但是美国年轻一代的心理学家不赞成冯特只以实验的内省方法研究纯粹的意识内容，强调用观察、测验和实验等多种方法研究意识或心理功能。他们认为，心理学可用于解决人们在不同的环境中如何活动、如何适应不同的环境等日常生活问题。

机能心理学有狭义和广义之分，与构造心理学直接对立的是狭义的机能心理学，即以杜威、卡尔、安吉尔为代表的芝加哥学派。代表美国心理学一般特征和总体倾向的是广义的机能心理学，即以卡特尔、桑代克、武德沃斯为代表的哥伦比亚学派。随着构造心理学因 1927 年铁钦纳逝世而消失，狭义的机能心理学由于失去了对立面逐渐退出历史舞台。而广义的机能心理学由于随后行为主义心理学的产生，也完全融入了美国心理学发展的历史洪流之中。

(3) 行为主义心理学。

行为主义(behaviorism)是 20 世纪初起源于美国的一个心理学派别，它在 20 世纪 70 年代之前是实验心理学中最有影响的运动，被称为心理学的“第一势力”。1913 年，华生发表的《行为主义者心目中的心理学》一文标志着行为主义的诞生。华生抨击了传统上研究意识的内省心理学，批判了构造心理学和机能心理学，并声称心理学应该抛弃内省法而采用客观的实证方法研究可观察的外显行为。由此，行为主义作为一种新生的力量登上了心理学的历史舞台，其浩大的声势很快席卷了美国，并几乎遍及全世界，成为心理学史上著名的“行为主义革命”，被称为心理学史上的“第一次革命”。

行为主义的发展经历了三代。从 1913 年到 1930 年，是以华生等人为代表的第一代行为主义，又称古典行为主义。与华生同时代的魏斯、霍尔特、亨特、拉施里以及中国的郭任远等人，也对行为主义的推广做出了重要贡献。从 20 世纪 30 年代至 60 年代，赫尔、托尔曼、斯金纳等人对华生的极端简单化的观点和方法不满，都采纳操作主义和逻辑实证主义的哲学观点，开展了一系列研究，形成了各具特色的新体系，共同促生了第二代行为主义的心理学运动，也被称为新行为主义(neobehaviorism)。尽管第二代行为主义的术语名称、理论观点、概念体系等各不相同，但其行为主义的基本立场却是一致的。从 20 世纪 50 年代起，随着赫尔、托尔曼的过世，只有斯金纳等少数人仍坚持激进的行为主义观点，更多的批评者则看到了行为主义的实证主义哲学基础、严格的环境决定论以及人兽不分观点的严重缺陷。罗特、班杜拉、米契尔等更新一代的行为主义者，采取了更加温和的态度，大胆引入刚刚兴起的认知心理学的术语来说明人的行为，力图克服行为主义的危机，对行为主义进行认知心理学改造，形成了第三代行为主义，又称新的新行为主义(new-neobehaviorism)。

(4) 皮亚杰学派心理学。

皮亚杰学派(Piagetians)是 20 世纪 20 年代由瑞士心理学家皮亚杰创立

的。由于该学派的研究工作主要是在日内瓦大学及日内瓦发生认识论国际研究中心进行的，因此又称日内瓦学派。皮亚杰学派通过研究个体的认识发生，把认识论和心理学紧密结合起来创立了发生认识论，在心理学史上第一次系统而完整地描绘了儿童心理的发生和发展，指明儿童心理发展的实质是个体通过同化和顺化这两种形式来适应环境达到有机体与环境的平衡，并进一步详细探讨了儿童心理发展的结构、影响因素和发展阶段。皮亚杰学派对心理学、哲学和教育学诸多学科领域产生了广泛而深远的影响。

自 20 世纪 50 年代中期以来，皮亚杰理论受到了严重的挑战与诘难，出现了新皮亚杰学派（neo-Piagetians）和后皮亚杰学派（post-Piagetians）。新皮亚杰学派采用信息加工观点，对经典的皮亚杰体系作出一定的修正，使之更完善和更具解释力。后皮亚杰学派从地域上是指那些法语世界的学者（主要是法国和瑞士）所形成的一个松散的联盟，他们（也包括少数说英语的学者）在方法论上主张或实际从事以皮亚杰的临床法为标准构建发展量表和运算测验，在理论上主张差异心理学与发展心理学的真正整合。

(5) 认知心理学。

认知心理学（cognitive psychology）有广义和狭义之分，广义的认知心理学指的是所有侧重研究人的认知过程的心理学，狭义的认知心理学专指现代认知心理学。现代认知心理学表现为三种理论形态：信息加工论心理学、联结主义认知心理学和生态论认知心理学。

信息加工论认知心理学产生于 20 世纪 50 年代中期，其主要代表人物有纽厄尔、西蒙和奈瑟等人。它以“心理活动像计算机”为隐喻，用信息加工的观点看待人的认知过程，认为人的认知过程是一个接受、加工、贮存和输出信息的过程。由于这种观点以符号操作为基础，通过符号的串行加工方式建立心理模型，故又称符号论认知心理学。信息加工论认知心理学把以往被行为主义排挤到后台的意识重新拉回到心理学研究的前台，实现了心理学研究对象的回归。它还在继承传统科学主义心理学的客观实证方法基础上，综合运用反应时实验和自我观察法，尤其把计算机模拟方法作为重要研究工具，取得了心理学研究方法的突破。20 世纪 70 年代，信息加工认知心理学成为心理学研究的主流，席卷了心理学的大多数分支。它的兴起被称作心理学史上的一场“认知革命”，相对于先前的行为主义革命是心理学史上的“第二次革命”。

20 世纪 80 年代以来，联结主义认知心理学开始复兴。在联结主义心理学看来，人脑不能简单地等同于计算机，符号加工与真实的人类心理加工存在很大差距。它提出以大脑隐喻代替计算机隐喻，把大脑视为生物的神经网络,以平行分布加工代替串行加工。联结主义认知心理学试图构建一个更接近于神经活动的认知模型,暂时缓解了认知心理学遇到的困难。

从 20 世纪 90 年代开始,生态论认知心理学受到研究者的重视。它批判认知心理学注重实验室研究、远离日常生活的倾向,强调心理是人与环境互动的结果,主张心理学应当走出实验室、在现实环境中研究人的心理和行为,追求心理学研究的生态学效度,促进了认知心理学与实际生活的联系。

2. 人文主义心理学流派的历史演进

人文主义心理学亦称人文科学心理学,是指一种以人文科学为价值定向的心理学研究取向,它坚持心理学的人文科学观和现象学(存在主义、解释学)的主观经验范式,力图建构以人文科学为模板的心理学理论模式。人文科学心理学是非主流的心理学取向,它的发展有两条线索:一条从意动心理学开始,依次表现为格式塔心理学、现象学心理学、存在心理学、人本主义心理学、超个人心理学等流派,它们之间具有明显的连续性;另一条从古典精神分析心理学开始,依次表现为自我心理学、客体关系学派、自体心理学、社会文化学派、存在分析学、马克思主义精神分析学、后现代精神分析学等,它们之间也具有明显的连续性。当然,这种划分无论是时间上还是在思想渊源上都具有一定的相对性和交叉性。例如,存在心理学与精神分析学具有很大的关联性,存在心理学有时又称存在精神分析学或简称存在分析学。再如,作为存在心理学家的罗洛·梅和布根塔尔等人也可以归入人本主义心理学阵营。

(1) 意动心理学。

人文主义心理学从布伦塔诺的意动心理学(act psychology)[①]开始。意动心理学有狭义、广义之分。狭义的意动心理学主要是指布伦塔诺的意动

---

① 布伦塔诺开创了意动心理学的体系,但并未提出"意动心理学"这个概念。"意动心理学"进入心理学界,首先要归功于铁钦纳,他于 1921 年和 1922 年在《美国心理学杂志》上连续发表《机能心理学与意动心理学:Ⅰ》和《机能心理学与意动心理学:Ⅱ》,区分出两种心理学团体:关注生物学方面的机能心理学和关注意向方面的意动心理学。他明确指出,意动心理学以布伦塔诺、麦农、斯顿夫、立普斯、胡塞尔和屈尔佩为代表,英国的斯托特也受到布伦塔诺的影响。(Titchener, E. B., Functional psychology and the psychology of act: I. *American Journal of Psychology*, 1921, 32, pp. 519～542)1921 年,他又在《美国心理学杂志》上发表《布伦塔诺与冯特:经验与实验的心理学》,认为他们开创了不同的心理学取向。他说:"心理学的学生,尽管其得益是双倍的,但依然必须在这一个和另一个之间作出选择。在布伦塔诺和冯特之间,没有中间的道路。"(Titchener, E. B., Brentano and Wundt: empirical and experimental psychology. *American Journal of Psychology*, 1921, 32, pp. 108～120)在铁钦纳之后,他的忠实的学生波林继承了老师的观点,将布伦塔诺和冯特视作两种阵营。他说:"19 世纪后期和 20 世纪早期的系统心理学的分歧在于意动和内容,也就是在于布伦塔诺和冯特。"(波林著,高觉敷译:《实验心理学史》,商务印书馆 1981 年版,第 406 页)

心理学，广义的意动心理学除了布伦塔诺的意动心理学，还包括斯顿夫的机能心理学[①]、形质学派、符茨堡学派等。

布伦塔诺不同于冯特，他主张把意动作为心理学的研究对象，强调心理的意向性、活动性和整体性；提倡通过直接体验的方法，如内部知觉方法，来研究心理现象的组织规律和本质。布伦塔诺最先确立了意动心理学体系。在他之后，其学生斯顿夫提出机能心理学，麦农和厄棱费尔等人提出形质心理学，推进了意动心理学的发展。同时，冯特的学生屈尔佩站在意动心理学的立场上，领导符茨堡学派进行无意象思维的研究，并提出二重心理学，尝试调和意动心理学和内容心理学。此外，英国的沃德和斯托特、法国的里博和沙可也受到意动心理学的影响，推动了意动心理学在英国和法国的发展。

布伦塔诺等人的意动心理学与冯特等人的内容心理学相抗衡，开创了心理学中的人文主义路线与科学主义路线对立之先河。在意动心理学之后，弗洛伊德受到布伦塔诺的心理意动观的影响创立了精神分析心理学，惠特海默等人受到斯顿夫的影响，提出格式塔心理学，作为心理学中的"第三势力"的现象学心理学和人本主义心理学也回应了意动心理学。

(2) 格式塔心理学。

格式塔心理学(Gestalt psychology)又译"完形心理学"，包括两个分支，一是格式塔心理学的格拉茨学派，二是格式塔心理学的柏林学派[②]。1890—1900 年间，厄棱费尔和麦农将其老师布伦塔诺的意动心理学具体运用到形、形质问题的研究上，认为形、形质的形成有赖于意动。后来这一思想又通过威塔塞克和贝努西等人的努力继续传播于世。由于他们提出形质学说，故称为形质学派。这一学派是以奥地利的格拉茨大学为中心，又称格拉茨学派。

格式塔心理学的柏林学派由惠特海默、苛勒和考夫卡三位德国心理学家于 1912 年创立。这个学派最初以反对冯特的元素论作为出发点，强调经验和行为的整体性，认为整体不等于且大于部分之和，整体的性质决定部分的性质，部分的性质则有赖于它在整体中的关系、位置和作用。整体观贯穿

① 斯顿夫的机能心理学不同于美国心理学的机能主义，对后者也没有直接的影响。斯顿夫的机能强调的是一种逻辑的机能，而美国机能主义强调的是一种生物或适应的机能。

② 史密斯指出，格拉茨学派可以与柏林学派并列，作为格式塔心理学的两个中心。(Smith，B.，*Austrian Philosophy*：*The Legacy of Franz Brentano*，Open Court Publishing Company，1994，pp. 259～272)林登费尔德也指出："格拉茨学派本来能够轻易地成为战争时期[指第一次世界大战]格式塔心理学主要的中心。"(Lindenfeld D. F.，*The Transformation of Positivism Alexius Meinong and European Thoug*，*1880—1920*. University of California Press，1980，p. 237)

于柏林学派体系之中，在对知觉、心身关系、思维、学习和人格问题的解释上都体现了这一观点。由此出发，柏林学派十分注重心理各成分之间的动力性、交互性和系统性。

柏林学派承认形质学派的地位与作用，在诸多方面与其保持一致：它们都坚持整体论观点，反对元素论观点；都把对形式和图形关系尤其是知觉作为核心主题。不过，格拉茨学派与柏林学派间存在着一定的差异。两个分支的争论反而成了格式塔心理学发展的动力，这反映在后来意大利的格式塔心理学发展上。

格式塔心理学的柏林学派除了三位创始人之外，后来受到柏林学派影响的勒温转向团体动力学，可以视作是对格式塔心理学的一种继承和发展。海德和费斯汀格等继承和发展了团体动力学，各自提出新的理论和学说，并在美国社会心理学界长期占据着统治地位，而格拉茨学派在一定程度上被冷落了。

(3) 现象学心理学。

在20世纪五六十年代，美国的现象学心理学、存在心理学和人本主义心理学以相似的人文主义心理学观点共同构成心理学的“第三势力”，它们共同反对心理学的“第一势力”行为主义心理学和“第二势力”精神分析心理学。在严格意义上，“第三势力”心理学都是心理学的一种共同研究取向，而非一个严格意义上的学派。当然，从起源上看，现象学心理学和存在心理学都比人本主义心理学出现得较早。

现象学心理学(phenomenological psychology)是产生于20世纪上半叶的一种心理学取向，它上承人文科学心理学最初形态的意动心理学，并受到现象学哲学的直接影响。它从直接呈现的经验出发，坚持意向性观点，对经验加以描述。胡塞尔的现象学心理学和哥廷根的实验现象学构成了现象学心理学的最早思想雏形。从地域上看，现象学心理学可分为欧洲的现象学心理学与美国的现象学心理学。前者主要有以萨特和梅洛—庞蒂为代表的法兰西学派、以伯伊滕蒂克等人为代表的乌特列支学派。后者兴起于20世纪40年代，到60年代逐渐形成了以乔治为代表的迪尤肯阵营。美国的现象学心理学的兴起过程主要是吸收与转化现象学哲学和欧洲现象学心理学的过程，这个过程实际上是现象学心理学在美国的本土化过程。1970年，乔治创办《现象学心理学杂志》，在现象学心理学发展中具有标志性意义。从理论形态上，现象学心理学可以分为三个维度六种形态：在研究方式上，表现为思辨的与实验的现象学心理学；在研究取向上，表现为经验与解释的现象学心理学；在研究领域上，表现为存在与超个人的现象学心理学。

(4) 存在心理学。

存在心理学(existential psychology)主要受到存在主义哲学和精神分析心理学的影响,以人的存在为核心观点,采用现象学方法,来理解人的爱、本真、自由、焦虑、孤独、死亡等存在状态。存在心理学家在坚持心理学的存在主义观点和现象学方法方面是一致的,但他们在研究主题上又各有侧重。存在心理学在20世纪三四十年代兴起于欧洲,并在五六十年代发展于美国和英国。早期的欧洲存在心理学的主要代表人物是瑞士的宾斯汪格、鲍斯和奥地利的弗兰克尔等人。美国的存在心理学以罗洛·梅为领军人物,此后还有布根塔尔、施奈德和雅洛姆等人。1958年,罗洛·梅等主编的《存在:心理学与精神病学中的一种新维度》是美国的存在心理学发展的一个里程碑。1959年,在美国心理学会的年会上举办了关于存在心理学的研讨会,会议论文由罗洛·梅主编并以《存在心理学》(1961)为题出版。1960年开始,美国陆续创办了几种存在心理学杂志,如《存在精神病学》(1960,后更名为《存在主义杂志》)、《存在心理学与精神病学评论》(1961)、《存在分析者》(1964)、《存在精神病学》(1964)等,这些刊物成为存在心理学最重要的阵地。英国的存在心理学以莱因等人为代表。

(5) 人本主义心理学。

人本主义心理学(humanistic psychology)诞生于20世纪五六十年代,是美国心理学中的一种新思潮和革新运动。它假定每个人的内部都存在着一种成长的机制,这种机制可以促使人们在环境允许的情况下实现他们的潜能,而心理学家的目标和责任就是关注这种内部潜能,并寻求各种方法来帮助人们实现这种潜能。奥尔波特、马斯洛、罗杰斯等人是其主要代表人物,此外,存在心理学家罗洛·梅和布根塔尔等人的思想也具有人本主义心理学倾向。在20世纪60年代末,从美国人本主义心理学中又分化出超个人心理学,它是人本主义心理学创始人马斯洛和萨蒂奇等人在对人本主义心理学进行自我扬弃的基础上提出来的。超个人心理学超越了人本主义以个人的自我实现为目标的狭隘认识,迈向以研究人类心灵与潜能的终极价值和真我完满实现为目标。人本主义心理学理论形态包括以奥尔波特、马斯洛、罗杰斯等人为代表的自我实现理论、以罗洛·梅和布根塔尔等人为代表的自我选择论和以马斯洛和萨蒂奇等人为代表的自我超越论。

(6) 精神分析心理学。

精神分析(psychoanalysis)由奥地利著名医生弗洛伊德于19世纪末创立,它既是一种治疗心理疾病的方法,又是一种潜意识的心理学说。精神分析最初是从神经症治疗实践中产生的,逐渐发展成为现代西方心理学的一个主要流派，被称为西方心理学的“第二势力”。自20世纪20年代以来，精神分析逐渐超越了心理学的范围，扩展到社会科学的诸多领域，开创了一场人类思想文化运动。可以说，精神分析心理学是西方心理学史上绵延最长、影响最大、分支派别最多的一个心理学流派。

自从弗洛伊德创建精神分析理论以来，精神分析运动已经经历了百年的发展历程，其发展循着内部和外部两条路径。内部发展路径指的是精神分析内部的不断分裂与重组、演变与发展。其逻辑线索是，弗洛伊德所倡导的驱力模式，经过荣格、阿德勒等人的过渡之后，进一步演化为自我模式、关系模式和自体模式，分别对应着以安娜、哈特曼和埃里克森等人为代表的自我心理学，以克莱因、费尔贝恩和克恩伯格等人为代表的客体关系学派和以科胡特等人为代表的自体心理学等，它们从学科内部推动着精神分析运动向前发展。外部发展路径指的是弗洛伊德之后的精神分析从外部学科，如医学、社会学、文化学、哲学、语言学等积极汲取养分，一些精神分析学家把传统精神分析学与其他学科相结合，分别出现了以霍妮、沙利文、卡丁纳和弗洛姆等人为代表的社会文化学派，以宾斯万格、鲍斯、罗洛·梅、莱因等人为代表的存在分析学，以赖希、马尔库塞和弗洛姆等人为代表的马克思主义精神分析学，以拉康等人为代表的后现代精神分析学等，它们推动了精神分析运动向外发展。

精神分析百年运动的发展历程是一个不断分裂与整合的过程。其整合过程就是不断地克服片面性、极端性从而逐渐地走向互相吸收、融合的历程，表现在它的不同发展阶段之间、其内部的各种模式之间以及它与外部诸多学科之间的相互吸收与融合。精神分析运动的整合逻辑与其发展逻辑相一致，也循着内部整合与外部整合两条路径。内部整合路径是指精神分析内部的各种模式之间的整合，即对驱力或本能、自我、客体关系与自体模式之间的不断整合，包括雅可布森的自我理论整合、克恩伯格的客体关系理论整合、科胡特的自体理论整合和米契尔的关系理论整合等。外部整合路径是指精神分析与外部邻近学科，如社会学、文化学、哲学、语言学、医学和神经科学之间的整合，包括社会文化学派的文化理论整合、存在精神分析的人本主义理论整合、拉康的语言学理论整合和神经科学的科学化整合等。无论是内部整合还是外部整合都推动了精神分析运动不断向前发展。

三、现代心理学流派的当代效应

20 世纪 80 年代以来，西方心理学进入“后体系时代”（postsystem era）[①]。尽管一些学派和思潮如行为主义心理学、认知心理学、精神分析心理学、人本主义心理学等依然存在，但是，学派纷争日益淡化，学派界限日趋模糊，大多数心理学家更倾向于具体问题的研究，提出一些微观理论模型，而不大关心学派建设。就宏观理论观点而言，当代心理学也出现了一些新的研究趋势。这些新趋势一方面延续着科学主义心理学与人文主义心理学的分野。例如，联结主义认知心理学、认知神经科学、生态心理学、进化心理学等主要体现了科学主义心理学精神，后现代心理学、女性主义心理学、叙事心理学、文化心理学、积极心理学等主要体现了人文主义心理学精神。同时，这些新趋势在一定程度上也体现了科学主义心理学和人文主义心理学之间相互吸收和融合的新特点。当代出现的这些心理学的新趋势，只能看成是新的心理学研究取向，还不能视为严格意义上的心理学派别，而且，它们各自的代表人物也没有打算创立什么新的学派。

1. 科学主义心理学流派的当代效应

以自然科学为价值定向的科学主义心理学的当代趋势主要有：联结主义认知心理学、认知神经科学、生态心理学和进化心理学等。表面上看来，虽然不断有新的特征纳入到这些趋势中，比如多学科的交叉性以及研究方法的多元化，但是这些趋势在总体上却都反映出了诸如坚持经验证实原则、强调量化研究等科学主义心理学所固有的研究特征。

（1）联结主义认知心理学。

联结主义认知心理学（connectionist cognitive psychology）是联结主义模型研究于 20 世纪 80 年代在认知心理学领域的复兴。它的复兴既逢信息加工论认知心理学遭到怀疑与困难之时，又得益于脑科学和神经科学的飞速发展。1986 年，鲁梅尔哈特和麦克里兰编辑出版的联结主义“圣经”《并行分布加工：认知结构的微观探索》一书，标志着联结主义认知心理学进入发展的鼎盛时期。联结主义认知心理学以“心理活动像大脑”为隐喻基础，把认知过程类比为神经网络的整体活动，把认知系统看做是简单而大量的加工单元的联结网络，网络中的每一单元在某一特定时刻总是处在某种激活

---

① Brennan, J. F. (2003). *History and systems of psychology*. New Jersey: Pearson Education, p. 280.

水平上，其实际的激活水平与来自环境和其他与之相连的单元有关。在联结主义看来，知识并不存在于特定的地点，而是存在于单元之间的联结之中，学习就是建立新的激活模式或改变单元之间的联结强度，因此，不同的激活模式能够解释不同的认知过程。相对于信息加工论认知心理学，联结主义认知心理学所研究的人工神经网络与大脑的功能方式更为一致，因为人脑就是由大量神经细胞以复杂方式联结起来的。联结主义认知心理学为处于危机中的认知心理学带来了新的生机，被称作“在认知解释方面的一场哥白尼式的革命”①，但它以对大脑的同构型或同态型模型为研究对象本身就具有一定的局限性。

(2) 认知神经科学。

认知神经科学(cognitive neuroscience)是20世纪80年代末出现的一种主要研究趋势。这一趋势重在研究和探讨人类心理及其活动的脑基础，以便揭示出人类心理和大脑之间的关系。认知神经科学融合了多个学科，比如脑科学、认知科学、神经科学等。这一新趋势有两点基本主张：一是认为脑结构与脑功能具有多层次性的特点；二是认为虽然人脑的结构是脑功能的基础，但在结构和功能之间并非简单的对应关系。这一趋势以传统认知心理学的行为实验研究方法为基础，主要采用脑功能成像技术进行研究。这其中主要包括基于脑代谢或脑血流变化的正电子发射断层扫描技术(PET)、功能性核磁共振成像技术(fMRI)和基于脑电或脑磁信号的脑生理功能成像的事件相关电位技术(ERP)、脑磁图技术(MEG)。认知神经科学将认知科学中的精细、严密的实验设计和现代神经科学中的先进技术相结合，丰富了心理学的研究，促进了人们对心理学中的一些重要主题研究的深入。有观点甚至认为认知神经科学正取代认知心理学成为心理学发展的新阶段。② 虽然这一新的趋势目前还正处于进一步发展和完善之中，但相信它会给心理学研究带来更多的借鉴和突破。

(3) 进化心理学。

进化心理学(evolutionary psychology)是在20世纪80年代末期出现于心理学研究领域中的一种新的研究趋势，其主要代表人物有巴斯、考斯麦茨、巴库等人。进化心理学主要受到本能心理学、认知科学和精神分析理论的影响，在方法论上主要运用生物学的进化理论来探讨人类心理的起源和

---

① Andy Clark & Rudi Lutz(1992). *Connectionism in context*. Springer-Verlag, p. 9.

② 索拉索编，朱滢、陈烜之等译：《21世纪的心理科学与脑科学》译者前言，北京大学出版社2002年版，第12页.

本质，并尤其强调自然选择的机制。这一趋势的基本观点主要包括：理解心理机制的关键在于过去；功能分析是理解心理机制的最主要途径；人类在解决问题的过程中逐渐演化出心理机制；心理机制具有模块性；人类的行为和表现是外部环境和心理机制相互作用的结果。进化心理学的研究主要建立在多种方法和数据来源的基础之上，通常采用比较法和实验法对所提出的假设进行检验，数据资料主要来源于观察资料、自我报告、生活史、考古学记录、狩猎采集社会的数据等。进化心理学把心理学的研究融进了生命科学的研究范围之中，拓宽了心理学的研究领域，并对人性等问题做了深入探讨。虽然进化心理学目前尚存在诸多争议，但是它无疑启发并促进了心理学的深入研究和纵深发展。

(4) 生态心理学。

生态心理学(ecological psychology)是在20世纪80年代末最终确立并得以发展的心理学新趋势之一。它受到科学、哲学和心理学等多个学科的影响，但以心理学的影响为主。在心理学领域中，生态心理学既受到机能主义心理学、行为主义心理学、认知心理学等这些主要的科学主义心理学流派的影响，又受到格式塔心理学、精神分析心理学和人本主义心理学等人文主义心理学流派的影响。从这些影响中，我们可以看到生态心理学这一新趋势在总体上反映了科学主义心理学和人文主义心理学的融合迹象。生态心理学的特征主要包括：强调人类心理的整体性；主张心理学的研究应面向生活世界；主要关注生态危机。在研究方法上，生态心理学虽然倡导多元化取向，但在实际研究中往往以注重生态效度的实验法、以行为抽样记录为主的自然观察法、以背景评估为主的测量法以及档案法为主。由于生态心理学的发展处在以科学主义为主导的当代心理学氛围下，不可避免地对经验和实验尤为注重，这也在一定程度上限制了生态心理学的发展空间。

2. 人文主义心理学流派的当代效应

以人文社会科学为价值定向的人文主义心理学的当代趋势主要有：后现代心理学、女性主义心理学、叙事心理学、文化心理学、积极心理学等。它们主要以现象学为哲学基础，以质化描述和个案分析方法研究现实生活中人的整体经验世界，关注人的价值、尊严、情感的理解和体验等主题，重视社会和文化因素对人的心理的影响。

(1) 后现代心理学。

后现代心理学(postmodern psychology)是在20世纪80年代中后期，受到后现代文化思潮的直接影响，在西方主流心理学面临困境与危机的情势下产生的一种心理学新趋势。它直接缘起于在心理学界处于非主流地位的人文科学定向的心理学思想。它以批判和消解科学主义心理学，并从后现代视野重新审视和重构心理学为基本特征。后现代心理学反对把心理学视为一门自然科学，从总体上倾向将心理学划为人文科学阵营；反对只研究可观察的对象，主张扩大心理学的研究对象；反对以实证方法为中心和量化分析，主张质化研究；反对原子论、还原论、客观论、决定论，倡导整体论、建构论、去客观化、或然论；反对追求普适性真理、价值中立和把人视作机器的观点，主张淡化对普适性真理的追求，关注事实与价值的融合，张扬人性；反对将知识视为客观实在，主张把知识放到社会背景中，视其为人际互动和社会建构的结果。后现代心理学作为后现代文化思潮的重要组成部分，体现出人文科学的精神，对人文主义心理学领域具有积极意义。

(2) 女性主义心理学。

女性主义心理学(feminist psychology)产生于20世纪60年代末以来的西方女性主义思潮背景之下。其发展逻辑体现为三种研究取向：20世纪六七十年代出现的经验论女性主义心理学，20世纪80年代出现的立场论女性主义心理学和20世纪90年代出现的后现代女性主义心理学，其中后现代女性主义心理学占据主流地位。女性主义心理学的主流观点是：消除心理学中男性中心的偏见，建立“性别公平”的“好科学”；反对实证霸权，主张采用适于女性的多元方法，如质化方法；反对传统心理学的客观和价值中立的研究模式，提倡在社会文化背景下对女性的主观经验如价值、情感和信念的深度理解；主张从社会性别视角革新咨询关系，尊重女性能力、尊严及价值，强调赋予自我决定的治疗目标，建立平等的咨询关系。女性主义心理学对我们全面认识人类心理和关注女性心理起到独特作用。

(3) 叙事心理学。

叙事心理学(narrative psychology)诞生于20世纪80年代中期，它受到后现代文化思潮的影响，是现代文学中的叙事分析与社会心理学相结合的产物。它是通过分析神话、民间故事、小说等虚构文本来探讨和理解我们精神世界的意义系统和结构的一种人文主义心理学取向。叙事心理学以自我叙事表征心理过程的核心特征，主张用话语分析等质化方法研究人的意义、价值、情感和人格，研究人的生活故事，其目标是理解，而非实证和解释；它强调人的心理的情景性和生成性，既关注日常生活世界中人的发展过程的连续性，又注重对人生链条上每一个故事内容的分析；它认为心理问题产生的原因在于外界事物导致个体生活故事的连续性遭到破坏，心理治疗的目的是帮助个体“修复故事”或重构一个新故事。叙事心理学以其独特的研究方法和视角，启示我们重新审视传统心理学的目标和方法。

(4) 文化心理学。

文化心理学(cultural psychology)是20世纪末产生的一种心理学取向，是对主流心理学困境与危机的一种反应和结果。它主要通过人文科学模式研究特定文化中人的心理或行为，重视实际语境，强调生态学研究方法，重视主位研究、同文化研究和本体论解释学研究。它强调文化与心理的创生关系和互动关系，力图改变传统文化与心理学领域研究中的文化决定论模式。文化心理学主要有三种取向：符号理论取向、活动理论取向和个人主义理论取向。它对科学主义心理学进行了全面的批判和建构：反对物性，张扬人性；反对经验—理性理论模式，主张文化研究范式；反对传统心理学的本体论和普遍知识观，坚持文化相对主义与建构主义；反对二分主义和以此为基础的本质主义、基础主义和归因主义，倡导整体主义、非本质主义、非基础主义。文化心理学重视人性，突出心理学的人文科学性，弥补了科学主义心理学的不足。

(5) 积极心理学。

积极心理学(positive psychology)是利用心理学目前已比较完善和有效的实验方法与测量手段，来研究人类的力量和美德等积极方面的一种心理学思潮。它产生于20世纪末的美国，是相对于主流心理学中的“消极心理学”而言的。它反对传统心理学以消极、问题、障碍、病态心理为研究重点，反对本能驱力论、环境决定论和悲观人性论，强调对主观幸福感、美德、力量和潜能等积极品质的研究；反对心理学研究只关注对“问题”的修补，主张心理学关注和鼓励人保持积极心理品质。积极心理学的主要研究内容包括：积极情感体验，如主观幸福感、满足和快乐等；积极人格，如自尊、虔诚、宽恕、善良、爱、正直、感恩等；积极的社会组织系统，如工作制度、家庭关系和学校管理等。积极心理学虽然沿用了实证主义的研究方法，但也逐渐尝试借鉴质化研究方法，更重要的是它继承和发展了人文主义心理学的人性观与心理观，其目标在于寻求人类的人文关怀和终极关怀，它在总体上属于人文主义心理学，同时也体现了科学主义心理学与人文主义心理学的融合迹象。

在当前西方心理学中，科学主义心理学与人文主义心理学逐渐开始对话与交流，出现了相互融合的新迹象。例如，上述生态心理学和积极心理学两种研究趋向就表现出这种融合的特点。又如，精神分析心理学通过借鉴认知神经科学的研究方法和成果向科学主义心理学融合。神经精神分析学(neuropsychoanalysis)是一门将传统精神分析学与神经科学的理论和方法相结合的新研究领域。其领军人物马克·索姆斯指出，神经精神分析学“联系心理与大脑，以详细探究因不同大脑结构受损而带来的人格、动机和情绪变化的内部心理结构。如此，我们可以辨别引起这些症状和症候群的多重潜在因素，并将它们与其解剖的'活动场景'联系起来"①。1999年《神经—精神分析学》杂志创刊，2000年国际神经—精神分析学协会创建，标志着神经精神分析学的正式建立。神经精神分析学试图通过结合精神分析学与神经科学的理论与方法，实现精神分析的科学化，被称为21世纪精神分析研究的新范式。再如，认知科学通过借鉴现象学的方法向人文主义心理学融合。1996年，认知科学家瓦雷拉提出神经现象学(neurophenomenology)构想，试图将认知科学与现象学结合起来。② 神经现象学是研究意识体验的神经科学，在理论上寻求对意识的神经生理层面进行具身化(embodied)与大规模(large-scale)的动力学研究；在方法上广泛而严格地使用现象学的第一人称主观经验报告策略，来量化和描述意识的大规模的神经动力活动。神经现象学鲜明地体现了实证方法与现象学方法的结合。

四、现代心理学流派的理论特征

现代心理学流派的发展与演进并非杂乱无章，而是有其内在的理论逻辑。这种理论逻辑从心理学的科学观、对象论、方法学和理论观等方面体现了科学主义心理学与人文主义心理学的分歧与争论。心理学史学家华生③、科恩④、金布尔⑤等人都曾对此进行过研究。我们在这里分别从科学观、对象论、方法学和理论观方面总结科学主义心理学和人文主义心理学的不同理论特征，以进一步深化对现代心理学流派的理解。

1. 科学观

心理学科学观是指心理学家关于心理学的学科性质、定位及其建构方式的理论观点，体现为心理学家对心理学研究对象的理解、对心理学研究方

---

① Kaplan-Solms, K. & Solms, M. (2000). *Clinical studies in neuropsychoanalysis*. London: Karnac, p. 62.

② Varela, F. J. (1996). Neurophenomenology: A methodological remedy to the hard problem. *Journal of Consciousness Studies*. 3(4), pp. 330～50.

③ Watson, R. I. (1967). Psychology: A prescriptive science. *Americcan Psychologist*. 22(5), pp. 435～443.

④ Coan, R. W. (1979). *Psychologist: Personal and theoretical psthways*. New York: Irvington Publishers, Inc.

⑤ Kimble, G. A. (1984). Psychology's two cultures. *Americcan Psychologist*. 39(8), pp. 833～839.

式的确定以及对其理论本身的表述。心理学家持有什么样的科学观，决定着他们怎样看待心理学，怎样研究心理学，致力于将心理学建构成什么样的科学。科学主义心理学与人文主义心理学在科学观上表现为自然科学观与人文科学观的差异。

科学主义心理学自冯特起，就确立了心理学的自然科学观，以物理学、生理学和生物学等自然科学为模板，反对旧的思辨的形而上学心理学，将心理学打造为自然科学的一个分支。这种科学观遵从 17 世纪以来流行于物理学等学科中的数学和机械观点，将世界视作遵循物理规律的自然物的世界，力图通过客观的实验研究发现自然物的成分及其运动规律。铁钦纳将冯特的内容心理学观点推向极致，认为心理学类似形态学，它通过类似于"活体解剖"的工作发现心理的元素及其结合规律。行为主义者华生曾明确宣称："心理学是自然科学的一个分支，它将人的活动及产物作为主题。"①华生将心理学的研究对象限定在可观察的行为范围内，同时将心理排除在心理学大门之外。认知心理学虽然实现了心理的复归，但仍将可客观操作的信息符号作为研究对象，来发现其中的运转规律。科学主义心理学通过采用自然科学模式，极大地推动了心理学的发展，但同时也存在过于强调自然科学观点、忽视心理的原本面目的不足。心理学史学家科克对此批评说："物理学的语言成了心理学的理想术语。科学的脸面远比真知灼见更具魅力。心理学史成了对自然科学的模仿史。"②

与科学主义心理学不同，人文主义心理学自布伦塔诺起，就确立了心理学的人文科学观，将心理学打造为人文（社会）科学的一个分支。这种科学观重视人的世界的整体性与独特性，将世界视作有意义的世界，力图在忠于心理现象原本面目的前提下，通过描述和理解阐发其中所蕴含的意义与价值。人文主义心理学强调心理的整体性、主观性、动态性和独特性，主张以人文（社会）科学的理论模式来研究心理学，以达到对人的心理生活的理解。狄尔泰通过区分描述心理学（descriptive psychology）与说明心理学（explanatory psychology），明确提出人文科学的心理学观点。格式塔心理学提出"整体大于部分之和"的口号，强调心理现象的整体性。精神分析心理学力图通过理解与解释来考察人类心灵深处的潜意识现象。"第三势力"心理学则明确自己的人文科学立场，通过研究人的存在、潜能、意义、价值等主题，

---

① Watson, J. B. (1919). *Psychology from the standpoint of a behaviorist*. Philadelphia: J. B. Lippincott Company, p. 1.

② Koch, S. (1959). *Psychology: A study of a science* (vol. 3). New York: McGraw-Hill, p. 783.

彰显心理现象的整体性与独特性，揭示其中的意义源泉。人文主义心理学采用人文科学模式，丰富了心理学的主题和领域，推进了心理学的发展，但在方法落实等方面存在着不足。

2. **对象论**

心理学的对象论是指心理学家在研究对象上的主张与阐释，它对于心理学的研究主题和领域等具有重要的指导意义。科学主义心理学与人文主义心理学在对象论上表现为人性观和心理观两个具体层面上的分歧。

人性观是指对人的本性的理解。科学主义心理学在人性观上坚持自然科学的立场，表现出自然化倾向。这种人性观把人从各种背景中隔离出来，视其为纯粹物理世界中的自然存在。冯特在创立科学主义心理学时，就将人和物等同，通过考察心理的元素及其结合规律，把人降为自然的化合物。行为主义将人和动物等同，通过考察刺激—反应的联结来推断人的适应行为，把人降为大白鼠。认知心理学将人视作物理符号系统，通过计算机模拟来推导人的内部心理过程，把人降为机器。科学主义心理学的人性观有利于掌握人的心理机制和规律，但忽视了人的自身独特性及其社会性。而人文主义心理学在人性观上坚持人文科学的立场，强调人在世界中的独特地位，提倡从社会、历史、文化和精神的视角去理解人。格式塔心理学重视具体情境中的人，精神分析心理学侧重从人的生活史考察人的内心世界，存在心理学则从人在世界中的存在来展现人的精神面貌。人文主义心理学拓展了心理学对人性的丰富性理解，但对人的自然属性重视不够。

心理观是指对心理学研究对象的看法。科学主义心理学将研究对象视作具有物理特征的自然物，尤其强调研究可观察的对象，如认知、行为等，而那些不能观察或无法实验证实的经验都被排斥在心理学的研究对象之外。冯特的内容心理学和铁钦纳的构造心理学都将各种复杂的心理过程分析为基本的心理元素，结果导致严重脱离实际的“砖块和水泥”的心理学。华生和斯金纳等人的行为主义心理学因为排除了意识和心理而成为“无头脑”的心理学。信息加工论认知心理学从信息的输入与输出来推论人的内在认知加工的规律。而人文主义心理学重视研究心理的主观体验，如情感、潜能、创造、价值等，强调心理学研究对象的主观性、意义性、整体性以及与情境的独特关联。布伦塔诺通过提出心理的意向性本质，强调了心理现象与对象的关联性。精神分析强调过去经验的独特意义，由此来发掘潜意识的奥秘。现象学心理学力求从人所体验到的生活世界出发，来考察心理的本质。人本主义心理学关注人的内在体验，如潜能、需要和自我实现等。

3. **方法学**

从方法学上看，科学主义心理学与人文主义心理学无论在哲学方法论上还是在具体研究方法上都存在较大的分歧。科学主义心理学以实证主义为哲学基础，使用自然科学的研究方法，如实验室研究、量化研究和共同规律研究；人文主义心理学以现象学为哲学基础，使用人文(社会)科学的研究方法，如现场研究、质化研究和特殊规律研究。

(1) 实证主义与现象学。

科学主义心理学与人文主义心理学在哲学方法论上存在分歧。科学主义心理学以实证主义为哲学方法论。实证主义坚持客观立场，强调研究对象的可观察性，提倡通过经验的验证来发现心理现象的机制和规律。实证主义包括孔德的激进实证主义、马赫和阿芬那留斯的经验实证主义以及维也纳学派的逻辑实证主义三代，它们分别为华生的行为主义、铁钦纳的构造主义以及新行为主义提供哲学方法论。在实证主义哲学的影响下，科学主义心理学提倡实验、测量等量化方法，力求得出心理的本质。人文主义心理学以现象学为哲学方法论。现象学从生活世界出发，强调忠于心理现象本身，提倡通过经验的描述和理解，来揭示心理现象的原本面目。现象学包括胡塞尔现象学、存在主义和解释学三代，它们分别为格式塔心理学、人本主义心理学、现象学心理学、存在心理学和精神分析提供哲学方法论。在现象学哲学的影响下，人文主义心理学提倡个案、现场等质化方法，力求理解心理的意义。

(2) 实验室研究与现场研究。

科学主义心理学强调严格控制的实验室研究，而人文主义心理学注重日常生活的现场研究。科学主义心理学深受自然科学观和实证主义哲学的影响，信奉实验方法，主张通过精巧的实验设计、严格的变量控制来研究心理现象。例如，冯特把生理学和心理物理学的实验方法引入心理学，并把传统的内省法改造为实验的内省法，对感知觉、联想等进行了大量实验研究。行为主义更是笃信客观实验法，认为只有运用严格的实验程序与仪器设备，才能进行科学的心理学研究。信息加工论认知心理学也主要是在实验室内进行研究，运用反应时实验、眼动实验和计算机模拟等方法，并在使用中特别强调实验变量及其控制。与之相对，在人文科学观和现象学哲学的影响下，人文主义心理学认为心理学研究应当走出实验室，走进日常生活情境，采用访谈和自然观察等现场研究方法。精神分析心理学在临床背景下探究人的潜意识，对梦、口误、笔误、遗忘和疏忽等现象进行分析。格式塔学派主张采用实验现象学和自然观察法来研究人的直接经验。人本主义心理学采用个案、访谈等方法揭示个体的独特性。

(3) 量化研究与质化研究。

科学主义心理学侧重量化研究，而人文主义心理学突出质化研究。科学主义心理学关注研究的精确性，强调定量分析。铁钦纳说过："在科学中，一切解释对我来说，都是依存变量和独立变量的相关性。"①行为主义心理学通过数量分析来确定刺激与反应或环境与行为之间的关系，这在赫尔的逻辑行为主义和斯金纳的操作行为主义中表现得尤为突出。认知心理学用反应时作为感知觉、记忆、思维和语言等多种心理现象的主要指标，任何复杂的心理活动都可以转化为反应时指标或测验分数。而人文主义心理学并不排斥量化方法，但对科学主义心理学过于追求量化的倾向进行了批评，大力倡导质化研究。布伦塔诺以内部知觉方法研究心理的活动，精神分析心理学运用自由联想和梦的分析揭示潜意识的意义，格式塔心理学通过实验现象学方法揭示心理的本质，人本主义心理学和现象学心理学通过现象学方法发掘经验的意义。

(4) 共同规律研究与特殊规律研究。

科学主义心理学坚信客观的普适性原则，认为通过经验观察和实验就能归纳出适合所有人的共同规律，以此对心理与行为进行统一性解释。例如，行为主义者认为心理学可以发现人类行为的一般规律，并据此对人类的行为进行预测和控制。华生指出，心理学"在某种程度上成为探索人类生活的基础……为所有的人理解他们自己行为的首要原则做准备……应该使所有的人渴望重新安排自己的生活"②。认知心理学通过严格控制的实验室研究，得出人类认知的一般规律。而人文主义心理学主张，普适性的共同规律并没有多少意义，心理学研究不应离开特定的个体和具体的情境，而应重在发现适合个体的特殊规律。精神分析心理学从临床案例观察出发，得出适于某类病症的理论解释。人本主义心理学采取折中融合的方法论原则，马斯洛和奥尔伯特等人坚持在共同规律研究之外，一定要运用特殊规律研究法对个案进行深入研究。

4. 理论观

(1) 客观论与主观论。

科学主义心理学将实证主义哲学的实证性原则贯彻到心理学中，追求客观化，强调以量化方法研究可观察的对象。例如，机能主义心理学把人的

① 郭本禹主编：《西方心理学史》，人民卫生出版社 2007 年版，第 350 页。
② 华生著，李维译：《行为主义》，浙江教育出版社 1998 年版，第 304 页。

心理整体视为一种机体有效适应生活条件的活动过程，使心理学的研究重心转移到有机体与客观环境的适应关系中，进行开放、客观的研究。行为主义心理学是客观心理学的典型代表。华生反对把心理封闭在主体之内，主张以客观可观察的行为作为心理学的研究对象，以严格的客观法代替主观内省法。斯金纳把自己的新行为主义体系定性为："从科学的角度看，这个体系是实证主义的。它的任务以描述为限，不企图提出解释，它的一切概念都由直接观察的结果来给以定义，不涉及身体部位或生理的特点。"①信息加工论认知心理学也信奉客观主义，强调在严格控制的实验条件下，使用精密仪器观察自变量与因变量之间的关系。人文主义心理学则受现象学哲学的影响，认为心理学要抓住统摄经验的有意义的结构，以现象学的方法研究主体的意识活动。布伦塔诺以直接体验为方法研究人的内在的意动。格式塔心理学主张采用实验现象学方法与自然观察等方法研究人的直接经验，反对人为的抽象和元素分析。而人本主义心理学则突出了人的主体性和主观性在心理学中的地位，倡导以整体分析法、现象学方法研究人性、价值、创造性和自我实现等高级心理过程。

(2) 方法中心论与问题中心论。

科学主义心理学认为，要想使心理学真正成为一门实证科学，就必须采用曾经使自然科学获得巨大成功的研究方法和研究范式，坚持"以方法为中心"的研究思路。马斯洛指出："方法中心就是认为科学的本质在于它的仪器、技术、程序、设备以及方法，而并非它的疑难、问题、功能或者目的。"②方法中心论根据研究方法确定研究问题。这种观点在行为主义心理学那里表现得最为突出。华生宣称，行为主义的目的在于方法论的革命，并以研究意识和心理缺乏科学的方法为理由而将其赶出了心理学。信息加工论认知心理学尽管不像行为主义那样极端，但也具有方法中心论的倾向，强调以实验法和计算机模拟法研究人的信息加工过程。而人文主义心理学则反对方法中心论的倾向，主张以问题为中心，根据研究问题选择方法，既可采用实验法等定量分析的方法，也可采用个案、自陈、描述等定性的方法。例如，精神分析心理学为了研究潜意识心理，抛弃了实验室研究，而使用自由联想、梦的分析、日常生活分析等方法。人本主义心理学家马斯洛也明确指出，方法和手段是为目的服务的，其意义为问题所规定，心理学应以对个人或社会有意义的问题，如潜能、价值和自我实现为中心，然后才是选择适当的研究方

① 章益辑译：《新行为主义学习论》，山东教育出版社 1983 年版，第 295 页。
② 马斯洛著，许金声等译：《动机与人格》，华夏出版社 1987 年版，第 14 页。

法。

(3) 元素论与整体论。

科学主义心理学继承了联想主义心理学的传统,采用元素论来研究心理现象,认为确定心理现象的构成元素及其结合规律是心理学的首要任务。冯特最早提倡对心理进行元素分析,铁钦纳也坚持这种观点,并且分析得更为精细,提出意识是由感觉、表象和感情三种元素构成的。古典行为主义虽然在研究对象上反对冯特和铁钦纳,但在元素观上与他们保持一致。华生把复杂的行为简单化,将其视为刺激与反应的联结。信息加工论认知心理学继承了行为主义的元素分析传统,将心理视为信息及其符号单元。而人文科学心理学则更多地受到现象学方法的影响,主张对人的心理现象进行整体描述,认为整体不是部分或属性的机械相加,整体不为部分所决定,相反还决定部分。格式塔心理学是整体论心理学的典型代表。格式塔心理学家苛勒指出:"我们所需要的是那些可用以了解我们的直接经验的概念,至于感觉之类的分子,我们凭自己的观察没有发现这些分子。"①人本主义心理学也反对将人的心理和行为肢解为统计数字或数学公式的定量分析,强调将人作为一个整体来把握,如奥尔波特主张对人格进行整体的研究,马斯洛主张用整体分析法研究人的心理。

(4) 因果决定论与自由意志论。

科学主义心理学把人的心理现象看做自然现象,认为人的心理与行为都遵循因果决定论。决定论的观点认为,所有的心理事件都是有原因的,都是由某种先行的因素决定的,因而我们可以依据先前的心理事件来解释心理活动。科学主义心理学的创始人冯特指出,作为自然科学家,"我们必须把每一种行为中的变化都追溯到一种唯一可观察到的同一种东西,即运动。"②在后来的心理学发展中,行为主义在这方面的表现最为典型。行为主义强调行为分析的目的就是发现行为的原因,从各种各样的环境刺激中确定反应的决定因素,以便为预测和控制行为服务。尽管新行为主义包含着中介变量和行为目的等概念,但这些概念主要是对行为的刺激反应的操作化,与自由选择的意图和追求无关。与此相反,人文主义心理学强调人的自由意志和自由选择,认为人可以独立自主地做出决定,不受外在环境的干扰。存在心理学和人本主义心理学都坚持人具有自由意志,能够进行自由选择。如罗洛·梅指出,一个人若没有自由,他身上起作用的就只有达尔文

① 高觉敷:《高觉敷心理学文选》,江苏教育出版社 1986 年版,第 314 页。

② Ernst Cassirer(1950). *The problems of knowledge*. Yale University Press, p. 88.

的决定论原则了;心理治疗的目的是使人重获自由。弗兰克尔也指出,意志自由属于经验的直接性,即便是身体被囚禁了,人的精神也是自由的,意志自由赋予人新的生命体验。

(5) 机械论与生机论。

科学主义心理学固守"人是机器"的信念,主张研究物的范式同样适用于研究人的心理,并以机械论的观点解释一切心理事件。行为主义者华生认为,心理学的任务就是帮助和指导人这架机器能更快地适应新的环境、更好地运作下去。他公开宣称:"我们要把一个人之各方面的行为,完完全全地合拢起来,并把这样一个人看作一个复杂而又活动着的有机的机械。"①信息加工论认知心理学同样将人设想为机器,把人脑比作计算机,用计算机的信息加工过程来模拟说明人对外部世界的认知过程。与此相反,人文主义心理学则坚持生机论的观点,强调心理现象的有机性,重视人类意识的积极性和主动性,认为对于心理与意识的机械分析无助于对其本质的揭示。例如,格式塔心理学强调整体、组织作用、结构等在知觉过程及高级心理过程中的作用,注重人们对感觉信息输入的组织和解释的主动性。人本主义心理学肯定了价值、目的、意义等在人的心理活动和行为反应中的作用,认为个体的需要具有多种层次,人具有自主选择成长的倾向,在适宜的成长条件下会积极努力实现自己的潜能和价值。

(6) 价值中立论与价值负荷论。

在自然科学的研究中,许多人都信奉价值中立,主张科学只研究事实、知识,回答是不是的问题,不研究价值、意义,不回答该不该的问题。科学主义心理学以自然科学为模板,坚持价值中立论,其典型特征是强调心理研究的客观性,认为心理学研究探讨的是意识和行为的一般、共同的事实与规律,不掺杂任何个人的态度、情感,不涉及任何主观倾向和价值观念。例如,铁钦纳主张对人的心理进行纯粹客观的研究,并通过这种研究找到不受任何文化影响的一般心理元素及其结合规律。华生把人的行为看成客观的自然现象,认为可以对其进行严格的实验研究和价值中立的理论描述。信息加工论认知心理学因循了行为主义心理学追求实证性和价值中立的研究方式,试图通过计算机模拟揭示人脑的信息加工过程的普遍事实与规律,而不太考虑社会、文化、历史等因素的影响与制约。而人文主义心理学则采取了价值负荷论的立场,认为心理学的研究与所处社会的价值取向、意识形态有着密切的关系,心理学不能超越社会文化价值取向而进行纯客观的研究,心

① 华生著,陈德荣译:《华生氏行为主义》,商务印书馆1935年版,第427~428页。

理学研究必然负荷着所处社会的文化价值观。如人本主义心理学强调对人的需要、尊严和自我实现等的研究，这些经验体现人类真正的本性。马斯洛就曾指出："科学过去不是，现在不是，并且也不可能是绝对客观的，科学不可能完全独立于人类的价值。"①

总之，现代心理学流派的百年历程是科学主义心理学与人文主义心理学各自的相对独立发展，其间表现出长期冲突与纷争的局面。两者之间的张力在促进科学心理学长足发展的同时，也使心理学陷入分歧的困境。尽管当代心理学出现了科学主义心理学与人文主义心理学相互融合的某些迹象，但两者的分野在未来相当长的时间内仍会继续存在。虽然我们也希望两者走向统合，但这种统合之路漫长而艰巨，绝非简单地用一种主义叠加或消解另一种主义。历史已经证明，企图将两种主义合二为一的做法是不成功的。例如，二重心理学对内容心理学和意动心理学的调和，正像波林所指出的，只是一种"懒汉的做法"。当前，我们对两者的分歧应持尊重和包容的态度，也欢迎不同心理学研究取向之间的对话与交流。对科学主义心理学与人文主义心理学的融合，我们将拭目以待！

郭本禹

2008 年 12 月 18 日

于南京师范大学

① 马斯洛著，许金声译：《动机与人格》，华夏出版社 1987 年版，第 21 页。

导 言

世纪更替之际，处于困境和危机中的科学主义心理学或曰主流心理学，正面临和酝酿着一场百年一遇的深刻大变革，即从“现代心理学”转向“后现代心理学”(postmodern psychology)，从自然科学取向转向心理学的多元化。致力于后现代心理学研究和传播的心理学工作者对主流心理学中流行的现代主义、科学主义、男子中心主义、个体主义、欧美中心主义、机械决定论、还原论、客观化等倾向予以反思和批判，提出并形成了许多具有建设性意蕴的新观点和新思想，可谓另辟蹊径、发人深省。

一、后现代心理学的基本论点与立场

后现代心理学或称后现代主义心理学(postmodernism psychology)，系20世纪70年代末至80年代中期以来，西方尤其是美国兴起的一种探讨后现代境遇中人的心理与行为机制的心理学新思潮。它既是后现代主义文化哲学思潮在当代西方心理学领域的回应，又是现代西方科学主义心理学范式陷于困境时应运而生的反叛性的新取向。主要代表人物有：法国精神分析心理学家拉康(J. Lacan)、美国心理学家格根(K. J. Gergen)、丹麦教育心理学家苛费尔(L. Kvale)等。

因后现代心理学出现相对较晚，加之研究人员庞杂、观点繁多，所以至今仍未形成明晰、完整、准确、系统、达成共识的内涵或体系。后现代心理学是在对科学主义心理学的理论观点和立场进行解构、批判的基础上，逐渐展现自己的论点和立场的。热衷于后现代心理学研究的学者们凭借后现代文化思潮的视界来对科学主义心理学的学术观点和理论体系进行反叛和解构，对其原则立场和研究法则进行扬弃和超越。解构昭示着重建，反叛意味着创新，扬弃预示着确立，超越代表着完善。我们可以从一些从事后现代心理学理论建设的开拓者们的论著中，对后现代心理学思想的基本论点和所持立场予以简要归纳。

第一，他们从后现代科学视野和后现代哲学理念出发，敏锐地觉察到了现代心理学已处于合法性的危机之中，认识到了在传统心理学的研究中“只用现象的不变性和恒常性来解释现象”的实证主义的思想和方法理应受到抨击和拒弃。他们明确地感受到了伴随着现代信息社会的迅猛发展和科学技术的高视阔步及后现代文化思潮的涌入与撞击，传统心理学零打碎敲的小作坊式的研究模式已明显地跟不上时代前进的步伐了。因此，他们在向现代心理学发出宣战檄文的同时，也尝试着为心理学在后现代境遇中探索出一条新的出路。他们呼吁心理学家拓宽视野、直面人生、投身现实生活、贴近社会文化、应合时代潮流，积极吸收各门学科的新近成果，以避免画地为牢、远离现实，萎缩或禁锢于狭小的实验室里进行带有浓重人为色彩的心理学研究，并为心理学顺利地搭上迈向后现代的末班车而献计献策。

第二，他们利用后现代文化思潮的思维方式和解构利刃，对传统的心理学体系予以剔解和摧毁，并以崭新的思路和视角建构着后现代心理学的理论体系。他们更为看重局部的、边缘的、弱势群体的、有用的、本土的、历史的、社会的、文化的心理学研究和知识形态，而对普遍的、抽象的、客观的、囿于实验室的心理学专业知识则不感兴趣；他们提倡扩大心理学的视野、转换研究的视角、重审心理学的课题，以突破传统心理学在研究对象上的固执、偏狭与窄化；他们力主心理学研究视角的多样化和研究方法的多元化，叙事式、阐释式、建构式、解构式等研究策略和方法得到肯定，而科学主义心理学一味标举和张扬的客观观察、实证、实验的方法在一定程度上遭遇抑制、冷落和悬置；他们关注人们的日常生活、当下心态和对现实问题的适应与解决，强烈要求恢复心理学应用知识的合法地位，强调心理学的生命力在于实际应用，认为脱离现实生活的、处于象牙塔之上的传统心理学终将会失去市场和存在的价值；他们反对片面地将心理学划归为自然科学的一个学科分支，力图超越心理学之自然科学与人文社科的二歧式对峙，坚持心理学之边缘性、交叉性和中间性的学科定位。

第三，他们对科学主义心理学的原则立场进行了扬弃，确立了后现代心理学的原则立场。科学主义心理学家认为客观现实是固定不变的，可以直接观察而不受观察者主观经验及价值偏好的影响，后现代心理学工作者则认为一个真正客观的、舍弃一切主观性的世界是无法进行观察的。他们不以可观察的研究对象为限来取代科学主义心理学对研究对象可观察性的强调，这样便扩大了心理学的研究领域；他们倡导多元性、不确定性、无序性、矛盾性、叙事性、建构性和创造性，淡化对所谓绝对性、客观性、精确性、普适性真理的追求，注重从文化、历史、社会、环境等诸层面入手来考察人的心理与行为的机制;他们渴望终结严格意义上的实证方法的霸权地位,反对科学主义心理学因袭已久且固守不变的“方法中心主义”的取向;他们关注事实与价值的融合,反对心理学研究中物质与意识、事实与价值、道德与真理的判然二分与对立,以及由之恪守的价值中立的立场。认为人的价值和态度可决定什么东西有可能成为事实。科学主义心理学所孜孜以求的琐碎的事实与数据,在他们看来不过是一些无关宏旨的假定;他们宣判了“机器化、动物化、异化、奴化”的人的死亡,提出了反人类中心主义的观点,认为科学理性并未给人类带来真正的自由、幸福和尊严。他们希望在新的后现代背景下重新对人进行定位。他们重新确立了价值、目的、意义在人的心理活动和日常行为中的重要地位。

第四,他们以后现代的视域超越了科学主义心理学的研究法则。他们以整体论、系统观取代了原子论和机械观,反对人为地分解和切割人的心理现象;他们以建构论取代了还原论,认为若以还原论、简约性、拟畜性的研究结果来推论人的心理活动,会带有很大的片面性和冒险性,并且往往无功而返;他们倡导以社会建构论、历史文化学的方法来研究人的心理,反对割裂人与社会文化的关系;他们重视人的主观性、历史性、文化性、能动性、社会性和创造性,主张重塑人与自然、人与社会、人与自我的关系,以取代科学主义心理学客观论的研究法则;他们对大量微观的、控制条件下得到的实验资料和数据感到厌烦。认为把客观性、重验性这些硬科学的实证原理,运用到心理学的研究之中本身就是荒谬的;他们以或然论、相对论、内成论取代科学主义心理学的决定论、必然论、外源论,他们运用新物理学派的观点来否定线性关系和因果规律,承认和重视人的能动性、差异性和自我调节的作用,人不再是雕塑家手中一块任意揉捏的泥巴;他们恢复和肯定了心理学的质化研究的地位与价值,以减弱科学主义心理学对定量分析的过分倚重;他们主张在心理学研究中,尽量从人文社会科学的角度出发来真切、全面地揭示人的心理与行为的实质与机制。

二、后现代心理学研究的重要意义

无论心理学是否已进入“后现代”,也不论心理学在后现代时期是否会表现出从事后现代心理学探索的开拓者们所设想的那样的潜势和样式。后现代心理学一词的提出本身就具有怎样高估也不过分的历史意义。后现代心理学或后现代心理学研究的重要意义在于昭示心理学工作者,以实证主义、实验主义、个体主义为主导特征的心理学现代范式,绝不是也不可能是这一学科唯一可能的形态。

1. 后现代心理学研究可以扩大心理学的视野、帮助人们树立大心理学观

后现代心理学关注社会发展和时代潮流，主张突破科学主义心理学的学术偏见和束缚，强调心理学应注重对人的思维、创造性、人际关系、共存意识、和谐幸福等高级心理活动的研究，呼吁心理学要积极借鉴和吸纳伦理学、文化学、社会学、教育学、政治学、历史学、生态学、文学、艺术等学科的新动向和新思想，使心理学真正成为一门解决复杂社会问题、指导人的发展、促进人际和谐、提高精神生活质量、服务经济社会发展的科学。后现代心理学是在对科学主义心理学的方法论、基本原则立场和研究法则的批判、反动和解构的过程中逐渐形成和发展起来的。崇尚实证主义、实验主义、个体主义的科学主义心理学，一味地把心理学限定或界定为严格意义上的自然科学的一个学科门类。它从近代自然科学那里秉承了物理主义自然观或机械主义的世界观，坚持客观、实证的研究取向，将心理学划定在一个非常窄缩的领域之中或者说禁锢在实验室的那块狭小的天地里。这种在心理学界占主导地位的小心理学观不仅阻抑了心理学的进步与发展，而且已渐露颓败、衰微、遭人冷落之势。

后现代心理学鼓励心理学工作者积极投身到迥然有异于近现代文化的后现代文化潮流中去，努力透析和揭示处于后现代境遇中的人的心理与行为的特点、实质与机制；要求跨越心理学之科学与人文两种对立取向，走中间、边缘、跨学科的道路，改变传统心理学过分浓重的自然主义、实证主义和机械主义的色彩；主张融合质化分析与量化研究，强调采用主客观统一的研究范式，注重实验研究与行动研究的结合；提倡研究个人与社会的关系，探讨个体如何更好地适应瞬息万变的因全球化、高科技化、信息化、商品化、消费化、大众化而带来的剧烈的社会转型；既注意关涉个体的心理与行为表现，又注意研讨社会、文化、环境、教育、历史诸因素对人的心理与行为的影响，还涉猎了人的心灵体验与价值观念等问题；关注与心理学相关或邻近的学科的发展与研究成果，以包容、悦纳、开放的胸襟和视野，从后现代科学与文化中汲取有益营养和全新视域，重新审视和界定了心理学的专业知识、研究对象、探究方法和学科定位。所有这些工作、努力与尝试，都为打破科学主义心理学僵化的研究思路和模式，扩大心理学的视野，开展心理学的变革，扬弃小心理学观，树立大心理学观提给了强劲的动力。

2. 后现代心理学研究可以加强心理学理论研究，深化心理学实践应用

科学主义心理学发展正面临着一个十分严重且自身无法应对的问题或难题，这便是其极度膨胀的实证资料和极度虚弱的理论根基之间日益拉大的反差或不对称性。应该说，心理学发展的支离破碎及对现实人生与社会的疏离抑或隔离是与其缺乏或轻视理论建设息息相关的。

后现代心理学特别注重心理学理论体系的构建，着力建设和发展理论心理学。加强心理学的基本理论问题的研究，就实质而言，属于理论心理学的范畴。在元理论上，它界定了心理学的学科性质，批判了科学主义心理学的方法论，扬弃了科学主义心理学的原则立场，建构了后现代心理学的基本框架；在实体理论层面上，它一方面超越了科学主义心理学的决定论、还原论、原子论、客观论等研究法则，提出了或然论、建构论、整体论、内成论等理论构念。另一方面，它又借用后现代文化思潮的文学的、语言学的、释义学的、叙事学的、解构学的、现象学的视角，通过话语分析、历史分析和社会建构等方式对处在后现代时期的人的特殊的和具体的心理现象和问题进行了富有开拓性的理论探讨。格根就曾经大声疾呼，要着力发展理论心理学，加强心理学的基本理论建设，以期为心理学的健康发展提供强有力的保障和支撑。

后现代心理学提供了一种新的科学观和方法论，主张将知识放到社会文化背景中加以考察，强调知识依赖于群体的分享，科学活动要遵循群体规则和规范。只不过这些规则或规范本身也是植根于具体文化历史的，随社会文化的变迁而变迁。这种新的科学观和方法论为心理学家提供了一种可供选择的方案。这对克服传统心理学的机械主义还原论倾向和个体主义的弊端是有建设意义的，必将对心理学的发展产生积极的影响。

后现代心理学认为心理学的价值或作用应体现在解决现实生活问题、为大众心理健康服务和具体的临床应用之上。它谋求减轻人们的心理压力，消除现代人的焦虑、孤独、无助与恐慌，增进人们的和谐交往和思想沟通，关注人们的心身健康、和谐发展与心理适应能力的提高，努力营造一种合作、平等、对话、互惠、共赢、协商、友善、进取的氛围等。后现代心理学的开拓者们强烈要求确立心理学应用知识的合法地位，并对深化和加强心理学的实际应用充满了信心。他们对心理学界理论与应用、学术与职业的分离与对立深感不安和不解，他们在突出和注重心理学的实际应用的同时，强调应将心理学的学术理论研讨与实际临床应用有机地结合起来。应该说，这些主张和努力是符合时代和社会的发展对心理学所提出的要求或使命的。心理学的学术研究与实际应用应是相辅相成、共同提高的关系。心理学离开了实际应用，便无法走向社会、走近大众、为世人所认可；没有学术和理论的探索，心理学的具体应用也势必缺乏坚实的基础和必要的指导，将会有损心理学的学科地位与形象。

3. 后现代心理学提倡心理学研究的多元化，实现心理学研究范式的变革

后现代心理学借用和弘扬了后现代文化思潮反权威、反正统、反主流、去中心、扬边缘、重局部、尚异端的主张和精神，高举反叛基础主义、本质主义、表象主义、现代主义、科学主义、普适性真理的大旗，倡导多元文化主义、全球主义、后现代主义、人文主义和相对主义的立场，对科学主义心理学“罢黜百家、独尊己说”的做法进行了无情的批驳。

由于人的心理现象是世界上最为复杂的现象，与其他多种学科所研究的现象有着彼此交叉、互有侧重的错综关系，加之目前的研究思路、手段、技术和方法尚有一定的局限性，所以，单纯以一种视角、维度或者取向来研究、把握、透视人的心理现象，很可能陷入顾此失彼、见树失林的难堪境地。心理学的百年曲折历程，也证明了科学主义心理学没有也不可能是心理科学的唯一合法的研究取向或知识形态。人作为自然的、生物的客观存在，同时也兼具社会性、文化性和历史性的本质属性，尊奉一极而贬损另类，往往会积重难返。

后现代心理学力举立场多重、方法多样、视角多维、取向多元、理论多种，虽然有着鲜明的费耶阿本德式的“无政府主义”多元方法论的影子和嫌疑，但考虑到心理学的研究与其说是对永恒真理的探求与发现，毋宁说是对特定的社会文化状况的反应乃至响应，应随历史时代的演变和社会文化的变迁而改变其模式和姿态。由此，心理学之可能的知识形态绝不能只有一种，而应是百花齐放、百家争鸣，亦即心理学无论在理论创建与学术观点上还是在研究方法与技术手段上，都应是取向多元、并行不悖、彼此包容、相互增益的。后现代心理学对科学主义心理学“一言堂”和实证霸权的敌视与冲击，对现象学、释义学、文学评论等诸家学说的兼容并蓄，对长期处在科学主义心理学边缘地位的伦理、道德、审美、文化利益、话语分析、协商互动等的关注和张目，为心理学以开阔的视野和开放的胸襟去参与丰富多彩的现实生活，全方位地揭示人之为人的心理本质开启了门扉、廓清了道路。

4. 后现代心理学研究可以加强心理学本土化和对弱势群体等的研究

后现代心理学反对欧美中心主义、男子中心主义、文化帝国主义等主张，认为处于世界心理学中心舞台的美国心理学家应该抛却成见、偏见和架子，倾听来自其他国家和地区的心理学工作者的声音，与之相适应，被排斥在主流心理学话语体系之外的边缘或弱势的心理学群体或研究领域也应赢得自身的合法地位与话语权。由此，本土心理学、文化心理学、女权心理学、残障者心理学、老年心理学、积极心理学、叙事心理学、生态心理学、成功心理学、环境心理学、辩证心理学、进化心理学、社区心理学、语境论心理学、话语分析心理学、社会建构主义心理学、批判心理学、现象学心理学、经济心理学、逻辑心理学、心理哲学、心理语言学等在近期纷纷登上了心理学舞台，并越来越引起心理学界内外的广泛关注和积极认可。

后现代心理学认为当前的心理学具有明显的欧美中心主义的倾向。就实际情形而言，美国是全世界心理学尤其是科学主义心理学研究与发展的中心，它坚守自然科学的研究模式，认为其研究成果是跨越文化界限、普遍适用的，是世界各国心理学发展应遵循的普遍模式或样板。毋庸讳言，以美国为主的西方心理学都是植根于西方社会、历史与文化及价值定向上的。

后现代文化思潮对中心主义的批驳，成为后现代心理学对心理学界欧美中心主义予以消解和反叛的有力武器。也正是由于对欧美中心主义心理学的强烈不满和批评，近十几年来，不仅在亚、非、拉等第三世界发展中国家，就是在美国以外的一些西方发达国家也出现了心理学研究的本土化运动或趋势，以建立区别于美国心理学的本土心理学。人们清醒地认识到，没有心理学的本土化，心理科学就不可能在一个国家或地区的社会文化的深层结构中真正扎下根来，并形成有关当地人的心理与行为的适用和进行有效解释、预测的知识体系。

来自亚洲、欧洲、大洋洲、非洲的心理学正逐步向美国的心理学中心地位发出挑战。在新的世纪里，具有显明的区域性特征的北美心理学理论和方法，理应认真对待和重视其他国家和地区心理学的研究动态和成果。比如，在法国，实证主义、定量化研究和经验主义的模式越来越受到冷落；在英国，话语分析与日常生活批判正逐渐取代认知主义的话语权；在东南亚，随着新儒学研究热潮的渐兴，心理学本土化的热情也在稳步高涨起来；在中东地区，随着一些来自伊斯兰世界的学者对文化帝国主义和后殖民主义的深刻反思和批判，建立伊斯兰心理学的呼声也在逐渐高亢。进入 20 世纪 80 年代以来，心理学的本土化迅速成为世界心理学发展的一个重要的口号和共识。后现代心理学的探索者们十分重视和注意宣传心理学跨文化研究和本土化研究的重要性，认为主要以白种人、男人、西方人尤其是美国大学生为被试，建立在美国特定社会、文化背景上的心理学知识，在适用范围上有着很大的甚或难以克服的局限性。

三、后现代心理学研究的主要问题

第一，后现代心理学的实质。包括后现代心理学的界定、形态、内涵、基本主张及其共同特征。

第二，后现代心理学生成的背景。包括后现代心理学的孕育和产生的社会文化背景、自然科学背景、哲学思想背景和心理科学背景等。

第三，后现代心理学的方法论。包括倡导整体论、建构论、去客观化、或然论和质化研究，反对科学主义心理学的原子论、还原论、客观论、决定论和量化研究。

第四，后现代心理学的研究趋向。包括反对科学主义心理学对心理学纯科学性的坚守，对普适性真理的追求，对研究对象可观察性的执着与对实证方法的霸权的维护。后现代心理学关注事实与价值的融合，重视人的自发性、创造性和价值取向，坚持以多元思维和方法来解释人类鲜活而丰富的心理世界。

第五，后现代心理学的理论建构。包括后现代心理学在专业知识、研究对象、研究方法、实践应用、学科定位等方面的观点与体系构建。

第六，后现代心理学的理论形态。包括心理学的多元论文化运动、社会建构主义心理学思想、后现代女权主义心理学主张、后现代大众文化及心态的剖析、建设性后现代心理学研究、语境论心理学体系构建、批判心理学理念弘扬等。

第七，后现代心理学的治疗理论与方法。包括社会治疗（表演疗法）、叙事疗法和家庭治疗等。

第八，中外后现代心理学研究的比较评析。包括中外学者关于后现代心理学的研究与评价，达成的初步共识、研究视角的差异及产生的影响。

四、后现代心理学的理论难题

1. 观点纷呈，莫衷一是

鉴于心理科学对后现代文化思潮的回应相对滞后与迟缓，也由于有关后现代心理学的探索起步较晚，带有一定的尝试性、幼稚性，所以，关于后现代心理学的存在前提、理论构想、观念转换、发展前景等，目前学术界尚未达成共识，也没有形成较为完善系统的学术观点和体系。后现代心理学与后现代哲学观、文学艺术观相似，充满着矛盾和混乱。后现代心理学的开拓者们从各自的角度和知识储备出发，运用自己所领悟、理解或者喜好的后现代视野，对人的心理与行为做出了各自认为合理的诠释。他们的观点和主张存在较大的分歧、对立与冲突，无论在方法论基础、研究内容、关注焦点、探究方式上，还是在研究问题的出发点、着眼点上，他们都有着很大的差异。由之，无论是从事后现代心理学研究的学者（局内人），还是对后现代心理学加以阐释与评介的研究者（局外人），都感到懵懵懂懂，进行评价时更是左右为难，不得要旨。

2. 反叛有余，建树不足

后现代心理学思想顺应时代潮流、社会发展、科技进步的要求，对科学主义心理学的方法论和原则立场进行了批判和扬弃，自然有其积极意义和启示价值。但是，后现代心理学在反权威、反传统、反主流、反科学主义的名义下，对科学主义心理学不加甄别地全盘否定、一概拒斥并不足取。心理学的百年发展史也证明了，以实验、实证为主旨的科学主义心理学曾经为心理学的独立和突飞猛进的发展作出了有目共睹的贡献，在心理学的学科建设和基础研究等方面取得了很大的成就：获得了大量的客观精确的心理学知识；促进了心理学研究方法的不断改善和精致化；总结出了很多关于心理活动与行为反应的规律及其内、外在机制；建构了不少心理学的体系和理论；促成了心理学各分支学科的不断分化与发展。心理科学在沿着日益专业化、精确化的路线迈进的同时，其学术地位和公众形象也逐步得到学术界和社会各界的普遍认可与广泛肯定。但是后现代心理学有意无意地忽略、否认乃至歪曲科学主义心理学的学术贡献和历史业绩，以将婴儿与脏水一同泼掉的方式来抨击、摧毁、消解科学主义心理学的理论与体系，似走上了历史虚无主义的不归路。

对后现代心理学之相对论和虚无主义的倾向，中外不少学者都曾予以批评，同时也是其致命的缺陷之一。美国心理学史家史密斯指出，严格建构主义者（以格根为代表的）把所有的知识都转化为依赖文化和历史的语言约定，而忽视了那么多全人类共有的湮灭了所有文化差异的知识。很少有人会怀疑历史和文化会影响到人们建构世界的许多方面的方式，如一种特殊的食物好吃还是难吃，或者一个物体具有神秘的力量还是遵守自然的法则。但无论我们属于何种文化或亚文化，几乎每个人都承认，从高处往下跳将导致快速降落并可能受伤，婴儿在能够最小限度地满足他们的需要之前，需要长期被照看，健康比疾病好（从萨满教僧到现代医生即是证明），食物和水用来维持生命，等等。尽管这些事件在不同文化中的处理方式不同，但基本原则却是被所有的人所接受的；它们并非某种文化所特有的，而是为共同理解提供了一个基础①。

3. 矫枉过正，有所偏颇

后现代心理学对科学主义心理学所恪守的人为切割、机械还原、因果决定、客观实证、量化分析等研究法则的否决与反叛，既有进步色彩，又有偏颇之处，是从一个极端转到了另一个极端，可以说是矫枉过正了。在心理学的研究中，原子论、还原论、决定论、客观论和量化分析绝非一无是处，在一定前提下、一定限度内、一定情境中、一定场合里，恰当灵活地运用这些法则，有利于揭示人的特定的心理内涵与行为机制。心理学之所以能取得令人注目的长足进展，这些研究法则的启用可谓功不可没。后现代心理学从社会、文化、历史、艺术和跨文化比较的层面入手，执着于研究人的高级、复杂的心理现象，本无可厚非也必不可少。但因固执于一极，而一味地否弃和拒绝比较心理学研究、元素分析研究、客观实证研究、量化研究、低层次的和简单的心理现象的研究，同样也不利于心理学的健康、全面的发展。

有学者指出，后现代心理学在对心理现象进行阐析时所持的观点过于激进：心理现象不存在于人的内部，而存在于人际之间，所谓心理现象不过是话语建构的产物。批评者指出，后现代心理学的观点使人重新看到了激进的行为主义的阴影：行为主义否认心理现象的存在，在行为主义那里，人犹如刺激—反应的机器，有机体是“空洞”的，是受环境刺激决定的；后现代心理学认为人格等心理现象不存在于人的内部，它们只是理论的假设物，是话语建构的产物，人的行为是话语的操作性产生的结果。因此，后现代心理学只不过是“新瓶装旧酒”，是打着后现代的旗号的激进行为主义。②

4. 重返老路，行路艰难

后现代心理学从文学艺术、语义分析、历史文化、解构释义等视角出发，来揭示和研究人的心理活动与行为反应的特点、规律与内涵，反对传统心理学客观实证的研究方法，虽然这为摆脱科学主义心理学之以方法为中心的过激主张提供了理论基础和可供选择的路径，但这又不免会使心理学研究重新返回到科学心理学诞生之前的哲学思辨的老路上。心理科学能否靠“安乐椅上的玄想”取得实质性的突破？心理科学真的要来场百年轮回不可？后现代心理学所依仗的后现代文化思潮的解构策略和批判利器，目前在学术界已呈现出衰败之相，渐成明日黄花。后现代心理学到底能在主流

① Noel W. Smith 著，郭本禹等译：《当代心理学体系》，陕西师范大学出版社 2005 年版，第 220 页。
② 叶浩生主编：《心理学史》，高等教育出版社 2005 年版，第 468 页。

心理学的冷落和围剿中，在根基不牢、饱受非议的后现代文化舞台上坚持多久抑或真正杀出一条血路来，是颇值得怀疑的。

后现代主义是以艺术和文学评论为基础的，但是它通过说明科学的主观性、价值负荷特征、许多科学的文化与性别偏见以及考虑这些因素的必要性，而对科学作出了贡献。但是，后现代主义者这种嘲弄和贬低科学的极端做法也招来了科学家和其他人士的轻视，并且社会构建主义在教育上的一些影响可能是弊大于利的。它在女性研究、社会问题的社会学、社会心理学和教育心理学中占有重要的位置。但它在物理学、生物学或心理学的大多数其他领域却没有认可为科学之王或主导科学。越来越多的人认为，后现代主义只是另一种艺术风格，谈论知识或科学的结构并没有什么价值。①

五、后现代心理学的发展前景

以格根等为代表的后现代心理学的构建者们，在不同程度上都对心理学顺利地实施后现代转向及心理学的美好前景寄予厚望与信心。格根曾诙谐地指出，后现代主义者的观点一经接触，简直就无法抵挡。它们正如一位年轻人所说的那样，像是一种“令人惬意的毒品”，一旦品尝，胃口就变得贪得无厌了，它们在我们的历史时代正飞速发展。在他看来，后现代的视野和方法能帮助人们解放思想并能为心理学的发展开拓一个新的更积极的空间。后现代视野已开始向心理学提供了使自身概念化的新路子以及发展的潜能。如果恰当地理解，后现代视野还会为心理学无限的意义及发展敞开远景。

第一，后现代心理学作为后现代文化思潮的促成物和有机组成部分，与后现代文化思潮的命运是紧紧地联系在一起的。当人类社会处于世纪更替的十字路口，人在走向未来，各门科学也在走向未来。后现代文化思潮的出现既有其历史原因，又有其现实原因和社会背景，它在很大程度上反映了晚期资本主义发展的物质文明与精神文明的巨大反差，也映射出人被物化、奴役化、商品化、程序化的社会心态。它旨在探讨个人与社会的关系以及人如何在高速变化的后工业社会中找到自己的合适的位置，突现自己的人生价值和意义。后现代文化思潮对当代资本主义社会的时弊与困境的刻画、剖析、揭露，是深刻和富有警示意义的。一些从事后现代心理学研究的学者，以后现代文化思潮的消解策略、评判标准、探索思路、理论视角对科学主义

① Noel W. Smith 著，郭本禹等译：《当代心理学体系》，陕西师范大学出版社 2005 年版，第 225 页。

心理学体系进行了解构，并积极实施着心理学的后现代转向。他们的不懈努力将对厘清窒息心理科学发展的僵腐气息大有裨益，也会为透析处于后现代生活际遇中的人的心理与行为的特点与实质作出应有的贡献。

第二，后现代心理学的孕育、萌生及日后的完善体现了时代的精神。人们赞同也罢，反对也好，作为一种突出的社会现实，后现代文化思潮毋庸置疑地铺天盖地而来；人们喜欢也罢，厌恶也好，这一思潮已深刻地且还在继续影响着人类的生活、规范着人们的心理机制和行为模式，并对各门学科产生着挥之不去的影响。面对大潮涌动的后现代文化思潮，心理科学没有也不可能置身于其外，不少心理学家从各自的专业和立场出发，探讨了后现代话语对心理学的适用性，分析和审视了心理科学在后现代思潮的助势下抑或在后现代境遇中所应采取的姿态和行动。应该讲，这体现了时代的精神，也是心理学值得重视的一种发展趋势。从事后现代心理学研究的探险者们对科学主义心理学的缺陷和病根的剖析，对新形势下心理学可供选择的新道路的探寻，对一些新的研究视角、思路、方法的尝试与完善，理应受到肯定和鼓励。

第三，后现代心理学将会成为心理科学多维视野中新的一维。传统意义上的心理学理论或流派分别是“科学主义”和“人本主义”两大思潮在心理学界的不同表现形态，都无法真切面对和真正解决后现代社会的失业、吸毒、犯罪、道德堕落、核威胁、环境污染、经济危机、恐怖主义等许多现象对人的心理与行为的影响。后现代心理学家另辟蹊径，刻意探讨和描述个体与后现代社会的关系，立志为心理学更好地解决现实问题，促进人类社会的进步出谋划策。虽然说，从事后现代心理学研究与创建的开拓者们关于后现代思想和话语对心理学可能产生的影响及意义并不存在共同的看法，但他们都认为后现代视野将有助于在元理论层面上重新理解和审视心理学的论题；将为心理学的研究与发展打开新的视界；将为理解和解释处于后现代际遇中人的心理和行为提供新的可能性；为重新认识和界定心理学的传统概念奉献新的思索维度；为深化心理学的临床应用和增强心理学在未来社会中的适应力和生命力供给理论指导；为心理学的学术研究增添新的研究方法和思路。如果说在后现代社会，后现代心理学无法取代科学主义和人文主义两大取向的话，最起码，它会成为未来心理学形成与发展的一种新的取向、维度或研究范式。

著名的后现代心理学家格根在《后现代背景下的心理科学》一文的最后指出，在普遍意义上的知识界，心理学家因为没有参与过去 20 多年的重要辩论而声名狼藉。但是一种比我们已经知道的更丰富、更富有成效的心理学可能就要出现。它是饱含概念，对思想和历史敏感的心理学，是新颖而有效的实际性、探究性的方法创新的心理学，它是殖民主义的普遍性被全球平等对话取代的心理学，更重要的是，它是在更普遍的意义上对社会和世界做出空前贡献的心理学。

我们期待着后现代心理学能像格根所描绘的那样富有生机和活力，也期待着它能为心理科学的发展做出更大的贡献。

第一章

后现代心理学的产生与发展

后现代心理学是由持相近观点的心理学家及其他社会科学家汇集而成的心理学研究的一种新的趋向。它既是后现代文化思潮影响下的产物，又反过来成为后现代文化思潮的重要组成部分；它直接受惠于在心理学界处非主流地位的人文科学定向的心理学思想的润泽，又是在科学主义心理学研究范式陷入重重困境时应运而生的思潮。

第一节　后现代心理学的产生

后现代心理学的产生并非一些人的心血来潮或趋时应景之作，它有其历史背景、产生条件和生成契机。其产生既有影响心理学发展的外部环境因素，也有心理学发展的内部原因。面对后现代文化思潮的冲击和现代社会所造成的人类心灵的空虚、无根、焦虑、困惑、压抑等问题，寄望于以人的精神现象与行为机制为探究对象的心理学，为了给处于后现代境遇中的人们提供有力和有益的指导和帮助，摆脱现代心理学知识形态无力解决人们的现实生活问题和满足公众对心理学的期待之尴尬局面，适应社会的要求导致了后现代心理学的萌生与流传。心理学自身的矛盾运动和后现代社会文化的冲击，为后现代心理学的产生提供了必要的条件和坚实的基础。后现代心理学代表了心理学研究从行为观察、认知探索、自我肯定、精神分析向美学、社会学、文学和伦理学领域的延伸和浸透。

一、社会文化背景

后现代心理学的产生有着信息社会或曰后工业社会的现实依据，换句话说，后现代心理学深深地植根于后现代社会及其文化氛围之中，是对后现代社会和文化的一种积极的回应。它既是对现代心理学思想的反叛，也是现代心理学研究范式的进步和发展，更是进入信息社会后，在新技术革命时代资本主义制度危机、社会危机、文化危机和经济危机的反映与产物。知识或信息爆炸瓦解了旧有的分类概念和原则，导致了旧的知识体系的崩溃。知识的迅速增加、信息的迅速膨胀对西方旧有的世界观产生了革命性的冲击。从本质上讲，后现代主义是一种反科学主义的"理智运动"，一种新的"文化经验"，一种批判性的"解构策略"。

中国学者冯俊指出，后现代主义理论家们认为，从 20 世纪 60 年代开始，随着科学技术的革命和资本主义的高度发展，西方社会进入一种"后工业社会"，也称作信息社会、高技术社会、媒体社会、消费社会、最高度发达社会，在文化形态上称为"后现代社会"或"后现代时代"。后现代时代在科学、教育、文化等领域经历了一系列根本性的变化，这些变化表明它是人类历史的一次断裂或一个新的发展阶段。①

1. 后现代社会的主要特征

在后现代主义理论家看来，后现代社会或后现代时代有一系列特征：②第一，从后现代的社会特征来讲，它是后工业社会，是信息和科学技术膨胀和泛滥的新时代。科学技术取得了越来越重要的地位，通过高科技的力量，符号化、信息化、复制化的人为的文化因素越来越压倒自然的因素；在这个时代，因果性和规律性为偶然性和机遇性所取代，休闲和消费优先于生产，娱乐和游戏取代规则化和组织化的活动，生活方式日益多元化，社会风险性增高，原来传统社会中以一夫一妻为基础的社会基本单位"家庭"正在逐步瓦解和分化。公民个人自由极端化，各种社会组织也逐渐失去其稳定性，各种组织原则不断受到批判（信息肿胖症、审美疲劳症、迷狂式窥阴癖、欲望机器发动与享用者等新征候或人群不断涌现、防不胜防；购物天堂、超级市场、景观大道、生态旅游、田园别墅吊人胃口、令人神往；迪斯尼乐园、主题公园、休闲广场、野外体验、带薪度假已成为时尚；丁克族、试婚族、第三者、一夜

① 冯俊等著：《后现代主义哲学讲演录》，商务印书馆 2003 年版，第 2 页。

② 冯俊等著：《后现代主义哲学讲演录》，商务印书馆 2003 年版，第 6～8 页。

情、包二奶、半糖夫妻不再是新闻；访谈类节目、参与式演唱会、互动式游戏、海选等司空见惯；练歌房、花房、健身房、按摩房、足浴房、钟点房、日租房遍地开花；浴都、茶社、迪厅、美容美发厅遍布大街小巷；聊吧、陶吧、氧吧、酒吧、饮吧、涮吧、贴吧、书吧、痛快吧数不胜数；博客、闪客、黑客、晒客、红客、极客、维客、朋客、掘客、换客、威客、印客、犬客等粉墨登场；女性忙于练形体、减肥、丰胸、瑜伽、整容、冻容、上网聊天或购物；男人喜欢高尔夫、往来应酬、醉生梦死、网上冲浪、暴力、游戏人生、超级消费和感官娱乐；文化沙漠时代、小人时代、“伪”小人时代、情感泛滥与匮乏交织的时代、新表演时代、视觉文化时代、新体验时代、及时享乐时代、形象设计与推销的时代、兼职与身份复制的时代、群星闪耀而又不断更替的时代纷至沓来；换妻俱乐部、同性恋联盟、丁克家庭、暖巢管家、姐弟恋、网恋让人眼界大开、恍若隔世；恶搞、拍砖、炒作、网上投票、广告欺骗、电视或网络导购、人肉搜索、虎照门、艳照门、哈欠门八面来风、无孔不入；全球性经济危机、不断爆发的恐怖事件、劳务输出、异地来料加工、不少国家政权频频更替等就在眼前、幽灵般挥之不去；伊妹儿、美眉、粉丝、钢丝、宇迷、俊男、靓女、钻石王老五、剩女们应运而生；酷毙了、帅呆了、白骨精、无知少女、哇塞、我晕、靠、耶、俯卧撑、呃、稀饭、闪、菜鸟、灌水、顶、楼上、楼下、寒、倒、汗、偶、大虾、马甲、驴友、白托、医托、房托、裸考、灰色技能、三手病、独二代等新生词汇不断冲击着人们的话语交流，会用与否还成了代际差异的标志；谦逊、本分、勤奋、吃苦、老实、厚道、正直、节俭、守信用、忠诚、宽容、礼让、奉公、守规矩等已不再是多数人为人处事之道，反倒成为令不少年轻人所不齿的笑柄或视为老古董似的过时词汇抑或怪癖行为。）①第二，后现代的知识特征是，一切知识都被数字化、符号化及商品化了。当今社会，谁拥有更多的信息，谁就有更大的权力。不仅知识就是力量，就是权力，而且权力越大就有更多的机会掌握知识和真理（当今社会，学而优则仕逐步演变为学而优则商、商而优则学、商而优则仕、仕而优则学、仕而优则商；文人下海、学者办公司、学风腐败、剽窃抄袭、学术造假、学阀横行、外聘院士、名家点评、专家鉴定、名人走穴、社会兼职、二奶专家、卖书号、买版面、拉课题、跑关系、争奖项、抢项目等司空见惯；一些手中掌握着评审权、投票权、立项权、鉴定权、评奖权的单位或机构门庭若市、风光无限；而个别手握选票的当红学霸更是炙手可热、权重一时、招摇过市成为“空

① 作者注：本节采用后现代书写方式，即在对后现代理论家的观点进行引介的时候，结合中国社会转型时期的诸多新生现象或发生的众多变化，并直接对应地放在括号里，一者便于读者加深对这些理论观点的理解，二者旨在表明后现代生存方式离我们并不遥远，而是如影随形、挥之不去。

中飞客”)。第三,后现代的文化特征是,颠倒文化的原有定义,反对传统文化标准的各种创作原则,扬弃传统的语言、意义系统、形式和道德原则。走向零散化、边缘化、平面化、肤浅化,通过各种炫目的符号、色彩和光的组合去建构使人唤不起原物的幻象和影像,满足感官的直接需要(视觉大餐、豪门盛宴、动感地带、超级模仿秀、好莱坞大片、应景肥皂剧成为当下人追求的和痴迷的主题;中央台主办的参与式栏目“星光大道”、“非常 6+1”、“幸运52”、“城市之间”、“开心辞典”、“购物街”、“同一首歌”、“欢乐中国行”、“梦想中国”等长盛不衰,吸引着众人的眼球;湖南卫视推出的“快乐大本营”、“超男超女”、“天天向上”、“挑战麦克风”等时时挑战人们的欣赏习惯;《满城尽带黄金甲》、《无极》、《夜宴》、《十面埋伏》、《英雄》、《疯狂的石头》、《功夫》、《爱情呼叫转移》等带有后现代元素的影片曾经红极一时;《赤壁》、《画皮》、《桃花运》、《女人不坏》、《非诚勿扰》等又在热播,但渐成明日黄花;“过把瘾就死”、“我是流氓我怕谁”、“很黄很暴力”、“雷人”在市井流行;草根文学、山寨版本、斑竹网虫、网络歌手粉墨登场)。第四,后现代心态和思维方式的特征是,后现代所要表达的是一种不确定性、模糊、不可捉摸、不可表达、不可设定和不可化约的精神状态和思想品位(如果国人对境外的后现代绘画、雕塑、戏剧、服饰、建筑、影视作品不甚了解的话,王家卫导演的《花样年华》、《重庆森林》、《2046》等后现代影片,大家肯定耳熟能详,但看后保准迷迷糊糊;周润发还主演过《姨妈的后现代生活》让人大跌眼镜,看来后现代已经进入寻常百姓家了)。后现代文化产品显示出“一看就懂、一看就照着做”的特征,因此,文化快餐像漫画、卡拉 OK 等边看边唱、边玩耍边思考的思维方式,迅速在后现代文化的泛滥中扩散和蔓延(随身听、MP3、街舞、花式篮球、沙滩排球、可上网的手机、滑板、旱冰、攀岩、蹦极等成为 80 后、90 后的挚爱和炫耀的资本;文化快餐盛极一时:易中天娓娓道来品三国,于丹从孔子、庄子那里熬得心灵鸡汤,曲黎敏从黄帝内经中觅得养生宝典,至今仍真人不露相的当年明月正在神侃明朝那些事儿)。第五,后现代生活方式的特征是游戏式的生活。人们醉心于赌注式的游戏生活,不再遵守传统道德和规范所规定的协调祥和的生活,宁愿在不断突破传统的叛逆性生活方式中尝试各种新的生活的可能性(小资情调、宅男宅女、自由职业、极限运动、拓展训练、探险访幽,甚或公司驻虫等另类生活成为眼下时尚,追随者如云;月光族、傍老族、飞特族、闪婚族、闪离族、草莓族、校漂族、跳槽族、网瘾族、网购族、刷卡族、拼车族、拼房族、拼餐族、狼族、吊瓶族、陪拼族、捧车族、啃椅族、合吃族、奔奔族、飞鱼族、乐活族、穷忙族、网络晒衣族、自助游、试驾游等花样翻新、令人目不暇接;车奴、房奴、卡奴、股票奴、基金奴、节奴、白奴、垄奴也是蔚为壮观、势不可挡)。

2. 几位经典后现代文化理论家的观点

值得注意的是,尽管“后现代”一词已成为一个家喻户晓的用语,然而它到底指什么?它与“现代”是一种什么关系?它与“现代”的分期的临界点何在?对于诸如此类的问题,无论是欧美还是国内学者都人言人殊、众说纷纭,至今仍未形成共识。有研究指出,在“后现代”问题上,之所以出现许许多多理解性困难,很大程度上是由于人们仍然站在“时代化”的角度,对“后现代”作了现代主义的理解。缘于人们仅仅将“后现代主义”视为一种“历史时期”,而不是一种思维方式或“知识型”(福柯语)。而大胆的标新立异、彻底的反传统、反权威精神,则是这种思维方式的灵魂。这一将“后现代”与其说是一个时代,不如说是一种态度,一种反现代的态度与思维方式的看法颇具说服力并值得深思。

(1)丹尼尔·贝尔之后工业社会的来临。

美国著名社会学家、未来学家丹尼尔·贝尔曾出版过《后工业社会的来临》与《资本主义的文化矛盾》两部畅销和轰动学界的名著。他从文化角度来分析后现代主义,将后现代主义看做必然发生的后现代文化。他认为进入后工业社会:在经济领域中商品生产(第一、第二产业)已退居次席,第三产业比如说售后服务、产品推介、休闲旅游、医疗保健、决策参考、餐饮娱乐、教育产业、政府服务、调查研究等起到决定性的作用;在职业领域,专业性和技术性的工作占据主导优势,科学家和工程师的增长日益明显。信息论、控制论、决策理论、博弈论、效用论和随机过程等新型智能就是为此而不断涌现且其重要性日趋突显;在文化领域,消费至上、享乐主义大行其道;奢靡、狂放、解放、冲动、愉悦、混杂、游戏、娱乐、炫耀、反理性、反智性成为人们的生活方式或价值取向。他指出,在后工业社会,非理性、无智性、高雅文化与低俗文化之间界限消除、自我正在丧失、文化中心地位也在缺失。

(2)詹姆逊之晚期资本主义的文化逻辑。

詹姆逊作为一位著名的新马克思主义阵营中的得力干将,一直将后现代主义视为“晚期资本主义的文化逻辑”,认为正是这种文化逻辑导致了当代社会和文化的转向。他指出,进入后现代之后,阳春白雪之高雅文化与下里巴人之大众文化完成了新异文合并。在他看来,后现代主义文化在表达形式上缺乏深度,在性欲描写上毫不遮掩,在心理刻画上粗鄙低俗,在发泄对社会、对政治的不满态度上直言不讳、明目张胆。詹姆逊赞同后现代主义的许多原则,诸如主体的毁灭、企业家精神和有独立意识个体的终结、主观性的没落以及新的匿名性。他认为隐藏在后现代文化之下的是血腥、痛苦、死亡与恐怖。

詹姆逊比较清晰地勾勒出了后现代社会的五个主要构成要素:①第一,肤浅和缺乏深度。其文化产品的创造者只满足于表面的形象,不愿深入挖掘这些产品的深层意义(快餐店、网络购物、电话推销、信用卡消费、视频、动画片等就很符合后现代社会的这一特质)。在他眼中,当今社会已不再拥有也不再需要更多的经典、名著和巨作了(周星驰式的无厘头电影、古惑仔形象、魔幻小说、言情闹剧、武打影片;中国四大名著不断遭遇翻拍甚至恶搞,比如《情癫大圣》;近年来剧作家的创造力和想象力极度匮乏,只能将过去的一些电影无休止、无深度、无创意地拉长为电视连续剧,比如《敌后武工队》、《铁道游击队》、《小兵张嘎》、《霓虹灯下的哨兵》、《冰山上的来客》、《林海雪原》、《红灯记》、《51 号兵站》等)。第二,情感的病态。詹姆逊认为在后现代生活世界里,异化被精神分裂所替代。由于生活世界以及生活于其间的人们变得片碎化了,因此结果只剩下"自由漂浮和非人性化"了。存在着一种与后现代情感相连的特殊类型的"精神欣快",就像吸毒者或沉溺于往事回忆中的精神分裂症患者的反应一样。他不无讥讽地指出,即使是汽车失事也能闪耀出某些令人产生幻觉的新光彩,甚至基于城市贫民窟的交通事故也能产生某种变态的"精神快慰"(情绪飘忽不定、转瞬即逝者大有人在;路遇恶性事件或血腥场面如鲁迅先生所描绘的看杀人场面、吃人血馒头者不在少数;遇见歹徒抢劫、强奸、偷盗、诈骗等场景,袖手旁观、幸灾乐祸者越来越多;看到别人情场失意、官场不顺、投资失败、家庭破裂、资产流失,暗自窃喜者也在增多;购物狂、网络成瘾、工作中毒症、自虐、银行卡透支均属此列;吸毒、嫖娼、性服务、变性手术乃至性变态等也见怪不怪了)。第三,历史性丧失。在后现代社会,人们所能得到的仅仅是有关过去的文本,所能做的就是制造出关于那些主题的一个又一个的文本。由于缺乏历史的连续性,便可自由随意地调用过去的历史,到处搜集历史片断,以一种表面随意的方式拼凑成一个混成品或大杂烩(张国立主演的一系列电视连续剧便是很好的例证,比如说《宰相刘罗锅》、《戏说乾隆》、《康熙微服私访记》、《乾隆下江南》等;由金庸的一些武侠小说反复翻拍的武打戏也在此列;书摊上流行的诸如《宫廷秘史》、《武则天》、《太监史略》等;从另一方面讲,旅行社全程代办的旅游也是一个精彩实例,游客走马观花、拍照留念、行色匆匆,以至于如同梦游,更不用说理解所见东西的意义了,几年后只能翻看电脑储存的照片或录像才证明自己好像到此一游)。第四,再生产技术与后现代社会相联系。再

① 瑞泽尔著,谢中立译:《后现代社会理论》,华夏出版社 2003 年版,第 252~254 页。

生产技术(尤其是以电视机和计算机为代表的电子媒介)取代生产性技术(以自动化装备为代表),在当今生活中占据了统治地位。后现代时代这些内爆性的平面化的技术,产生了与现代时期那些外爆性和扩张性技术条件下完全不同的文化产物(电视广告变幻莫测、令人眼花缭乱,纷纷掏钱购买所宣传的产品,比如减肥茶、瘦身腰带、养生杯、保健饮料甚至于包治百病的所谓"灵丹妙药";互联网产品推介更是花样翻新、妙招叠出,上当受骗者何其多哉!)。第五,在后现代技术和文化基础上,存在一个"跨国化资本主义体系"。在他看来,这种体系就建立在新消费手段的发展和扩张的基础之上。新消费手段都是通过促进消费者购买他们不很想买的东西,或通过促使他们花费不打算花掉的钱,或超出他们可支配的现金资源进行消费来协助资本主义体系(麦当劳、肯德基、比萨饼、汉堡包、耐克、阿迪达斯、梦特娇、鳄鱼、皮尔卡丹、可口可乐、百事可乐、宝洁等连锁店或知名品牌的大部分利润都返回美国、法国等国的总公司;沃尔玛购物中心、万嘉隆超市、迪斯尼乐园更是赚了个碗溢钵满;压洲一词便很形象地诠释了西方资本向亚洲转移,同时也转移了压力,亚洲由之变成压洲这一残酷的现实;2008 年因美国次贷金融风险招致的全球性经济危机,更彰显了詹姆逊对晚期资本主义文化逻辑的准确把握,让人不寒而栗、敬佩有加。也会促使我们更加慎重地对待外来文化、技术、品牌、资金、项目的引进与侵袭,想方设法保护民族品牌和知识产权)。

(3) 罗斯诺对后现代主义的界定。

美国学者罗斯诺曾指出,有多少个后现代主义者,就可能有多少种后现代主义的形式。他主要根据后现代主义者所反对的东西来对其进行了如下界定:第一,后现代主义谴责现代社会以及它在实现自己的各种承诺方面所遭遇的失败。倾向于批评与现代相连的许多方面,比如说西方文明已经积累的经验、工业化、城市化、高科技、民族国家、生活在"快节奏"之中;第二,后现代理论家倾向于拒斥所谓的世界观、元叙事、宏大叙事和整体性等一类的东西;第三,后现代理论家倾向于赋予各种前现代的现象,如情感、感觉、直觉、反应、思辨、个人经验、风俗、暴力、形而上学、传统、宇宙论、巫术、神话、宗教经验等以更大的重要性;第四,后现代理论家拒斥现代社会在各门学科之间、文化与生活之间、虚构和理论之间、想象和现实之间所设置的那些界限;第五,许多后现代主义者都拒斥现代学术讨论中那套审慎的、理性的风格;第六,与现代思想家将关注的焦点集中于现代社会的核心部分不同,后现代理论家则将他们的注意力转向了社会的边缘地带:被视为理所当然的事物、被忽视了的事物、抵抗的领域、被遗忘之物、非理性的东西、无意义的东西、被压抑之物、模棱两可之物、经典之物、神圣之物、传统的东西、怪诞之物、极端之物、被征服之物、被遗弃之物、无足轻重之物、边缘之物、外围之物、被排斥之物、脆弱之物、湮没之物、偶然之物、被驱散之物、被取消资格之物、被延误之物、被分离瓦解之物。正像罗斯诺所指出的,后现代理论家们"提供的是不确定性而非决定论、是多样性而非一致性、是差异性而非综合性、是复杂性而非简单性"①。

(4) 鲍德里亚关于消费社会的剖析。

鲍德里亚作为最有影响力的法国思想家之一,其众多引人注目的论著中有一个突出的主题,那便是在当代发达资本主义社会里,科学技术的高度发达引起了传媒手段的革命,传媒手段的发达则造成了资讯与信息的超量增值与过度膨胀。他认为,后工业化社会这种建立在高科技传媒手段基础上的文化是一种性质不同的新文化,一种他称之为"仿真"的或"拟像"的文化。鲍德里亚凭借自己敏锐的观察力和深邃的反思精神,发现了当代发达资本主义社会存在的重大问题,看到了逐渐泛滥于当今社会中的消费活动和消费文化的深刻社会意义及其危害。他将"欲望"概念列为中心范畴,精神异常、欲望亢奋、性冲动、狂喜、妄想等种种被传统观念和传统文化所忽视、鄙视或根本否定的精神状态,都被重新加以研究,被赋予新的社会意义。②

鲍德里亚认为,当代社会运作蒙上了更多"法制"和"文化"的外衣,蒙上更多层次的人为象征符号。现代权力特别利用最发达和最有效的教育系统、大众传媒和法制系统,将象征性交换的沟通与协调的社会功能完全扭曲了。在他看来,琳琅满目地陈列在五光十色的现代都市橱窗中的东西,都是已失去了商品的真正价值的"非商品",是供人游戏和纵欲的各种玩具③(人们购买这些商品或消费品,不再是原来意义上的消费或享用,而是一种攫取和占有,并将其当成了展现风格、标榜荣耀、炫耀财力、彰显权势、显示地位、追求奢华、满足欲望的一种符码或象征。驾驶悍马、宝马、奔驰便可威风凛凛、招摇过市;开着奥迪就比奥拓牛气、硬气;豪华别墅、度假村比单元房、贫民窟气派、招人耳目;出入于高档奢华酒店就比吃路边大排档有感觉;出门高接远迎、前呼后拥、小蜜陪伴就比门可罗雀、形单影只、孤家寡人来得场面、有劲;营养过剩后吃点窝窝头、山珍野味、无公害食品比吃红烧肉、煎饼

① 瑞泽尔著,谢中立译:《后现代社会理论》,华夏出版社 2003 年版,第 13～14 页。
② 冯俊等著:《后现代主义哲学讲演录》,商务印书馆 2003 年版,第 555 页。
③ 冯俊等著:《后现代主义哲学讲演录》,商务印书馆 2003 年版,第 570 页。

果子有档次、有格调、有品位；去健身俱乐部强过到操场跑圈，进形象公社胜过进美发厅、理发店，逛购物广场赛过沿街门头房，能刷卡便不愿支付现金，会员证、VIP可以畅行无阻）。鲍德里亚进一步分析发现，当代消费社会，人们对自己的肉体的再发现，是在身体和性方面彻底解放等信号。一方面肉体变成了一种资本，另一方面又将肉体当做崇拜物或消费的对象（由之我们也就不难对一些社会现象加以解释了，选美大赛、模特PK、异性按摩、包养情妇、色情服务、暴露文学、床上激情戏、猥亵淫秽、裸体网聊、瘦身减肥、整容治疗、卫生保健、丰乳肥臀等大行其道；施瓦辛格、史泰龙等猛男硬汉形象不仅少女少妇趋之若鹜，所谓奶油小生也是垂涎不已；世界名模、环球小姐、足球宝贝、影视女星等追逐者如云，花边新闻层出不穷）。

鲍德里亚将美国看做当代社会的一个典型。他指出，在最一般的层次上，可以说美国是一个沙漠，从文化、知识以及审美方面来说，这是千真万确的。在他看来，在美国不仅没有真理，在那里也没有谎言，所存在的一切只是模拟而已。他认为美国拥有后现代世界所有的那些特征：它是超现实的；它是完美的模拟物；它拥有里根的微笑那样的一些无深度、空泛的情感；它是一个由各种表面上看似以心中的屏幕发明出来的那些浅薄的图像所组成的世界，在那里“生活就是电影院”；像迪斯尼乐园和电视之类的“权威”事物；它拥有一些中心化的城市，在那里可以将“全部生活视为一个露天汽车电影院”；它以缺乏差别作为自己的一个特征；它是矫揉造作的世界，在那里审美和较高的价值都已经消失；它是一个充满了无意义运动的世界，人们在美国的快车道上来来往往，“不从任何地方来，也不到任何地方去”。[①] 鲍德里亚上述关于美国的看法，能够看出法国思想家对美国文化的一种贬损与排斥的传统血脉，但也不难发现这些分析与抨击是针砭时弊、发人深省的。

（5）塞德曼对后现代转向的阐析。

美国学者塞德曼在《后现代转向》一书中指出，现代性还没有走到山穷水尽的地步，它可能正处于危机之中，但它仍然决定着我们的生活模式。但他又说，关于西方世界正在发生后现代转向的断言并不需要预设现代性的完结。在艺术界和建筑界，已经看到后现代显露出对风格的影响：高雅艺术与大众艺术之间已失去了泾渭分明的等级区分；各种不同的美学规范之间的折中主义的融汇；人们对那些往昔的、地方的传统的怀恋；现代美学的那种一本正经的道德观已经被一种戏谑、嘲讽的姿态所取代。在知识领域，后现代的主题显得特别引人注目。例如，学科间的界限已变得模糊，诸如女权

① 瑞泽尔著，谢中立译：《后现代社会理论》，华夏出版社2003年版，第148页。

主义研究、同性恋研究、人种学研究、城市问题研究和文化研究等新的跨学科的综合研究正在成为人文研究的中心。科学、文学和意识形态之间、文学与文艺评论之间、哲学和文化评论之间以及高雅文化评论与大众文化评论之间的分界线都已变得相当松散。在后现代的旗帜下,有多种多样的研究方法和概念策略。他认为,在后现代文化中,科学/修辞以及科学/意识形态之间的界限变得模糊或消失了;事实/虚构、知识/偏见、科学/文学、精确的/借喻的、理性/直觉以及男性的/女性的层次已经被打乱,变得不稳定了。作为一种文学文本分析的人文研究与后现代意识中至关重要的歧义(ambiguity)、宽容、游戏性(playfulness)以及多样性(diversity)的精神产生了共鸣。[①]这种文化赞美差异、骚动、短暂、表演、时尚和各种文化形式的商品化。

后现代主义这一广泛的社会文化运动,涉及到了政治、道德、哲学、文学艺术、心理学、教育等领域,深刻地影响着西方社会的价值取向。伴随着后现代文化对西方传统精神文明和价值追求的冲击、消解和颠覆,新的价值观和社会准则、新的思维方式和处事原则、新的文化经验和生存方式、新的生活体验和行为规范、新的人与人、人与自然、人与社会的关系慢慢地跃出了地平线。伴随着神圣追求的消解、崇高感的沦丧、媚俗文化与艺术的盛行,西方文化陷入了严重的精神危机之中:道德迷失、生命失重、前途渺茫。处于后现代范围与境遇中,人们时刻感受到空虚、无聊、绝望、悲观、癫狂、分裂、孤独、冲动、模糊、不确定、无中心、散漫、苍白无力、缺乏信任感。人们刻意追求当下、局部、边缘、迷狂、求死的所谓极乐享受与体验,没有了责任感、崇高感、道德良知和精神追求。

美国著名学者哈维曾说过,后现代主义的合法性看来有赖于在世界上体验、解释和存在的一种特殊方式。这或许已将人们带向了什么是后现代主义的最有疑问的一面,带向它在心理学上关于个性、动机和行为的各种假设。例如,对语言和话语的分裂与不稳定的关注,直接演变成了个性的某种概念。被包裹起来的这个概念把注意力集中在了精神分裂症(应当强调的是,不是在它的狭义的临床含义上)之上,而不是集中在异化和偏执狂之上。[②] 他认为,社会的时尚、文化的复制和心理的倾向无时无刻不在塑造和改变着人们的消费方式、生活方式、思维方式、行为方式、感受方式、休闲娱乐方式、运动习惯和作息时间。著名未来学家托夫勒也指出,一次性物品

① 塞德曼编,吴世雄等译:《后现代转向——社会理论的新视角》,辽宁教育出版社 2001 年版,第 18～19 页。

② 哈维著,阎嘉译:《后现代的状况——对文化变迁之缘起的探究》,商务印书馆 2003 年版,第 74～75 页。

(杯子、盘子、刀叉餐具、包装、餐巾、服饰等)充斥的社会,意味着不只是扔掉生产出来的商品(造成巨大的一次性废品和资源浪费),而且也意味着可以扔掉价值观、生活方式、稳定的关系、对事物的依恋、建筑物、场所、民族、已接受的行为和存在方式,还意味着人类的心理发生了显著的变化。由之产生了各种心理学上的反应——由于感觉刺激而出现的阻塞、否定、培养厌倦享乐的态度、缺乏远见的专门化、倒退到消失了的过去的各种形象(因此纪念馆、博物馆、废墟具有了重要性)以及过分的简单化(或者在自我表现中,或者在对事物的解释中)。① 他认识到随着后工业文明的粉墨登场,许多新的社会、文化、心理和哲学问题不断产生,也使得人们的思想观念、政治信念、性欲癖好、教育方式、饮食习惯、宗教信仰、种族态度、审美取向、家庭模式都越来越趋于多元化、多样化了。如果上述说法成立,传统的心理学研究主题和侧重点、研究方法和技术手段、研究视角和切入点都应发生相应的改变。

心理学作为人学,作为研究人的精神现象的学问,作为探讨人的心理活动与行为机制的学科门类,要想贴近生活、深入大众、直面人生、服务社会,就不能无视社会和文化的变迁对人的心态改变所产生的外显的和内隐的巨大影响作用。这要求心理学必须深入地切入后现代氛围与文化中,探究与揭示处于后现代境遇中的人的心理与行为的特点、规律和本质,以真切关注的态度,为提高人们心理生活的质量而出谋划策。后现代心理学思想的萌生便是这一要求的促成品和必然结果。

当不少中国学人还在认为中国正在积极迈向现代化,后现代离我们很远很远的时候,不少西方学者则将解决西方现代或后现代病变或弊端的济世良方押在了遥远的而且还处于发展中的东方或神秘的东方文化上,这或许是一种返璞归真或曰痛定思痛。我们认为这是一些正在享受着高度发达的现代或后现代物质文明成果的精英分子,真切感受到摩天大楼、城际快车、跨洲飞行(现代的标志)带来的便捷与奢华及文化大餐、商业炒作、身份撕裂、自我饱和(后现代的标志)带来的空虚焦虑之后,对天人合一、小桥流水、小国寡民、其乐融融、知足常乐、随遇而安、博大精深、玄妙神奇(前现代的标志)之境界的一种向往或追忆。

后现代人充分利用当代消费社会所提供的休闲生活条件,宁愿过着以消费旅游为基本生活方式的"游牧式"生活。将生活艺术化和美学化,不但

---

① 哈维著,阎嘉译:《后现代的状况——对文化变迁之缘起的探究》,商务印书馆 2003 年版,第 357~358 页。

使生活充满着艺术的气息，而且使生活本身也变成了艺术。后现代人推崇中国古代老子和庄子的生活哲学，这就是一种能屈能伸、从容不迫、静中有动、随机应变、引而不发、后发制人、具有阴柔特性的自由的生活方式。① 美国著名后现代思想家、生态后现代主义的主要代表人物斯普瑞特奈克认为现代性有如下表现形态：物质主义、工业主义、客观主义、非理性主义、还原主义、科学主义、中心化、人类中心主义、欺压土著人、分割化和父权制，这导致了人与自然、肉体与精神、自我与他人之间的二元对立。她认为生态后现代主义倡导绿色政治运动的十大核心价值观是：生态智慧、草根民主、个人与社会的责任、非暴力、以团体为基础的经济学、非中心化、女权主义、尊重差异、全球社团、可持续未来发展等。在她看来，生态后现代主义要特别注意从一些民族的传统智慧中汲取营养，其中包括佛教文化传统、犹太教文化传统、中国文化传统等。②

正如美国过程中心中国部主任王治河博士所说的那样，从中国的角度出发，后现代主义究竟有何意义？怎样能既实现现代化，又成功地避免现代化的弊端？既然西方发达国家已经步入后现代社会，那么我们就完全可以借鉴其前车之鉴，少走弯路。中国政府所提出的"可持续发展"模式及"环境友好型、资源节约型"社会便是一个典型的后现代概念。美国建设性后现代主义大师格里芬在为其主编的《后现代科学》一书所写的中文版序言中就说过：我的出发点是中国可以通过了解西方国家所做的错事，避免现代化带来的破坏性影响。这样说的话，中国实际上是"后现代化"了。

二、自然科学背景

在著名心理学史家波林看来，到了文艺复兴及学术复兴后，近代科学才在欧洲开始出现。其中发生在15世纪的五件大事是：火药的发明及其在战争中的应用；印刷机的发明加速了大量书籍的出版；土耳其人攻陷君士坦丁堡；冒险家的全球性探险活动及哥白尼学说的刊布从根本上推动了文艺复兴。③ 实证主义的创建者孔德认为，16世纪出现了"一系列突然的、没有预料到的爆炸"，为自然科学的发展提供了条件。17世纪被誉为欧洲历史上"科学的世纪"，这个世纪出现了三个科学巨擘——开普勒、伽利略和牛顿，

① 冯俊等著：《后现代主义哲学讲演录》，商务印书馆2003年版，第8页。

② 转引自：王治河主编：《全球化与后现代性》，广西师范大学出版社2003年版，第75～79页。

③ 波林著，高觉敷译：《实验心理学史》，商务印书馆1991年版，第8～10页。

并一起奠定了近代自然科学的世界观和方法论——机械论自然观和假设演绎法。18 世纪号称是“理性的世纪”，对新的科学知识型而言，是一个基本确立和不断扩展的世纪。19 世纪更是现代科学技术高歌猛进的世纪，不少学科包括心理学得以产生并先后采用自然科学的研究范式，建立了基本的科学研究方法论。20 世纪的科学技术更是日新月异、突飞猛进，取得了许多重大的科学成就，现代科学知识已经牢牢地统治了全人类的物质生活和精神生活。但随着自然科学日益占据了支配权和话语权，社会科学知识的地位日渐削弱，导致人们在认识和控制自我和社会方面越来越显得底气不足，在社会发展和物质财富空前高涨的同时，感到生活的意义与人生的价值在不断缺位和迷失。

1. 现代科学知识型的内涵及其困境

中国学者石中英先生曾将现代科学知识型的内涵概括如下：①(1) 真正的知识既不是思辨的知识，也不是神学的知识，而是实证的知识，是既得到观察和实验又得到严格的逻辑证明的知识；(2) 真正的知识不是主观臆断或主观思辨的知识，而是与认识对象的本质相一致或相符合的知识，是认识主体对认识对象的本质属性进行“反映”的结果，认识者如同哲学家罗蒂所说的一面“镜子”；(3) 这种知识是客观的、普遍的和可靠的知识；(4) 观察和实验是科学活动的起点，是获得一切可靠知识的唯一方法，也是判断一种陈述是不是科学知识的唯一方法；(5) 知识的陈述是借助于一些特殊的概念、符号、范畴和命题来进行的，数学和逻辑学被公认为是最基础的科学语言；(6)“知识就是力量”，无知就是无能，愚昧是一切社会疾病之本；知识的价值是绝对的、普遍的、无条件的；掌握了知识就等于掌握了控制自然、改造社会和自我的力量；(7) 由于知识是客观的、普遍的、不受个人因素所左右的，所以也是价值中立或价值无涉的，超越任何意识形态、文化、地域或性别的界限；(8) 科学家或研究人员取代了形而上学家和神学家，成为新的知识精英，成为工业社会的宠儿。

机械论自然观和实证主义作为科学主义心理学的方法论基础，曾经为科学主义心理学的繁荣和发展提供了契机、前提、样板和目标，也为其提供了五大基本原则和立场(强调研究对象的可观察性；笃信客观普适性真理；坚持以方法为中心；信奉价值中立的立场；固守人为机器的模型)及五大研究法则(原子论、还原论、客观论、决定论和定量分析)。但是伴随着时代的进步和科技的发展，科学主义心理学的方法论基础——机械论自然观和实

① 石中英著：《知识转型与教育改革》，教育科学出版社 2001 年版，第 63～65 页。

证主义，相继在20世纪遭到了挑战和反动。基础的动摇和削弱，昭示着科学主义心理学已经陷入了进退维谷的窘境之中。

相对论和量子力学的相继问世从根本上瓦解了机械论自然观的根基，引发了机械论世界图景的全线崩溃。爱因斯坦的狭义相对论彻底改变了人类对时间、空间的看法，同时它还大大地变革了质量、能量观念，人们信以为真的一致性、次序和协调的梦幻也随之破灭。爱因斯坦的广义相对论不仅修改了牛顿的万有引力理论，而且成为宇宙学这门现代科学的指导原则，并深刻地影响了人们对微观世界的看法。量子力学所引起的概念革新，全面地冲击了经典力学的基本假定与基本特征：简单性、恒常性、机械论、普适性、决定论、可逆性、直观反映、经验归纳、人与自然的分离等。这些旧观念或者被打破，或者被动摇与怀疑。以相对论和量子论的创立为标志的物理学革命，不仅诱发和促进了自然科学的改观，导致了人类宇宙观、世界观的重大改变，而且还带来了科学技术的空前进步，并使现代社会和人们生活的方方面面都发生了巨大变化。

20世纪40—50年代，主要是在第二次世界大战及其前后期间，出现了一系列振奋人心的科学技术与理论，这就是电子计算机、控制论、信息论、运筹学与一般系统论等。加上耗散结构论、协同学和突变论这新三论在六七十年代的相继问世，则从整体上导致了机械决定论、机械因果律和机械还原论的衰落，由此也带来了规律观的变革。现代科学逐渐迈入了随机理论、模糊逻辑、离散数学、灰色理论和协同理论的新时代。传统意义上的自然科学与人文科学的对峙与分裂已渐趋弥合，自然科学的迅猛发展为人文科学研究提供了动力与楷模，而自然科学也开始关注价值判断与直觉体验，形成了包括多种科学在内的统一的大科学系统。作为一门中间科学的心理学，横向科学的一般方法论的意义就显得更为重要。譬如，一些心理学家用系统论、信息论、控制论来研究思维的结构和过程，即把思维结构看成是一个整体动态的开放系统，而把思维过程看成是一个信息流通和自我调控的过程，这就为摆脱传统心理学研究的元素论和还原论，为研究人的高级心理现象提供了新的方法和途径。

目前，国内外许多学者对心理学的百年历史及未来前景表示了深切的疑虑与担忧。就其实质而言，大都是针对心理学的囿于科学主义的立场而造成的困境有感而发的。他们认识到，在客观、实证的号令下，心理学家盲目信从和接受经验证实的原则，将其作为不可触动的“圣旨”而顶礼膜拜，他们自觉不自觉地以为凡不能以经验或实验证实的事件或理论都是伪科学的，是必须予以清除的垃圾。由于大多数心理学家埋头或醉心于客观的观察、实验、实证研究和定量分析，结果使得心理学探索过于琐碎而又条块分割。每一位研究者恪守一小块阵地，从事小作坊式的工作，所得的成果彼此间很难沟通与交流。虽然西方心理学从表面上看红红火火，然而真正切近现实生活、深入人的行为与心理实质的研究并不多见。由之，具体事实材料的不断积累、日益丰富与系统理论体系构建的相对贫乏、明显滞后之间形成了强烈的反差。

2. 后现代科学要义及其引领作用

处于后现代境况中的后现代科学家和哲学家们，充分地认识到飞速发展的科学技术像一把双刃剑：一方面为人类的幸福生活提供了前所未有的无限的可能性，另一方面也使人类掌握了足以毁灭地球上一切生命的能力。在后现代时代中，科学丧失了它构造世界图像的作用。后现代科学力图克服现代科学的种种弊端，以达澄明之境。与现代科学知识型相比，后现代知识型或文化知识型在知识问题上形成了如下基本观点：[①]（1）在一般意义上，知识不是文化的要素，而是文化的产物。没有哪一种知识是普遍的、绝对的和永恒的，知识形态的多样性意味着不同的知识型都应得到同等的对待和认可；（2）在知识与认识者的关系上，主张没有纯粹的和抽象的认识者，有的只是在具体的社会历史文化环境中生存的认识者，没有什么人可以自称为“真理”的代言人；（3）在知识与认识对象的关系上，知识并非是对认识对象的“镜式”反映，认识对象是由认识者的认识能力、兴趣乃至利益所选择和建构的结果；（4）就知识的陈述而言，知识的陈述形式并不是唯一的，而是多样的，既有描述性陈述，也有规范性陈述，还有叙事性陈述；概念、范畴、符号、假设、命题等都是人工产物，并不能“反映”或“代表”什么事物的本质，它们只是人们认识事物的工具或策略；（5）就知识与社会的关系而言，由于不存在纯粹的和抽象的认识者，不存在对认识对象的镜式反映，不存在代表事物本质的概念、符号等，自然也就不存在“纯粹客观”的、“价值中立”与“文化无涉”的知识。实际上，知识与权力、知识与意识形态都是息息相关的。

处于后现代境遇中的后现代科学家和哲学家们对科学主义、功能主义及乌托邦主义进行了批判。科学的范式，如作为总体理论的普遍机械论或进化论，在自然科学的普遍性要求那里本身就已成为问题，机械本体论已被量子理论相对化了。现代曾经从一种统一的科学方法出发，这就是对所有科学都有效的因果分析方法。这种范式，由于对因果性原则的批判，由于科学理论中因果律让位于或然性原则而遭到怀疑。而今，后现代科学的出发

① 石中英著：《知识转型与教育改革》，教育科学出版社 2001 年版，第 80～83 页。

点是确认方法论的多元性和解释、理解方法的差异性和互补性。自然科学中用各种规律来解释事物的客观化倾向正为人文科学中理解精神表现的各种准则所补充。① 后现代大师利奥塔德在对科学知识与叙事知识进行了区分之后，指出这个世界除了作为可证实性、可证伪性、系统明晰性和循环解释这些科学标准所支配的知识之外，似乎没有给人的哲学留有地盘。他在引起学术界广泛关注的《后现代状态——关于知识的报告》一书中明确声明：知识通过一些规则获得有效性，而后现代科学知识的显著特点是关于这些规则的话语具有明确的自我内在性。他说："后现代科学将自身的发展变为一种关于不连续性、不可精确性、突变和悖论的理论。它改变了知识一词的意义，它讲述了这一改变是怎样发生的。"②

美国著名建设性后现代主义的代表人物格里芬对二元论、唯物论这两种现代范式具体归结为六点：客观论、现象论、移动论、机械决定论、还原论和感觉论。他认为现代世界观的基本假设是，世界的基本构成要素是"空洞的实在"，全然不存在内在的实在、感知或经验、主观性、目的或目标以及一切的内在的生成。因此，格里芬提出了后现代范式，用来表述后现代科学的基本特征与取向。在他看来，后现代科学背离了与现代科学密切相关的机械论和还原论的世界观。格里芬等人的后现代有机整体论世界观，强调世界作为一个有机整体的统一性，将会克服机械论世界观的片段性思维，并将导致一个有序、和谐和更富创造力的现实。这种世界观能促使人们重新考察人与自然、人与世界、物质与意识的关系，更多地注重这些关系中相互联系的和谐的性质，还可促使人们重新审视科学研究与道德价值的内在联系。

我们认为，后现代科学对人类发展所表现出来的深切关怀和无限焦虑是有其意义的。就实际情况而言，后现代科学对传统的机械论、决定论、还原论、客观论、原子论等的扬弃，的确在很大程度上启发和导引了不少从事后现代心理学研究的开拓者们，他们对现代心理学的批判与攻击，很多地方都直接取材于后现代科学的观点与思维方式。由之，被主流心理学"压制"或"剥夺"话语权的非主流心理学能够扬眉吐气，得到了应有的生存空间，很多原来被科学主义心理学排挤在所谓"科学殿堂"之外的所谓"准科学"、"非科学"或"伪科学"的心理学知识形态或研究取向成为"心理学共同体"中的合法成员，比如说叙事的、本土的、语境的、女性的、艺术的、体验的、缄默的、地域的、弱势人群的、现象学的、生态的、进化的、文化的等。

---

① 科斯洛夫斯基著，毛怡红译：《后现代文化》，中央编译出版社 1999 年版，第 41～49 页。

② 利奥塔德著，车槿山译：《后现代状态——关于知识的报告》，三联书店 1997 年版，第 125 页。

三、哲学思想背景

后现代主义不是一种统一的哲学原则,不是统一的人文科学学派。后现代主义思潮是对西方现代化的大反思、大批判,既是西方社会深刻变化的体现,也是这种变化的催化剂。后现代主义表达了世纪末的孤独、愤懑、哀怨、无奈、刻薄、放荡、狂欢,也尝试着种种突围的努力。①

1. 科学哲学理念的转变

实证主义的衰微和科学哲学态度的转变是导致科学主义心理学方法论危机的一个重要原因。进入 20 世纪 20 年代,逻辑实证主义取代了前两代实证主义,在科学哲学界占据了主导地位,但到了 40 年代,逻辑实证主义面对新一代科学哲学家的挑战,本身也走投无路。新一代科学哲学家相信,成功的科学模式并不像逻辑实证主义者所描绘的那样,仅有一种理性的模式。事实上,科学的模式是多维的,有时甚至是混乱的、受社会文化条件制约的。他们认为一切知识都依赖于观察者,不可避免地带有个人主观的色彩。科学哲学理念的更新,动摇了科学主义心理学的哲学基础,其危机的到来就成了在所难免、情理之中的事情。在西方科学哲学中,逻辑实证主义(即 40 年代改称的逻辑经验主义)是一个起点,由此出发有许多条线,第一条线是逻辑经验主义的自身演变的线索。第二条线联系着否证论,主要代表人物有波普尔、拉卡托斯和沃金斯,这条线的方向与逻辑实证主义背道而驰。实证主义尤其是证实原则受到猛烈攻击。第三条线联系着历史学派,也可以说由逻辑主义转向了科学历史主义,主要代表人物有图尔明、库恩、费耶阿本德、劳丹等人,他们对实证主义的批判更根本、更全面、也更激烈,指向的问题也更深层。第四条线联系着科学实在论,主要代表人物有本格、普特南和夏皮尔,由于它的实在论基础和科学性要求,科学实在论在思想观点上局部地有着倾向于逻辑主义和逻辑经验主义的特征。②

逻辑经验主义、否证论、科学历史主义和科学实在论的不断更迭,表明了科学主义的价值取向的不断"弱化"和动摇,也历史地证明了仅仅在科学主义的框架内抱残守缺、画地为牢,除了阻滞科学哲学的前行之外,绝无任何益处。随着否证论、科学历史主义和科学实在论的粉墨登场、势力壮大和

① 中国社会科学院"世界文明"课题组编:《国际文化思潮评论》,中国社会科学出版社 1999 年版,第 179～180 页。

② 舒炜光等主编:《当代西方科学哲学述评》,人民出版社 1987 年版,第 8～11 页。

对逻辑经验主义的尖锐批判与反动，实证主义在科学哲学领域一统天下的格局已经土崩瓦解了。由之，科学主义心理学所赖以安身立命的自然科学与哲学两大支柱遭到了重创和蛀蚀，它所虚幻的以严格的客观实证的研究方法为唯一合理的方法和接受实证方法检验的理论构建为唯一合法可靠的知识形式的美妙图景也随之成了泡影。目前处于心理学非主流地位的人本主义心理学家、理论心理学家和后现代心理学工作者都在不同的层面上对科学主义心理学进行了深入的剖析和无情的批判，这为心理科学在研究对象、探求方法、学科定位、实际应用和理论构建诸方面实施视角转向和范式转换是大有裨益的，也迎合了时代的精神。

2. 后现代哲学思想的润泽

后现代文化哲学是一种新的认知范式，其矛头直指现代主义文化中的教条主义、形式主义、经验主义、实证主义、理性主义，是彻底反传统、反主流、反权威的。它由逻各斯中心主义转向非中心的多元主义，由深度模式转向平面模式，由以人为中心转向反传统人本主义。它可以促进人们拓宽视野、更新观念，转变以往僵化、封闭的思维方式，实现学科交融，不断向大众化和现实生活贴近。

（1）后现代哲学的两种取向。

后现代哲学以消解中心性、秩序性、明晰性、正统性、权威独尊性、基础性、同一性、决定性、理性等为出发点，以倡导否定性、非中心性、模糊性、破碎性、不确定性、非连续性、多元性、非主体性、差异性、开放性、非理性等为旨归。对现代主义所遵奉的科技霸权、理性独断、事实与价值的分离、人与自然的对立与疏隔等进行了无情而深刻的剖析与强有力的反驳，为我们重新审视现代主义的特征与误区提供了新的视角或视野。

尽管如同美国学者罗斯诺所指出的那样，有多少个后现代主义者就可能有多少种后现代主义的形式。但是，如果我们对各种各样的后现代形式或后现代声明加以粗略归类，大体上可分为解构性后现代主义和建设性后现代主义两大取向。

① 解构性后现代主义。有研究认为，解构性后现代主义坚持一种流浪者的思维，一种专事摧毁的否定性的思维。至于否定、摧毁的对象，每个后现代哲学思潮则各有专攻。“非哲学”瞄准的是传统的“哲学观”，“非理性主义”的对手是“理性”，“后人道主义”发难的对象是“人”，“非中心化思潮”攻击的是“中心”，“反基础主义”摧毁的是“基础”，“解构主义”志在消解一切二元对立结构，“后现代解释学”对确定的、终极的“意义”发出了挑战，“多元主义方法论”则打破了关于唯一正确的“方法”的神话，“视角主义”否定了认识

事物的单一"视角"的存在。[①] 罗斯诺也认为，持解构性和怀疑论立场的后现代主义者不免带有某种悲观、消极和沮丧的情绪。他们主张后现代时代是一个片段、解体、抑郁不安、无意义、含糊不清的时代，甚至是一个缺乏道德准则、社会秩序的时代。

解构性后现代主义者手执消解、批判、否定、摧毁的利刃对现代性进行了无情的剖析和解构，向现代性话语中流行的真理普适性、机械决定论、实证方法霸权、工具理性至上、价值理性旁落及传统的二元对立论、客观性、精确性、严密性、实用性等展开了强有力的攻击；他们对包罗万象的近现代世界观也发出了诘难，对逻各斯中心主义、欧洲中心主义、男权主义、基础主义、普遍性的元叙事毫不留情地予以消解。否定性后现代主义者"看重现代性所否认或忽视的一切，看重在现代性之后尤其是之外的一切，诸如不确定性、片段性、非原则性、怪诞性、反讽性、异质性、虚弱性等。他们拒斥被现代性所看重的事物：权威、规则、崇高、真理、理性、正题、圆满等。他们企图深入到现代性的核心，并从根本上肢解那个核心"。[②]

② 建设性后现代主义。建设性后现代主义虽然与解构性后现代主义一样，也推崇多元化和差异性，也主张对现代性进行反思和批判，但对后现代时代持有一种更为乐观、更有希望的态度和观点。建设性后现代主义者与"现代主义"或"现代性"有着斩不断、理还乱的微妙关系，他们主张吸取"现代主义"或"现代性"的某些合理内核，创造性地产生新思想、新途径、新方法，建立人与自然的和谐关系。

德国法兰克福学派的新一代代表哈贝马斯与利奥塔德、福柯、德里达等人对现代性进行彻底否定、颠覆的立场相左，认为"现代性"尚有其合理性，还没达到"灭亡"的地步。他们将科学、科学哲学、语言哲学中有益的成分吸收到其批判理论之中，表现出西方人文主义思潮与科学主义思潮合流的趋向。他们致力于"重振现代性"而非为"现代性工程"大唱挽歌。美国学者罗蒂主要从哲学层面讨论问题，不仅涉及到人与自然的关系，而且还把人与人、人与文化、人与哲学的关系纳入了论题之中。他所倡导的"后哲学文化"，不追求客观性而注重协同性，主张参照社会和人的行动来说明认识的真理性。其新实用主义的论点，强调人的创新性、新人的出现、认识的相对性和多元性及从人的社会实践理解人的认识活动。以美国后现代世界中心

① 王治河著：《扑朔迷离的游戏——后现代哲学思潮研究》，社会科学文献出版社 1993 年版，第 2 页。

② 张国清著：《中心与边缘》，中国社会科学出版社 1998 年版，第 5 页。

主任大卫·格里芬为代表的另一种形式的建设性后现代主义者们，对人与世界、人与自然的关系进行了深入的探析。他们从科学的层面出发，倾力于重建一种人与自然、人与社会、人与人的新型关系，努力勾画和建设一个美好的新世界。他们对人类社会的未来及人的发展持有乐观向上的态度，推重创造性的活动，鼓励多元思维，倡导以一种崭新的后现代思维方式取代现代思维方式，这些主张在当前学术界有着比较大的影响。

③ 两种后现代主义的共同点与区别点。在美国著名的后现代思想家小约翰·科布看来，以上两种后现代主义在拒斥"现代"方面有许多共同点。例如，他们都解构在现代思维中作为中心的实体性自我（the substantial-self），都拒绝现代科学中的还原论的机械主义。他们都反对超越问题而为思维寻找某种出发点，即所谓"基础主义（foundationalism）"，认为这是一种无用和危险的努力。他们都拒绝为理由寻找一种现行的起点或基础。他们都反对欧洲中心主义、种族主义、等级制度、家长制、全球化的现行形式和各种形式的帝国主义。

对两者之间的区别，科布认为主要表现在如下方面：解构性后现代主义以康德的批判理论为理论前提，建设性后现代主义反对笛卡尔、康德式的二元对立观；解构性后现代主义认为语言是自我包含的和在它自身之外缺乏参照的，建设性后现代主义主张有一个真实的世界影响着我们并且表达着我们的经验；解构性后现代主义反对任何寻求某种世界观作为霸权的努力，建设性后现代主义认为可以提供一种世界观，而这种世界观并非霸权；解构性后现代主义认为现代性是以对于理性的过度信任为特征的，应该抛弃这种信任，建设性后现代主义则主张对于理性的深度使用；解构性后现代主义认为现代哲学通过限制哲学的权利来达到确定性的努力已经失败，尽管建设性后现代主义也赞同这一看法，但并不希望达到极端的相对主义的结论，认为在行动中有一种与信仰有关的哲学比没有要好；解构性后现代主义倾向于某些在现代性看来是不确定的生活方式，建设性后现代主义相信当今社会需要从各种思想资源中寻得对于现实合用的新视野、新思路。[①]

（2）后现代哲学对现代哲学的批判。

中国学者冯俊指出，后现代主义哲学的本质特征就是对起源于古希腊的西方哲学传统，特别是继承和发扬了这个传统的"现代主义哲学"的全面批判，这标志着当代哲学的一次重大的转向。后现代主义对于西方传统哲学的批判是整个西方哲学发展史上哲学批判和论战中最全面、最激烈、最具

① 王治河主编：《全球化与后现代性》，广西师范大学出版社 2003 年版，第 15～17 页。

根本性的一幕。

后现代主义哲学对现代主义哲学的批判和否定主要表现如下：① 用"延异"解构"逻各斯中心主义"。德里达认为，传统形而上学是以二元论或两极性为思想前提的，它将一系列概念、范畴对立起来：善对恶、存在对虚无、在场对缺席、真理对谬误、同一对差异、心灵对物质、男人对女人、灵魂对肉体、生对死、自然对文化、话语对写作，在这些对立中，对立两极并非独立的、平等的，每组中的第一项都占据支配地位，掌控着话语权。德里达对上述观点予以批驳和解构，旨在批判形而上学的独断性，震撼"整体"，打破"结构"，造成"延异"(含义有二，其一是差异、区别与不同，其二是推迟、延期、迟缓)。解构并不是破坏、毁灭一切，而是防止秩序，包括思想、文化、道德体系的僵化和集权化。② 从纵向思维转向横向思维。德勒兹等认为，传统哲学是一种纵向思维，知识像大树一样是分等级的，基础部分是树根和枝干，枝叶和树叶被称为形式、本质、规律、真理、正义、权力等；而后现代思维方式是横向的，它是动态的、异质的、开放的、多样的、充满差异的、多元的、自由奔放的、非二元对立的。③ 用差异对抗理性的总体化。与现代哲学看中同质性、统一性、一致性、层级性、强制性、永恒性不同，后现代哲学看中不可通约性、差异性、片段性、特殊性和间断性，对机遇、混沌、流动、生成、创新情有独钟。④ 注重个体性和自我关切，反对主体性和人道主义。传统哲学高扬人的价值、地位、尊严、人权，提倡人性解放和人的全面发展，后现代哲学反对主体性和人道主义，宣称"人的死亡"和"人的消失"，强调自我关切、自我教养。⑤ 用相对主义取代基础主义。传统哲学认为心灵如同一面镜子，能反映事物的本质和规律，知识的真理是中性的、客观的、普遍的和一元的；而后现代哲学强调知识与真理的相对性、多元性和语境性。⑥ 用不确定性和小型叙事取代元话语和宏大叙事。与现代哲学强调知识的通约性、预测性、确定性、恒常性、同质性、一致性、改进性、清晰、协调、同一有所不同，后现代哲学强调知识的不可通约性、不可预见性、不确定性、突变型、异质性、多样性、不可修正性、混沌、悖论、差异性。⑦ 用"精神分裂分析"取代精神分析。在德勒兹等人看来，精神分析将"欲望"和"缺乏"、"需要"和"精神失常"联系在一起等，直接将精神分析参与了资本主义的压制，让资本主义来操纵欲望。在他们看来，所谓"精神分裂症患者"是敢于按照欲望的规律生活的人，他们反抗对欲望的压抑和扼杀，要求把人的欲望解放出来，而不至于转化为精神病。他们不是正常世界的病人，而是疯狂世界的正常人。[①]

① 冯俊等著：《后现代主义哲学讲演录》，商务印书馆 2003 年版，第 8～20 页。

(3) 后现代哲学对后现代心理学的影响。

尽管如同丹麦教育心理学家苛费尔所分析的那样,在心理学界,目前运用后现代的视野进行的研究还略显零散和单薄。但他仍然坚信,面对风起云涌的后现代文化思潮,心理科学没有也不可能无动于衷、置身其外。积极倡导后现代心理学思想探究和理论构建的格根更是立场坚定地认为,许多心理学家面对心理学的后现代转向感到受到了凌辱和被出卖了,这是因为他们所挚爱和自以为重要的事业遭到了后现代文化思潮的致命的攻击。在他看来,不加分析地拒斥或弃绝后现代文化思潮的冲击,既不明智也不可能。心理学家应主动放弃原有的角色和观念,以敢为人先的冒险精神,努力成为当前这场轰轰烈烈的后现代文化建构运动的积极参与者。关于后现代哲学思想对后现代心理学思想所产生的巨大影响,美国心理学家琼斯的观点具有一定的代表性和启发性。他认为,自 20 世纪 50 年代起,科学历史主义、后实证主义、后现代主义的倾向在心理学研究中的影响与作用正日渐扩大,新的哲学运动和后现代文化思潮已经引起了不少心理学家的浓厚兴趣。这使他们认识到:第一,科学主义心理学依靠实验数据来建立心理学理论大厦的努力是徒劳无益、很不可靠的。对特定的研究对象进行实验研究,获得一定的数据,只能解释和说明部分现象。无限度的推演,只会表明这种方式无视人的心理与行为的复杂性、多变性。第二,科学理论并不一定建立在事实之上,因为通过实验所获得的数据或者掌握的事实,并非必然代表或说明事情的真相。加之科学家在进行实验之前,常常在头脑中形成了一定的理论假设和构想,并以之指导自己去搜寻支持自己立论的数据和事实。同时,实证主义所捍卫的事实与价值相分离的立场也是站不住脚的。第三,科学主义心理学总是尝试着将心理学的研究方法化简为具体的可操作的小步骤。尽管这种做法在从事科学研究时比较行之有效,但后现代的学者们提醒人们注意:科学本身同样是一种文化的、人类的现象,对具有一定文化背景、价值观念、信仰和自觉能动性的人进行研究时,一味地采取自然科学的研究方法便很难奏效。第四,单纯靠慢慢地积累事实材料以促进科学发展的观念也受到攻击。正如库恩所言,科学的发展与革命必须废弃原先的概念体系,采用新的范式。科学主义心理学往往只注重事实材料的收集而忽视了理论的建设,这种偏颇举措已经严重阻碍了心理学的健康发展。①

致力于后现代心理学思想研究的心理学工作者,一方面吸纳了后现代

① Jones, S. L. (1994). A Constructive Relationship for Religion With the Science and Profession of Psychology, *American Psychologist*, Vol. 49, No. 3, pp. 184～199.

文化思潮的视界对科学主义心理学予以超越和扬弃,另一方面他们的探索性、尝试性的工作本身也融入了后现代文化思潮之中,成为一支后现代大潮中的生力军。他们对传统心理学研究中盛行的现代主义、科学主义、男子中心主义、欧美中心主义、表象主义、基础主义、本质主义、机械决定论、客观实证论、还原论、简约论等倾向的抨击与非难,既反映了对后现代文化思潮脉动的承继,又壮大了后现代文化思潮的声势及其在心理学阵营的影响。在当下的心理学研究中,关于社会建构的研究、关于话语的分析、关于现代心理学误区的透视、关于心理学历史的考察以及心理治疗中协作方法的运用等,已成为后现代文化思潮不可或缺的重要成分。

后现代哲学理念和理论主张对后现代心理学思想的产生与发展提供了充足的养分,对此,心理学圈内外的人士也直言不讳。美国学者罗斯诺认识到后现代文化思潮在人类学、法学、社会学、政治学等领域的影响比在心理学中的影响要大得多。但她又指出,即使在心理学领域里,后现代主义也正在获得某些重大的成果,这些成果将在往后几年的出版中得到反映。罗斯诺的言外之意很明确:心理科学虽然面对后现代思潮的冲击,由于诸多原因而反应略显迟缓,但毕竟并没有将自己置身于这一思潮之外,并有着较大的潜质在后现代境况中大显身手。英国学者皮克林认为,心理学已处于后现代境况之中,这一境况的标志在于学科之间和文化之间的解体,多元、传统的融合和界限的超越。在他看来,心理学转向对心理生活的背景性考察,特别相应于后现代的境况,心理学的后现代境况促进了多种传统的融合和多种观点的并存,而不是一统理论的天下。一直致力于心理学后现代转向的格根不无诙谐地指出,遭遇后现代猛兽,惊慌失措地疾退到并不牢固的城垛上是于事无补的,相反,心理学家应努力积蓄能量,联合各方力量,唯此方可促进一种更加创新的、生产性的、有益于人类发展的心理学的产生。

四、心理科学背景

面对当今后现代文化思潮的冲击,有可能在 21 世纪成为带头学科的心理科学理应也已经发生了相应的转向。一些执着于后现代心理学研究的探险者们,对后现代文化思潮的理论观点、特征及其对心理学后现代转向的影响,都有着深入的了解和清醒的认识。

1. 现代心理学的合法性危机

与后现代思想大师对现代性的合法性危机进行的深刻剖析与无情揭露相一致,不少从事理论探索或实证研究的心理学家也将审视的目光聚焦在了现代心理学的合法性危机上。美国心理学会为纪念科学心理学诞生100周年举行了一系列活动，其中引人注目的一项便是邀请一些著名的心理学家就“科学心理学第一个世纪的成功与失败及其对心理学未来的展望”这一论题展开了讨论。所征集到的论文后来由科克和勒伊编辑出版，书名为《心理学作为一门科学的一个世纪：回顾与评价》。这本书的整个基调不容乐观，专家们对心理学的百年发展与功绩估价不高，对心理学的前景展望也似乎信心不足。上述心理学家对心理学及其分支学科的反思与追问，虽然有些言过其实甚或危言耸听，但他们恨心理学之铁不成钢的急迫心情以及对心理学的未来发展的深切关怀，可谓溢于言表、力透纸背，值得我们深思。美国作为现代社会心理学的大本营，在20世纪60年代末70年代初，遭遇了一场严重的危机。这是整个美国社会政治、经济和文化危机的一种折射，但由于社会心理学无法直面和析解最为迫切的社会问题，便失去了社会各界的信任。在70年代，社会心理学家就此危机展开了一场大辩论，对现代社会心理学的困境、危机的性质及其产生的原因进行了广泛而又系统的探讨。卡特莱特的《现代社会心理学的历史透视》(1979)、佩皮通的《社会心理学的历史教训》(1981)、奥尔伯特的《社会心理学的历史背景》、格根的《社会心理学与非现实的复活》(1985)、帕克的《现代社会心理学的危机》(1989)、帕克与邵特的《社会心理学的解构》(1991)等，从不同的角度和层面入手对建立在实证主义、实验主义、个体主义基础上的现代西方社会心理学加以猛烈的抨击与反叛，较为深刻地剖析了现代西方社会心理学危机的根源。进入90年代以来，科克、比万、博内奥、鲍沃尔、金布尔等心理学家先后发表了大量的论著，旨在表明现代心理学已处于危机之中。

长期从事实证研究的英国著名的心理测量专家保罗·凯林出版过《心理学大曝光——皇帝的新装》，透过这一醒目而又令人心悸的书名，我们可体谅其对现代心理学的失望和无可奈何的沮丧。他在本书的开篇便指出，现代心理学不能解释什么是本质的人，而且，它所呈现的进展越大，事实上它就越远离心理学所应具有的目标。结果，现代心理学不仅毫无价值，而且实际上具有腐蚀性，它破坏了任何企图洞察人类行为的可能性。

深谙后现代文化思潮之精髓的一些心理学家，如格根、苛费尔等人，更是对现代心理学的所谓“合法性”地位耿耿于怀。他们从后现代的视野出发，对现代心理学的合法性危机进行了另一层面的透析。格根早在1985年就撰文指出，传统的、客观的、个人主义的、与历史无关的西方知识观已经渗透到了现代生活的方方面面，人们很少追问其合理性与合法性。现在很有必要用一种建立在社会建构论基础上的科学的元理论取而代之，这样一种元理论会将知识从依仗数据、专注实证的向度转向处于相互联系之中的人与人之间的活动与公众交换上。他曾对现代心理学的基本特征作了透彻的分析：在现代心理学中，对客观知识的追求是不切实际的。如同其他自然科学家一样，心理学家对客观知识的呼吁与渴求成了交谈者手中的王牌，它漠视甚或诋毁所有不用证据、测量、可靠性等术语的研究和解释。一些没有遵循"科学"的教条的观点，或者被视为乡俗陋习予以取缔，或者加以丑化进行控制和压服。随着文化领域一些新势力的崛起，现代心理学自命清高的优势已经崩溃，来自其他领域的人士声称现代西方心理学是一种难以捉摸的殖民主义形态。① 主编过《心理学与后现代主义》的苛费尔认为，今天有种种迹象表明，现代心理学的科学根基已土崩瓦解了，更为致命的是，现代心理学的知识日益令人生厌且无力对人类的生活境遇说长论短了。他以为本书几乎所有的作者都明显地感受到，囿于方法的追求或者说借助于自然科学，特别是物理学的方法而取得合法性的心理学的现代模式，在解释、理解、透视人的心理与行为方面是幼稚可笑和虚弱无力的。② 他在《人本主义心理学家》杂志 1990 年 18 卷第 1 期《心理学与后现代性》的专刊中发表长文指出，科学心理学诞生至今仅有百余年的历史，如果真的像后现代主义者所说的那样，现代性已经穷途末路，那么也就意味着，作为现代产儿的心理学也到了自己生命的尽头了。美国心理学家桑普森也曾撰文指出，如果心理学无视最新的科学发现的事实，心理学一直想拥有合法的科学地位的努力只能是空中楼阁。如果心理学希望避免哈贝马斯所描述的那种合法化危机，它就必须倾听来自方方面面的声音，抛弃男子中心主义、欧美中心主义、白人中心主义的立场。在他看来，心理学要想战胜危机，单靠积累更多的资料、扩大样本容量、坚持实证主义的科学评判标准是无济于事的。从长远的观点看，心理学的合法性掌握在大众手中，大众是形形色色、变化频仍的，如果心理学不倾听他们的呼声，无视他们的切身利益与实际心态，那么，心理学一心想在时代进步中扮演重要角色的梦想只能化为泡影。③

2. 一些后现代心理学家的努力

拉泽著文指出，在库恩、利奥塔德、德里达、福柯、哈贝马斯、罗蒂等后现

① Gergen, K. J. (1994). Exploring the Postmodern: Perils or Potentials? *American Psychologist*, Vol. 49, No. 5, p. 414.

② Kvale, S. (1992). From the Archaeology to the Architecture of Cultural Landscaps. Kvale, S. (Ed). *Psychology and Postmodernism*. London: SAGE Publications. , p. 10.

③ Sampson, E. E. (1993). Identity Politics: Challenges to Psychology's Understanding. *American Psychologist*, Vol. 48, No. 12, p. 1228.

代思想家的努力与呼吁下,实证主义所主张的价值中立的原则立场已经土崩瓦解了。真理、客体、理性成了“权力的结果”(福柯语),主、客对峙消解了,价值在科学研究中扮演了十分重要的角色。邵特认为,近年来出现了一场由现代科学转向后现代科学的运动,由之发生的众多变化可归结为探索立场与调查研究活动的特征的转变。米查尔也认识到,尽管从表面上看,在心理学研究中后现代主义者与现代主义者可以很容易地区分开来,但是当人们一旦采纳了后现代的姿态,不管是作为文本的读者还是作为心理学的研究者,都可以有效地利用多重阅读、阐释的方法来推进心理学的后现代转向。洛维尔在《后现代主义与主体性》一文中提出,许多后现代思想家倾力于将主体从理智和自主性的“王座”上拉下来,而以书写(德里达)、权力(福柯)或者叙事(利奥塔德)取而代之。当然,伴随着“老”主体的死亡,一种全新的但较少野心的主体便会降生。

苛费尔为了给深入地了解心理学的现状提供一种参照系,对后现代文化思潮的主题进行了较为详尽的整理。他认为,后现代主义不能被视为一种成体系的理论或者一种综合性哲学,而是形形色色的关于当前社会的判断与阐释,是一种对众多相互联系的现象的描绘。哈偌·马斯汀等人指出,在当前心理学界新兴起的社会建构论,究其实质便是一种后现代主义的取向,这一理论对当今心理学研究中的实证主义的传统和关于真理与意义的实在论加以质疑和反击,主张科学知识与其他知识一样,不可能是不偏不倚或者价值中立的。他们认为,后现代主义、社会建构论的观点已经影响了心理学关于家庭的系统理论,并对发展心理学、妇女心理学以及关于人类性征的研究具有推动作用。①

著名后现代心理学家格根指出:“后现代意识并不对心理学研究的巨大潜力持怀疑态度,相反,通过对现代主义的宏大叙事的祛魅,它试图使心理学家与社会文化的联系更加密切起来。不仅技术可更直接、更公开地为价值服务,更重要的是心理学受到鼓励去尽力地为价值评估摇旗呐喊,去努力开创新的可能性,以期为文化建设提供新的选择自由。这里并没有乌托邦式的承诺,只是为更有效地避免过去的虚伪、更彻底地整合学术的和文化的追求提供了可能性。”②格根在诸多论著中对后现代文化思潮及其对心理学后现代转向可能有的意义进行过阐述。在 1994 发表的《探索后现代》一文

---

① Hare-Mustin, R. T. & Marecek, J. (1988). The Meaning of Difference, *American Psychologist*, Vol. 43, No. 6, pp. 455～464.

② Gergen, K. J. (1990): Toward a Postmodern Psychology, *The Humanistic Psychologist*, Vol. 18, No. 1, pp. 23～34.

中指出，尽管后现代主义对心理学而言，可能是一种威胁抑或危险，但同时也为心理学的观念更新提供了潜在的可能性和契机。在该文中，他先援用奎因、库恩、劳丹、德里达、费耶阿本德等人的观点对科学主义心理学展开了攻击，后又借助罗蒂、福柯、哈贝马斯、利奥塔德等思想大师的视角，试图用社会建构论的框架来构筑心理学的体系，并努力在后现代的境况中展望心理学的发展前景。

美国心理学家卡舍曼认为，现代心理学自开始就在以历史发展的目光展望其学术研究与实际应用方面陷入了困境。与以个人主义的视野来研究人的心理的方式相悖，他主张在分析人的心理与行为时要关注各方面的条件，比如说文化、政治、历史、经济等因素。另外，还有学者对在后现代氛围中像自我概念这样重要的心理学命题可能出现的消解与重建进行了探讨；有女心理学家用女性所特有的视界研究了女权运动对女性心理研究可能带来的影响；有人则将研究的视角放置到了心理学的临床应用与职业训练在后现代可能发生的转变上。

第二节　后现代心理学的发展

对不少心理学家来讲，从 20 世纪 80 年代起后现代似乎是从外太空一下子降临到了各个领域(早在 20 世纪 60 年代已经出现在了建筑学领域)。20 世纪 80 年代早期关于后现代在科学思想中的意义有一次争论：认为它可能预示着社会科学的发展。但是对心理学这样一门既有着自然科学性质又有着人文社会科学特点的学科而言，后现代文化思潮或者革命到底能给心理学及其发展带来什么影响或后果呢？事实上，心理学界时至今日对此仍然莫衷一是，歧义颇大。

从心理学界探讨和关注后现代至今已经有十几个年头了。格根早在 1988 年所作的《走向后现代心理学》的学术报告中就声称，许多人可能最初会觉得后现代主义是一条荒凉的没有前途的道路。然而，事实上从他的观点来看，它有可能会使心理学已经取得的一些成果黯然失色(eclipse)。在以后的十多年间，后现代思想和话语在心理学中逐渐流行起来。1989 年，阿胡斯·登马克(Aarhus Denmark)在一个专题座谈会上宣告了心理学后现代的来临,心理学家们在这个会议上讨论了各个学科里后现代文化的表现。来自丹麦的心理学家苛费尔是这次会议的主人之一。他在1992年主编的《心理学和后现代主义》一书中提到了这次座谈会。书中苛费尔描述了后现代的时代以及逐渐被学者所熟悉的后现代的思路:放弃科学知识的启蒙观才会带来进步和解放;模糊现实和幻想的界限;打倒现代时期的二分法——与心理学有关的是客观现实和主观释义、自我和他人、认知和情绪。提到心理学未来的发展,苛费尔指出了两个倾向:一是科学的根基开始解体,大部分人因为逐渐意识到心理学家越来越少地提到人类环境而对心理学开始厌倦;二是学院派心理学和应用心理学实践之间的关系越来越紧张。

国外有学者不无担忧地指出,纵览这二十多年,因为对人类的疾病构想和对科学根基的崇拜使得心理学的消费群逐渐减少(至少在美国是这样),其间大学心理学的课程逐渐减少,心理学的地位逐渐下降,心理学似乎是自掘坟墓,这是学院派心理学的问题。对应用心理学来讲,心理学的实践被大幅度削减,几乎被HMO、精神药物、自助运动所占领(一些人担心心理学的完全毁灭只是个时间早晚的问题)。与此同时,后现代开始被心理学家所熟知,后现代可能会给主流心理学带来麻烦,但也可能会给心理学找到一条出路。起初是理论家、心理哲学家和社会心理学家希望在本学科内部研究后现代文化的影响,而现在有关后现代的问题已经成了心理学各个分支学科之间的共同声音。这些问题大部分产生于心理学是如何看待人以及怎样研究和帮助人——这正是心理学的模式、范式和方法。很多心理学家都承认自然科学的研究模式适用于物理和生物科学,但对人类社会现象而言这个模式既不适合也没有效果,特别是在认知实践、学习、教育、发展、语言交流、咨询、治疗、团体动力学等领域;涉及主观性、精神和团体间的关系等问题时自然科学模式就更加不适用。另外,在研究智力、种族文化、性、宗教信仰、精神性以及其他当代话题时,主流研究范式带来了社会各界对心理学的强烈不满,而对赞成后现代转向的一些心理学家而言,这种不满更是溢于言表、表露无遗。

从后现代的视野来看,主流心理学关于人类的研究模式不仅歪曲了人类生活的复杂性,也歪曲了人类的自我反思和社会性。进一步说,现代科学模式导致现代认识论对哲学方法论的偏爱,即认为真理性、现实性、客观性、因果性、二元性是认识的必要前提。后现代学者认为,这样的偏爱束缚了心理学的发展,使心理学过分追求调查方法的有效性,而没有考虑到人的需要以及人积极定性成长的能力或者人生存的必要性和合理性。

现在心理学各个领域都在致力于研究后现代和心理治疗、叙事和叙事治疗、社会建构主义、哲学和心理学等问题，这标志着心理学的视觉已经具备了后现代的敏感性。后现代理论研究经过了二十多年的发展，不仅在心理咨询、精神治疗和教育实践领域全面开花，而且心理学开始认识到并使用后现代的视角来重新回顾现存的研究结果和实践。因此，在刚刚跨入新世纪不长的时间内，回顾并评价后现代心理学的发展是时代使然，学术界不仅要考察后现代对心理学实践的作用，还要指出后现代对文化以及对未来的影响。

一些致力于后现代心理学研究的心理学工作者在最近二十多年的时间内出版或发表了大量的论著，反映了在心理学的整体研究、各专业研究和实践领域里后现代方法的成就及其局限性。他们涉及社会、发展、教育、临床和有关后现代的各个领域，表达了各自不同的观点。有马克思主义和女权主义心理学谨慎的社会建构主义观，有解构主义的无政府主义、相对主义和虚无主义，还有活动理论家或心理治疗医生的反范式主义。他们在后现代心理学、社会实践、政治生活中诠释了一些当代心理学的观点，如多元文化主义、文化、心理学职能，心理学现象的事实，本体和本体信息，语言、交流和论述，人类发展的潜力和动力，当今心理学地位和作用的研究，等等。

1997 年 7 月，东部学院(the East Institute)短期心理治疗研究和训练中心在纽约召开了一个会议，会议主题为“非科学心理学：与其他声音的对话”。此次会议的目的是召集一些志趣不同的人来一起讨论后科学心理学和后现代心理学是否影响、又是如何影响人们的社会和政治观点的。总共有 140 人参加了这次会议，他们分别来自不同的群体，有学院派、开业医生、教师、学生，还有一些参加者仅仅是觉得会议主题有趣或有某些重要性。他们来自 17 个国家，从心理学家众多的美国到仅有数位心理学家的阿塞拜疆。开业医生有的为社区年轻人工作，有的来自战争难民营，有的在南非为儿童和重婚家庭工作，有的来自贫民窟，有的为精神病医院的病人工作，有的研究药物治疗程序，还有的专为那些寻求帮助的人服务。研究者和学生来自美国和加拿大的各个大学。大部分参加者都认同某些进步的或非主流的心理学传统，如后现代主义、社会建构主义、解构主义、马克思主义、女权主义、激进心理学、叙述治疗、社会性治疗、文化历史心理学、活动理论和批判理论等。会议持续了两天，会议的焦点是如何定义后现代和后科学心理学以及如何创造出“与其他声音的会话”。换句话讲，怎样公平、全面地定义后现代心理学的主题以及它与社会实践的关系，怎样营造出可以定义出这个主题的环境。

在最近一段时间，心理学中的后现代已经变得零碎了，许多不同方向的后现代开始共存。仍有一些热情的支持者热衷于后现代，但并不总是以前的支持者了。人们对后现代对话有了新的高涨的热情。有许多人尝试重新详细确切地确定什么是后现代主义，这些努力或许可以挖掘出后现代的潜力，以使它能适应心理学的发展。有人试图追认已逝的作家为后现代主义者，想与那些不是后现代主义的运动套近乎。有些早期的拥护者和后来的支持者决定远离后现代，他们认为后现代发展还不充分，或者认为后现代有点过度繁荣了。还有些人试图重新使用后现代曾经攻击过的一些方法，比如批判或新马克思主义等。

后现代心理学家对个体知识、客观性和真理等的关键假说提出了重大的挑战，强调知识的团体性、社会性、文化性和历史性建构。尽管这些发展的观点同传统的现代主义心理学相背离，但这些观点同对文化生活的探究有着密切的关系，为心理科学展现了一个关于理论、方法和实践的新颖而富有生命力的前景。后现代心理学家在后现代文化思潮的冲击和影响下，对诸如真理、理性、客观性、个体知识、证据和科学过程等现代主义心理学长期持有的概念进行了反思和反叛；呼吁对意义、价值、主观性、团体知识、社会建构、实践应用予以重视。在他们看来，随着后现代哲学、科学等方法论和元理论逐渐在心理学理论研究和实际应用中得以展开和传播，人们有理由去预测后现代视野在心理学科学研究和应用中的重要价值及其对世界的潜在贡献。格根在2002年发表的《后现代背景下的心理科学》一文中指出：由于心理学家对自然科学还抱着强烈的认同，所以，对社会科学中因后现代文化思潮涌入所扩大了的对话领域视而不见或反应迟缓。但是在与心理学相邻近的社会科学领域，这些对话已经对元理论、理论、方法论和实践产生了巨大影响。令人欣慰的是心理学在最近这十几年间，情况已开始发生明显而重要的变化，不少心理学家开始借用或借鉴后现代的视域、研究方法和思维方式来进行心理学研究和实践，并取得了值得关注的突破：第一，从历史的角度看，被传统心理学学科所普遍认同的概念已经过时了，它孤立于过去半个世纪的主体知识和全球化的变化之外，有灭绝的危险；第二，在后现代对话中，后现代思想对传统观念的批判既深刻又影响深远，但同时心理学工作者还必须知道这些批评对科学而言并不是致命性的；第三，也是最重要的，如果心理学家在后现代的对话中能创造性地参与这个过程，而不是怀着防卫的态度墨守成规，心理学家的努力会对心理学的变化与发展起到事半功倍的效果。

经过后现代心理学家的共同努力，后现代的话语、声音、理论探索和应用领域在逐步拓展和深化。一些新学术杂志得以面世:《理论和心理学》、《理论和哲学心理学》、《哲学和心理治疗》、《心理学新思想》、《女权主义和心理学》、《建构主义心理学》、《社会行为心理学》、《行为与哲学》、《理论心理学年鉴》等,为宣传和交流后现代心理学思想搭建了平台,也为后现代心理学家传播自己的观点提供了畅通的渠道。

后现代心理学经过近二十年的发展,已经使心理学研究主题或范式发生一些转向或变化。主要表现如下:由关注理论建构和事实材料的搜集转向实际应用,应用性与指导性的知识及其价值得到重视;由专注于对外在事物的探求转向对人与人之间的相互交往与活动的研究;由对个体头脑中发生了何种活动的探讨转向对个体周围事物的特性及其能够提供的信息的探讨;研究过程由一人独自实施转向与其他人协商合作进行;研究的起点由被动反映(此时人与人之间的相互作用或消失或被忽视了)转向植根于有关日常生活的承继历史脉搏的社会活动之中(或者说由表象论转向建构论);由将语言主要是看做对现实的再现或表象转向对各种各样的社会行为的协调上,即由关注语言的表象功能转向探讨由语言组成的社会关系;从信赖作为理解世界之基础的经验转向探询世界的建构的社会过程;调查研究由建立在作为权威的可普遍接受的基本原则之上转向允许当场纠正错误的模式上,通过采用这一模式,可以就当时当地的情况与场合找到修正的证据;研究者的形象由置外的、沉思的、不动感情的观察者转向主动参与的、更富解释性的探索者;研究方式由注重归纳推论和实验研究转向注重语义分析和协商对话;由过分倚重实证的研究方法、推行实证的霸权转向实证方法霸权的终结和对研究方法多元化的标举;由价值中立、人为机器的立场转向价值负荷、人性复归的立场;心理学的研究对象——人,由被看成是自我控制的、一元的、分离的、守规则的、思维定向的、重表象的转变为不可控制的、多元的、去中心的、违反规则的、情感定向的、重意象的;心理学的理论研究的着眼点由个体的内心转向个体与社会的关系;心理学家的责任由自然科学的元叙事转向应用的共同体;由对内在心理机制的认知机械论研究转向实践活动所产生影响的事件上,其中包括这些活动所涉及到的职业的、认识论的、伦理学的、政治的等各方面知识的形成与增长;由传统的、与历史无关的、个人主义的、欧美中心的、男人中心的心理观转向反传统的、历史定位的、相互协作的、本土的、关注女性心理的和跨文化比较的心理观。

尽管心理科学置身于后现代境遇中,对后现代文化思潮的接受和反映不甚及时和强烈,学者们对心理学后现代的发展前景及可选择的路径的认识也存在意见分歧。但我们已经看到,一些勇敢的探险者们业已在一条曲折的道路上艰难地向前迈进了。他们对科学主义心理学的特征的分析，对其理论误区的透析，以及心理学在后现代可能或正在发生的转向的考察，虽带有一定的尝试踯躅的色彩但又不乏启示意义。他们的不懈努力已经引起了心理学界的关注、反省和沉思。

第二章

后现代心理学要旨

后现代心理学是在对现代心理学，尤其是对科学主义心理学的反驳、抨击、扬弃和超越的基础上形成与发展起来的。坚持心理学的人文科学取向的心理学家，特别是热衷于理论探索和倡导心理学后现代转向的心理学工作者，都对科学主义心理学的原则立场和研究法则深感不满，他们透过后现代的视野，从五个方面对科学主义心理学所信奉的原则立场进行了批驳与扬弃；又用整体论、建构论等观念摆脱和超越了科学主义心理学自身难以逾越的路障，并在此基础上确立了后现代心理学思想的研究趋向和方法论。[①]

第一节　科学主义心理学的“合法性”危机

科学主义心理学有其显明的特征：第一，将心理学定位为自然科学神圣家族的一员，千方百计地沿着相对成熟的自然科学所规定和踏出的道路前行；第二，坚持经验证实原则和客观化原则，强调研究对象的可观察性；第三，认定心理学的主要研究方法是自然科学对变量严加控制的实验法，将客观的实证方法置于霸权的王位；第四，信奉价值中立的立场，致力于经验事实与统计数据的搜集与整理；第五，固守人为机器的模型，信守机械还原论、因果决定论、传统原子论、价值无涉的客观论和严格的定量分析；第六，力图

① 如读者对本章内容感兴趣，请参看拙作《现代心理范式的困境与出路——后现代心理学思想研究》（人民出版社 2001 年版），第二、三、五、六章，在此不再赘述。

将预测和控制人的行为作为心理学的研究任务;第七,笃信客观普适性真理,认为存在着绝对的真理、超验的意义、普遍的规律。

一、自身难以逾越的障碍

为了使心理学在自然科学阵营中占有一席之地,保证心理学的科学性质,科学主义心理学从机械论自然观和实证主义哲学那里,原封不动地移植过来了五大科学研究法则:原子论、还原论、客观论、决定论和定量化研究。这些法则在心理学研究中的贯彻和应用,的确曾一度给心理学的繁荣和发展带来了一些帮助与益处。然而,科学主义心理学在一心一意地树立自己的科学形象时,却忽视了心理学应该具备的一定广度和理应研究的领域,这使得人们不得不对科学主义心理学的繁荣产生怀疑,也对心理科学的发展前景表示担忧。

1. 人心理的肢解

心理学中的原子分析多采用物理学和化学的方法,这难免会对人的心理的整体形象予以肢解,造成只见树木不见森林的局面,这也正是机能主义心理学、格式塔心理学和人本主义心理学对科学主义心理学的原子论思想群起而攻之的要害所在。一些持整体论的后现代心理学者也坚决反对对人的心理现象进行人为的切割与分解,强调从个人的抚养情境、生活经历、成长历史、教育状况、文化背景及社会环境等诸方面入手,系统而综合地考察一个人的心理活动及行为表现。

2. 人性的物化

还原论是主张把高级的运动形式还原为低级的运动形式的一种哲学观点,它认为在现实生活中每一种现象都可看成是最低级、最基本的现象的集合体或组成物,因而可以用低级运动形式的规律来代替高级运动形式的规律。科学主义心理学所坚持的最基本的研究途径便是还原分析,即将复杂的心理现象化简为物理、化学、生理过程,试图以生物的、生理的或机械运动形式来解释人的复杂的心理现象。人本主义心理学对科学主义心理学所采取的生物还原论和机械还原论的立场极为不满,认为这是一种对人的非人性化的处理及人性物化、异化和奴化的处理,人的能动性、创造性和人之为人的特性荡然无存了。法兰克福学派等也对这一研究法则深恶痛绝。

3. 主体性的迷失

客观论又可称之为客观范式、客观主义,其突出特点在于主张科学研究必须坚持和突出“客观”二字，研究者往往以可观察、可证实的事物为研究对象，采用客观、实证的途径与方法，并坚持价值中立的立场。科学主义心理学家都以实证主义作为其方法论基础，追求和坚守经验证实原则，重视观察与实验等客观方法在心理学研究中的作用，致力于心理学的科学化，努力将心理学建设成为类似于物理学、化学那样的规范的科学，从而使心理学从传统哲学思辨的阴影中摆脱出来。心理学中客观论的盛行，一方面缩小了心理学的研究范围，另一方面也导致了心理学研究中“价值中立”的倾向，同时还是心理学支离破碎、无法面对和解决现实问题的罪魁祸首。

4. 能动性的罢黜

决定论是一种认为自然界和人类社会普遍存在着客观规律和因果关系的理论和学说，凡承认因果关系的客观普遍性、客观必然性的就是决定论。它允许由原因推知结果，而且强调从结果可以反推出原因。自然科学中的机械论自然观和哲学中的实证主义都信守决定论的观念。心理学中的决定论认为，人的一切活动都是先前某种原因和几种原因导致的结果，人的心理和行为可以根据先前的条件、经历来预测与控制。但是，人毕竟不同于动物或者机器，人对客观事物的反映是有其能动性、主动性、目的性和计划性的。个体并非机械地接受环境与他人的摆布与操纵，而能通过“自我”积极能动地发挥其反作用。

5. 标有刻度的木偶

随着数学和力学一跃而站在各门科学的前列，它们逐渐成为其他科学追求的样板和典范。千方百计地梦想跨进自然科学门槛的心理学，自然而然地将精确性、定量化研究作为自己所追求的楷模，试图把人的心理和行为归结为某种可以用机械系统的组织原理解释的，可以用数学度量和处理的量的特性。可是，科学主义心理学时至今日，仍然无法阐析和解决深层次的文化、艺术、社会和跨文化的心理问题，甚至通过数据和统计所得到的关于人的心理活动与行为的规律的结论，也无法顺利而合理地应用于活生生的人身上，这不能不说是与其初衷背道而驰的。

二、严格实证立场的困境

机械论自然观和实证主义作为科学主义心理学的方法论基础，曾经为科学主义心理学的繁荣和发展提供了契机、前提、样板和目标，也为其提供了五大基本原则和立场：强调研究对象的可观察性；笃信客观普适性真理；

坚持以方法为中心；信奉价值中立的立场；固守人为机器的模型。但是伴随着时代的进步和科技的发展，科学主义心理学的方法论基础——机械论自然观和实证主义，相继在20世纪遭到了挑战和反动。基础的动摇和削弱昭示着科学主义心理学已经陷入了进退维谷的窘境之中。

1. **强调研究对象的可观察性**

科学主义心理学从新、老实证主义那里继承了可观察性原则，强调研究对象的可观察性。他们所谓的观察有两种：一类是指通过感官所进行的对外部世界的观察，以行为主义、认知心理学为主要代表；一类是指通过内部知觉所进行的内部感受或自我观察，以冯特的内省心理学和构造主义为主要代表。由于科学主义心理学坚持研究对象的可观察性，人的情感、意向、动机、需要、理想、价值观、人格等心理现象便被搁置在心理学研究范围之外，无形中缩小了心理学的“势力范围”。格根明确地指出，这是一种外源论的视野，即认为存在一个外部世界，与之对立还存在一个心理世界。当个体的内部状态反映和准确地表征了外部世界的存在状态时，或者用罗蒂的术语，当心灵发挥了作为“自然之镜”的功能时，就能获得知识。①

2. **笃信客观普适性真理**

科学主义心理学体现了实证主义的主旨，努力使心理学跻身于自然科学的行列，强调自己的研究结果、理论观点、学术主张及所得规律是普遍适用的，将自己所获得的知识视为具有高度普遍性(即高度概括性)和高度普适性(即高度解释性)的知识，并以之作为对心理与行为作出同一性解释的基础。心理学中的科学主义观点认为，心理学通过客观方法所揭示的规律应该带有普遍意义，适应一切社会和民族。但多元文化论者指出，传统西方心理学是建立在一元文化基础上的，只能适合西方白人的主流文化。② 社会建构论者更旗帜鲜明地主张，真理是建构的结果，真理不是被“发现”的，而是被“发明”的。

3. **坚持方法中心论**

科学主义心理学从传统自然科学和实证主义那里承继了物理主义与机械论的观点，及其实证的研究方法和实证科学的理论规则，标举科学主义的大旗，将客观、实验、实证的研究方法推向了极致。心理学长期以来对物理

① 斯特弗、杰里·盖尔主编，高文等译：《教育中的建构主义》，华东师范大学出版社2003年版，第15页。

② 叶浩生著：《西方心理学理论与流派》，广东高等教育出版社2004年版，第450页。

学、生理学、化学等学科的研究方法进行盲目照搬和简单复制，走向了方法中心论的道路，认为经验方法对于科学的发展来讲是最重要的。但是这一立场把科学与科学方法相混淆了，又把心理学的对象与方法的关系搞颠倒了。后现代主义者对此大加鞭挞，认为经验方法并不能保证心理科学的进步。他们主张以问题为中心，强调研究方法的多样性。

4. 信奉价值中立的立场

科学主义心理学以自然科学为顶礼膜拜的楷模，以实证主义作为方法论的基石，必定受到价值中立观念的影响。科学主义心理学价值中立倾向的典型特征是：强调研究方法、程序、结论的客观性；认为所探讨的是心理与行为的事实与规律；所达到的目标是真实地反映意识与行为的本质；实验的设计、进行及结果的分析都不涉及个人的任何主观倾向与价值判断。主张心理学只研究事实、知识，即回答“是不是”的问题，不研究价值和意义，不回答“该不该”的问题。近来人本主义心理学家和后现代心理学家，从不同的视界出发，对科学主义心理学的价值中立和“价值无涉”的立场进行了猛烈的抨击，已经引起了学术界的广泛关注。

5. 固守人为机器的模型

随着英国经验主义心理学、法国唯物主义心理学和孔德实证主义哲学的影响越来越大，人们越来越倾向于认为人的心理可以用物理学、生理学、化学的术语加以解释，而且逐步认识到，不仅仅人的肉体是一架机器，而且人的心灵也是一架可以操纵的机器。在行为主义者看来，心理学家的任务就是帮助和指导“人”这架机器更快地适应新的环境，更好地运作下去。认知心理学将人看做信息处理机或计算机。西方马克思主义者、后现代主义者和人本主义心理学家都对科学主义心理学所尊奉的人为机器的模型不以为然，认为这造成了人的主体性的丧失，人的主观性和能动性的泯灭。

第二节　后现代心理学方法论与研究取向

后现代心理学在心理学的方法论与研究原则等方面是与现代心理学针锋相对的，它的基本主张是反基础主义、反本质主义、反个体主义和反科学主义。对主客二元论、实在论、科学至上论、欧美中心论、个体中心论、男子中心论等原则立场加以批判和解构，对心理学进行了后现代重构：心理是社会的建构，互动是心理的源泉，话语是社会建构的中介，话语分析是心理学研究的基本方法。①

一、后现代心理学的方法论

1. 整体论

20 世纪 20 年代以来，从生物学（机体系统理论）、心理学（格式塔概念）和哲学领域（怀特海的机体论理论）兴起了一股有机主义的思潮。到了 50 年代，这一思潮受到了其他领域学者们的关注与赞许，一般系统论由之产生。作为“整体”的一般科学的一般系统论，着重研究系统的诸因素之间的相互联系、相互作用，并强调系统的动态性、有序性和目的性。系统科学方法论推崇整体论，认为唯有通过各部分的相互联系与作用，才能完整地把握和认识客体，尤其是复杂性客体。这一观点使传统的方法论发生了质的飞跃，使科学得以重新界定，科学思想有了新的转变。系统论的观念引起了很多心理学家的关注，他们或将人的心理与行为看成有机的整体，或看成动态的系统，扭转了原子论心理学对人的心理现象加以肢解的局面。

鉴于现代西方社会的世界观最终会导致人们精神现象的肢解和分裂，以格里芬等人为代表的建设性后现代主义者，尝试着用后现代有机整体论来代替现代机械论世界观。如果说现代物理学是通过最基本的部分来还原地理解整体的话，那么后现代物理学则从整体出发来考察部分。一些持整体论的后现代心理学工作者坚决反对对人的心理现象进行人为的切割与分解，强调从个人的抚养情境、生活经历、成长历史、教育状况、文化背景及社会环境等诸方面入手，系统而综合地考察一个人的心理活动及行为表现。格根主张应系统地拷问人的心理、行为历史的和社会的根源，力主从历史的跨文化比较的视角出发来探讨认知、动机、感知和信息加工等诸如此类的问题。他指出：“传统的、客观的、个人主义的、与历史无关的西方心理学观很有必要用一种建立在社会建构论假设基础上的科学的元理论取而代之，这样一种元理论会将心理学从依仗数据、专注认知的向度转向处于相互联系

① 叶浩生主编：《心理学史》，高等教育出版社 2005 年版，第 464～466 页。

之中的人与人互动和公众交换上。"[1]苛费尔则发人深省地指出:"前苏联心理学界以维果茨基为代表的历史文化学派和以列昂节夫、达威多夫为代表的活动理论与社会建构论(格根所倡导的一种后现代心理学研究视界)是极为相似的。它们强调人与世界的辩证关系以及心理活动的历史的和文化的背景和条件。从另一方面讲,这是对列宁的辩证唯物主义观点的坚持和弘扬。"[2]

2. 建构论

在自然科学内部,由于相对论与量子理论的提出与完善,以及系统论、信息论、控制论等"整合"学科的相继问世,传统的机械还原论便逐渐失宠了。随着传统的机械还原论逐渐失宠,建构论开始浮出水面。正如建设性后现代主义的代表人物格里芬所指出的那样:在复合的个体,特别是在那些所谓的生命中,自决或目的因就愈加重要。如果研究的重点放在比较复杂和高度进化的动物上,这一点就更加重要;实际上从某种意义上讲,较高级的存在更多地受到过去活动的影响而不是受较低存在的影响。基于这种观点,我们便可以理解机械论的还原论的方法何以在某些领域取得了巨大的成功,而在另外一些领域却遭到了失败。

格根极力倡导社会建构论,认为社会建构论者关注人们对其生活于之中的世界的(包括他们自身)描述、解释或说明。他指出在元理论水平上,社会建构论支持以下假定:第一,我们关于世界的知识并非归纳或者对一般假设营造或检验的产物;第二,对世界的领悟并不是机械还原式地为自然力量所驱使,而是具有密切关系的人与人之间主动合作进取的结果;第三,一定的领悟方式并不主要依赖于经验主义的合法性,而是依赖于社会过程(交往、冲突、协商、交谈)的变迁;第四,协商领会的形式在社会生活中具有至关重要的意义,因为它与人们所参加的其他许多活动是密切相关的。[3] 在他看来,个体并不是内容、理性的占有者,而是它们的分享者。一个人通过加入、联合和批判性地考察别人的观点来学习,通过互动还有可能产生各种新见

① Gergen,K. J. (1985). The Social Constructionist Movement in Modem Psychology, *American Psychologist*, Vol. 40(3), pp. 266～275.

② Kvale, S. (1992). Postmodern Psychology: A Contradictionin Terms? Kvale, S. (ED). *Psychology and Postmodernism*, SAGE Publication: London, p. 47.

③ Gergen,K. J. (1985). The Social Constructionist Movement in Modern Psychology, *American Psychologist*, Vol. 40(3), pp. 266～275.

解。[①] 他认为知识是随着对话的继续而被不停地生产或建构出来的东西。

3. **去客观化**

科学主义心理学研究中实证主义、实验主义、个体主义的盛行，导致了对研究方法与技术的过分追求和对理论研究与理论综合的过度轻视，也造成了实验研究与社会现实的极端脱离和价值中立的不断膨胀。

后现代学者强调认识主体的内在概念系统的先在作用，关注认识主体的目的、价值、意义和创造性，反对主客二元对立，认为任何观察和实验都无法超越观察者与实验者的先在的概念系统与已有的知识经验，主张任何观察和实验都不可能是完全中性的、客观的，因为观察者与实验者都成长和生活于特定的文化氛围之中，受到一定的社会、文化、教育、环境的影响，具有一定的"文化成见"、"心理积淀"、主观经验和反省意识，因此，任何观察和实验都不能摆脱作为原因性的主体先在意识的"污染"。[②] 美国学者范·弗拉森声称，人类通常所谓的自然规律的普遍性、必然性和客观性都是人类主观虚设的，一切规律都具有局部性和有条件性。作为后现代主义大师的美国哲学家罗蒂则主张放弃对研究对象客观性(objectivity)的追求，而追求协同性(soolidarity)。在他看来，追求客观性即追求真理，认为真理具有独立于或外在于人类的客观实在性；而追求协同性，就是追求某社会团体中人们在兴趣、目标、准则等方面的一致性。罗蒂认为，真理归根到底只是人的一种信念和价值观，他主张人应当摆脱所谓必然的、绝对的、客观实在的限制，放弃对必然的、客观实在的依附与追求。罗蒂认为："人不应该只追求客观性，不应当成为客观性的奴仆，而应当不受客观性的限制、强制，积极地创造真理而不是发现真理，去创造自我而不是发现自我，去创造世界而不是发现世界。"[③]

在后现代思潮的冲击下，不少心理学家对科学主义心理学一味坚持心理学研究实证化、客观化的主张深感不满，认为这样只能窄化心理学的视野，缩小心理学的领域，不利于真切而实际地探索人的心理与行为的规律。科学主义心理学研究中实证主义、实验主义、个体主义的盛行，导致了对研究方法与技术的过分追求和对理论研究与理论综合的过度轻视，也造成了

① 斯特弗、杰里·盖尔主编，高文等译：《教育中的建构主义》，华东师范大学出版社 2003 年版，第 15 页。

② 李铮：《后现代思潮与心理学》，《安徽师范大学学报》(人文社科版)，1999 年第 1 期，第 38 页。

③ 王元明：《行动与效果：美国实用主义研究》，中国社会科学出版社 1998 年版，第 400 页。

实验研究与社会现实的极端脱离和价值中立的不断膨胀。[①] 对此，有志于心理学后现代转向的心理学工作者都有清醒的认识，格根在《走向后现代心理学》这篇论文中提到：在西方文化中，人们从未怀疑过理性、记忆、情绪、动机等的存在，这些关于个体内部心理活动的透析构成了人们信以为真的世界的组成部分，心理学家们还在不断地向这一世界添加构成物：紧张、压抑、失调、精神错乱等。并且当人们使用这些语词进行交往时，自然会显露出偏爱一部分人或一些行为模式而轻视其他人或行为模式，比如说理性是崇高的，情绪是非理性的，男人比女人更具理性等。格根声称："通过使这些话语客观化，社会模型便僵化(ossification)了。面对这种情况，要求心理学家应对存在的现实尝试着去客观化(de-objectify)，以揭示这些现实之社会的和历史的根源，探讨它们对社会生活可能产生的影响，而不应在现代主义的框架内，继续坚持对所有的价值问题保持中立。"[②]

4. **或然论**

机械决定论认为客体之间的相互作用是纯机械性的，而后现代主义者则强调不确定性、或然性、内成性、非连续性、非充分决定性、突变和悖论；否认因果关系的客观普遍性，弃绝真理的客观必然性，因此很自然地会排斥机械决定论的立场。

格里芬对行为主义的环境决定论进行了颇有见地的抨击。他指出，尽管现代主义的代表人物斯金纳否认"自由与尊严"，但我们并非单纯地就是自然和社会环境的产物。毋庸置疑，我们的确是由我们与这些环境的关系内在地构成的。但是，在任何时刻，我们又都依据自己的愿望、目的、意义和价值从这些关系当中——简言之，从我们的精神中，创造着我们自己。[③] 格根也认识到科学主义心理学由于受到实证主义哲学的指导和影响，所以带有浓重且显明的机械决定论的特征，它对知识的构成和来源持外源的视角(exogenic perspective)。在格式塔心理学、皮亚杰的发生认识论和人本主义心理学的努力下，内成的视角(endogenic perspective)逐渐在心理学研究中扩展了地盘和影响。在格根看来，外源论与内成论之争实质上就是决定论与非决定论之争。他在 1985 年发表的《社会心理学与非现实的复活》这篇

---

① 周晓虹：《现代社会心理学的危机与后现代社会心理学的兴起》，《江苏社会科学》，1994 年第 4 期，第 23 页。

② Gergen，K. J. (1990). Toward a Postmodem Psychology: *The Humanstic Psychologist*, Vol. 18 (1): p. 32.

③ 格里芬主编，王成兵译：《 后现代精神》，中央编译出版社 1998 年版，第 206 页。

论文中对外源论与内成论分歧的焦点进行了归纳。[①] 他认为:(1) 外源论相信人们能获得关于外部现实的客观知识,而内成论则主张客观性知识是不可能获得的,因为知识并非对事物本来面目的公正无私的反映,而是个体兴趣、信仰和价值偏好的投射。(2) 外源论相信,鉴于人们对关于世界的看法能进行正确与否的判定,人们能对正确见解达成共识,故科学能获致普遍性的知识。而内成论则认为,因为人们对经验会按合理、合意的规则做出不同的解释,故而在生成知识时分歧往往多于共识,获取普遍性知识只能是一种奢望。(3) 外源论主张因现实独立于观察者之外,所以研究者和观察者应持价值中立的立场。内成论则主张,因人们对现实的反映在某种程度上是观察者的创造物,所以没有绝对的对错之分,价值中立难以成立。(4) 外源论认定经验的世界强烈地左右着感官,并决定着人们的心理状态与活动,所以外界环境的影响是即刻而直接的,认定行为反应和心理活动依赖或决定于先行的环境事件。而内成论则认定个体可自由地对由环境或记忆提供的感觉信息进行建构和解释。与外源论认为人的行为主要由外部环境所驱使相对立,内成论认为决定人的行为反应的是人的内部心理因素。(5) 因坚持环境决定论和事实与价值的分离,外源论倾向于认为伦理道德和价值问题不应含在心理学的视野之中。而从内成论的视点出发,由于强调个体对现实的选择与建构及事实与价值的融合,道德、伦理、价值等论题便成了心理学工作者无法回避的研究内容了。(6) 外源论者特别强调测量与控制的方法,他们认为通过这些方法的严格实施,就可以得到关于客观事实的不偏不倚的评估。对内成论者而言,所谓正确的评估本身便大可怀疑,所以一味追求研究方法的客观与精致,并不能真正促进心理科学的繁荣与发展。

人由于生活于一定的社会、政治、经济、文化、历史的背景之中,因此,承认社会环境对人的心理活动及行为反应有着重要的影响和作用,承认社会环境能塑造人和改造人是应该且必需的。但是只强调和突出必然性而忽视或然性,只注重外部环境对人的影响和作用,而忽视人的主观能动性及人对环境的反作用,也肯定会误入歧途,因为人毕竟不是机器或玩偶,也不是外部环境或他人随意驱使和造就的傀儡。人能适应环境,也能改造环境;能决定采取什么样的行动,走什么样的道路,选择自己的人生坐标与轨迹。

5. 质化研究

后现代主义者由于淡化对客观真理的追求,反对客观实证方法的霸权,

---

① Gergen, K. J. (1985). Social Psychology and the Phoenix of Unreality. In: Koch, S. & Leary, D. V. (ED). *A Century of Psychology as Science*. New York: Mc Graw-Hill, pp. 530～532.

自然而然地贬斥量化分析的作用而看重质化研究。他们认为由于人们所处的时代背景、文化氛围和生活环境各不相同，只采用量化分析的方式无法对人的心理生活的丰富性、多样性、复杂性做出恰如其分的理解和阐释，我们应综合采用现象学、释义学等质化研究方法。就人的心理活动而言，总有无法量化的质的规定性存在着，心理学要想不切实际梦想达到如同数学、物理学那样的水平，只能是一种偏颇的对学科优越感的执意追寻。曾对现代性作出过精深透视的马克斯・韦伯早就指出，关于心理现象和社会现象的所有科学都是关于人类行为的科学，这些科学都寻求对这些行为的“理解”，并且借助于这种理解对行为作出“解释性”的说明。其言外之意便是对人的心理活动和行为反应的探析与领悟，不能靠所谓的客观的定量分析来进行，而应选择定性考证和主观体认的方式。

那些后现代心理学工作者不管是采用现象学、阐释学、释义学还是新实用主义的视野，当他们对人的心理与行为进行研究时，大都倚重定性研究的策略。苛费尔曾明确提到，由于在心理学领域，异质的、不可通约的本文重新恢复了地位，所以正规的实验和统计的研究方法的霸权王位便被瓦解了。人类实践有意识的特性可以通过定性方式(qualitative methods)来透视。这也就意味着各种各样的获取知识的方法与途径得到了认可。在他看来，定性方法还包括对相互影响、语境等的探讨及个案研究。他认为当前定性研究的兴起也反映在科学哲学内语言学的转向上：强调的重点由与自然打交道转向人与人之间的会话；由与现实相联系转向对主体间意义进行协商。在许多方面，由会话而获得的知识与后现代所注重的会话的、叙事的、语言的、本文的和相互作用的知识是相近的。①

格根认为，人们越来越热衷于谈论传统的心理学研究对人的内在价值的忽略或遗漏，心理学家们关于可选择的方法论的话题也越来越多，现象学家开创了定性研究的范式；偏重于释义或解释的心理学探讨了建立对话式方法论(dialogic methology)的可能性。对人类相互依存的诸多形态与结构的关注也日渐增多，生态学家研究了人与环境的诸种观念，人种起源学家关注焦点由脑中的事件转向了人们身陷其中的社会仪式，话语分析(discourse analyses)由心理与语言的关系转向了视语言为社交时相互依赖的系统。②在格根看来，所有这一切变化和发展都是相互关联的，并且也不仅仅局限于

---

① Kvale, S. (1992). Postmodem Psychology: A Contradictionin Terms? Kvale, S. (ED). *Psychology and Postmodemism*, SAGE Publications: London, p. 47.

② Gergen, K. J. (1990). Toward a Postmodern Psychology: *The Humanistic Psychologist*, Vol. 18(1): pp. 23～24.

心理学。

二、后现代心理学的研究取向

后现代文化思潮作为一种哲学理论或者一种学理形式，对各种现代观念都予以了诘难和反叛，对现代主义所遵奉的逻各斯中心主义、基础主义、理性主义、表象主义、本质主义、普遍性的预设叙述等，统统进行了尖锐的批判与无情的消解。面对后现代文化思潮的冲击，不少心理学家从各自的专业和立场出发，探讨了后现代话语对心理学的适用性，分析和审视了心理科学在后现代思潮的影响下所应采取的姿态和行动。他们一致同意：固守现代实证模式的科学主义心理学，在新形势下必须进行一场根本性的变革和及时的转向。因此，科学主义心理学所奉行的基本原则与立场便首当其冲地成了他们质疑和抨击的目标。

1. 重视社会、文化、历史的考察

著名的建设性后现代主义者格里芬认为行为主义者的思想是一种世界祛魅的观点的表现。在他的视界中，世界祛魅的观点最初是在二元论的超自然论的框架内，由笛卡儿、伽利略和牛顿及其同道者们提出的。这种观点意味着，不仅在自然界而且在整个世界中，经验都不占有真正重要的地位。因而，宇宙间的目的、价值、理想和可能性都不重要，也没有什么自由、创造性、暂时性或神性。但他认识到，近期哲学、社会学、心理学、科学史学以及科学本身的发展都破坏着现代祛魅思想的基础，一种后现代有机论的观点已经成形。

后现代时期的学者清醒地意识到，不管是向内观察以研究心灵，还是向外观察以研究行为，实际上都是假定心理学有一个基本的特定研究领域。由于这一假定充溢着各种各样的意识形态与价值评定方面的偏见，占领这样一个领域绝非易事，后现代心理学的积极倡导者格根便指出："现代心理学都认定有一个基本的研究领域可供探讨，然而从后现代的视野看，这样一个研究领域是不存在的。后现代主义对人关于世界的反映是一种镜式反映的现代假定不以为然。因此，如果再认定心理学研究有一个基本的独立的研究领域存在，无形中就会将本身无法排除偏见的那些叙事客观化。"[1]但有目共睹的是，其他一些后现代思想更为流行的学科（人类学、文学评论、传媒

---

① Gergen, K. J. (1990). Toward a Postmodern Psychology: *The Humanistic Psychologist*, Vol. 18(1): pp. 29.

研究、社会学等)均提供了关于当今人类生活境遇的许多新的更富启示性和挑战性的见解,所以心理学完全可以借鉴这些学科的视野和成果,以更开放的眼界和胸襟,投身到对处于后现代时期的人们的心理与行为的研究之中,以获取更符合时代精神的、具有实际价值的知识。目前已有不少学者尝试着从历史和跨文化比较的视界入手来探讨认知、动机、情绪、感知和信息加工等诸如此类的心理学问题,并取得了可喜的进展。

2. **强调知识的不可通约性**

后现代时期的学者开始意识到,无法在自己的研究领域中找到所谓"普适性"真理的存在。他们建议每一位研究者在从事各自的研究时,都应考虑这项研究的历史和文化背景及环境因素:选择这一课题的根据何在?它所涵盖的范围多大?它要证实和支持什么?又要阻止和反对什么?对后现代的学者而言,对自己及自己所处的文化境况是否具有强烈的反省意识是至关重要的事情和前提。后现代文化思潮的一个重要组成部分便是反基础主义。所谓基础主义,意指这样一种基本信念:存在着或必须存在着某种我们在确定理性、知识、真理实在、善和正义时能够最终诉诸的永恒的、非历史的基础或框架。[①] 基础主义对确定性、客观普适性真理的渴求与追求被反基础主义者看做是"一种错误的看法",一个"不可能实现的梦想"。罗蒂也否认任何形式的基础,否认所有人在任何时候都可以乞求真理。他指出:"我们应当把科学看做适用于某些目的,把政治、诗歌和哲学都看做是各有其目的。我们应当摈弃西方特有的那种将万物万事归结为第一原理或在人类活动中寻求一种自然等级秩序的诱惑。"[②]在他看来,没有人曾得到过绝对的基础,没有人得到过绝对的真理,因此应当放弃对绝对的真、善、美的寻求。德里达高举解构的利器向逻各斯中心主义宣战,按照他的观点,世间并不存在什么绝对的真理、超验的意义、绝对的精神和普遍的规律,其解构主义旨在彻底摧毁形而上学对基础与本原的追求。一些激进的后现代主义者甚至宣称,科学既不能提供真理,也无法探求真理。我们应认识到"任何真理都是由人来发现的,不免要受到时间地点和各种条件的限制,因而任何真理都只能解释一部分现象,适用于特定的具体的事物之上,如果把一种具体的知识(即使是真理)推而广之,变成放之四海而皆准,这种做法本身不就是违背科学的吗?"[③]

---

① 王治河:《扑朔迷离的游戏——后现代哲学思潮研究》,社会科学文献出版社 1993 年版,第 84 页。
② 罗蒂著,李幼蒸译:《哲学与自然之镜》,三联书店 1987 年版,中译本作者序第 11 页。
③ 刘宗坤等:《后现代的生存》,作家出版社 1998 年版,第 68 页。

伴随着后现代文化思潮对本质主义、表象主义、基础主义、理性主义和客观普适性真理的抨击，心理学也由对抽象的、普遍的客观的知识的追求转向了对社会有用的、局部的知识的追求。后现代心理学工作者认识到，科学主义心理学在追求客观普适性真理的同时，相应地忽略了对感悟、目的、价值、创造性和主动性的探究。他们也意识到了改造心理学现有知识体系的必要性和紧迫性。

3. 倡导多种方法并举

与科学主义心理学针锋相对的人本主义心理学家马斯洛对"方法中心论"颇有微词，他认为将客观实证的方法奉为科学的正统，甚至视为科学的同义词，其片面、狭隘性是不言自明的。科学主义心理学将方法神圣化，实质上是将方法视为通向真理与光明的唯一途径和救世主，后现代学者已不再将方法视为神圣的追求，而将其置于边缘地带。他们认为实证方法的霸权隐含着一个设定：人是一种机械般行动的机器，面对环境刺激只能被动地做出反应，这样便忽视了人的能动作用以及对自己的行动负责的可能性。

科学主义心理学将实证方法置于霸权地位的做法，引起了国内外很多心理学工作者的反对，即使是一些不持后现代立场的心理学家也对之表示了异议。后现代心理学工作者更是旗帜鲜明地抨击了科学主义心理学"以方法为中心"的原则立场。美国心理学家斯里夫和威廉姆斯在《走向一门理论心理学》一文中指出，当今心理学是一门主要由方法驱动和界定的学科，理论探索只具有相对次要的意义。多年来，对学术课题和论文的评判就看它是否提供了与具体程序、方法控制、定量分析相关的特定假设，至于理论的探索与体系构建则不被看重。他们认为："热衷于实证方法的心理学日益淡忘了一个简单的事实：科学方法本身就是个有哲学争议的问题。科学方法无法科学地证实自身，科学方法同样无法用自己的方法证实正在使用的方法，一些人反驳说科学的成功就展示了其正确性。但何为成功？你又如何证实成功？"[①]施内德也指出，后现代心理学有可能成为当下主流心理学的替代者，在后现代时代精神的感召下，人们越来越认清了排他的实证主义教条的局限性。他认为生活在后现代的氛围中，心理学工作者已经意识到了科学主义心理学所张扬的实证方法已处于崩溃的边缘，心理学应采用多元的研究方法，应多视角地思考问题。美国心理学会前主席比万也认识到，就心理学的研究方法而言，科学主义心理学以实验、实证为主，而轻视其他的

① Slife, B. D. & Williams, R. N. (1997). Toward a Theoretical Psychology. *American Psychologist*, Vol. 52 (2): p.120.

研究方法，以为别的方法不科学、不合法。在他看来，这种认识本身便是不科学、不合法的。他主张要想促进心理学的发展，就必须正视心理学研究方法多元化的潜在价值，注意吸收其他学科行之有效的科研方法，努力发现或发明适应心理学研究的全新的方法。[①] 格根拒绝将方法视为真理的保证或护身符，他认为通过历史的考察，便会发现所谓方法体系不过是在一个特定的时代，被人们采用的一个特定的视角而已。苛费尔也极力主张心理学研究应方法多元化，定性研究的重要性应予以充分认识，而正规的、实验的和统计的研究方法不应再处在霸主的地位了。

鉴于人的心理与行为具有不稳定性和复杂性，单纯使用实证方法并不能真正揭示心理与行为的规律和本质，我们应采用多元的思维方式、多视角地看问题。在后现代心理学工作者的努力下，定性的、互动的、协商的、领悟的、释义的、积极参与的、与历史文化有关的研究受到了重视，研究方法的多元化——叙事式、阐释式、建构式、解构式等方法得到了心理学工作者的认可。

4. 关注事实与价值的融合

早在20世纪30年代，批判理论家霍克海默、阿多尔诺等人就对社会科学研究中所盛行的价值中立的立场进行了批评，然而直到80年代，才由哈贝马斯完成了对这一立场的全面而深刻的抨击。哈贝马斯认为，价值和意识形态的问题，由科学家们系统地转换成了工具性问题，一旦这种转换得以发生，价值问题便被压制下去了。科学技术的迅速发展和巨大成功，在一定意义上也蒙蔽和遮掩了专家政治论者（technocrats）本人的价值观念和立场。

人本主义心理学作为科学主义心理学的对立面，极力反对心理学研究中价值中立的立场，认为科学主义心理学从近代自然科学那里承继下来的价值中立的立场和价值无涉的研究，会导致两种后果：其一使心理学无法完整、准确地理解人的心理，其二使人的价值追求得不到科学的论证和支持。而以格根等人为代表提出的心理学的后现代思想，强烈呼吁取缔实证方法的霸权地位，要求消解在心理学研究中的所谓的“价值中立”的观念，这为心理学直面大众、参与现实生活扫清了道路。格根在1988年所作的《走向后现代心理学》的报告中指出，女权主义者戏剧性地将对价值中立的批判加以发挥，她们通过诸多巧妙的方式，揭示出传统的以倡导价值中立为旨归的科学研究，浸泡着男性中心主义的偏见，这种偏见在科学家们确立研究课题、阐析调查结果、解释所得数据、选择研究方法以及他们关于知识的概念等方面都不时地流露出来。格根认为这样的批判是十分有意义的，因为它们证

① Bevan, W. (1991). Contemporary Psychology. *American Psychologist*, Vol. 46(5): p. 481.

实了不管是科学的理性辩护还是对实验方法的倚重都不能使科学家凌驾于道德、伦理、价值和意识形态的思考之上。格根在1994年发表的《探索后现代》一文中明确指出:“心理学家回避对文化利益的思考不仅是一种不负责任的行为,而且心理学家应该在鼓励下将其声音加入关于‘应该怎样’的对话之中。在一些情况下,这意味着政治上拥护——拥护表明一个人相信文化的利益;在另一些情况下,又可能意味着文化的批判——对有碍人类福利的运动或政治的谴责。与此同时,各种形式的自我批评的评价标准也建立起来了。所有这些尝试和努力都可反映和折射出各种理论与实践的隐匿的价值蕴含。”①

5. **人的形象的重新塑造**

以福柯、阿尔杜塞、拉康为主要代表的后人道主义者向传统的人道主义所赋予的人的在先性、中心性、绝对性、自然性、超验性等特权提出了挑战,宣告了“人的终结”和“主体的死亡”。在他们看来,人不再是世界的中心,也不再是心理—精神世界的中心,这样一来,原来在传统人道主义者眼中是本原性、建构性的人,现在被后人道主义者变成衍生的、派生的、被建构的东西了。从某种意义上讲,上述观点是与人本主义心理学对人及人性的高扬背道而驰的。与解构性或否定性后现代主义者的观点不同,建设性或肯定性后现代主义者在批判现代主义的机械决定论、还原论、价值中立的立场的同时,自然而然地关注人的创造性活动、创造性的人生和从事创造性事业的人。格里芬曾明确指出,一个社会与它的成员的精神之间的关系是相辅相成的。一方面,社会的习俗和法律反映着其成员的精神;另一方面,社会成员的精神在很大程度上又是由社会的性质所决定的,不过仅仅是在“很大程度上”,而不是“完全”由它所决定的。尽管现代主义的代表人物斯金纳否认“自由和尊严”,但我们也并非单纯地就是自然和社会环境的产物。美国学者弗雷德里克·费雷对现代科学和科学主义心理学所提倡的“人为机器”的模型提出了引人深思的质疑。他认为,如果我们推崇蕴含在完美机器这一形象中的性质——规律性、预测性、控制性——那么我们就会丧失自发性、创造性和责任感等有价值的东西,而这些正是人性的价值所在。建设性后现代主义者也对现代世界观的人类中心主义进行了抨击,认为这样一种世界观将人凌驾于自然之上,破坏了人与自然的和谐同一。他们所倡导的整体有机论,努力抵达天人合一的境界。

---

① Gergen, K. J. (1994). Expioring the Postmodern, *American Psychologist*, Vol. 49(5); pp. 414～415.

以格根为代表的后现代心理学家借鉴建设性后现代主义者的思想，用社会建构论来重新确立和塑造人的主体形象，肯定了价值、目的、意义等在人的心理活动和行为反应中的作用，强调了完善人格和充实趋于虚空的自我的重要性，为心理学重新关注活生生的人和丰富多彩的人生廓清了道路，并因此与人本主义心理学有了某些共同的语言。

第三节　后现代心理学的理论主张

在后现代科学精神和后现代哲学理念的导引与协助下，现代心理学终于搭上了迈向后现代的末班车。一些从事后现代心理学研究的探险者，借助于后现代文化思潮的思维方式、研究策略、认识视野和学术主张，尝试着对传统的心理学体系和理论观点加以解构，并以此为基点初步完成了后现代心理学理论体系的构建和观念。

一、对科学主义心理学的批判

以科克等为代表的理论心理学家与以格根、苛费尔等为代表的后现代心理学工作者都曾对科学主义心理学的特征进行过系统而深刻的研究，也提出了一些发人深思的观点和意见。科克和苛费尔认为科学主义心理学追求四大主题：外在合法性、普适性、抽象合理性和可通约性。① 第一，关于外在合法性(extrinsic legitimation)。他们指出，心理学的历史说到底就是竭力效仿自然科学的历史，以至于物理学的语言成了心理学追求的典范。由于正规的自然科学的时髦理论都热衷于追求外在合法性，心理学自然也对之趋之若骛，然而，科学的体面与堂皇带来更多的是迷惑而非洞察。第二，关于普适性的追求(the quest for universality)。对普适性的追求是科学努力实现的目标：可用公式表述的理论法则应潜在地适合于解释所有的行为，法则应具有不受约束的普遍适用性。然而心理学的理论往往建立在受到相

① Kvale, S. (1990). Postmodern Psychology: A Contradictio in Adjecto? *The Humanstic Psychologist*, Vol. 18(1): pp. 35～54.

当限制的观察的基础之上,比如说由挪威的小白鼠的学习过程或在实验室中对白人大学生进行实验得出了一些行为的规律,然后又将这种有一定限制性的结论在全球各色人种中推广应用,此种所谓的普适性便大可怀疑。第三,关于抽象的合理性(an abstract rationality)。科学主义的假设—演绎理论谋求抽象的理论上的合理性,将预测和控制作为科学的标准和尺度,要求形成关于推理过程的法则。希望发展一种规范的定量的方法,正是心理学产生诸多问题的原因或病根所在。第四,关于可通约的观念(the idea of commensurability)。心理学力图像其他自然科学那样具有可公度性、可通约化和数学化,用数量表示的行为理论要有综合的视界,要求行为数学(mathematics of behaviour)与机械数学一样精确。可通约性是科学主义心理学家的一个最主要的梦想,在他们看来,科学有时与量化相等同,心理学所遵奉的自然科学的信条是:努力向前并尽力对所有的人类可测的东西进行测定。

科克、苛费尔、格根等人认为行为主义及其后继者信息加工认知心理学在对工具理性的强调方面走了极端,这种理性是与历史无关的,这里有一种所谓的真正的科学方法,这种方法是从永恒的自然科学那里照搬而来的。而关于人类生活的伦理与美学向度则被无情地抛弃了,当用工具理性的准则对待接受实验的被试与患者时,人的价值及人类生活的意义是不可能受到重视的。近年来尽管在心理学的研究中,伦理道德问题开始受到关注,然而美学领域仍然处于心理科学的边缘地带。

格根在1988年所作的《走向后现代的心理学》的报告中指出,文化上的所谓"现代时期",同机械化的过程及科技的进步密切关联。正是这一系列进步,才使得实证主义精神在行为与社会科学领域盛行起来:信奉科学统一观、决定论原则及价值中立说。也正是一百多年来实证主义精神受到极度的顶礼膜拜,才形成了现代心理学的四大基本原则:第一,尽管对心理学到底研究什么,心理学家众说纷纭,但现代心理学家都认定有一个基本的研究领域可供探讨;第二,现代心理学家深信在那个基本的研究领域中找到普遍性的特征、原则或规律,旨在实证的基础上建立起具有广泛预测能力的理论框架,并以之预测和控制人的行为;第三,现代心理学家遵循逻辑实证主义的立场,认为要在自己的基本研究领域中找到普遍性的特征或规律,或者推演出有关人类行为的真理,最可靠的方法便是实证的方法,尤其是那种可对变量严格控制的实验法,并且在使用实证方法时,对有关现象所进行的描述和解释应禁止掺杂个人的思想、价值和感情;第四,现代心理学家坚信,当使用实证的方法来研究心理学的对象时,便可以很快发现心理学的基本特征,并进而建立起一套非常可靠且价值中立的关于客观世界诸多组成部分的真理。①

在从事后现代心理学研究的学者们看来，鉴于心理学，尤其是科学主义心理学存在着严重的理论误区和缺憾，实施心理学研究视角的转换便成了势在必行的举措。他们认为，心理学与其他科学一样，必须改变和取代的传统形象有：第一，心理是反映自然的被动的镜子；第二，知识是关于世界的精确的表象；第三，科学家是外在的中立的观察者；第四，科学家是由一些盲人(blind men)组成的共同体，他们借助于手杖或者其他仪器来探知周围的事物和世界；第五，知识的重要性体现在可以用它们认识事物并且可以传授和交流；第六，人的心理能够搞清借助于仪器探索周围的事物时所发现的事物所具有的相对恒定的特征及其含义。从他们的观点出发，要想改变和取代心理学的传统形象，研究者的态度、价值观、目的、准则、方法及立场都应发生相应的变化，看问题的角度和着眼点、进入正题的出发点、展开研究的程序、所设置的研究机构及遵循的研究模式也应随之更改。

二、后现代心理学的理论构建

后现代心理学家对现代心理学的特征，尤其是科学主义心理学所奉行的基本原则和所坚持的基本立场进行了深入的分析，也对其理论误区与局限予以无情的揭示。他们在后现代文化思潮的助势下，扬弃了科学主义心理学的原则立场，超越了其误区与局限，实施了心理学研究范式的后现代转向。

1. 心理学的知识形态

科学主义心理学认为要想获得正确、合法、科学、客观的心理学知识，只能通过实验的、客观的方式，运用数学的语言加以表达。值得注意的是，如今许多具有开拓精神的心理学工作者已经跳出了心理学的学术圈子，试图借助后现代的理论观点重新审视和建构心理学的专业知识。

后现代时期的学者们清醒地认识到，构建基于实验主义、客观主义、实证主义和个体主义之上的心理学知识体系，绝不是心理学唯一合法或可能的体系。在他们看来，心理学现有的知识系统既不是天经地义的，也不是发展最为完善的；相反，它们只是特定的知识分子共同体(以白人中产阶级男

① Gergen, K. J. (1990). Toward a Postmodern Psychology, *The Humanistic Psychologist*, Vol. 18, No. 1, pp. 25～26.

性为主)对处于特定的社会历史环境中的人类行为进行思考获得的特定结果。正是在这种认识基础上,现在不少心理学家都意识到了改造心理学现有知识体系的必要性和紧迫性。他们在积极解构科学主义心理学知识体系的同时,努力构建后现代心理学的知识观。伴随着后现代思潮对本质主义、基础主义、理性主义、表象主义、男性中心论、欧美中心论和客观普适性真理的抨击,心理学也由对抽象的、普遍的、客观知识的追求转向了对社会有用的、局部的知识的追求,人们从日常生活中所获得的各种应用型知识比抽象的理论知识更被看重。由于其他一些后现代思想更为流行的学科,比如人类学、文学评论、传媒研究、社会学等提供了关于当今人类生活境遇的许多新的更富启示性和挑战性的见解,所以,心理学完全有可能借鉴这些学科的视野和成果,以更为开放的眼界和胸襟,投身到对处于后现代时期的人们的心理及行为的研究之中,以获取更符合时代精神的具有实际价值的知识。

米查尔关于后现代社会心理学的构想便吸收了后现代社会学的行动者网络理论;洛维尔等人借用艺术和文学文本分析方法完成了对自我的解构与重建;瑞奇尔(P. Richer)则利用福柯社会历史研究的视角,试图创建一种解构主义的心理学;玻金霍内(D. E. Polkinghorne)对精神分析的讨论则在偏重治疗实践中所产生的知识的同时,也依仗了后现代哲学的思路;邵特(J. Shotter)也表示赞同利奥塔德对科学知识与叙述知识的区分以及对叙事知识予以推崇的观点,也同意后现代主义所倡导的立场多重、视角多维、方法多元的主张;格根认为心理学并非旨在探索心理机能的一般法则,而是努力尝试着去揭示文化、历史中显透出来的当代行为模式,这种倾向对传统的科学主义心理学所操守的假设—检验研究模式及知识观无疑是一种挑战。

桑普森(E. E. Sampson)认识到后现代主义的观点已经对发展心理学、妇女心理学、社会心理学及关于人类性别特征的研究产生了积极的影响。他还强调了心理学跨文化研究和本土化研究的重要性,他认为来自不同国家、不同民族和不同阶层的心理学研究者已明确地意识到,心理学知识及其对人的心理和行为的理解是建立在特定的文化背景上的,主要是取自白种人、男人、西方人尤其是美国人,这种知识和对人的理解能否适用于其他人种、女人、东方人或者经济落后地区的人便不免令人怀疑。在美国心理学家比万(W. Bevan)看来,科学主义心理学由于坚持还原论、决定论和机械论的立场,所以,大多数研究报告和论文的选题都过于琐细也不重要,有的还是应景之作,既缺少明晰性也没有目的性。这种状况使人感到,心理学虽然已有了百余年的历史,尽管所用的术语有所变化,但所积累的知识却不尽如人意。比万认为自培根肇始的理性至上、科学霸权的局面越来越遭人非议,已经深入人心的关于科学进步的观念也有所动摇，人们越来越倾向于接受后现代主义的思想。随着环境污染、人性异化与压抑程度的提高和核威胁阴魂未散，人们愈发对科学技术给人类及社会发展带来的负面效应产生了更深切的体悟，由之对现代性的合法地位提出了质疑。他认识到心理学在追求客观真理的同时，相应地忽略了对感悟、目的、价值、创造性和主动性的探究。

2. 心理学研究对象

从事后现代心理学研究的学者，尽管同样以诠释和揭示人的心灵与行为的机制和规律为己任，但他们所采用的研究策略和切入点及对心理学概念的理解和认识与科学主义心理学却有一定区别。从事后现代心理学研究的学者，反对科学主义心理学对研究对象可观察性的强调，也不将预测和控制人的行为作为心理学唯一合法的研究任务。在他们看来，无论通过内省直接透视心灵，还是通过外部观察径直探究行为都是难以成功的。但这绝不意味着他们反对将意识和行为作为心理学的研究对象。他们同样以诠释和揭示人的心灵与行为的机制和规律为己任。只不过他们所采用的研究策略和切入点及对心理学概念的理解和认识与科学主义心理学有一定区别罢了。

第一，扩大心理学的视野。后现代心理学工作者清醒地看到，科学主义心理学由于坚持研究对象的可观察性，不可避免地将本属心理学领域的很多内容舍弃了：构造主义虽然研究了意识内容却忽略了意识活动；行为主义偏重于外显行为的探索而放弃了对内在意识的考察，成了"无头脑的心理学"；认知心理学对内在认知过程的研究居功至伟，却无力涉及情绪、动机、人格等重要的心理现象。所以，他们主张心理学研究应扩大视野、直面人生，关注各项心理技术的社会价值及评估、治疗方面的意义，通过多种途径、启用多元思维来揭示人类丰富多彩的心理世界，只有这样，心理学才会重新焕发生机，并可得到学术界及公众的认可。

第二，转换研究的角度。后现代学者认识到当今心理学的概念仍是经验主义或者外源论哲学的副产品，这正是造成心理学视野窄化、无力阐释人类丰富的心理生活的元凶。以格根为代表的社会建构论者积极倡导转换心理学的研究视角，从新的切入点出发来重新审视和研究人的心理活动与行为反应。目前，借用文学评论、现象学、释义学、人种学、生态学、人类学、平权主义、建构论等视野来研究心理现象的学者及成果越来越多，心理学的研究课题也随之广博了，涉及到性征、侵犯、心灵、自我、人格、动机、情绪、道德、审美、因果关系等领域，被科学主义心理学独霸已久的阵地已呈溃败之势。

第三，重审心理学的课题。后现代心理学工作者用后现代的话语，对传统心理学研究的课题进行分析后指出："在应用的、日常社会生活的语境或文本中，我们所有的传统的心理学研究课题，在用一种新的视界来重新审查时会发生很大的变化。"①思维不再被视为一种计算的过程，而被看做是一种争辩的过程；谈论动机变成了谈论行为的理由，也就是说，判断别人或自己实施某一行动是否合理或适当，要依据所发生的事件的情境而定；对情绪的研究，同样也逐步关注一个人与周围其他人相关联的活动；对记忆的研究不再局限于探讨贮存与回忆的特性，转而研究聚合性记忆(collective remembering)或者建构性记忆与遗忘等；学习不再被看做获取知识的唯一途径，知识也不再被视为认识论的问题，而成了本体论的问题；关于知觉的研究已转到了非认知的本体论方面；语言不再被视为仅具有表象或再现功能，它还具有构成功能。

3. 心理学研究方法

后现代心理学与科学主义心理学分歧最明显、对峙最尖锐之处便是关于心理学研究方法的认识。科学主义心理学一直占有支配和统治地位，客观实证的方法也就相应执掌着霸主的帅印，可以傲视和排挤其他研究方法。但是随着后现代哲学的视角主义和多元主义方法论的兴起与流行，当前心理学界对实证方法的利弊得失有了更为深切的体认，尤其是对其带来的负面效应更感有切肤之痛，也就招致了后现代心理学家的审慎评估和猛烈抨击。

施内德(K. J. Schneider)指出，后现代心理学有可能成为当下主流心理学的替代者，在后现代时代精神的感召下，人们越来越认清了排他的实证主义教条的局限性。他认为生活在后现代的氛围中，心理学工作者们已经意识到了科学主义心理学所标举的实证方法已处于崩溃的边缘，心理学应采用多元的研究方法，应多视角地思考问题。② 比万认为，处于后现代社会中，心理学家应以更加广阔、更为灵活变通的视野来开展工作。他认定在知识不断更新的信息爆炸时代，如果心理学家还一如既往地恪守原来的自留地，目光短浅，厚此薄彼，将会一事无成，因此他呼吁心理学家应加强协作、对

① Shotter, J. (1992). Getting in Touch: The Meta-Methology of a Postmodern Science of Mental Life. Kvale, S. (Ed). *Psychology and Postmodern*, SAGE. Publication: London. pp. 66～68.

② Schneider, K. J. (1998). Toward a Science of the Heart. *American Psychologist*, Vol. 53(3): p. 286.

话、交流和沟通。格根拒绝将方法视为真理的保证或护身符。在他看来，通过历史的考察，便会发现所谓方法体系不过是在一个特定的时代，被人们采取的一个特定的视角而已。苛费尔也极力主张心理学研究应方法多元，质化研究的重要性要予以充分认识，而正规的、实验的和统计的研究方法不应再处于霸主的地位了。

4. **心理学实践应用**

在后现代思想的影响下，随着心理学由对普遍的、抽象的、客观的知识的追求转向了对社会有用的、局部的、具体的、实际的、情境性的、前展的知识的追求，心理学家们的专业实践及心理学的临床治疗越来越被看做是心理学知识的一个重要的来源。

格根在许多论著中都明确表示，后现代观念向传统的将纯学术研究与应用研究区分开来的做法，尤其是关于为普遍性知识服务的研究优于为局部需要所进行的研究的设定提出了挑战。他认为心理学最重要的角色和作用应体现在解决现实问题、为大众服务和具体应用上。苛费尔强烈要求心理学重新恢复应用知识的合法地位，他意识到心理学在应用方面的知识，诸如系统疗法、系统评估、从业者知识及定性研究等虽说仍处于科学主义心理学的边缘地带，但与后现代的知识观是相关的，特别是通过实践、局部、应用的知识以及作为异质的、定性的和语言学的知识的引入，而逐步获得了合法性的地位。在他看来，关于心理学合理性的话题是理论与应用、学术与职业两者之间产生对峙的一个重要因素。科学主义心理学由于一味效仿自然科学的观点方法，张扬工具理性而压制价值理性，虽然也顾及到了心理学的应用问题，但一直没有真正重视它。职业应用心理学则相反，它不得不直面后现代世界的复杂性、不稳定性和价值冲突。玻金霍内等人认为，应重新审视和评价心理学中科学研究与职业应用的关系，并倡导建立一种科学—实践模式，这一模式将心理学知识、思想、理论与职业技能、活动、应用有机地结合在一起。瑞舍(C. E. Rice)指出，自 20 世纪 80 年代以来，从事纯学术心理学研究的心理学家及博士毕业生的人数已远远少于从事临床与咨询服务的人数，这说明从事临床实践、咨询服务、学校和工业组织管理的心理学家已经拥有了相当可观的市场。①

5. **心理学学科性质**

就心理学到底是一门自然科学还是一门人文社会科学这一问题，心理

① Rice, C. E. (1997). Scenarios: The Scientist-Practitioner Split and the Future of Psychology. *American Psychologist*, Vol. 52(11): pp. 1176～1180.

学界长期存有争论。在心理学的创始人冯特那里，心理学还兼有自然科学与人文科学的两重性。自艾宾浩斯肇始，构造主义、行为主义、认知心理学等占主流地位的科学主义心理学便力主心理学应成为自然科学的一个分支，而以精神分析、人本主义心理学和超个人心理学等为代表的非主流心理学则坚持心理学的人文社科性质。承继了后现代科学与后现代文化精神的后现代心理学，对科学主义心理学进行了深层的剖析和猛烈的抨击，尤其对其一心一意要成为自然科学神圣家族一员深恶痛绝。

近年来学术界对人类心理与行为的研究，出现了一种由对个体内在心理活动的透视转向对处于大千世界中的人与其他人相互关系的探讨倾向，关注的焦点由内在的心理容器（container）转向外部的人的世界。洛维尔利用修辞学的策略，通过将主体视为世界文本的一个组成部分，把研究重心由内在心理活动的探讨转到了对外在文本的考察；迈克尔借助于生态学的观点，将探求的触角由内部自我延伸到了客体权利的堂皇叙事。在一些后现代时期的心理学家眼中，心理学要想顺应时代的潮流，直面错综复杂的后现代心理生活，就必须挣脱经验主义和实证主义所设置的桎梏，超越无意识的迷宫，放弃自我崇拜，将视野投注到人类活动与现今的自然和文化世界之间的关系之上。苛费尔指出："与现代心理学的个体主义和内部心理的术语学（terminology）相反，在后现代话语中出现了一种关于人的去个体化（deindividualization）和外表化（externalization），他们认为自我的时代已经终结，有一种从内向外、从知者到所知的运动。意识、无意识等心理学概念已退缩到幕后，而知识、语言、前景展望、神话等概念则走上了前台。关于心理的考古学（archaeology）让位于关于现行文化景观的建筑学（architecture）。"①从这层意思上讲，心理学似乎更具有人文社科的性质。

以格根等为主的社会建构论者，继承了存在主义、现象学、释义学、文学评论、后现代思想等理论主张与视界，倾向于将心理学划归到人文社科阵营。而苛费尔、迈克尔等人则尝试着超越心理学之自然科学与人文社科对立的学科定向，坚持心理学是一门中间、边缘、交叉学科，这种主张比较符合当前心理学的发展潮流，也是不少心理学工作者的共同心声。

① Kvale,S. (1992). From the Archaeology of the Psyche to the Architecture of Cultural Landscapes. Kvale,S. (Ed). *Psychology and Postmodernism*, SAGE. Publications: London, p.15.

第三章

后现代心理学的理论形态(上)

后现代心理学家因为学术背景、专业方向和研究主题有所差异,所以他们是从不同的立场向现代主义心理学发起进攻的。这便造成了他们的学术观点和研究取向在某些方面是一致的,在另一些问题和主张上则互有冲突,甚至是针锋相对、各不相让。这也正体现了后现代文化的主旨:取向多维、方法多元、立场多重、观点多样、怎样都行。如果我们对后现代心理学的不同声音和构成加以归纳和梳理,后现代心理学大体上可分为:(1) 孤立与互动:后现代社会建构主义心理学;(2) 霸权与多极:多元文化心理学运动;(3) 阳刚与阴柔:后现代女权主义心理学;(4) 高雅与通俗:后现代大众文化心态;(5) 独白与对话:后现代语境论心理学;(6) 消解与批判:德国批判心理学;(7) 共生与重建:建设性后现代心理学;(8) 全球与乡土:心理学的全球化与本土化;(9) 解释与理解:后现代叙事心理学与叙事治疗。由于本书的篇幅所限,加之后两种声音还不够强大和成型,我们将对前七种后现代心理学的理论形态用三章的篇幅进行系统详细的论述,后两种理论形态放在后现代心理学的治疗理论和中外学者关于后现代心理学研究部分予以阐析。

第一节　社会建构主义心理学

在谈论后现代社会建构主义心理学之前,先看这样一则故事:有一个海轮上的大副,在船上听到消息,他的妻子跟另一个男人跑了,他十分难过,借酒浇愁，平生第一次喝醉了。严格而不讲情面的船长在那天的航海日志中写道："大副今天喝醉了。"第二天，大副酒醒了，觉得完全不值得为一个不忠的女人难过。他看到船长写的航海日志提出强烈抗议，说这个纪录如果不加解释，会断送他的前程，因为这使人觉得他常常醉酒。但是船长坚持认为航海日志记的是事实，不能随意改动。第二个星期，轮到大副记航海日志了，在这个星期的最后一天，他写了这样的一句话："船长今天没喝醉。"当读完这则故事后，掩口一笑之余又禁不住反思：语言是对现实真实的反映吗？人们坚信的客观现实是外在世界的真正现实吗？人们看问题的角度是否决定了对现实的把握？内在的经验世界有办法和外在的世界统一吗？社会建构主义心理学将对这些问题进行全新的解读。

心理学的改朝换代总是和哲学分不开的，随着后现代哲学思潮的兴起，后现代心理学也正在不断扩大影响，并且成为不断渗透、渐成气候的心理学新的研究范式，使心理学发生着革命性的变革。现代西方心理学中的社会建构论或社会建构心理学主要有三种形态：(1) 后现代的社会建构论亦称为激进的社会建构论，以美国社会心理学家格根为主要代表，主要特征是完全否认心理现象的实在特性，认为所谓的意识、心理仅仅是一种社会建构。(2) 实在论的社会建构论，以英国心理学家海尔(R. Harre)为主要代表，其特色为话语心理学和后结构主义倾向。(3) 修辞—反应(rhetorical-responsive)的社会建构论，以美国心理学家邵特(J. Shotter)为主要代表，强调语言的修辞与反应特性。这三种社会建构论虽然侧重点不同，但都具有后现代主义的倾向。[①]

后现代社会建构主义心理学是后现代心理学的一种理论形态，是对社会学特别是知识社会学中的社会建构论的承继，深受当代哲学和社会文化变迁的影响，是心理学内部对 20 世纪 70 年代社会心理学危机的回应，是对现代科学主义心理学的反叛，它旨在为心理学的发展寻找积极的出路。首先我们需要理清两个概念：social constructivism 和 social constructionism。杨莉萍等在《后现代社会建构主义心理学初探》中指出，国内学者关于社会建构主义心理学的研究，有些学者关注的是 social constructivism，这属于现代文化阵营，以皮亚杰理论为主要基础，不涉及对现代性及其现代心理学的批判，而我们在这里所关注的是 social constructionism，它才是后现代主义的同盟。

---

① 叶浩生著：《西方心理学理论与流派》，广东高等教育出版社 2004 年版，第 452 页。

一、社会建构主义心理学产生的历史背景

1. 社会背景

任何知识都是时代的产物，社会建构主义心理学也不例外。在信息化的时代，人们的关系进一步增殖并延伸，人们可以轻易地与想要联系的人保持联系，当然也要忍受不想与之联系的人的侵扰。随着关系的增殖，人与人之间的关系开始缺乏深度，变得泛而不精，从某种程度上讲如果太重视关系会失去自我，但关系太多而不精导致的却是自我的饱和。所谓的自我饱和是指人们在不同场合以不同的面目出现，这些面目有时甚至是相互矛盾的，而自我则越来越多地成为他人自我的组合和"拼盘"，"我"不再是"一个"，"我"包含着"一群"。正如格根所说："我们从别人那里获得植入的每一份自我，都是对我们和自己内心进行的，关于某一个人、事件、问题的对话和讨论有所贡献。这些内在的声音、这些关系的残留痕迹，是真实的又是想象的。"①

现代社会发展得越快，信息化的程度就越高，人类接触到的信息就会越来越庞杂，而人与外界的关系也越来越密集，很难说所有的信息都是愿意接受的，也很难说所有的关系都是愿意维持的。人们受到了不同的文化视域、不同的价值理念的冲击，于是想法会不断改变，自我也不断随之变化，已经说不清到底哪种自我是真实的了，每一种"真实"的自我都受到了挑战。于是从某种意义上讲，自我饱和与失去自我实在没什么分别。社会建构主义心理学强调社会对人的建构作用，在这样的社会背景下提出也的确是"时也势也"。

2. 思想背景

社会建构主义心理学产生的历史背景包括三个不同方面，即哲学的发展、社会学的发展以及心理学的发展。

(1) 哲学的"养育之恩"。

后现代社会建构主义心理学受到当代哲学转向的影响，可以说从库恩的范式论开始，便为建构论的产生埋下了种子，因为正是范式论为社会建构主义心理学提供了最初的营养。社会建构论的主要代表人物格根的心理学

---

① Gergen, K. J. (1991). *The Saturated Self: Dilemmas of Identity in Contemporary Life*. Basiebooks, p. 71.

思想就经历了早期的经验主义范式、中期的历史主义范式向后期社会建构主义范式的转变。范式论强调范式的优先性，即一个人所看到的事物不仅依赖他在看什么，而且也依赖他以前的视觉—概念的经验教给他去看的东西。这种观点可以用"观察渗透着理论"这一命题来概括，既然科学不是对事实的客观反映，而是"范式"的产物，那么我们就不应该盲目崇拜科学。这些观点都为社会建构主义心理学批判现代科学主义心理学提供了支持。①

哲学对主客体的超越为社会建构主义心理学提供了新的认识论，可以说当代哲学很重要的一个趋势就是超越原先哲学的主客二歧式思维。从胡塞尔开始便对科学的世界观进行了批判，胡塞尔提出了自己的"生活世界观"，开始主张将人与世界归为一体，没有什么客观的世界和主观的世界之分，人类统一生活在现实的世界之中，独立于人之外存在的东西是没有意义的。这些观点在海德格尔那里得到了发扬，他提出了"此在"的观点，即世界只是因为自己的存在才有意义，没有存在，世界就没有意义，所以不存在什么"精神世界"和"物质世界"之分，人只存在于一个世界，那就是"生活世界"。② 可以说长期以来认识论有两种传统：一是从外部现实世界的实践中去追溯知识的本源，认为知识是对客观现实的摹写或镜影，当认识作为一种工具作用于现实世界时，人的心理为认识服务。与这种观点形成鲜明对照的是，认为知识依赖于内在有机体的过程，人的心理是认识的源头、概念建构的源泉。格根把前一种称为外因论，将后一种称为内因论。外因论和内因论的冲突对峙影响了许多学科，也制约着心理学的历史发展进程。③ 心理学的历史被认为是外因论与内因论长期争论的历史。冯特备受前一种观点的影响，行为主义更是将环境决定论推向了极致，是典型的外因论视角。认知革命兴起标志着内因论在心理学中的复兴，格式塔心理学和人本主义心理学都是内因论取向的代表。无论是外因论还是内因论，都属于主客二分的认识论范畴。而现象学以及其他一些哲学体系，如怀特海的过程哲学对主客体的超越为认识论开辟了另一番天地，也为社会建构主义心理学探索出一条新的途径。

如果说范式论为社会建构主义心理学埋下了种子，超越主客的哲学为其开辟了道路的话，那么语言和话语分析哲学取得的成就更使之如虎添翼。从维特根斯坦的语言游戏说到德里达的话语解构主义，再到福柯的知识考

---

① 叶浩生：《后经验主义时代的理论心理学》，《心理学报》，2007 年第 39 卷，第 184～190 页。

② 邵迎生：《心灵真相在日常话语中的呈现——话语观念与心理学研究》，《南京师范大学博士学位论文》，2002 年。

③ 张世英：《西方哲学导论》，北京师范大学出版社 2002 年版，第 7 页。

古学，都为社会建构主义心理学这座大厦搭建了地基和框架，在维特根斯坦的后期思想中，游戏成了语言的隐喻，语言并不仅仅表达人们的思想，它还自行其道并有着自己的规则，我们必须像游戏一样，在共同遵守的规则中使用它，如果不遵守规则，便会产生歧义。人们无需对语言定义，因为它没有本质，有时只是一种约定而已，有时它也会占得先机，影响人们对世界和事件的理解，就像拉康说的那样，不是"人说话"而是"话说人"。社会建构主义心理学正是根据上述哲学思考，踏上了研究语言如何建构心理世界的征程。

德里达话语解构主义也深深地影响了社会建构主义心理学。在德里达那里，理性是不堪一击的，以德里达的解构主义的视角来看，现代文化对理性的信赖是没有基础的，任何一种理性在严格的检视下都会坍塌。因为语言本身是一个自足的系统，其中每个语词的意义依赖于它与其它语词之间的关系。德里达的"依赖"由两个部分组成，即"差异(difference)"和"延异(deferral)"。每个词首先通过它与其它词的不同(差异)获得意义。比如语词"民主"本身并没有意义，只有当它与"极权"、"专制"等相比较而产生差异时它才获得意义。然而差异仍然不足以让人们理解什么是"民主"。"民主"除了不是"专制"之外，它是什么呢？要想获得清晰的认识，需要关涉到其它的语词，如"自由"、"平等"等。可是"自由、平等"又是什么意思呢？要想进一步弄清楚，人们便不得不再次重复上述"分延"的过程。你可以说，"平等"就是"不平等的反面"，它反映了一个社会的"公正"和"正义"。那么，什么又是"公正"和"正义"呢？"分延"将不得不持续下去，原则上没有出口也没有终点。也正是在这种意义上，德里达指出，"文本之外无它物"，任何意义不可能在文本之外遭遇"现实的事情"，既然构成理性的词语都是含混不清的，那么理性就不得不需要我们的重新审视。①

福柯作为萨特之后法国最伟大的哲学家，像尼采一样充满了批判精神，却又不乏智慧和创新，难怪格根盛赞他为"20世纪最具催化作用的社会理论家"②。福柯的知识考古学对社会建构主义影响巨大。所谓知识考古学，更多的是一种话语分析方法。他认为每一知识或话语系统都含有一套使其成为可能的言述规则，而在这些规则的背后又充满了无处不在的权力，每一话语系统都含有权力的运作和规范，人类的所有行为都是话语和权力的控制对象。福柯使用了"考古学"的方法对一些现象加以诠释，例如他对疯癫的解构，通过考古可以看出疯癫没有本质，在不同时期可以注入不同的内容：

---

① 杨莉萍：《社会建构心理学》，上海教育出版社2006年版，第65～67页。

② Gergen, K. J. (1999). *An invitation to Social Construction*. London: Sage, p. 38.

文艺复兴时期是神秘的启示，在古典时期是罪恶，在19世纪是精神病，于是对疯癫者的处置有时是流放的愚人船，有时又是收容院，后来成了精神病院，这一切其实都是理性对疯癫的排斥而已。此时理性就意味着权力，它可以以自身的名义来构建疯癫，然后对其进行禁闭。于是福柯最后说，任何“疯狂”或“异常”都不是“现实的”自然现象，而是现代文化的产物。福柯的这种话语分析方法受到社会建构主义心理学的推崇，成为其重要的研究方法。

总之，后现代心理学是以后现代文化思潮为基石的，作为其中之构成成分的后现代社会建构主义心理学无疑也受到了后现代文化思潮的影响，“以至于前者稍加转化就成了后者的构成要素”①。

(2) 社会学的“移花接木”。

学术界普遍认为，实证主义和社会建构主义存在于哲学范畴的两个极端，即二者是相互对立的。这种观点不仅在心理学中，而且在哲学和社会科学中也是十分流行的。两者之间的差异和对立通过表3—1可以清晰地表现出来。

表3—1　逻辑实证主义和社会建构主义间公认的差异

逻辑实证主义	社会建构主义
1. 是一种传统的科学哲学并因此误解了真实的科学实践。	1. 特别关注于提供一种对科学共同体的各种惯例的解释。
2. 源自于客观主义意识形态。	2. 反对客观性社会科学的可能性。
3. 承认被试的个体性。	3. 承认被试是社会性的，而非个体性的。
4. 把逻辑看做是一种科学探究必不可少的抽象的形式体系。	4. 把逻辑看做是修辞学——否认所有分析性的差异(即拒绝预先假设一种二元逻辑体系)。
5. 把理论看做是公理化的严密体系。	5. 理论不过是特定科学共同体的推论性惯例。
6. 赞同一种朴素的经验主义——观察描述只能从未受污染的感觉资料中推论出来。	6. 在认识论上主张，观察描述并不比理论推理更重要。
7. 涉及证实主义和操作主义。	7. 这两者(证实主义和操作主义)存在一种误解：相信词语和世界之间的推论关系是可以证明的。

① 王小章：《社会建构论和社会心理学研究》，《浙江学刊》，1997年第4期，第36～39页。

（续表）

逻辑实证主义	社会建构主义
8. 机械论、二元论、决定论、自然主义、个体主义、还原主义、原子论、绝对论、物理主义、量化主义、基础主义和归纳法优越论。	8. 涉及这些特性的任何假设都是有缺陷的，并且阻碍了对社会生活的理解。

以实证主义为方法论基础的社会学在进入 20 世纪 70 年代以后，受到了沉重的打击，后实证主义登上了历史舞台。后实证主义关注社会认识问题，其主张的"不足以确定性"为"科学知识社会学"所坚持和发展，从而对科学合理性产生了激进的怀疑态度。"科学知识社会学"是 20 世纪 70 年代在英国率先发展起来的一个科学社会学流派。它对库恩关于范式的历史性和相对性思想作出了更激进的解释，不仅引入对科学的解释，而且还进一步从中引出许多从不同侧面影响科学知识的稳定性和质疑科学理论的客观性的社会因素，进而认为科学理论具有内在的诠释学性质。① 科学知识社会学家通过人种学的田野调查方法来证明自己的观点，拉尔图更是对科学家在实验室里的谈话做了话语分析，认为实验室生产出来的"科学事实"只是科学家根据科学仪器的标记构造出来的，是"人工事实"②，这些社会学家认为包括理论在内的一切知识的内容，归根结底都是由社会文化因素的参与和作用所形成的。这种对科学合理性、客观性抱持的怀疑主义态度和相对主义立场构成了科学知识社会学的基本认识论前提，这种科学知识的新方向和策略被称为"社会建构论"。后现代社会建构主义心理学正是在这种"社会建构论"的基础上产生并发展起来的。

(3) 心理学的"穷则思变"。

自 1879 年冯特建立科学心理学之后，心理学在 100 多年的时间里取得长足的进步，也对人类生活的各个领域产生深远的影响，但在繁荣的同时，心理学存在的问题和困境也是显而易见的，其中最严重的就是心理学的分裂了。按库恩的话来讲，心理学从来就没有一个稳定的"范式"，这也导致了大家各执一词、各自为战的局面。二战以后，心理学的门派之争虽然趋于缓和，但只是一种表面现象，在研究课题、研究方法和指导思想等方面仍然没有"共同语言"，而且心理学的实践者和研究者之间更是存在着分裂，研究者认为临床心理学家过于肤浅，而临床心理学家则认为基础研究者只是钻到了科学的象牙塔里。

① 苏国勋：《社会学与社会建构论》，《国外社会科学》，2002 年第 1 期，第 4～13 页。

② 刘瑞珊：《科学技术人类学：科学技术与社会研究的新领域》，《南开学报》，1999 年第 5 期。

其次心理学存在的另一个很严重的问题就是和现实生活的脱节，不管是临床心理学还是基础研究者所做的工作，都不是从人类生活的意义出发来做研究的，他们只是在科学技术原则的指导下工作，而倡导研究精神领域问题的心理学家大多成了边缘人物，如人本主义的马斯洛等，而这些边缘人物又恰恰是公众最为关注的心理学家。因为现代科学主义心理学想走的就是自然科学的道路，经典的自然科学的方法论和科学观的确促进了心理学的发展，但也带来了种种弊端和危机，因为人不但是源于自然的，而且也是超越自然的，有着自己的社会文化属性，仅仅以自然科学的方法又如何能全面地理解人类。

为了应对和解决心理学面临的难题或困境，后现代社会建构主义心理学得以孕育和生成。后现代社会建构主义心理学力图超越主客二元的认识论，是对 20 世纪 70 年代以来的社会心理学危机的一种反应。而心理学以实证主义为地基，以还原论、机械论和自然论为基础的“人性假设”，纯科学的价值中立观点，不断显现出窘困和弊端，心理学家不得不思考心理学的出路，进行后现代转向从而建立后现代心理学似乎成为明智之举，这也为后现代社会建构主义心理学的出现和发展提供了机会。

当然社会建构心理学也从心理学内部汲取了很多营养，我们可以追溯到维果茨基的历史文化学说。“在某些方面，建构论可在维果茨基学派中找到亲密的同盟，二者的立场都是将共同体置于个体之前，都是极力主张个人理性是社会界域的副产品，都将合作或对话过程视为教育过程的核心。”①后现代社会建构主义心理学强调心理的社会文化属性，力主心理学研究应该由“个体的”视角转向“社会的”、“文化的”视角。从这些主张中都可以发现维果茨基理论的影子。当然其他的心理学理论，如格式塔心理学、机能主义心理学，以及皮亚杰个体认知建构主义心理学也对社会建构心理学产生了很大影响。

二、社会建构主义心理学的产生和发展

伯杰和拉克曼于 1966 年出版的经典著作《实在的社会建构：论知识社会学》，被认为是开“社会建构论”之先河。② “社会建构论”之核心的命题就

① 莱斯利・P・斯特弗、杰里・盖尔主编，高文等译：《教育中的建构主义》，华东师范大学出版社 2002 年版，第 9 页。

② Gergen, K. J. (1985). The social Constructionist Movement in Modern Psychology. *American Psychologist*, Vol. 40, No. 3, p. 269.

是“现实是社会的建构”，这个命题在心理学上有很大的用武之地，但心理学不光会“拿来”，它还与自身的知识体系相结合（如文化心理学中的对情绪的跨文化研究，格式塔学派的心理场等），形成了独树一帜的后现代心理学中的一派——社会建构主义心理学。

西方心理学的发展经历了两次认知革命：第一次认知革命推翻了行为主义的统治，导致了认知心理学的产生；第二次认知革命是后现代主义的革命，是对心理学中的现代主义思想的反动。它站在后经验主义的立场上，对传统认知心理学有关存在一个一般性的认知机制的假设提出挑战，认为在人的头颅中除了大脑之外什么都没有，不存在一个精神性的中枢加工系统。所谓认知、思维等心理现象只不过是人利用语言和符号的结果。“我们会有一种认知心理学，但是这种认知心理学并不像传统的认知心理学那样考察抽象的计算装置的运行过程，它研究的是各种各样的符号系统的意向性使用，意向性的使用是由积极的、主动的、处于公共或私下的情境的、且为完成各种任务或计划的人完成的，完成的过程往往是同他人协同作用的结果。”①第二次认知革命的关键是：认知过程被看做是人使用语言和话语的结果，而语言和话语是社会性的，是人际交流的产物，因此认知过程在其根本意义上是公开的、社会性的，其次才是私有的和个人的，从这个意义上讲，认知并不存在于个体的内部，而是存在于人际之间。这是第二次认知革命的关键之所在，也是社会建构论的逻辑起点。也正是第二次认知革命，导致了社会建构主义心理学的产生。1985 年，格根在《美国心理学家》上发表《现代心理学中的社会建构主义运动》一文，对主流心理学提出质疑，这标志着后现代社会建构主义心理学的形成。该文所提出的四个基本假设也成了社会建构论心理学的基本纲领。

20 世纪 80 年代以后，后现代社会建构主义心理学逐渐发展成为两大流派。一派是帕克、凯兹格、波曼等构成“激进的”社会建构主义心理学阵营。“激进形式的社会建构论最基本的关注点不是外部世界，也不是个人内心，而是语言。”②他们关注语言的自我实现与行为取向功能，认为文本之外不存在任何东西，当我们讨论现实时，我们只是在谈论我们通过语言建构起来的东西而已。另一派是与之相对应的温和的社会建构主义者。他们在“语言（社会）到底能建构什么”问题上有所保留，并不认为一切都是社会建构的。

---

① 叶浩生：《第二次认知革命与社会建构论的产生》，《心理科学进展》，2003 年第 1 期，第 101～107 页。

② Fiona，J. H.（2001）. Gergen's Social Constructionism，Logical Positivism and the Continuity of Error. *Theory & Psychology*，Vol. 11，No. 3，pp. 297～321.

与此同时，他们不认为真理的标准可以或者应该取消，而是认为一切的“真”都取决于“游戏规则”。根据研究侧重点的不同，温和的社会建构主义又可分为三个分支：一是美国的格根夫妇和萨宾等人，他们主要关注自我如何像故事或者叙事一样地被建构；二是肖特等人，重点关注人与人之间动态的建构过程；三是英国学者海尔、霍利维等人，主要承袭了法国哲学家福柯的哲学思想，主张语言提供了人们理解自己和世界的方式，强调话语的建构力量，着重向人们揭示“科学”、“知识”、“自我”等概念是如何被话语建构的过程。社会建构主义心理学在西方颇受重视，《理论与心理学》先后刊发两期（2001 年第 3 期、2002 年第 5 期）关于社会建构心理学的专刊。在中国，社会建构主义心理学的研究处于起步阶段，主要研究者有叶浩生、王小章、杨莉萍等人，他们发表的一些论著为我们全面系统地了解社会建构主义心理学提供了第一手资料。

三、社会建构主义心理学的理论观点

在初步涉足后现代文化思潮时，会深切地感受到一种批判的气息，从各种带有启示录意味的“终结论”就可以看出这一点：人的终结（福柯）、历史的终结（福山）、作者的死亡（罗兰·巴尔特）、哲学的终结（德里达）等。他们好像把所有传统的东西都批判了一通，让人在感觉畅快淋漓的同时，也产生了一丝困惑，即到底什么是可取的？但是我们要明白一点，那就是有破才能有立。正如格根所表达的，批判实证并不是为了消灭实证，而是为了让人们了解实证之外还有别的东西，让人们知道关系和对话也是很重要的，让人们换一种思路看待问题。当假设世界是客观存在的时候，就只能用主客二元的思路来理解世界，而且重要的是，假设一旦被论证成了真理，人们的眼光也随着固化起来。社会建构主义心理学就是让人们知道在假设之外还有假设，可以借助其他的假设来看待世界。社会建构主义心理学有一些全新的假设，对人们会有一些启示。

首先，社会建构主义心理学假设“我们用以理解这个世界的语言和我们自己都不是现实所促成的或要求的”。传统经验主义认为，个体内在的主观世界和外在的客观世界具有对应关系，主观世界是对客观世界的“反映”和“摹写”。但是社会建构论却认为，人们用以理解世界的术语，不是现实所要求的，也不是由经验直接决定的。这涉及社会建构主义的第二个假设：“我们的描述、解释或其他表达方式都源自于关系”。从建构主义的观点来看，理解过程并不是一种自然的过程，而是处于一定关系中人们积极主动、共同合作的事业，例如上文所提“疯癫”的例子，人类对“疯癫”的理解在不同时代有着不同的内容，而这些不同的内容都具历史性，是建立在一定人类关系的基础上的。不仅仅是“疯癫”，人类普遍接受的观点如“爱”、“自杀”、“精神分裂”等无不随着时代的变化而发生着变化，这表明语言带有鲜明的社会性征。即使在同一时代，不同文化的人对相同的词语也会有不同的理解。这也证明语言并非仅仅是内心经验的表达，而是人与人之间的一种约定。这种约定是建立在一定关系之上的，有必要关注对语言起作用的社会政治、文化、法律、道德等，而不仅仅是看主观是如何反映客观的。

在谈到语言的重要性时，就不得不提及第三个假设：“即语言创造着未来”。当一个人说法律是公正的时候，他便会依靠法律去维护自己的权利，当世界上没有“爱”这个词时，人们是否会像动物一样缺乏情感，所以有时候怎么说决定了怎么做。在科学家进行理论创建时，其实也是一种实践活动，正如格根所说的“理论即实践”。语言本身就是这个世界最大的行为，它是由社会生活组成的，语言和未来的关系是息息相关的。通过这些假设可以看出，社会建构主义心理学试图发出一些不同的声音，然后希望通过这些声音来影响人类的实践，它并不试图消灭什么，而且恰恰相反，它正试图建立一些东西。①

1. 批判中求得“重生”

正如上文所说，社会建构主义心理学是有破有立的，我们先来看看它是如何对现代科学主义心理学进行反叛的。

后现代社会建构主义心理学的首要特征是从后现代主义的向度对现代心理学进行了彻底解构：“我们关于世界的知识不是归纳过程的产物，也不是由基本假设和对假设的检验营造的；被用于理解这个世界的一系列术语是社会的人造物，是特定历史条件下互动过程的产物；一种特定的理解方式跨时空地被支持的程度并不依赖于其经验主义的合法性，而是取决于社会过程（沟通、协商、冲突、交谈）的变迁……”②社会建构主义心理学对现代科学主义心理学进行的反叛主要表现如下。

第一，对二元论的批判。现代科学主义心理学一直信奉人生活在一个二元的世界里。一个是主观的、心理的、反映的、表征的世界，另一个是客观的、物质的、被反映的、被表征的世界，二者相互对应。后现代社会建构主义

① Gergen, K. J. (1999). *An invitation to Social Construction*. London: Sage, pp. 46～50.

② Gergen, K. J. (1985). The social Constructionist Movement in Modern Psychology. *American Psychologist*, Vol. 40, No. 3, p. 269.

心理学对这种主客的二元模式提出了质疑：认为这种二元的划分是“不证自明”的假设，既不能证实也不能证伪。格根尤其反对心理和世界的二元论，他把这称为是“把心理从世界中分离出来，把主体从客体中分离出来”①。这样的心理学就成了“二元论物理学”。

第二，对反映论的批判。格根曾强调指出，在现代主义时代，心理学家充当的是镜子磨光工的角色，他们所从事的“本职”工作就是手持拭净的镜子去反映世界，获得所谓客观知识。后现代社会建构主义心理学对反映论的批判主要集中在以下三点：第一是“反映”的可能性问题。作为两个性质不同、彼此外在的实体，主体对后者如何“反映”？第二是心理的自反性问题。如果说客体事物有大小、形状和颜色等属性，从而能彼此区分的话，人的内在心理具有何种属性？在客体事物反映到主体头脑中以后，主体怎样识别这些反映？第三是反映结果的呈现问题。你是否完全像我一样理解“幸福”？指称为“幸福”的状态或许被你称为“满足”？在“能指”与“所指”不能完全匹配或对应的情况下，个体如何向外报告自己的内心世界？如何将自己的私有经验准确地传递给他人？②

第三，对可观察性的批判。现代主义心理学强调只有经过观察证实的知识才是真理。后现代社会建构主义心理学家认为，冯特通过内部观察来研究“直接经验”，行为主义者尤其是华生将心理简化为可观察的行为，认知心理学力图通过观察人的外部行为来探究人的内部心理过程等，都强调研究对象的可观察性。后现代社会建构主义心理学清醒地认识到，用观察来研究行为无疑是假定心理学有一个基本的特定的研究领域，“然而从后现代的视野看，这样一个研究领域是不存在的”③。

第四，对本质主义的批判。现代本质主义认为，任何事物都有自己特殊的本质，是一事物成为该事物的标志，它是一种客观实在，有待于人们去发现。而科学研究的任务是去揭示事物的本质，并对其进行解释。心理学中的本质主义就是认为人人都有自己内在稳定的人格结构，它是个体区别于他人的标志。社会建构主义否认事物具有先在的本质，认为本质是外界灌输给它的，是社会通过话语进行建构的。知识不是对事物本质的揭示或者“发现”，而是社会文化的创造或“发明”。后现代社会建构主义心理学对现

① Fiona, J. H. (2001). Gergen's Social Constructionism, Logical Positivism and the Continuity of Error. *Theory & Psychology*, Vol. 11, No3, pp. 297～321.

② 杨莉萍等：《社会建构主义心理学对二元世界的“僭越”》，《心理科学》，2003 年第 3 期。

③ 高峰强：《现代心理范式的困境和出路——后现代心理学思想研究》，人民出版社 2001 年版，第 5 页。

代科学主义心理学本质主义人格观进行了批判。他们认为，如果人存在一个内在稳定的人格结构，那么就应该有跨时间、跨情境的一致性和统一性，都应该表现一致。而事实上人格会表现出多面性、分裂性和流变性等特征。所以人格不是本质性存在，而是由身份、关系和互动“构成的”。

第五，对普适性的批判。现代科学主义心理学以实证主义为基础，试图寻找到普遍性的事实、原则和规律，从而去预测和控制人的行为。后现代社会建构主义心理学认为对普适性的追求是徒劳无益的，这不仅使一个人认识的前结构具体化，而且会掩蔽使前结构深陷其中的评估设定。他们认为，虽然某些规律具有相对较大范围的解释性，但无论如何它都不是永恒的，而是具有历史局限性和文化依赖性的。

2. 建立中的“开花结果”

后现代社会建构主义心理学在对现代科学主义心理学进行批判的同时，并没有裹足不前，而是主张用新的话语代替无休止的批判，建构起了自己的理论框架。首先我们可以从其两个核心命题中了解其之所“立”。

(1) 两个核心命题。

第一，意义是社会的建构。这是后现代社会建构主义心理学的一个核心命题。几乎所有的后现代社会建构主义心理学家都赞成“意义是社会的建构”这一命题。

在意义的概念这一问题上，至少有两种根本对立的观点：意义的心理表象论和意义的“语言游戏论”，前者构成了主流心理学的理论预设。因为作为当今心理学主流的“认知革命”所具有的一切含义是，我们所做的一切理智之事都包含一种认知过程，这一过程是以对“外在”世界进行“内在”心理表征的方式运作的。而维特根斯坦的“语言游戏论”试图从“生活形式”入手来完成意义的建构。也就是说“意义在语言游戏中建构”①。他们将语词比喻为象棋游戏中的棋子，下棋的时候，游戏双方遵守游戏规则，其中的个别棋子的意义取决于整个游戏过程，在象棋游戏之外它们什么都不是。后现代社会建构主义心理学认同这种语言游戏论。主张“意义”是二元世界中主观的、心理的、语词的、认识的世界，认为就与客观事实相对立和具有反映关系而言，主观、心理、语词、认识等是等价的，都具有表征的意义，统统可称之为是“意义”。

后现代社会建构主义心理学家认为，生活就是一个游戏的世界，不同的

① 邵迎生：《心灵真相在日常话语中的呈现——话语观念与心理学研究》，《南京师范大学博士学位论文》，2002 年。

生活形态由不同类型的游戏构成，语词是这些游戏中的“棋子”。不同的生活游戏使用不同的“棋子”，遵守不同的游戏规则。作为生活游戏的棋子，任何一个语词的意义仅仅限定在特定的“生活游戏”中，超出这一生活游戏的范围，它便失去了意义或者不再具有原来的意义。[①] 他们认为任何一个语词、概念都不是对实在的“摹写”，它们是互动者之间共同的“协商”、“约定”或“建构”之物，是互动者之间关系和互动过程的产物，而不是某一“个体心灵”对现实的“反映”，人们关于世界的叙述同那个世界并没有必然联系，人们在认识过程中总是以已有的概念、范畴、语言、话语作用于认识的对象，认识的过程是积极主动的建构过程，而不是被动的反映过程。“意义是两个或更多人更多的努力，我所说的一切在你承认它的意义之前都是废话，反之亦然。通过社会的认可，莎士比亚可能被贬为一文不值的人，而一个一文不值的人则可能提升到具有普遍洞察力的水平。”[②]意义，就是多种“互主体”合力而为的结果。

第二，人是关系的存在。现代心理学认为人的本质在于他（她）拥有对世界的反应能力，以及以此为基础选择和控制自己行为的能力。后现代社会建构主义心理学主张，人格、情绪等心理现象并非存在于人的内部，而是存在于人与人之间，是社会文化的产物，是社会建构的结果，社会建构是通过互动实现的，人是关系的存在。

后现代社会建构主义心理学认为，任何社会都有其特定的关系模式，这种关系模式通过语言得以保存并传递给下一代。生活于某种文化中的个体，在掌握语言的同时，会将沉淀于语言中的历史的模式内化进入个人意识，从而使这种关系模式成为自己用以建构外在世界、建构他人、建构自我的“前结构”。因而，人类生活离不开语言，而与语言结合在一起的“关系模式”永远不可能从个人意识中抽离出来。所以人便只能在关系中认识和评价对象，如在与子女关系中认识和评价“父亲”，在与男人相对的意义上认识和评价“女人”。由此产生的认识只能是“关系的”认识。[③] 即使是人的行为也有“关系的”性质，人的行为不是个体心灵的自由选择，而是由其社会身份及其相应的对象关系决定的。人，不仅是关系的存在，更成了关系的建构者。

（2）社会建构论的基本观点。

---

① Gergen, K. J. (1999). *An invitation to Social Construction*. London: Sage, pp. 34～39.

② 莱斯利·P·斯特弗、杰里·盖尔主编，高文等译：《教育中的建构主义》，华东师范大学出版社2002版，第9页。

③ 杨莉萍等：《社会建构主义心理学对二元世界的“僭越”》，《心理科学》，2003年第3期。

社会建构论并不是一个整齐划一的派别。它的主要代表人物之间也存在着分歧和争论。把他们联系在一起的，是某种“家族相似性”。家族成员尽管长相各不相同，但却有一些特点把他们联系在一起。社会建构论的基本观点就反映了这种“家族相似性”。

第一，知识是建构的，而不是现实的“映像”、“表征”或“表象”。建构是社会的建构，而不是个体的建构。从反基础主义和反实在论的观点出发，社会建构论认为知识，特别是社会科学的知识，包括心理学的知识是一种社会建构，是人们在社会生活中“发明”出来的，而不是通过所谓的客观方法“发现”的。知识和知识的对象或知识所指涉的事物之间并不是一一对应的关系，更不是“反映和被反映”、“表征和被表征”的关系。[①] 人们关于世界的叙述同那个世界并没有必然联系。人们在认识的过程中总是以已有的概念、范畴、语言、话语作用于认识的对象，认识的过程是积极主动的建构过程，而不是消极被动的反映过程。建构发生在公众领域，是社会的建构，是人际互动的结果。人们用于理解世界和我们自身的那些术语和形式都是一些人为的社会加工品，是植根于历史的和文化的人际交往的产物。

我们可以用科尔的理论来解释社会建构主义心理学对知识的看法。他认为自然科学知识应划分为“核心知识”（传统的、早已达成共识的）和“外围知识”。“核心知识”是自然科学知识中的一小部分，是被科学共同体承认的“真实的”和“重要的”那一部分知识；“外围知识”则是由科学研究人员产生的、在核心知识之外的所有尚未被普遍认可的知识。由于核心知识已经得到了公众的普遍认可，而外围知识尚未得到普遍认可，因此核心知识属于“公众知识成果”，而外围知识则属于“地方知识成果”。理解核心知识与外围知识的区分、公共知识成果与地方知识成果的区分对于彻底理解自然科学知识的社会建构特性是十分重要的。科尔认为，外围知识或地方知识成果可以转化为核心知识成果。例如，当沃森和克里克在20世纪50年代刚刚提出DNA双螺旋结构的模型时，这一理论知识在当时仍属于外围知识或地方知识成果。而当人们对于发表在《自然》杂志上的这一成果表示出广泛的认同，把它当做真实性的知识来接受时，这一双螺旋结构的理论就从外围知识进入了核心知识，从地方知识成果转变成公共知识成果。按照科尔的解释，地方知识成果是由一个或更多的科学家在一种地方环境中做出来的，它通常是一篇已发表的科学论文。既然地方成果是在社会环境中建构出来的，因此它们肯定受到社会因素的影响。核心知识又是从地方知识成果转

---

① Gergen, K. J. (1999). *An invitation to Social Construction*. London: Sage, pp. 51～58.

化而来的，所以，他认为科学知识就是社会建构出来的。但这种建构不是随心所欲的，因为它也要受到经验事实的制约。他指出，对于外围知识成果，社会因素的制约性较强，经验事实的作用较弱；而对于核心的知识来说，经验事实对其认识内容则起着重要的作用。因此科尔反对一些建构主义者的相对主义立场。他认为，相对主义无法回答这样的问题，即为什么一种真实的观点能够被迅速认可，而大部分观点却被忽略或被拒绝。值得注意的是，近年来科学知识社会学家们所进行的研究向人们展示：在所有的科学知识研究领域中，对外围知识所形成的共识的程度都是较低的。但是许多人并没有意识到这一点，因为他们心目中的自然科学知识只包括核心知识而不包括外围知识，他们以为科学家在许多重大问题上的意见是完全一致的。其实他们并不知道，在日常的科学实践活动中，核心知识并没有得到评价。同时由于核心知识是历史的、经过多次经验事实检验的、已达成共识的知识，所以它们的经验事实因素起着重要作用，而社会制约因素则起着一般作用或微小作用。并且随着历史的发展，经验事实因素的不断被认可，其社会制约因素就在人类历史发展长河中逐渐被人们所遗忘了。

上述的研究和论述，已经清楚地阐明了自然科学知识是社会建构的，只不过对于“核心知识”和“外围知识”而言，它们所含有的社会制约因素和经验事实因素的比例不同罢了。① 因此可以说没有超越历史和文化的普遍性知识，人们对于心理现象的理解是受时间、地域、历史、文化和社会风俗等制约的。换句话说，知识是相对的，其正确与否并没有一个绝对的标准，而是相对于具体的历史和文化而言的。社会建构论认为人们理解世界的方式，认识自身时所使用的概念和范畴，描绘自我体验时所使用的术语和语言，都是文化的、历史的。社会历史、文化传统为人们提供了理解方式和语言范畴，人们只能在社会文化划定的圈子里进行认识活动，不可能超越历史，不可能超脱文化。在前述有关语言和思维的关系时，我们已经明确，语言规定了思维的方式，而语言的意义不是固定的，是随着社会文化历史的变化而变化的，不同的社会、同一社会不同的历史时期，语言是不同的，因而认识的方式也是随着社会文化历史的变迁而变化的，人们有关自身的知识并非一成不变，不存在超越文化历史的心理学知识。

第二，人格、态度、情绪等心理现象并不存在于人的内部，而是存在于人与人之间，是文化历史的产物，是社会建构的结果。从反本质主义的观点出发，社会建构论认为传统心理学对心理现象的理解，即认为在我们的内部有

① Cole.(1995). *Making Science-Between Nature and Society*. the University of Harvard Press.

一个稳定的“心理结构”、“认知机制”或“人格”、“个性”等，它可以对人们的行为进行解释，这是典型的本质主义。依照这种观点，害羞是因为有害羞的人格，打架、斗殴是因为具有攻击性的人格。总之，存在于内部的动机、态度、人格等可以对人们的行为负完全的责任。社会建构论以人格为例解释了本质主义心理观的错误之处。依照社会建构论的分析，所谓的人格是我们从人们的行为表现中推论出来的东西，然后又用于解释这种行为，这其实是一种“循环论证”。如果人们有一个稳定的人格内在于心灵，那么在一切场合人们的行为表现都应该是一致的，但实际上在不同的场合人们会表现出不同的行为。在一种场合，一个人可能自信、健谈，在另外一个场合他或她可能又会腼腆、心虚。这说明行为是同情境相联系，而不是由所谓的内部人格决定的。所谓“内在的人格”仅仅是心理学家的幻想。①

在社会建构者看来，感觉、情绪甚至性别都是社会建构出来的。下面以情感为例来阐述建构主义心理学的观点，在普通心理学中已经学习了众多的情绪理论，从詹姆斯—兰格到阿诺德，从沙赫特到扎伊德，每一个心理学家都对情绪有着不同的解说，但他们都有一套共同的原则，那就是情感是人对客观对象与自己的需要之间关系的反映。人的情绪反应是生就的、自然给予的，是人的本性的一部分。人不仅生来就知道恐惧、悲伤，同时也能理解别人的恐惧和悲伤。而且，哪怕是动物，也会有自己的“七情六欲”，我们会看到马流下眼泪，也会听到狼愤怒的嚎叫，这说明人并不是唯一具有情绪体验并能够向外表达的动物，“即便是昆虫，也会用它们的鸣叫表达愤怒、害怕、嫉妒和爱”②。

这些观点代表着现代心理学对情感的看法，但是社会建构者却不以为然，他们对传统的情绪理论发难，他们认为这种视情感为人的自然属性的观点是很值得怀疑的。首先，如果情感反映来自人的本性，为什么同样是人，在不同文化背景中的情感却有如此大的差异？例如，西方人的情感词典中根本查不到中国人朋友之间以“义气”为典型特征的情感反应，更不用谈什么孟子当年的“舍生取义”的这种情感了。从某种角度讲，情感也是需要得到社会承认才会有自己的作用，如果当年孟子提出义气观，没有得到社会的承认，就不会引发出这种带有坦荡、凛然的义气感。③ 再比如，对中国文化背景下的老年人来说，看到73、84这两个数字所产生的反应抑或心理体验，必

---

① 叶浩生：《第二次认知革命与社会建构论的产生》，《心理科学进展》，2003年第1期，第101～107页。

② Gergen，K. J.（1999）. *An invitation to Social Construction*. London：Sage，pp. 108.

③ 杨莉萍：《社会建构论心理学》，上海教育出版社2006年版，第239～242页。

定是西方社会的老年人所体会不到的；然而面对13这个数字，对东方人而言所引起的心理体验或情绪反应，无论如何都不会达到西方人那种厌恶的程度。其次，人到底有多少种不同的情感？在经过了几个世纪的研究之后仍然无法达成共识。亚里士多德对情感的分类在现在看来，其中的多数都不能归入情感范畴。而托马斯·阿奎纳和托马斯·霍布斯对情感进行的分类，当代心理学也不认为这些是情感。而伊扎德相信“伤心（sadness）”和“内疚（guilt）”是重要的情感形式，汤姆金斯则视“悲痛（distress）”为核心情感。之所以在情感问题上这么难以达成共识，是因为在情感反映与非情感的其他心理反映形式之间并没有清晰的界限。而在情感系统内部，什么是愿望？什么是希望？什么是伤心？什么是内疚？不同情感之间的边界同样暧昧不明。如此，怎么能识别一种情绪状态？怎么统计情感的种类？现代心理学在感觉问题上遇到的困难，在情感这里依然存在：怎么能够“向内看”？向内观察的是什么？如何向外传达自己的情感，又如何识别别人的情感？这些问题都得不到明确的回答。

社会建构论置这些怀疑于一边，形成了对人的情感的全新解释：与其把情感视为人或有机体内部对于刺激的“自然反应”，不如将人的情感表现理解为对某种社会性的“情感剧本（emotionalseenarios）”的表演（performance）。在此，社会建构论引进了“剧本”和“角色”的概念。一个剧目有它自身内在发展的逻辑性。在表演过程中，一个角色的行为既是对其他角色在前面已经发生过的行为的反应，同时又引导着接下来的角色行为。不同角色的前后行为之间相互联系着，互为解释。社会建构论认为，人的情感具有“表演”的性质。人需要根据情感的对象、对象与自己的关系、当时的情境等，选择一个合适的“脚本”和自己想要扮演的“角色”。“脚本”是由社会文化提供的，其中，对某种角色在某种情况下表现出什么样的情感是适当的或不适当的已经做出规定。换句话说，一种情感表现的适当与否取决于特定的对象和场景，而不是在任意时间、地点都可以随意表现的。比如在晚宴上大吼大叫或对着一个婴孩大发雷霆就不是正常的情感表现，但如果有人当众侮辱你，以上的情绪表达不仅是合适的，表示沉默或不发怒反而会被看做软弱可欺。事实上，多数人都会选择按剧本“表演”，由剧本规定了特定时间、特定场合、特定关系背景下的“表演”方式，少数不按照剧本表演的人会被视为情感异常。一旦一个人选择表达（表演）了某种情感，“剧本”就得续演下去，剧本对接下来的角色反应起着规定作用。如果一个朋友告诉你他可能得了某种致命的疾病，因此十分害怕，“剧本”已经规定好了你接下来的反应，你只能表现出同情和安慰而不是其他，这时你兴奋地讲笑话肯定不合时宜。文化为我们编好了情感脚本，但是选择一个什么样的脚本和角色出演却是由人自己决定的。人在表达某种情绪的时候，其目的并不在于单纯地将自己的心理状态表达出来，而是实现了一种选择，希望与对方建立某种特定的"角色关系"。正如玛丽·格根所说，"我爱你"不是报告一个人的内在状态，而是选择了某种与对方相处的方式，各种情感表现都是如此，它们是人为自己选择的生存方式。我们不需要测量它们，也不能等着它们来驱动我们。我们应该把情绪理解为游戏或舞蹈中的服装样式或动作，把它们看成是"行为的语汇"。生活是充实的还是空虚的，取决于我们选择什么样的行为语汇。①

社会建构论认为，与其说情感是某种生物过程的结果，或者是个体内心的某种心理状态，不如说它是由社会文化建构出来的。一方面，"情感剧本"是由社会统一提供的，是社会长期"协商"的结果。在相同情境下，同一文化中的人倾向于表现相同或相似的情绪反映。另一方面，不同的情绪反映分别与特定的对象、对象关系和社会情境相关联。因此，情感不是一种个体现象，而是一种社会现象。所谓"你的快乐"，不是"你的"，而是"我们的快乐"；而"我的愤怒"，同样也是"我们的愤怒"。照此理解，"沮丧"、"抑郁"之类的情绪失常并不完全是个人的问题，而应该作为一种文化的现象来理解的。心理治疗的重点也应从个体内在心理转向个体本身也参与了其中建构的"情感剧本"，最难的是如何连同这种"剧本"一起阻断或者改变。

第三，语言并非是具有确定意义的透明媒介，也并非是表达思维内容的中性工具。相反，语言是先在的，规定了思维的方式，为思维提供了基础。社会建构论者认为，建构是社会的建构，而建构的过程是通过语言完成的，因此社会建构论给予了语言以充分的关注。传统的观点认为语言是中性的、透明的，是人用以表达心理内容和心理状态的工具。依照传统心理学的观点，人的"自我"、"人格"、"动机"、"信念"都是独立于表述它们的语言的，这些心理现象是先在的、独立的。语言就像标签袋，人们可以从中自由地选择术语和词汇描绘这些内部状态。但是社会建构论认为所谓的心理状态、心理过程、恰恰是通过语言建构的，语言是先在的。这并不是说没有语言就没有这些内部状态，而是说人们是通过语言范畴来认识这些内部状态的，在人们出生之前，语言中就存在着"情绪"、"意志"、"动机"等概念范畴，当认识自己时，不得不使用这些语言范畴，因为这些语言范畴已经先于人们而存在了，如果不使用这些语言范畴，就无法让他人了解自己。所以，语言并不是

① Gergen, K. J. (1999). *An invitation to Social Construction*. London: Sage, pp. 111～112.

一个中性的工具和媒介，相反它为人们认识世界和自己提供了范畴和方式，它不是表达思维，而是规定思维。社会建构论者还强调语言的意义不是固定的，而是随着社会文化历史的变化而变化。不同的社会、同一社会的不同历史时期，语言也是不同的，因而认识的方式也随着社会文化历史的变迁而变化。后现代社会建构主义心理学将关注点集中在了"话语"上，在后现代社会建构主义心理学家眼中，语言通常被结构成多种话语，话语是语言的结构形式，通常语言泛指的是人类的符号系统，话语则是作为特定共同体中社会关系和社会存在的呈现。[①]

第四，心理学家应该关注话语(discourse)的作用，话语分析是心理学的基本研究方法。社会建构论大体上可分为社会学的社会建构主义。后现代的社会建构主义和新实在论的社会建构主义。而"这三种形式的建构主义的共同点是都承认语言/话语在现实的社会建构中的重要作用"[②]。社会建构论者认为，如果说语言以一定方式和结构影响了人们对自我的认识，那么人们有必要了解语言是怎样被结构化的，即语言是以怎样的方式组织起来影响人们的认识的。依照后现代哲学家福柯的观点，语言通过一定的结构化方式组织成各种话语，任一语词的意义依赖于它所处的话语背景。把这样一种观点应用于心理学中，社会建构论强调心理学将"不再尝试探索支配人类思想和行为的规律，而是转向研究我们用以建构世界和建构我们自己的话语实践"[③]。心理学家应该分析话语对心理学知识的影响，以话语分析作为心理学的研究方法，以揭示语言在认识自我中的作用。话语是一个非常难下定义的概念，其基本含义是指建构某个对象的一组陈述。话语可以是一组意义陈述，也可以是一系列比喻；可以是一个故事，也可以是一幅图画，它以语言或符号的形式提供了事件或现象、人或物的特殊版本的描述。这意味着，围绕着任何事件、对象或人有多种多样的话语，每种话语针对同一对象建构不同的形象或故事，或强调同一对象的不同方面，提出不同的问题，引发不同的行动。不同的话语以不同的方式针对同一对象建构了不同的形象，每一种话语都把这一对象描绘成具有同其它话语的描绘完全不同的"特性"。且每一种话语都声称自己的描绘是最真实的，亦即所谓的"真理"，并由此提出不同的研究方案。所以，话语同行动是紧密联系在一起的，

① 叶浩生：《关于"自我"的社会建构论学说及其启示》，《心理学探新》，2003年第3期。

② Hruby, G. G. (2001). Sociological, postmodern, and new realism perspective in social constructionism: Implications for literacy research. *Reading Research Quarterly*, Vol. 36, No. 1, pp. 48～63.

③ Gergen, K. J. (1985). Social constructionist movement in modern psychology. *American Psychologist*, Vol. 3, pp. 269～271.

话语具有操作的特性。社会建构论认为,传统心理学所说的“动机”、“态度”、“情绪”等实际上是话语的体现。没有什么内在于人们的动机、情绪、态度,有的只是不同文化、不同历史条件下的话语建构。“从后结构主义的社会建构论观点来看,人们所说的、所写的东西并不是通往个人内在世界的路径,它们也不是所谓的‘信念’、‘观点’的有效描述,它们也不能被看做某些内在的、本质性的东西,如气质、人格或态度等的显现。它们是话语的表现。其起源并非在于个人内在经验世界,而在于人们所生活的话语世界。”①所以,心理学家对于行为的研究不在于寻找行为背后的个人内部世界的原因,而在于对建构行为的话语进行分析,分析是哪些话语通过其操作特点而导致行为产生的,话语分析因而成为心理学研究的基本方法。

话语如何建构现实,后现代社会建构主义心理学认为不同的话语往往以不同的方式建构着现实,概括起来主要有三种。首先,是通过对现实的类型划分。现实本来是无结构、无类型的,从哪些维度划分、划分为哪些类型完全取决于话语。如在英语世界里,同性恋原来是个形容词,代表一种不正常的性行为倾向,现在它成为了名词,代表着一种社会身份。“同性恋”其实就是话语通过类型划分制造出来的现实。其次,通过对现实的定义和解释。现实的性质和意义是话语赋予的,话语对于被划分出来的现实“是什么”拥有解释权。如同性恋在传统的话语中属于不正常的一类人,而在后现代话语中,“同性恋”获得了跟“异性恋”同样的合法地位。社会建构主义者认为,现实“原本是什么”对我们没有任何意义,现代人生活在由话语制造出来的现实中。最后,通过话语的自我实现。话语能借助于人的行为,使原本不存在的事物成为现实,即“自我实现”。社会心理学家默顿提出,黑人是“罢工的破坏者”、“工人阶级的叛徒”这一现实,是美国种族主义者以对黑人的偏见制造出来的。

话语分析作为后现代哲学的基本研究方法可以分为以下十个环节,它们分别是选题、取样、录音和文档的收集、访谈、记录、编码、分析、确认、报告、应用。任何生活的角落都存在着话语的文本,如一场演说、一次谈话或一篇论文,都可以作为话语分析的对象,而就取样来讲,话语分析不需要大量的样本,对十个人访谈基本就可以了解很多的信息,此外话语分析还通过各种途径来收集各种文本。在录音分析完之后,可以对样本进行深度访谈,作好记录,然后就进入了话语分析最为关键的一步:“分析”。虽然没有一个

① Hruby,G. G. (2001) Sociological, postmodern, and new realism perspective in social constructionism: Implications for literacy research. *Reading Research Quarterly*, Vol. 36, No. 1, pp. 48～63.

固定的模式和程序，但研究者一定要做的就是对文本进行多次重复的阅读，然后以现象学和诠释学的理论为基础，对话语进行超越传统的解读，解读之后再进行确认并报告，最后应该关注其应用。①

在关于话语分析的研究中，对叙事和隐喻的研究是最引人入胜的。隐喻作为一种修辞手段，主要是通过一类事物来理解和体验另一类事物，如人到老年是“夕阳无限好，只是尽黄昏”，哲学中把语言比作游戏同样也是一种隐喻。传统科学中从来没有对隐喻进行过多的分析，但是在社会建构心理学中对隐喻的分析很受重视，如心理学其实就是各种隐喻的集合体。现代心理学的基本研究方法是实证主义，其实就是源于心理的“机器”隐喻，心理学中有许多词汇，如心理“结构”、认知“机制”或是联想“系统”、记忆“功能”等，都隐含着某种机器的隐喻，只是不同的学派对机器这个隐喻有着不同的理解而已：如行为主义将人脑比作一个低级的机器，只是会加工原料；认知心理学则高级了一些，把人脑比作可以加工信息的电脑。此外，关于心理的隐喻还有很多，如弗洛伊德精神分析的“考古”隐喻、儿童发展心理学中的“花朵”隐喻、心理的“镜子”隐喻，每一种隐喻都会引导出一种实践。② 为了更好地理解隐喻，现在通过近年来社会认知心理学的发展，做简单的梳理：从 20 世纪 70 年代开始，社会认知过程的研究一直在社会心理学中占有十分重要的地位。这方面的研究被称为社会认知或社会认知心理学。20 世纪 90 年代以后，社会认知心理学的研究出现了一些新特点，取得了许多不同于以往的新成果。现在从隐喻中探讨其改变。

从“朴素科学家”、“认知吝啬者”向“目标明确的策略家”的转变。在社会认知的研究中存在一些隐喻（metaphor），它是对人的社会认知特点的总体看法，对于社会认知的研究有重要的影响。社会认知心理学的发展是与这些隐喻的变化联系在一起的。20 世纪 70 年代以前，社会认知研究中的隐喻是，人是一个“朴素的科学家”。在社会认知的过程中，像科学家一样寻找、确定事件产生的原因，以达到预测和控制的目的。社会心理学家在这些隐喻的基础上提出了一些社会认知的模式。③ 凯利（Kelly）（1967）就提出了归因协变理论，认为人们在归因时会考虑客观刺激、行动者、情境三方面因素的共同作用，根据一贯性信息、一致性信息、区别性信息来对事件产生的原因进行归因。但是随着社会认知研究的深入，社会心理学家越来越多地

① 杨莉萍：《社会建构论心理学》，上海教育出版社 2006 年版，第 205～213 页。

② Gergen，K. J.（1999）. *An invitation to Social Construction*. London：Sage，pp. 64～67.

③ 朱新秤：《社会认知心理学研究的新进展》，《心理学动态》，2000 年第 2 期，第 74～81 页。

发现，人在社会认知的过程中并不完全地、精确地运用所获得的信息，导致社会认知、社会判断中出现大量偏差，特别是随着信息加工心理学对于社会心理学研究的影响，从 70 年代开始，社会认知中“朴素科学家”的隐喻开始向“认知吝啬者”转变。

“认知吝啬者”的隐喻认为，人们在社会认知的过程中，面临的信息往往是不确定的、不完全的、复杂的，在对它们进行加工的过程中，达到最满意的合理解释是十分困难的。人的认知资源是有限的，人在社会认知的过程中常常偏爱策略性捷径，而不是采用精细的统计学的分析，以尽量节省时间和加工资源。人偏爱用最小限度的观察去产生社会判断的策略加工，是社会认知偏差产生的根源。

建立在计算机类比基础上的“认知吝啬者”隐喻，使社会认知的研究出现了以下特点：首先，忽视情感动机在认知中的作用，“冷”(cold)认知的研究占据主导地位；第二，把人当做一个孤立的信息加工器，忽视社会背景的作用。施奈德(Schneider)就曾追问：“社会认知中，社会在哪里？”[①]第三，很少进行外显社会行为的研究，社会心理学现在发现它本身转变成一个主要关心的不是人的行为，而是加工社会刺激的思想家或信息加工器。这些思想家或信息加工者不管思考什么，好像都总会出错，因此在社会认知和社会判断的研究中发现了一系列的偏差。

从 20 世纪 90 年代开始，对人的隐喻转变为人是“目标明确的策略家”(motivated tactician)。目标明确的策略家被认为有多种信息加工的策略，在目标、动机、需要和环境力量的基础上，对策略进行选择。人能够实用地采取加工策略以适应当时的情境的需要，努力使事情得以完成。因此，人在需要时会更多地注意复杂的信息，进行系统的费力的加工；当目标不存在这种需要时，人会依赖于认知捷径、简单的策略和先前的知识结构。人能够灵活地调节自己的认知过程以适应情境的需要。“目标明确的策略家”的隐喻对于 20 世纪 90 年代的社会心理学研究产生了重要影响。[②]

总之，隐喻的确对学科的发展起着很大的作用，对隐喻的研究也应该持续下去。通过对日常生活中习惯性的谈话(或“做事情”)的方式的深入解析，揭示话语背后所隐含着的“未曾言明”的意义，以及它们对于社会生活产生影响的方式，以此加深对人的行为和现存社会制度、生活方式的认识或理解，发现其中存在的矛盾和问题，探求新的可替代性的建构方式。

---

① Schneider, D. (1991). Social cognition. *Annual review of psychology*, Vol. 42, p. 553.

② Fiske, S. T. and Taylor, S. E. (1991). *Social cognition*. New York: McGraw-Hill.

四、社会建构主义心理学的意义

自从社会建构主义心理学诞生以来，就受到了各方的关注。有的学者对其进行了赞扬，也有学者对其进行了批评，但是不管是支持和反对，值得肯定的是，社会建构心理学已经引起了心理学界的高度重视。

1. 社会建构主义心理学的积极意义

社会建构主义心理学的贡献和影响主要表现在对传统心理学的超越和修正上。

（1）对传统二元论的僭越，为心理学提供了新的逻辑起点。后现代社会建构主义心理学对现代心理学的研究立场从总体上进行了扬弃。后现代社会建构主义心理学试图超越传统心理学在外源论和内因论两极之间的摇摆，在二元对立之外寻找新的替代型的分析框架。① 以主客体统一为前提来建构后现代心理学思想体系，这是值得称道的。

（2）提供了理解心理学的新的科学观和方法论，强调社会因素的作用，拓展了心理学的视野。社会建构主义心理学反对现代科学主义心理学经验主义、机械主义、个体主义等倾向，为心理学提供了新的科学观和方法观。它主张放弃经验主义的科学观和方法观，把知识放到社会文化背景中加以考虑，考察知识的政治意义、道德意义、伦理意义和实践意义以及相对于特定社会和历史时期的使用特点；社会建构论从后现代主义的立场出发，认为知识不是反映的，而是建构的，是社会生活中的人际互动造成的。这种观点可以帮助我们更深入地认识主体自身的因素对知识的影响，对于克服机械反映论的观点具有明显的积极作用；社会建构论从社会文化角度揭示了知识的社会属性，对于克服传统心理学的个体主义倾向具有积极的影响。②

（3）促进了心理学学科体系的重构，为心理学摆脱现代性的桎梏寻找出路。后现代社会建构主义心理学关注社会建构过程的研究，重新界定了心理学的学科性质，并在此基础上系统重构了心理学的学科体系，为心理学提供了新的解释框架，为现代心理学走出现代性的桎梏洞开了门扉。

（4）促进心理学的后现代转向，加深了后现代元理论的探讨。后现代建构主义心理学促使心理学家关注社会情境对人类行为的影响，促进心理学

① 杨莉萍、叶浩生：《后现代社会建构主义心理学初探》，《湖北大学学报》（哲学社会科学版），2003年第5期，第99～103页。

② 叶浩生著：《西方心理学理论与流派》，广东高等教育出版社2004年版，第454页。

的后现代转向。把关注的焦点从心灵与世界的关系转移到了语言与世界的关系,进而说明知识的社会根源和社会功能。这样它就在元理论的层次上为理解、剖析所有人类知识的性质提供了一个新的基础,加深了后现代元理论的探讨,为其他后现代心理学理论的形成与发展提供了支持。

(5) 促进心理学理论研究与社会实践的结合。现代科学主义心理学研究坚持心理学的自然科学性质,使心理学跻身于科学的殿堂。本质主义的人性观和实证主义的方法论,使心理学的理论和现实严重脱节。而后现代建构主义心理学对现代心理学进行深刻反思,关注社会建构和话语建构,把文本和话语重新放回到实践的时空中。关系主义的观点和话语分析的方法使他们关注社会,关注实践,有利于心理学研究从科学的象牙塔中走出,走向社会生活,促进心理学理论和社会实践的结合。

2. 对社会建构主义心理学的消极评价

(1) 对社会建构主义心理学太过社会化的批评。

社会建构论认为,人不是"理性的存在",而是"关系的存在"。因此,它主张将对人的行为解释的焦点从内部心理结构转向人与人之间的互动过程,转移到"支持当前我们关于人的行为的假设而同时又被后者所支持的社会、道德、政治和经济制度方面来。"①这种观点在很多人看来是不够理智的,因为如果这样,心理学就成了一门"社会学"。的确这种担忧是有道理的,但又未免有点"杞人忧天",因为心理学从来都不是一门统一的学科,也永远不会有哪个学派一统天下的局面出现。社会建构心理学作为一个学派,在做自己研究的同时,认知神经科学也在势不可挡地做着自己的脑电研究。诚然社会建构论心理学将研究对象由内在心理向外部社会过程的转移,颇有一点"社会行为主义"的风格。但就像行为主义当年盛行时,格式塔心理学也对之进行了驳斥,而且社会建构主义从来都是欢迎批评的,它只是在发出自己的声音而已。所谓的那种认为社会建构论心理学作为"新一种没有心理的心理学",会导致心理学"社会学化"的危险,②根本就不是社会建构主义的本意。

社会建构心理学为何会遭到如此多的批评?主要原因是它撼动了传统科学心理学的地位,而且在哲学根基上彻底地抛弃了经验主义。这自然会招致科学捍卫者的攻击,而对于搞科学的人来讲,或许大家都认为既然是研

① Gergen, K. J. (1985). The social Constructionist Movement in Modern Psychology. *American-Psychologist*, Vol. 40, No. 3.

② 叶浩生主编:《心理学通史》,北京师范大学出版社 2006 年版,第 594 页。

究心理学，就应该去研究人的心理，而且是应该以某些固定的方式来研究心理。而科学心理学和建构主义心理学之间的冲突可能就在于都是在研究心理学，可是研究的方法、研究的理念完全不相融合，这就是所谓的分裂，这正是科学心理学不能忍受的。但是社会建构论心理学在这个问题上持不同意见，它认为，目前存在的学科和专业划分并非来自于客观事物本身的区分，而是现代文化的建构，是一种“人为的”界限。这种学科划分确实曾促进了近代科学的发展，但随着最近几十年学科之间的划分越来越细，带来的问题也越来越多。对同一个对象可能有好几个学科同时研究，而从不同的学科出发往往会提出完全不同的解释，使得人们无所适从，不知道应该接受哪一门科学的“真理”。因此，社会建构论建议取消传统的按照对象划分的学科界限，淡化专业意识，按照研究的问题及研究者的立场或取向建立各种研究中心。重组之后的研究共同体的成员应该具有流动性，社会建构论本身就已经发展成为一个跨学科的研究领域，根据社会建构论心理学家自己的体会，与其他某些学科（如社会学、人类学等）的学者之间的心理距离比与心理学同行之间的心理距离更近，相互之间更容易理解和沟通。如果按照社会建构论者所建议的那样，不再坚持按照学科对象划分学科界限，而是以问题和立场为标准划分，那么，所谓心理学的社会学化也就不成其为问题。还有一点也是社会建构论一再强调的，那就是社会建构论并没有取消内在心理，而只是说内在心理并不是已经被证实的存在。社会建构论反科学主义，并不意味着它不相信科学。批判科学是因为科学过于专权，以至于压制了思想、文化的多样性，科学心理学尽可以去研究自己的心理现象，发布自己的心理规律，这不成问题。但是，它得允许别人以其他的方式来解释人的行为，以其他的方法来做研究。

（2）相对主义的“趁火打劫”。

相对主义作为一种哲学取向或理念，在认识论方面过分夸大了人们认识的相对性，把相对和绝对完全割裂开来，否认相对中有绝对，否认客观的是非标准。相对主义把一切都看做是相对的、主观的、任意的，取消了真理和谬误的客观标准。而社会建构论心理学否认主客关系，反对以客观事实作为检验真理的标准，否认真理，强调一切知识或现实都是社会的建构。它否定真理，否定实证，否定权利，但问题在于，一旦取消了真理的客观性，把什么都看成“仅仅是一种建构”，也就没有了对错优劣之分。那么，人们将以什么为标准来判断一种立场或观点的优与劣？以什么为标准评价一个人的行为道德或不道德？“社会的建构”解脱或淡化了个体的责任，个人是否还能为自己的言行负责?① 按照这种立场,我们就不得不说社会建构心理学采取了相对主义的立场,但是我们也应看到正如当年相对主义的产生是为了打破宗教的统治一样,社会建构主义的产生对于消除政治霸权与科学垄断,以及对受压迫者及边缘文化的扶持是显而易见的。首先,联系社会建构论产生的背景来看。长期以来,社会科学研究在实证霸权的主导下,坚持事实与价值分离。科学家只研究事实,对于价值问题缺乏兴趣,不愿意做出任何论断,致使价值问题长期徘徊在科学大门之外。凡是与价值问题有关的研究领域,如政治学、宗教学、人类学等,要么被赶出大学课堂,要么被削弱。那些被认为超越了价值偏好的学科(主要是自然科学)占据着大学讲坛和科研机构的主要席位。而事实上,"科学几乎总是站在统治的一边。科学家总是坚定地为统治、控制和剥削提供技术支持。所谓'中立',如果不是滑稽可笑的,至少也是十分天真的。"②社会建构论在这种社会发展背景下出现,揭露价值的无所不在,揭露一切科学知识中所隐含的价值偏见,唤醒了人们对价值问题的关注和思考。如果说社会建构论支持相对主义,那么至少在这一点上,它的相对主义已经发挥了积极作用。

另一方面,社会建构论强调一切都是社会的建构,并不意味着取消一切是非、善恶,个体可以为所欲为。事实上,每一个共同体内部都有自己的是非善恶观,都有自己的一套价值和规范系统。个体生活在共同体中,必须接受这些标准,受这些规范制约,否则就是恶,就是违法或不道德,就会受到惩处。社会建构论反对的只是在普遍意义上理解是非善恶,并不是鼓励放弃价值和道德。社会建构论本身也有自己的最高价值,那就是理解、合作、创造及协调的思维方式。它的相对主义只是强调各种价值都有其相对的合理性,不应该以任何一种价值压迫或取代其他文化、其他人的价值。

3. 社会建构主义心理学在中国的出路

当社会建构主义心理学在西方深受欢迎的同时,在中国却是另一番景象,在 20 世纪 90 年代引入之初便受到了冷落,近年来情况刚刚有所好转。有人批判社会建构主义心理学是欧美人玩的文化的"奢侈品",但是一门学科的存在必定有它的意义,我们不能一味地拒绝它,也不能一味地奉承它,我们要的就是"拿来"它。多年前胡适的一段话也许会让我们有所体会:"我们要知道,欧洲科学已到了根深蒂固的地位,不怕玄学鬼来攻击了。几个反动的哲学家,平素饱展了科味,偶尔对科学发几句牢骚话,就像富贵人家吃

① 叶浩生主编:《心理学通史》,北京师范大学出版社 2006 年版,第 594 页。

② Gergen, K. J. (1999). *An invitation to Social Construction*. London: Sage, p. 231.

厌了鱼肉，常想尝尝咸菜豆腐的风味，反动并没有什么大危险。那光焰万丈的科学，决不是这几个玄学鬼摇撼得动的。一到中国便不同了。中国此时还不曾享着科学的赐福，更谈不到科学带来的‘灾难’。我们试睁这遍地的占坛道院，这遍地的仙方鬼照相，这样不发达的交通，这样不发达的实业，我们那里配排斥科学？……中国人的人生观还不曾和科学行见面礼呢！我们当这个时候，科学的提倡不够，正苦科学的教育不发达，正苦科学的势力还不能扫除那迷漫全国的气，不料还有名流学者出来高唱‘欧洲科学破产’的喊声，出来把欧洲文化破产归到科学身上，出来菲薄科学，历数科学家的人生观的罪状，不要科学在人生观上发扬科学的人看了这种现状，能不发愁吗？能不大声疾呼出来替科学辩护吗？”的确中国科学发展是很落后的，也许“科学技术是第一生产力”在发展生产的时代就是一句真理，但是时代发展了，科学的弊端也随之而来，这时我们更应该保持清醒，就不能一味地再说科学好，相信科学是万能的了，因为科学在给中国带来好处的同时，已经显示出了弊端，而这时我们就应该对其进行控制，而这些正是社会建构论所提倡的，也许我们真的应该换一种眼光，换一种隐喻来理解科学了。①

第二节　心理学的多元文化论

多元文化论是流行于现代西方社会科学中的一种后现代主义思潮，它强调文化的多样性，关注弱势群体，强调文化群体和各种文化价值观的平等性。心理学的多元文化论认为心理学究其实质来讲是西方主流文化的产物，因此，应该摆脱心理学对西方主流文化的单一依赖性，把心理学的理论与实践建立在多元文化的基础上，建立一种多元文化心理学。②

一、心理学多元文化论产生的历史背景

“文化也许从来没有像今天这样明确地成为激烈争夺的基本资源，一种

① 杨莉萍：《社会建构心理学》，上海教育出版社 2006 年版，第 337～338 页。

② 叶浩生著：《西方心理学理论与流派》，广东高等教育出版社 2004 年版，第 455 页。

前所未有的全球性文化自觉已经决心要永远结束某一种文化的权威乃至霸权地位，而且这股来势凶猛的潮流业已得到它的命名：多元文化主义（multiculturalism）。”①

1．全球化语境中的多元文化论

“全球化”一词有多种含义，有经济全球化、政治全球化、社会生活的全球化、科技文化的全球化等。这里的“全球化”主要指的是与区域文化的特殊性相对的全球文化的趋同化，及其相应的全球科学技术研究方面的以西方文化为中心的一元文化局面。

社会文化方面的“全球化”主要指欧美文化价值观对世界其他文化地区的冲击，以及后者逐渐向前者趋同的过程。战后美国在技术上的进步、经济上的繁荣和文化上的活力使美国成为世界其他国家和地区刻意模仿的样板。全球其他地区尤其是第三世界国家为了尽快摆脱落后局面，从思想意识到技术层面都争相效仿美国模式。这样做的结果正如以色列海法大学地理系讲师马奥兹·阿扎胡亚（Maoz Azaryahu）所说，“美国化”一方面带来美国生活方式的广泛传播，另一方面造成了当地文化状况趋向美国生活方式的转变，其最终结果是“美国资本主义文化的胜利，这种文化的传播似乎创造了一种全球超文化，瓦解甚至取代了地方文化传统”。② 随着全球经济一体化局面的形成，西方发达国家把“全球化”等同于西方一体化，进而等同于“美国化”，从而在政治、经济、文化等方面表现出单向度的全球化进程。

全球文化的趋同化使得世界其他国家的学者不得不去考虑一元与多元的关系。这些学者认为，目前所谓的世界或全球文化均是以美国的发展模式作为基础，是以西方文化基本价值观为中心，试图通过消除不同文化的差异性来实现全球文化的一致性。而真正的全球文化不应该是一种文化模式复制的同质文化，而是由多元文化构成的统一体。正如华盛顿大学因特网研究中心教授德博拉·惠勒（Deboral L. Wheeler）所说：“我们新的全球文化在这种意义上说可以是由共同的身份所构成，即各个社会将加强提高它们反映各自差异之声音的能力。”③

在这种情形下，多元文化论（multiculturalism）最先发端于文化政治学领域，它的矛头指向是一元文化论（monoculturalism），即西方中心主义或欧

① 陈燕谷：《文化多元主义与马克思主义》，见《原道》1996年第三辑，中国广播电视出版社。

② Maoz, A. (2000). McIsrael? On the “Americanization of Israel”. *Israel Studies*, Vol. 5, No. 1, p. 45.

③ Wheeler, D. L. (1998). Global Culture or Culture Clash: New Information Technologies in the Islamic World—A View From Kuwait. *Communication Research*, Vol. 25, No. 4, pp. 361～374.

洲中心主义。多元文化主义者正是在颠覆欧洲中心主义这一共同目标下集结起来的。它认为正是欧洲中心主义构造了一个全球规模的文化等级秩序，这种秩序既强化了西方人的自我中心意识，同时也使得殖民地人民不自觉地归顺于西方列强的统治。即使在早期直接的殖民统治和种族隔离制度瓦解之后，欧洲中心主义所支配的思维、感知方式以及凝结在文化表象中的不平等的权力关系，依然没有从根本上被触动。相反在早期殖民主义和帝国主义结束之后，欧洲中心主义的普遍真理地位反而越发巩固和不证自明。①

从对欧洲中心主义的批判出发，多元文化论提出了多元文化平等观。不同于以往自由主义的"个人"与"个人"之间的平等观与同化主义以归顺为先决条件的平等观，多元文化平等观的中的"平等"是指"文化"与"文化"之间的平等，以及由此而来的"群体"与"群体"之间的平等。强调平等不等同于同化。正如戈德伯格(David Goldberg)指出的那样："对于非主流文化而言，所谓的同化就是汇入主流的熔炉，意味着放弃那些'非美国'的价值，常常是公开的放弃自身的主体性与文化差异，以便接受那些把异质文化中的人塑造成美国人的一元文化价值，后者当然是历史地取得霸权地位的那些阶级和种族的文化价值。"②持有多元文化平等观的不同肤色的族群不会再把自己与西方白人的差异视为耻辱，他们不仅不再为自己的肤色感到自卑，而且开始把自己独特的历史和文化经验看做是力量和认同的资源。

在此基础上，多元文化论主张包括弱势群体、边缘群体在内的多元文化群体是共同历史的平等而又积极的创造者，多元文化强调的不是文化数量上的多元性，而是要求创造一种多样化的公共空间，让不同的群体既能够按其各自的方式生活，又具有足够的自由和信心参与文化对话与交流。这是多元文化论的要义。

文化政治领域中多元文化论的影响波及到诸如社会学、人类学、历史学等社会科学研究的诸多领域，为这些领域反思、批判西方文化的一元文化局面带来灵感与启发。也为心理学中的多元文化论的产生提供了必不可少的文化政治学基础，并进一步导致了学术界对学术研究的西方化与多元化的再认与反思。

概言之，面对全球化的浪潮，心理学家们也在反思一元与多元的关系。越来越多的西方与非西方心理学学者认识到，目前西方的科学心理学思想

① 陈燕谷：《文化多元主义与马克思主义》，见《原道》1996年第三辑，中国广播电视出版社。

② Goldberg, D. (1997). Multicultural Condition in Multiculturalism. *A Critical Reader*, pp. 4～5.

在其本原的形式上被设想为是全球性的，并被视为产生心理学知识的普遍模式，但实际上它本身是地区性的和本土性的。非西方的心理学研究者逐渐认识到，西方心理学家将根植于西方文化中的心理学当作唯一正确和跨文化普遍适用的知识体系传播到世界其他地区，特别是那些不发达国家的做法，在促进科学心理学在世界范围内发展的同时，损害了心理学的社会适用性，使得心理学研究脱离社会生活实际，无法满足当地民族、当地社会的特殊需要，有时甚至会带来一些负面影响。因此随着非西方心理学研究队伍的发展和壮大，研究者们认识到发达国家心理学的文化霸权主义色彩，对发达国家心理学的唯一正确性和普遍适用性提出质疑，要求摆脱西方心理学主要是美国心理学的单一影响，开展适合各自文化的本土心理学的研究，将人的行为和心理过程置于一定的文化背景中进行解释和分析，强调心理学的文化契合性。同时，西方心理学者也认识到，西方心理学的概念连同它的方法不但很少涉及其他的文化，而且无视并削弱了其他文化传统。为了反对这种单一的科学取向，他们提出要建立一门"多元文化心理学"（multicultural psychology），肯定关于人的本土性概念的丰富多样性和获取知识的方法的多样性"。[①]

2. 后现代哲学的影响

心理学中多元文化论的出现与科学哲学的发展趋势在某些方面是一致的。"科学哲学从逻辑主义转向历史主义之后，便由注重科学证实转向科学发现，由注重科学理论的内部因素转向科学创见的外部条件。"[②]从库恩（T. Kuhn）的范式论到费耶阿本德的无政府主义的科学认识论，历史主义逐渐以理论的多元论代替了理论的一元论。逻辑实证主义主张理论只有一个参考维度，那就是事实的证明，所以理论只有与事实一致与否之分。但社会历史主义则认为，理论有多个参考维度，像科学家的心理信念、科学共同体的要求、社会文化的条件等。所以，对事实的观察描述和理论解释都受这些条件的渗透和制约。这样，对理论之间关系的探讨便取代了对理论与事实关系的探讨。各种理论存在的合理性逐渐得到了肯定。费耶阿本德甚至认为，科学中根本没有"纯事实"，进入知识的"事实"已经包含着一定的看法和思想。所有的认识、理论和观点都是有用的，并且是相互补充的。科学与非

① Gergen, J. K. and Gulerce, A. (1996). Psychological Science in Cultural Context. *American Psychologist*, Vol. 51, No. 5, p. 496.

② 葛鲁嘉：《心理文化论要——中西心理学传统跨文化解析》，辽宁师范大学出版社1995年版，第155页。

科学的划分是人为的，并且对知识的进展有害。

显然，对心理现象的探讨以及对研究方式的确定，心理学家要受到心理、社会文化等条件的制约，心理学家所建立的理论或知识也就必然与心理学家的心理及心理学家所处的社会背景相吻合。心理学中多元文化论关注心理学对象的文化属性，也关注一些被科学心理学研究否弃的方法。他们重视边缘群体和弱势群体；强调文化的多样性和平等性；反对把西方白人的主流文化看做是唯一合理的正确的；反对文化霸权主义。

除此之外，现代西方哲学中结构主义、后结构主义学派对心理学多元文化论的产生和发展也产生了重要影响。结构主义认为事物的性质和意义是由内部的整体结构决定的，而内部的深层结构不是事物自身固有的，是人的心灵无意识地投射于现象中的。他们认为一切由人类行为构成的社会现象，表面看来似乎杂乱无章，其实内在蕴含着一定的结构，正是这种结构支配并决定着一切社会现象的性质和变化，但这种现象的内部结构不是客观社会生活自身所固有的，而是由人的心灵的心理机制无意识地创造的。因此，在方法论上，结构主义者强调整体性的研究，反对孤立、局部的研究。他们认为，任何现象都是由许多部分构成的，而且各部分是相互联系的。结构主义者强调认识事物内部的结构，反对单纯地研究外部现象。他们认为，现象虽然表面看来杂乱无章，但都受其内在结构的统一支配。① 后结构主义继承了结构主义关于事物内部深层结构的观点，但却反对结构的客观确定化和绝对化，主张不同程度地消解这种客观、绝对的结构。他们认为，传统形而上学概念体系的“二元对立”中两极的关系并不是封闭的、僵死的和不变的，而是开放、互动和可变的。因此，事物的意义由其所在系统中的位置所构成，因其位置的不稳定，其意义是变动不居、不确定的；同时由于观察者需要的不同，对事物意义的理解也就不同。

与此对应，心理学中的多元文化论强调对文化心理的深层意义结构的探讨，研究心理行为的社会文化脉络，从中寻找心理行为差异性的根源。同时多元文化论者强调在研究者和研究对象的互动的过程中达成对其心理行为的认识与理解，并且这种认识的结论是开放的、变动的，它不仅随着研究内、外条件的变化而改变，而且随着双方互动的深入而逐步加深。

3. 文化人类学的背景

在文化人类学领域，质疑了长期占据主导地位的“人类一致性”的观

① 夏基松著：《现代西方哲学教程新编》下册，高等教育出版社 1998 年版，第 612～613 页。

点。[1] 指出对文化的分析不是一种寻求规律的实验科学，而是探求意义的解释科学。因为人类一致性既不能产生实质性的普遍原则，也不能产生用以解释这些原则的文化现象和非文化现象之间的特殊联系。文化是“人群共有的意义系统，是人自己编织的意义网络，是人所创造的社会生活方式和社会精神。它具有历史性、系统性和主体间性”。[2] 对人的身份认同、行为方式等方面产生着巨大的影响。

文化人类学在人的本质观点上的转变对心理学研究产生了持续的影响。使其逐渐认识到这样的事实：在对于人的心理行为的普遍理论解释与根据具体环境理解之间不存在对立；人的属性是多样的，既不存在一种稳定不变的亚文化自我，也不存在一种跨文化的一致性。

4. 心理学文化转向的促进

受实证主义科学观和方法论的影响，西方心理学一直崇尚客观实证的研究方法，片面追求心理学的自然科学化。科学家将心理学看做是一种价值中立的学问，主张探询人类心理行为的一般规律，在研究过程中极少关注或完全忽视社会文化因素对心理和行为的影响。这样做的结果是，一方面人的心理的文化历史属性在心理学中被有意遗弃了；另一方面导致了西方传统心理学研究的文化中心主义和种族中心主义倾向。

主流心理学的研究与实践植根于西方文化，其理论不可避免地要反映西方的文化价值观，得出的结论也要受到西方文化价值观的制约。而当这些研究结论被当做一般规律而应用或推广到非西方文化中人们的心理行为上时，必然会导致以西方白人文化为标准来衡量和评价其他文化人群的心理行为的倾向，从而得出似是而非的结论。

从 20 世纪 70 年代起，越来越多的西方心理学家开始反思心理学的自然科学观。他们认识到人的心理不同于自然科学所研究的物质，人的心理受到其所处的社会文化背景的影响。因此，心理学不可能摆脱社会文化意识形态和价值观的影响而进行纯粹客观抽象的研究。对心理学自然科学研究模式的反思引发了心理学的文化转向。

文化转向的出现，帮助人们认清了心理学学科的文化性质，认识到任何理论都是特定文化历史的产物，也只能适用于特定的文化范围。一些学者开始对西方心理学的唯一合理性和普遍适用性提出质疑和挑战。

文化的转向促成了心理学中“第四势力”的形成。对此，美国心理学家

---

① 格尔茨：《文化的解释》，译林出版社 1999 年版，第 49 页。
② 格尔茨：《文化的解释》，译林出版社 1999 年版，第 5 页。

皮特森(P. Pederson)指出:“以文化为中心的观点提供了除精神分析、人本主义和行为主义对人的心理行为进行解释以外的第四个解释维度。”[①]同时,自20世纪80年代始,在心理学界掀起了一种心理学本土化潮流,世界各国的心理学家在反思与批判西方主流心理学的基础上着手建立适合本国文化传统的本土心理学。由此拉开了心理学多元文化论的序幕。

二、心理学多元文化论的基本观点

多元文化论(multiculturalism)是20世纪60年代主要是80年代以来盛行于西方世界的一种反对种族歧视和差别,要求重新认识少数民族及其文化、尊重各民族的文化特性、传统和价值观的泛文化思潮。心理学中的多元文化论认为心理学就其本质来讲是文化的产物,但现代心理学仅仅建立在西方白人主流文化的基础上,他们试图摆脱心理学对西方主流文化的单一依赖性,把心理学的理论与实践建立在多元文化的基础上,建立一种多元文化的心理学。

这种心理学强调文化的多样性、差异性与平等性,体现了对西方主流心理学研究中的“唯科学主义”取向和“文化帝国主义”误区进行批判和纠偏的思维方式和态度,或者说西方心理学中的多元文化论向心理学家们提出了心理学学科应该如何借鉴、如何使用自然科学的研究模式的问题,以及如何面对其他精神传统中关于人类心理行为的研究方式及思想、理论的问题。

1. 心理学的多元文化性质

心理学的多元文化论认为文化是行为的重要决定因素。一种社会行为不仅受到行为者个体内部因素的调节,也为社会的文化因素所制约。而且由于个体的某些内部因素如需要、动机等也是在社会文化的影响下形成的,因此从根本上讲,行为是社会文化的产物,行为总是具体的,是相对于特定群体和社会的,行为研究不能脱离行为的文化背景。因此,多元文化论强调在心理学研究中文化概念的重要性,要给文化以足够的重视。需要说明的是,这里的文化是主观意义上的,这种文化既为群体的大部分成员所分享,也调节和制约着群体成员的行为,为群体成员判断“正确”与“错误”、“适当”与“不适当”提供了一个参考框架。

心理学的对象既然是人的心理行为,那么由于其文化特性,就应该考虑文化的重要作用。这就要求研究“世界各地人的心理行为,而不只研究西方

① Pederson, P. (1999). *Multiculturalism as a fourth force*. Taylor and Francis, pp. 16~19.

社会主流人群的心理行为"[1]。西方社会的主流文化只是多种文化中的一种,并非文化的全部。这种条件下的研究结论带有文化局限性,不应随意应用于其他文化。多元文化论认为西方现代心理学建立在一元文化的基础上,只能适合西方主流文化。因此,在承认心理学的文化性质的基础上,进一步提出了心理学研究的多元文化性质的问题。

多元文化论强调文化的多元性,主张把对心理行为的研究与多元文化的现实结合起来。就世界范围来讲,存在着不同的国家、地区,这些国家和地区有不同的文化传统。比如,东方国家的集体主义传统强调群体的一致性、个人的献身精神及群体成员间的相互依赖;西方国家的个体主义传统强调个体的独立性、个人的选择和自由。就某一国家内部来说,由于存在不同的种族、民族,因而也存着不同的文化观念,特别是在美国、加拿大和澳大利亚这样的移民国家里,文化的多元性十分明显,存在着白人文化、黑人文化、亚裔人文化、西班牙文化、同性恋文化、异性恋文化等多种文化,它们是典型的多元文化国家。在这样的国家,对白人的研究结论就不能随意用来解释白人以外的其他群体的心理行为。

多元文化论者承认人类心理行为的一般模式或一般结构的存在,这为心理学的跨文化研究奠定了基础。但文化不再被看做是决定人的心理行为的外在因素,而是内在于人的觉知、理解和行为的因素,由于人的心理行为模式是习得和表现于多样性文化背景中的,这就要关注人类心理行为的社会文化脉络,重视心理行为与社会文化脉络的联系,从社会文化脉络中去考察和说明人的心理行为。这里强调的是人的主观建构,社会文化的存在和作用取决于人们对其捕捉和利用的过程和方式。正是人建构了社会化的世界,也正是人自己建构了其特定的心理行为方式。

除此之外,多元文化论认为人类心理行为的多元文化性质不仅指不同文化的个体的心理行为带有不同的文化特色,还指明了同一个体同时属于多种文化,其心理行为带有多种文化色彩的可能性。研究对象的这种多样性决定了研究者所采用的研究方法的多元性和研究问题的多面性,因为一种方法既不可能也不能够适合于研究具有多样性的研究对象的多个侧面,同时也正是这种研究对象的多样性决定了研究问题的多样性。从对心理学的多元文化性质的认识出发,多元文化论反思、批判了传统心理学研究。

---

① Triandis, H. C. and Brislin. (1984). Cross-cultural psychology. *American Psychologist*, Vol. 39, pp. 1006～1016.

2．对主流心理学研究的批判

(1) 对“普遍主义”研究模式的批判。

多元文化论反对心理学中的“普遍主义”(universalism)的做法。西方主流心理学严格遵照自然科学的研究模式，排斥文化的概念，以发现不受文化与历史因素影响的、一般的、抽象的、普遍适用的心理行为规律为目的，这些忽略文化因素的研究结论被认为可以“普遍”至所有文化群体。国内研究者认为它表现在以下几个方面：“寻求经验材料的抽象意义；关注恒常性，试图在变量之间确立规律性的关系；不顾研究背景和条件，尝试将结论应用到一切场合；对所研究的变量之外的现象缺乏兴趣；认为研究结论是价值中立的，研究的结果是客观的、绝对的，不依附于任何文化价值。”①尽管大部分研究者怀疑这种“普遍主义”的假设，但是由于在实验中文化因素很难得到控制，因而将其排斥在考虑或考察的范围之外，默许了这种普遍主义的存在。这种现象在社会心理学中尤为普遍。尽管价值观、行为规范、历史传统等文化因素对群体行为有不可忽视的影响，但是为了得到一个“普遍主义”的研究结论，社会心理学家们仍旧热衷于在实验室中研究社会行为。

多元文化论认为，这种普遍主义“其实是一种虚伪的、压制性的文化帝国主义，它严重损害了其他生活方式存在的合理性”②，它把对西方社会中主流人群的研究结论应用于其他地区的不同人群，将主流人群的心理行为特征当做普遍特征，将植根于西方文化的心理学当成超越文化存在的全球性心理学。

更进一步，西方心理学的“文化色盲”的做法掩盖了理论的一元文化色彩，掩盖了西方社会种族歧视的现实，它以一种貌似公平的方法处理实际上并不平等的群体行为。这种做法歪曲了心理科学的形象，给其他群体成员造成严重伤害，招致了其他群体对该种心理学实践暗藏的政治性目的的质疑。正如有研究者指出的那样：“这种普遍主义通过把心理学描绘成非政治化的存在，以便于传播占统治地位的意识形态。心理学在支持特权阶层和维护社会现状上带有明显的偏见，而在很多情况下这种偏见又披上了科学的外衣。”③

① 叶浩生：《多元文化论与跨文化心理学的发展》，《心理科学进展》，2004 年第 12 期，第 144～151 页。

② Fowers, B. J. and Richardson, F. C. (1996). Why is multiculturalism good? *American Psychologist*, Vol. 51, No. 6, pp. 609～621.

③ Dawn-Vo, E. (2001). Merging or Diverging? Future directions in cross-cultural psychology, Vol. 7, No. 1, p. 106.

总之，多元文化论认为心理学既然要研究心理行为，那就要研究世界各地不同人群的心理行为，考虑到它们发生的背景条件，认清研究结论的局限性，不要把对某一群体的研究成果不加辨别地推广到其他群体中。

(2) 对“文化中心主义”研究局面的批判。

在反对“普遍主义”的基础上，多元文化论强烈批驳了西方心理学中的“民族中心主义的一元文化论”(ethnocentric monoculturalism)。国内研究者叶浩生先生认为，西方心理学中的民族中心主义的一元文化论的典型特征是从本民族的文化出发，以自身的标准衡量和判断来自于其他文化条件下的人。主要表现为：“(1) 把自身文化中所发生的事件看成是‘自然的’、‘正确的’，不能理解为什么其他文化条件下所发生的事件与自己的观点不一致；(2) 把自身的文化习俗和行为规范看成是唯一正确的、普遍适用的；(3) 固执地相信自己群体的文化遗产如历史、价值观、语言、风俗、艺术等，优于其他群体；(4) 把自己群体的信念和标准投射给其他弱势群体，认为这些群体应该具有同自身一样的信念和规范。”①多元文化论认为，由于这些都发生在无意识水平上，群体成员把自己看成是“公正”、“正义”的化身而意识不到自己的错误。以致有人指出：“西方心理学家们偏爱立足于民族中心主义的立场，把得于主流人群的研究结论应用于其他群体，并期望得到相同的效果。”②

由于西方社会中的欧美文化价值观占统治地位，欧美心理学家们很难觉察到研究的欧美文化色彩，并忽视其他群体所特有的文化现象。因此，他们会很自然地把其主流文化当做标准文化，忽视异质文化条件下的研究结论。他们通常会质疑研究异质群体所得结论的普遍性，但却往往不会反思研究主流群体的所得结论的一般性。正如研究者指出的那样：“欧美心理学家的研究对象一般是大学二年级的白人学生，这些学生的文化背景、阅历和经验决定了他们的行为最多只能代表白人学生群体，而不能作为一般性的原理而推广至所有文化群体背景下的所有人。”③

这里要指出的是，多元文化论并不否认科学理论的一般性，它反对对研究结论的不加辨别的滥用，它主张结论在得到推广之前的经验验证，它强调

① 叶浩生：《西方心理学中多元文化论运动的意义与问题》，《山东师范大学学报》，2001年第5期，第11～15页。

② Iijima Hall, C. C. (1997). Cultural malpractice: The growing obsolescence of psychology with the Changing U. S. Population. *American Psychologist*, Vol. 54, No. 12, pp. 642～651.

③ 叶浩生：《西方心理学中多元文化论运动的意义与问题》，《山东师范大学学报》，2001年第5期，第11～15页。

研究的文化适用性。正如美国心理学家苏尔(S. Sue)所说："研究结论的一般性要经过经验验证，研究者要避免将不成熟的、未经证实的假设从一种人群推广至另一人群，否则会忽视重要的民族和文化差异。"①

由此可见，多元文化论的努力在于呼吁美国心理学家反思自身的文化局限，检讨自己的文化偏见，时刻警惕他们研究中所隐含的种族中心倾向，关注研究对象的文化身份，在心理学的课程中增加多元文化的主题，构建以多元文化论为指导的心理学体系。

3. 以文化为中心的观点

(1) 对跨文化心理学、文化心理学、本土化心理学研究范式的辨析。

西方主流心理学研究认为，存在一种人类心理的稳定不变的理想状态，而文化却是对这种理想状态的种种"扭曲"。因此所有的人类行为都可以由一个普遍标准加以衡量，而不用考虑行为的文化背景。

与之相对，人类学的观点认为，不同文化中的人对于"标准行为模式"有不同的理解与定义，这是由其文化背景决定的。文化背景差异提供了认识人类社会中多样性的世界观、价值观以及不同行为态度等方面的线索。正如美国心理学家史密斯(T. B. Smith)所说的那样："人类学在理解与解释不同文化中的人的心理行为上采取的是相对主义的立场，而心理学家对于人的心理行为与社会特点的描述却很少顾及到其各自不同的文化背景，他们持有绝对主义立场。但只在不久之前，心理学才开始了沟通这两种极端观点的努力，它们就是跨文化与文化心理学的研究取向。"②

跨文化心理学是通过文化的变量来研究人的心理行为异同的一种心理学研究取向。它研究和比较不同文化群体中的被试，以检验现有的心理学知识和理论的普遍性。其根本目的是为了建立普遍适用的心理学或属于全人类的心理学。在多元文化论看来，跨文化心理学的研究是站在文化之外研究文化，其主导研究方式是以某一种文化作为理想模式(通常是以西方的文化为基础或以西方的心理学为基调)的客位研究模式，通过两种或两种以上的文化的比较，找出不同文化条件下的行为与心理功能上的共同特性。

文化心理学也是通过文化来考察和研究人的心理行为的一种研究取向。它强调文化的特殊性和多样性，强调心理学的理论、概念和方法的特殊

① Sue, S. (1999). Science, ethnicity, and bias: Where have we gone wrong? *American Psychologist*, Vol. 54, No. 12, pp. 1070～1077.

② Smith, T. B. (2004). A Contextual Approach to Assessment. In: Smith, T. B. (Ed.). *Practicing Multiculturalism: Affirming Diversity in Counseling and psychology*. Pearson Education, Inc. p. 15.

性和对本土文化的依赖性，它将所有文化放在一个平等的地位上，而不事先假定一种文化比另一种文化具有优越性，文化心理学在其发展过程中逐渐否定了关于存在一种全人类普遍心理机制的设定，转而关注人类心理行为的社会文化背景，从社会文化背景去考察和说明人的心理行为。在文化心理学的后期发展中，文化不再被看做是决定人的心理行为的外在因素，而是内在于人的因素。通过人的主观建构，社会文化才得以存在和作用于人的心理行为。多元文化论认为文化心理学的研究是从某一文化的内部出发来研究人的心理行为，不是采取跨文化比较的方式，不涉及在其他文化中的适用性问题，其方法论的理想是要通过文化内在特点来分析心理与文化的内在关系。

本土心理学研究取向的努力主要是通过对西方心理学的批判反思和对本土传统心理学资源的挖掘整理，以创建本土的科学心理学。对西方心理学的唯一合理性和普遍适用性提出质疑与挑战的本土心理学要求研究国人的心理行为，建立“内发性”的本土的研究方式，开展真正本土的研究。通过对比不难看出，本土心理学的研究特点在一定程度上与文化心理学研究模式类似，但不同之处在于：本土心理学研究强调从特定的本土文化的角度、在本土文化的框架中从事心理学的研究，确立符合本土居民特征的心理学概念和理论。三种研究方式虽然研究角度不同，但都强调了文化与行为的联系。在多元文化论看来，这三种模式虽然都关注了文化，但仅强调了文化与行为联系的一个方面。第一种模式强调了文化与行为的普遍性联系，但是却以文化中心主义的方式把在一个文化中确立的方法和程序及其研究结论强加给其他文化，因此这种研究方式容易忽视心理行为的特殊性；而另外两种模式——文化心理学和本土心理学从文化的内部研究文化，注重了心理与行为特殊性的研究，但却忽视心理行为的普遍性。在多元文化论看来，以上三种研究模式要么注重对研究对象普遍性的探讨而忽视其特殊性，要么重视了独特性而忽视其普遍性，因而都是片面的。

但多元文化心理学的兴起与发展与以上三种研究模式还是密切相关的。多元文化论是文化心理学的深入发展，而文化心理学正是在吸收跨文化研究的合理因素的基础之上，摆脱西方科学心理学理论、方法框架的束缚，企图建立起多元文化的心理学体系。但多元文化论克服了以上研究模式的片面性，从多元文化的角度出发，既强调文化与行为的联系，也注重文化的多样性，通过在两种意义上（文化特殊性与跨文化普遍性）解释行为，[①]把对心理与行为的特殊性研究与一般性研究结合起来，进而把普遍主义与相对主义这两种长久以来对立的认识论很好地结合了起来，采用了以文化为中心的观点，真正把心理学建立在文化的基础上。

(2) 以文化为中心的观点。

既然多元文化论反对主流心理学的唯科学主义研究模式，反对文化中心主义的研究立场，那么它用什么取代它呢？那就是作为多元文化论核心的以文化为中心(culture-centered)的观点。这种观点认为，要在人类心理行为的习得与展现的背景中研究它们，既强调使不同文化相互区别的每种文化的独特性，也强调使其相互沟通的文化上的共性。这些文化上的差异与共同之处为心理学理解人类的行为活动提供了一个互补的、综合的背景。正如皮特森所说："既然所有行为的发生都离不开特定的文化背景，那么对它们的精确评估，有意义的理解与恰当的干预调节都需要在文化背景中进行建构。"[②]以文化为中心观点的主要思想表现在三个方面：① 对文化的广义界定；② 认为文化是人类心理行为的有机组成部分；③ 对文化普遍主义与文化相对主义的融合衔接。

第一，以文化为中心的观点中的文化是从广义上界定的，内容涵盖人种学方面、人口统计学方面、社会地位方面以及其他相关方面，涉及到种族、民族、国家、社会经济地位、受教育水平、性别、年龄，乃至性取向等多重维度。这种广义的界定对心理学的影响在于使文化因素能够充分渗透到心理学研究尤其是心理治疗中去。

多元文化论认为对文化的狭义定义——仅在种族、民族与国籍的意义上理解文化的做法——只是在种群差异的意义上理解文化的。然而，如果以这种观点来理解人的文化身份，"就会使我们忽略掉群体内部差异，造成把一种特定的文化身份强加给那些同时属于多种文化的人们的后果"[③]。对此，多元文化论提醒我们，种族和民族虽然是重要的文化变量，但不是唯一的变量。与对文化的狭义定义相比，对文化的广义界定既包含了种群间的差异又涉及到群体内部差异，因而更具包容性，也更适合心理学研究对象的文化身份构成的复杂性。

---

① Smith, T. B. (2004). A Contextual Approach to Assessment. In: Smith, T. B. (Ed.). *Practicing Multiculturalism: Affirming Diversity in Counseling and psychology*. Pearson Education, Inc. p. 21.

② Pederson, P. (1999). *Multiculturalism as a fourth force*. Taylor and Francis, p. 13.

③ Berry, J. W. (1991). Understanding and managing multiculturalism: Some possible implications of research in Canada. *Psychology and developing Societies*, Vol. 3, p. 17.

传统心理学对人的文化身份的获得的认识大致有两种：一种认为人会主动进行自我调整来适应主流文化，获得主流文化的身份特征；另一种认为人是为了避免社会排斥而不得不适应主流文化，被迫放弃原先的文化身份的。这两种观点根本上是一致的，意思都是人只能有一种与主流文化相适应的文化身份，而且这种身份一经获得就是稳定不变的。多元文化论认为事实真相并非如此，人可以同时属于多种文化，具有多重文化身份，这些身份是可变动的，有主次之分，且不相互矛盾，人会随着环境的变化而自由变换其主导的文化身份。这种观点不仅便于心理学研究者认识研究对象身份的复杂性，以便精确地阐释其心理行为，而且还可以帮助人们认识到"一个多元文化的社会是多侧面、多维度的，而不是一个'熔炉'，其间的各个文化群体彼此间的关系不是对立与冲突的，而是互惠的，少数文化群体不必为主流文化所同化或吞并"①。

第二，在多元文化论看来，文化、历史、性别等因素不是从外部强加于"标准"个体的，而是个体心理行为的有机组成部分。这是因为个体心理的发展变化与其周围的环境不可分割，个体的成长不仅发生在个体间的多元关系之中，而且发生在与外部环境(政治、经济、社会结构)的互动之中。人的心理世界不是孤立于外界现实、稳定和抽象的东西，而是与现实世界相统一的变化发展过程，在这种协同发展的过程中，各种文化因素成为人类心理的有机组成部分。

因此，多元文化论指出了主流心理学在对待文化问题上的错误做法。"面对人类心理的文化方面，主流心理学要么将其简化为一个地区性变量，要么仅在简略说明人类心理发展的多样化之后，将其文化历史方面作为外在因素附加于既有的心理学理论。"②多元文化论者指出，潜藏在这种做法背后的预设是，假定"标准"个体的存在，这种个体具有跨文化的普遍性，而个体差异、文化差异对其来说只是对于"标准"的偏离，而且这些偏离可以用诸如种族、性别与社会阶层此类的孤立因素加以解释。根据这种前提开展研究，"心理学家就会把这些因素仅仅当做对'标准'个体发展的影响因素来处理，而不是将其作为人类心理的有机组成部分来对待"。③

与之相对，多元文化论强调历史与文化是持续构成人类心理行为的主

---

① Berry, J. W. (1991). Understanding and managing multiculturalism: Some possible implications of research in Canada. *Psychology and developing Societies*, Vol. 3, p. 23.

② Riegel. (1999). Dialectics, and Multiculturalism. *Human Development*, Vol. 42. pp. 134～144.

③ Meacham, J. A. (1997). *Autobiography, voice, and developmental theory*, *Change and development: Issues of theory application and method*. Hillsdale, NJ: Erlbaum, pp. 43～60.

导方面，脱离特定的文化、历史背景的“标准”个体是不存在的。换言之，不具有特定文化、种族身份的“标准”个体是不存在的，因而在面对文化问题时，研究者要把具有多样性的文化、历史、种族/民族身份的人们的经验与看法整合到现有的理论假设、理论概念与科学理论中去，而不是仅仅将其当做外在孤立的变量“附加”到理论中去。这里需要注意的是，多元文化论虽然否认“标准”个体的存在，但并不否认人类心理行为的共同点或普遍性。它所反对的只是对这种普遍性的过分夸大，以至于将这种普遍共性提升到“标准”的地位而忽略或否认差异存在的做法。

第三，多元文化论认为对文化身份的多维度理解，既包容了文化普遍主义的观点又容纳了文化相对主义的观点。传统主流心理学站在文化普遍主义的立场上所研究的多为基于统计数字之上的一般意义的人，并把研究结论当做放之四海而皆准的真理，推广到其他个体身上。与之相对，文化人类学的研究站在相对主义的立场上研究特定情境中个体行为表现的特殊性，它认为这些行为表现在各自的文化背景中皆有其存在价值，因此不主张把研究结果作一般性的推广。由此可见，以上两种研究要么只强调人类心理行为的共性而忽视其个性，要么仅看到其特殊性而忽视普遍性，因而都带有一定的片面性和局限性。

以文化为中心的观点主张将这两种模式相结合，以对人的心理行为做出更为平衡与综合的阐释。多元文化论认为，正如区别与综合是互补的过程一样，文化特殊性与文化普遍性的观点也是不可分割的、相互紧密联系的两个方面。借用语言学中对语言规则的分析，派克(Pike)在 1966 年最先提出了文化普遍性与文化特殊性的二元划分，他认为这种划分绝对不是那种僵化的二元论，而是从两个互补的角度去看待同一事物的认识方式。[①] 因此，多元文化论一方面认为，不同文化群体对同一刺激会有不同的心理行为反应，这种反应的差异不是刺激本身的差异，而是刺激所具有的意义的差异，因此为了理解心理行为，我们不仅要从个体内部寻找其发生的一般性机制，更要从外部去发现决定它们的文化因素，正是这种文化因素造成了不同种群在心理行为上的差异。另一方面，多元文化论认为虽然人的心理行为存在文化差异性，但既然都是人，就必然存在着共同的“人性”，正是这些共同的人性构成了不同文化或种群的人沟通、交流乃至融合的基础。

---

① Stephen Bochner. (1999). Cultural Diversity Within and Between Societies: Implications for Multicultural Social Systems. In: Pedersen, P. (ed.). *Multiculturalism as a fourth force*. Taylor Francis. p. 26.

由此可见，多元文化论既包含了文化相对主义的方面，又结合了文化普遍论的因素，这种融合衔接了文化普遍主义与文化相对主义的观点，对心理学研究尤其是咨询心理学研究有重大意义。正如皮特森所说："对普遍性的强调为医患双方的沟通提供了可能，而对特殊性的承认与了解又为对患者心理行为的精确评估、有意义的解释与恰当的干预提供了必要的前提。"①

从以上对多元文化论所倡导的以文化为中心的观点的分析可以看出，与以往关涉文化的理论不同，它否定了文化中心主义的立场，广义地界定文化，崇尚文化的多样性与平等性，把所有的文化放在一个平等的地位上，而没有事先假定一种文化对另一种文化的优越性。它对文化特殊性与普遍性相结合的强调是对传统主流心理学研究中盛行的"普遍主义"的严厉反驳，显示了在心理学研究中将人类的多样性与共性相融合、一致或统一的可能性。从这个意义上讲，西方心理学中的多元文化论被看做是继行为主义、精神分析和人本主义心理学之后心理学中的"第四力量"。正如心理学家福沃斯(Fowers, B. J.)所指出的那样："在近几十年中，多元文化论已经成为心理学中的一股强势力量……很清楚，它已经对心理学产生了重要影响，而且这种影响可能还会继续增强……它在心理学中获得了广泛听众，它甚至经常成为人们评价一种理论和实践好与坏的标准。"②

心理学的多元文化论是应对社会实践的需求而产生的理论，它在心理学中最先产生于心理健康领域，随着后来的发展壮大，其影响波及到其他心理学领域，如教育心理学、人格心理学等，对这些领域的研究产生了深远的指导作用。因为多元文化论的发展在心理治疗和心理咨询领域中最先展开，发展至今已经积累了相当丰富的研究成果，其中的一些研究结论具有典型性和代表性，所以下面着重介绍多元文化论对心理健康领域的影响。

(3) 心理健康领域的基本观点。

多元文化论认为，传统心理咨询理论(精神分析、行为主义、人本主义)均建立在西方个人主义的价值规范和科学主义的方法论规范之上。建立在西方的文化价值观基础上的心理治疗理论在未经修正的情况下，不能作普遍推广。同样，在心理学中长期占据主导地位的科学主义研究范式，因其采用量化还原、因果决定论的方法，片面追求研究的实证效度与客观性，将整体论的、非线性的研究方法排除在外，成为导致心理健康领域的文化迟钝的

---

① Pedersen, P. (1999). *Multiculturalism as a fourth force*. Taylor Francis, p. 13.

② Fowers, B. J. and Richardson, F. C. (1984). Why is multiculturalism good? *American psychologist*, Vol. 39, pp. 1006～1016.

主因。

针对上述不足，多元文化的心理治疗理论应运而生，它是指导现行咨询与治疗的研究与实践的元理论。该理论的基本思想是："每一种西方或非西方的咨询理论都代表着不同的世界观，治疗者只有真正了解患者的文化背景才能达成最佳的咨询效果；治疗双方的文化认同水平将影响到对咨询问题的界定以及对咨询目标的确立；采用以文化为中心的观点借鉴其他文化中的咨询与治疗方法，以充实发展既有的治疗理论，增加更为有效的咨询方式。"①

长期从事多元文化心理治疗研究的美国心理学家皮特森认为，多元文化心理治疗就是在心理治疗中关注文化的差异性和特殊性，将传统的建立在西方个人主义的价值规范和科学主义的方法论规范上的心理咨询理论在不同文化背景中进行修正、拓展的一种研究尝试。② 它围绕着六条基本假设展开：① 不同文化地区的心理治疗思想体现着不同的文化价值观；② 重视文化背景在治疗中的作用；③ 治疗双方的文化认同水平会影响治疗进程；④ 对患者心理问题的正确认识不能脱离其文化背景；⑤ 可以借鉴其他文化中的心理治疗方式；⑥ 以文化为中心的咨询理论的目的是为了丰富咨询方式，提高咨询的有效性。③

在这六条基本假设的指导下，多元文化的心理治疗理论认为，治疗者要增强文化自觉性，具备多元文化的咨询与治疗能力。要修正带有文化偏见的西方治疗理论，借鉴非西方文化的相关思想观念，转变传统的心理咨询与治疗模式。④

第一，对于治疗者文化自觉性的培养。多元文化论同意建构论的观点，认为个体在建构文化的同时也受到其建构的文化环境的影响和制约。特定的文化价值观对个体的影响如此根深蒂固，以至于他会不自觉地将自己的文化偏见强加于别人。在治疗过程中为了避免这种情况的发生，"咨询者必须具备文化反省能力，提高文化自觉性。这包括三方面内容：情感上的文化

---

① Pedersen, P. (2001). Multiculturalism and the paradigm shift in counseling: Controversies and alternative. *Canadian Journal of counseling*, Vol. 35, No. 1, pp. 21～23.

② Pedersen, P. (1999). *Multiculturalism as a fourth force*. Taylor Francis, p. 13.

③ Smith, T. B. (2004). A Contextual Approach to Assessment. In: Smith, T. B. (Ed.). Practicing Multiculturalism: *Affirming Diversity in Counseling and psychology*. Pearson Education, Inc. p. 15.

④ Pedersen, P. (2001). Multiculturalism and the paradigm shift in counseling: Controversies and alternative. *Canadian Journal of counseling*, Vol. 35, No. 1, pp. 21～23.

意识;认知上的文化知识;以及行为上的文化技巧。"[①]我国研究者阐析了这三种能力。[②] 文化意识是指能够正确判断治疗双方所处的文化差异的能力,它包括能否意识到双方的沟通方式是否符合患者的文化背景;是否具备对非言语线索的敏感性;能否意识到不同文化群体间的等级关系;能否理解不同文化群体的价值判断标准的差异。文化知识是指搜集一些有意义的事实来理解治疗双方的文化差异,包括家庭结构、家庭成员关系、价值观念、宗教信仰等,这些都有助于将患者的问题置于其文化背景中进行正确理解。建立在文化意识和文化知识之上的文化技巧是指在患者的文化背景中,以患者的语言习惯解决问题的能力。因为任何一种治疗理论都反映了它所处文化的价值观,所以一个掌握了文化技巧的咨询者应该能够首先意识到双方价值观的不同之处,正确运用带有文化偏见的治疗理论。概言之,文化意识旨在改变治疗者对其他文化人群的看法,以及对其他文化的态度,以建立医患双方的和谐治疗关系;文化知识有助于确立正确的治疗目标;文化技巧则重在采取恰当的行动解决问题。

第二,修正传统治疗理论,借鉴非西方文化的相关思想观念,转变传统心理治疗模式。多元文化论认为,传统的心理治疗理论体现了西方个人主义的文化价值观,在其中"个人"被认为是最重要的,是拯救自我的唯一力量,由此延伸出来一对一的矫正导向治疗模式和治疗过程中的一些禁忌,比如咨询者不能提出自己的具体的建议,也不能过多地自我暴露等。这些要求不适用于非西方患者,勉强为之会破坏治疗进程,达不到治疗效果。因此有研究者认为在面对非西方文化,尤其是集体主义文化中的患者的时候,对于患者的预设要由"自我"转为"关系中的自我"。[③]

另外,还要借鉴非西方文化中与心理治疗相关的思想观念,采用一些和患者文化背景一致的理论和技术,以满足来访者的特殊需要。[④] 在理性追求和自然科学精神的导引下,西方治疗理论区分人的物理形态和生理形态,将人的心理问题看做由机体内环境和外环境的不协调所致。与之不同,非西

---

① Arredondo,P. and Toporek,R. and Brown,S. P. and Jones,J. and Locke,D. C. and Sanchez,J. and Stadler,H. (1996). Operationalization of multiculturalism counseling competencies. *Journal of Multicultural counseling and Development*,Vol. 24,pp. 42～78.

② 刘玉娟、叶浩生:《多元文化的心理咨询与治疗理论刍议》,《心理学探新》,2002 年第 2 期,第 19 页。

③ Kardiner,A. (1939). *The Individual and His Society*. New York:Columbia University Press, p. 12.

④ Ramirez,Manuel. (1998). *Multicultural and multiracial psychology—The mestizo worldview and mental health*. Jason Aronson Inc,p. 168.

方文化重视人格的精神层面，认为人的心理病变与灵魂直接相关，是灵魂的问题，因此治疗多与宗教有关，要乞灵于神力，借助仪式进行。① 由于非西方的治疗方法与西方治疗理论的理性、客观、实证的精神相背离，往往被看做是不科学的。但多元文化心理治疗理论承认、尊重并接受多元化的治疗方式，认为它们和西方治疗理论一样具有同等效果，彼此间应合作、交流、融合，以创新治疗模式。②

概言之，多元文化论主张转变传统一对一的矫正导向治疗模式，采用多元文化的治疗模式。摒弃人与自然的截然二分，关注人与自然的和谐统一关系。将治疗建立在多元文化的整体论世界观的基础上，强调医患双方的互动关系以及患者的身心统一关系，重视外界环境对患者心理问题的影响，认为生物的、社会文化的以及自然的因素会影响到人的身心健康。

三、多元文化论对心理学的意义

1. 作为元理论的多元文化论

作为"第四力量"的多元文化论与以往自成体系的三大势力——行为主义、精神分析和人本主义心理学相比，对心理学的影响更多地表现在元理论的水平上，主要表现在两个方面。

(1) 尊重文化的多元性。

多元文化论主张尊重不同的文化传统与价值观，不带偏见地对待各自的文化心理学思想。多元文化论是从广义上界定文化的，承认文化的多样性与平等性，认识到这种文化间的差异性既不能作为文化歧视存在的托词，也不能成为文化封闭的借口。因为事实证明，从文化差异出发解释和消除文化歧视的做法只会加深歧视的程度，而从文化差异出发保护自身文化特性，避免外来文化侵扰的文化封闭的做法也只会加剧其文化惰性，削弱文化自身的新陈代谢能力，缩小发展空间，直至丧失生命力。

由此，多元文化论认为，研究者们尤其是西方心理学家要不带偏见地看待各种文化中的心理学思想，认识到这些思想是从不同角度对人类心灵不同侧面、层面的认识，即使某些文化的认识方式是自己不熟悉的，或有悖于

① Leslie, Swartz. (1999). Multiculturalism and Mental Health in a Changing South Africa. In: Pedersen, P. (ed). *Multiculturalism as a fourth force*. Talor Francis. p. 44.

② Landrine, H. (1992). Clinical implications of cultural difference. The Referential versus indexical self. *Clinical Psychology Review*, Vol. 12, pp. 401～415.

自己的认识方式(尤其是理性主义的认识模式)的,甚至是自己不能接受的,但在面对这些问题时,只有检讨自身的文化局限,避免文化中心主义偏见的干扰,才能尽可能多地、深入地了解与认识其他不同文化中的心理学思想,也只有采用如此兼容并蓄的态度,才能构建出体现文化多样性的新理论,才能丰富和发展既有的心理学理论,使其不至于因文化局限性而缩减了发展空间,窒息了生命力。

(2) 重视文化的作用。

多元文化论主张用文化因素弥合以往心理学研究"漠视文化"的不足,增强其文化适用性。心理学中多元文化论的目标是要将文化因素赋予心理学研究,用以文化为中心的观点弥合以往理论"漠视文化"的不足,并统摄心理学的研究,将其扎根于多样性的文化背景中,反映不同文化特有的心理内容,突出差异性。

多元文化论认为,西方传统的心理学理论(精神分析、行为主义、人本主义)产生于欧美文化背景,每一种理论都侧重于对人性的某一方面进行描述。不同文化人群具有和欧美文化截然不同的价值观和对人性的看法。作为特定时间产生的理论,它们只能满足特定的需要,但它们具有潜在的扩展和适应多种文化的能力,所以并不需要寻找新的理论替换当前的理论,但整合必须建立在以文化为中心的基础上。多元文化论并不要求完全放弃原有的心理学概念,而是要求更加关注文化在这些概念中的作用。随着心理学研究对社会多元文化背景的日渐关注,要求研究者重新检验原有的理论假设。

因此,多元文化思潮不是以竞争的姿态出现的与传统心理学理论相抗衡的作为"第四势力"的理论形态,而是作为一种研究思想或态度的元理论,也就是关于理论的理论。多元文化论不是对传统理论的放弃,而是要研究者在当前研究的基础上整合进文化的观点,它关注每一理论流派在当前社会环境下的发展与整合,它注重每种心理学理论的文化适用性。

对于心理咨询与治疗实践来讲,多元文化论是对传统心理疗法进行整合的又一次尝试。多元文化论认为,传统的西方心理疗法产生于欧美文化背景,每一种理论都侧重于人性某一方面的描述,而来自不同文化的患者具有完全不同于欧美文化的价值观、对人性的看法及其对心理行为的独特理解,而这些都具有自身的存在价值。因此,多元文化论倡导治疗者关注疗法的文化维度,重视各种疗法的和谐与整合,而不是它们的相互竞争与排斥。"在面对不同文化的患者时,治疗者运用多元文化论的镜头,有效地使用认知的、动力的、人本主义的方法，虽然多元文化论并未提出任何新技术。”①

由此可见，多元文化论并不是对传统理论的放弃，而是要治疗者在当前疗法的基础上融入文化的视角，是整合传统治疗理论的又一次尝试。这种尝试为心理治疗提供了一个元理论框架，使治疗者能够在这个框架下思考疗法的基础性问题。因为它是以文化为中心的，所以在这一理论指导下能够以文化的观点审视每一种疗法，揭示每一种理论关于人类行为的偏见。多元文化论能很好地弥合认识论上的冲突，理论间世界观上的差异被看成是对人性的不同方面的描述和相互补充。以此，传统疗法就可得到更好的修正与整合。

概言之，心理学中的多元文化论在横向和纵向两个方面拓展与深化了心理学研究。一方面，对不同文化心理学思想的尊重与接纳拓宽了心理学家的研究视域，使其看到与自身不同的其他文化人群对人类心灵图景的描绘，丰富了对人类心性的洞察，继而使他们认识到根源于不同文化的心理学思想对心灵认识的差异是对人性的不同侧面描述的相互补充，进而使他们的思维方式具有了融合多种理论形态的可能性。另一方面，重视心理行为的文化方面，以文化的视角审视每一种理论，以揭示其在对人类心理行为解释上所存在的偏见与成见，并在心理行为发生的文化背景中建构新理论，深化发展既有的心理理论。

2. 心理学多元文化论对后现代心理学发展的促进

后现代心理学思想对传统心理学研究所作的反思和批判虽有可称道和借鉴的地方，但也有偏颇和不足之处。作为后现代心理学分支之一的多元文化论既继承了后现代思想的可取之处，也在自身的发展中努力克服后现代思想的偏激和不足，这表现在对心理学的研究对象、研究性质、研究方式、研究方法、研究价值和研究实践的认识上。

(1) 关于心理学的研究对象和性质。现代心理学研究者将心理现象作为研究对象，认为在其背后隐匿着一个客观存在的精神实体，他们可以在其各自的研究领域发现关于这一实体的普遍性特征，并能在实证的基础上建立起具有广泛预测能力的理论框架，以此预测人的行为。后现代心理学研究者认为，人的心理现象是文化的建构物，不存在心理现象背后的精神实体，关于心理行为的知识、理论是被建构出来的，是根植于一定社会文化历史背景中的人们在日常接触、交往中协商、对话的结果。真理是相对的，不是绝对的，它不是在镜像(mirroring)真实(reality)，而是在绘制(mapping)

① Allyn, Bacon. (1999). *Multicultural Psychotherapy*. Viacom Company, p. 125.

真实。[1] 人的心理行为规律要受到文化和历史的制约，根本不可能存在完全客观、不带有任何价值偏见的真理。所谓的科学心理学对纯粹客观真理的寻求是一种不切实际的幻想。后现代心理学的这种观点一经提出就遭到了现代心理学的强烈反对，他们认为如果现象背后没有客观的实体作为依托，真理就会失去衡量的标准，在不同的人眼里就有不同的真理，真理的合法性就不存在了，因而科学研究就失去了存在的意义，世界变成了充斥着庞杂观念的集合体，难道这就是后现代主义者愿意看到的局面么？对此，多元文化论没有正面回答关于心理现象背后是否存在一个精神实在的问题，而是从对于人的心理行为的共性和差异性的区分上迂回地做出答复。

多元文化论认为，传统主流心理学站在文化普遍主义的立场上，研究的多为基于统计数字之上的一般意义的人，并把研究结论当做放之四海而皆准的真理，推广到其他个体身上。与之相对，文化学取向的研究站在相对主义的立场上，研究特定情境中个体心理行为的特殊性，并认为这些心理行为在各自的文化背景中皆有存在价值，因此不主张把研究结论作一般性推广。在其看来，这两种研究要么只强调人类心理行为的共性而忽视其个性，要么仅看到其特殊性而忽视普遍性，因而都带有片面性。正如区别与综合是互补的过程一样，文化特殊性与文化普遍性的观点也是不可分割的、相互紧密联系的两个方面。一方面，不同文化群体对同一刺激会有不同的心理行为反应，这种反应的差异不是刺激本身的差异，而是刺激所具有的意义的差异，为了理解心理行为，我们不仅要从个体内部寻找其发生的一般机制，更要从外部去发现决定它们的文化因素，正是这种文化因素造成了不同种群心理行为的差异；另一方面，虽然人的心理行为存在文化差异，但既然都是人，就必然存在着共同的“人性”，正是这些共同的人性构成了不同文化或种群的人沟通、交流乃至融合的基础。由此可见，从文化共性和文化特性的划分上，心理学中的多元文化论为今后的研究确立了对象，心理学是要研究人类心理行为的共性，但不能囿于对共性的研究，科学的研究也要满足对特性的揭示与阐发；同时，这两方面的研究也不能是截然分离的，在对共性的探索中会发现特性的因素，在对特性的阐发中也会捕捉到人类共性的方面。因此，心理学研究者要扩大视野，具有创新精神，通过多种途径、启用多元思维和方法来揭示人类丰富的内心世界。科学的研究既不是毫无根据的观念的集合，也不能建立在一种或几种话语霸权的压制下，而是要形成一种多元

---

① Rorty, R. (1979). *Philosophy and the mirror of nature*. Princeton. NJ: Princeton University Press, pp. 11～48.

对话、和睦共荣的局面。

（2）关于心理学的研究方式和研究方法。现代心理学研究建立在实证方法的基础上，研究的概念、程序的可操作性与研究结论的可验证性成为研究科学性的保证。但后现代心理学者认为，现代心理学所标举的实证方法已处于崩溃的边缘，所谓的实验法、元分析以及那些以归纳、假设、演绎、推理为基础的心理学核心方法都是不可取的。所谓方法体系不过是在一个特定的时代被人们采用的一个特定的视角而已。现代心理学研究者不同意后现代主义者的意见，他们认为心理学中目前所知道的许多科学知识都是通过运用这些被批判的方法得来的，很多真理、价值观、甚至包括方法本身也是如此，虽然实证方法对于人的心理行为的研究有着一定缺陷，但是并不能因为其局限性而否认这些方法在心理学研究中的地位和价值，并进而否认凭借这些方法所获得的科学知识的合法性，同时就连后现代心理学者所极力推崇的质的研究法似乎也并不像他们所宣称的那样完美，它与后现代心理学者提出的很多新的研究方法一样，其信度和效度仍然受到质疑。对此，心理学中的多元文化论提供了似乎更有说服力的回答。

多元文化论认为，每一种研究方法体系都植根于特定的文化背景，都服务于一定的文化人群，同时也都不可避免地带有文化偏见。正如美国心理学家霍华德（Howard，G. S.）所说："这种偏见是方法和理论本身固有的，因此很难为置身于该文化背景中的研究者所觉察。"①他们还认为，"每一个个体会同时兼有多种文化身份，而这些文化身份往往同个体差异杂糅在一起，因此很难充分区别文化差异与个体差异，虽然研究者知道它们之间是有分别的，然而正是这种复杂性构成了对现有大多数统计方法的挑战。"②由于上述在面对文化问题上的困难，使得很多研究者在方法论问题上要么忽略文化因素的存在与影响，要么假定研究对象同属于一种文化。正是这种做法的普遍存在使得当今心理学界并未准备放弃既有的研究方式。在心理学中的多元文化论者看来，要想促进学科的发展，心理学应采用多元的研究方法，应多视角地思考问题，应正视心理学研究方法多元化的潜在价值，注意吸收其他学科行之有效的科研方法，努力进行方法创新。

多元文化论重视解释学在心理学研究中的应用。多元文化论认为，研究对象没有固定的客观意义，其意义只能存在于不同的历史性理解中。研

---

① Howard，G. S. (1991). Cultural tales：A narrative approach to thinking，cross-cultural psychology，and psychotherapy. *American Psychologist*，Vol. 46，No. 3，pp. 187～197.

② Hare-Mustin，R. T. and Marecek，J. (1988). The meaning of difference. *American Psychologist*，Vol. 43，No. 6，pp. 455～464.

究者和研究对象互为主体，心理学研究是互动双方的实践活动。研究过程是动态发展的视域融合过程，理解双方不断修正、拓展、超越自己原有的视域，依次达到更高水平。[①] 这要求在研究视角、思路、方法上的系列变化。在研究视角上，强调对研究对象的理解，追求对心理行为文化蕴含的整体解释，将文化特殊性与普遍性研究相结合。主张研究方法的多元化，以问题为中心。在思维方式上，不单纯从研究者的角度开展纯客观的研究，而要顾及被试的思想状态。研究的目标是在研究双方的互动中达成共识，获得真理，而不是确立普适性结论。

(3) 关于心理学的研究价值和研究实践。在现代心理学研究看来，后现代心理学者反对用一套绝对标准来判断文化生活中什么是合理的和有价值的做法，有使心理学研究步入相对主义、虚无主义的危险。但后现代主义者认为，在后现代心理学背景下，根本没有必要去思考如何不让自己的观点受到他人的攻击，因为话语本身就是多元的、异质的，不同话语之间是不可通约的。那种为现代心理学所追求的全人类普遍性、一致性只是一种幻想而已，“一致”意味着主流对非主流的压制，意味着霸权。因此，后现代心理学主张研究要从局部着眼，从小处下手，由对普遍的、客观的、抽象的知识的追求转向追求当下的、局部的、有用的知识。但问题是，心理学对局部的、当下的知识的追求是否会带来心理学研究的进一步分裂，多元文化论对此做出了回答。

多元文化论认为，于西方主流心理学霸权之下的统一不是真正的统一，真正的统一要建立在心理学研究的多元性的基础上，这是实现统一的必经阶段，而他们通过对文化多样性、异质性的倡导可以使将来心理学的发展导向有差别的统一。心理学中的多元文化论对文化多样性的重视主要体现在两方面：一是对人类心理行为的文化多样性的识别；二是对多样性研究课题与多元研究方法的接受与采纳。

其实，多元文化论对文化多样性的倡导本身就潜含着整合的意向。“首先，事物不会仅停留在多元的状态，在一定的条件下，它们会相互融通，对于心理学来说也是如此；其次，从历史辩证法的角度看，整合、统一性的前提就是对多样性、差异性与个别性的承认和接纳，所以依照历史辩证法的逻辑，心理学的多样性应走向辩证的整合，即有差别的统一。”[②]这种统一建立在文化间相互交流的基础上，是多元文化共荣，而不是建立在一种或几种话语霸

① 李炳全：《论文化心理学在心理学方法论上的突破》，《自然辩证法通讯》，2005 年第 4 期，第 45 页。
② 郑荣双：《心理学全球化的趋势》，《心理科学进展》，2003 年第 11 期，第 473 页。

权的压制下。

综上，心理学中的多元文化论在继承后现代心理学对现代心理学的反思和批判的基础上，从对现代心理学的理论前提、研究特点的深入分析入手，进一步阐发了它关于心理学的研究对象、研究性质、研究方式、研究方法、研究价值和研究实践上的观点，虽然其中可能仍然存在某些模糊、有待商榷之处，但作为一种反思和批判现代心理学的思维方式或态度，它所具有的"去中心、多元化"的精神内核却体现了一种科学观上的变化，即从以西方文化背景中的研究为主导、以实证方法为核心的小科学观，转变为能够包容不同文化背景中关于人类心灵的阐释、采用多元研究方式、方法的大科学观，以促进在心理学研究领域中形成一种多元对话、共荣的局面，从而为真实全面地理解人类心理创造条件。

3. 多元文化论对心理学发展的意义

（1）强化了心理学研究的实际效用。

多元文化论的以文化为中心的观点促进了心理学家对心理行为与其发生的文化环境之间关系的认识，促使心理学家重视心理行为同本土文化关系的研究。因而，有助于心理学同社会文化之间建立密切联系，更具实际效用。传统的西方心理学由于把追求的目标定位在一般的、抽象的、普遍适用的心理科学模式上，不考虑特殊文化条件对心理学的需要和要求，因而其理论的文化适用性不强。由于一门学科的真正价值体现在对社会的实际贡献里，那种脱离本土文化实际的理论注定没有生命力。

多元文化论从广义上界定文化，以文化为中心，就是强调在研究和实践中，要看到并尊重这些文化的存在，把它们和主流文化平等对待，而不事先假定一种文化对另一种文化的优越性，理解并尊重这些文化中的人们的思想观念及行为方式，不把自己的文化价值观强加于人。对文化特殊性、差异性与平等的强调，启发本土心理学研究不仅要看到本土社会多民族的实际情况，展开符合各民族实际的研究，还要看到社会中那些潜在的文化群体，如同性恋群体、低收入阶层、残障人群等社会弱势群体及边缘群体中的文化存在，这些文化有些是主观意义上的存在，并且它们彼此间常常是相互交叉的，属于一种群体并不排除其属于另一个群体的可能性。看到这些文化的存在，关怀这些文化人群的身心健康，解决他们的实际问题，把对他们的研究整合到现有的本土研究中去，增强研究的实际效用。

面对当前中国本土化心理学研究的盲目和杂乱的现状，有研究者指出，当务之急在于重构心理学的科学观，反思和改造以往的以自然科学模式为参照的科学心理学观，建立大心理学观。这是具有建设性意义的提法，但反思和改造旧的心理学观需要标准，而这个标准何在？我们认为这个标准就是当前中国的心理文化实际。原有的心理学的研究方式和研究内容适合当前中国的心理文化实际的、能解决实际问题的就要得到保留，不适合的就要进行改造或抛弃。总之，就是根据我国的心理文化实际确定研究对象，建立适合研究对象的研究方式，以问题为中心，解决实际问题，满足民众的心理需求，而不是单纯根据国外（西方的）的研究模式、追随国外的研究现状来做些模仿性的、验证性的、不贴合中国实际、不能解决实际问题、不能满足民众需要的研究。西方心理学研究中的多元文化论起初也是为了满足欧美社会的实际情况而产生的，虽然它后来的发展延伸出国界，逐渐形成一股世界性的潮流。这也是我国心理学研究者们应该从多元文化论中领悟到的，一种有生命力的思想理论首先要萌生于本土的文化实践，在满足本土需要，顺应时代潮流的情况下，它才有向外延伸的可能。

(2) 促进跨文化心理学等相关文化研究取向的发展。

心理学中多元文化论的产生与发展虽然得益于来自跨文化心理学等相关文化研究取向的理论和经验支持，但其成长壮大也促进了这些文化研究取向的进一步发展。

传统西方心理学在追求一般规律的目标指导下，忽视或排斥了文化因素的研究，因而跨文化心理学等相关文化研究取向也一直得不到相应的重视，始终不能在主流心理学中占据应有的地位。而且，受主流心理学的科学观与方法论的影响，跨文化心理学家也把重点放在追求一般规律的目标上，着力于把西方主流心理学在一元文化论观点指导下所发现的概念和原理拿到其他文化条件下进行检验，旨在确立适合于所有文化的心理学理论，并没有给其他文化以应有的重视。文化心理学的研究与之相反，只注意文化的特殊性而忽视了文化共性的研究。

在多元文化论观点的影响下，跨文化心理学、文化心理学家等相关文化研究取向逐渐意识到各自研究方式的不足，因而对传统的研究模式进行改造，开始重视文化的平等性，在看到文化共性的同时，强调文化的特殊性和多样性，强调行为对本土文化的依赖性，研究的目标逐渐从片面追求全人类心理的普适性真理转向确立不同文化条件下心理与行为的差异性。在这种转变中我们可以看到多元文化论的影响作用。

除此之外，多元文化论为全球心理学的发展奠定基础。全球心理学的基本宗旨是在多元文化、多部门及多民族知识的基础上开展心理学研究和实践。它认为，在全球化的今天，世界各文化地区面临着许多共同问题。不同的文化对于这些问题有着不同的理解和处理方式，它们体现出其各自不同的文化逻辑与哲学语法。基于共同认识与处理这些问题的多元文化互动合作会突破心理学的单一文化局面，促进多元文化共荣的形成，以此发展出普遍性的心理学理论与方法，建构出真正属于全球共同体的心理学。① 与之相应，多元文化论认为："当一个人不再将心理学理解成西方传统的副产品，而是由特殊的社会文化背景造就的时候，全球化背景下的心理学这一新观念的大门才可打开。"②而这正是全球化心理学的基础和特征。

由此可见，多元文化论和全球心理学在肯定关于人的本土性概念的丰富多样性和获取知识方法的多样性，接受与采纳多样性研究课题与多元研究方式上是相通的，它所蕴含的整合意向是通向全球化心理学的一条可能道路。从这个意义上讲，心理学中多元文化论是心理学全球化进程的基础环节，它的发展有助于全球化心理学的诞生。

综上，如果心理学的多元文化论能够构建起指导其研究的理论框架，形成一定的研究范式，并成功解决其所面临的问题，那么它的发展会对心理学的其他文化研究取向的进步起到促进作用，同时也会对全球化心理学的构建起到奠基的作用，但这还有很长的路要走。

四、多元文化论存在的主要问题

多元文化论在心理学中的影响日益增强，但是它也面临着许多问题和挑战。怎样解决这些问题，如何面对反对者的挑战，就成为摆在多元文化论者面前棘手的问题。

1. 如何面对文化霸权的抵制问题

多元文化论的影响虽然日渐增强，但主流心理学根深蒂固的民族中心主义倾向却难以抵消。大多数心理学家虽然意识到主流心理学的一元文化色彩，但在接纳多元文化论的主张、改善主流心理学的一元文化论面貌时却行动迟缓。对此有研究者认为，白人心理学家虽然口头上接受多元文化论的思想，但骨子里却难以容纳。考虑到这点，有学者指出："由于美国的心理治疗和咨询被欧裔美国人所主宰，这一群体的民族中心主义观点将继续流行，而且仍将超过多元文化论的呼吁。的确，美国人口不断增加的文化多样

① Masella, A. J. (1998). Toward a "Global—community psychology". *American psychologist*, Vol. 53, No. 12, pp. 1282～1293.

② Gergen, J. K. and Gulerce, A. (1996). Psychological Science in Cultural Context. *American Psychologist*, Vol. 51, No. 5, pp. 504～508.

性将使得社会科学家和心理健康工作者注意到：面对人口的变化趋势，心理学家们在治疗和咨询中所作的相应调整距离在工作中把多元文化论作为中心原则的做法毕竟非常遥远……我们相信，几乎所有的跨文化心理学家都不会作出在不远的将来民族中心主义将完全消失的预测。”①由此可见，如何面对西方心理学中根深蒂固的民族中心主义对其的抵制问题将成为多元文化论发展中的主要障碍。②

2. **如何面对文化特殊性问题**

多元文化论重视文化的特殊性与多样性，在涉及到文化特殊性的问题上，主张各种文化心理及相关理论都具有存在的价值和意义，彼此间既无高下之分，也不可通约。这种观点混淆了两类不同的“通约”问题，即不同的文化、知识体系之间的通约问题与不同文化价值观上的通约问题。

对于不同的文化、知识体系来讲，它们都有各自完满的文化逻辑与哲学语法。从逻辑上讲，同样完满的东西彼此之间不能互相批评，因此各种文化、知识体系之间不存在价值的可比性。但是不同的文化、知识体系之所以能够存在、发展与传播在于其普遍的逻辑内容，由于人类普遍心智的存在，它们是可以彼此理解的，是可通约的。但对于不同的文化价值观来讲，由于价值观与当地人们的生存利益直接关联，是关系到自身存在意义的根本问题，让渡了价值观就是否定自身的生存，因此是不可通约的。因此，所有的文化和知识体系就其思想内容来说都是能够被普遍理解的，但在价值观上却无法互相认同。我们只能承认相对性和多元性是个价值事实，而知识论意义上的相对主义和多元论则是不存在的。③ 由此可见，多元文化心理学在主张不同文化、知识体系在价值上的多元性、相对性上是有意义的，但是对其间不可通约性的主张则是值得商榷的。

其实，“知识论意义上的相对主义、多元论和普遍主义是共谋的，只有在不同的文化的地方性知识体系承认了自身的地方性、特殊性，忽视了对自身思想内容的反思与普遍化努力、封闭自守的状态下，普遍主义才可得到推行。普遍主义的真正敌人是其他的普遍主义，而不是缺乏反思、没有能力将自己普遍化的相对主义。”④正如莫加丹（Moghaddam，F.）指出的：“第三世

① Leong，F. (1999). Climbing the multiculturalism summit: Challenges and pitfalls. In: Pedersen, P. (Ed.). *Multiculturalism as a fourth force*. Taylor & Francis. p. 65.

② 叶浩生：《西方心理学中多元文化论运动的意义与问题》，《山东师范大学学报》，2001 年第 5 期，第 14 页。

③ 赵汀阳：《没有世界观的世界》，中国人民大学出版社 2003 年版，第 67～69 页。

④ 赵汀阳：《没有世界观的世界》，中国人民大学出版社 2003 年版，第 70 页。

界的心理学家应该理解本国的文化行为，但应避免特殊化的倾向……”①因此，多元文化心理学在多元文化心理及其知识体系上的相对主义的主张，不仅不会达到其希望的多元文化共荣的实际效果，反而可能会阻碍多元知识体系间的交流共进，反向促进心理学研究中单方面的普遍主义趋势。

3. 怎样开展具体研究的问题

科学心理学长期以来一直处于支离破碎的局面，流派之间、分支之间缺乏交流。多元文化论对心理学研究的文化特殊性与多样性的强调，带来学者们对心理学进一步的分裂和破碎局面的担心。更何况多元文化论从广义上过于宽泛的界定文化，其间包含了很多主观意义上的文化，将所有认为自己与众不同的群体与个人都包含在内。这种做法使得本身已经很棘手的差异问题由于群体差异与个体差异的混淆而更难处理。

多元文化论对于心理学今后的发展具有建设性意义。但具有意义与实现这种意义之间毕竟有所不同，或者说有很大的距离。如何通过具体的研究来缩小这段距离是摆在众多研究者面前的关键问题。纵观当前多元文化心理学的研究，我们可以发现诸多问题。比如，研究的盲目性、散乱性；研究多集中于心理咨询与治疗领域而在其他领域则相对贫弱，这种局面与把多元文化论当做心理学中的“第四势力”的说法相去甚远。

由此可见，多元文化论在贯彻其“以文化为中心”的指导原则、开展具体深入的研究上明显力不从心。不过任何一种新思想的发展在经历了诞生之初的激动喜悦之后，面对未来何去何从的踌躇与迷茫都会接踵而至。心理学的多元文化论也不例外，在质疑与批驳以往的理论并提出一种新的研究原则之后，它面临着未来如何发展的问题，面临着如何以新的原则为指导开展具体研究的问题。毕竟，若没有具体研究的系统支持，任何理论都是站不住脚的。

因此，多元文化心理学要想真正成为心理学中的“第四势力”就需要开展系统、丰富、深入、扎实的具体研究，否则终将为社会实践所淘汰，成为心理学历史长河中又一昙花一现的理论。

---

① Moghaddam, F. (1991). Training for Developing Word Psychologists: Can it be better than Psychology. In: S. Cam & J. Schumaker (Eds.). *Psychology and the Developing World*. Westport, CT: Prager. pp. 49～59.

五、多元文化知识互惠

心理学的多元文化论与全球心理学对心理行为的文化特殊性和多样性的强调，对构建有差别的统一的心理学研究的努力，虽然未明确提出多元文化知识互惠问题，但不同程度地触及到了该问题。它们的研究为多元文化知识互惠在心理学中的最终提出作了理论准备。多元文化知识互惠是心理学多元文化论的引申，体现其现实发展趋势，也是建立全球心理学所必需。

心理学的多元文化论与全球心理学反对文化霸权，尊重多元文化及其心理学知识的特殊性与多样性，有差别的统一心理学的主张一经提出，随即得到非西方文化地区的热烈响应。这些地区的心理学工作者早已认识到西方话语霸权的存在，他们在开展本土心理学研究的时候，总是自觉不自觉地追随、模仿、复制了西方的研究。本土文化传统中的心理学资源在西方的概念体系中得不到适当解说与正确理解，本土人群的文化心理在西方的问题框架下得不到关注与呈现，损失了刺激心理学创新的宝贵文化资源。

心理学的多元文化论对西方心理学中单一文化局面的批判，对多元文化特殊性、多样性与平等性的重视；全球心理学对全球共同问题的关注，对构建多元文化参与的全球心理学的号召；本土心理学研究文化自觉意识的提高，这三者的共同指向是：使研究者反思现代心理学知识体系，也就是西方心理学知识体系的唯一有效性问题，使非西方的本土研究者思索能否突破该体系的话语限制，从本土文化资源出发，提出一个或几个普遍性的心理学知识体系。这是多元文化知识互惠的核心，是突破多元文化论在文化特殊性问题上的局限的关键，是本土心理学研究的落脚点。

其实，不论是多元文化心理学对文化差异的尊重与重视，还是全球共同体心理学的构建，都要落实到非西方文化能否为当今心理学的发展贡献什么的问题。如果非西方文化的本土心理学研究对心理学的发展提供不了有价值的原创性理论学说；拿不出一套或几套足以与西方心理学知识体系抗衡的普遍性知识体系；不能将本土文化传统的有关概念、关键词进入世界心理学通用的概念体系，使它们成为世界心理学用来思考、研究的工具和根据，而不只是被解释的概念，使得人类心理行为得到不同的表述；不能将本土文化所发现的独特问题进入世界心理学公认的问题体系，丰富世界心理学的问题体系，使研究者们看到除了知识论心理学的问题之外，还有很多必须思考的问题。那么在缺乏与之平等对视的实力的情况下，经由多元文化论的宣传造势而得到的来自西方世界的尊重与平等意识就是虚假的，多元文化的对话交流就是不成立的，仍然是西方理论的自说自唱，全球共同体心理学由于得不到来自多元文化理论学说的相互参照、互动、合作而不得建立。

由此可见，多元文化论对心理学的意义最终要落实在多元文化知识互惠上。对于本土心理学来讲，在当前“全球化”和“多元文化并置”的语境中，本土心理学研究要与当地的经济生活、社会生活和日常生活相结合，在此基础上挖掘传统文化资源，对其作学理上的普遍性发展；创新心理学理论建构，发展原创性学说；突破西方知识体系的局限，建构源自本土的普遍性心理学知识体系，参与世界多元文化知识互动。在多元文化相互参照下，发展本土心理学研究，拓展心理学的研究视域。

多元文化知识互惠给心理学的未来发展提供的启示在于：在“全球化”与“多元文化并置”的现实中，打开心理学各学科之间以及不同文化地区的心理学研究在学科、文化上的封闭状态，不同文化在与文化他者的比较交流中获得自身的价值定位，将他者的文化资源与经验作为自身本土心理学建设的灵感来源，同时，由新鲜经验与灵感带来的对自身的反思又成为激发心理学创新的新鲜经验和灵感，以此构成心理学健全发展的创造性循环运动。在多元文化之间形成最大化的互惠交流局面，在多方文化的平等对视、相互提问、深刻反思过程中，不同地区的心理学研究获得共同提高，以此促进世界心理学的发展繁荣。这是心理学的多元文化论的发展旨归。

第三节　后现代女权主义心理学

女权主义从本质上讲是对父权制（阳刚）文化的一种反动。其基本观点在于通过解构的方法，从传统的所谓“科学知识”中发现性别歧视和“男性中心主义”的成分，以便使得女性及关于女性的话题从科学知识的边缘进入科学知识的中心。西方的妇女解放运动是西方女权主义产生和发展的社会政治基础，而西方反主流文化的立场是女权主义思潮渗透和扩张的土壤。

一、女权运动及女权主义心理学的产生

女权主义是随着西方妇女解放运动的兴起而发展起来的。19世纪末20世纪初的欧洲，一些自称女权主义者的妇女开始关注妇女的选举权、受教育权和女性就业问题，为了妇女的发展而投身于各类活动，从而形成了妇女解放运动的第一次高潮。妇女解放运动的第二次浪潮发生在20世纪的60—70年代，基调是消除男女差异，认为女性对男性的从属地位造成了性别歧视，女权主义者要求在各个公众领域消除男女的差别并对女性开放。这个时期有波芙娃的《第二性》、弗里丹的《女性的奥秘》等名著问世，并逐渐形成了妇女研究的热潮。20世纪60年代美国和英国开始把妇女研究规划为正式的研究领域，在过去的几十年间西方学界的妇女研究已经得到了极大的发展，特别是在人文社科领域，如文学评论、社会学、人类学、心理学、哲学和历史等学科，女权主义对传统学术领域形成了不小的影响力和冲击力。可以说女权主义心理学是整个西方女权主义运动的一个分支。

女权主义是多维的、复杂的，包含了女性的众多观点和战略，有许多不同的形式，如自由女权主义、社会主义女权主义、激进女权主义、精神分析女权主义、有色人种女权主义、分离主义女权主义等。这些不同形式的女权主义都有自己的纲领和主张，都有各自不同的实现妇女解放的政治观点和学术思想。虽然女权主义有很多流派，有着差别很大甚至是针锋相对的主张，但她们有一个共同的目标，即消灭两性间的不平等关系。她们有这样一些可以达成共识的原则：用两性间的平等关系取代两性的不平等现状；两性关系是政治性的；个人即政治；对既存两性关系的改造会对更广泛的社会关系产生影响。而性别关系与男性和女性的主体意识、情绪、情感、意志品质及行为特征等有着紧密的关联，而这些都属于心理学的研究范畴，所以西方女权主义和心理学有着密切的关系，一方面女权主义运动需要心理学的知识做基础，另一方面传统心理学的研究成果往往是男性中心主义的，忽视了女性心理的特殊性，为了反对这种大男子主义的心理学，女性心理学家也需要女权主义的帮助和支持。事实上，许多女权主义者本身就是心理学家。1969年女性心理学协会和1973年美国心理学会第35分会的成立，1977年《女性心理学季刊》杂志出版，标志着女性主义心理学获得了学术界的正式认可。女权主义心理学(feminist psychology)批判父权制社会中主流心理学所表现出来的男性中心主义的价值体系和标准，揭示主流心理学及其研究对女性经验的排斥与歪曲，以女权主义立场和态度重新解读和审视主流

心理学的科学观与方法论。①

有着浓厚后现代色彩的女权主义心理学是在社会建构论的影响下形成的，具有否定所有的宏大叙述、否定传统形而上学的二元对立、反本质主义、主张多元方法论等鲜明特色，其科学观和方法论坚持了后现代文化思潮的立场，成为后现代心理学中的一股重要力量。

二、女权主义心理学的主要派别

女权主义的复杂性使人们了解女权主义产生了一定的困难。传统的分类方法把女权主义分成三大家，即自由主义女权主义、社会主义女权主义和激进女权主义。有学者认为自由主义女权主义研究的是理性与情感的问题，社会主义女权主义研究的是公众领域与私人领域的问题，激进女权主义研究的是自然与文化的问题。还有人将女权主义理论划分为两大派：一派是修正派，另一派是再分配派。修正派的主要观点是现行的制度可以通过修正加以完善，而再分配派则认为改良并不能解决妇女地位问题，必须系统改革国家、阶级及两性关系。前者认为变革应当是自上而下的，从中受益的妇女是客体；后者则认为变革是自下而上的，受益的妇女是主体。

随着几十年间女权主义流派的分化与重新组合，已经使过去三大家的区分变得不那么明显了，目前女权主义理论呈现出一派多元的格局。随着西方国家进入后工业社会进程的加快，出现了一个崭新的理论流派即后现代女权主义。女权主义心理学秉承女权主义的宗旨，站在反主流文化的立场上，对传统学院式心理学中所隐含的性别歧视和男性中心主义偏见进行揭露和批判，并以女性的视角对主流心理学的理论与实践进行重新审视和反思。早期的女权主义心理学关注的是对传统心理学中男性中心主义的批判，后期女权主义心理学逐渐转向了对心理学学科基础的挑战，试图重构心理学的认识论和方法论。

但女权主义具有复杂性和多维性，这同时也决定了女权主义心理学的复杂性和多维性。女权心理学的最初形式是平等主义的女权心理学，它们是女权心理学发展的逻辑出发点。平等主义女权心理学家试图用改良的方法对待传统心理学中有关女性的偏见和心理学研究中对性别问题的忽视。这些女权心理学家强调平等的原则，认为在心理学的队伍中应该有足够多的女性心理学家，在传统心理学的理论和方法的框架下应该包容女性心理

① 郭爱妹：《女性主义心理学》，上海教育出版社 2006 年版，第 9 页。

的研究，在心理学的研究中平等地对待男性和女性，使心理学成为“性别中立”的，而不是男性中心的。由于平等主义女权心理学观点比较温和，措辞不那么激进，得到了主流心理学家的同情和支持，为主流心理学所默认。

随后，女权心理学产生了分化，诸多形式的女权心理学出现在人们的视野之中，但归纳起来大致可以分为三种女权主义心理学：经验主义的女权心理学、认识论的女权心理学及后现代的女权心理学。与此相对应，形成了女权主义心理学的三种研究取向，即实证主义取向的女权主义心理学、现象学取向的女权主义心理学和后现代主义取向的女权主义心理学。本节主要关注后现代主义取向的女权主义心理学。

1. 实证主义取向的女权主义心理学

实证主义取向的女权主义心理学认为，主流心理学中存在严重的性别歧视与男性中心主义偏见，其原因在于心理学研究者未能严格遵循公正的科学方法论程序，使由于迷信、无知、传统和偏见带来的敌意态度和虚假信念渗入科学研究的进程。因此，她们呼吁“改造”实证主义的研究传统，试图通过更严格地遵循科学研究的规范要求，超越实证主义传统的文化植根性，消除心理学研究中的男性中心主义偏见，使之成为真正客观的无偏见的心理学。因此，她们并不否定主流心理学的实证方法，而是试图“改造”实证主义方法，进行性别公正的研究。虽然实证主义取向的女权心理学家对有关价值中立的传统心理学的核心假设进行了猛烈的攻击，认为价值中立实际上掩盖了男性中心主义的偏见，为父权制文化的优势群体服务，但是女权主义心理学家佩普劳和康拉德指出，女权主义心理学不需要完全抛弃在心理学研究和理论上所受的科学主义训练，研究可以通过使用有代表性的样本和合适的解释模型，客观地分析数据，以及考虑文化价值因素的影响等途径来消除心理学研究中的性别偏见，进行性别公正的研究。

实证主义取向的女权主义心理学以很多种方式揭露和批判了主流心理学中的男性中心主义偏见。比如，指出权威杂志如何排斥女性问题，性别作为一个变量如何被忽视，研究结果的解释怎样有利于男性，等等。在过去的二十多年中，实证主义取向的女权主义心理学对心理学产生了极大的影响：(1) 研究者不再将男性作为全人类的代表，在被试的选择方面注意男性与女性的均衡，只有很少的研究只选择男性被试；(2) 诸如生理状态、性骚扰、心理健康及养育等性别差异领域的研究报告开始出现在权威杂志中；(3) 在美国心理学会(APA)出版的心理学杂志中禁止使用带有性别偏见的语言，目前这个指导原则已被推广到所有的心理学出版物及相关行业中；(4) 女性主义经验论者还积极促进女性在心理学领域的职业发展，职业组织的结构也发生了变化，女性在心理学领域的就业、晋升等方面也获得了长足的进步。[①]

2．现象学取向的女权主义心理学

20 世纪 80 年代，受这一取向的影响，女权主义心理学从“性别中立、平等基础上的”心理学发展为“以女性为中心的”心理学。[②]

现象学取向的女权主义心理学是女权主义心理学的激进派，她们强调女权主义心理学是关于女性并由女性来做、为女性说话的心理学。她们不满实证主义的保守性，主张不对现存心理学的研究和理论加以修正和补充，而是对主流心理学研究范式进行整体变革。她们认为必须挑战主流心理学的整个基础和通则，以便创建一种关于女性、为女性说话的、全新的、以女性为中心的心理学来代替传统的心理学。为此，心理学必须建构基于女权主义价值观的女权主义的研究方法，才能从根本上消除男性化，建构女权主义的“后续科学”（successor epistemologies）。女权主义心理学家菲（E. Fee）指出，这种以女性为中心（woman-centered）、关于女性、由女性自己及为女性说话的“后续科学”应具备三个基本特征：(1) 批判主流心理学过分关注男性与男性化话题的研究传统，将女性作为心理学研究的中心；(2) 淡化或消除研究者与研究对象之间的界限；(3) 运用知识解放女性，而不是统治或控制女性。[③] 而为了建立女权主义心理学的后续科学，就必须建构基于女权主义价值观的女性主义研究方法。

现象学取向的女权主义心理学家重视采取质的分析的方法，如访谈、口述等，重视让女性发出自己的声音，允许被试以自己的语言描述自身的经验，并形成自己的概念和理论假设。女权主义心理学家吉利根正是这一方法的典型代表，她通过访谈的方式考察人们的自我概念和道德概念，考察她们对道德冲突和道德选择的体验，让女性发出声音，并根据这些声音描绘女性心理和道德发展的轨迹。可以肯定，现象学取向的女权主义心理学不是简单地以“女性中心”代替“男性中心”，而是为更准确地理解女性世界提供一个更为合理的基础，从研究视角、研究方法、研究内容等方面丰富了心理学的研究。

她们认为，男性在社会生活中的优势地位会导致片面地和错误地理解

① Gergen, M. M. (2001). *Feminist reconstructions in psychology: Narrative, gender and performance*. Sage Publication Inc, p. 15.

② Gergen, M. M. (2001). *Feminist reconstructions in psychology: Narrative, gender and performance*. Sag Publications. Inc, p. 19.

③ Crawford, M. (1997). Agreeing to differ: Feminist epistemologies and women's ways of knowing. In: Gergen, M. & Davis, S. (ed.). *Toward a new psychology of gender*. Rortledge. p. 275.

现实，而女性的屈从地位为女性更全面和正确地理解现实提供了可能性。因为从处于屈从地位群体的经验出发进行研究，能揭示优势群体中不适合劣势群体的概念图式，产生无偏见和公正的知识，为增强研究结果的客观公正性提供了更大的可能。同时，由于男性与女性所处的两个世界以及作为知识构成的两种经验之间并不具有同等地位，而基于女性立场的心理学研究不仅有助于产生适合于女性的概念范畴，而且能从整体上揭示心理学研究中的男性中心主义的本质。女性主义的主张为什么更优越呢？因为它们产生并验证一种更全面的、不歪曲的社会经验。现象学取向的女权主义心理学对实证主义取向中实验研究的优势地位，以及研究者与被研究者之间的权利关系提出了质疑与批判，认为经验研究破坏了被试生活的情境化本质，影响了研究结果的有效性。

她们强调，在知识积累过程中，研究者与被研究者之间是平等的，建议研究者与被研究者之间建立亲密的合作关系。科学活动的中心任务就是发现女性的日常生活故事，被试的声音应当得到尊重，并成为科学知识的来源。因此，她们将个体经验作为丰富女权主义心理学的一种方式，强调发展女权主义研究方法，重视采取定性分析的方法，重视让女性发出自己的声音，允许被试以自己的语言描述自身的经验，并对之进行概念化处理。

女权主义心理学家格根(M. Gergen)主张，女权主义方法的中心原则应该包括：(1) 必须认识到实验者与被试之间的互相依赖性；(2) 避免被试或实验者从他们的社会和历史背景中“去情境化”(decontextualizing)；(3) 在研究情境中认识与揭示个人价值的本质；(4) 坚持“事实不能独立存在于其生产者的言语密码”的观察；(5) 科学家角色的非神秘化及建立科学的创造者与科学的消费者之间的平等关系。①

现象学取向的女权主义心理学对于发展心理学、咨询心理学、教育心理学等心理学分支学科都产生了很大的影响。

三、后现代女权主义心理学产生的历史背景

后现代女权主义心理学是后现代主义影响下女权主义心理学整体上发生“后现代转向”的产物。后现代女权主义的思想是后现代女权主义心理学

---

① Unger, R. K. (1988). Psychological, feminist, and personal epistemology: Transcending contradiction. In: Gergen, M. M. (ed.). *Feminist thought and the structure of knowledge*. New York: New York University Press. p. 736.

理论的渊源。毋庸置疑，女权主义不仅是一个世界性的理论流派，最近几十年已经成为了后现代主义的一部分。

1. **后现代文化思潮与后现代女权主义心理学**

女权主义与后现代文化有着紧密的关系，有的学者甚至将女权主义视为后现代文化的一部分。正如盛宁所说："把女权主义的思潮与后现代主义的话题联系起来，从直觉上说似乎应该是顺理成章的事情——二者演化为热门话题，基本上都在 20 世纪 60 年代以后；二者的对立面，似乎也都是针对现行的西方社会意识形态。"[①]因此，女权主义心理学的萌生与发展也有着后现代文化的现实依据，换句话说，女权主义心理学是深深植根于后现代文化氛围之中的，是对后现代文化的一种激进的回应。

后现代女权主义拒绝寻求普遍的女性立场，认为个人身份受个体差异和立场的影响，如民族、种族、性倾向、阶级等，而且知识从来都不是中立和客观的。现实根植于社会关系与历史情境并被社会建构，研究者应该将注意力集中在意义的建构以及权威者如何控制这些意义上。她们认为科学批判只是提供一种改造现实的可能性，并不追求新的科学模式的建构。重建意味着重新落入男性中心主义的圈套，树立新的权威和普遍话语，因此，她们主张采用解构的方法，重新解读主流科学中有关女性的所谓科学的知识，从中发现所隐含的男性的偏见。后现代女权主义心理学基于后现代女权主义的这些观点提出了一些全新理念，并应用到心理学的理论和实践当中。

但是女权主义并不就是后现代主义，以拉康为例，拉康本人曾深受弗洛伊德的影响，曾以十足的家长制作风声称"妇女"并不存在，或者说并不是一个整体。而拉康的三个学生克里斯迪娃、艾里珈内、塞克修斯虽然深受拉康思想的影响，但却力求有别于他的大男子主义观点，表现出富有革命性的女权主义思想(后工业社会理论)。弗雷泽和尼克尔森也同样认识到了女权主义和后现代主义之间存在一种差距。后现代主义指出女权主义思想中有本质主义的倾向，而女权主义则批判后现代主义中的大男子主义的色彩和政治上的天真无知。哈丁将后现代主义和女权主义的境地比喻为"一只脚还踏在启蒙阶段，另一只脚已踏在现在(或未来)"。意思是说后现代中有现代的趋势，女权主义中有后现代的趋势，两者之间存在启发性的相似和建设性的差异。[②]

后现代文化思潮和女权主义之间的矛盾和互相批评促进了两者的交流

① 盛宁：《人文困惑与反思：西方后现代主义思潮批判》，三联书店 1997 年版，第 128 页。

② 瑞泽尔著，谢中立译：《后现代社会理论》，华夏出版社 2003 年版，第 263～264 页。

与学习。弗雷泽和尼克尔森认为后现代文化可以补充女权主义在社会批判方面的力量。两者发展的最终趋势是形成了一种综合了后现代和女权主义的特点，抛却了二者的缺陷的统一的理论观点，那就是后现代主义的女权主义。

2. 后现代哲学批判与后现代女权主义心理学

后现代主义哲学对于女权主义及女权主义心理学的影响则更为深远，它直接产生了后现代女权主义及后现代女权主义心理学。后现代哲学是一个庞杂的体系，包括诸多的流派，但对女权主义心理学影响最大的后现代主义哲学家，主要有维特根斯坦、利奥塔德、福柯、德里达以及拉康等。[①] 福柯是一位怀疑主义的哲学大师，他对现存的一切秩序体制的确定性和稳固性都提出了质疑，女权主义继承了他的批判的态度以及他提出的话语—权力形成说，借鉴了他的话语分析的方法论。以德里达为代表的解构主义方法也为女权主义提供了十分有用的工具，它强调语言在人类社会历史生活中的作用，指出语言对人的控制，旨在消解二元对立，提倡去中心和多元化。女权主义对文化的批判的特点就是解构主义这种对于语言的潜意识重视的体现。弗雷泽和尼克尔森提出了女权主义和后现代主义的一些共同点，认为女权主义和后现代主义都对主流哲学持批判态度，都发展了一种新的社会批判方式。他们都反对现代主义的启蒙思想，即普遍的、统一的宏大叙述。

(1) 维特根斯坦的语言游戏说。

后现代女性主义心理学家受到维特根斯坦哲学思想的启发，并以之来解析现代女性主义心理学理论中出现的难题，继而对逻辑分析方法所未能解决的经验、理论、实践的主观性与作出决定的公正性逐一发难，挑战其本质主义与普遍主义倾向。

维特根斯坦指出："语言是一种活动的组成部分，或者一种生活形式的组织部分。"[②]多种多样的语言及使用不同形成的语言游戏，并不存在任何共同的本质。他总结语言游戏具有如下明显特征：它具有自主性，不依赖于任何外在的对象，而在于使用的对错与否；它不需要用其他的目的或标准来证明，也不是任何推论的结果，只是我们生活的一部分，无需对它加以反思；它具有多样性和复杂性，不能把它们归结为某种单一的本质；它必须遵守规划，不同的规则带来了不同的游戏，也决定了不同语言的用法。

---

① 郭爱妹：《女性主义心理学》，上海教育出版社 2006 年版，第 4 页。

② 维特根斯坦著，汤潮等译：《哲学研究》，三联书店 1992 年版，第 19 页。

在维特根斯坦“语言游戏说”的影响下，女权主义心理学中的反本质论者向本质论者提出两点质疑：一是本质论者的普遍概括正确吗？二是谁有资格并可以代表所有女性的声音和主张？

（2）利奥塔德的“叙述危机论”。

与传统哲学家不同，法国著名哲学家利奥塔德不仅没有提出系统的哲学体系，甚至也很少作传统意义上的哲学论证。他的后现代主义哲学观点主要是通过他对所谓“后现代状况”，特别是后现代知识状况的剖析和描述体现出来的。

利奥塔德在《后现代状况》引言中指出，科学也好，文学艺术也好，都是遵循一定“游戏规则”的话语活动。在19世纪末以前，这些话语活动都是在某个“宏大叙述”的制约下，或参照某“宏大叙述”而营造的自圆其说的元话语。当人类的“知识”凭借着某种宏大叙述使自身获得合理性，从而得到学术认可时，那么这一时代即我们所谓的“现代”。换句话说，“现代”的界定性特征就是这个时代的“知识”能够从它所属体系本身获得合理化的全部依据。然而进入20世纪以后，原来的游戏规则渐渐发生了变化，出现了其所谓的“叙述危机”，于是“‘后现代’就成为对于这样一种状况的描述”。据此，利奥塔德指出：“如果用最简单的语言下一个定义，‘后现代’就是对一切元叙述的怀疑。”他心目中的“元叙述”，指的是诸如启蒙运动所标举的人类解放的理想、马克思主义的政治经济学，或弗洛伊德的精神分析学那样一类宏大的理论体系。这样一来，以利奥塔德为代表的反对宏大叙述的后现代主义实质上否定了建立任何宏观社会理论的可能性。

按照利奥塔德的观点，在后现代状况下，无论在科学领域还是在其他知识领域，与现代性联系在一起的对普遍性、一元性、同一性、确定性等的追求的合法性已被否定，代之而起的是对特殊性、多元性、差异性和变异性等的肯定和崇尚。“后现代状况渐次摆脱合法化的盲动性偏执”；“后现代知识……能够使我们对形形色色的事物获得更细微的感知能力，获致更坚忍的承受力，宽容异质标准。后现代知识的法则，不是专家式的一致性，而是属于创造者的悖谬推理或矛盾论”。①

后现代女权主义心理学正是应用利奥塔德的“叙述危机论”来批判主流心理学及乔多萝、吉利根等立场论女性主义心理学者的宏大叙述的。

（3）福柯的权力知识论。

福柯是法国著名的社会哲学家，是一位怀疑主义大师，同时也是一位大

---

① 利奥塔著，岛子译：《后现代状况》，湖南美术出版社1996年版，第29～30页。

名鼎鼎的后现代哲学巨匠。福柯对现存一切秩序体制的确定性和稳固性提出了质疑，对占统治地位的哲学进行了解构。福柯完全将“人”看成各种文本的集合，使“人”变成一种没有最终所指的单纯能指符号的位移和置换，从而消解了西方近代以来一直占主导地位的具有理性本质、作为理性主体的“人”的概念，瓦解了西方文化传统中处于支配地位的本质主义和普遍主义的基础。福柯的理论对后现代女性主义心理学关于知识与权力关系的分析，以及对本质主义、普遍主义的批判提供了一个有益或有力的理论工具。

福柯所做的探索，可以归结为在权力与知识的关系这个大的语境中对理性和非理性主体进行的激烈批判。在他看来，“知识”形成的过程，无非就是人的理智按一定的认知范式所进行的一种理性的实践活动，在这种理性实践活动中，真正起作用的是“权力”，或可直接称之为“力”，各种各样的力穿行其间、相互较量，而后取得了一个结果，这就形成了我们所认为的符合某种真实的“知识”。①福柯主张权力的实施创造了知识，知识本身又产生了权力，权力是由话语构成的。而所有的知识都是生产性的，它产出知识。因此，知识和权力是一回事，没有什么区别。他认为，真理都是相对的，没有什么绝对真理。思想不是从没有时空限制的自然和必然中形成的，而是从历史的人们的智慧中形成的。“由于它们是被造出来的，它们就能被毁掉，假定我们知道它们是怎样被制造出来的。”②

福柯的“知识系谱学”与西方女权主义理论之间存在着大量的趋同现象，他对理性与权威的批判，与西方女权主义的启蒙思想批判遥相呼应。这些批判深刻地揭示出，启蒙思想是一种具有高度性别特征和欧洲中心主义的构造，它默然地接纳了男性白人的观点，并相应地贬低了任何直接或间接与女性或非欧洲人相关联的东西。

受福柯影响，后现代女权主义将发明与创造女性话语作为自己的诉求之一，发出女性自己的声音以争取自身的权益。她们指出：“这个世界用的是男人的话语。男人就是这个世界的话语。”“我们所要求的一切可以一言以蔽之，那就是我们自己的声音。”“男人以男人的名义讲话，女人以女人的名义讲话。”“迄今为止所有的女权主义文字一直是在用男人的语言对女人耳语。”“我们必须去发明，否则我们将毁灭。”③什么是女性的话语？在阿梅·莱克莱尔（Arme Leclere）看来，女性话语是与女性真实的生理和心理体

① 盛宁著：《人文困惑与反思——西方后现代主义思潮批判》，三联书店 1997 年版，第 92～93 页。

② Ranazanoglu，C.（1993）. *Up gainst Foucault：Exploration of some tensions between foucault and feminism*. Routledge，p. 180.

③ Kourany，J. A. et all（1992）. *Feminist philosophies*. Prentiee Hall：New Jersey，pp. 362～363.

验紧紧联系在一起的。她阐述了女性身体快乐和女性话语之间的关系："我身体的快乐，既不是灵魂和德行的快乐，也不是我作为一个女性这种感觉的快乐。它就是我女性的肚子、我女性的阴道、我女性的乳房的快乐。那丰富繁盛、令人沉醉的快乐，是你完全不可想象的。"①

(4) 德里达的解构主义理论。

德里达是法国解构主义理论的创始人。德里达在结构主义如日中天之时，向结构主义发起了挑战，转向了解构主义。德里达对传统哲学中的二元论、本质主义、逻各斯中心主义、形而上学的在场进行解构和颠覆。后现代女权主义心理学对于心理学的现代性的解构与颠覆主要受德里达的解构主义理论的影响。

根据德里达的分析，在西方形而上学传统这样一个思想体系中，人们归根结底总要认定某种由语言表达的最终真实——理性的声音也好，上帝的旨意也好，总得有一种不受质疑的"真言"，一种语言文字与其意最终合一而不可再分的"逻各斯"，这种完全不受质疑的"逻各斯"便成为一个既能维系人的认识系统，同时又置身于该系统之外的出发点或中心。德里达进而认为，这些结构的"中心"实际上置身于结构之外，所以这些结构又都是"去中心"(decentered)的。于是"中心"不复存在，原有结构系统中价值论意义上的主次和对立关系由之就可以统统颠倒过来，男性与女性、社会与自然、言说与书写、主体与客体等对立关系都失去了基础。德里达曾断言：在文本之外，一切均不存在(There is nothing outside the text)，并试图用话语理论去否定物质的现实存在。

在德里达看来，既然对文本的理解和解释没有固定不变的意义，那么对于文本的理解或阅读也是因人而异的，没有正确和不正确之分。同时由于对于同一文本，不同的人可以有不同的理解，因而他们各自的理解也是不可交流的。他们只是各自在寻求不同的消遣和快慰的"游戏"而已。

德里达的解构主义对于后现代女权主义心理学对"女性"、"女性经验"等概念的消解与颠覆提供了理论工具。它消除了二元对立的固定机制，如在理解"女性"这样的概念时，没有什么处于中心的位置，个人的社会地位、社会权力和所受的压迫来源于多重决定因素：性别、阶级、年龄等，这样"女性"这个词就被分解成一系列独立的可变物，为我们理解历史上妇女的真实情境提供了可能性。

(5) 拉康的后结构精神分析。

---

① Kourany, J. A. et all (1992). *Feminist philosophies*. Prentiee Hall: New Jersey, p. 303.

由于当代女权主义与女权主义心理学研究将社会性别与语言、语言与心理这些曾经被法国著名思想家拉康在巴黎的演讲中反复讨论的中心论题作为自己的理论焦点。"研究女权主义必然要先从拉康理论开始"[①]，因此拉康的后结构精神分析对于女权主义，包括女权主义心理学的研究有着特别重要的意义。

许多女权主义者坦言拉康是自己的精神教父，研究当代女权主义心理学自然离不开拉康，他的著作与德里达、福柯等人的著作一起被称为女性主义与女性研究的"圣经"。拉康的独创在于从语言的角度对俄狄浦斯阶段理论进行了重新阐释。他以结构主义语言为工具，对弗洛伊德的精神分析进行了语言学的解读和重建，使之从医学实践领域转移到了社会话语的层面，成为名副其实的后现代精神分析学。

拉康对弗洛伊德的潜意识进行了重新解读，提出了两个重要的命题："潜意识具有类似语言的结构"和"潜意识是他者的话语"。在他看来，潜意识不是由力必多操纵的、受到性欲的内驱力所左右的心理内容，潜意识是由人的符号行为产生的，它与符号系统有关系。由于人类社会的符号系统是先于个体的存在，这种符号系统也就具有社会共性。如果现行社会是一个男性中心和理性中心的社会，有一个"男性中心"的主题和"男性中心主义"的势力，那么这个社会的符号系统必然反映这种男性中心与理性中心。而在这种占统治地位的符号体系控制下，男性与女性从开始接触这个符号系统起就产生了对它的无意识，这是感官的、非理性的存在，不是性意识或生物性的反应。

在这个基础上，拉康提出了一种新的主体理论，用"现实界"、"想象界"、"象征界"这三种心理成分代替弗洛伊德的本我、自我、超我这三种心理层面。拉康将"象征界"说成是一种秩序，当孩子学习语言，先于他们而生的语言与文化系统便将秩序和结构加诸其身。每个人进入的乃是一个早已存在的能指网，拉康将这样一个语言—历史—文化系统，称为"象征性秩序"(symbolic order)。他指出，在俄狄浦斯阶段，对阉割的恐惧、置身父权之下、被迫与母亲分离等特殊情境，迫使婴儿为表达自己的愿望而进入现行的语言—意义结构，即"象征性秩序"之中。由于这一秩序代表着父亲的法律，女性进入"象征性秩序"就是在一个渗透了父权法律的意义结构中，被置于受限制、被压抑的位置，其建构社会认同的过程就是在父权法律的范畴内被置于预设的第二性位置的过程。这一观点与福柯的权力话语学说有异曲同工

① 方汉文著:《后现代主义文化心理学:拉康研究》,上海三联书店 2000 年版,前言第 3 页。

之处，主张在话语建构的过程中，女性总是作为“空洞所指”被排斥在外，揭示了话语背后权力的作用。

拉康批判了弗洛伊德式的本质主义，对弗洛伊德的俄狄浦斯情结和阉割焦虑等理论提出了质疑，主张应以话语为中心而不应以生理因素为中心来建构性别差异的意义，为人们提供了看待现行文化制度以及从权力作用的角度来解释它们的方法。他启发女权主义者解构性别认同与地位的命定色彩，主张深入“象征性秩序”内部进行颠覆与拆解，因此，他的思想引起后现代女权主义心理学家的强烈共鸣。

可以看出，福柯、德里达、利奥塔德、拉康等后现代哲学家、思想家帮助人们对客观的文明和文化、主观的自身和主体进行新的认识，解构了传统文化，揭示出现存的思维习惯、习俗和道德等被人们约定俗成地当成“常情”的东西，其实并不具有“真理性”意义，而是“人为的”。在这些后现代大师的影响下，女权主义心理学家如玛丽·格根(Mary Gergen)、黑尔·马斯汀(Hare Mustin)、马雷切克(Marecek)等人逐渐抛弃了建立宏大理论的打算，更加关注差异，以及文化、历史的特殊性。具体体现为贫穷的劳动妇女、有色人种妇女和女同性恋者赢得了广泛的关注，她们的生活和问题日渐上升为女性主义理论的重要研究对象。女权主义者指出，早期的理论都是从白人中产阶级异性恋妇女自身的经验出发，对其他种类的妇女所做的错误的推测。

因此，在女权主义运动影响下，有关阶级、性倾向、种族及民族意识的改变使人们开始认识到，抽象并试图包罗万象的话语只能阻碍而不能沟通姐妹情谊，因为它忽略了统治着不同的女性的各不相同的性别歧视的形式。

女权主义心理学家还关注研究关系中的权力与表象的问题。这就是说，在研究中谁拥有权力？权力是如何被应用的？谁的现实被表征？谁又能从研究中获得什么？谁拥有研究成果？作为对这些问题的回应，女权主义心理学家认为知识总是产生于一定的社会政治情境中。从这个意义上讲，后现代主义哲学的确为女权主义理论及女权主义心理学的发展提供了新的视角和启示。

四、后现代女权主义心理学的认识论

20 世纪 90 年代，在后现代女权主义的影响下，女权主义心理学开始了后现代转向。后现代女权主义心理学否定所有的宏大叙述，主张建立局部的、分散的小型理论，否定传统形而上学的二元对立，主张反本质主义，倡导多元方法论。从而实现了对实证主义与现象学两种取向的女权主义心理学的超越，推动了女权主义心理学的进一步发展。①

1. **反对宏大叙述**

宏大叙述的定义来自利奥塔德，他认为宏大叙述首先是曾支配一切的历史哲学，如启蒙运动、黑格尔的唯心主义辩证法以及马克思主义等，还指非叙述性的基础哲学以及非历史性的认识论和道德理论。利奥塔德认为这些“合法的宏大叙述”是一种元叙述，这种元叙述声称他们所使用的话语是一种享有特权的元话语，能够安置、描述和评价其他所有的话语，而本身又不受历史性和偶然性的影响即合法化。利奥塔德对元叙述表示怀疑和批判，认为所谓元话语只是所有话语中的一种，在后现代时代，合法化应该是多元的、局部的和内在的，而不再是普遍的、整体的和必然的。

具体地讲，反对宏大叙述就是反对一切有关人类社会发展规律的大型理论体系，主张只有分散的局部的小型理论才是有效的。后现代女权主义心理学以此为基础，致力于批判所有那些规模宏大和含括一切的心理学理论，试图建立社区理论，即道德和政治观念建立在小范围的特殊社区经验之上，否定因果关系与宏观社会概念。

后现代女性主义心理学认为，以往的女性主义心理学所建构的理论均是利奥塔德所批判的宏大叙述，乔多萝与吉利根的女性主义心理动力学就是最典型的例子。她们拒绝对性别、种族、阶级作宏观的分析，认为这些分类都过于概括。她们提出质疑：什么是构成立场的基础？由于女性的年龄、阶级、种族、民族的不同，普遍化的女性立场能否存在？心理学家是否允许多元化立场的存在？一个女性能否合法地研究或论述立场与她不同的女性？这些都是后现代女性主义心理学话语分析中的重要问题。

后现代女权主义心理学认为，所有的传统心理学的理论都标榜自己的普遍性和性别中立性，那些强调性别差异的理论也称自己是性别中立的，从弗洛伊德、艾里克森到皮亚杰、科尔伯格，他们的理论是建立在男性群体之上，想当然地假设女性的发展与男性的发展相似，完全忽略了女性的存在，是一种企图凌驾一切的元叙述。后现代女权主义心理学反对对性别、种族等作宏观的分析，认为这些分类都太概括化和普遍化了，实际上每个类别的内部都是千差万别的。比如女性这个概念，也带有大成问题的本质主义色彩，因为它忽略了妇女之间的差异以及不同妇女所遭受到的不同性别歧视的不同形式间的差异。

后现代女权主义心理学在批判宏大叙述的同时也在审视自己的理论体

① 郭爱妹：《当代西方女性主义心理学的发展》，《国外社会科学》，2003 第 4 期。

系，他们认为女权主义心理学的理论要明确地具有历史性，要与不同的社会、不同时期的文化特性相协调，与同一社会中和同一时期中不同的团体的文化特性相协调，使他们的理论范畴具有文化性和时间性。

2. **反对二元论**

二元论是指西方传统中以主体和客体区分为前提的主观和客观、能动和受动等决然对立的思维方式。结构主义认为意义是在二元对立中产生的，比如“黑夜”的意义是在与“白天”的对立中确立的，语言是稳定的、规则明确的、界限清楚的，包含着能指与所指对称单位的结构。德里达对此持否定态度，他认为意义产生于一种能指的在场与其他能指的缺席之间的开放性关系，指出了意义的散播和不确定性。西方自柏拉图以来的理性传统，是奠基于一系列二元对立之上的，德里达提倡一种去中心和多元化的状态来消解结构主义所确立的结构中的等级制度。

后现代女权主义心理学认为形而上学的二元对立反映的是“男性中心主义”。按照西方形而上学的比喻与策略，男女两性之间的二元对立建构了两组相互对立的品格。如理性与情感、勇敢与被动、强壮与柔弱、公共与私人等，这些划分形式将男性置于等级制度的优等地位，而女性则处于卑贱地位和从属地位。这种意识形态的话语为男性对女性的统治提供了借口，把女性排除在公众生活、理性与客观性声音之外。这种男尊女卑的传统性别角色特征来自父权制文化对女性的期望与控制，是传统男权主义的价值标准尺度在文化中的折射。后现代女权主义心理学认为正是这种形而上学的二元对立决定了性别不平等的社会现实。

后现代女权主义心理学还看到女权主义心理学研究的宗旨不应只是追求男女平等的权利与地位，而是要怀疑所有的地位和权力，以避免将原有的对立双方简单地反转，因为如果历史变得过分女性化也不见得是什么好事。为反对这种二元对立，后现代女权主义心理学提出了另一种思维模式，即整合的思维模式，其中包括为女性赋予价值的模式、反对二元对立而提倡多元的模式、差异政治的模式（其中包括种族、阶级、性别、民族以及性倾向的差异）以及重视他人的模式。后现代女权主义心理学试图通过打破这种传统的男性统治女性和女性服从男性的性别模式，建立全新的、不消除差异又不存在压迫的女性心理学。

3. **反对本质主义**

本质主义认为每一事物都有其固定的、内在的、普遍的本质，在社会性别理论中表现为人的生理和遗传决定论，认为社会性别是个体内在的一种描述个体的人格、认知过程、道德判断方式等的特质，与其他个体特质一样，社会性别植根于个体的内部。如弗洛伊德的精神分析理论将男性与男性的生理结构作为人类的标准，女性与女性的生理结构被认为是标准的偏离，在他看来，人格的形成是生理结构造成的。除了这种生物本质论之外还有一种文化本质论，以乔多萝和吉利根为代表，她们强调女性文化，强调女性的独特经验及女性内在经验的丰富性，褒扬女性的独特品质，主张“女性是优越的”。后现代主义对本质主义的立场进行了猛烈的抨击，认为一切事物都不是固定不变，也不是普遍相同的，而是根据不同的社会、文化和历史背景而有很大的差异。后现代主义重要的思想家拉康批判了弗洛伊德的本质主义，主张以话语为中心而不是以生理学为中心来建构性别差异的意义。但拉康的后结构主义本身也是一种本质主义，他将女性排除在语言、公众话语、文化和法律之外。

后现代女权主义心理学认为他们的理论必须是非普适性的，主张用放弃历史主体这一概念，用社会同一性这样多元且构成复杂的概念替代“女性”这样的一元概念。任何词语都不是跨文化的、不可改变的、唯一的和本质的。后现代女权主义心理学认为本质论不但无法表征女性经验的多元化，而且会使父权制对女性的压迫合法化。他们批判本质论的普适性、性别政治和男性中心主义问题，反对那种以为性别是天生的、不可改变的思想，他们不认为女性就必须具有抚养性，就应当受保护，他们十分重视性别之外的种族、阶级、国家、民族及性别定位的区别，并认为这些区别都不仅仅是与生理原因有关，而是从社会和心理上对生理区别作出的解释，即性别的社会建构论。

传统心理学将社会性别看做是内在的、稳固的、与个人的社会历史政治情境相分离的特质，认为性别差异是女性与男性的内在本质，男性应具有男性化特质，女性应具有女性化特质，这是一种本质论的观点。而社会建构论否定本质的、固定的或普遍的说法，强调每个人的社会、文化和历史背景的特殊性。社会建构论的基本假设包括：(1) 人们不可能理解现实或真理的本质；(2) 现实是被建构而不是被发现的；(3) 现实与社会情境是相互影响的；(4) 知识是在社会交换中通过话语建构的；(5) 我们所认同的现实是相互建构与相互认同的。根据社会建构论的观点，后现代女权主义心理学认为社会性别不是个体的内在特质，而是社会建构的产物，社会性别化的行为不是由生理性别而是由个体的社会地位所塑造的。性别社会建构论的观点被后来心理学的大量研究所证实。后现代女权主义心理学家主张社会性别并非产生于单一的、共同的、非历史的根源中，对社会性别的考察必须置于具体的阶级、种族、国家、文化和历史中。性别社会建构论促使女权心理学家关注社会情境对人类行为的影响，这有利于打破心理学中的保守主义倾向。后现代女权主义心理学将社会性别作为研究和分析问题的范式，不仅重视女性的地位、价值、体验和利益，而且以社会性别视角透视所有的心理学理论和实践问题，试图为解决这些问题提供新的思路和方法。

五、后现代女权主义心理学的方法论

1. 话语分析

福柯提出了权力知识形成说，认为权力的实施创造了知识，知识本身又产生了权力，权力是由话语组成的。那些被压制的知识总是被排除在正式的权力历史之外。福柯对西方的话语做了分析，主要攻击目标是西方关于社会、历史和政治的宏大理论。他认为这些宏大理论都是建立在本质主义之上，建立在法律话语权力模式之上的。这个模式有三个基本假设：第一，权力是被占有的（被个人、被阶级、被人民）；第二，权力从一个集中的源头自上而下流动（如法律、经济和国家）；第三，权力以镇压的方式加以实施。福柯建立了不同于传统模式的权力模式，认为权力是在运作的而不是被占有的，全力的运作方式主要是生产的而不是压抑的，权力是自下而上的而不是自上而下的，是分散的而不是集中的。

后现代女权主义心理学从福柯那里得到启示，由此提出了话语即权力的理论，认为话语就是一切，文本就是一切。她们认为在历史和现实中任何关于女性的知识都已经受到了性别歧视的污染，认为"这个世界用的是男人的话语。男人就是这个世界的话语"，"女权主义的文字一直使用男人的语言对女人耳语"。比如传统的压制模式的基本假设是：男性的性总是与暴力、淫欲、将对象客体化以及性高潮为主要目标联系起来的；而女性的性则与抚育、相互的亲密关系以及对非生殖器快乐的强调联系在一起；女性的性受到强迫的、暴力的、男性的性的压抑，这是一种本能加控制的模式。后现代女权主义心理学认为这种传统的压制话语模式是本质主义的。过去，女性被认为是更看重事物，而不是看重话语，她们更关注具体的问题而不是自己在历史文献中被置于边缘地位的问题。按照话语即权力的观点，后现代女权主义心理学主张在妇女运动内部实行一个模式转换，即从只关注事物到更关注话语。

后现代女权主义心理学认为，心理学中有关女性的知识不是一种客观真理的反映，而是男性中心主义偏见的反映，是以男性为中心的建构物。心理学中有关女性知识的建构主要来源于性别差异的研究，而在主流心理学对性别差异的研究中，存在两种偏见：α 偏见和 β 偏见。所谓 α、β 偏见是指心理学中过分夸大和缩小性别差异的两种倾向，是心理学研究中女性经验无形化、边缘化及病态化的两种常见形式。后现代女权主义心理学家哈里·马斯廷和马雷切克认为，实证主义取向的女权主义心理学由于试图缩小性别差异陷入了 β 偏见，而现象学取向的女权主义心理学由于过分夸大性别差异最终陷入了 α 偏见，因而它们从根本上掩盖了主流心理学的男性中心主义的价值观念，为维护父权制提供了合理性依据。后现代女权主义心理学并不关注各种社会性别表征的正确与否，她关注各种社会性别表征的效用和结果。也就是说，社会性别表征是如何为心理学理论与实践提供意义和符号的，社会性别表征强调或忽视性别差异的结果是什么。

后现代女权主义心理学在利用话语分析的工具对一切父权制文化中关于女性本质的秩序和话语进行解构和消除的同时，提出了发明女性话语的主张。根据福柯的理论，以反面话语的形式产生出新的知识，将制造出新的真理，并组成新的权力。后现代女权主义心理学提出，“我们所要求的一切那就是我们自己的声音”，“男人以男人的名义讲话，女人以女人的名义讲话”，“我们必须去发明，否则我们将毁灭”。

2. 多元化

后现代女权主义心理学家在对主流哲学的批判中发展了多元化的方法论。他(她)们反对宏大叙述、反对二元对立、反对本质主义，认为多数知识理论都没有考虑女性的声音，女权主义内部也不能仅限于白人中产阶级妇女而忽视、否认或歪曲了处在边缘的“他者”女性(如黑人、同性恋者以及第三世界妇女等)。他(她)们主张“去中心化”，认为人类社会和对社会的分析工作都把关注焦点集中在主流群体上，但是少数群体应该在社会中占据重要的位置，社会分析研究应该对这些少数群体给予同样的注意。后现代女权主义心理学主张关注“他者”以及“他者”与主流之间的关系。她们把自己也作为“他者”群体的一部分，一方面强调自身群体的优势，一方面强调自身群体和其他少数群体同主流群体之间的相互作用。这就为研究女性提供了一个独特的视角，这意味着少数群体的地位是可以改变的，甚至可以彻底得到改变。

后现代女权主义心理学在对主流心理学科学方法的霸主地位进行批判的基础上，引入了许多具有革新性、创造性的研究方法，将量的研究与质的研究有机地结合起来。他们认为，传统的心理学的研究方法同样可以服务于女性主义的目标，但同时也可以采用话语分析、现象学研究、叙事研究、焦点小组、表演心理学、Q—方法论等质的研究方法。

后现代女权主义心理学提倡用多元的方法研究多元的问题。她们虽然对主流心理学的价值中立与客观性进行了批判，但并没有否认量的分析与实验的方法。因为如果完全否定心理学中的实验方法，女权主义心理学将不可避免地处于心理学研究的边缘地位。在后现代女权主义心理学家看来，要了解女性生活复杂的现实就应该采用包括实验法在内的多元的研究方法，但在运用这些方法时，研究者必须认识到每种方法的优势和局限。佩特劳和康拉德认为只要研究者遵循两个原则，即：(1) 知识主张与研究结果从来都不是完全价值中立或客观的；(2) 社会性别意义的形成受政治、社会及历史因素的影响，那么“所有的方法都可以成为女权主义的方法”。正是后现代女权主义心理学对多元化的倡导，使得它能够包容复杂性与矛盾性，超越父权制与性别关系的简单的决定论，为系统认识女性生活的多重真理提供了一个有益的分析框架。

3. 解构立场

解构常常指一项拆解或破坏工作，但在德里达的著作里对这个概念有一个精确的定义，即分析差异在文本中的运作以及让意义产生作用的方式，解构的方式就是消解二元对立。德里达认为二元对立不是自然的对立体而是构建的对立体，是为特定语境中的特定目的而构建的对立体。对后现代女权主义心理学来说，解构就是消解主流心理学中的男女的二元对立。她们认为，女权主义心理学者可以通过解构工作进一步看清男女二元对立是从哪里产生的，它代表了谁的利益，它的控制权又是怎样维护的以及在这样一种特定的压力下转变的可能性等。在后现代女权主义心理学者看来，性别关系实际上是一种权力关系，男性在父权制社会中的中心地位决定了男性和男性价值观优于女性和女性的价值观。心理学中有关女性的知识是男性为中心的科学的建构产物，这些有关女性的真理并非科学的发现，而是男性支配的科学的创造。所以心理学的研究并非是一项价值中立的事业，信念与价值观无时无刻不在影响着心理学者。因此后现代女权主义主张使用解构的方法，重新解读传统心理学中有关女性的所谓“科学知识”，从中发现男性的偏见，发现矛盾，发现对女性的压抑成分。在她们看来，传统的所谓科学知识不过是一个语言的建构物，是文本的一种，通过解构的方法可以揭示其不一致性和局限性。

六、后现代女权主义心理学的积极意义

1. 对传统女权主义心理学的批评有助于自身的发展

后现代女权主义心理学家在对实证主义取向与现象学取向的女权主义心理学研究进行批判的同时，也实现了女权主义心理学理论上的超越。她们认为传统女权主义心理学具有文化中心主义与种族中心主义倾向，认为它们研究的女性的共同经验，实质上是中产阶级白人异性恋女性的经验，所以以此为依据建构的女权主义心理学并不具有普遍性。后现代女权主义心理学重视女性经验的差异性和多样性，将女性的能动作用与具体的阶级、种族、国家、文化、历史和政治背景结合起来，完善了女权主义心理学的研究内容，促进了女权主义心理学的发展。后现代女权主义心理学重视社会文化情境——诸如社会阶层、种族、社会性别、民族、年龄等——对人类行为的影响，认为离开具体的社会文化情境，就不可能真正地理解人类行为。强调认识活动中的主观性与客观性的统一，指出这种统一需要重建研究者、研究对象以及情境之间的关系，研究者应以非剥削的、平等与尊重的方式对待被试。

后现代女权主义心理学对文化价值因素的关注，动摇了实证主义在心理学中的霸权地位，有利于心理学家认识到心理学研究的“价值负荷”(value loaden)特性，使重视社会历史文化因素成为可能。正如女性主义心理学家文德娅(U. Vindhya)所指出的那样：“女性主义对心理学的一个主要贡献就是对人类行为普适性的质疑，它使我们关注历史与文化因素对社会性别的建构的复杂的交互影响。”[①]女性主义心理学关注意义与权力之间的关系，认为所有的关于社会性别的心理学研究均是政治化了的，旨在促进两性的平等与发展，不管采用哪种研究方法，均被看做是一种政治化的工具。她们关注研究关系中的权力与表征的问题：在研究中谁拥有权力？权力是如何被利用的，表征谁的现实，谁又能从研究中获得什么，谁拥有研究结果。这种对意义、权力与话语的关注在一定程度上冲击了主流心理学的保守主义倾向，使心理学更贴近社会、贴近现实。

2. 推动女权主义心理学的后现代转向

后现代女权主义主张社会性别建构论，对社会性别本质论的普适性、性

---

① Vindhya, U. (1998). Feminist challenge to psychology: Issues and implications. *Psychology and Developing Societies*, Vol. 10, 1.

别政治、男性中心主义及方法论等问题提出了批判性的质疑，一方面有利于打破心理学的保守主义倾向，促使女权主义心理学家关注社会情境对人类行为的影响，一方面有利于心理学摆脱本质论的困境，促进女权主义心理学的后现代转向。玛丽·格根（Mary Gergen）指出，用后现代思想和理论观点来分析和探索女性所独有的心理与行为的特征是可行的和可取的。她对心理学研究中盛行的男性中心主义倾向有着天然的反感，认为贴有"后现代"标签的各种观点已经成了心理学及其他领域内流行的关于客观知识追求的主要的和致命的敌对面。①

后现代女权主义心理学吸收了后现代主义与后结构主义的理论框架——"尽管这些理论的区分并不是非常清晰"②，认为性别并不是一种内在的特质或特性（quality），性别是社会协商和互动的结果，是社会对适合于某种生理性别（sex）的活动而产生的社会一致意见。概括地说，性别是特定社会的文化建构。换言之，后现代女权主义并不把性别定位于个体的内部，而是认为性别存在于社会所认可的交互作用中。③

后现代女权主义心理学的基本主张如下：第一，性别是社会建构的产物。性别不是由生理性别决定的，而是由社会规范、人际交往等社会情境因素决定的。第二，多样化的女性观。本质主义的观点把女性看做是一个统一的、均匀的范畴，似乎女性生理性别上的共同性决定了女性是一个统一的整体。后现代女性主义认为不存在一个具有普遍意义的女性范畴。生理性别仅仅是决定妇女生活风格的一个因素。第三，个人的就是政治的。后现代女性主义不回避价值问题。换言之，在后现代女性主义那里，科学研究与政治宣传等社会活动的界限是模糊的。它反对价值中立的观点，认为应该把个人的价值倾向和政治哲学观点糅合进自己的学术研究活动。它要在性别的解构中，揭示其中存在的权力问题。④ 性别差异实际上是一种权力的差异，是社会地位的不平等。因此，性别的分析不仅仅是一个学术问题，而且是一个政治问题。

后现代女权主义心理学将社会性别视为一种社会的建构，有利于摆脱

---

① Gergen, M. M. (1990). From Mod Masculinity to post-Mod Macho: A feminist replay. *The Humanistic Psychologist*, Vol. 88, No. 1, P. 99.

② Wixkinson(2001). Theories perspectives on women and gender. In: R. K. Unger(ed.). *Handbook of the Psychology of women and gender*. New York: Wiley, p. 24.

③ 叶浩生：《女性心理学的进化与后现代女性心理学的产生》，《心理与行为研究》，2004 年第 2 期，第 407 页。

④ 叶浩生：《女性心理学的进化与后现代女性心理学的产生》，《心理与行为研究》，2004 年第 2 期，第 409 页。

本质论所面临的困境。社会性别建构论否定本质的、固定的或普遍的概念，试图寻求一种多样性，强调每个人的社会、文化和历史背景的特殊性；并将社会性别作为研究和分析问题的焦点，不仅重视女性的地位、价值、体验和利益，而且以社会性别视角透视所有的心理学理论和实践问题，试图为解决这些问题提供新思路和新方法，反映了女性主义心理学在研究取向上的后现代转向。后现代女权主义心理学促进了心理学的研究方法、研究对象及未来努力方向的后现代转向，对心理学的发展正产生着重大的积极的影响。

3. **促进了心理学研究方法的多元化**

后现代女权主义心理学对多元化的倡导，促进了心理学研究方法的多元化。后现代女权主义心理学家认为所有的研究方法包括质的分析和量的分析，以及与女权主义经验论和认识论有关的研究方法，都可以用到心理学的研究中去，每一种方法都能提供有益的但也有限的关于女性多元性现实的观点。正是这种对多元化的倡导，才使得如今的主流心理学界公认应采取多种研究方法以增加研究结论的效度。

女权主义心理学家洛特(B. Lott) 指出："将社会性别理解为一种社会建构意味着应从根本上将社会性别与民族、种族、阶级、性取向、年龄等结合起来考察女性的多元经验，这是女性主义心理学最根本的观点。""如果女权主义心理学不是所有女性的心理学，那么，它不是真正的女性主义，也不是真正的心理学。"①

既然女性经验是多元的，那么，要了解女性生活复杂的现实，就应采用包括实验法在内的多元的研究方法，但在运用这些方法时，研究者必须认识到每种方法的价值假设、优势以及局限性。佩普劳(L. Peplau) 和康拉德(E. Conrad) 指出，给任何研究方法贴上女性主义方法的标签都是无效的和不合逻辑的。相反，只要研究者遵循如下两个原则，那么"所有的方法都可以成为女性主义方法"：(1) 理论主张与研究结果从来都不是完全价值中立或客观的；(2) 社会性别意义的形成受政治、社会及历史等因素的影响。②在后现代女性主义心理学家看来，所有研究方法包括定性分析与定量分析，以及与女性主义经验论和立场认识论有关的研究方法，均可用来研究"真理"和现实是如何被社会地建构，如何受权力关系影响的；每一种方法均能

① Landrine, H. (1995). *Bringing cultural diversity to feminist psychology: Theory, research and practice*. Washington: American Psychological Association, p. 18.

② Peplau, L. A. and Conrad, E. (1989). Beyond nonsexist research: The perils of feminist methods in psychology. *Psychology of Women Quarterly*, p. 383.

提供有益的但也是有限的关于女性现实的观点。

差异性和多元性是女权主义心理学的一个重要特点，也是女权主义心理学丰富性和生命力的标志。过去十多年在女权主义心理学的影响下，心理学，尤其是女权主义心理学开始关注文化的多样性(cultural diversity)，并将其整合进女权主义心理学研究的主流之中。文化的多样性要求研究方法的多元性。虽然女权主义心理学对主流心理学的价值中立立场与客观性进行了批判，但方法论上的正统做法会限制女权主义心理学的发展。“没有什么研究方法本质上是女权主义或非女权主义的。任何研究方法均能以性别歧视的方式被使用；没有任何一种研究方法可以保证产生女权主义观点。”① 心理学的发展历史也记载着：女权主义研究者已经使用所有可能的研究方法去挑战性别歧视的信仰与理论，使我们更好地在人类经验中理解女性生活及社会性别。女权主义心理学家使用多元的研究方法，探索对女性来说意义重大的课题，并用女性主义框架来解释人类经验，这已经导致了心理学实质性的变化，使心理学的研究日趋多元化。因此，多元方法论是后现代女权主义心理学对心理学方法论的又一贡献。

毋庸置疑，女权主义心理学以独特的视角和理论建构丰富了心理学的理论与研究，特别是后现代取向的女性主义心理学的科学观和方法论贯彻了后现代主义的主张，成为后现代心理学中的一股重要力量。女性主义心理学对于正确、全面地认识人类心理世界、探索人类心灵奥秘起到了特殊的不可替代的作用。后现代女权主义心理学能够包容复杂性与矛盾性，超越父权制与性别关系的简单的决定论，为系统认识女性心理的多重真理观提供了一个十分有益的分析框架。

4. 女性与女性经验成为心理学合法的研究对象

在女权主义心理学中，社会性别不是一个简单的词汇，而是作为一个基本的分析范畴，用来解释女性气质的社会建构，并从社会性别的相互关系的角度来分析男性权力和男性特权得以维持的原因，并进而成为女权主义心理学的一个核心概念。

女权主义心理学将社会性别作为一个文化概念引入心理学的研究，认为男女之性别(sex)是指一种先天的、生理上的差异，但更重要的则表现为一种后天形成的社会性别(gender)。前者是一种生物学的、自然的差异，而后者才是一种真正能为女性为什么受压迫提供解释的文化概念，代表了男

① Peplau, L. A. and Conrad, E. (1989). Beyond nonsexist research: The perils of feminist methods in psychology. *Psychology of Women Quarterly*, Vol. 13, p. 395.

性与女性的文化特征。①

在女权主义心理学看来，主流心理学中以男性为主体的研究者对女性的忽略、排斥和歧视，是心理学中男性霸权的一个重要表现，因此需要在现有的心理学研究中加入社会性别因素，纳入女性及与女性相关的议题，将女性经验作为重要的研究内容，以消除性别偏见，更全面、更真实地揭示心理世界的全貌。正如女性主义心理学家克劳福德(M. Crawford) 所指出的："女权主义心理学的价值并不在于比传统主流心理学更客观，而在于能更好地发现女性经验的'真理'。"②后现代女权主义心理学主张以社会性别而不是以生物性别作为描述两性的基础。生物性别是通过遗传而获得的性别差异，是先天的；而社会性别则是在生物性别的基础上产生的性别意识，是性别的社会属性，它是在社会文化条件影响下形成的。生物性别是社会性别的物质基础，但是生物性别并不是决定性别意识的唯一因素。在极端的条件下，两者可能恰恰相反——变性手术的接受者就说明了这一点。③

社会性别是文化的产物——这一理解有助于使女权主义心理学更加关注社会性别产生的复杂过程，更好地、更全面地理解女性的多元经验。女权主义心理学家以社会性别取代生物性别概念的目的就在于：强调男尊女卑的传统观念由社会文化条件造成；男女的性别角色也可以通过社会文化的影响而加以改变。

女权主义心理学将社会性别作为一个重要范畴引入心理学的研究之中，并将它作为女性主义心理学研究的出发点和心理学知识的来源，社会性别概念是女性主义心理学的理论基础。后现代女权主义心理学家认为，社会性别中的关系实际上是一种权力关系。在这种权力关系中，男性和男性的价值观处在优越的地位；女性则处在从属和附庸的地位。通过社会化过程，这些权力关系牢牢地植入男女的性别角色意识中，成为维护父权制社会结构关系强有力的工具。

社会性别是女权主义心理学理论的核心概念，对它的不同诠释与争论是女权主义心理学发展的一条主线。女权主义心理学对社会性别的关注，促进了心理学家对女性行为的研究，即把女性与女性经验作为一个独立的研究领域，而不是作为男性经验与行为的特例。恰恰是由于女权主义心理

① 郭爱妹：《当代西方女性主义心理学的发展》，《国外社会科学》，2003 年第 4 期，第 28 页。

② Crawford, M. and Maracek, J. (1989). Psychology reconstructs the female, 1968～1988. *Psychology of Women Quarterly*, Vol. 13, pp. 147～165.

③ 叶浩生：《女性心理学的进化与后现代女性心理学的产生》，《心理与行为研究》，2004 年第 2 期，第 410 页。

学的强烈呼吁，使心理学家意识到这是一个独立的领域。

七、对后现代女权主义心理学的批判

后现代女权主义心理学持有的是颠覆性的立场，他（她）们对宏大叙述、二元对立和本质主义的批判，不仅要颠覆男权主义秩序，而且还质疑了女权主义据以发展起来的理论基础。曾有理论家把后现代女权主义心理学的兴起看成是妇女运动的第三次浪潮，但是后现代女权主义心理学在批判和解构的同时也遭到了女权主义运动内部对其观点的质疑，主要分为以下几个方面：

第一，批评针对的是后现代女权主义心理学的非政治倾向。后现代女权主义心理学主张对主体进行批判，特别是对统一主体进行批判，而一些女权主义者认为在女性刚刚成为自身权利的主体时，后现代主义就剥夺了女性在普遍人性中的权利。有人这样批评后现代女权主义心理学：为什么正当我们中的很多人开始为自己命名的时刻，正当我们起来作历史的主体而非客体的时刻，主体这一概念本身偏偏受到了质疑？尽管第三次女权主义浪潮正在兴起，但多数女权主义理论家仍然将妇女看成是一个统一的主体。

第二，后现代女权主义心理学反对普遍的、跨文化的范畴，主张完全抛弃性别、种族、阶级这些概念，这些观点也在女权主义内部产生了争论。那些过去曾指导女权主义的话语，如自由政治理论、马克思主义、实证主义、启蒙主义等，人们过去简单地接受了它，认为它是普遍适用、价值中立的。按照后现代女权主义心理学的理论，这些都是不可靠的。女权主义理论依然倾向于把一些概念看成是跨文化的，如性别和性别歧视。批评家认为如果像后现代女权主义心理学所说的那样，过度关注差异将会使人们忽略压迫妇女的那些超越历史的、集中性的根源。

第三，女权主义理论家认为后现代女权主义心理学对后现代的男性意识缺乏批判。女权主义通过把妇女作为主体进行关注，在倡导妇女解放的运动中得到复兴和发展，但后现代主义心理学则对女权主义的基石提出了质疑，即主体、解放等概念。这就表明，后现代是另一种形式的大男子主义，它的存在将会永远使妇女处于从属地位，现在它开始破坏新生的女权主义理论。批评家指出，后现代女权主义心理学简单地接受了福柯、德里达、拉康这些人的思想，而对后现代主义理论中明显的男性化倾向也一并接受了，好像女权主义心理学的理论必须从男性理论中推演出来，而并不是一种基于女性经验的新知识。

第四，许多人怀疑后现代女权主义心理学是否能指导实际的政治运动。后现代女权主义心理学把话语视为一切权力的所在，忽视了真实的身体和真实的性，而这些真实的身体是能够产生道德与政治上的压迫的，例如强奸和暴力，这些都是真实的存在，而不是话语。如果一味坚持话语即权力，会沦为道德相对主义，而且丧失在现实中与真实的暴力作斗争的武器。所以说，后现代女权主义心理学关注的只是妇女言论，而不关心妇女的切身经历，更重要的是它们也不关心怎么解决实际问题。如果普遍适用的宏观理论不存在了，实践和经验该怎么办，女权主义应当设立什么样的目标，后现代女权主义心理学并没有回答这些问题。

第四章

后现代心理学的理论形态(中)

英国知名学者鲍曼在《后现代伦理》一书中表达过如下的观念：后现代性既是道德个人的毁灭，又是其新生的契机。在他看来，在破碎的后现代境遇中，忠诚、预先设定的善恶的分界线已经不值得信任了。他说，毫不奇怪，每一个后现代个人都忍受着严重的精神分裂症的苦恼——这由于实际生活策略的显著的焦虑、易变和优柔寡断而继续扩展。① 诸如此类的观点主要是就后现代社会和大众文化的负面影响而言的，当然还有学者在杂乱无序中看到了新的希望——后现代心理学及人的建设性的一面。

第一节 后现代大众文化心态

伴随着我国三十年的社会经济改革，整个社会出现了复杂多样的文化形态，社会民众的心理体验、行为方式、思想观念、伦理道德、价值追求等文化心态发生了深刻的变迁。深层次的文化转型、社会巨变、文化冲突、观念碰撞、思想渗透、价值并行，构成了中国思想文化发展史上前所未有的多元景观。可以说，今天的中国与世界相比，无论哪个方面都毫不逊色。“市场经济的建构从根本上触动和改变了传统的社会文化……大众生活具有前所未有的自由度和宽容度，多元的经济利益，多元的需求，多元的生存样式，多

① 鲍曼著，郁建兴等译：《生活在碎片之中——论后现代道德》，学林出版社2002年版，第109页。

元的价值观念不再被限制和禁止，而是被默许、宽容甚至被鼓励。”①

我国的社会文化变迁充满多样性的冲突和矛盾。文化现实融合了传统、现代与后现代等文化发展的众多因素，从而造成了各种文化形态的界限模糊以及多种文化形态并存共生的局面。大众文化是在社会转型期出现的一种文化形态，其出现和发展大有后来居上的味道，威慑力之强已经成为有目共睹的事实。在短短二三十年的时间内，大众文化逐渐取代了传统文化、高雅文化和主流文化的主导地位，树起了引导文化发展的大旗，堂而皇之地充当起社会的主流文化，成为当今中国文化阵地的一道绚烂多彩的景观。让我们尤其关注的是，大众文化将其庞大的触角伸向了社会生活的方方面面，以其标新立异的运作方式销蚀和重建着民众的传统思想价值体系，以其后起勃发之生命力创造了一种新鲜的文化现实形态，以其强悍之内在精神力量改变着人们的文化心理共识、思维方式和行为习惯！

大众文化本质内涵区别于其它意义上所指的通俗文化、消费文化、商业文化等文化形态。大众文化是一种时代性的文化现象，具有明显的商业性、消费性、娱乐性、通俗性、流行性以及后现代非理性等特点。在深层意义上分析，多样化的大众文化将成为亿万人形成自己的人生观、价值观和伦理道德观的主要资源，从而体现为一种人生态度，一种认识自我和理解现实的思维方式，一幅现代人文化心态的真实写照。

大众文化在商业和市场运作机制的支配下，匆匆地在日常生活中来往，同时又以极强的威力影响和改造着我们的生活，其基本主题广泛涉及到娱乐、休闲、情感等日常生活中一系列的微观问题。“大众文化通过这些特点将我们导向了一种纯粹的游戏，一种生活的结构，一种通过游戏的感觉，通过看热闹的乐趣从根本上证实自己的生活。”②我们不能否认“作为社会文化世俗化的一种独特表现形式的大众文化，对现代化的积极效应或者说更具体的动员作用主要表现在，世俗化促进了社会价值观对于现实生活层面的关怀，唤起了不同群体对于自身物质利益的追求，激发了社会成员实现自我潜能与价值的动机”③。但我们同样不能否认大众文化在积极追求商业效益的同时，也在逐渐挑战文化对于高雅和价值的追求，搁置了生活本身应有的深刻反思性和责任感，尤其是对那些享用着快餐食品，闲逛在眼花缭乱的大型购物商场，听着通俗的流行歌曲，追逐着歌星、球星和影星，欣赏着好莱坞

① 衣俊卿著：《回归日常生活世界的文化哲学》，黑龙江人民出版社 2000 年版，第 427 页。

② 艾加德·莫兰著，阎素伟译：《社会学思考》，上海人民出版社 2001 年版，第 221 页。

③ 余潇枫：《人格跨世纪与发展中国“本土化”人格理论的思考》，《浙江大学学报》，1996 年第 3 期，第 35 页。

的商业巨片，耳濡目染各色广告宣传，听任那些应该如何去表现自我的所谓潮流和时尚宣言的新一代而言，复杂的文化环境对其生活方式、消费理念、社会化过程以及价值观念的形成都成为我们必须关注且积极应对的问题。

文化研究日益成为人们对生活于其中的社会环境进行反思的批判性活动。在文化研究中存在着这样一种默认规则和潜在逻辑：哲学社会科学领域内文化研究是主要趋向，文化研究中大众文化是重点课题，大众文化研究中后现代文化最值得关注，后现代文化研究中后现代文化心态探究最具有吸引力。也就是说，对于大众文化彰显的在个体与集体层次上的思想和心智反应以及大众文化形态中所体现出来的生存状态都是学者在文化研究中最为关注的、需要深入思考的问题。而“心理学作为人学，作为研究人的精神现象的学问，作为探讨人的心理活动与行为机制的学科门类，要想贴近生活、深入大众、直面人生、服务社会，就不能无视社会和文化变迁以及人的心态变化”①。短短二十多年的时间里，在新的社会变化、价值观念、生活方式、人际关系、行为方式、自我体验等这一切新的文化现象崭露头角并大肆流行之际，大众文化心态这一课题自然应该成为心理学的焦点。可奇怪的是，在哲学、社会学、文化学、教育学等领域，甚至普通老百姓茶余饭后都在谈论的文化变迁和心态变化现象的当下，心理学领域内却鲜有系统的研究，也没有予以足够的重视，成为心理和行为科学研究的一大漏洞！“在国内外社会心理学界，由于本世纪初以来就盛行的心理学化倾向的影响，很少有人将社会文化变迁与人格以及人的社会行为的发展变化联系起来加以考虑。”②由此可见，系统探讨现代人的文化心态课题，将成为社会心理学未来的一大中心任务！

一、大众文化研究

“大众文化”首先在法兰克福学派的论著中多次出现。法兰克福学派的文化研究为了突出大众文化所独有的商业性和消费性等本质特征，就使用“文化工业”来代替，以示与通俗文化的区别。如今，在中西方文化研究领域，大多学者还是喜欢沿用“大众文化”这个词，只是在当代的社会历史空间和背景下，大众文化所指称的内容已经发生了很多变化。如果从大众文化

① 郭本禹主编：《当代心理学的新进展》，山东教育出版社 2003 年版，第 164 页。

② 周晓虹著：《现代社会心理学——多位视野中的社会行为研究》，上海人民出版社 2000 年版，第 514 页。

的时代历程来看，其本质上是一种商业消费性文化，在当下，大众文化在形式上更加逐渐趋向于向现代流行文化发展，在精神品质上更加不断趋向于向后现代文化靠拢。

1. **大众文化的界定**

当代大众文化形态因形式多样、内容复杂、影响广泛，所以对它内涵的界定或过于狭窄，或偏于宽泛，往往显得模糊不清。但从国内外学者关于大众文化见仁见智的理解中，我们也能够发现他们对大众文化本质特征的统一认识，即对它确切的理解和界定无一例外地加注了时代的标签、内容的阐释、形式的辨析以及特点的澄清。我们认为，大众文化是一种时代性的商业性文化现象，其产生和发展与社会经济发展、科技进步紧密相关。它主要借助于报纸、杂志、广播、电视、电影、网络等现代大众传媒工具，以社会大众为目标群体，以商业消费为基本原则，以新鲜、刺激、享受、体验为宗旨，纳休闲、娱乐、日常生活等众多领域和众多问题为其文化生产范畴和题材的文化形态以及实践活动，大众文化批量制造出诸如通俗电视剧、娱乐节目、商业电影、通俗读物、流行音乐、消费广告、商品促销、选美比赛、时装表演、大型演唱会等众多文化产品。作为晚近出现的大众文化除了具有娱乐性、休闲性、复制性等特点外，更重要的是具有区别于其他文化形态的独特之处。

(1) 通俗性。大众文化产品是由少数人以商业和消费目的而创造出来的，需要把握大众真正的心理需要，通晓大众心态的变化规律，适合大众的欣赏水平，力求文化形式多样，内容通俗易懂，从而争取更多的文化产品消费者，以努力提高诸如票房收入、收视率、发行量、销售量等更大的市场份额。目前的流行歌曲和流行唱片、通俗电视剧、商业性质的演唱会、体育比赛、娱乐节目、消费广告、通俗读物、商业电影等都是典型的大众文化产品。

(2) 商业消费性。大众文化在商业性目的的支配下，努力去调动大众对于文化产品的消费积极性，引导消费趋向和消费时尚。它迎合了广大民众的欣赏品位和心理需求，辅以市场运作，使文化向商业化、大众化方向发展。显而易见的是大众文化缺少高雅文化的历史感、厚重感与责任感，而是最大限度攫取市场利益，尽可能地满足大众的休闲、娱乐和情感需求。

(3) 传播载体的科技性和多样性。大众文化产品与活动能够如此迅速地遍及城乡的角角落落并融入人们的日常生活，离不开各种传播载体的快速发展。报纸杂志、广播、电视、电影、网络等大众传媒，使各种信息渠道畅通无阻，传播速度极其迅速和便捷，形成了全方位的信息脉冲和铺天盖地的宣传网络。大众媒介的多样性、现代化、科技化以及声像传播的即时性、纪实性，为大众文化的传播和发展提供了广阔的物质平台、坚实的技术支持和自由的伸缩空间。

(4) 后现代非理性取向。后现代文化思潮中体现出来的消解中心、颠覆权威、无序零乱、肤浅浮躁、怎样都行等后现代非理性因素，与大众文化联姻产生了后现代消极文化现象，更加强调刺激、娱乐、自由、放纵等自我体验，从而导致了人与人、人与社会、人与文化等关系的异化，以及色情性感及叛逆偏离行为的普遍流行。其中掺杂的空虚、无意义等文化心态造就了这个时代大众文化中特有的后现代非理性特点。

2. 文化研究的转向

(1) 走向日常生活世界的哲学。

从 20 世纪起，哲学研究纷纷关注日常生活领域的各种实践，并对社会文化问题进行了深刻的反思。回顾科学世界建构的历史过程，人们普遍建立起科技理性能够担当起创建美好社会重任的信念。科技理性的世界观导致了人文价值关怀的式微，科技理性与人文关怀的逐渐分离，人与世界统一性的深层断裂，导致了人类作为主体对于人性、目的、意义等文化价值体系的思考与建设任务的搁置。当整个世界观都由科技理性所支配，所有关于人的价值和意义问题都被拒之门外时，由科技理性作用所引起的文化危机，从根本上说就是一场哲学的危机、一场人自身的危机。面对这种危机，二十世纪初的现代哲学逐渐出现回归现实生活世界的转向，尤其是西方社会哲学的研究视角更是直接转向了对社会、文化、人、精神等问题的求证与考量。

哲学的日常生活转向主要从文化批判的角度展开，从而加深了人们对于科学和文化价值的认识。人们对于现代理性的过分迷信最终会导致理性对人的精神的普遍统治，导致人受制于理性中，丢失主体性和批判性，导致文化价值不断让位于科技理性。狄尔泰极力倡导人文精神，胡塞尔关注日常生活世界，维特根斯坦分析了日常语言的表达，海德格尔阐述了真实生存的意义，加达默尔主张视界融合的阐释学方法，直到卡西尔建立文化哲学体系，他们都在不同的层面上充分探讨了文化和人的关系、生命的意义、人文精神的重要价值等主题。之后的哲学从多种文化角度出发，重新把文化价值问题放到了人类思考的重要位置。后现代主义者如福科、德里达等人则以后现代独特的、激进的方式解构了西方所有的价值、信念以及真理标准，质疑科学理性对世界做出的所有承诺，力图改变以往的知识观和认识观，将研究视角彻底转向人自身的文化问题和生活问题。西方马克思主义哲学家，如卢卡奇、马尔库塞、哈贝马斯、弗洛姆、列夫菲尔等人也从社会文化的角度出发对意识形态、文化危机、社会与人的异化、心理意识、性格结构、社会交往以及日常生活的种种话题展开了深入批判。二十世纪的哲学对于社会、文化、人的反思成为哲学研究中一席熠熠生辉的领地，哲学的文化转向也导致了人们对各种社会现象进行更深层次的思考。

（2）对科技理性的批判。

西方高度工业化的社会所带来的巨大变化就是人们对于工具理性的无比坚信。科技的建设功能已日益在社会发展中体现出来，科技进步所产生的各种社会客体不断侵入人们的日常生活，从而改变着整个社会的思维方式、认识方式、行为习惯和价值观念，带来了人与人、与世界和自然关系的疏离和恶化等负面效应。生存在技术世界的现代人面临着接受自己的造物之统治的历史困境和文化危机，却全然没有实现人自身的自主性以及真正的自由。对人的生存境遇的剖析成为对科技理性批判的突破口。我们知道，随着科学理性的世界观统治整个思维世界，科学主义困境和理性主义危机逐渐凸显出来。日益发展的科学世界和技术世界把人们的生活意义世界扭曲，减弱了对人性和人文价值的思考，技术理性主义的文化信念所体现出来的对世界、对自然、对人以及对各种关系的看法和态度，成为现代人面临的主要文化和精神危机。“从十九世纪下半叶起，尤其是在二十世纪上半叶，西方现代化的文化精神开始出现危机，其突出标志是技术理性与人本精神之间开始出现张力和冲突。西方世界的普遍物化和人的异化昭示出技术理性发展所导致的负面作用。”①针对现代文化的科技理性精神，西方社会思潮重新思考人们生活中出现的种种问题，哲学实现了从客体到主体、由抽象化到具体化和世俗化的转变。西方马克思主义、存在主义以及后现代主义等诸多社会学派纷纷加入到这一巨大的批判思潮运动中来。

以法兰克福学派的马尔库塞为代表的一批学者对文化的科技理性进行了批判，而且对技术理性的文化信念进行了鞭辟入里的分析。他们对科技理性批判的主题更多地集中于文化层面，揭示了工业社会条件下的意识形态、技术理性、大众文化等文化力量转化为异化力量的状况。马尔库塞指出：“在压倒的高效率和日益增长着的生活标准的双重基础上，我们的社会用技术而不是恐怖征服了社会的离心力量，从而使自己卓越超群。”②现代社会通过科学技术所提供的各种大众文化手段来达到对意识形态、价值观念和思想体系统治的目的。人们期望技术理性主义的文化信念能够使人们征服自然，也能够提升人类的主体性和自由性。然而，恰恰相反，工业社会所贯彻的科技理性思想，却造成了文化价值理性逐渐被工具理性所代替，人在

① 衣俊卿著：《回归日常生活世界的文化哲学》，黑龙江人民出版社 2000 年版，第 51 页。

② 马尔库塞著，张峰等译：《单面人》，湖南人民出版社 1988 年版，第 2 页。

受制于自己的造物中丧失了超越的冲动，从而使得整个社会陷入文化异化的状态。后现代文化思潮继续深化了对这种文化科技理性的批判，它采取彻底反叛的方式解构社会既有的理念，主张推翻一切工业社会所崇拜的现代科技理性，尤其是要颠覆人文领域体现出来的现代理性信念，强调超越一切束缚和制约文化观念的标准，否认对于抽象的终极目标和价值的追逐，提倡人类应该通过各种自由的、无拘无束的方式表达自己的内心体验，解除理性的武装，将所谓崇高的本质束之高阁。

（3）非理性思想的张扬。

作为批判现代理性的主要哲学家之一，尼采指出，人们总是对技术时代的“上帝之死”感到无动于衷，总是对信仰的追求过于麻木和愚钝，借以对科技理性的崇拜去填补上帝之神死去后精神世界暂时的信仰空白。人们由于对科技理性主义的文化信念顶礼膜拜，忘却了重新找回人的超越性和主体性。这一对理性主义的批判和对自由的追求为二十世纪非理性思想的蔓延埋下了燎原火种。在发达工业社会中理性文化模式的深刻影响下，法兰克福学派从文化批判的角度继续延伸了非理性思想。一批睿智的批判学家，如霍克海默、马尔库塞等在20世纪独特的工业社会背景下形成了一系列文化批判理论。马尔库塞对于单向度的社会和单面人的批判，深刻揭露了理性文化信念的力量和弊端。科技在给社会带来物质财富的同时，也压抑和奴役人的主动性，人的精神逐渐服从于对现存社会秩序和物质需要的满足中，丧失了批判和超越的能力。他提出“总体文化革命”的口号，以此让大众能够清醒地认识社会、文化和自身，反抗社会、秩序、文化的各种运动风起云涌，追求自由、超越、自主、批判的非理性思想迅速流行开来。存在主义则将批判的视角拉回到日常生活领域，通过对日常生活状况和生存意义的剖析，试图说明现代社会中人类所处的境遇。人类作为存在和生活的主体在科技理性统治的社会中不断丢失对于意义的追寻，对于本真生活状态的向往，不断受到他人和他物的制约和影响，不断逃避自由、推卸责任，人与人的关系不断冷漠，人与自然的关系不断恶化，人与自我的关系不断疏远。他们对社会、人生、文化的这些观点以及对未来的焦虑和悲观态度也在人们的思想中埋下了很深的非理性根基，对非理性思想的进一步张扬起到了推波助澜的作用。

如果说对现代理性主义的绝对地位进行大张旗鼓的颠覆活动始于尼采的话，那么可以肯定，直到20世纪70年代后现代哲学思想的兴起才算完成这一“重大任务”——崇高被质疑、理性被颠覆，非理性思想占据了重要位置并在哲学和文化中达到了登峰造极的地步。后现代主义哲学作为现代理性的对立面出现，以德里达等人为代表的后现代主义哲学家认为，对于现代理性所造成的一切消极后果，唯一的解决途径就是对它进行超越和反叛。他们极力主张后现代主义哲学应该以其利刃解构价值、目的、意义、崇高等一切抽象的形而上学的东西，放弃对于绝对真理的追求。“当代学者将后现代主义作为一种特别的问题加以讨论，可以看作是二十世纪三十年代以来西方马克思主义、法兰克福学派以及二十世纪六十年代以来形形色色的西方新左派对于当代资本主义批判的一个重要的继续。”①

20世纪的文化哲学研究经过文化批判和日常生活转向的历程，也正是这些文化哲学研究主题的转变，社会讨论的众多问题才逐渐集中到文化精神危机和人的自身问题上来，与社会发展形成遥相呼应的局面；也正是借助文化哲学研究的文化批判视角才使得作为社会时代产物的大众文化和文化心态成为了当代文化研究的重点攻关课题。正如英国学者费瑟斯通所言，在艺术中，与后现代主义相关的关键特征便是：艺术与日常生活之间的界限被消解了；高雅文化与大众文化之间层次分明的差异消弭了；人们沉溺于折中主义与符码混合之繁杂风格之中；赝品、东拼西凑的大杂烩、反讽充斥于市，对文化表明的“无深度”感到欢欣鼓舞；艺术生产者的原创性特征衰微；还有，仅存的一个假设：艺术不过是重复。②

3. 大众文化的发展

西方世界进入后工业社会后，人们的休闲时间增多，精神需求成为迫切要解决的问题，对文化内容多样化的要求也日益膨胀。这使得大众文化作为一种消费、娱乐、休闲文化的发展和流行成为可能。最重要的是，伴随后现代社会的发展而形成了一群在商业化和城市化的催化作用下产生的彼此联系较少，但又渴求心理认同和身份平等的大众集合体。在错综复杂的生活环境中，这些人不断在精神和心理上追求文化的消费，以寻找新的自我认同和归属感，求证新的自我身份。

(1) 现代大众传媒支持。

大众文化是以大众传媒为支持的。科技进步导致了传播工具的日趋现代化、多样化和数字化，信息传递更加迅速和畅通，为大众文化的发展提供了坚实的物质技术基础和自由的伸缩空间。原来只能在狭小范围内分享的文化产品现在可以被大量复制和再制造，扩大了文化产品的消费群体。注重传播功能的第一类媒体，如书籍、报纸、广播等，其种类、流通速度在不断

① 盛宁著：《人文困惑与反思——西方后现代主义思潮批判》，三联书店1997年版，第16页。

② 费瑟斯通著，刘精明译：《消费主义与后现代主义》，译林出版社2000年版，第11页。

加速，并进入商业化的运作程序；通信广播、电影电视的发展使得声像结合，动态真实画面再现，足不出户就通晓天下事；以多媒体、互联网为代表的第二媒介则更多地表现出双向互动、主动选择和接受的特点。信息的开放性不但开阔了人们的视野，同时也更加强了信息内容的多样化，其中掺杂有更多的非理性成分，也更偏重情感体验和间接经验的成分。

由于进入日常生活的信息符号膨胀使人们逐渐产生了对媒介及媒介信息的依赖感。大众传媒构筑的文化空间和公共领域是每一个人都无法逃脱的。从这个意义上讲，媒介就是人们感官的延伸，没有感官也就无从感受外部世界，无法获取了解世界的信息。伴随着文化传播形式的多样化，传播内容在逐渐左右着大众的日常生活话题。媒体的伟大与可怕就在于它的水滴石穿，有意无意地塑造观众的趣味、喜好、欣赏习惯、文化生活模式乃至深层心理文化结构的功能。“任何流行的情境喜剧、脱口秀、新闻节目或广告上的任何话题，无论死亡、同性恋、人工流产、脱衣舞、变性手术、政治丑闻、乱伦、强奸或高耸式的胸罩，第二天都能在学校、饭桌上或约会时被谈论到。这不仅因为现在每个人都知道这个话题，而且因为每个人都知道人人都知道这一话题，而且每个人都知道大家都知道人人都知道。实际上，如果不谈论或写这样的东西就会看起来有些怪。”①

(2) 社会精神动力的延续。

20 世纪初到 50 年代，历经两次世界大战的西方社会开始质疑科技理性能够建立一个美好社会、能够解决一切问题的许诺，处于觉醒状态的大众对社会发展产生了悲观焦虑的情绪。经济发展使人们的生活丰裕，但思想和行为越发有一种被动感和精神空虚感，技术理性文化信念开始发生危机。现代科学技术高速发展的确提供了前所未有的物质财富和高质量的物质生活条件，但并没有像人们期望的那样，同时带来人的全面的自由和解放。相反，在现代技术世界中，人因受制于自己的造物并逐渐丧失了超越的维度而陷入深刻的异化之中。在众多社会批判思潮影响下，群众和学生反抗运动风起云涌。生活在 60 年代的青年一代，不但经济生活上富足，精神上也要追求自由，这与传统保守的社会规范极不相容，由此造成青年学生对社会的种种束缚产生了不满情绪。这个时期的学生运动是一种传统文化危机的爆发，更是思想精神躁动的体现和反叛心理的彰显，它提倡个人自由主义和文化自由主义，批判以理性为基础的社会制度。

① 约书亚·梅洛维茨著，肖志军译：《消失的地域：电子媒介对社会行为的影响》，清华大学出版社 2002 年版，第 86 页。

在这场遍及西方世界的运动中有着各种各样的反叛主题：性、政治、战争、女权、种族偏见等，对社会文化进行了全面的推倒和颠覆。学生反抗运动更多体现出来的是一味的破坏、肤浅的造反、游戏般的嘲讽、放荡式的自我体验以及对传统精神的深刻质疑。它没有改变资本主义社会的发展轨迹，没有挡住资本主义社会发展的滚滚车轮，只是其影响却改变了一个时代的文化精神和几代人的心灵成长。学生运动、嬉皮士反叛以及消解一切、什么都行的消极思想给社会文化发展留下了磨灭不掉的非理性印记，也给70年代之后的大众文化注入了新的精神动力，使大众文化的形式和内容发生了重大的变化：文化越来越多地展示着大众生活本真的心理欲望与心理体验。在要求解放和张扬个性、颠覆权威的社会现实语境中，在彻底反叛的后现代思想的推波助澜作用下，社会生活中的微观敏感问题开始公开进入大众文化领域。

(3) 转型期的心理体验。

中国的社会整体转型包括了文化的变迁和民众心态变化，新的生活方式，新的人与人、人与社会、人与自然的关系，新的行为方式，新的心理体验都是大众对于社会发展和文化变迁所做出的一系列心理行为反应。中国大众文化产生的科技同步性以及科技背景与西方社会中大众文化产生的科技背景不同。而且，中国大众文化的发展具有复杂的社会现实基础，改革开放前后的社会状态为大众文化的产生和流行提供了适宜的历史土壤。中国的大众文化出现了西方早期大众文化和后现代文化两种形态的并存发展，声势毫不逊色。大众传媒的科技革命，城市化进程的飞速发展，经济文化的全球化影响，意识观念的自由开放，精神信仰的暂时缺失，心理寄托的空位和众多消极思想的乘虚而入，这一切都为大众文化的发展与流行提供了条件。复杂社会变化导致了国民文化心态的迅速转型。社会的发展变化着实让上一代人真切感受到了心理体验上的巨大反差与冲击，也确实影响了下一代人的心理成长。公认的家庭婚姻观、社会责任观、价值思想观、人生处世观等逐渐被破坏、颠覆并加以重新建构。人们越来越关注生活的享受、生活方式的选择、自我的体验、精神的自由等。“九十年代中国人的精神生活是越来越粗鄙化了，除了金钱和时尚，别的都没有兴趣，不读诗歌，不习惯沉思，稍微抽象一点的东西就看不明白，甚至迎面遇上美妙的事物，都毫无感觉——这种精神和心理状态，在今天的社会中非常普遍。”[1]社会的发展见证了这种深刻的心理解放和心态变化。纵观大众文化的迅速流行，感受文化

① 韩少功、蒋子丹主编：《失控与无名的文化现实》，云南人民出版社2003年版，第45页。

现象的千姿百态，无不从多个层面反映出大众生活的丰富多彩，映照出大众心态的种种变迁。可以说，大众心理的解放在一定程度上也是对社会转型的一种深层呼应，大众心态的变迁也是一个与社会转型和文化变迁同步发展的过程。

(4) 大众文化的变迁。

20 世纪 30 年代，伴随着西方社会工业化的进程，市场运作和商业化的原则逐渐侵占了各个领域，文化也不例外。在商业利益的诱惑下出现了典型的文化工业。这种运用工业程序批量复制出来的文化产品，发挥着一种娱乐大众的功能，不断地侵蚀高雅文化的神圣地位，使高雅文化的精神品格曲高和寡，真善美的光环黯然失色。法兰克福学派首先对这种以商业消费为目的文化工业本质展开批判。著名的法兰克福学派的代表人物霍克海默、阿多诺在其名著《启蒙辩证法》一书中指出，生产领域中广为人知的商品逻辑和工具理性，在消费领域同样引人注目。闲暇消费、艺术作品与一般意义上的文化，为文化工业所过滤；随着文化的高雅目标与价值屈从于生产过程与市场的逻辑，交换价值开始主宰人们对文化的接受。高雅文化所奋力追求的最佳产物，如家庭与私人生活的传统结合形式、幸福与满足的允诺、对完全不同的他者的渴望等，让位于孤立的、受人操纵的大众。而正是这样的大众，参与着具有最低共同点的可替代性的大众文化。[①] 他们认为大众文化实质上是一种具有浓重政治意识形态的文化，一种旨在引导人们趋向于服从社会统治、满足于社会制度的文化，其中隐藏着统治阶级对大众思想统治的权利和压迫的秘密。其次，他们不满于大众文化的科技理性色彩，认为文化一旦进入市场资本、商业消费以及工业化的运作领域，必然会失去应有的反思性和责任性，必然会走向歧途，造成社会危机、文化精神危机和大众心理危机。

以 20 世纪 70 年代为转折点，大众文化进入一个新的发展阶段。这是大众文化发展最具特色的时期，涉及到日常生活中各种各样的主题，而不单纯局限于休闲娱乐和产业领域。西方社会基本进入后现代社会，城市变成彻底的商业消费和娱乐休闲中心，五六十年代频频发生的工人和学生运动有所沉寂。这个时期的大众文化一方面借助高科技传播媒介的功能，进一步凸显了文化的商业性、消费性、通俗性和复制性等早期大众文化的特点；另一方面又继承了社会群众运动之后的种种非理性的后现代思想，在众多社会思潮余温的推波助澜下，开始公开地拿着许多日常生活之琐碎、敏感的

① 费瑟斯通著，刘精明译：《消费主义与后现代主义》，译林出版社 2000 年版，第 20 页。

问题做文章，文化关注的疆域变得日益无所顾忌，文化表现形式逐渐变得开放多样，文化精神实质日趋非理性化，继而使文化出现了消解性、体验性等典型的后现代思想的特质。大众文化与后现代精神相互结合，其生命力因后现代思想的注入变得更加强劲。

大众文化在中国出现并渐次盛行只有短短二十几年的历程。从 80 年代的改革开放到 90 年代市场经济体制的初步建立和逐渐完善，大众文化的性质和功能发生了不少变化。总体上看，80 年代是文化启蒙、冒险、思考、开放、欣赏和矛盾的年代，也是大众文化开始萌芽发展的时期。尤其是广大群众刚刚从盲目、封闭、守旧和传统的束缚中挣脱出来，从"文化大革命"的政治意识崇拜中独立出来，对于新鲜文化的接触是一个冒险、刺激而又痛苦的挣扎过程。虽然大众对此时刚刚出现的大众文化（主要指港台的流行歌曲、服装打扮以及一些零碎的价值观念）表现出双手欢迎的姿态，其实随之出现的是内心更多的冲突、矛盾以及与传统价值体系认同断裂的焦虑。90 年代社会经济飞速发展，商业机制不断完善，大众传媒普遍流行，经过价值观念转变的剧烈阵痛之后，大众文化逐渐占领了社会文化的主要阵地，名正言顺、毫无掩盖、突兀地显示了对自由、狂欢、崇拜和享受精神的追求。20 世纪末，多样化的大众文化产品蜂拥上市，除了休闲娱乐文化产品之外，整个社会生活领域都被纳入到大众文化的产业范畴。当今中国的大众文化越来越多地体现出更多西方大众文化的典型痕迹，文化日趋商业化、文化符号图像泛滥、表现手法拼贴复制、文化精神自由开放，后现代思想暴露得一览无余。

二、后现代大众文化心态分析

近几年来，对于社会心态的研究日益增多。从对大众文化的探讨转向大众文化心态的探讨是一个必然的过程。对于处于大众文化背景中的广大社会民众而言，其不但接受大众文化的种种影响，同时也表现出对于大众文化再生产的主动推动作用。从这一点上讲，我们更需要了解与社会文化形态发展密切相关的社会文化心态。社会文化心态在内涵和外延上都具有比较模糊的界限。虽然它在很多社会科学领域都有相关的研究，但是在心理学领域内对它的研究近几年才逐渐增多起来的。大家逐渐意识到在心理学领域内研究社会文化心态具有非常重要的意义。所以，在这里我们主要探讨心理学，准确地讲是社会心理学视角下的社会文化心态，主要涉及到目前社会文化心态的表现和特点、当代社会文化心态的发展变化以及社会文化心态变迁的影响因素等问题。

有的学者指出，“社会心态”这个概念频繁地出现于报纸杂志，其涵义可谓见仁见智。概括起来讲主要有三种：一是指社会心理状态，即一定条件下社会群体主观上的情绪、情感、态度等心理状态；二是指社会心境状态，即审美主体的心理和情境状态；三是指社会心理和社会意识形式相互渗透、有机结合而成的状态结构，是以整体面貌存在和流行于社会成员之中，内化为社会主体的精神结构的心智状态。我们是在第三种意义上使用“社会心态”这一概念的。我们所说的社会心态，就界定而言，是指社会主体活动的现实的心智状态。其在内容上包括心理取向、社会理智和精神支柱；从本质上讲，它是社会存在的运动变化规律在社会主体中的精神内化，是社会实践和精神环境交互作用的结果，同时也是个人心态的融汇；在特征上，它不仅具有理性因素非理性化和中介性，而且具有整体性、转换性、动态性、倾向性、两极摇摆性以及自我调节性。① 我们认为，对于社会心态的界定确实是一项复杂的任务和工程，这一定义比较全面地概括了社会心态所包含的内容。社会心态由于不同于以往心理学研究的其他心理现象而表现出广、泛、大、杂等特点，同时还有较强的群体性、公共性倾向，我们试图在较为宽泛的层次上对当今社会文化心态进行分析。

从文化社会学和社会心理学的视角来看，社会文化心态是指反映特定文化境域且具有自发性质的社会文化心理氛围，指社会倾向性强烈且具有公众特征的文化行为意向及社会心理动态形式。具体来讲，“文化心态即文化心理状态，是社会成员普遍具有的心理状态，它属于社会意识范畴，是对社会存在的反映。文化心态直接与日常生活相联系，表现为感情、习惯、成见、信念、观念等形式”。② 当今学术研究主要关注大众文化心态的变迁问题，而我国社会的整体转型引起社会文化心态的嬗变机制是多重因素的复合体，社会文化环境以及信息传播氛围的急速演变都是构成社会文化心态变迁的主要因素。

1. 后现代大众文化生活体验

(1) 生活方式的多样化。

对于当今社会的文化特色可以用短暂性、新奇性、多样性加以简单地概括。随着生活节奏明显加快，变化随时随地发生。著名的社会学家托夫勒曾在其名著《未来的冲击》中指出，“永久性的感觉”消失了，人与物、人与地

① 龙宣萍：《论研究社会心态问题的意义与方法》，《贵州大学学报》（社会科学版），2000 年第 4 期，第 56 页。

② 刘英杰等：《市场经济与文化心态转型》，《学习与探索》，1997 年第 2 期，第 36 页。

点、人与人、人与组织、人与信息的关系变得短暂；社会文化空间的开放为大众生活提供了更多新奇的观念和事物。当下，我们正在经历着一个变动不居的社会，以至于必须不断调节自己的身体、行为和观念来适应生活方式的变化。深深地置于社会变化之中，暴露在面前的是越来越多的思想观点、价值理念以及他人的生活方式。由于大众文化信息的多样性和爆炸性增长，可以自由选择的生活方式样本日益暴涨，多样化本身已成为一种生活方式。人们在生理上和心理上承受着过多信息选择和决策的压力。

生活方式多样化首先体现在交通工具的发展方面，这在一定程度上改变了人们对于时间概念和空间距离的理解，使得人们从封闭传统的生活空间步入多元的文化场域。另外，大众媒体从广播、电视、移动电话、通信卫星到互联网，使远方世界发生的事情如同近在眼前，千里之外的朋友就像坐在身边，还能够了解多样化的生活信息。现代化生活设施和大众媒体的发展从根本上改变了人们的生活、学习、工作和交际方式，如果生活中离开了它们，便会产生隔离感、焦虑感、孤独感和无所适从感。最后，生活方式多样化还体现在生活观念从传统、僵硬、封闭、单一向现代、自主、开放、多样的整体转变。人们能够较快接受并主动尝试一些新的生活方式，能够欣然地从不同角度思考生活的价值。处于后现代社会，人际关系的本质特征有所改变：变得越来越破碎、零散、肤浅、急功近利、带有游戏的色彩。鲍曼指出，神经质的、无节制的、任意的、无序的、混乱的、强制性的后现代文化焦虑及其一系列惊人的风尚和怪癖、昙花一现的欲望、短暂的希望、被更可怕的恐惧取代的令人恐惧的忧虑，导致人产生了不断增长的对新的、尚未验证的发泄途径的要求。① 在他看来，后现代城市是快乐和危险、机会和威胁并存的场所，并造成了人的双重人格。他有两副面孔，一副是有诱惑力的，因为它是将要到来的神秘的、诱人的、充满希望的快乐，而又不要求任何忠诚的誓言，这幅充满无穷机会的面孔，有着未尝试过的快乐和永远崭新的奇遇。另一副面孔也是神秘的——但它浑身写满了凶恶的、威胁的、恐吓的谜，两副面孔都半隐半现。②

层出不穷的生活方式体现了个体的生活态度和价值取向。首先，生活方式体现了一定的生活态度，即个体需求、心理倾向、价值观念和各种具体看法等心理因素在生活行为中的表现。人们的生活方式并不是僵硬的，而是在社会发展和文化的变化过程中不断演化的。人们不断抛弃某些旧的思

① 鲍曼著，郁建兴等译：《生活在碎片之中——论后现代道德》，学林出版社 2002 年版，第 132 页。
② 鲍曼著，郁建兴等译：《生活在碎片之中——论后现代道德》，学林出版社 2002 年版，第 155 页。

想观念和价值追求，接受新的主张和观点，并改变着自己的心理需求和心理意向，进而使得行为表现总是体现着一定的心理认知和心理反应，对于新的文化生活态度和社会行为的接受改变着人的生活方式。其次，生活态度和价值取向又在一定程度上影响着生活方式，社会经济和文化的快速发展推动了人的价值观改变，即个体的价值目标和生活取向。个体对生活方式选择的能动性和目的性都必须符合文化的发展趋势，从而影响着生活方式的建立和选择。

在当今文化环境中，大众文化产品的众多制造者不但是大众生活态度和生活价值观取向的指引者，也是为大众选择什么样的生活方式、娱乐方式、工作方式潜在定调子的人。大众文化产品宣传中展现出来的是对多样性生活方式的创造和肯定，极力奉献的是连篇累牍的生活理念。生活态度和价值观念的开放性增加了生活方式的多样化选择。人们在面对可供自由选择的行为方式、穿着打扮、娱乐休闲，选择之难不是以算数级数而是以几何级数计算的。“我们最容易受新亚文化群信息的影响，喊得震天价响的正反两方面的主张，劈头盖脸地向我们袭来。我们时而倾向这边，时而倾向那边。实力强大的新朋友，新风尚或新想法，新的政治运动，报纸、广播、电视捧出来的英雄，凡此种种，无不以雷霆万钧之力袭来。我们变得更没有主见，更无把握，更愿听凭某人或某种组织的摆布，说啥做啥。”①

(2) 消费文化的心理化。

大众文化宣扬文化消费理念，任何形式的大众文化产品都是在商业利益和消费目的的驱动下完成制作的。很多研究者认为，当今社会的消费文化是一种“力比多”消费，一种欲望消费。以追求快乐和享受的愿望为基点，消费日趋心理体验化。休闲娱乐以及日常生活的众多方面加盟进大众文化经济化的行列，体现出明显的文化消费性趋向。从社会心理的深层分析来看，消费是社会个体与群体中行为以及自我的一面镜子，它表明了品味、志趣、文化水平、心理追求的不同层次，更是一种文化心态的体现与张扬。

人们往往会进行“自我—他人比较”的反省，特别是拿那些最为普遍拥有的方面来比较，极力去维持或者保持一种积极肯定的自我形象。② 人只有将自己置于社会背景之中，通过将自身与别人进行比较来确立自己的价值。人们对于自己的能力、性格、心理状态的评价，以及对人、对事所持有的看法

① 托夫勒著，孟广钧等译：《未来的冲击》，新华出版社 1996 年版，第 267 页。

② Broemer, P. & Diehl, M. (2004). Evaluative contrast in social comparison: the role of distinct and shared features of the self and comparison others. *European Journal of Social Psychology*, Vol. 34, No. 1, pp. 25～38.

常常是不确定的。人们要想在这些方面做出正确的判断必须通过社会比较来实现，只有找到了一个参照系并确立自己在其中的位置，才能实现自我认识和自我评价，一个人对自身状态的不确定感越强烈，进行社会比较的需要就越强烈。所以，为了在多样化的文化信息中确定自己在社会群体中的位置，确保社会比较时自我的优胜地位，人们很容易听信各种大众文化宣传，比如什么是性感靓丽、如何实现享受快乐的愿望、怎样才算美好生活的标准、何为成功人士的象征。大众消费从某种意义上强调心理化、情感化的认同，注重欲望满足和生活享受。传统的消费方式、消费内容、消费结构以及青年一代的消费理念都发生了改变。以大众传媒为载体的文化性消费构筑了新型生活方式的重要参照标准，赋予商品一定的文化和心理意义，潜在地表达出一种生活的价值观和志趣取向，张扬着新的生活消费方式，引导着消费选择的方向。文化意义上的消费现象让人们逐渐变得跟随变化、追求时尚，而且心怀莫名的担忧、暴躁、焦虑、不安、敏感而又脆弱。

社会心理学家提倡使用社会性认同的研究范式来研究消费者的自我，将自我概念用于以社会性认同为基础的消费行为研究中。① 弗洛姆也指出，当代消费活动和消费产品被赋予消费物品使用价值以外的符号意义，给人们一种"自我实现"的感觉，力求从消费中获得一种认同感，获得对某种物品和地位的一种占有感。通过商品品牌、广告宣传代表的文化意义，消费活动本身逐渐成为一种无言的标准，可以自由地从消费活动中实现自我对生活需求的满足，并依此找寻自我与某一群体的归属感和认同感。另外，从社会学角度看，消费、广告、时尚等符号表征着一定的社会意义。鲍德里亚认为现代社会正在从物的消费转向符号的消费。他指出，意义消费、心理消费已成为一种必然的文化消费现象。后现代大众文化是某种程度上的幻象文化，真实退场，符号泛滥。不管是广告宣传还是时尚流行，都在一定程度上力求消费符号的意义实现。消费本身就是在用符号表达一种不可逾越的身份和地位象征，继而影响了人们的心理认同建构。他还指出，当代消费行为是一种积极的建立关系的方式，人与物品、集体、世界之间的关系，甚至整体文化体系的建立都离不开意义性的消费活动。

（3）社会行为情境的重新组合。

大众传媒的发展导致了人们获取信息的方式以及人际交往模式的变化，从而改变了人们的行为习惯和思维方式。麦克卢汉认为大众媒介是人

① ReedII, A., McCann, D., Sato, T. (2002). Social identity as a useful perspective for self-concept-based consumer research. *Psychology and Marketing*, Vol. 19, No. 3, pp. 235～266.

们感受和接触世界的感官延伸，传播媒介的变化是引起人们行为在电子社会中种种改变的中间环节。但是他并没有指出电子媒介如何引起了广泛的行为变化。梅罗维茨从大众媒介的发展和多样化的传播形式入手，结合戈夫曼的社会表演理论和麦克卢汉的媒介理论分析了媒介、场景和行为之间的关系，探讨了媒介何以能够改变人们的行为。他认为，引起人们行为变化的不是传播内容或媒介信息，而是大众媒介重组了生活环境和行为环境，形成了认识和评价社会行为的规范和标准，新的行为环境、行为认识、行为评价和行为规则的出现导致了人们之传统行为习惯的改变。同时，大众媒介的多样性和科技性也导致了曾经是社会后台的、私人的、隐秘的事件能够公开展现在更多人以及社会面前，公开和隐秘、秩序和禁忌的界限逐渐变得模糊，必然会引起人们社会行为的相应变化。

首先，大众传媒的发展导致了生活空间和行为情境的重组，形成了共享信息环境，确实导致了人们在行为选择上的公共意识。尽管这并不完全表明会导致所有个体行为和态度的一致性，但是人们对服装、发式、讲话模式、职业和生活方式的一般选择不再像过去那样与传统的群体相联系。大众传媒对于社会场景的重组和改变，打破了传统封闭式、简单式的行为界限，并且常常会演化生成具有统一新规则和角色的新场景，重新创造了适合社会行为的标准，导致了人们对众多行为的新认知和新评价。

其次，大众媒介将不同行为情境重组的结果就是让人们更加了解自己以前不清楚的许多行为和观念，让人们不断改变自己的行为方式和行为习惯。日常生活中诸如家庭、婚姻、性、隐私等社会后台的私人性、敏感性的主题如今能够毫不遮掩地出现在各种讨论中。原先那些不为人知的事情如今可以为大众了解，原本不被大众接受的观念如今能够得以公开表现，原先在私人空间发生的行为如今也可以名正言顺地进入大众的行为范畴之内。人们的穿着打扮、言语行为、价值观念在社会开放的环境中没有了什么严格的限制。在这种社会文化背景中生活的人们，面对这些新变化自然要调整自己的行为。对于青少年而言，许多事情已经不再是什么秘密，许多行为已经变得合理。大众文化借助于大众传媒重新给社会行为搭建了一个舞台，这个舞台是流动的、开放的、可变的、公共的。传播媒介消除了众多思想和私人问题不能讨论的禁忌，行为情境没有了真实的屏障阻碍，最终造成文化道德阵地的混乱和失守。

(4) 新型交往方式的出现。

大众传媒和大众文化的发展构造了多样化的生活场景。时空感、真实感的变化在一定程度上改变了社会交往的形式、内容和强度，造成了人际交往观念的变化。随着大众媒介的发展，人际交往的范围在不断扩展，人际关系的类型日趋多样性。以往的人际关系大都是封闭的，受制于距离的远近，情感一旦建立就会稳定而少有变化。现代生活则变成了一个社会关系的海洋，除了传统的日常生活关系之外，人们与更多类型的人建立了更多不同种类的关系。人们涉及的人际关系的数量、种类、联系的频率、关系的强度、流动性都在变化。[①] 现在人际关系更新的节奏逐渐在变快，以前需要几个月甚至几年建立的人际关系，如今已经缩短至几周或几天来发展，人际关系可以在短时间内让人异常兴奋而很快又会变得乏味疲倦。[②] 另外，关系的电子性扩张造成了关系领域和关系内容的改变。成人和孩子、男性和女性、群体、民族、国家之间明确的文化界限消失；同时电子人际关系还修改了旧的人际关系模式，消除了面对面交流的可视信息，增强了对交往对象的无限想象：另一端的"它"温柔可爱还是冷酷无情，英俊潇洒还是丑陋无比。[③]

现代社会的人际交往一般分为正常的面对面交往和以传媒为中介的交流。[④] 人际交往通常会受制于信息传递过程中众多因素的影响，比如空间距离以及是否具有中间媒介，交往双方是否熟悉等。由于传媒的无孔不入以及大众文化信息的爆炸，进入大众生活的人远远多于以前人们一生中认识的人。多数人际关系向短暂性方向发展，现代社会出现了一种新的人际交往模式。那些经常出没于电视、网络、广播和杂志中的"明星人物"成了人们最为熟悉的朋友和生活中的重要他人。[⑤] 我们可以用"准社会交往"(Parasocial Interaction)来描述现代社会中人们之间出现的这种新型的人际交往关系，一种非给予的、投入性的、非相互性的、不平等的关系。这种关系虽然是有中介的，但是它在心理上类似于面对面的交往，具有明显的认知成分(认识和了解交往对象)、动作成分(为了解和追逐交往对象的行为表现)和情感成分(对交往对象产生的积极或消极情绪、爱和恨、满意和不满意等)。其中，最为明显的事实就是"电视让人们产生了爱，产生了友谊，电视可以让

① Gergen, K. J. (1991). *The Social Self: Dilemmas of Identity in Contemporary Life*. America: Basicbooks, p. 61.

② Gergen, K. J. (1991). *The Social Self: Dilemmas of Identity in Contemporary Life*. America: Basicbooks, p. 62.

③ Gergen, K. J. (1991). *The Social Self: Dilemmas of Identity in Contemporary Life*. America: Basicbooks, p. 64.

④ Sassenberg, K., Boos, M., Rabung, S. (2005). Self-awareness as mediator and moderator. *European Journal of Social Psychology*, Vol. 35, No. 3, pp. 361～374.

⑤ Gergen, K. J. (1991). *The Social Self: Dilemmas of Identity in Contemporary Life*. America: Basicbooks, p. 56.

远在天边的变成近在咫尺的，使陌路人变得近如朋友”[1]。观众开始感到他们认识在电视上遇到的人。大众传媒和大众文化的宣传把现实的人加以放大，突出其形象性，在千百万没有亲自和他们见过面、谈过话、端详过他们的人的心目中留下了深刻的印象。准社会交往与正常的人际交往之间的主要区别在于：“我们可能觉得我们知道了该名人的生活隐私，他早餐吃什么，喜爱的颜色是什么，以及他的整个生活史，但是对于他来说我们只是茫茫人海中的一个陌生人。”[2]人们可以在电影、电视、传记、杂志等媒介上了解这些名人，而且媒体也会提供这些名人的生活资料。人们对名人要比对邻居熟悉得多，媒介人物已经走进日常生活，成为某个生活阶段人们最熟悉的陌生人。[3] 用斯坦纳的话来说，后现代大众文化已经变成了某种“宇宙夜总会”，在那里每一件事物都是为了“最大影响，快速过时”的目的：就最大影响而言，由于人们不断受到震撼的想象力已经厌倦，因此要引起最大影响就需要更强有力的震撼，每一个比先前那一个更震撼人心；就快速过时而言，由于注意力容量有限，因此必须制造空间以吸收新的名流、流行方式、弱点和“问题”。[4]

研究表明，准社会关系可以分为三个层次。第一个水平是了解阶段。对于那些从未谋面的人，通过与朋友、邻居以及通过传媒的使用，我们感觉自己了解他们，甚至有些时候传媒人物的某些侧面会在我们的行为中有所表现。第二个水平是满足。我们通过与屏幕人物进行交往获得心理上的认同和个人身份。我们可以从生活中来寻找自己的影子，通过他们的行为来理解自己的生活方式。第三个水平是依恋。当这些屏幕人物没有出现或者出现不测，我们会随之出现不安和焦虑，感觉生活中缺少了一位比较熟悉的朋友，我们比较关心和猜测这位朋友怎么了。英国王妃戴安娜死亡时，有人就言称：“我过去没有认识到她对我意味着什么，直到现在我才认识到，她不仅是一张照片，她更是一位朋友”，“我从未跟戴安娜见过面，甚至没有亲眼看见过她，但我感觉我认识她”。准社会交往的单面性和遥亲感的特点给个体造成的心理冲击就在于，单方面的信息传递更容易造成事实的歪曲和夸大。一旦形成依恋感，这些人物形象就会无限制地放大，自我对于交往对象信息的选择和加工就不容易改变，造成个体对这些人物的无限想象以及心

---

① 艾加德·莫兰著，阎素伟译：《社会学思考》，上海人民出版社 2001 年版，第 228 页。

② 方建移、张芹著：《传媒心理学》，浙江大学出版社 2004 年版，第 80 页。

③ Gergen，K. J.（1991）. *The Social Self*：*Dilemmas of Identity in Contemporary Life*. America：Basicbooks，p. 56.

④ 鲍曼著，郁建兴等译：《生活在碎片之中——论后现代道德》，学林出版社 2002 年版，第 310 页。

理和行为上的盲目认同。

具有明显准社会交往行为和准社会关系的要数青少年一代。越来越多的青少年在准社会交往的三个层次上与影视和体育明星等公众名人建立起准交往关系。他们比较了解和关心这些准社会交往对象，满足于谈论他们的生活和行为，为之动情，为之投入，甚至还会与之形成强烈的依恋倾向，建立相当痴迷的情感关系。青少年准社会交往对象的选择大都受到大众传媒以及大众文化宣传的左右。经过包装的影视和体育明星带有商业性和消费性色彩，而非真正意义上的文化偶像。但正是这些经常与青少年谋面的时尚明星在影响和牵动着新一代的心灵成长，成为青少年为之倾倒的准交往对象，成为他们生活中最熟悉和最喜欢的朋友。

2. 个体层面上的后现代文化心态

(1) 关注身体自我。

自我是一个独特的、持久的、同一身份的我。身体自我作为自我系统中最早发展起来的部分，是个人对自己身体方面的看法，是整体自我概念中一个基础而重要的部分。身体自我与整个自我紧密地联系在一起，在整个自我中起着整合的作用，它被看成是消费和交流的主体，使个体和研究者越来越难以忽略它的社会意义。具体来讲，身体自我是指社会个体对其身体的认知和评价，是个体自我意识中最早萌发的部分。身体自我涉及个体对自己的相貌、体格、体能等的看法和评价，是多维度、多层次的，并且随着个体年龄的增长而显示出不同的特点。同时，身体自我是一个社会的个体对其身体的认知和评价，是受社会文化的支配和重要他人评价影响的。福克斯(1989)等人的研究表明，一般意义的身体自我价值感由四个维度组成，分别是运动能力知觉、身体状况、身体吸引力和力量。[①] 马斯(1994)将多维度自我概念模型应用到身体自我概念的研究中，得出身体自我概念的九个成分，分别是力量、胖瘦、活动性、耐力、运动能力、协调性、健康、相貌、柔韧性。[②]身体自我带有很强的社会意义，自我的发展是社会适应的结果。一个人必须从他人眼中看自己，自我只有在与他人自我的关系中存在。

个体自我认知的变化主要体现在人们对于身体自我的日益关注。大众文化总是宣扬着如何建构自我形象的暗示性线索。随着各种文化场景的多

① Fox, K. R., Corbin, C. B. (1989). The Psychology Self-Perception Profile: Development and Preliminary validation. *Journal of sport and Exercise Psychology*, pp. 408～430.

② Marsh, H. W., Redmayne, R. S. (1994). A multidimensional physical self-concept and its relation to multiple components of physical fitness. *Journal of Sport and Exercise Psychology*, pp. 45～55.

样化和复杂化，人们越来越重视身体自我的表现。听取各种健康讲座，信奉各种保健广告，关注各种商家宣传，欣赏社会普遍认同的“美”的标准。身体自我在随着时代大众文化的宣传更新它的内涵，成为一种自我心理状态的表现渠道。选美、减肥、整形、美容、健身、饮食都成为新一代人追求的时尚目标，也是他们关注身体自我的方式。个体对自己身体各方面，如相貌、运动能力、身材等是否满意的程度属于对身体自我的情感层面，与自我价值感具有明显的相关。在“美女效应”愈演愈热的今天，大多数的女性倾向于依照杂志塑造的权威和广告宣传来理解女性概念，她们很容易受到蜂拥而至的媒体造势的影响。尤其是青年女性，面对着“美女效应”和真真假假的“美女”，既有精神上的压力又面临着形形色色的诱惑和诱导。在正统价值观和流行价值观的夹击下，她们面临着深深的困惑和迷惘。① 其次，青少年群体也是重要的受影响群体之一，他们对自己身体的认知、评价和满意程度逐渐追随媒体宣传的标准，穿着打扮、发型、体态举止、胖瘦方面更倾向于屈从于大众文化的舆论导向。

关注身体自我会导致身份自我的多样化发展。人们通过言行举止、穿着打扮以及心理认同来定位自己在不同群体中的位置和应该扮演的角色。吉登斯详细地分析了现代文化对自我的影响后指出，大众文化改变了我们生活的实质，也改变了我们经历中最为个人化的那些方面。身份需要通过文化的解释来获取意义，也就是通过着装的方式、欣赏的文艺作品、生活方式的选择向别人或者自己来展示希望变成什么样的人。文化主题体现出了我们如何理解现实、如何理解自我的方式，而不是对现实本身的强调。

(2) 多重自我形象。

社会建构论心理学认为，自我是基于社会与个体之间的互动，并依存各种关系建构的。由于人际关系的丰富性、文化形式的多变性以及沟通方式的多样性，自我建构出现了新的特点：一方面自我可能会更多、更深、更全面地得到张扬；另一方面自我的内涵不断得到充实，多重自我形象出现。②

多样化的交往方式构建出一个空前巨大的网络化群体，极大地拓展了个体的交往范围，形成内涵更加丰富的自我。自我的形成有诸多影响因素，其中社会交往互动是最重要的因素之一。个体除了通过自己的对象化活动认识自己以外，还要在与别人的交往中，在认识他人的过程中反观和建构自

① Monro, F., Huon, G. (2005). Media-portrayed idealized images, body shame, and appearance anxiety. *International Journal of Eating Disorders*, Vol. 38, No. 1, pp. 85～90.

② Gergen, K. J. (1991). *The Social Self: Dilemmas of Identity in Contemporary Life*. America: Basicbooks, pp. 49～68.

己。另外，多样化的交往方式使个体接触到不同的文化传统、价值观和行为规范的评价，扩大和提高了个体的社会认定范围和程度，个体之间的同质性减少，异质性增强，使自我更具包容性。自我的形成需要社会认定，个体参与到社会生活之中，得到社会的接纳和承认。

自我的内容是高度变化的，而且是伴随情境变化而变化的。① 人们与社会文化环境不断交融，威胁着个体自我的独立性。我们自身不论在行为还是思想上都开始反映出环境中的众多特征。个体自我意识逐渐从稳定的自我向多边自我的取向发展。由于文化信息的饱和以及社会关系的饱和而生成的“植入式”自我身份日益突出，也就是说自我形象在强大而多样的文化场景中变成了他者真实的反应，自我更多地体现出他者的重要特征。“植入式自我”的不断发展必然带来的副产品就是内心的不充实感，因为自我越来越多地将其他人的某些特征融入自身并予以表现，自我拥有他人属性的范围普遍扩大，不断接受来自他人的自我评价标准。在一系列评价自我的新标准面前变得手足无措、焦虑不安。文化多样性传递给我们太多“应该怎样”的信息和源源不断的评价标准，以至于回顾审视自己的时候，才发现现在的自己与应该成为的自己之间存在着巨大的差异。②

自我关系建构的过程中也暴露出后现代社会中不可回避的后现代非理性文化心态，即注重收集自我体验，强调心理感受，从而导致了自我反思性的缺失。③ 虽然大众文化从某种程度上解放了人们的思维和想象能力，促进了人们深层次地反思诸多日常生活中的微观和敏感问题，比如性、家庭、职业、责任、道德、信念等。但这些领域一旦改变，或者变成公共的话题，就会造成思想和行为疆界的无限开放以及自由的普遍宣扬，造成行为和思想两者之间难以弥合的鸿沟。尤其在消极后现代非理性思想的影响下，文化更加注重自我体验、自我解放和个性自由。当思想和行为失去固定的标准，当“自我愉悦”被奉为鉴定文化功能的标准时，体验最终会如洪水般支配自我。

饱和的文化信息留给自我的是狭小的思维批判空间，这在一定程度上造成了自我反思功能的失调，并在某种意义上剥夺了人们对于许多人生现象更深层次的反思和接受。人们似乎已经习惯于各种各样的广告宣传、媒

---

① Onorato, R. S., Turner, J. C. (2004). Fluidity in the self-concept: the shift from personal to social identity. *European Journal of Social Psychology*, Vol. 34, No. 3, pp. 257～278.

② Gergen, K. J. (1991). *The Social Self: Dilemmas of Identity in Contemporary Life*. America: Basicbooks, pp. 54～68.

③ Gergen, K. J. (1991). *The Social Self: Dilemmas of Identity in Contemporary Life*. America: Basicbooks, pp. 74～79.

体报道，习惯于接受事实的陈述和间接的替代性经验，那些被别人“咀嚼”后的经验成为人们建构自我和是非评价的参照标准，而自我的反思能力却日渐降低甚至于缺失。大众文化形态体现更多的是建议多于描述，夸张多于真实，评论多于事实，我们的思想就会处于一种被侵蚀和支配的危险境地，在看似自由思考的表面下却在接受无法逃避的舆论宣传影响。大众传媒普遍化的今天，经常引为经典的是电视上是这么说的，报纸上是这么写的，歌里是这么唱的，戏里是这么演的，广告上是这么宣传的，网络上是这么讨论的。而我们自己是怎么想的呢？我们不知道。反思性建构自我的机会变得越来越少，都是在遵循“公众声音”、“匿名权威”或者“媒介宣传”的建议。

3. 群体层面上的文化心态变迁

(1) 代际差异。

个体社会化过程是否顺利决定了个体能否更好地适应社会生活，社会化过程是个体心理成长的重要组成部分。新精神分析学派与社会学习理论分别从不同的角度阐述了社会文化和生活环境对个体社会化产生的重要影响。艾里克森认为，人格的发展主要是自我作用和社会文化的结果，人格发展的每一个阶段都离不开社会文化的影响。班杜拉则试图利用实验的证明提出了更具有说服力的榜样学习理论，再次强调了社会文化对个体思想态度和行为习得的社会化过程所产生的重要影响。当今大众文化环境的普遍流行，使得我们重新思考个体社会化过程中的文化参变量。

时代在发展，观念在更新，不同年龄阶段的人们接受文化不同方面的熏陶，不断更新自己的社会化内容，调整自己的社会化进程。从传统社会向现代社会的过渡时期，人的社会化会发生许多变化。社会化的背景从孤立走向开放，社会化内容从简单走向复杂，社会化的途径从单一走向多元。社会文化的转型不但给青少年个体社会化创造了条件，也带来了困难，而新近出现的多样化文化式样也使得上一代人的各种生活观念经历着明显的再社会化。

一个社会的结构越复杂，层次越多，社会发展与变化速度越快，正在进行的社会化过程也就越纷繁多样。个体一生中所经历的社会化有不同的类型，主要表现为早期社会化、发展社会化、反向社会化、再社会化等。对于青少年而言，主要进行的是发展社会化，即个体产生新的期待、承担新的任务、扮演新的角色等，以便能够比较顺利地进入社会，并能够轻松地与群体融在一起的过程。而对于两代人而言，主要产生的是反向社会化现象，即青年一代将更多新的社会文化知识与信息传递给年长一代。现代社会中这种现象尤为突出，因为文化环境的开放使得青少年接受更多的信息，不断淘汰旧的知识观和价值观，成年人的再社会化内容在很大程度上受到青年文化的影响，比如生活方式、信念、价值取向等。相比来讲，由于上一代人成长时代的特殊性，在面对当代大众文化现象时，往往会出现较多的思想观念冲突，有时甚至产生心理上的焦虑，过去的文化理念仍然在很大程度上对其人格建构的众多方面起到重要的作用，而成长在新时代的年轻一代大多不会经历类似的心理焦虑。由此可见，时代文化的不同容易造成两代人之间裂痕累累的代沟现象。

文化流动的观念认为，现在的社会不像过去那般静态而封闭，人类的知识以及文化也不单靠传递而来，频繁的交流迁徙与发达的传播工具，使得接触异族的机会愈来愈多，文化差异的体认愈来愈强，并且人类不断在各式各样的真实与虚拟空间中，往往复复地跨越文化的边界。随着生存环境的变化，会给人们带来巨大的文化冲击和身份认同危机，带来一些生活变化。①大众文化是理解一代人的一面有用的透视镜，在此文化中形成一代人的行为特色。大众文化创造了一种自由开放的文化空间，不断跨越和模糊各种文化形态的界限。尤其是在思想和观念方面，两代人之间存在着明显的冲突，造成了年轻一代出现很多反叛心理和行为，成为代际差异的重要原因。新老一代缺乏认同，不证自明地显示了传统权威在文化领域的支离破碎。当代文化背景下，两代人之间的行为和思想等很多方面都大相径庭，青年人对生活、价值、人生、家庭婚姻、事业、社会责任等都不是简单地照搬和继承上一代人的看法和观点。由于年轻一代受到大众传媒以及周围亚群体文化的影响，接受多元自由的思想，心理和行为表现更加开放，对传统文化宣扬的价值理念缺乏认同感。调查表明，20 世纪 80 年代以后，青少年的价值观主要表现为个人主义倾向，而且从 80 年代至今，这种个人取向的价值观正在由雄心壮志、奋斗进取逐渐向追求自我的舒适与快乐转变。代沟现象明显地表现在生活方式、价值观念、目标追求、拥有的地位和经验等方面，青少年在对社会和他人的看法，对个人前途的看法，对自己的道德要求，自己为人处事的方式，自己的生活目标以及自己总的精神状态方面都在朝着现实化和世俗化的方向发展，价值观出现自我取向和多元化的趋势。大众文化的开放宣传对公认价值理念造成的诘难，对传统标准所持有的质疑，造成了当今社会的文化道德困境，同时也使现代文化意识得以宣扬和重建。

代际间的观念变化与社会变迁的情况有关。青少年对时代的脉搏是最

① Timotijevic, L. & Breakwell, M. (2000). Migration and threat to identity. *Journal of Community & Applied Social Psychology*, Vol. 10, No. 5, pp. 355～372.

为敏感的，如果他们生活在一个社会巨变的年代，他们与父母之间的距离就会拉大。在某种程度上，青少年亚文化的形成，不只是代际差异的结果，而且是社会变迁的结果。所以，我们需要更多地去研究短暂的和长期的社会环境变化所引起的心理上的许多突然变化，以及当前环境对青少年成长产生的影响，需要理解不同时代背景下年轻一代的心理特征，理解年轻人对自己群体身份众多方面的标榜。[①] 以至于我们对一代人的区分不能简单地以时间为顺序，而应当考虑群体的社会行为，抑或是他们所体现出来的某种历史性和公众性的群体身份与群体行为来加以界定。比如，20 世纪八九十年代出生的一代总是醉心于各种时尚潮流，追逐各种影星和歌星，买名牌、听流行歌曲和摇滚，参加演唱会，容易接受和模仿前卫的语言、服装和发型，喜好新鲜与刺激，青年人的群体身份在这一系列文化片断中被解读，显示了当今文化时代的青年人在心理成长过程中的与众不同。

(2) 集体狂欢与自娱自乐。

娱乐、休闲、节日似乎成为了当今大众文化的主要话题。大众文化形态强调集体娱乐的精神，大众文化的实践也更加突出集体狂欢的愿望。大众文化制造的集体狂欢有两种类型：其一，大众娱乐的兴起与流行使得大众成为娱乐消费的主体，只要稍加注意就会发现，不断兴起的 KTV、夜总会、健身房、游乐场、电影院、迪厅等众多消遣场所受到广泛的关注，也成为时下流行的去处。其二，大众娱乐将大众变成了集体娱乐的受众。节目的娱乐性对观众的牵引力最大，影视剧类、娱乐综艺类、娱乐戏剧类等节目受到大众普遍欢迎，特别强调当今集体狂欢的社会文化心理需求。

举例来看，大众娱乐节目已成为荧屏的一种主流文化势力，从 20 世纪 90 年代初期的主题综艺类节目发展到后来形式多样的各类挑战、博弈、模仿等娱乐节目，不断应和与引导受众的娱乐心理需求，集体狂欢和自娱自乐的特点得到彰显。参与性、互动性的娱乐节目能够最大限度地调动观众的积极性和热情，而民众强烈的参与意识以及自娱自乐的心理需求也促使全国掀起了一轮又一轮海选与选秀的比拼热潮。而模仿走秀节目则打破了真人明星亲自表演的形式，让参与者站在舞台上尽可能地模仿明星表演，刮起了一股模仿秀的旋风，观众在观看这种形似明星的表演中体会到一种新鲜感和愉悦乐趣。最后，访谈揭秘性节目就一些受众感兴趣的问题，对明星进行台前幕后的访谈，揭开那些不为人知的明星个人秘密，表露他们身为普通人

① Simmons, R. B. (1987). Social transition and adolescent development. *New Directions for Child and Adolescent Development*, Vol. 37, pp. 33～61.

的一面，再现了明星的成长奋斗历程、个人情感生活以及他们日常生活中的各种习惯和花边琐事，极大地满足了观众想了解明星隐私的好奇心。

另外，休闲和节日活动也成为集体消遣的重要形式。文化实践非常善于抓住大众的节日敏感性，大规模的商品促销、主题晚会、公园游览、包团旅行、自驾出游，留在节日里去消遣和休闲的愿望越加明显，集体狂欢的情况也空前盛行。毫不夸张地说，这种节日的集体狂欢症状成为当今社会文化的一大看点，也成为最明显体现大众心态的重要形式。大众文化把消费与节日、消遣与休闲结合的生活理念得到了社会的普遍认可。但问题是，是什么动力使我们参与到这种集体性的文化狂欢活动中而跟随潮流，是流行的感染，消遣的欲望，还是深层狂欢的心理体验所驱使？这是值得我们去理性思考的问题。

(3) 审美的多元与焦虑。

审美作为一种文化实践方式与文化想象方式，源于人类生存的文化活动。所以，审美必须与人们现实的生活状况相联系，与人们对生命的思考相关。当下，我们面对日常生活，面对流行歌曲、时装选美、广告消费、通俗电视剧等极具商品化、娱乐化、世俗化色彩的大众文化形态时，突然感觉自己对这一类事物的审美活动变得有些束手无策，一方面我们不知道是否应该将它们列入到审美体系中去，另一方面我们因为不知道应该如何对它们进行审美评判而产生了审美焦虑的心态。当我们的审美意识脱离了传统的道德观念以及伦理规范的制约，从单一和封闭的思维模式中走出来，并开始接受和评判那些随着社会剧变以及外来文化影响而兴起的大众文化形态时更会如此。

首先，审美标准从单一走向多元。大众文化对传统审美文化的反叛主要表现在其形式与内容的多样性颠覆了传统经典审美文化中公认的绝对性的美丑标准。它彰显出对于审美主体性的重视与尊重，拆除了原先传统经典美学的绝对自律空间的围墙，使得审美文化从封闭走向开放，审美标准从单一走向多元，能够在审美活动中体现出审美者的主动性，还能够在审美评价体系中容纳差异、宽容异己、承认不同。这是传统审美文化的一次深刻的革命与巨大进步。大众在审美活动中表现出了前所未有的自主性，他们可以自由地选择不同的文化活动，可以参与到文化活动中来，可以对于作品提出自己的观点和主张，可以进行积极的评判。这些审美活动所渗透出来的就是对于审美主体的重视，对于审美标准多元化的提倡，对于传统神圣的伦理与道德审美的反驳。

其次，审美意识从理性走向感性。感性审美的意识使审美重点从内部的理性审美转变为关注外在感性体验的审美。目前的理性美感正在向着感性的快感发展。一方面，审美的感性化表现在审美文化的图像化。较之以往的抽象理性审美，当代审美注重的是图像的大量涌现，借助于形象、具体、直观的图像，利用一种简便、通俗的“读图”的方式理解事物，解放抽象符号思维。当今文化图像充斥在城市生活的角角落落，追求的是视听觉的快感以及表现形式的声像化。无处不在的图像将逐渐削弱大众对于文字、语言以及抽象符号的认识能力与抽象思维能力，造成了大众对抽象符号审美能力的衰弱。另一方面，审美的感性化主要表现在注重情感体验。随着物质生活的极大丰富，大众各种心理需要的不断增多以及欲望的普遍高涨，一种具有实用性、大众化以及感性化的文化氛围正在不断形成。人们不需要刻意去压抑和克制自己的情绪和感情，不需要用政治和道德的道具去伪装自己。而是把自己潜在的灵性、激情、想象以及无意识等本质力量显现出来，寻找情绪的宣泄，追求快乐的自我体验，发展成一种新的感官体验文化。

再次，审美领域从艺术走向娱乐。艺术商业化、生活娱乐化，这是目前在大众文化影响下整个社会审美文化的走向。艺术已经在当今商业化的大众文化影响下或者变成了商业的一种，或者被人束之高阁、无人问津。它终究没能够抵挡住商业利益的巨大诱惑，难以保持自己脱离商品化的清高与自恃；人们也终于没有能够抵挡住通俗文化带来的巨大情趣，而置高雅文化于不顾。在大众文化时代，审美领域的娱乐化主要表现在自我的享受以及愉悦的体验。伴随着社会经济、政治和文化生活的巨大变化，民众的生活方式、生活态度、审美情趣、思想观念都发生了很大改变。大众对于一种文化形式和文化内容的评价和肯定，除了看文艺作品所具备的艺术价值外，更重要的是文化内容和文化精神是否体现大众生活的心理需求，是否反映大众的生活状况，是否迎合大众的生活心态。所以，在多样性大众文化的热闹表面下，凸现了如今大众所具有的审美文化心态，那就是对于生活简单化、通俗化、娱乐化的追求，向往和期待一种轻松、多彩、休闲的文化生活，钟爱、选择和参与一些流行的娱乐文化活动。

(4) 青年一代的文化困境。

随着经济的不断发展，文化环境的不断开放，大众传媒“革命式”地进入日常生活领域，人们的生活方式发生了新的变化，社会规范、文化价值、思想观念以及传统的教育方式都发生了明显的改变，造成了青少年成长环境发生了悄然的质变，同时也造成了青少年的社会化面临着一系列问题。随着年龄的增长，社会文化对青少年的影响日益增强，相比之下，学校和家庭对他们的影响则相形见绌。他们被深深地置于社会文化中，大众媒体在青少年的社会化过程中占据重要的位置；大众文化的多样性和异质性在青少年的社会化过程中造成了潜在的认同危机；大众文化宣传的失误造成社会价值体系的崩塌以及思想观念的冲突，在青少年的社会化过程中留下了很深的烙印。

青少年期是在心理上对人性形成新的看法的关键期。大众文化环境中体现出的拜金主义、功利思想、名誉观念、享乐消费、纵欲心理以及微弱社会责任意识、追求当下的纸醉金迷、散漫的人生态度、越来越少的理想追求、越来越淡的人际关系、越来越多的生活焦虑和压抑、越来越明显的信任危机以及越来越松散的情感纽带，在青少年的社会化过程中起到了越来越消极的教化作用。大众文化所蕴含的生活理念、价值观、人生态度不断变化，造成青少年文化选择与接受的迷茫、困惑、不安与焦虑，社会行为缺乏稳定的标准，导致青少年形成迎合流行趋向的从众心态。

青少年易于接受新事物，寻求刺激，情绪冲动，行为盲目，好奇心较强，在认知、思维、行为以及人格形成过程中容易受到环境的影响。在现实生活中，大众文化影响了青少年个体对各种信息进行选择、编码、评价、储存、提取和综合处理的方法与形式，影响了个体的思想观念、思维方式、是非标准、理想信念、情绪状态以及行为表现。基廷认为，现代都市文化衍生了破碎的思维过程和特殊的认知策略，而淹没了更有凝聚力的、深入反省的思维过程。青少年一般缺少批判性思维能力，往往依赖一些肤浅的原则和特定环境中固化的反应来思考和解决问题。大众文化吸引了青少年的注意力，迎合了青少年强烈的好奇心、好模仿和冲动性心理。总是有某些文化公司和娱乐节目不断创造出“选秀”之类的活动，青少年易于疯狂地追求这些东西，他们心中完美的形象一般集中在歌星、影视明星、体育明星，盲目崇拜明星之风越刮越烈。① 青少年是接受和消费大众文化产品的主力军，任何新、奇、怪的事物总能触发他们易冲动的神经，煽动他们追逐、模仿的狂热。青少年对于大众文化的欣然接受和狂热，形成了强大的青少年亚文化。其价值观、情感以及人际关系等社会化内容就会更多地在青少年亚文化中形成，深刻受到同辈群体认同的影响，并制约着青少年社会化的过程和方向。② 青少年处于心理成长的转型期，我们必须帮助他们更好地去理解社会、工作的含义，帮助他们树立积极向上的公民追求，帮助他们顺利完成个体的社会化过

① Perina, B. (2000). Where Have All the Idols Gone? *Psychology Today*, Vol. 37, p. 46.

② Bettencourt, B. A., Hume, D. (1999). The cognitive contents of social-group identity: values, emotions, and relationships. *European Journal of Social Psychology*, Vol. 29, No. 1, pp. 113～121.

程。

三、偶像崇拜的代际差异

从宽泛的理论层面上对大众文化心态进行分析然后转向具体层面上的偶像崇拜研究，是为了佐证后现代大众文化的发展对大众心态变迁的影响。偶像崇拜是一个心理学的概念和命题，偶像文化的变化是当代社会文化形态变迁的一个重要组成部分，是与人的心理、行为变化同步的过程。当今偶像文化在性质、内容、形式、功能上都发生了很多变化，不仅体现为简单的位次和排序的改变，实质上它更体现了文化场域的变化，体现了文化的生活化、大众化倾向以及文化对心理影响的能动性特征。

心理学认为，偶像崇拜是个人对其喜好人物的社会认同和情感依恋，其中包含了对崇拜对象的心理认同、行为模仿和情感依恋等心理要素。具体来讲，"偶像崇拜"是一种特殊的社会心理现象，特指由于"光环效应"而形成夸大的社会印象和盲目的心理倾向，把个人喜好的人物看得完美无缺，从而导致高度认同、崇尚并伴有情感依恋的一种复杂的心理行为。这种现象在青少年身上尤为明显，具体表现为：收集与偶像有关的信息、图片和实物，参与偶像有关的活动，还有许多青少年会选择给偶像写信、上网聊天、参加"明星"俱乐部、模仿"明星"的唱歌、打球、着装和饮食……①青少年具有较明显的心理转型特点，他们正处于人格发展的第二个关键时期，刚刚从家庭走向社会，爱幻想、喜模仿、好奇心理强。所以，正处于社会化过程中的青少年一代是偶像文化的主体和淋漓尽致的表现者，从他们身上可以看出偶像文化的新特点。

1. 偶像和榜样的关系

从学理上讲，偶像崇拜和榜样学习具有功能和实质上的差异。岳晓东等人认为，榜样和偶像是两个不同的概念。偶像以理想化、浪漫化、绝对化为特点；榜样以现实化、理性化和相对化为特点。偶像是自己基于个人的爱好和兴趣进行选择的结果，而榜样则是由教育者或者社会所树立的。但我们认为，在当今社会文化背景中，榜样和偶像的严格区分在某种程度上体现出了文化传播与精神教育之间存在的冲突。有些时候，很容易发现这种冲突会增强青少年的心理叛逆和反感态度。他们或者理直气壮地声称自己不需要榜样；或者巧妙地将偶像留给了自己，将榜样留给社会，把榜样和偶像

---

① 钱镇宇：《追星族与偶像崇拜》，《青少年犯罪问题》，2003 年第 3 期，第 33 页。

分开以应对个人爱好和社会教育之间的不和谐。受到当今大众文化的影响，青少年一代所形成的偶像文化体现了偶像崇拜和榜样学习之间更大程度的重合，偶像既是喜好欣赏的对象，也是模仿学习的榜样。无论是榜样学习还是偶像崇拜，都是一种社会依恋和学习模式，这二者在现实中存在着高度的一致性和诸多重合之处。若在调查中太过关注两者的差异，可能会导致对现实的生硬割裂，妨碍对偶像崇拜现象的整体把握。

偶像崇拜是心理发展的正常现象，不但体现了社会文化的内容，也是年轻一代心理成长变化的必经之途。艾里克森认为，青少年时期是心理发展的关键时期，是自我意识、心理认同的危机期。这个时期的孩子容易产生明显的偶像崇拜现象。国外从 20 世纪 80 年代，港台从 90 年代开始陆续研究当今青少年的偶像文化。偶像崇拜作为青少年的重要文化现象，突出反映了每个时代青少年的成长需求与困惑。

岳晓东认为，如今的青少年偶像崇拜出现了偶像神圣化、绝对化和浪漫化的倾向，成人和青少年的偶像崇拜出现了明显的代际差异。闵丽等认为，如今青少年的偶像崇拜行为具有明显的后现代特征：第一，消费社会对文化领域的渗透，使得青少年的崇拜对象大都为演艺明星、体育明星以及商业界的著名人士；第二，缺少秩序和同一性的异质共存，青少年选择偶像的标准各异、偶像类型复杂、人物繁多，呈现多元化倾向；第三，通俗化的力量消解了边界和分层。[①] 郝玉章等人通过对 207 封“赵薇迷”的信件进行社会学分析，发现偶像崇拜现象主要产生于 12～18 岁的初高中学生之中，并形成了明显的特征：感性成分多，理性成分少；认同式依恋多，浪漫式依恋少（认同式依恋即希望成为像偶像那样的人物，浪漫式依恋即希望成为偶像的恋人）；女性多，男性少；经济发达的地区多，落后地区少。[②]

2. 青少年与成人偶像崇拜调查

（1）调查问卷的基本情况。

偶像调查有两个目的：青少年及其上一代偶像崇拜之间存在怎样的差异；当今青少年群体偶像崇拜的特点和发展趋向如何。根据调查目的使用两种问卷。开放式问卷包括当今青少年和成人的偶像提名、崇拜的原因、偶像对自己的影响以及家长对当今青少年偶像崇拜的看法；青少年偶像崇拜的封闭式问卷包括崇拜方式、崇拜取向以及选择取向三个维度。从济南市

---

① 闵丽：《当代中学生偶像崇拜的后现代特征》，《青年研究》，2003 年第 3 期，第 24 页。

② 郝玉章等：《青少年偶像崇拜——207 封“赵薇迷”信件的社会学分析》，《青年研究》，2000 年第 4 期，第 34 页。

区随机选择初高中学生及其家长进行问卷调查，家长被试 305 名，平均年龄 42 岁；学生被试 374 名，平均年龄 15 岁，男女比例基本平衡。

（2）偶像提名状况和崇拜内容的具体比较。

被调查者首先按照崇拜的程度对崇拜偶像进行提名，写出自己崇拜的三位偶像，性别、年龄、职业、国籍不限。经过对所有问卷的最终整理和归类，将偶像类型分为：明星（歌、影、体育明星）；杰出人物（政治家、科学家、文学家、艺术家、军事家及企业家）；英雄模范（普通人具有不普通的拼搏和奉献精神）；家人（父母亲及其他亲人）；师友（老师和朋友）；自己和其他人物（无确定信息的人物等）。

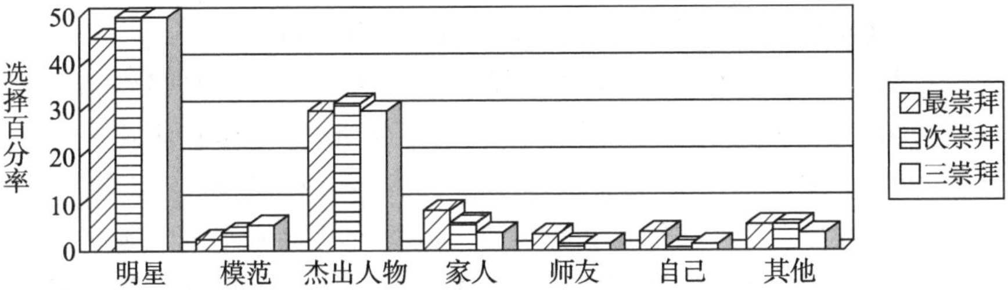

图 4-1　青少年的偶像提名状况

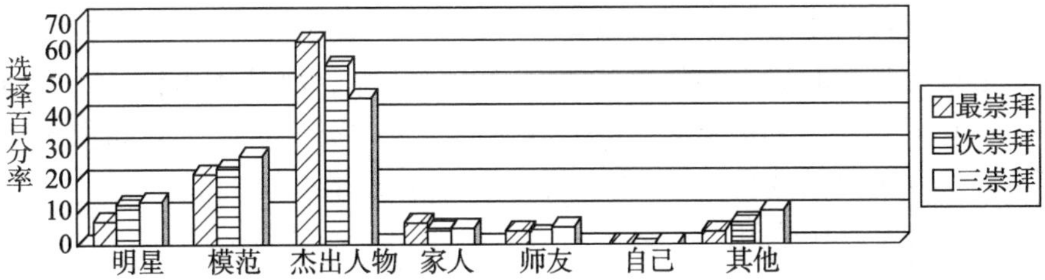

图 4-2　成人的偶像提名状况

青少年与成人在选择的偶像类型上存在着明显的不同。在青少年的偶像调查问卷中，明星偶像的提名频次明显跃居榜首，紧随其后的是对杰出人物中政治家的崇拜。单在明星偶像提名中，歌、影等娱乐明星占有相当大的比例，体育明星也占有一定的比例。（见图 4-1）。相比而言，成人则更倾向于选择杰出人物作为自己的偶像，其中对于政治家的提名占有明显的优势，也有一定比例的科学家和文学家。成人还倾向于选择模范英雄人物作为自己的偶像，比如雷锋、张海迪等。杰出人物和模范人物这两种类型在所有成人的偶像提名中占有相当大的比例（见图 4-2）。

表4—1　青少年与家长的偶像提名前十名

排名		1	2	3	4	5	6	7	8	9	10
最	学生	周杰伦	父母	周恩来	毛泽东	自己	比尔·盖茨	成龙	爱因斯坦	霍金	乔丹
	家长	毛泽东	雷锋	周恩来	父母	老师	邓小平	居里	鲁迅	陈景润	保尔
次	学生	周杰伦	父母	比尔·盖茨	毛泽东	李宇春	爱因斯坦	周恩来	林俊杰	潘玮柏	乔丹
	家长	周恩来	雷锋	毛泽东	父母	邓小平	刘胡兰	爱因斯坦	鲁迅	陈景润	邓丽君
三	学生	周杰伦	比尔·盖茨	父母	李宇春	杨利伟	爱因斯坦	张韶涵	自己	霍金	潘玮柏
	家长	雷锋	毛泽东	周恩来	父母	老师	邓小平	陈景润	爱因斯坦	刘胡兰	华罗庚

表4—1呈现了成人和青少年崇拜对象具体提名的前十位。可以看出，在青少年的崇拜对象当中，按照崇拜程度排列在首位的均是当红歌星周杰伦。在青少年崇拜对象前十位的排名中，影、视、歌星与体育明星人数比例达到了40%～50%左右，且崇拜的明星偶像类型多样，青少年崇拜文学家、天文学家、数学家、艺术家和军事家等杰出人物的比例则呈现明显的下降趋势，以雷锋、张海迪为代表的模范人物则榜上无名，而将自己作为崇拜对象的青少年倒是不在少数。总体来看，成人的偶像提名相对集中在政治人物和模范人物两种类型，所占的比例达到了成人偶像总提名的60%～70%，而且老师和家人的出现频率也比较高。

通过青少年和成人偶像提名状况以及崇拜人物的具体比较，可以发现，青少年和成人在偶像选择的类型上具有明显的差异。青少年的偶像选择呈现出多样性和时代性的特点，成人的偶像选择则相对集中和统一。

（3）偶像崇拜原因之比较。

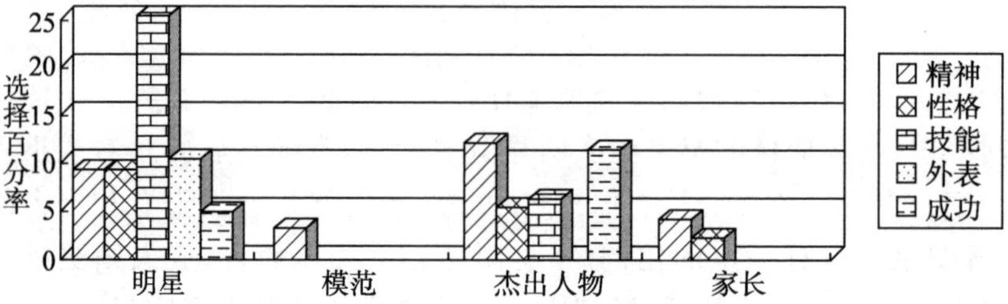

图4-3　青少年的偶像崇拜原因

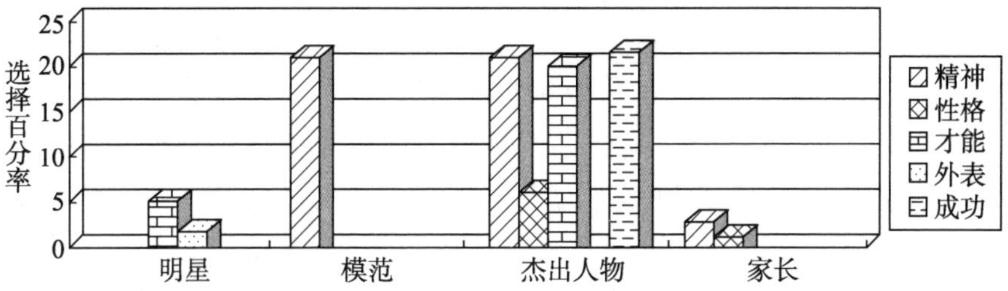

图 4-4　成人的偶像崇拜原因

根据问卷情况将崇拜原因分成精神、性格、技能、才能、外表、成功、金钱名利以及无原因共八种维度。精神维度主要指大公无私、舍己为人、坚韧不拔、勇敢顽强等社会品质和个人品质；性格维度主要指善良可亲、随和、待人诚恳、热情可信等社会行为的倾向性；技能是指所具有的如演技、歌技、体育竞技水平等；才能是指政治、管理、科学研究等能力；外表主要指是否英俊、潇洒、漂亮、时尚等外在条件；成功主要指是否德高望重、权位显赫、事业成功；金钱名利是指家财万贯、社会经济地位较高。结果表明：青少年倾向于选择明星是因为他们更多地欣赏明星们的技能和外表，而选择杰出人物是因为钦佩他们的精神和才能。成人则认为，选择模范和杰出人物更多地是看中他们所具有的精神和性格，其次是欣赏他们的才能。

（4）偶像崇拜影响的认识之比较。

将偶像对心理发展的影响分成五个维度，即学业、职业、社会性、娱乐和没有影响。结果发现，成人普遍认为，青少年崇拜明星会对其学业和社会性发展产生消极的影响，会让青少年过度关注这些事情而不专心学习，从而变得浮躁、自我、自恋、不切实际。崇拜英雄和杰出人物则会在学业和社会性方面产生积极的影响，可以让青少年学会如何做人，如何奉献社会，如何获取学习前进的深层动力。而青少年则认为，不管他们目前崇拜什么类型的偶像，只会给他们带来益处而无消极影响。青少年认为，明星与杰出人物会对他们的学业、社会性以及休闲娱乐方面产生积极的影响。总体来看，不管是成人还是青少年都认为，偶像的影响主要集中在学业和社会性两个方面，主要分歧在于青少年对自己崇拜的偶像持有一种乐观和积极的态度，而家长则担忧这些偶像会给他们的学业成绩和社会性发展产生消极影响。当问及家长关于青少年应该选择什么样的偶像时，绝大数家长认为青少年应该崇拜杰出的、为社会做出贡献的人物，这可以让青少年的心理发展和社会化过程找到积极的榜样，促进他们在人际交往、精神品质、价值观及人生观的良性发展。

(5) 青少年偶像崇拜的群体特点。

开放式的问卷调查结果表明，当今青少年不但存在明显的偶像崇拜现象，而且他们在偶像类型、崇拜原因以及偶像影响三方面明显不同于上一代，具有鲜明的时代特色。我们进而调查了青少年群体内部偶像崇拜的状况。结果发现，不同性别和年级的青少年在偶像崇拜的某些维度上存在显著差异：男生较之女生，在崇拜方式的浪漫幻想、亲友欲望和物质消费三方面存在显著的差异，女生显著高于男生；初中生在崇拜方式的浪漫幻想和物质消费两个方面显著低于高中生；而在亲友欲望方面初中生则显著高于高中生；其他方面没有显著差异。我们认为，女生比男生的浪漫化程度高，主要是因为女生青春期心理发育的特点造成的，对崇拜偶像具有较强烈的异性偏爱取向，对自己所崇拜的异性抱有更多非理性的、不切实际的、浪漫化的幻想，也就决定了她们在崇拜消费行为方面的自控性较差，喜欢购买一些相关的书记、杂志、照片、唱片等。另外，女生的偶像崇拜容易受到同辈群体的影响。在年级之间的对比中发现，高中生与初中生在浪漫化和物质消费行为两个维度上呈现出显著的差异。我们认为，这是因为高中生正处于青春期发展的重要时期，他们的异性取向比初中生更加强烈，加之社会的新鲜刺激不断调动他们敏感的神经，使他们对异性具有更多的浪漫幻想；而在物质消费方面高中生高于初中生可能是因为高中生对于零用钱花销具有更大的自主性，不受家长更多的制约；高中生在亲友欲望方面低于初中生，主要是因为他们对事物的认识更加理性化，不容易受到群体的影响，体现出青少年偶像崇拜的阶段性发展特点。

3. 偶像崇拜调查的分析与讨论

通过本次偶像调查，我们发现，两代人之间的偶像文化在内容、功能等方面对比显明，当今青少年的偶像文化出现一些新的特点。

(1) 商业性对政治性。

当代青少年的崇拜偶像主要集中于娱乐和体育明星等“三星”人物。这种现象的出现更多地是媒体炒作和商业包装的结果。明星人物从本质上讲与商品更相似，明星的宣传严格遵循商业运作过程，突出了商业性的特点。而成人的崇拜偶像更多集中在政治性的人物或者与社会正面宣传有关的模范人物，表现出明显的政治性和教育性的特点，这类偶像的选择更多看中的是偶像对社会的贡献以及偶像的人格与精神魅力，主要是依靠不平凡的精神来感动和教育社会公众，而没有经过刻意的商业性包装。在大多数青少年看来，成人的偶像已经过时，偏重于说教化，不能与他们产生情感上的共鸣。而成人则担忧青少年崇拜的偶像精神内涵比较肤浅，缺少值得崇拜的内在品质，没有深厚的文化素养，没有积极的社会教育意义，掺杂了过多夸张虚伪的商业炒作。

（2）多元性对单一性。

当今青少年的崇拜对象趋向于多元化。除了明星偶像之外，还有政治家、科学家、企业家、亲朋好友以及自己。即使主要集中在明星人物，其中的选择也是多种多样，出现了国内、国外的影视明星、歌星以及体育明星。成人的崇拜偶像类型则比较单一，主要集中在杰出人物和模范人物两个维度上，而且在这两个维度上的提名也较为统一。我们认为，当今大众媒介的发展与大众文化信息的日益膨胀是造成这一对比的主要原因。

（3）开放性对封闭性。

青少年偶像文化系统是一个开放的系统，偶像选择主要依靠大众媒介和文化信息的轰炸式宣传，文化媒体的开放性对偶像选择的自由性具有重要的作用。在大众文化时代，媒介制造和抛出了太多的偶像。大众文化信息在青少年的偶像选择中起到主导性的作用。比较而言，成人的偶像文化系统则比较封闭。他们主要依靠社会、教育、家长、书籍等媒介提供偶像人物的各种信息，这种垄断性的、政治性的宣传模式造成了偶像选择的被动性和封闭性。

（4）多变性对稳定性。

青少年的偶像选择具有明显的时代性和多变性特点，偶像选择随着不同的文化宣传而发生改变，从调查中也可以发现这一有趣的现象。发放问卷的那个时期正值我国“神舟”六号升空以及“超级女声”这档娱乐节目占据各大媒体的日子。结果在收回的问卷中，就发现选择杨利伟、费俊龙等航天人物以及“超级女声”作为自己崇拜对象的青少年占到相当大的比例，崇拜偶像明显受到社会大众媒体的主导。文化宣传很容易挑动青少年的激情，改变他们崇拜的偶像。

（5）娱乐性对教育性。

青少年与成人对偶像产生的影响认识不同。青少年认为，偶像的主要作用在于丰富了自己的消遣娱乐，从某种程度上还可以促进学业进步和社会性发展，而不认为崇拜这些偶像会给自己带来消极影响。成人则认为，偶像主要影响了自己的社会性发展和社会化过程。偶像的精神品质能够引导自己如何做人，怎样做一个社会公认的合格公民，从而体验到自己在集体和社会中的认同感和归属感。很多家长对当今青少年的偶像崇拜现象表示理解，同时又担心崇拜这些商业包装的明星人物会给青少年的学业和社会性发展带来不良的影响，容易使青少年沉迷于对这类偶像的浪漫遐想中不能自拔，导致他们不切实际、浮躁、自恋的品性发展。

（6）外在性对内在性。

当今青少年对于明星偶像的崇拜主要看重偶像的技能和外表。大部分青少年认为，喜欢明星是因为偶像的外表青春、靓丽，完全符合自己的心理审美标准。在调查中还发现，女性青少年更集中于选择男性明星作偶像。也就是说他们选择偶像比较看重性别，带有一种浪漫化的幻想，但在男性青少年中这种现象则不明显。其次，青少年还比较看中明星偶像的技能，比如唱歌好、演技高、打球棒等。比较而言，成人主要看中崇拜对象坚韧不屈、顽强拼搏、全心全意为社会服务、无私奉献、自我牺牲等崇高精神品质，并不刻意追求偶像的性别和外表。

通过对青少年和成人两代人之间偶像崇拜六个方面的对比，可以清楚地看出，青少年与成人的偶像崇拜可以分成以人物为中心的偶像崇拜和以特质为中心的偶像崇拜两种类型，即注重外在特征和内在品质两种维度。成人的偶像崇拜更多地是以特质为中心的内在崇拜，表现出理性模仿、有选择的接受、稳固的依恋以及自我励志的行为特点。青少年的崇拜偶像则更多趋向于以人物为中心的外在崇拜，表现出直接性模仿、全盘化的接受、沉湎式和浪漫式的依恋、虚荣满足、自我迷茫的行为特点。

四、网络时代的大众文化

在漫长的文明历史长河中，人类记录、交流、传播文明信息的载体和方式已历经数次变革。从结绳记事到甲骨文，到最终发明造纸术、活字印刷术、铅字印刷、电子技术排版印刷，人类在一次次的进化中不断修正、完善自己。文明的传承需要载体，从报纸、广播、电视到今天的互联网，媒体的飞速发展拉近了异域文化之间的距离，地理上的分隔已经不再是人类文明互动的阻碍，至此，凝聚了人类智慧的互联网已经完全能够担当起人类巴别塔的重任。时至今日，互联网的迅速发展真正为人们营造了一个崭新的虚拟空间、精神生活空间和文化空间。除了具备报刊、广播、电视等传统媒体的功能外，互联网更加具有实时、互动、跨境、跨文化传播的特点，是对大众话语权的一次空前的解放：人人可以做编辑，发表自己的文章，述说自己的故事；可以出版自己的书籍，传播自己的理念；可以发布自己的影像，张扬自己的个性。网络不仅直接影响了人们的沟通、交流方式，拓宽了人际传播的渠道，引发了社会关系的调整，而且带给我们另一种虚拟的生活方式，也更衍生出了新的网络文化的诞生。网络文化带着鲜明的后现代特征——语言的模糊性，形象的破碎性，意义的无中心性，人物的匿名甚至符号化，人际关系的偶然性——加入到了大众文化的行列中。

诞生于后现代文化空间中的网络大众文化就必然具备后现代文化气质，从而天然传播后现代文化精神，体现了交互性、多元性、模糊性、自主性、个体性等后现代文化的新特点：从理性走向感性；从精英走向大众；从众声喧哗到凝思冥想；从对真理与本质的诉求到维护理想、价值与意义。

1．网络平台上的后现代大众文化心态

英国文学理论家伊格尔顿曾针对后现代性如此写道：后现代性是一种思想风格，它质疑客观真理、理性、同一性和客观性这样的经典概念，质疑普遍进步或人类解放，不信任任何单一的理论框架、大叙事或终极性解释。与这些启蒙时代的规范相左，后现代性认为世界充满偶然性，没有一个坚实的基础，是多样化、不稳定的；在它看来，这个世界没有一个预定的蓝图，而是由许许多多彼此不相连的文化系统和解释系统组成。诞生于后现代文化空间中的网络大众文化就必然具备后现代文化气质，从而天然传播后现代文化精神。网络大众文化在很大程度上融合并体现了后现代文化的众多特点，二者在文化精神内涵的某些方面相互借鉴、不谋而合，具有千丝万缕的关系。网络充分展现了现代高科技媒体的传播功能，在此平台上形成的大众文化吸取后现代非理性文化策略，体现了交互性、多元性、模糊性、自主性、个体性等后现代文化的新特点。自此，后现代精神为网络大众文化的流行提供了动力：从交互性中我们看到了即时快感满足带来的理性监督空缺，从多元性中我们看到了伦理价值及其判断的沦丧，从模糊性中我们看到了文化的虚无主义深渊，从自主性中我们看到了权威的被拒绝和准则的被摈弃，从个体性中我们看到了自我意识的觉醒及公共意识的崩溃。网络信息中存在的文化症候似乎正是后现代文化存在的基本特征。

（1）从理性走向感性。

德里达认为，现代二元思维模式具有尊崇一方贬损另一方的强烈趋势。比如，视理性凌驾于情感，精神高于肉体，秩序优于混乱。理性自我迷信是古典理性主义的精神实质。理性自我迷信相信理性是先天的、万能的，依靠理性的力量，人类最终能征服整个世界，成为最高主宰。理性至上的科学主义带来了自然科学的极大繁荣和社会的巨大进步，理性的扩张在 20 世纪达到了登峰造极的程度，西方发达资本主义国家开始由大工业时代进入后工业时代，即信息时代。与工业时代相适应的理性主义在极大地促进了人类福祉的同时，也带来了科学技术的空前膨胀，暴露了其自身不可弥补的缺陷。例如，人类在拥有前所未有的物质享受的同时也拥有了毁灭自己的能力，这是理性至上主义导致的必然危机。于是，与后工业时代相适应的后现代文化思潮便应运而生。[①] 在人文精神失范、道德力量依然薄弱、物欲极易恶性膨胀的社会条件下，我们既需要科学理性与社会理性的建设，同时又需要感性的解放。

乌纳穆诺早已指出，感到自己存在，这比知道自己的存在具有更大的意义。感性源自感官，感官源自身体，感性本质上其实就是身体所处时空的心身体验，这种感受和体验是人对自身的认同的重要源泉。网络大众文化的一个突出特点就是感性的存在和发展方式有了虚拟的自由空间。个体以符号表征自己的存在，这与后现代哲学家关于语言的哲学阐析不谋而合。如伽达默尔认为，语言是"能够被理解的存在"，没有语言之外的"自在的世界"。或者说，语言就是生活，生活就是语言。在现代哲学中作为工具的语言在后现代哲学中获得了"先在于人"的地位：不是人说语言，而是语言说人，是语言构成了人。[②] 在网络环境中，个体以符号来表征自己，其思维可以脱离于身体之外，可以任由思维游弋。在这种状态下，人与人之间的心理互动变得更为感性，更为单纯、简单。因为感性，网络语言汪洋恣意、无所顾忌；因为感性，网络空间激情迸发、魅力四射；因为感性，网络文化精粗杂陈、美丑混融。在后现代的"五反"思想范式描述中，不论反本质主义、反权威主义、反启蒙主义还是反本体/主体论神学、反形而上学，根本的核心都在于反对单一的理性霸权，颠覆理性对于人类行为的至高控制。[③] 从历史上看，从来都是将感性看做是一个没有思想、逻辑、稳定性的文化半成品生产阶段，如果没有理性的规约与指导，感性永远只能处于原始的、蒙昧的阶段。然而网络文化却打破了对感性忽略与遗忘态度，去除了对感性的压抑与删减，释放了感性的核心地位，从而形成了网络大众文化从理性到感性的文化转向。

(2) 从精英走向大众。

杰姆逊曾感慨地说："在 19 世纪，文化还被理解为只是听高雅的音乐、欣赏绘画或是听歌剧，文化仍然是逃避现实的一种方法。而到了后现代主义阶段，文化已经完全大众化了，高雅文化与通俗文化、纯文学与通俗文学的距离正在消失。"[④]相比于传统媒体，网络的即时性与高度自由性使传播主体及传播的内容发生了重大变化。一些当代前沿专家学者在网站上开辟自

---

① 马一波、钟华：《叙事心理学》，上海教育出版社 2006 年版，第 4 页。

② 张世英：《哲学导论》，北京大学出版社 2002 年版，第 195 页。

③ 欧阳友权主编：《网络传播与社会文化》，高等教育出版社 2005 年版，第 189 页。

④ 弗·杰姆逊著，唐小兵译：《后现代主义与文化理论》，陕西师范大学出版社 1986 年版，第 147～148 页。

己的网页，发表自己的作品和观点，而普通民众也可以通过网络论坛表达自己的意愿，打破了以往精英文化一统天下的局面，使得作为时代精神构成之一的平民意志得到体现。大众的参与使网络文化展现出多元化的色彩，除了以吸引公众眼球为目的，也不乏自言自语、小情小调或展现特殊爱好的。当然也有网络群体专注于将个性化自我在话题群组中体现，验证着麦克卢汉的部落化寓言。个体在网络论坛中能否树立起形象，要看网民们有没有坚持的耐心及更新的毅力。大众于网络中发表的主体信息内容其实大部分来自生活本身，网络大众文化实际上就是大众生活过程的再现。大众在生活中积淀自己习俗、惯例、规则和行为系统的同时，也就形成了自身的文化，因此网络文化不是为解释生活而创造的意义系统，不是从生活的阐释和反思中把生活分裂成可传承和不可传承的两部分，乃是一个兼容并包的体系，一个让文化和生活协调一致的时空区域。尽管最初的网络没有明确的文化定位，但逐渐以自己的内容和形式成就了自身的文化特性，这个特性即它乃世俗的大众文化平台，乃都市大众的文化广场。精英的文化也许没有下移到网络，大众的世俗口味却早早地登陆网络，乡野趣味变成了市民消闲趣味。网络大众文化是一种回到个体、回到生活、回到感性的文化追求，在这里不是因为无知才成为大众，而是因为不屑所以选择大众的文化精神。

（3）从一元到多元的价值诉求。

网络是由参与其中的人们共同营造的一个社会环境。这里是由多种多样成分组成的社会大众的自由表达。既有高雅的也有低俗的，既有进步的也有落后的，既有精华也有糟粕，既有各领域精英又有芸芸众生。网络大众文化从主体多元、内容多元和动机多元三个方面完成了一元价值观主宰到多元价值观并存的过渡。在这种多元并存的价值观的倡导下，价值的非中心化也更为明显，一些相对边缘的价值形态开始出现。网络文化开放、多元与宽容的态度完全符合了后现代主义的语境：崇尚多元，反对用单一的、固定不变的、普适的逻辑、公式、规律和原则来说明和统治世界，它强调开放性、丰富性和多元性，承认并容忍差异；它坚决反对任何试图将自己的选择强加于人、使异己的事物屈服于自己意志的霸权野心；它尊重各种关于社会构想、生活方式和文化形态的选择。[①] 各种文化要素，包括精神理念、文化形式、文化需求和价值诉求等都可以共生于一个平台，即网络大众文化之中。网络大众文化的多元性衍生出了多元并存的价值理念。在这种多元并存价值观的倡导下，文化价值的非中心化也更为明显，一些相对边缘的文化价值

① 陶东风：《后现代主义在中国》，《战略与管理》，1995 年第 4 期，第 36 页。

形态开始出现。

(4) 从众声喧哗到凝思冥想。

海德格尔关于“语言是存在之家”的思想被世人冷落了半个多世纪，在进入互联网时代之后，正在重新浮现出来。网络中人们的虚拟生存颠覆了物质世界感知和确认存在的准则，冲击和消解着现实世界人们习以为常的存在观。在这里，人们抛弃了其外在的、物质的和社会的属性，只剩下语言表达的属性。语言和表达成了人们体验和确认自身存在的唯一媒介和方式，在这样的生存语境中，人们使用媒体的目的不再仅仅是了解信息、消遣娱乐和接受教育，同时也是表达自己，找回与其存在的本真联系。人们之间的互动也主要通过语言这一单一的媒介来实现。借助语言，人们的观念、智慧、气质、人格等个体自身的属性和禀赋，以及是否温柔可人、是否善解人意、是否富有同情心和幽默感等性格特点呈现出来，并在与他人的交互作用中感知和确认自身的存在。

网络大众文化从关注社会的宏大声音转而成为个人的窃窃私语、生活感触。公众为何对网络的论坛、网页、博客等事物抱有如此的热情？面临被结构、关系、权力的束缚，人的地位越来越卑下，必须在主体失落的环境中寻找到自我救赎的途径。网络空间为个体的言说欲望提供了发布场所，使传统媒介中片面的人完整了起来。在这里，表达构成了一种可以真切感知自身存在的方式。网络以其独特的视角和叙事方式对自我进行着整合，它不企求同步的交流与呼应。除了聊天、论坛等喧哗与骚动的网络空间之外，有些网络工具(如博客等)的使用能促使人们踯躅于思想的路上，在虚静中寻求智慧，有种“桃李不言，下自成蹊”的韵味。

(5) 从追求真理与本质到维护理想、价值与意义。

方兴东、胡泳认为，现在全世界每天传播的信息内容，有一半是由六个大媒体巨头所控制，其利益驱动、意识形态以及传统的审查制度，使得这些经过严重加工处理的内容已经越来越不适应人们的需求。……这种大教堂式的工业模式主导了整个媒体世界。如今，网络的崛起正在潜移默化地变革整个传播内容。从对真理、本质的追求到积极关注事实与价值的融合。不要指望网民会抱团去造航天飞机，那是现代大工业的事。因为个人兴趣，网民们把外人和主流社会认为没有价值的、细小的、关于情感的、关于理想的、自己认为有价值的东西研究了个透彻。大众文化的网络生产不是叙事的宏大化，而正是各种细小的问题。这样的传播内容像细菌一样繁衍起来，就会使我们关于细节的知识丰富起来。我们并不缺乏宏大叙事，真正稀缺的是细节的完美。网络大众文化艺术以其意义的模糊性、影像的碎片化、情节的互动性、视听觉的沉浸感、规则的不确定性、观赏者的随意性、作品的商品化等特征，在一定程度上淡化了传统对“宏大叙事”、“真理”、“本质”的诉求，转而关注自身的理想、价值与意义。① 正像美国后哲学文化的倡导者罗蒂所说，在事实与价值之间、科学与道德之间做区分是不合适的，因为它们在行动中是统一的。

从某种意义上说，这是现代社会对人的本质属性和价值的物化与异化的一次反拨，是人的属性和价值回归自身的一次革命。例如，在古希腊和文艺复兴时代，我们可以看到人们对自身属性——如力量和美——的欣赏和肯定，但随着物质文明的发展，人的力量和美愈来愈被物质属性取代，位子、票子、房子、车子成为评价一个人的价值和力量的标准，同时时装、化妆、美容、整容手术等也混淆了美的标准。网络则摈弃了种种被物化的标准，使人们在语言中呈现自己，在表达中确认自我。

2. 网络大众文化对个体自我的影响

文化是一个社会的自我解释和人的自我解释。任何文化都提供对人自我的一种说明。② 如果网络仅仅超越了现实世界对个体的规定性，那么它还不值得我们为之欢呼，因为这仅局限于凭借科学技术革命改变人类的生存环境。但是人们在享用技术带来的舒适和便利的同时，也与大自然和自我日益疏远和对立起来，高科技带来了高度严密的社会管理制度和物化的价值标准，伴随而来的是人与人之间的日益冷漠，物质财富异化为压抑、扭曲和摧残人性的异己力量。胡塞尔曾指出，现代主义根据理想化了的数学形式来发现和描述世界的动力，但是这样的描述掩盖了先于科学描述而存在的世界——生活世界或世俗存在的日常生活世界，但正是在这样的生活世界里，我们才得以生存并从中推导出科学的方法。可以说现代科技所创造的生存空间是反人性的，至少是与人性疏离的。从大众文化层面思考，网络对人类生存的意义主要并不在于物质财富的增值和生存环境的改变，重要的是，它提供了一个更加人性化的空间。在网络互动过程中，个体身份与角色是决定互动方向、过程及结果的重要的方面，直接决定了人的心理和行为过程。与现实世界相比，虚拟世界中的个体对自身角色的认知、态度和情感都发生了变化，不仅体现为外部语言上的变化，实质上更体现了同特定的网络角色联系在一起的规范、期望、价值和态度等的变化，这些变化甚至通过

① 欧阳友权主编：《网络传播与社会文化》，高等教育出版社 2005 年版，第 189 页。

② 彼得·科斯洛夫斯基著，毛怡红译：《后现代文化——技术发展的社会文化后果》，中央编译出版社 1999 年版，第 60 页。

角色扮演者的网络心理互动整合入其人格结构，体现了处于后现代文化场域的网络大众文化对个体的心理影响。

(1) 从摆脱虚假的面具到走向真实的自我。

在现代社会不断增多的关系中，人有可能得到更多、更深、更全面的自我表达。在旧的长期稳定而有限的关系结构中，人们为了维持这些关系，往往需要迎合关系对象，在一定程度上遮蔽或牺牲自我，以获得对方的满意和支持。与此同时，每个人都处于众人的监视之下。由于缺乏新鲜刺激，人们常常热衷于传递流言蜚语、小道消息。有时候，很多人都会不由自主地说“违心话”，以避免对他人不必要的冒犯；穿自己并不喜欢和欣赏的流行服装；承担自己别无选择的工作。由于处于强大的从众压力的环境之中，在世人面前不得不创造一个“虚假的自我”，就如同一个演员扮演了一个与他/她的自然人格不一致的角色一样。马斯洛指出，此时人们所面临的挑战是，怎样才能远离虚假的自我而走向真实的自我。[①] 进入信息时代，随着关系的激增，特别是网络联系的匿名化和人际关系的松散化，使交往者卸除了各种心理负担，有助于更多地表现自我真实的一面。[②] 因此，虽然坚持发布信息很耗时间精力，但人们乐此不疲，由于在互联网络中人们可以使用匿名，因而个体在网络中进行自我表达时，会较少顾及社会规范的约束，比较率性而为。网络自由场景就像古希腊人的酒神祭典，在酒神狄俄尼索斯的号召下，古希腊人冲破一切禁律，放纵情欲，解放生命的原始冲动，把生命的创造和毁灭都视为生命力的表现，在狂热中忘却自我的存在，因此也不再惧怕什么惩罚。如果借用弗洛伊德的“本我”、“自我”、“超我”的三分法，人们很可能在网络上将现实中被阻拦的“本我”表现出来。

通过互联网络，人们接触到一个由多元文化组成的多元世界，可以与不同国界、种族、文化的各种类型的人平等对话和交流。这种“在线生活”缓解了传统的面对面交往给人带来的心理压力，可以消除现实生活中人性虚假的一面，便于展示真实的自我。自我的呈现和体验有赖于相应的虚拟身份来完成，所以不是所有网民都能够随心所欲地选择身份和扮演角色。虚拟身份大抵由性别、年龄、职业、学历等要素构成，而自我主要是由价值观、性格、气质、人格等要素构成。个体不论选择什么身份和扮演什么角色，其自我应当具有一定的内在一致性。人们在网络上的行为其实也是一种角色采择的行为表现。心理学家萨宾(Theodore R. Sarbin)描述“想象”术语是“无

① 马斯洛著，刘烨编译:《马斯洛的智慧》，中国电影出版社 2005 年版，第 114 页。

② 杨莉萍著:《社会建构论心理学》，上海教育出版社 2005 年版，第 50 页。

声的角色采择"(muted role-taking)，那么我们不妨将网络写作等信息传播过程看做"书写的角色采择"。萨宾认为"无声的角色采择距离叙事模式只有一步之遥"①。网络互动过程如同人们在网络的大舞台上进行着自己的表演，个体同时担负着导演、编剧和演员的任务。人们在网络互动中完成角色扮演的过程则是网络大众文化形成的过程。

(2) 从现代自我的隐退到社会构建的自我。

对参与网络的人来说，在网络上述说自己的故事，不是一种简单的言语表达，而是"一种复杂的意义建构的过程，是认识和理解生活的一种方式。由于每个人的经历不同、境遇不同，建构世界的方式(叙事)也就不同，因此，叙事就是生活，或者反过来说，人生活在叙事里。我们用叙事临摹生活，又在叙事中展示内部心理的真实于外部世界"②。自弗洛伊德建立起自我的概念以来，各种心理学流派都对自我进行了大量的研究，例如詹姆斯的"经验我"、罗杰斯的"真实自我、理想自我"。但不论各个流派关于自我的概念、自我的结构、自我的形成过程、自我的研究方法存在多大的差异，都有一个共同的特点：各心理学流派都认为自我是存在于某个地方的一个实体，具有一定的稳定性，"自我就是一个独特的、持久的同一身份的我"③。

后现代主义思潮是信息时代的产物：人类知识的空前膨胀，电脑和数据库的广泛运用，科技高视阔步导致了现代性的合法性危机，这一状况反过来深刻地影响着人类的心理机制和行为模式。④ 按照里德的说法："这就是无实体交流的混乱所在。这是一种借技术而存在的后现代多元文化的身份景观。它没有性别、种族之差，也没有其他的问题建构。在网上，使用者脱离了生物的、社会文化的决定因素而自由飘荡。"⑤1988 年，格根(K. J. Gergen)从饱和的自我入手，开始了后现代境遇中的自我问题的新探索。他认为科学技术的进步导致了人类社会关系的复杂化，并促使人们的交往活动日益走向饱和。人们利用网络的虚拟性参与并维持着复杂多变的社会关系，在网络互动中扮演的不同于现实中的另类多重角色就是格根后现代自我状况的表现。在频繁而复杂的网络交往过程中，人们的身份也在相应发生急剧

---

① Sarbin, T. R. (1998). Steps to the Narrative Principle: An Autobiographical Essay. In D. J. Lee (ed.). *Life and Story: Autobiographies for Narrative Psychology*. Praeger Publishers, p. 25.

② 杨莉萍著：《社会建构论心理学》，上海教育出版社 2005 年版，第 227 页。

③ 黄希庭著：《人格心理学》，浙江教育出版社 2002 年版，第 369 页。

④ 王岳川：《后现代主义文化逻辑》，见《后现代主义文化和美学》，北京大学出版社 1992 年版，第 2 页。

⑤ 王逢振等编：《网络幽灵》，天津社会科学院出版社 2000 年版，第 3 页。

变化，个体再要保持恒定不变的自我概念几乎不太可能了。社会建构论者格根认为，后现代人由于大量知识、信息以及不同文化观念、价值的植入而进入“自我饱和”状态，完全饱和的自我实际上等于失去了自我。在后现代社会，人始终处于不断地建构和重构过程之中，每一种“真实的自我”状态，都面临自反性的诘问和质询，最终不得不为另一种同样“真实的自我”让路，[①]社会饱和不断地增加着自我的植入，谋求自我同一的任何冲动都被投入怀疑之中，被认为是荒谬的、肤浅的、狭隘的，或是被“内在旁观者”污染了的。因此，在后现代社会，人们要注重的是不断解构自我、重建自我，形成一种新的、动态的与发展的自我概念模型。持社会建构论立场的学者强调关注人们对生活于其间的世界(包括他们自己)的描述、解释或说明。所以，他们强调从个体的早期经历、成长历史、文化背景、社会环境入手，综合考查其心理与行为。网络正是提供了打破现代自我同一性的平台，在与他人的互动中构建新型的自我，因此理所当然地成为了解个体所应关注的方面。

(3) 从“单向度的人”到后现代的“多重心灵”。

后现代时期文化论坛激进的思想家马尔库塞在其名著《单向度的人》中说到，现代社会成为只有肯定面的单向社会，现代人的思维变成了单向思维，单向社会与单向维度的融合，造成了现代人的全面异化，人也由之成为单向度的人。[②] 在所有的文化中，个体身份的确定是维持社会结构和人际交流正常运转的需要，是个体增强归属感的需要。从出生起到死亡，个体必须自愿或不自愿地接受现实社会规定的各类身份和角色。因此，在现代文化中，人的自我具有内在统合的特点，不同性质、水平的心理特征或特质之间相互整合，形成完整、动态的人格统一体。现代心理学内部虽然存在严重的理论分歧，但在相信人的自我或人格的同一性方面，始终保持着现代文化的一致性。如奥尔波特以“统我”概念直接体现了自我的整合；罗杰斯认为，“自我在知觉模式中是组织化了的”；弗洛伊德的“自我”在本我和超我之间起着调和作用，以维持本我、自我、超我之间适度的张力，同样具有统合的意义。[③] 在后现代文化形态中，个体身份和角色的明确性和独一无二性却遭到了冲击，在一定程度上受到解构。在现实生活中这种冲击力是有限的，但在

---

① Gergen, K. J. (1991). *The Saturated Self: Dilemmas of Identity in Contemporary Life*. Basic Books, p. 6.

② 马尔库赛著，刘继译：《单向度的人：发达工业社会意识形态研究》，上海译文出版社 2006 年版，第 45 页。

③ 杨莉萍：《从本质主义到社会建构主义的人格观》，《内蒙古师范大学学报》，2003 年第 3 期，第 34 页。

虚拟空间和文化领域却首当其冲。网络的虚拟性、间接性和匿名制使得个体拥有充分的权利和自由选择和决定自己的身份和角色。这就给个体体验丰富多彩的生存状态提供了广阔的空间。

电子信息技术的发展将人们推入了饱和的社会，置身于饱和关系中。在后现代文化思潮下，个体的人格、情绪、态度等心理现象不是存在于人的内部，而是存在于人们之间或是现实或是虚拟的心理互动中，是特定的语境的产物。于是，“人们在喧闹的当代生活中发现了一种新的感觉或意识丛，一种新的自我意识型。这种多重感觉、意识并存的状态可称为‘多重心灵’，主要是指将个体撇成多重的自我面向”①。在网络互动过程中，主体除了具备角色代码和纯文本等非确定性的身份特征之外，个体在每一种关系中都可能换一种思维方式，也就是换一种生存方式，其可以在虚拟环境中较随意地创造自我身份，并且可以使这种身份表现为多样性、随意性。因此，个体的网络身份可以是在言词之间表现出的一种角色转换，网络身份甚至是个体主动设计、实践并坚持演绎的一种存在方式，这种主动的全方位另类生存体验使得主体自我从确定走向不稳定，由单一走向多重。网络这种后现代型的交往实践所构建的是一个“不稳定的、多重的和分散的主体”。按吉姆·柯林斯的说法，后现代的主体是一种“多元而矛盾的主体”。也许个体的现实身份是一名工作认真负责的国家公务员，而他同时也可以以一名成功作家的身份出现在网络中，两者兼顾，人们可以同时体验在公务员与作家的双重人格面具下生存的乐趣。这种现象可由格根关于后现代人多重心灵构建的论述得到解释：“后现代社会，一个人越是善于在不同情境下妥善处理各种关系，就越能占据有利地位。而人越是感受到这种关系处理技巧带来的益处，就越倾向于进一步利用这些技能技巧。因此，似乎可以预见一个朝着多重心灵螺旋上升的发展趋势。”②因此，随着时代的发展，个体的自我不再是“一个”，“我”包含着“一群”。从前独立的、唯一的“我”被发展为一个多面体：一面是公务员，一面是作家，一面是记者，一面是明星，一面是摄影师……所有这些心灵都潜伏于同一身体，在不同的条件下展示不同的自我，每一个都活力四射。

（4）从主体自我到自我客体化。

“叙事”一词最常用于文学领域，是一种创作手法，即叙说按时间顺序所

① Gergen, K. J. (1991). *The Saturated Self: Dilemmas of Identity in Contemporary Life*. Basic Books, p. 73.

② 杨莉萍著：《社会建构论心理学》，上海教育出版社 2005 年版，第 55 页。

发生的事情或事件。[1] 还有学者认为，叙事就是陈述人、动物、宇宙空间各种生命事物身上已经发生或正在发生的事情，是人们将各种经验组织成有意义事件的基本方式。这种方式向我们提供了了解世界和向别人讲述我们对世界的了解的途径。[2] 20 世纪 80 年代以后，“叙事”开始在社会科学研究中频繁出现，叙事研究方法也开始在包括社会学、教育学以及心理学在内的社会科学研究中广泛运用。叙事研究是以“叙事”为研究载体或研究途径，采用日记、书信、口头或现场记录、开放式访谈等方式进行的研究。按照这种对“叙事”的解读，网络信息发布者按照时间顺序排列，采用日记的形式对自己生活的记录便成为了最直接的第一手的叙事研究材料。通过制作个人主页以增加对自我的关注，提高自我形象。因为网络写作本身就是一个自学习、自发现的过程。按照叙事心理学的观点，只有在人们使用语言（不论是有声的还是无声的，口头的还是书面的）将一系列事件从时间维度将其联系起来时，自我才会凸现出来。在网络写作过程中，通过作者的自暗示、自强化等过程使自我得到完善和提高。这些网络记录行为便成了个体对自我的自发的内省过程，成就了一种朴素的自我叙事方式。

除了信息共享外，人们通过文章的阅读与写作进行了思想和灵魂的深层碰撞。利比里奇（A. Lieblich）等人认为：“人们天生就是故事的述说者，故事为人们的经历提供了一致性与连续性，并在我们与他人的交流中扮演着重要的角色。”[3]网络中的故事以现实为模板，又不等同于现实。在与他人虚拟的心理互动过程中，人们述说自己或倾听他人的故事，在其中感受对生活、人生和理想的体验，并进入到他人的内心中去。因此，网络故事的叙述是个体内部对外部世界的反映，使人们能够了解自己、了解他人，并在其中建构自我和人格。

（5）自我意识的觉醒与公共意识的崩溃。

在数字技术的授权下，所有有电脑和宽带的人都是被解放了的，人们可以发现周围潜在的艺术家。传统文化的支配者、好莱坞制作室、报纸等不再是生产手段或信息传播的唯一手段。在如今大众于网络上自我传播的文化中，业余主义受到极大的鼓舞，只要是有观点的人，哪怕是错误的，也可以建立网站、写博客、发布视频或者去维基百科创建条目，受过专业训练的专家和所知甚少的业余网络爱好者的界限越来越模糊。例如网络个人主页的一

① 陈振中：《论教育叙事研究的若干理论问题》，《上海教育科研》，2005 年第 9 期，第 33 页。

② 邱瑜：《教育科研方法的新取向——教育叙事研究》，《中小学管理》，2003 年第 9 期，第 24 页。

③ Lieblich, A., Tuva, R. & Zilber, T. (1998). *Narrative Research: Reading, Analysis and Interpretation*. Sage Publications, p. 7.

个非常有名的口号是“一个人未经编辑的声音”。没有把关人，使得网络大众文化异彩纷呈，但没有把关人，也使得“木子美”招摇过市，使得“馒头血案”、“艳照门”引发纠纷和诉讼。大众文化的力量在迅速增长，但在无序、混乱、芜杂的世界里，不可能自动拥有一个均衡器，在把关人缺失、内容监管不到位的境况下，网络大众文化面临着走向其反面的危险。网络传播的力量越强大，其成为攻击利器被不当运用的危害也越大。当匿名的作者不再受专业标准或职业道德的约束，去操控公众舆论，真相就变成了唾手可得的日用品，买、卖、包装、改装都来得不动声色，出于名利目的，哗众取宠，网络便沦为了个人名利追逐场和个人情绪的宣泄地。因此提高网络大众素质，加强自我约束，力求网络报道真实客观，增强公共意识则成了网络大众文化建设的当务之急。虽然不少网站纷纷出台了网民自律公约，但网络的公信力建设仅仅依赖于自律是远远不够的，还有待于相关法律法规的健全。

(6) 网络大众文化对青少年社会化的影响。

美国结构—功能主义社会学家帕森斯在20世纪五六十年代提出了社会化即角色学习的观点，是指作为个体的生物人成长为社会人，并逐步适应社会生活的过程。青少年要实现自身社会化必须置身于一定的社会关系和社会交往中，经典的社会化理论往往侧重于探讨家庭、同伴、学校、大众传媒（报刊、广播和电视）对青少年成长的影响。随着网络技术的迅速发展，宜于接受新鲜事物的青少年在网络互动中建立的社会关系日渐成为影响其社会化的重要因素。网络的虚拟性、间接性与匿名制使人们由此突破了现实的单一维度，获得了不同的身份和角色，给同一生存主体带来了不同的生存体验，这种体验要比神话或艺术所带来的想象性体验更为真实和持久。甚至有人将青少年社会化分为真实社会化和虚拟社会化两种基本类型，前者常用来概括家庭、同辈群体、学校等机构进行的社会化过程，而后者则特指报刊、电视、网络等传播媒介尤指计算机网络。

青少年在虚拟世界中与他人的互动是接受网络文化的过程。有了网络这个角色实践的理想场所，个体可以在其中自由地进行“角色预演”、“角色换位”，把自己“假定成”不同的角色，体会不同角色的需求和情感，并按照自己理解的角色规范进行角色实践，通过他人的反馈验证自己的角色行为。经过多次的实践和验证，把握自己在现实社会中扮演各种角色的尺度。与现实社会化过程不同，这种虚拟社会化具有自身的特点：交往对象的虚拟性、社会化过程的双向互动性、个体化的社会化内容、社会化过程的可模拟性等。网络中的社会角色具有虚拟性，其身份和地位容易变化。在虚拟的社会化过程中，青少年具有更多的自主性，传统意义上的强制与惩罚是不存在的。与现实社会化的群体化特征相比，虚拟社会化具有更多的个性化色彩。虽然在网络上扮演角色成功不能表示在现实社会中同样会成功，但是这为人们正确理解角色要求、缓解角色紧张、解决角色冲突提供了反复实践的机会，青少年可以通过多种方式在网络上践行不同的社会角色，从而加速了社会化的过程。

网络空间是一个文化多元、价值多维、充斥着多种异质因素、充满悖论和张力的世界。它的虚拟性特征既给人以创造性，又产生虚假性；其开放性特征既给人广阔自由，又带来失律失范；其交互性特征既带来了文化的沟通，又加剧了文化侵略。因此，从网络时代的虚拟世界出发，对网络大众文化既要持积极的肯定态度，同时也要分辨其虚无性，对其所包含的不合理因素进行揭示，防止自我在虚拟泛滥中虚空。同时，面对网络化进程的加快，人们应该深刻认识到：传统文化的保护和发展已经不再是一般意义上的传承和延续，而是从内涵到外延的不断创造和更新，在接触世界文化多样性的同时，注意保护和发展传统文化。

3. 博客五种角色扮演类型及其分析

自出现到兴起，博客受到了热烈的追捧，正如麦克亚当斯所说，人们在博客中讲故事的同时整合自己了解了他人，原来像游魂一样飘荡在网络上的人们终于在虚拟空间中为自己安了家。自此，不论思绪飞得多远，不论你游弋到哪里，最终人们总习惯回到自己网络的精神家园——博客上，在这里人们将自己的所见、所闻、所听、所想记录于博客之上。这就像是现实中将家作为解除身体劳累的地方，人们将博客当成了抚慰心灵疲惫的场所。从心理学的角度分析，博客具有以下几方面的特点促使人们将其看做网络上的精神家园。

(1) 明星大众化。

博客是泛偶像化时代最好的装备，它模糊了以往的偶像与普通大众的界限。大众明星化了，每个人的自我都具备被更多人阅读并了解的条件。明星大众化了，从公众话题的中心成为一个博客参与者。博客上的网络互动将普通人与名人的心理差距缩小了。在博客上，双方都用文字符号表达自己，名人卸去了明星的光环，仅仅作为一名网民讲述自己的故事。他们可以敞开心扉讲述自己生活中的酸甜苦辣、奋斗的历程、工作中的失误等。人们可以借此了解名人成功背后的艰辛，对名人的认识不再限于他们在某一个作品中成功或失败的表现，而是趋向于像对待多年的朋友一样：为朋友的成功而喝彩，不会苛求朋友的失误。名人开博使公众人物降低姿态，成就了名人与普通人在话语上融为一体的机缘。"重要他人"是一个心理学名词，意思是在一个人心理和人格形成的过程中，起过巨大的影响甚至是决定性作用的人物。他/她可能是父母长辈，或者是兄弟姐妹，也可能是老师，抑或萍水相逢的陌生人。“重要他人”说过的话、做过的事，他们的喜怒哀乐和行为方式，会以一种近乎魔法的力量种植在人们心灵最隐秘的地方，生根发芽。人们的某些性格和反应模式，由于“重要他人”的影响，而被打上了深深的烙印。随着网络时代到来，人们通过博客熟悉名人的个人生活经历胜过熟悉周围的同事、朋友和邻居。博客使得众多“名人”成为人们“亲密的陌生人”，成为人们一生中的“重要他人”。

（2）草根权威化。

世界博客文学在欧美萌芽、起步，但汉语博客文学的花朵却开得特别鲜艳，在因特网上特别火爆与繁荣。这或许是因为以“载道”、“明道”、“经邦治国”为己任的中国文学受到的桎梏太多，担负的责任太重，一旦回归到平等、平民化的、轻松的博客环境中，便显露出勃勃的生机。后现代主义者米歇尔·福柯认为，话语中潜藏着各种划分、关系及一部分人对另一部分人的权力控制，接受一种话语，意味着臣服其中包含的权力关系和秩序。博客为人们提供了颠覆现有出版界既存的关系和权力的平台，博客文学的作者大多爱好文学，也有一定的艺术修养，甚至有相当高的文学创作水平，博客这一新兴事物给了他们一个相对自由的创作空间和发表园地。至于从草根阶层奔上来的博客写手则属于纯粹的魅力展示，来自草根，成名受惠于草根。在这里不得不提到博客文学创作的典型代表——“当年明月”。从在博客上的火爆到书籍的出版，《明朝那些事儿》的作者“当年明月”也成为了众人关注的焦点，一个年仅27岁的年轻人，一个非文学和历史学专业出身的普通公务员，用老道、通俗、幽默的手法，将历史还原得清晰深刻、丰满圆润。当记者问他是否要在现实中成为一名作家时，他这样回答：“我不会放弃工作只写作。写书是我的兴趣，如果将它变成工作就没意思了。”当年明月认为还是应该继续扮演好现实中的自己，自由地发展网络中的他，继续带着这“双重的人格面具”生活。

博客的出现掀起了新一轮的文学创作热潮，借助网络平台掀起了新一轮的文艺复兴，其为民间幽默升华为高级文学和意识形态并为其提供一片沃土。如苏联文学理论家和批评家巴赫金所说的，由于“低层文学”侵入了“高层文学”，正统的严肃畏惧在日常生活中受到了挑战和遗弃。

（3）平民偶像化。

身处高节奏的现代化生活中，很多人摈弃了写日记的习惯，尤其是新生代的年轻人，而有了博客以后，由于它的快捷和方便，很多人又重拾记录自己思想的乐趣，实现了原来可望而不可及的梦想，传播了自己的思想，成就了众星捧月似的明星梦。新浪排名第三的 Acosta 的博客“极地阳光”就是典型的平民偶像化的例子。这位新浪点击率过千万的博客，在开博之前不为人所知，就是现在也没有人知道他现实生活的具体状态，他既不是热门作家，也不是知名演员，却拥有超过千万的点击率，因此，被人称为第一个逾千万的草根博客。这里的草根是一种相对概念，是指相对其他的在现实社会中已经成名的千万博客。在博客中，他外表俊朗、气质忧郁、文笔流畅、行为神秘，给人的感觉是一个喜欢在博客上记录生活和思想点滴的大男孩。Acosta 的成名也引来了众多的推测，其中也不乏有人认为一切纯属新浪博客的造星运动。不管怎样，Acosta 以平民的姿态进入了大众的视野，在大众节节攀升的点击率中成长为偶像。他的受关注，他的成名，代表了很大一部分青少年的梦想，代表了很大一部分人希望自己写的博客能受关注、能引起他人共鸣的状态。在 Acosta 成名的带动下，许多人更坚定了自己写博的道路，因此，博客推动了真正的泛偶像化时代的到来。于是人人都可以在博客上展示自己，以独特的性格吸引大众的注意力，偶像与大众的距离越来越近。

研究青少年自我中心性格特点的发展心理学家戴维·艾尔金德 (David Elkind)提出，青少年易沉浸于自我想象中，这种自我中心的特点是充满了假想的观众。这正是青少年自我意识发展的体现。博客的点击次数强化了其自我意识，促使他们更好地自我表现和自我塑造，从而促进他们的个性向健康的方向发展。博客是偶像梦的圆梦之所，人们在这里变得重要起来。博客日志迎合了人们的表演欲望。人们在自己的“地盘”记录生活、宣泄情感，博客日志把一个后台的相对真实的自己展示出来，戴着“面具”安全宣泄和表达，还可以被人看到并接受评论，满足了人们的虚荣感。很多人到博客里体验了一把偶像生涯，哪怕被技术更迭的浪潮吞没，毕竟曾经是一颗清澈的水滴。偶像梦明明灭灭，新媒体起起落落，在潮流面前，与其旁观兴叹，不如尽兴投入，任它打湿了衣襟，也总算尝到了海的味道。

(4) 民众记者化。

在博客中构建的世界是令人耳目一新的，传递着与官方媒体不同的声音。从博客成名的重大历史事件也可以看出博客将民众记者化的趋向。而在中国，博客记者也开始迅速崛起。2003 年，“孙志刚案件”、“宝马撞人案”的热潮背后，就活跃着博客作者的身影，他们开始在中国社会生活中崭露头角并施加影响。后来，“博客中国率先报道盛大收购新浪股份，在业内引起轰动”、“博客网大规模报道百度上市”、“博客第一时间发布了九江发生地震的消息”等事件说明我国也开启了一个新的博客民众记者化时代。

博客的民众记者充分利用了人们对于新异信息的好奇心，将博客制作成了一份个性杂志，自己兼作记者、撰稿人和编辑，通过博客向人们发布信息。在博客中发布信息的动力体现在揭露真相带来的成就感方面。一方面，一部分民众化身记者弘扬正义，传播积极向上的信息，毫不留情地揭露阴暗、丑陋的一面；另一方面，也有一部分人将自己能够自由支配的博客作为个人泄愤或暴露他人隐私的场所，许多博客就是利用观众的好奇心，最大限度地满足人们的窥视欲望，以获取高点击率。总之，记者化的民众对重大新闻有着非常敏锐的触觉，能及时搜集到最新、最重要、最让人感兴趣的新闻。随着网络时代的到来，当人人都可以成为水均益、柴静、白岩松时，人们便充分利用了手中的权利，对于手中的内幕难免沾沾自喜。真相就像是弥达斯的驴耳朵，博客则是风里的芦笛，种种秘密在博客上不胫而走，准确地到达关心它的人。博客成就了人们对人类社会或自然科学的大事有较早了解或准确预言的先知的梦想。记者的身份也赋予了人们公布真相、维持秩序的主持感。

（5）自我个性化。

正如卢梭宣称，“我独一无二，我知己知人，我天生与众不同；我敢说我不像世界上的任何人，如果我不比别人好，那么我至少跟别人两样。大自然铸造了我，然后就把模型打碎了”。人类主体意识苏醒的标志之一就是个性自由，个性的独一无二使每个人都获得了存在的价值。博客在某种程度上成为一种个性的表达方式，在不直接触碰禁忌的前提下你可以在自己的领地里为所欲为、畅所欲言，秀出自己是博客精神里不可或缺的一环。正如里斯曼所说：“今天最需求的，既不是机器，也不是财富，更不是作品，而是一种个性。”每个人都是与众不同的，博客为人们尽情地展现自己的个性提供了非常方便实用的功能。人本主义心理学家马斯洛强调每个人都有自我实现的需要，其中主要特征是人们都倾向于自发的表现自己，在自发表现过程中显露出了创造性。富有创造性的博客使得个体从纷乱的网络信息中独立出来，得以全方位地展示自己，不仅仅是博客页面或文字，更多地是以独特性格吸引公众注意力。一位具有很高知名度的博客金·罗曼斯科（Jim Romensesko）认为，博客使得信息发布者脱掉千篇一律的外套。他认为，在博客网站中，博客作者的个性扮演着最重要的角色，因为这决定着读者与他互动的紧密程度。

五、大众文化心态研究的反思

1. 大众文化心态研究是心理学领域内的重要课题

首先，大众文化心态研究丰富了国内社会心理学、文化心理学的研究内容。心理学作为研究人的心理与行为的科学，应该重视当前社会文化的发展状况及其给民众心态带来的影响。尤其是大众文化的出现和流行导致了大众心态的众多新现象出现，更使得心理学研究不得不关注人们精神信仰、道德观念、行为方式、价值理念等方面出现的新变化。对社会文化情境的更新带来的心理变化问题的研究成为国内心理学，尤其是社会心理学、文化心理学领域中的重要内容。这一社会文化视角的延展，给国内社会心理学和文化心理学指出了一条回归现实、回归文化的发展方向，丰富了国内社会心理学、文化心理学的研究内容。

应当看到，中国的社会心理学界在介绍、运用和借鉴西方心理学理论、方法等方面取得了丰硕的成果。但由于国内心理学研究起步较晚，研究思想上总是亦步亦趋地追随西方科学心理学的实证主义倾向和认知主义的取向，"移植现象"比较严重，研究视野一般局限于纯心理学的领域，较少涉及到诸如文化学、人类学、社会学的内容，更没有做到对社会科学各领域内不同观点的借鉴与融合，没有注重走多学科、多视角的研究道路，从而忽略了中国本土社会文化情境的变化以及文化心态的变迁问题。虽然有些学者重视心理学的社会文化视角，但他们的著作也只是在中国社会学界引起了重要的反响和广泛支持，在心理学界则呼声甚微、作用甚小，其主张往往不被重视和采纳，从而淹没在科学实证的心理学浪潮之中。这不能不说是国内心理学，尤其是国内社会心理学的一种遗憾。而系统探讨中国社会的整体转型、社会文化的变迁，以及由此带来的大众文化心态变化问题必将丰富国内社会心理学和文化心理学的内容。而且文化向度的引入，为深刻把握社会行为的本质，完善和发展社会心理学学科体系具有不可估量的作用，同时也为整个心理学研究提供新的契机和课题。

其次，大众文化心态的研究更加强调心理现象阐释的多层化，重视心理发展的文化情境。心理现象的复杂性在于心理形成过程中影响因素的复杂多样性，而文化因素是心理现象研究中绝对不容忽视的一个重要因素。以往的跨文化心理学、文化心理学等心理学分支已经对心理建构的文化作用，以及心理行为表现的文化影响进行了学理的探讨和研究，但是将社会文化变迁作为一种影响人类心态变化的因素的研究还不够重视。回顾当今中国心理学的众多分支领域的研究，可以发现，在心理学领域内有关态度、行为、观念、价值、信仰、自我、社会化、人际关系等课题的研究中出现了与以往文化背景下不同的现象和结论。而究其根源，又不难发现这些心理现象变化背后的文化变迁因素所起到的影响作用，尤其是愈演愈烈的大众文化在青少年心态发展变化中所起到的重要影响，更是从另一种视角解释了当今青少年心理现象的与众不同，揭示了心理社会化过程中文化情境影响的重要性。

在心理学研究中出现的这些新现象、新问题、新课题以及新解释，在一定程度上促进了众多心理学分支开始并愈来愈重视文化变迁对人们的心理行为变化产生的影响。比如生态心理学、跨文化心理学、发展心理学、认知心理学、社会心理学等领域都从这个角度出发，将本领域内的相关问题纳入研究范畴之内。尤其是发展心理学和社会心理学领域内的一些研究更是开始涉及到文化背景转型和青少年的心态变化问题，或者以文化转型作为背景变量，或者将文化变迁和大众文化作为刺激变量来解释当今青少年心理成长中出现的一些新问题和新现象。文化是一个核心的塑造源，对认知、情绪和信息加工过程都会产生影响。如今的发展心理学家认为，“以往的许多心理研究者总是把注意力集中于青少年个体心理发展，而较少考虑青少年所处的社会关系网络，即其社会文化环境。然而，心理、行为，看来是彻底个体化的东西，而实际上是个体的经验，需要与其文化环境不断互动的结果”①。近二十多年来，中国的社会和文化环境发生了巨大的转变，尤其是大众文化对大众心态的影响更为深刻。将大众心态的变迁和大众文化的发展联系在一起，正是基于这样一种生态的、系统的、动态的观点之上。文化本身是不断发展变化的，尤其在当今快速发展的社会，文化的更变也加速了以往文化与现代文化的延续逐渐断裂。如今的心理学研究在说明、解读和解决问题的时候，如果不采用动态的、系统的文化观，如果不考虑文化因素在其中所起到的作用，恐怕对很多心理现象都将无法给予全面的解释。

2. 关注大众文化心态变迁是心理学不可推卸的社会责任

首先，大众文化心态问题已成为不容忽视的社会问题。在社会学领域内，现代中国社会的转型以及大众文化的流行所造成的文化心态变迁问题和文化责任问题早已被积极关注，而且对于这些问题的思考也促使了社会各界提出了相应的建设性、可行性的建议。尤其近几年，国家在社会政策的制定方面也从一定程度上体现着社会对于文化问题的反思，对于文化责任

① 顾蓓晔：《当代社会变迁中的世界青少年心理研究》，《当代青年研究》，1995年第3期，第31页。

的追问，对于大众心态变迁和发展的关注。对于广大群众而言，尤其对于正在成长的青少年一代，如今的文化环境复杂多样，各种精神价值和道德体系都在不断更新变化而又脆弱不堪。大众文化的出现和流行导致种种社会文化心态问题的发生，导致社会现象的奇形怪状。所以，我们可以反思：为什么社会广泛呼吁“中华民族的伟大复兴”，大力提倡“以德治国”，不断强调“和谐社会的建设”，高度重视青少年的思想道德建设？为什么社会迫切要求广大人民树立热爱祖国、崇尚科学、服务人民、辛勤劳动、团结互助、诚实守信、遵纪守法和艰苦奋斗的社会主义荣辱观？为什么我们要大力宣传、重新阐述这些简单的道理，重新提倡和弘扬这些朴素的观念，难道它们已经消失了？抑或它们在我们的生活中已经是走向了反面，热衷迷信、自私自利、贪图享受、背信弃义、好逸恶劳、讲求奢华的思想不断蔓延，展现出当代社会大众令人担忧的精神状态。而社会要前进，民众要提升，文化就要具有清醒的自觉性。

其次，大众文化心态的变迁需要方向的指引。西方大众对于文化的反叛或者说是对于个性的进一步张扬，以及他们对于自由或体验的追求，是有其深刻的历史背景的，是有根可寻的，是西方社会经济富足、精神需求发展的必由之路。相比来讲，虽然中国的经济和文化现实语境与西方都相差甚远，但我们的大众文化所彰显的这些庸俗的精神品质以及大众文化心态中所表现的消极一面，却着实让人触目惊心。

如果说以前我们是以旁观者的身份面对西方大众文化及其研究的，那么近几年对于中国大众文化的发展以及它对现代人心态变化影响的探讨就已成为我们迫切需要研究的心理学课题和迫切需要解决的社会问题。如果说以往西方青少年是以颓废的一代、嬉皮士运动而风靡了整个西方世界，甚至让社会倍感失望和无助，那么近几年我们对于青少年精神和价值的关注也已经成为青少年教育必须直面的困境和亟待解决的难题。进入现代化进程所引起的文化震荡以及心理转型是不可避免的。关键是如何在这种巨变中把握大众的心理发展方向，调整文化的舆论导向，引导青少年的健康成长，以免重蹈西方社会民众心态发展的覆辙，不再重演西方社会青年一代成长的历史闹剧。所以，我们应该从 20 世纪西方社会轰轰烈烈的诸多文化运动和文化反思中学习和汲取经验教训。中国大众文化的发展变化具有复杂的时空、经济和政治背景，大众文化的流行具有独特的人格特点以及本土特色的心理基础，这在一定程度上也提醒我们应该从本土文化的角度入手进行深入研究，从而有效地指导文化建设，引导文化心态发展。尤其要警惕一旦放开文化禁忌的疆域，人们就会无所顾忌，过度追逐或醉心于一些新鲜的刺激，这种心理解放如果不加以及时有效的引导或疏导，势必会导致社会文化的无序发展，威胁民众的心理健康。

最后，关注青少年的健康成长是社会文化义不容辞的责任。在物质生活无忧、文化精神起到重要作用的今天，社会迫切需要反思自己的文化方向和价值引导，迫切需要反思自己营造的文化氛围以及担负的文化责任。社会经济的进步和发展需要的是一种先进积极的文化。因为在利益追求多元化的社会中，文化必须提供给大众群体较为统一的价值评价标准，相对稳定的精神价值和道德体系的认同感，个体成长和社会建设可依靠的坚固基石。尤其对于青少年来讲，他们从一出生就生活在纷杂的文化环境中，大众文化中的诸多理念对他们的精神世界的冲击和影响最大。成长在大众文化背景中的青少年一代，是大众文化消费的重要群体，是观念、行为、价值、信仰、目标追求等变化最为明显的一代，所以我们需要高度重视他们在思想道德建设中出现的种种问题。大众文化已经深入到生活和学校教育的方方面面，已经成为影响青少年心理和精神健康成长的重要因素。大众文化的众多思想远比正规教育的作用和影响来得强烈，来得迅捷，成为家庭、学校和社会教育的重要障碍。而且，在当今大众文化大潮涌动之中，复杂的社会文化现实在不断侵蚀着价值道德的底线。青少年是未来社会各领域建设的主力军，他们的思想道德、精神信仰、人生理念、价值追求以及心理状况如何，直接关系到中华民族的整体素质，关系到国家前途和民族命运。在传统文化、崇高文化的精髓已经是弱化或消失的今天，我们拿什么样的道德观念来教育青少年？拿什么样的标准来规范青少年？青少年对于大众文化的切身体验所起到的消极作用总是抵制学校和社会正统的道德教育，大众文化的消极思想总是成为青少年价值标准的风向标，导致了青少年成长过程中出现众多心理社会问题，颇有些让社会措手不及。所以，青少年思想道德建设目前作为比较棘手的问题摆在了社会面前。

第二节　建设性后现代心理学

建设性后现代心理学通过扬弃现代思维方式，提出了整体有机论的思维方式，强调重新思考人与自然、物质与意识、存在与思维的关系。这种整体有机论的思维方式并不排斥科学的分析方法，而要对之加以包容、运用，并进而超越分析法及还原论，变革机械论所导致的客观、中立的价值观。

一、两种后现代主义

后现代主义以对现代性的批判与超越作为其主要特征。对形式各样的后现代主义进行分类，可以将其分为“解构性后现代主义”和“建设性后现代主义”。解构性后现代主义提倡去中心化，强调多元，认为世界是破碎的，反对对世界的统一的认识；认为不存在一个理性的或非理性的主体，有的只是个体。解构性后现代主义持有彻底多元化、破碎化的世界观，认为没有“理论”只有“话语”，它并非要建构一种理论去解释世界，而是通过具体的考据解构一切。因而明显表现出反本质、反规律、反同一性、反确定性的特点。建设性后现代主义以怀特海的过程思想作为其理论出发点。“建设性”一词与“解构性”相对，旨在凸显建设性后现代主义正在为现代世界提供一条积极的选择途径。但这种区分并非表明建设性后现代主义对现代性采取温和的态度，在科学哲学领域，建设性后现代主义无情地抨击了现代科学的本体论基础，因理论上的大胆重构而被称作为激进的后现代主义科学哲学。建设性后现代主义并不反对解构现代性的诸多特征的工作，它所强调的是对现代性的批判和超越应当伴随着重构的主张。

著名学者格里芬认为，试图超越现代世界观并非是通过排除现代世界观的可能性，而是要通过重新审视现代主义的前提和传统的概念进而建设一种后现代的世界观。这种建设性或修正性的后现代主义是一种包括科学、伦理学、美学和宗教直觉的全新结合。它并不抵制科学，而是反对科学主义所认为的只有现代自然科学才有助于建立我们的世界观的看法。① 两种后现代主义之间的争鸣针对对方理论所包含的现代性展开，其最大的分歧是对理性的态度。解构性后现代主义是反理性的，认为建设性后现代主义旨在寻求一种一致的、自足的理性标准，并试图提出符合所有经验事实的形而上学宇宙论，从这一点上讲是典型的现代主义思想。相反，建设性后现代主义则把现代哲学与现代科学视为本质上的反理性运动，认为解构性后

---

① Griffin, D. (1988). *The Reenchantment of Science: Postmodern Proposals*. Albany, NY: State University of New York Press. p. 83.

现代主义的反理性是将现代主义的主要倾向发展到了极端。①

建设性后现代主义思潮的直接来源是怀特海的过程思想，怀特海虽然没有使用过后现代一词，但他却使用后现代的方式来反思现代世界。在《科学与近代世界》一书中，怀特海提出了对现代性的批判与超越，他将自己所处的时代看做与中世纪向现代世界转变的时代一样重要的一个新的开端。早在1964年，怀特海过程哲学的研究者就使用了“后现代”一词，认为怀特海的过程思想体现了后现代主义的建设性的向度，过程思想从本质上区别于现代性特征，强调创造性、内在价值和对世界的关爱，符合建设性后现代主义批判间杂重构的主张。建设性后现代主义研究的领军人物大卫·格里芬的观点代表了这一思潮的主要倾向。他强调，世界是一个有机体和无机体密切联系、相互作用、永无止境的复杂网络。由于人们不可分割地包容于世界之中，物质和意识之间并不存在根本的分歧，因而意义和价值不仅是世界的组成部分，也是我们的组成部分。这就要求我们必须对有关知识的态度进行一场巨大的革命，在科学中，尤其重要的是要以后现代科学观取代现代科学观，以整体有机论取代机械论、还原主义和客观主义，彻底消除现代科学观所带来的种种消极影响，使科学的魅力得以再现。②

二、建设性后现代心理学产生的历史背景

后现代主义作为一种文化现象，同时也作为一场文化运动，当今已渗透进西方文化的方方面面，深刻地影响了西方社会的价值取向。伴随着后工业社会与信息时代的到来，旧的道德观与价值观受到冲击并逐渐被消解和颠覆，被新的价值观与生存方式所代替。人们在享受现代文明所带来的巨大物质财富的同时，却发现精神世界无所依托；在享受信息革命所带来的沟通与交流的便利的同时，却发现人与人之间越来越冷漠，丧失了基本的信任感，人们时刻感觉到空虚、孤独和无助；当面对铺天盖地的信息时，人们普遍丧失了鉴别的能力，迷失在信息的海洋里。由之可以看出人类的后现代生存状况不容乐观，主要体现在：神圣追求的消解、崇高感的沦丧、媚俗文化与艺术的盛行，道德沦丧、生命失重、前途渺茫的精神危机，空虚、无聊、绝望、悲观、癫狂、分裂、孤独、冲动、模糊、不确定、无中心、散漫、苍白无力、缺乏信

① 格里芬著，鲍世斌译：《超越解构——建设性后现代哲学的奠基者》，中央编译出版社2002年版，第2～3页。

② Griffin, D(1988). *The Reenchantment of Science: Postmodern Proposals*, Albany, NY: State University of New York Press. p. 89.

任感的境遇，以及对当下、局部、边缘、迷狂、求死的所谓极乐享受与体验的追求，没有了责任感、崇高感、道德良知和精神追求。①

按理说，在这样一个时代，心理学应该是大有作为的。一方面，人类经验中不断涌现出来的新要素，丰富了心理学的研究内容，能充实和完善公认的心理学理论，并为新理论的产生提供更多假设和素材。另一方面，人类后现代的生存状态，促进了心理学理论以及应用方面的研究；人们迫切需要将心理学的研究成果快速地转化为实际应用；公众对新知识开放性的接受程度的不断提升也为心理学知识的普及和推广提供了巨大的便利。但反观现代心理学的研究，越来越具有远离人类实际需要的危险，这与心理学研究中的诸多现代性特征有关。建设性后现代心理学作为一种极具时代精神的思想，对现代主义的心理学进行了反思和批判。

建设性后现代主义者认为，现代性的危机已在现代主义诞生伊始就已埋下了伏笔，那就是对世界的祛魅。所谓祛魅，就是指对"所有主体性，所有经验，所有感觉的拒绝"。理解"祛魅"的根源与现代科学观的兴起的关键在于：17世纪所兴起的激荡着智慧的科学革命，这个时期被怀特海称作"天才的世纪"。现代科学的神话要归于其迅速建立起的一种新理性。这种新理性来自波义耳、笛卡尔、牛顿和伽利略等开拓者的贡献。人们通常认为，这些科学巨擘将科学引入了机械唯物主义的正确方向，使其从迷信和陈旧的形而上学的桎梏中摆脱了出来。客观的研究方法与祛魅的自然观结合的优越性也被认为显示了理性科学的巨大胜利。但最近一些历史学家却认为这并非是因为经验因素或科学的考虑，而是基于王权社会政治和神学的影响。我们能够明确的是，这些创立者们都是有神论的，只是后来上帝的影响在这种超自然的二元论中渐弱，留给我们的只是唯物主义的无神论和不可知论自然观而已。等到19世纪，人们已经普遍接受了科学必须加以"祛魅"的假定，从而否定科学中的任何主体性、经验和感觉，结果使一切人性因素都被排除了，自然及自然科学变成了"纯粹客观"的东西。②

祛魅的结果就是对精神性的完全忽略或冷落。在"终极粒子"的形象中，精神被认为是不可归结为物质的衍生表象，无法占据确定的位置，进而应从根本上加以否定与取消。并且按照还原论观点，世界被视为可以随意分割拼装的机器，精神或意义已无立足之地。这就难免不顾后果地滥用科

① 高峰强著：《现代心理范式的困境与出路——后现代心理学思想研究》，人民出版社2001年版，第82页。

② Buchanan(1994). *Universal Feeling*. University Microfilms International Press, p. 10.

学，导致人类生存境况和环境的种种严重危机。大卫·格里芬对现代科学观的错误予以猛烈批判。他指责这种传统观念导致人的异化、意义的丧失、整个自然的全面“祛魅”，导致人类行为上的种种妄谬及自身的生存危机。他认为现代的共识是，科学与祛魅携手并进，一方面，它假定科学只能适用于那些已经祛魅了（即去除生命）的事物；另一方面，它假定科学方法运用于一切事物这一事实本身就证明了其祛魅观点的正确性。它还假定，用纯粹的非人性化词汇就可使人足以理解它，因为这种词汇不包括有创造性，不包括以价值或规范为根据的一切被认作神圣的东西。

以实证主义为主要体现方式的科学主义，宣称专注于控制事实而不是价值的现代自然科学方法是探知真理的唯一方法。换言之，科学、形而上学、伦理和美学都不能提供具有真假属性的认知断言。现代科学沙文主义导致了一种机械论哲学或祛魅哲学，整个世界中的经验和精神都失去了地位，宇宙间的目的、价值、理想和可能性皆被视为虚妄的东西，自由、创造性、暂时性或神性、规范甚至真理都不复存在，一切都变得毫无意义，自然界直至整个宇宙，包括人及其活动在内都祛魅了。格里芬指出，客观化、祛魅是科学发展的前提，但又将由于祛魅而终结。本来，“祛魅”的科学如能顾及自身的局限性，安分守己，不妄图跨越自己的领域，就不会导致世界意义的全面丧失，也就不会导致人类种种严重危机。然而，事实上科学本身不仅是现实主义的，它力图表述事物的本来面目；而且还是帝国主义的，它要提供唯一真正的表述。毕竟，科学一词的含义是知识，科学所不予承认的东西在我们的文化中便不被认为是知识。现代科学的文化效应使得科学家们成为人类唯一的“公认立法者”，因为其世界观排除了玄学家、神学家或诗人能够予以补充的一切可能性。格里芬认为科学的祛魅及僭妄是造成科学与人文“两种文化”分裂的根本原因。现代科学将世界描绘成一架机器，使现代意识背离了目的、责任和整体。现代世界已变成一个机械还原论、科学化、二元论、父权制、欧洲中心论、人类中心论的世界，在这个世界中，人虽然自命不凡，以为可以对自然界为所欲为地加以控制和征服，完全无视人是自然的一部分的事实，更谈不上注重人与自然关系的融洽和谐，从而造成了人与自然分裂对立的严重后果。由于祛魅的全面性，科学、自然和人乃至整个宇宙都成了机器或机器零件，科学与人文、真理与价值直至所有事物之间都成了彼此分离和对立的。格里芬指出，科学远离日常生活世界，远离人性，远离一切意义，这是十分危险的。建设性的后现代思潮对以自然科学为主要支撑的现代性之“合法性”危机的考究和深思，应比任何一种运动来得更为深刻透彻，甚至，“我们可以，而且应该超越现代性，事实上，我们必须这样做，否则我们及地球上的大多数生命都将难以逃脱毁灭的命运”①。

在心理学的研究中，一直存在着主客判然两分和如何解决一元论和二元论的问题。极端的二元论者认为，物质和经验没有任何相似之处，如物质和能量如何可以以某种方式进入到我们的意识中？这些非经验的材料从哪里和以什么方式进入到我们的经验中呢？大概可以推测为大脑，但这种转化发生在什么层次上。追寻大脑的活动轨迹，我们可以顺着感受器、神经通路、更复杂的神经通路和组织层次。但这种关于物质和能量的构成和运动形式的描述太过复杂且令人迷惑不解。可以断定，没有一个关于物质和能量的流动和样式转化的观念能够超越将实在分为无生命的物质能量和经验意识的最初的分歧。从普遍的感觉方面讲，对这个问题的迷惑在于：“在远处的灯‘如何能够’当下此地‘进入意识’——如果假定灯是完全与我们有生命的意识是相反的无生命的物质，对这个问题的科学化的陈述就是：‘大脑复杂的化学反应何以能够产生我们的经验——这两者之间具有完全不同的性质’。”②从哲学上讲这是不可能的，旧的形而上学将这两者硬生生地分开，只有一种新的形而上学能够将其重新结合。

建设性后现代心理学是从现代主义的反理性的立场来反思现代心理学的研究的。现代主义的实质性假定与其反理性之间的联系可以通过心—身问题得到阐明。这一问题的始作俑者是笛卡尔，笛卡尔把世界划分为两种完全不同类型的实在——广延的但没有经验的物质，和经验的但没有广延的精神。这使得他断言的精神的心理与物质的身体之间的相互作用似乎是不可能的。笛卡尔曾试图用松果腺和“动物精神”来解决这一困难，但最终只得承认这个问题无法解决。笛卡尔以及后来的许多哲学家都采用了回避问题的方式，诉诸上帝，放弃对这一困难的解答。但无法找到这一问题的答案，就无法回答经验事物和非经验事物的相互作用如何可能。一方面，这导致了各种现象论和唯心论，他们否认我们通常所说的物质世界的独立存在；另一方面，它又导致了各种唯物论，他们否认通常所说的“心灵”也是一种现实。这些观点中的每一种都不符合各种明显的经验事实。在主客两分的基调上试图回答经验事物和非经验事物的相互作用如何可能，还导致了近代哲学各种认识论的研究和观点分歧。但这些认识论的研究都充满了怀疑论和神秘主义的论调。洛克认为我们不知道心灵实体与物质实体如何可能相互作用，如同我们不知道物质实体之间如何相互作用一样；休谟认为灵魂与

① 格里芬著，马季方译：《后现代科学——科学魅力的再现》，中央编译出版社 1995 年版，第 28 页。
② Buchanan(1994). *Universal Feeling*. University Microfilms International Press, p. 99.

肉体的全部关系是神秘的，我们不知道其中的原因和结果的联系；康德认为存在一个我们无法认识的物自体。波普肯定了本体论的二元论，但面对相互作用这一问题时却指出：全面的理解，如同全面的知识一样，是不可能达到的。[①] 对于"全面的知识"，我们必须暂时接受存在一些由于我们知识的局限性所造成的神秘的事物。有许多我们一无所知的事物，而且可能有许多有限的心灵永远无法认识的事物。但是波普对于"全面的理解"的论述指向另一种类型的神秘事物，这种类型是由本体论上不同种类的实体的相互作用如何可能这个问题来说明的，这是一种人为的而非自然的神秘事物，它是通过把心和身看做不同类型的实体而被创造出来的。满足于人为的神秘事物代表了一种反理性的心境。当人们面对这种神秘事物时，理性的东西就会发问：是否我们误解了心的本质，是否我们误解了身的本质，或者两者的本质都被误解了。心—身问题在心理学的研究中表现为大脑如何产生意识、意识如何认识世界以及意识如何作用于行为等难题。这些都是二元对立思维与生俱来的问题，在二元对立的前提下这些问题永远无法得到解决。而现代心理学的反理性在于从这一自相矛盾的前提出发，试图找到解决的方案。现代心理学认为无法解决心—身关系的种种问题，只是由于技术手段的局限性造成的。科学的实证方法终究是达到真理彼岸的唯一途径，一些问题的实质也许现在无法弄清楚，但只要我们在实证的道路上走下去，随着技术手段的不断改进和发展，一切扑朔迷离都将得以澄清。然而，过于倚重技术，方法中心论的研究立场使得科学心理学在这种二元对立的、割裂联系的、追求细枝末节的研究上越走越远。科学主义心理学语言的应用范围越来越窄，脱离了人们的现实生活，越来越多的实验室研究仅仅反复证明了实验方法的有效性，并不能使我们对心理世界的知识有多少实质性的增进和明晰。

回顾心理学的发展历程，其间充满了学派对峙，理论纷争。时至今日，科学心理学非但没有发现真正的普适性真理，还与日常生活与现实问题日渐远离。建设性后现代心理学从现代心理学反理性的角度上对其进行了反思，通过过程思想对科学的返魅，修正现代主义使人陷入困境的前提。下面将从过程思想的产生与过程思想对心理学影响等方面对建设性后现代心理学的形成作一概述。

---

① 波普著：《自我及其大脑——关于相互作用的一个论证》，1977 英文版，第 105 页。

三、建设性后现代心理学的理论来源

建设性心理学的理论来源是怀特海的过程哲学，换句话讲，建设性后现代心理学将怀特海的过程哲学作为心理学研究的元理论。怀特海最负盛名之处是他作为罗素的老师，并和罗素合著了一部数理逻辑的巨著——《数学原理》。怀特海在英国时，既从事教育教学工作，还进行数学、自然哲学研究。成为哈佛大学的教授后他依然“身兼数职”，他专注于形而上学和宇宙哲学的研究，并完成了他的最后几部思辨哲学的著作。尽管怀特海的思想吸引了许多伟大的人物并对神学领域也产生了很大的影响，但其哲学思想没有广泛流传也未得到充分的关注。这是由于20世纪以来，分析哲学和各种形式的实证主义公开宣扬“拒斥形而上学”的巨大影响，同时，也由于怀特海本人的论著中使用了大量晦涩难懂的新概念和新范畴来表述其新思想，使不少人对怀特海哲学敬而远之，认为其中提出的思想似乎与现代西方主流哲学有些格格不入。随着分析哲学的式微及其与人本主义哲学逐渐融合，怀特海在《过程与实在》中所阐述的过程哲学或机体哲学思想，已经日益受到越来越多的东西方有识之士的青睐。该书自问世以来，围绕其所探讨的诸多问题，已经“生成”许多二手的研究性和阐释性著作，并在美国逐渐“生成”一个过程哲学学派或有机哲学学派。该书所述内容越来越深入人心，被越来越多的人所接受。特别是随着环境问题和生态问题的日益突出，以及宗教哲学研究在当代西方世界的逐渐兴起，怀特海的过程哲学和有机体思想更加被人们所重视，从而成为当代西方哲学中的热门话题之一。1973年，在美国加州克莱蒙特大学成立了专门的以推进过程思想为己任的研究机构——“过程研究中心”。该中心拥有会员1000余人，遍布世界各地，其下设“过程哲学研究会”、“过程教育哲学协会”、“过程心理学会”、“过程与发展研究会”等二十余个学术机构和组织。现年81岁的过程研究中心主任小约翰·科布和68岁的大卫·格里芬教授是享誉世界的过程思想家，分别是过程哲学的第三代和第四代传人。

对过程的理解要从本体论的角度出发。过程哲学坚持过程就是实在，实在就是过程。整个宇宙是由各种事件、各种实际存在物相互连接、相互包含而形成的有机系统。自然、社会和思维乃至整个宇宙都是活生生的、有生命的机体，处于永恒的创造和进化过程之中。构成宇宙的基本单位不是所谓原初的物质或物质实体，而是由性质和关系所构成的“有机体”。有机体的根本特征是活动，活动表现为过程，过程则是构成有机体的各元素之间具有内在联系的、持续的创造过程，它表明一个机体可以转化为另一个机体，因而整个宇宙表现为一个生生不息的活动过程。①

对于怀特海过程思想的基本内容，首先，要提到的是过程思想的实在观。怀特海认为近代哲学的最大的谬误是使用实体——性质的形而上学术语来解释个体经验。这种哲学传统的始作俑者是笛卡尔，笛卡尔提出了三种实体，即思维的心灵、具有广延性的身体和上帝。实体的概念和对不同实体的区分直接导致了近代哲学研究中长期存在的主体与客体的分离、主观与客观的分离、实体与性质的分离以及思维和存在的分离。现代心理学以心理现象为研究对象，不可避免地会在主客二分的前设下进行研究，这与心理学诞生于近代哲学母体这一事实密不可分。如果想使心理学摆脱研究中存在的诸种困境，彻底反思这种二元论的哲学前设是必要的。怀特海反对笛卡尔的三种实体的理论，认为一个具有内在一致性的形而上学体系需要一种单一类型的实际存在物。② 怀特海使用实际存在物（Actual Entity）来代替实体。实际存在物是构成这个世界的终极的现实的事物，不同于作为不活动的、无生命的、永恒的物质材料的原子，实际存在物是有生机的、易变的、转瞬即逝的和相互作用的经验点滴（drops）。实际存在物由创造性的经验构成。每一个实际存在物作为“瞬间主体”，通过主动的摄入，创造性地使整个过去和多种大量的感受综合进入一种一致化的经验的瞬间。这一过程完成之后，实际存在物终止了作为主体的存在，而成为“超体（superject）”。作为“超体”的实际存在物在达成创造性的综合过程中失去了其“瞬间主体性”。但被现在和将来的实际存在物当做客体化的材料，也就是说，过去宇宙中的每一个部分都将融入每一个新的实际存在物生成的瞬间。③ 我们可以将实际存在物比作经验的“脉动（pulse）”。这有利于我们理解怀特海关于实际存在物的理论可以被应用于诸如人类经验和量子世界这些表面上看来不相干的领域。电子、质子和原子都是由基本的相同类型的内在联系的经验构成的。这和人类的经验相似，主要的不同只在于复杂程度、新颖程度以及自由程度有差异。因此，宇宙中完整地包含了多变的实际存在物，这些实际存在物在多种层次、多种类型的秩序中显现自身。但所有的实际存在物在结构上都基本类似。

其次，过程思想强调事件的关联性。笛卡尔的实体意味着“其存在除了

① 杨富斌：《怀特海过程思想述评》，《国外社会科学》，2003 年第 4 期，第 42 页。
② 怀特海著，杨富斌译：《过程与实在》，中国城市出版社 2003 年版，第 33 页。
③ 怀特海著，杨富斌译：《过程与实在》，中国城市出版社 2003 年版，第 162 页。

其自身不需要其他任何东西"。将整体割裂为部分,用简单位置和机械力来说明各要素的外部作用,科学心理学就是在这样的前提下进行研究的。而过程思想认为,每个经验都和每个新的实际存在物相关联,而事件就是指这些相互关联的实际存在物的关联性的综合,事件本身是内在相关的,事件无法脱离关联性而存在,这些关联性是构成事件本身的要素。每个实际存在物都是对过去所有经验的建设性的综合,并将成为所有未来的实际存在物生成的材料;我们关于宇宙的图像就是由这些流动的相互作用的事件构成的。① 过程思想使我们以事件思维代替了实体思维,放弃实体之间简单的机械力的作用,以更鲜活、更有生气的创造性的过程取而代之。

最后,过程思想强调实际存在物的内在价值,过程思想认为自然科学只重视外表却忽视了内涵。除了一点点重复性的规律,科学无法发现自然的内在价值,也发现不了任何的目的性,更发现不了一丝创造性。而怀特海的过程思想不但强调动力因也强调目的因,既研究实际存在物的外在关系也研究它的内在关系。怀特海提出合生与转变两种类型的过程,一种考虑到真实的个体的创造性,另一种解释不同个体之间的联系。合生(concrescence)是自我创造的活动,是指实际存在物将其过去的感受综合进入新的经验瞬间的过程,这一过程是微观的。宏观的转变是将其自身由过去置入未来。在超体的机能里包含了所有实际存在物过去力量的积累:完成感受能综合成为现在的事件。合生是目的因是一种自创造的实在,转变是动力因,过去的实在感受被置入每一个新的现实。因此无论是自由论者或是决定论者都能找到他们的本体论基础;从接受过去的以之为基础的固定的质料讲,所有的存在都是被决定的;但所有的存在都是自由的,创造性在每一个新的经验场合将过去综合成为新异的表达。② 怀特海提出享受的概念,认为实际存在物都是以享受为特征的,都具有内在价值,是一种自在和自为的实在。事件的相互关系表明,如果人类经验中有价值的存在,那么所有的实际存在物都有其价值,这种价值不但体现在不同的实际存在物的相互关系中,而且每个实际存在物都有其自在和自为的价值。这一价值体现在每个事件都具有自我决定和自我创造的性质,因此都具有对未来进行创造性影响的某些力量,即具有某种自我决定力量,亦即世界上所有事物都具有某种目的性。"无论人类经验还是任何与之相类似的事物,都不完全是由外部活动决定

① 怀特海著,杨富斌译:《过程与实在》,中国城市出版社 2003 年版,第 34 页。
② 怀特海著,杨富斌译:《过程与实在》,中国城市出版社 2003 年版,第 95 页。

的；相反，每一真正的个体都是部分自决的。”①“所有个体（包括非人类个体）在某种程度上都是真正（自决）自由的个体，并认为不同等级的个体具有不同程度的自由。”因此，“心灵和大脑细胞的相互作用并不介于自由与不自由之间，而是介于自由的多与少之间”②。

针对人们理解和接受怀特海过程思想的困难，布坎南（John Buchanan）认为，怀特海的理论如同任何一种新的世界观理论一样，在被提出时都会遇到阻力。首先，理论对一些基本的根深蒂固的观点提出质疑，这时必定会面临挑战。其次，任何有关实在的新观点，都很难让人理解，因其提出了崭新的构思和体验方式，所以人们会认为这种观点是“反知觉”或完全错误的。此外，人们的语言结构植根于过去熟悉的框架体系，当我们试图通过这种体系表达新的观念时，自然会遇到很多困难。布坎南还认为，怀特海的哲学代表了系统思想的一个真正而又重大的进步，因此无论是面临挑战还是理解他的观点有多困难，都不能阻止我们从事这项事业。我们这个时代的哲学和文化的混乱只是增强了、推动了哲学进步的紧迫性，这种进步对于哲学本身来说是非常有价值的；并且当我们面对改变思考和生活方式的抉择，或面对是否追随现状进入不可避免的灾难的抉择时，这种进步就成了当务之急。③

另外，尽管怀特海没有对主流的心理学学科作出直接的贡献，但他对实际存在物以及集合体的组织的分析，为许多建设性后现代主义的心理学家的研究提供了一个基础性的哲学参照，并且他的一些有关心理学的观点对后人的研究也起到了一些启发性的作用。例如，他将正常的感觉经验分为两种知觉模式，用来说明决定意识表象的直接性如何成为对外部和身体事件的基本的、原因性的影响。他阐析了心理活动过程的关联性都包含情感或情绪的成分，同时还解释了精神的经验与身体的事件的关系，以及精神的经验如何与身体的事件相分离并超越身体的事件。他提出的解释是，在大多数情况下，人的大脑中产生的是单一的、统一的经验，但在一些情况下，也会存在多重人格，或者当胼胝体被切断时，大脑中会同时产生多于一种的经验。他表示，尽管在物质的世界中连续性极为重要，但在形而上学中这种连续性并非是必要的。他清楚地表示，尽管意识很重要，但绝大多数情况下统一的灵魂经验不是意识的。

① 格里芬著，马季方译：《后现代科学——科学魅力的再现》，中央编译出版社 1995 年版，第 37 页。

② 格里芬著，鲍世斌译：《超越解构——建设性后现代哲学的奠基者》，中央编译出版社 2002 年版，第 17 页。

③ J. Buchanan (1994). *Universal Feeling*, University Microfilms International Press, p. 18.

怀特海的过程思想最大的贡献是为建设性后现代心理学的研究提供了一个选择多种科学方法的理论基础。怀特海哲学为以后的心理学研究提供一种语境:不同的研究方法之间没有排斥,而是作为互相的补充成分;对心灵的解释的进展依靠所有这些方法的使用。怀特海提供了一种理解心灵与脑的关系的方法,认为我们应允许将生理心理学知识与心灵的研究相结合。他的这一理念也为我们提供一种理解心灵与人类的行为的关系的方法,即对行为的研究与对心灵的研究能够在互相参照中获益。怀特海探究了精神性经验的无意识领域与生理学和意识经验的关系,并认为这对理解意识经验具有相当重要的意义。他指出,通过考察相对化的感觉经验,能够发现非感觉经验,其中就包括超心理现象。通过表现个体经验的集合体性质,怀特海为有效地将一种社会的或系统的心理学方法与仍然占优势地位的个体化的方法进行整合提供了一种基础。①

显然,怀特海概念化的理论对心理学理论的整合离实证的心理学家的需求并不遥远。但实证的心理学家的工作与琐碎的数据更为亲近,潜心于对这些琐碎数据进行分析的传统形成了今天支离破碎的心理学理论。迄今,过程思想与怀特海的哲学,在心理学的发展中起到的作用微乎其微。这意味着,为了统一心理学研究的各领域,我们需要对数据进行相当大程度的重新解释。这种对数据的重新解释对心理学的每个研究领域以及心理学学科的整合都具有相当重要的作用。②

四、建设性后现代心理学的生成与发展

最早将过程思想引入心理学研究的人是过程哲学家哈茨霍恩(Hartshorne)。他在1934年出版的《哲学与感觉心理学》中,就采用过程思想对当时盛行的传统心理学观点进行了批判。这种观点认为,每种感觉,如视觉、听觉、嗅觉等具有不同的感觉通道,彼此之间具有显著的差别。而哈茨霍恩认为,不同的感觉的实质是相同的,都来自统一的情感连续体(affective continuum)。为此他举了一个相当有趣的例子,在诗人的语言中,美妙的乐曲中,都包含了各种感觉的要素,而人们对其感受则是一种不可分割的连续

① Armstrong, S. (1989). Monhuman Experience: A Whiteheadian Analysis. *Process Studies*, Vol. 18, No. 1, p. 1.

② Wolf, G. (1981). Psychological Physiology from the Standpoint of a Physiological Psychologist. *Process Studies*, Vol. 11, No. 4, p. 274.

整体。[①] 尽管这种情感连续体的理论没有受到当时生理心理学家的重视，但有些学者认为其理论具有合理性并具有发展的潜质。

二战以后，以怀特海过程思想为基础的心理学研究渐次在各个研究领域开展起来。在精神治疗领域，人们开始将怀特海的过程思想与心理学广泛地结合，并产生了大量的理论思考。希尔特纳(Sewand Hiltner)，雅赫森(Cordon Jachson)以及作家波尔尼(James Polny)是这一领域的先驱。波尔尼采用过程理论对儿童的性虐待等问题进行研究，并提出了实践的解决方案。[②] 布里兹(Robert Brizee)通过对过程思想中真实场景的合生的分析，提出了其心理咨询理论。[③] 伊丽莎白·克劳斯(Elizabeth Kraus)在其发表的文章中对当事盛行的行为主义心理学进行了剖析，她认为，过程思想所使用的某些方法可以深化和丰富行为主义心理学的研究，也是对行为主义心理学的一种挑战。[④] 托马斯·里甘(Thomas Regan)提出怀特海的过程思想与人际交往疗法具有理论的共通之处。[⑤] 穆尔(Mary Elizabeth Moore)采用过程的方法探讨依赖理论，肯定了其价值，但质疑其中暗含的个人主义倾向。在生理心理学领域，运用过程思想进行的研究也逐渐开展起来。[⑥] 斯佩里(Roger Sperry)认为过程思想有助于解释他对大脑两叶的研究发现。[⑦] 施魏格尔(Avraham Schweiger)尝试使用怀特海的思想来解释大脑受损个体的经验。[⑧] 格里芬认为，生理心理学的一些研究与关于"身心问题"的哲学讨论直接有关，根据怀特海的观点，身体与心灵之间存在差异，但这种差异并非基于传统的二元论范畴。但这一观点并未引起哲学界和生理心理学界的充分重视。格里芬试图改变这一状况，他从怀特海的视角出发，对占统治地

① Hartshorne, Charles(1934). *The Philosophy and Psychology of Sensation*. Chicago: University of Chicago Press, p. 314.

② Cobb, J. (2003). General Considerations and Pioneer Works on Process-Psychology. *Serching for New Contrasts*, Peter Lang, p. 32.

③ Cobb, J. (2003). General Considerations and Pioneer Works on Process-Psychology. *Serching for New Contrasts*, Peter Lang, p. 32.

④ Kraus, E. (1975). *A Whiteheadian Critique of B. F. Skinner*. New York: Fordham University Press, P. 103.

⑤ Regan, T. (1990). The Matrix of Personality: A Whitehead Corroboration of Harry Stack Sullivan's Interpersonal Theory of Psychiatry. *Process Studies*, Vol. 19, No. 3, p. 189.

⑥ Moore, M. E. (2000). Critiquing Codependence Theory and Reimaging Psychotherapy: a Process Relational Exploration. *Process Studies*, Vol. 29, No. 4, p. 125.

⑦ Sperry, R. (1975). Mental Phenomena's Causl Determinants in Brain Function. *Process Studies*, Vol. 7, No. 3, p. 173.

⑧ Schweiger, A. (1999). The Process Approach in Perception. *Salzburger Theologische Zeitschrift*, Vol. 3, No. 2, p. 207.

位的生理心理学理论进行了批判和反思。[①]

20 世纪 70 年代以后，过程心理学的研究逐渐涉及深度心理学与超个人心理学领域。与心理治疗领域对怀特海哲学的态度略显保守不同，深度心理学的理论具有广泛性和包容性。在这一领域，过程学者参与的探讨也最多。在 1989 年的一次学术会议中，各方学者认真探讨了怀特海的过程思想与荣格、詹姆斯的理论之间的关系，并因此出版了一本专著。与深度心理学有关的超个人心理学领域也引起了过程学者的广泛关注。布坎南采用怀特海式的术语对超个人心理学中的一些理论观点作出了独到的分析，并为了充分探讨怀特海理论与超个人心理学的联系，召开了多次学术会议。[②]

还有一个独特的领域就是超心理学（Parapsychology）领域的研究。对这一领域绝大多数心理学家持否定态度，一些过程学者也反对将超心理学的研究纳入过程思想与心理学融合的研究中。但怀特海本人和伯格森一样，承认存在这种特殊的体验维度。认为对于心灵感应的资料应给予严格的评估，反对将其简单地否定。建设性后现代心理学对这一领域的研究业已开展，同时也伴随着猛烈的批判，我们可以看到对建设性后现代心理学研究的批评主要针对这一领域。

1998 年，在加州克莱蒙特大学举行的一次怀特海过程思想研讨会中，与会者认为，在心理学和心理治疗领域已经有足够多的研究者以怀特海的过程思想作为其研究的出发点，因此建立了过程心理学协会（APP），随后在 1999 年又有一个小规模的协会在圣地亚哥成立。与会的小约翰・科布认为，建设性后现代心理学者将怀特海的过程思想作为一个有条理的系统框架来指导心理学的研究，并已经取得了一些成果。以过程思想作为理论指导的建设性后现代心理学具有其自身的生命力。[③]

五、建设性后现代心理学的主要理论观点

建设性后现代心理学采纳了过程哲学的观点，反对现代心理学研究中主客二分的反理性前提，将心理生活视为事件而非实体，强调联系与内在价值。希望通过怀特海式的思考，为整个心理学提供一种一致性的本体论的

① Griffin, D. R. (1997). Panexperiential Physicalism and the Mind-Body Problem. *Journal of Consciousness Studies*, Vol. 4, p. 258.

② J. Buchanan(1994). *Universal Feeling*. University Microfilms International Press, p. 5.

③ Cobb, J. (2003). General Considerations and Pioneer Works on Process-Psychology. *Serching for New Contrasts*, Peter Lang, p. 33.

基础。

建设性后现代心理学以怀特海的过程思想作为其研究的基础，提出了如下几个关键性的主张：首先，当自然被视为物质实体时，致力于克服二元论是注定要失败的；自然和心理生活的壁垒分明并非基于我们基本的观察事实，实际上人总是生活在自然中；为了理解心理生活如何能够能动地支配自然，我们需要对自然事实作出全新的界定；其次，应将心理生活的运作视为构成自然的一个因素，强调心理生活与自然以及不同的心理要素之间的相互作用；第三，心理学应将内在价值作为其研究对象，每一种要素的出现都有其价值，并且这种价值只能在要素的个体性的角度上进行表达。怀特海的过程思想强调外在和内在的统一，反对机械论的研究取向，为建设性后现代心理学提供了基本理念，归纳如下。

(1) 建设性后现代心理学坚持独特的科学观。科学心理学从诞生之日起，就致力于模仿物理学的研究，采用物理学的语言与研究方法，试图摆脱形而上学的桎梏，以期进入科学的殿堂。科学心理学坚持心理学理论的客观真理性，采取实证主义的经验证实的标准，作为甄别理论科学性的依据。而批判性后现代主义反对真理符合观，反对客观事实作为检验真理的标准，认为不存在真理，所有知识只是社会建构的结果。建设性后现代主义心理学反对科学主义心理学中预设的素朴的实在论（世界是客观的，而主观能够真实地反映客观世界），认为这导致了心理学中主客二分、二元对立的研究。但建设性后现代主义也与批判性后现代主义不同，并不否认真理符合观。认为如果接受了相对主义的真理观，我们将失去一切评价的标准，“如果我们放弃了真理符合观，也就放弃了批评的主要武器”①。建设性后现代主义并不抵制科学，而是反对科学主义所认为的只有现代自然科学才有助于建立世界观的看法。正如布坎南所言，人们对现代思想中关于“进步”和“真理”的理念产生了怀疑，认为西方文化与地球生态系统正步入一种巨大的冲突中，这种方式的进步本身是危险的。但如果因而否认真理的可能性，否认进步，否认存在系统的科学知识，那么这种推论和曲解则是错误的。我们对宇宙以及人类进步的科学认识需要达到一个新的水平，而不是对其可能性与重要性加以否定。②

(2) 建设性后现代心理学的认识论观点不同于现代思想。现代思想中主客两分的二元论导致了认识论上的感觉主义，认为所有有关外在于我们

① J. Buchanan (1994). *Universal Feeling*. University Microfilms International Press, p. 9.

② J. Buchanan (1994). *Universal Feeling*. University Microfilms International Press, p. 10.

自身世界的直接知识或知觉知识都来源于感觉经验，感觉经验是知识的唯一源泉。而建设性后现代主义强调认识是一种过程，认识的主体与认识的客体没有本质的区别，具有同一性。在认识过程现实地发生之前，根本无所谓主体和客体之分。主体和客体是在实际存在物的相互作用过程中逐步生成的，主体与客体的关系以及主体对客体的认识也是一个逐步生成的过程，此刻的认识主体将在下一刻成为认识的客体。过程思想认为每一种实际存在物都是一个主体，但这种主体性是瞬间的。实际存在物从主观性上永远消失，在客观性上却是不朽的。消失中的实际存在物得到了客观性，同时却失去了其主观的直观性。因而怀特海写道，客体是自然中永远不会消逝的元素。① 因此，怀特海旗帜鲜明地批评了现代思想中占主导地位的主客二元对立的思维方式。他指出："全部近代哲学都是围绕着如何根据主词和谓词、实体和性质、殊相和共相而描述世界的困难为转移的。其结果永远与我们的直接经验相抵触。"②他认为，这种传统哲学只能把我们引到某种孤立的实体之中，不能使我们更清晰地认识现实世界。而实际上，一种实际存在物被另一种实际存在物"摄入"或"感受到"，是一种完全的相互作用。而且主体的"意识是以经验为先决条件的，而不是经验以意识为先决条件"③。这同近代哲学所强调的认识主体必须具有自我意识为前提才能进行认识的观点形成鲜明对照。

（3）建设性后现代心理学有其特有的研究取向。西方心理学虽然摆脱哲学成为了独立学科，但由于其研究对象中许多是对传统哲学研究对象的直接承继，注定无法摆脱哲学研究中所产生的主体与客体的关系、心身关系、决定论与自由意志等二元对立的问题，以及由这些问题所衍生的认识论的问题、经验证实的标准以及归纳法的有效性等问题。对这些问题的不同解答成为心理学研究中不同研究取向对立与争执的根本原因。西方心理学研究中主要有两种不同的研究取向，即科学主义取向与人文主义取向。其中科学主义取向占主导地位，通过采用实证的、价值中立的量化研究，以发现解释心理现象或行为的普适性真理为己任，力求使心理学学科成为自然科学的一员；人文主义取向则坚持探索所有可能的心理学研究方法，拓宽心理学研究的理论视野，对心理生活采取现象学和释义学的质化研究。建设性后现代心理学的研究取向主要有以下三个方面：第一，建设性后现代心理

① 怀特海著，杨富斌译：《过程与实在》，中国城市出版社 2003 年版，第 88 页。
② 怀特海著，杨富斌译：《过程与实在》，中国城市出版社 2003 年版，第 89 页。
③ 怀特海著，杨富斌译：《过程与实在》，中国城市出版社 2003 年版，第 95 页。

学强调心理和生理以及环境之间没有本质的区别，强调对心理生活的各种表现形式作全面的考察，反对将心理过程视为独立于其所存在的环境。建设性后现代心理学认为，坚持以主客两分二元对立的思维来进行心理学研究，永远无法解决心理学不同研究领域和研究取向的对立与冲突。不同于现代心理学的主客二分的机械主义的自然观，过程思想认为“物质活动和精神活动难解难分地相互交织在一起”①。同笛卡尔明确坚持的身心二元论及洛克的有关论点大相径庭，就过程思想看来，物质世界与精神世界是相互独立的两个世界，尽管这两个世界具有难以说清的偶然联系。过程思想把物质和精神、身体和心灵看做是同一个过程中的两个要素，认为两者不可分割地联系在一起。第二，建设性后现代心理学还主张，不但要研究心理事件之间的外在关系，还要研究心理事件之间的内在关系和心理事件的终结因和目的因，主张研究人类存在的价值。根据过程思想，尽管所有事件都受先前事件影响，但没有一个事件完全是由过去事件所决定，每个事件至少具有一点自我决定和自我创造，因此都具有对未来进行创造性影响的某些力量，即具有某种自我决定力量，亦即世界上所有事物都具有某种目的性。“无论人类经验还是任何与之相类似的事物，都不完全是由外部活动决定的；相反，每一真正的个体都是部分自决的。”②最后，主张泛经验论。泛经验论认为，所有个体（而不单纯是那些具有感官的个体）都有经验，没有感官的个体具有原始的感觉。在这种感觉形式中，现在从经验中领悟了先前经验的感受，并因此把先前经验作为具体化的东西融入自身。这种状况的存在就使得世上万物一定有一种非感性的知觉方式。泛经验论把这种非感性的知觉方式称为领悟，并认为，非感官的领悟是感官感觉的基础，位于感官感觉的底部，是最基本的知觉形式。这是与经验主义完全不同的。不仅如此，泛经验论还认为，记忆与领悟也有直接的关联。在记忆关系中，记忆是对先前事件的领悟，是现在的经验对先前经验的领悟，是依赖一种现实来感受另一种现实的过程。如果确实是这样的话，现实世界也应该有记忆。这是人类和万物所共有的、基本的、非感官的感觉。由之感觉和记忆就有一个共同的特征：两者都是对过去事件的直接领悟。事物的经验形式将领悟作为最基本的知觉形式。这样一来，建设性后现代心理学就不仅承认人具有领悟、感觉、记忆的能力，也承认世上的万物也具有这样的能力；不仅承认人具有一种感官感觉的能力，也承认人具有一种非感官感觉（实际上是超感官感觉）的能力。

① 怀特海著，杨富斌译：《过程与实在》，中国城市出版社 2003 年版，第 594 页。
② 怀特海著，杨富斌译：《过程与实在》，中国城市出版社 2003 年版，第 406 页。

这就为心灵致动、心电感应、遥视和遥控等超心理现象保留了空间，这些现象也成为了建设性后现代心理学研究的对象。

(4) 建设性后现代心理学有独具特色的方法论。第一，以习性论代替决定论。科学心理学认为人的任何心理现象都是由先前的某些原因所决定的，找到人类心理和行为的普遍规律就能够预测和控制人类的心理和行为，这是一种决定论的表现。决定论认为自然和人类世界中普遍存在着自然规律和因果关系，而建设性的后现代主义认为，所有的自然规律本质上只不过是自然的一种最持久的习性，“是一种进化的习性产物，物理定律应被看做进化而来的而且还将继续进化的习性，于是自然法则变成了社会法则，这种观点进一步消除了在人类与自然之间的二元论”①。既然规律是社会规律，那么它应该就是可变的，就应该没有像传统科学所发现的那样不变的规律。“当人们与越来越高级的个体打交道时，终结因变得越来越重要，而规律性和可预测性也变得越来越不可能。”②而人作为心理学的研究对象，不但与自然、环境之间具有内在的关系，而且还是文化、历史以及个体经验等精神性因素的创造性的结果，而这种创造性是与决定论根本相背的。第二，提倡非重复性的实验方法。科学心理学的研究坚持经验的证实原则，接受了自然科学中可重复性实验的研究方法，认为是否能够可重复地被经验所证实是认定理论科学性的标准。而建设性的后现代主义认为，作为一种后现代的科学应该容许任何特殊形式的可重复性和证明。后现代科学就不应只研究客观的物质运动、变化的规律或法则，还应研究这些规律或法则形成的边界条件；就不仅容许可重复性、可预测性高的现象和规律的存在，也应该容许可重复性、可预测性低的现象和规律的存在。在此观点基础上建设性后现代心理学考察批判了传统的研究方法，提倡非重复性的实验方法，这一点与过程哲学的本体论、认识论相一致。格里芬认为，传统的实验方法反映了唯物论、非生态的假设，即万物可以从它们的环境中分离出来，呈现出一种可检验、可预测、可重复的现象，而过程思想的世界观表明，事物是复杂的，事物之间的联系是内在的，真实的事物的变化可以呈现出一种不可还原、不可重复的状态，正因为如此，一种后现代的科学“需要反复的经验证明，却不需

---

① Griffin, D. (1988). *The Reenchantment of Science: Postmodern Proposals*. Albany, NY: State University of New York Press, p. 19.

② Griffin, D. (1988). *The Reenchantment of Science: Postmodern Proposals*. Albany, NY: State University of New York Press, p. 34.

要某一特殊类型的证明，如实验室的实验”①。它应该从实验室研究的传统中走出来，走向新的认识方法。而这点与其提倡的超心理学方法有紧密的关联。第三，提倡方法的多元化。传统心理学研究中不同领域的分歧归咎于理论和方法的单一化与专门化，二元对立的研究无法使意识与行为统一在一个一致的说明性范畴之下。建设性后现代心理学避免了单一的理论取向并且不依赖于一种研究方法，对多种观点和方法进行了整合，提倡理论和方法的多元化，反对局限于一种研究的方法和使用统一的说明性术语，鼓励心理学研究者拓宽所采用的方法和理论建构。

六、建设性后现代心理学的研究领域

过程思想不但能给予研究者一个统一的宇宙观，还鼓励研究者们大胆突破传统的限制，多方位地对心理生活进行研究。建设性后现代心理学的研究涉及意识的研究、自我的研究、心理治疗以及超个人心理学等诸多领域，既采用现象学的也采用实证的研究方法，取得了一定的成果。

1. 建设性后现代心理学对意识的研究

从结构主义和机能主义心理学普遍以意识作为其研究对象，到行为主义彻底否认意识领域研究的合法性，直到认知主义对意识研究的回归，对意识态度的变化，是科学心理学 100 多年历史进程的缩影。在近代哲学中，意识是作为精神实体以及认识的主体出现的。如果我们认为科学心理学是对近代哲学问题域的直接继承，并且其强调的科学性仅仅是采用了自然科学的方法论而没有真正在理论上实现科学性的话，就能清楚地理解科学心理学对意识的态度的不断变化，是近代哲学有关心身问题争论的继续，并且也是科学心理学自身内部无法解决的一个难题。

布坎南从怀特海的过程思想出发，认为从本体论上讲，意识本身和其他实际存在物别无二致，都是作为过程的实在。在此意义上讲，意识、意识过程以及意识所指向的对象就获得了同一性。从认识论上讲，“具有知觉的意识”实际上是从创造性经验瞬间中抽象出来的。“经验”是第一性的实在，意识只是经验的一种，意识的概念是派生的或第二性的。意识过程与其他实际存在物的摄入过程一样，意识作为“瞬间主体”，通过主动摄入，创造性地将整个过去经验和大量的感受综合进入一种一致化的经验的瞬间。这一过

① Griffin, D. (1988). *The Reenchantment of Science: Postmodern Proposals*. Albany, NY: State University of New York Press, p. 34.

程完成之后，作为主体的意识终止了，成为“超体”。作为“超体”的意识在达成创造性的综合过程中失去了其“瞬间主体性”，但成为下一刻和未来的意识产生的材料。①

建设性后现代心理学关于意识的理论也得到了生理心理学研究的证据支持。坎斯伯讷(Marcel Kinsbourne)的研究发现，前脑是一个互相连接的、递归的神经网络，具有自组织、自调节和自稳定的特点。神经网络的活动是内部驱动的，但也受到来自身体和外界的刺激的限制。他认为意识并非是一种实体而是一个过程，意识表现为主观经验的单位在瞬间符合神经网络的活动样式，意识并不能脱离神经网络以一种固定的形式存在，也没有具体的大脑模块能够从本质上说明意识。②

2. 建设性后现代心理学对自我的研究

现代主义的观点认为，人是有理性的存在，自我独立于自然、身体和他人。而建设性后现代心理学的观点是，自我具有统一的“天然的活动性”，自我是一种创造性的整合的过程，自我的每一个瞬间都是对其整个环境和历史的摄入。

建设性后现代心理学认为，通过怀特海的过程思想建立一种自我理论有重要意义，理解这种意义要从以下两个方面出发。(1) 每一人类个体与自然以及其他人类个体都具有直接的经验的联系。现代社会就是忽略了这种联系而引起了人们对个人主义的信奉，对于存在感的畏惧，以及人与人之间普遍的疏远感；(2)“自我”在每个瞬间经历了再创造——这就是自我的创造性，表现了自我的成长和变化的巨大可能，在这里纯粹的瞬间自我和不断地再创造的自我形成强烈的对比。从以上理解出发，布坎南认为，自我同所有瞬间的和持久的存在物一样，完全是由它与环境中其他存在物的关系中创造出来的。换句话讲，自我的这一过程表现在我们生活的方方面面。我们之所以是我们自己，原因在于我们与家庭、朋友、同事的集合体的关系，以及其他更多的要素之间的关系，如空气、水和食物。与我们通常所认为的社会身份是作为外部活动的关系不同，自我是内在“相关的”，即直接与世界中的所有的人和非人类的存在物的感受相连接。③

在建设性后现代心理学中，具有代表性的是大卫·加林(David Galin)

---

① Buchanan(1994). *Universal Feeling*. University Microfilms International Press, p. 55.

② Kinsbourne, M. (1996). What qualifies a representation for a role in consciousness? Scientific Approaches to Consciousness. *Erlbaum*.

③ J. Buchanan(1994). *Universal Feeling*. University Microfilms International Press, p. 12.

的自我理论。他认为，在时间的要素上，人表现出无限的可能性，而自我就是人的当前组织（current organization），表现为人的所有子系统在特定时刻互相联结的方式。强调自我是一种组织，旨在说明自我是整体性的存在，这不同于其他的模型（如精神分析）将自我视为人格结构中的一部分。

大卫·加林认为，人如同任何一种复杂的系统一样，拥有若干不同的组织模式，系统的各部分组织严密，以至于每个部分的活动都受制于其他部分的状态。自我作为最高层次的组织系统，会受到每一个子系统的影响，无论这些影响是神经化学的、认知的、心理动力的或是社会的，也会随着时间的改变而随时发生变化，或者表现为在几年的时间后青少年会变得成熟稳重，或者表现为几分钟的时间内，人格就会突然发生紊乱。大卫·加林认为，通过将自我定义为整体的组织而不是系统中的一个部分能够使我们更好地理解"整合的自我"、"自我的发展"和"自我的缺失"等概念。大卫·加林还研究了自我的一些合成词，包括自我监控（self-monitoring）、自我概念（self-concept）和自我意识（self-awareness）等。并对这些概念作出了全新的定义。他认为自我监控是自我的一个子系统，个体通过自我监控从多种水平上了解自身所处的状况和所适应的环境。自我概念也是一个子系统，指的是关于自我的知识信念和态度，一方面来自自我监控，一方面来自他人。而自我意识则是当前自我的活动状态。他认为，这种对自我监控、自我概念和自我意识的区分对思考催眠、幻觉以及大脑两半球的联系与相互作用等问题都非常重要。①

3. 建设性后现代心理学的治疗观

"对于研究方法的探索，就如同飞机在天空中飞行一般。它从一个精确观察的场地开始起飞，穿行于富于想象力的概括之空气中，然后因为合理的解释使得观察更新、更深刻而着陆。"怀特海之所以会如此解释对于研究方法的探索，其实只是想引导人们尝试在各种领域降落飞机，其中就包括对于人类心理的研究，这也是心理治疗的目的所在。起初，要想从怀特海概念体系的视角来研究心理治疗领域的问题，似乎并不太乐观。这不是因为心理治疗师拒绝接受哲学领域的理论，相反，他们从哲学家那里获得了很多灵感和启发，甚至有些心理治疗师阐发了自己对于哲学的见解。但是他们的兴趣主要集中于那些能直接碰触人类生活的实用哲学，而怀特海所探索的则是更为广泛的一般性，比较抽象和形而上学。如果人们所关注的只是个体

① Galin, D. (1992). Theoretical Reflections On Awareness, Monitoring and self in Relation to Anosognosia. *Consciousness and Cognition*, Vol. 1, No. 2, p. 152.

心理体验的具体发展变化过程，那么对于实际存在物(actual entities)的理论概括就显得没有任何意义了。然而，有些学者却尝试着将怀特海的思想与心理治疗联系起来，这对于怀特海宇宙哲学的继续发展当然也有着重要的意义。如果有人把飞机降落在一个无需怀特海的思辨提供“合理解释”，所有事物就已经很明显的领域，那么这显然是对怀特海宇宙哲学的合适性和相关性的质疑。如果更严重的话，这可能会证明所观察的对象与怀特海的理论并无任何实质性的联系，这无疑是对这种思辨理论的挑战。在一个结构完善的领域，引入一种思辨性的理论体系并不是一件易事。因为比较完善的领域并不会提供一系列未经解释的原始数据，也不会问你这种新的理论能否对其进行阐释。相反，这些数据都是有大量理论支持的，而且自认为这些数据并不适用于所引入的新理论。即便如此，以怀特海为首的众多过程研究者还是发现了很多可以与心理治疗师交流的地方。因为，过程哲学实质上就是研究如何把多种理论和谐地融合成为一个综合性的整体，这种概括性使得它在更具体的水平上对多元化的理论广为接纳，这同时也促进了各种理论之间的互相批判和相携发展。同时，过程研究者看到有些治疗师在将一些理论付诸实践时，往往会忽视与情境有关的一些特征，而他们则能够考虑得更全面。这样来说的话，那些已经有理论支持的原始数据就可以再度进行研究了。

目前，已经有少量的学者开始将心理治疗植根于怀特海的理论体系中进行研究，并取得了一定的成效，而且他们也开始尝试将这种研究方式与同行交流。没有人希望心理治疗仅仅是从怀特海的体系中演绎推论出来的，这也并非是怀特海的研究方式，他认为要素是绝对不能从实在的更概括性特征中推论出来的，这正如对于过程与实在的研究本身一定不会培养出一名熟练的咨询师。事实上，过程研究者为了丰富或者修改自己的理论体系，总是会深入每个领域，向第一线的调查者和实践者求证。建设性后现代的心理治疗理论具有开放性，包容了各种不同的心理治疗理论，并鼓励对传统的心理治疗理论进行批评和扩充。建设性后现代心理治疗理论与人本主义的心理治疗体系有相似之处，但有所区别的是，建设性后现代心理治疗体系更强调个体的社会性。科布认为，人本主义的心理治疗体系致力于使来访者确立：(1) 寻求自我享受的自由；(2) 个体潜能的完全实现；(3) 自主的生活。而建设性后现代心理学的治疗体系则强调：(1) 个体是内在价值和外在联系的统一，个体生活的目标并非只是从当下和未来经验出发来寻求自我享受，也和他人的自我享受联系在一起，他人的喜悦是自我享受的一个很重要的部分；(2) 实现个体潜能是值得赞赏的，但这一提法忽视了个体潜能是多种复杂情形的产物，实际上个体潜能来自从胎儿阶段开始的整个个体生命中的所有事件，是组成我们生命的所有历史事件的产物；(3) 自主性不是和联系性相对的概念，它们都是健康心理必不可缺的条件。并非我们和别人的联系越多，我们就越没有自由；相反，丰富的联系能够扩展我们的自由程度。①

玛丽·伊丽莎白和穆尔(Moore)在其著作《真诚教学》(Teaching from the Heart)里揭露了过程哲学与社会心理学理论之间的辩证关系，并将过程思想与各种教育理论联系在一起。她不仅详细阐述了从过程视角出发，能如何修正和丰富这些理论，也列举了有多少过程研究者能从中受益，吸取这些理论的闪光点，从而充实和完善过程思想。② 显然，这对两者的发展都是大有裨益的。莫尔的互相依赖(codependence)观点来源于一个应用广泛却截然不同的理论框架——用哲学或神学来解释实在，她也认为这个框架最终形成的结论可能是片面的，但是却不能忽略两种理论之间的联系所具有的重要性和积极潜力。

莫尔强调关系的重要性是受了怀特海摄入(prehensions)观点的启发，她并没有将哲学观点奉若神明，而是引入了许多具体体验，特别是女性的体验。这无疑是一种比较正确的方式，有利于沟通互相依赖理论中的一般水平和特殊水平之间的差距。她认为，包括互相依赖理论在内的许多心理治疗中，因果—效应(cause-effect)思维比较占优势。相反，怀特海引入了上帝(God)，作为具有新颖性(novelty)的元件，而且对原因和结果的描述经常带有一些否定色彩。莫尔认为如果我们接受怀特海的主张——当创造性盈满有机体时，它将致力于改善人们的生活——那么我们就可以解释人类渴望生存的行为了。尽管人类的本能会呈现出许多扭曲或者自我毁灭的形式，但是那些将这种无效努力解释为没有充分表达这种基本本能的治疗师，能够证实并依赖它们。

考虑人与上帝的关系，这也是传统的心理治疗忽略的一个方面。提倡在治疗的过程中讨论来访者关于上帝的信念，Michel Weber 通过使来访者建立与上帝直接的情感联系而达致灵魂的宁静和精神的澄明之境。他的治疗理论认为，传统的西方文化中，导致心理疾患的一个原因是来自对上帝的畏惧，这种畏惧体现为内疚和对惩罚的恐惧感。心理治疗的一个方面就是

① Cobb, J. (2003). Psychotherapy in Process. In: Peter Lang, *Serching for New Contrasts*, p. 207.

② Mullion Moore, Mary Elizabeth. Teaching from the Heart: Theology and Educational Method. Minneapolis: Fortress, 1991. Trinity, 1998.

使来访者建立与上帝的直接情感联系来释放这种内疚和恐惧感。米歇尔·韦伯(Michel Weber)在他的心理治疗中,就采取了理性的劝导、用一种博爱的精神来感染来访者等方法来使来访者达到信仰的和谐,帮助来访者克服心理疾患。①

戴维·罗伊(David Roy)在其著作《迈向过程心理学》(Toward a Process Psychology)中,深刻透彻地分析了怀特海的理论体系与格式塔心理治疗理论之间的关系,并从一个截然不同的角度来解决治疗领域的问题。铭记着怀特海的理论范畴,罗伊广泛调查了在咨询领域中比较重要的问题。通常,任何理论一旦构建起来,就会由这种理论来决定所要研究的问题以及研究的方式。但是真正优秀的理论在构建之后,是不会任意选择所要研究的问题。罗伊所选择的研究问题都是在自己和他人的咨询过程中比较具有实践价值的,而且他们的研究方式并不是只根据理论来决定的,也考虑了理论在治疗实践中的应用。由于其思想和建议有一定的可取之处,所以也被推荐给了那些对哲学并不感兴趣的研究者。②

遵循怀特海的理论进行的咨询方式并不是一直或者完全不同于其他理论指导下的咨询方式。如上所述,许多理论在一些或所有方面都与怀特海的理论存在着相似性。过程哲学的研究目的并不是寻找与已经证明有效的心理治疗理论不协调的发现,但是在罗伊提出的整体咨询模式与其他理论所主张的模式之间,确实存在着重要的差异。在罗伊的文章中,特别引人注目的是,怀特海的许多思想经证明在心理治疗领域中确实卓有成效。由此也可以看出,他在过程心理治疗领域的研究比较具有开创性,甚至可以说是史无前例的。③

罗伯特·布雷兹(Robert Brizee)并没有大量引用怀特海的理论主张,但是他比较关注合生(concrescence)这个核心概念。④ 如果我们认为咨客的心理体验中,每个际遇(occasion)都是一个新的事件(event)中万物的集合,并在一个决策中达到终点,那么对于治疗来说,这又意味着什么呢?以这种方式来研究咨客的体验,肯定不会与其他理论的研究相悖。如果从怀特海的

① Weber, M. (2000). Whitehead's Axiomatization of the Contiguism of Pure Feeling. *Streams of William James*, Vol. 2, No. 3, p. 9.

② Roy, David(1985). The Value of the Dialogue Between Process Thought and Psychotherapy. *Process Studies*, Vol. 14, pp. 158～74.

③ Roy, David(2000). *Toward a Process Psychology*. Fresno: Adobe Creations, p. 235.

④ Brizee, Robert(1987). *Where in the World is God? God's Presence in Every Moment of Our Lives*. Nashville: Upper Room, p. 268.

视角来看，其他的理论似乎都比较关注心理体验中聚集的万物的个别要素，因此，他们的研究其实可以融入到一个更具有综合性的模型中。于是，布雷兹指出了自己的理论与其他心理治疗理论之间的联系，但是此时他并没有形成自己的研究方式，而是直接依据怀特海的心理体验的现实际遇（actual occasion）模型来进行阐述。

当然，已经消逝的整个世界在每个际遇的形成中发挥了作用，但是这并不意味着每个消逝的际遇都在其构成中起了同样的作用。当我们从形而上学转向宇宙哲学时，其实已经缩窄了关注的焦点。人类世界中最重要的要素是个体的过去、身体以及其他个体，如家庭成员，他们共同构成了用以共生成崭新际遇的摄入（prehensions）的主要客观素材。治疗师发现那些在早期就扮演重要角色的人至今依然发挥着重要的作用。相应地，在持续的心理体验过程中，我们会产生迸发很多意见和呼声。深受怀特海影响的布雷兹就强调这种意见最为关键，且无时无刻不在发生变化。他认为，我们可以把体验的每个际遇看做是一个独特的委员会议，应该争取让所有的成员都有发言权，并且最终得出的结论可以促进个体的成长。当然，在大多数的委员会议中，会出现许多相同的意见。

从怀特海的视角来看，个体在本质上是一种社会存在物，主要由与他人的关系构成，因此，即使是个体治疗也具有很强的社会属性。正如莫尔所说，这种社会性的观点也为基础的研究工作开辟了道路。对由个体构成的“系统”进行治疗，未尝不是一个好的选择。怀特海将其称之为“集合体”（societies），他比较热衷于探索如果个体把家庭看做是一个怀特海式的社会，而不是一个通常意义上系统理论中的系统，那么会有什么差异。这也说明了在过程心理治疗的发展中，还有不少方面有待研究。

4. 超个人心理学的研究

超个人心理学是一种涉及广泛的综合学科，其研究包括意识的研究、深度心理学、神秘主义、冥思训练、东方哲学和后人本主义心理学等。尽管其中的一些思想原本就是东方文化的传统，但这些在西方心理学界也仅仅是近 25 年来兴起的边缘学科。布坎南将超个人心理学的研究与怀特海哲学相结合，认为在超个人心理学的研究中，经验可以以某种方式“超越”我们的日常感官所受到的时空藩篱的限制，这一观点体现了过程思想。

布坎南希望为超个人心理学提供一个起调和作用的元理论。这特别需要一个概念系统，为本领域一些基本的术语、概念、理论和方法提供一种一致而又系统的解释。布坎南试图将怀特海的过程思想与格罗夫的超个人心理学结合起来，重新将灵魂和经验视为宇宙运转的首要因素，以一种怀特海—超个人的视角为现代世界观提供一种有用的形而上学的选择。[①]

布坎南认为超个人心理学象征了对被17世纪的科学革命和其后继者所忽视和遮蔽的经验元素的再发现，而怀特海的观点为恢复这段时期所失去的哲学的、现象的、意识的和知觉的元素提供了一个系统的基础。从20世纪七八十年代，布坎南开始对超个人心理学研究中产生的大量新观点进行条分缕析、分类整理和追溯本原。他认为超个人心理学作为心理学众多分支中的一个相对新颖的范畴，其理论观点吸取了东方思想以及对意识的研究。他期望通过分析从属于超个人心理学范畴的观点和研究成果，为其寻找一种充分而又恰当的元理论或指导性的范式。布坎南的工作主要是将怀特海的过程思想与格罗夫的超个人心理学的观点加以结合而展开的。

格罗夫通过临床观察以及对所获材料的理论解释为超个人心理学作出了重要贡献。20世纪50年代，格罗夫在捷克和斯洛伐克接受精神分析师的培训，其后三十年主要从事变态心理及其治疗方面的研究，其超个人心理学思想来源于对非常态心理现象的研究。传统的精神分析认为个体的无意识来源于早期经验，格罗夫认为个体无意识的来源应该更早。他提出了围产期的概念，所谓围产期是指出生前后的阶段，包括子宫内状态的体验和分娩过程的体验阶段。为了使理论更加清晰，格罗夫把围产期经验（BPMs）进一步划分为四个阶段：BPM1是指分娩前安静的子宫内状态；BPM2是指分娩过程的初始阶段，子宫开始收缩，但子宫颈还没有扩张；BPM3是指分娩的第二个临床阶段，子宫颈开始扩张，胎儿在分娩通道中发生横向转移；BPM4是分娩的最后阶段，胎儿离开通道进入外部世界。超个人心理现象，包括欣喜若狂的高峰体验和神学的体验等来源与第三与第四阶段。格罗夫理论的另一个关键概念是浓缩经验系统（COEX system），指包括无意识水平的一系列的心理体验，这些体验是紧密的、相互结合的，且都与分娩阶段的体验有关。格罗夫认为围产期体验常与超个人领域相通，并能应用于深度心理治疗中。

布坎南认为格罗夫的模型中有许多引人入胜的地方。首先，该模型将深度心理学中的许多发现和理论完美地融合在一起，格罗夫构建了一种全新的理论，跨越了弗洛伊德的阶段理论，结合了兰克关于分娩外伤和胎儿期状态的发现，并与荣格关于原型现象和集体无意识的观点相融合。可以说，格罗夫的工作为统一抑或批判经典深度心理学中的理论和发现提供了一种途径。其次，格罗夫的研究获得了一大批系统的临床证据，为东西方深度心

① Buchanan(1994). *Universal Feeling*. University Microfilms International Press, p. 47.

理学的许多主张提供了直接的经验支持。例如，兰克关于分娩外伤的重要意义的推论，源于其病人的梦和自由联想。而格罗夫则提出了直接的临床证据，这些证据是来自于成百上千个经验性诊断，在诊断中个体需要重新体验他们的分娩阶段，搞清楚自己的精神机能障碍是如何与未解决的外伤联系起来的，并不断报告自己当时的感受。但是仅通过西方深度心理学，还很难提出说服性的理论。格罗夫结合这些超个人现象的临床实例，并诉诸东方的前现代心理学思想以及其他非西方思想，认为这些体系本身包含了关于意识的超个人倾向。因而格罗夫的研究为现代世界观和传统的人类意识的实在观之间架设了一座沟通的桥梁。格罗夫研究的另一个优点是他所描述的超个人体验在跨时间、跨文化情境下抽取的大样本中都可再现。①

布坎南认为格罗夫的理论如此完善，可以称得上进行超个人心理学研究的最佳手段。但布坎南也指出超个人运动中也存在着严重的问题和困难。如果想将超个人心理学建设成为一种能为心理学领域中各种特殊的理论提供基础并进行彻底的阐述的体系，还有相当大的困难。只要一些基础观念，比如意识、感觉、自我和无意识在心理学大部分学派中还不是具有确定意义的词汇或概念，那么对诸如集体无意识、前世体验等概念的理解和态度要想达成一致，则是不太现实的。②

七、对建设性后现代心理学的评价

1. 建设性后现代心理学的意义

（1）首先是理论意义。建设性后现代心理学以其自身的创造性和建设性，为解决现代心理学的危机和困境，进行一种心理学的理论建构，提供了一条可行性的途径。建设性后现代主义与解构的后现代主义思潮由于对现代性的理解不同，一方提倡批判性的重构，而另一方则走向全面的解构。事实已经表明解构主义对解决现代文化的混乱无序起不到很大作用，而建设性后现代主义为我们提供了一种更有建设性和修正性的选择。建设性后现代主义旨在建立一种一致的世界观，使所有经验事实在统一的宇宙观之下得到解释。将建设性后现代思想作为心理学的元理论，是一种合适的认识论策略。建设性后现代心理学研究的理论意义与心理学当前面临的危机与困境有关。现代心理学自 19 世纪后半叶诞生开始，就接受了二元对立的机

① Buchanan(1994). *Universal Feeling*. University Microfilms International Press, p. 87.

② Buchanan(1994). *Universal Feeling*. University Microfilms International Press, p. 89.

械主义实在观，致力于模仿自然科学，尤其是物理学的研究。采取实证主义的研究立场，过分依赖客观、量化的数据。认为可以通过一系列的量化的方法、完善而准确的生理学词汇以及学习理论或运算原理，使心理现象或生活最终完全得到解释，这就是现代心理学的元叙事。这种自然科学的研究模式使得心理学陷入一种简单化和无意义化的困境，一方面放弃了无法采用实证方法研究现实的、复杂的心理生活，将人还原为动物或机器进行简单化、符号化的研究；另一方面忽视联系与内在价值，进行所谓客观中立的研究，得到一堆冷冰冰的数字，无益于解决任何现实问题。建设性后现代心理学针对现代心理学的元叙事指出，当前心理学的危机与困境与现代性的反理性是分不开的，仍采用主客二分的实体思维无法解决这些问题，通过过程思想重构心理学的思想和理论体系是心理学未来发展的出路所在。建设性后现代心理学研究的理论意义还在于能够促进心理学的理论建构，现代心理学流派林立，但理论建设严重不足；研究问题细致入微，但视野越来越窄；研究手段日以更新，但获得的成果越来越零碎，更难以成体系。传统心理学研究中不同领域的分歧归咎于理论和方法的单一化与专门化，二元对立的研究无法使意识与行为统一在一种说明范畴之下。建设性后现代心理学避免了单一的理论取向并且不依赖于一种研究方法，对多种观点和方法进行了整合，提倡理论和方法的多元化，反对局限于一种研究的方法和使用统一的说明性术语，鼓励心理学研究者拓宽所采用的方法和理论建构。将过程思想引入心理学的研究可以打破传统心理学问题域的界限，为心理学学科的整合提供一条可行的途径。国内已经建立起过程心理学和教育学研究中心，并开展了广泛的研究。我们期望怀特海的过程哲学能够用来明晰、评价和解释心理学的研究成果，并为心理学提供一个一致性的本体论基础；过程心理学的研究也能够丰富过程哲学的理论建设，并从实践的角度上为过程哲学一些理论上的假设提供证据的支持。

(2) 建设性后现代心理学研究还具有文化意义。建设性后现代心理学研究的文化意义在于能促进中国本土心理学的研究以及东西文化的互补与交流。建设性后现代心理学的研究既具有时代性又推崇中国传统文化思想，可以为中国本土心理学的研究提供一个研究的出发点和文化的契合点。因为建设性后现代主义者看到了不同文化之间的差异，也看到了不同文化之间进行互补与融合的可能。在美国密西根大学最近公布的一项实验中，观看一张图片时，美国学生注重前景中最显著的事物，而亚洲学生则将关注点放在背景以及整体图片上，显示两者看世界的角度确实不同。负责实验的研究员尼斯贝说，他们以不同的方式观察世界，西方人注意显著的目标物，而亚洲人会前后联系，看到事物的整体。他认为这是文化差异造成的，中国的文化核心是和谐，而西方是寻找方法达到目标，较少关注他人。这与他们几千年来不同的生存环境和生产方式有关。① 建设性后现代主义者认为，中国文化与过程思想具有内在的一致性，这项实验的意义和启示在于：东西方对世界的观察和认知方式确有不同，但各有所长和优势。这种文化差异是历史上不同的生存环境和生产方式造成的，并且总体上形成了不同的文化习惯和心理。但具体到个人，并不是所有的东方人都注重整体，所有的西方人都注重个体。建设性后现代主义心理学就体现了东方的整体思维。而且就当前而言，人类的生存环境和生产方式已经基本趋同，不同文化的优势应该有一种沟通、互补、融合的可能，优势互补必能增进人类的福祉。② 科布曾表示："过程哲学、建设性后现代主义、中国传统文化有很多的相通之处。"就连怀特海本人也曾说其著作里面含蕴有中国道家思想里极其美妙的天道（Heavenly order）观念，所以其思想的东方意味特别浓厚，更贴近中国人的思维，也许中国人反而容易了解，容易欣赏些。总之，过程研究中心的思想家们对中国有一种天然的亲近，他们深信：在今后 50 年内中国将成为过程思想的研究中心。

（3）建设性后现代心理学的研究还具有现实意义。过程思想反映出来的生态主义观已成为国际社会的共识，并相应提出了可持续发展战略，要求各国政府重视治理环境污染并寻求保护环境前提下的经济增长。中国政府非常重视这种可持续发展的世界观，早在 2002 年 7 月中共十六大的报告中，就曾多次提到要"实现可持续发展战略，实现速度和结构、质量、效益相统一，经济发展和人口、资源、环境相协调"，并把"可持续发展能力不断增强，生态环境得到改善，资源利用效率显著提高，促进人与自然的和谐，推动整个社会走上生产发展、生活富裕、生态良好的文明发展道路"作为今后建设小康社会的一个主要目标。建设性后现代心理学对构建社会主义和谐社会具有现实意义。构建社会主义和谐社会是一个多种要素相互配合、相互统一的系统工程。人们的心理状况对于和谐社会的构建有着重要的影响。保持人们的心理和谐是构建和谐社会的重要内容。过程思想强调了自然的情感性以及人们对自然的尊重，从而为建立人与人、人与自然之间的和谐关系创造了条件。建设性后现代心理学所提倡的融合性的思维习惯，以及生

① Nisbet, R. (2003). *The Geography of Thought: How Asians and Westerners Think Differently and Why*. Free Press. p. 23.

② Pei Yong(2005). Why China? The Significance of China to the Postmodern Movement. *Center for Process Studies*. p. 56.

态的、平等的、均衡的、和谐的意识，与中国建设和谐社会的基本理念有一定的共通之处。可以看到，建设社会主义和谐社会的提出包含了对现代性的反思以及建设性后现代主义的诸多理念。中国发展模式不乏建设性后现代主义的因素。考察当代的中国社会状况，前现代仍逗留在中国社会文化生活的若干层面，现代也尚未达到其成熟的程度，而后现代却已开始向我们的生活叩门。这点可从大众文化价值与生活方式、消费主义与高科技效率的信息社会中得到清楚的见证。中国已有了后现代社会的诸多特征。建设性后现代主义者认为，处于未完成状态的中国现代化还有机会进行自主选择与合理性建构，还有机会考虑避免现代性的弊端，还有机会探索如何在现代化的同时实现后现代转折，实现现代化与向后现代转折可以并行不悖。事实上，中国已经开始在不自觉地运用着建设性后现代主义的理念，或者是具有建设性后现代品格的传统文化带来的启示。对建设性后现代主义研究的意义就在于，能够使这种不自觉变为自觉，使现代化与后现代、经济发展与社会和谐并驾齐驱，能使心理学成为和谐社会建设中的一个有用工具。

2. 建设性后现代心理学的局限

(1) 泛经验论将经验赋予世上的万物，确实增加了自然的情感性以及人们对自然的尊重，从而为环境伦理学的建立，以及建立人与人、人与自然之间的和谐关系创造了条件，但其理论表现出浓厚的神秘主义色彩。这在过程思想所提倡的的泛经验论或泛灵论的本体论，以及由此衍生的超心理学的研究中表现得尤为鲜明和突出，建设性后现代心理学为超心理学中的超感官视觉、心灵感应、气功师发功，甚至死后生命和前世经验等问题的研究都保留了一席之地。我们可以看到，泛经验论虽然将经验赋予世上的万事万物，避免了二元论所带来的危害。但是无机界不存在经验性的事实得到了经验证据的更多证明。泛经验论缺乏起码的科学根据，主观臆想的成分太多，走向了唯心主义和神秘主义。

(2) 理论观点多处于理论构想阶段，缺乏实证研究的支持。建设性后现代心理学的研究大都不能提供具体的机理和检验的过程。所研究的心理现象不能被证实或证伪，也不能做出可以证实或证伪的解释。尤其是在超心理研究中，无法说明精神为什么能够存在于神经系统的作用之外，而与神经系统相分离；也无法说明超感官知觉发生的机理。这种以不可察觉的心灵力量为基础的理论，用超科学的、神秘的、超自然的要素去解释心理现象不能令人满意。

(3) 建设性后现代心理学从理论的建构和研究的方法的选取上为心理学研究提供了更多可能的选择，但研究的现状并不令人乐观，迄今建设性后现代心理学的研究尚未取得重大的理论突破，其研究也仅仅在心理治疗领域有所应用，除此之外，过程思想对心理学界的影响还是显得微不足道。虽然格里芬的后现代科学的理论引起了一些心理学家的关注，布坎南的研究也影响了超个人心理学界。但这些几乎无益于过程思想在主流的心理学研究中确立影响和可信度。多数建设性后现代心理学的理论研究都游离于或处于主流心理学的边缘地带，声音不够强烈，不足以影响到主流心理学的发展方向，离成为主导研究模式的目标还相去甚远。

外国心理学流派大系

FOREIGN PSYCHOLOGY SCHOOL SERIES

郭本禹 主编

理性的消解

——后现代心理学（下）

高峰强 等 著

山东教育出版社

·济南·

主　编　郭本禹
副主编　高峰强　杨韶刚　高申春
编　委　（以姓氏笔画为序）
丁　芳　方双虎　王国芳　李广军　杨韶刚　修巧艳
贾林祥　郭本禹　高申春　高峰强　崔光辉　熊哲宏

目录 Contents

第五章

后现代心理学的理论形态(下)

传统主流心理学具有浓厚的机械论倾向,随着心理学的不断发展,机械论倾向的种种弊端日渐显露出来,突出表现在它给心理学所烙上的还原论、客观论、方法中心等机械论印记,人性被物化或者兽化,人被机械、客观、被动地加以研究。机械论倾向受到了越来越多的批评,机械论作为主流心理学的方法论基础日益受到质疑,许多心理学家开始寻找新的世界观,以期为心理学注入新的活力。

第一节　语境论心理学

语境论作为一种心理学的世界观为心理学对心理的看法、研究方式、方法和视角提供了不同的注释,从而为心理学注入了新的活力。语境论认为人们不是生活在社会真空中的,人们的活动和心理与其发生的时间、空间,所处的社会、文化等因素息息相关,因此不应该像机械论那样在“真空”中对人的心理进行研究,不能孤立地研究人性,而应该在人的心理所发生的社会、历史和文化等语境中对人进行研究、探讨,从而展现出心理的多样性和复杂性,给心理以真实的揭示。在语境论发展过程中,其内部对心理学也存在不同的理解,形成了不同的分支。语境论思想从 20 世纪七八十年代开始日渐在心理学中传播开来,它的主张和观点在发展心理学、人格心理学、环境心理学和社会心理学等心理学领域得到不同程度的重视,心理学语境论开始兴盛与发展起来。语境论作为心理学的一种新的世界观,显示了机械论倾向在理解人类心理与行为方面的不足，这些都将为重新理解人性、看待心理学的基本问题提供了不同的思路、视角和方式，从而促进了心理学研究的多元化。同时，语境论也存在理论混乱模糊、相对主义、偏颇和独断等不足，这是它本身难以避免的缺憾。心理学研究的对象如此复杂，使得我们无法只用一种研究方式就能囊括，而应该兼收并蓄，这样才有利于心理学的发展与繁荣。

心理学中的语境论(contextualism)是一种关乎本体论和认识论的世界观，它主张知识和存在只有处于社会、文化和历史等语境中才具有意义，对人们的行为和心理现象的理解不能脱离它们发生的语境。

语境论并没有确切的定义，它的基本主张是：人们不是生活在社会真空中，人们的活动是在社会、历史、文化等语境中开展的，受到时间、空间、文化等因素的限制。语境论者主张不能孤立地研究人的心理，而要在其发生的语境中对其进行探讨。语境论者对心理学机械论倾向进行了批判，剖析了机械论倾向理解人类行为的不足；同时他们也积极地建构不同的概念，他们将心理看成是关系中的实在，是在历史、文化、社会关系中发展的；重视心理发展的历史、文化等因素的作用，这些都是有启示意义的。心理学中提及的语境论一词，大部分语境论者认为是源自斯蒂芬·佩珀(Stephen Pepper)的思想，他在1942年出版的《世界的假设》一书中提出了四种世界观——形式论、机体论、机械论和语境论。在哲学和心理学中，皮尔斯、詹姆斯等人最早关注语境论的议题。格式塔心理学主张在整体中对部分的功能作用进行研究，表现出很强的语境论倾向。20世纪70年代以后心理学家才较多地关注语境论。语境论是一种发展迅速的元理论，渐被越来越多的心理学家接受。

一、传统主流心理学机械论倾向的弊端

心理学自诞生之日起，就有强烈的远离哲学、亲近自然科学的俄狄浦斯情结，梦寐跻身于自然科学的殿堂，分享科学皇冠的荣耀。1879年，在德国莱比锡大学的五间小屋中产生的心理学就是以亲近自然科学的姿态宣告它挣脱了哲学的束缚，走上了独立之路。自此，西方心理学就沿着两条路前进，一条为自然科学路线，称为科学主义心理学；一条是人文科学路线，称为人本主义心理学，而前者在传统心理学中占据主导地位，称为主流心理学。传统主流心理学具有强烈的机械论倾向，马斯洛将其称为是“机械主义心理

学”①。胡中锋道出了传统主流心理学机械论倾向的本质，他认为科学主义心理学的思维本质是实体还原论，而实体还原论的本质是一种机械定论：“在认识论上，它表现为机械的客观中心论或者机械的反映论……在社会历史观上，表现为社会实体论或者经济或技术决定论……在价值观上，表现为生物学主义和‘物质主义’，认为人的行动目的就在于满足动物本能的需要；在科学方法论上，则表现为用自然科学的方法取代人文社会学科的方法。”②

1. 机械论倾向

传统主流心理学以实证主义作为自己的哲学方法论基础，以自然科学的机械论观作为导向，极力模仿自然科学尤其是物理学机械主义的方法来研究心理现象，这种倾向就是机械论（mechanism，也译作机械主义）的倾向，它主张研究物的范式同样适用于研究人。从心理物理学模仿自然科学，追求科学精神开始，心理学就显示了崇尚科学的科学主义的倾向，也为心理学机械论倾向埋下了伏笔。冯特、铁钦纳的元素主义试图把心理现象还原为基本的心理元素。华生为首的行为主义宣称心理学是自然科学的纯客观分支，从而将不能观察的内在意识驱逐出心理学的领域，行为主义的研究指导思想将人降到了动物的水平。认知心理学对行为主义进行了批判，提出了人机类比的思想，这样人在认知心理学那里就成了计算机。上述心理学派别构成了传统主流心理学的主线，也使得传统主流心理学在发展过程中表现出强烈的机械论倾向。

2. 心理学机械论倾向的来源

(1) 科学的起源。

心理学的机械论倾向首先来自于传统主流心理学坚持机械论世界观以及对自然科学的崇拜。

大约 16 世纪到 17 世纪，一种新的自然观（或者世界观）开始出现。这种自然观建立在一个奇特隐喻——机器的隐喻之上：自然界是一架机器，一架由各种零部件组装而成、按照一定的规则、朝着一定的方向运转的机器。③培根和霍布斯分别著书描述了未来的机械社会，将机械论和理性主义巧妙结合了起来。培根所倡导的观察法、实验法和归纳法一直沿用至今而兴盛

---

① 马斯洛著，林方译：《科学心理学》，云南人民出版社 1988 年版，第 8 页。

② 胡中锋：《试论心理学的整合——科学主义与人文主义整合的启示》，《华南师范大学学报》（社会科学版），1998 年第 5 期，第 59～64 页。

③ 陈剑澜、邓文碧、叶文虎：《西方传统自然观的演变与影响》，《中国人口·资源与环境》，2000 年第 4 期，第 1～4 页。

不已，而数学化的机械论自然观在笛卡儿的手中初具规模，牛顿则将机械论推上了顶峰，他将力和数学统一起来，用数学上的力代替了各种生命力或者神力，成为了支配自然的法则。随着机械论自然观的日益成熟和深入人心，机械力学的成果被援引，方法被广泛地移植和运用，此时出现了把一切都归结为机械运动的"狂热"。这促使心理学家们相信，欲使心理学成为真正的科学，就必须借鉴和运用曾经给自然科学带来辉煌成就的方法论。在他们看来，不仅要把物理世界机械化，而且也要把心理世界机械化。从心理物理学把观察与实验的方法引入心理学，到行为主义和认知心理学采用科学方法对心理现象进行研究，都彰显出将心理世界机械化取向的强大威力。

(2) 哲学的源引。

传统哲学思潮也对主流心理学机械论倾向的形成产生了很大的影响。笛卡儿从物理学的机械原理出发，把动物和人看成是自动的机器，认为其行为严格地受制于物理学机械运动的规律。笛卡儿从而提出了"动物是机器"的论断，而拉·美特利认为"人是机器"。渗透于整个近代英国、法国和德国哲学中的机械主义立场，也为心理学远离哲学，走上科学的金光大道洞开门路。而实证主义为心理学机械论倾向提供了直接的哲学依据。实证主义出现在西方哲学从近代向现代的转换时期，最初由孔德提出，前后共经历了三代的发展：一为孔德的社会实证论，强调"实在的"、"有用的"、"确定的"、"精确的"、"积极的"、"相对的"六大实证精神要素；二为马赫、阿芬那留斯等人的经验实证论，带有浓厚的现象学倾向；三为石里克、卡尔纳普等人的逻辑实证论，坚持分析与综合、逻辑分析、经验证实等。三代实证论虽然各有侧重点和特色，但其基本主旨和精神是一致的，就是强调通过研究获得实在、有用、精确的知识，均遵从经验证实原则和客观主义原则，认为一切知识都来自于经验，"科学所讨论的问题只能局限在经验的范围内，凡能以经验证实或者证伪的问题就是科学问题，否则就是形而上学的、没有意义的非科学问题"①。实证主义的这些主张构成了传统主流心理学机械论倾向最主要的哲学基础，将此主张运用到心理学中，则意味着心理学研究必须摆脱"安乐椅"式的哲学思辨，摒弃一切主观的对象与方法，追求客观、精确、量化、能为经验证实的知识，重视观察与实验等客观方法的应用。

3. 心理学机械论倾向的各种弊端

(1) 缩小了心理学的研究范围。

主流心理学的科学观来自对经典物理学的模仿，对实证主义实证原则

---

① 叶浩生:《理论心理学辨析》,《心理科学》,1999 年第 6 期,第 549～550 页。

的吸收。受两者的影响，传统主流心理学坚持研究对象的可观察性。冯特将可内部观察的直接经验作为心理学的研究对象。华生直接将可观察的行为看成是心理学的对象。斯金纳更进一步，认为华生体系中有许多类似意识的东西，而行为主义的“任务以描述为限，不企图提出解释，它的一切概念都由直接观察的结果来给以定义，不涉及身体部位或生理的特点”①。现代认知心理学重视人的高级心理过程和内部意识，从而区别于行为主义，但认知心理学的直接的、主要的对象还是行为。传统主流心理学强调研究对象的可观察性，将不可观察的心理现象逐出了心理学的大门，缩小了心理学的研究范围。

（2）面临方法中心的困境。

用自然科学模式塑造心理学的传统主流心理学家推崇自然科学的观察、实验等客观方法，“历史上，心理学将机械论隐喻视为是理解人类行为的唯一可行方式，这使得心理学家们通过在严格控制环境中的客观观察来获得行为规则”②。冯特首先将实证方法引入心理学，从而推动了心理学的独立化和科学化。铁钦纳表现出更多的方法中心取向，他继承了冯特的实验内省法，对其进行了严格的限制。而以方法为中心的倾向在行为主义那里表现得最突出了，行为主义的开山鼻祖华生主张唯有客观方法才能解决心理学中的一切旧有问题。新行为主义者也继承了华生的客观化原则。斯金纳的观点更为明确：“我们可以按照物理学和生物学的途径来直接探讨行为与环境的关系，而不必去理睬臆想中的心理中介状态。”③认知心理学家不像行为主义那样走极端，但也存在方法中心的倾向，他们采用实验法、观察法和计算机模拟的方法来研究人的认知。传统主流心理学认为心理科学研究的关键在于其方法、技术和程序，而研究的问题倒在其次，将方法看成是一切，陷入了方法中心的困境。

（3）带来方法论难以僭越的路障。

传统主流心理学在方法中心主义的驱动下，对科学的研究法则进行无批判的接受，全盘接受了自然科学的方法论主张——还原论和客观论。所谓的还原论，就是主张把高级的运动形式还原为低级的运动形式的一种哲学观点，反映在心理学中就是将复杂的心理现象简化为物理、化学、生理过程。冯特坚持用元素分析方法来研究心理现象就是还原论的一种表现，铁

① 斯金纳著，章益辑译：《新行为主义学习论》，山东教育出版社1983年版，第295页。

② Gillespie, D. (1992). *The mind's we: Contextualism in cognitive psychology*. Carbondale: Southern Illinois University Press. p. 27.

③ 斯金纳：《超越自由与尊严》，贵州人民出版社1988年版，第13页。

钦纳秉承其师之志，将复杂的心理现象简单化。华生认为人的心理不过是腺体的分泌和肌肉的收缩，新行为主义力图把心理现象还原为行为操作。现代认知心理学也没有摆脱还原论的立场，想方设法把人跟计算机进行类比，这实际上也是一种机械还原论。而客观论的最突出表现是华生的行为主义，它以客观性为标准，对心理学研究对象和研究方法进行了大刀阔斧却是削足适履的改革，导致了一种恶性的客观主义。认知心理学坚持人机类比仍是坚持客观的标准。美国心理学会前主席贝文说："尽管所谓的认知革命做出了许多贡献，但是我们继续顽固坚持着还原论和机械论。"[①]传统主流心理学坚持心理学研究的还原论和客观论，将心理现象简单化、机械化和刻板化，忽视了人心理的复杂性、真实性。

（4）陷入人性物化的泥淖。

传统主流心理学固守人为机器的模型，对人进行物化的理解。华生将心理学的任务界定为预测和控制人的行为，并将条件反射看成是最重要的研究方法，人的行为就是刺激反应的联结，除此之外无他。在他眼中，人就是复杂活动的有机机械。新行为主义也倾向于把人看成是没有感情的机器，可以进行控制。认知心理学的核心理念就是把人设想成一台计算机，可以进行人机模拟。"行为主义和信息加工模式都是机械论的隐喻……两者的努力都是机械论的，他们都认为客体可以去语境化，可以还原成一系列分析的成分术语，并且通过综合的过程来聚集或者重新组合。"[②]传统主流心理学对人的比喻模型造成了人的主体性的丧失、人的主观性和能动性的泯灭，陷入了人性物化的泥淖中。

二、心理学语境论产生的历史背景

科学主义的心理学坚持机械论自然观，极力模仿自然科学研究范式。过去百年里，在为心理学改变形而上学的谶语，驱除意识的神秘幽灵，积累丰富的实证资料，推进心理学的客观化等方面做出了骄人的业绩。但随着时间的推移，它暴露出自身难以逾越的困境，突出表现在心理学机械论倾向所难以克服的方法中心主义，所带来的还原论、客观论和人性贬低等困境。传统主流心理学机械论倾向的弊端受到来自各个方面的批判，将机械论看

---

① Bevan, W. (1991). Contemporary psychology: A tour inside the onion. *American Psychologist*, No. 5, p. 476.

② Gillespie, D. (1992). *The mind's we: Contextualism in cognitive psychology*. Carbondale: Southern Illinois University Press. p. 41.

成主流心理学唯一隐喻的恰当性观点遭到了怀疑，其中语境论对其针砭呼声颇高，语境论者纷纷批判机械论对人的消极、被动的看法，认为其忽视了意识与梦想的地位，机械论心理学主张心灵是物理实在，像机器一样运行，实在是由基本成分组成的，通过研究心灵的基本成分就可以控制和预测心理活动，这种客观的观点将心理活动跟意识截然地分开，将人看成是消极被动的。相比而言，语境论提供了看待实在和心理的不同思路，语境论者将心理和实在看成是复杂的、相互关联的，他们将心理放在社会和文化的大舞台上进行考察。吉莱斯皮(Gillespie)认为："迄今为止，机械论控制了心理学的话语权，它所带来的局限性远大于给我们带来的益处。"①"机械论引导的心理学主张和研究实践并不是很健康的。"②萨宾认为："我们当前对语境论的兴趣，部分是因为对机械论世界观引导的研究和实践不满所造成的。"③众多的学者也都将目光投向了语境论，关注语境论的观点、主张、发展走势和它对心理学的影响等。

语境论思想在心理学中的孕育与生成并不是偶然的事件，心理学语境论思想的形成受到科学发展的影响，具有哲学的奠基，同时也是心理学发展的一个选择。

1. 科学背景

传统主流心理学一直遵循机械论的世界观来进行研究，随着科学的发展，机械论世界观受到了冲击。

从 19 世纪中期起，由于生命科学和物理学的革命，西方科学界开始对机械论自然观进行批判。生物学的发展动摇了机械论自然观在自然科学界的统治地位，主张用有机论代替机械论对生命进行理解。19 世纪末 20 世纪初，物理学的发展，尤其是相对论和量子力学的出现和快速传播从根本上瓦解了机械论自然观的根基。爱因斯坦提出的相对论对牛顿的机械论进行了反叛，改变了人们对时空、物质的概念，极大丰富了人们对时空的观念，加深了人们对物质的理解。量子力学的发展推动了有机论世界观进一步建立。量子力学坚持整体论，整体决定部分，认为每一个事件不总是具有确定的原

---

① Gillespie, D. (1992). *The mind's we: Contextualism in cognitive psychology*. Carbondale: Southern Illinois University Press. p. 15.

② Gillespie, D. (1992). *The mind's we: Contextualism in cognitive psychology*. Carbondale: Southern Illinois University Press. p. 13.

③ Sarbin, T. R. (1993). The narrative as the root metaphor for contextualism. In: S. C. Hayes and L. J. Hayes and H. W. Reese and T. R. Sarbin(Eds.). *Varieties of scientific contextualism*. Reno, NV: Context Press. pp. 51～65.

因,用或然决定论代替了机械论世界观的必然决定论。量子力学引起了科学概念的变革,全面冲击了机械论的机械力学基础,引导人们重新思考主体和客体、整体和部分、确定和不确定的关系。包括相对论和量子力学在内的20世纪重大科学发现向世界展示了一个有联系、有秩序、有结构、有历史规律的信息化宇宙。信息论的发展深深地改变了人们对整个世界的根本看法,宇宙不仅存在着和运动着,而且表现出内部的联系性。20世纪中叶逐渐形成的系统理论表明:世界是个大系统,世界内部处处是系统。这些都对机械论世界观造成了进一步的冲击。而20世纪六七十年代混沌学等的创立和传播则导致了机械论自然观的彻底衰落,机械论自然观开始退出历史的舞台。自然科学发生的深刻革命,引起了我们对客观世界总体认识的深刻变化,不仅仅扩展了我们的知识领域,而且也深刻地改变着我们对世界的存在和客观实在的一些基本观念:全部世界是一个完整的历史过程,是不断运动发展、不断进化的;层次性是世界的基本秩序,系统是世界和事物存在的基本模式,系统内的单元通过相互间的联系组成一个整体。

2. 哲学背景

心理学语境论的兴起和发展有其深远的哲学背景,机械论自然观受到冲击的同时,传统主流心理学的哲学根基——实证主义也逐渐没落,而哲学对语境及其语境论的关注,尤其是斯蒂芬·佩珀的理论对心理学语境论思想的诞生具有直接的影响。

第一,科学哲学的影响。20世纪20年代开始,实证主义的影响逐渐衰退,实证主义第三代——逻辑实证主义只发展了短暂的时期,就受到新一代科学哲学家的挑战,新的科学哲学家对逻辑实证主义的理性模式进行了批判,认为科学的发展会受到社会文化条件的限制,开始关注科学发展的历史因素和社会因素。波普尔等人对逻辑实证主义的经验证实原则、客观主义原则以及还原分析方法等提出了挑战,指出科学观察具有目的性和选择性,观察不可能是客观的和中性的,颠覆了实证主义的客观、证实原则。而自20世纪50年代开始,科学哲学中出现了科学历史主义,它不局限于科学本身,而是着眼于科学的历史和现状,在科学中引进科学以外的因素,如社会因素、科学家的心理因素、科学集团的要求和心理状态等;在科学考察中注意到科学与其它知识、社会现象间的密切联系,关注科学与其它各种社会现象的相互联系。库恩、费耶阿本德、拉卡托斯等人都属于科学历史主义,他们从社会维度研究科学,一方面说明科学对社会的影响日益增大,另一方面说明对科学的理解绝不能脱离社会历史环境。

在20世纪中叶,科学哲学运动先后经历了语言学转向、解释学转向和修辞学转向。“三大转向已经深深渗透到了科学哲学的发展中去，科学哲学所提出的要解决的一系列理论难题都在一定程度上与语境相关，尤其是当代科学思想框架的局限性，中性观察被消解，独立事实被解构，以及所有实验都不能不渗透着理论的时候，导致了科学作为‘自然之镜’的单纯概念的丧失，因而，对科学的理解、认识被刺激或者推向了科学之历史的、社会的、文化的、心理的层面，在这种宏观背景下，语境分析方法在科学理论的诠释中应运而生了。”①哲学三大转向的结合点就是语境论。语境论是实用主义的现代主义变式。实用主义认为，外部事物只有与主体一起构成一个“统一整体”即经验时，对人才有意义，才是人的认识对象和认识根据，经验就是世界；认识的意义和价值不在于它是否反映了事物的本质规律，而在于它对于人们行为的具体效果，有用就是真理，满意就是真理；社会的存在、发展和变化是由经济、思想、文化、道德、宗教、教育等因素决定的，坚持社会历史观的多元主义。语境论秉承了实用主义对经验的重视，怀疑认识的客观性，坚持事物发展的多因素决定论。语境论认为任何一个语境要素的独立存在都是没有意义的，任何要素都只有处于与其他要素相关联存在的具体的或历史的语境中，才是富有生命力的。语境论在科学实践中结构性地引入了历史的、社会的、文化的和心理的要素，成为一个融合各种趋势的集大成者。

第二，哲学中的语境及语境论。哲学对语境的关注由来已久。康德、边沁关注语境，而弗雷格最早把语境作为一大原则确立起来，认为一个词的意义必须在其特定的语境中才能进行理解。维特根斯坦继承和发展了弗雷格的语义研究原则，彰显和扩充了其中隐含的整体论因素。维特根斯坦提出了语言游戏说以及语言的意义在于使用的语用论，突出强调了语境的具体特定性和意义的情境规定性。奎因认为意义取决于语境，认为语句和语句的意义都取决于语境，揭示了语句对于语句体系及其中其他语句的意义的依从关系，从而建立了意义的整体主义。上述人物对语境的关注，大多是关注狭义的语境，重视与强调对语词的理解要联系语句、语义的上下文，注意前言后语，这与心理学中的语境论内涵还有一定的距离。伽达默尔等学者也都为语境的发展做出了贡献，他们对语境的理解相对来说是在更宽广的水平与角度上开展的。伽达默尔将语境与解释学结合了起来，从理解语境、真理语境和语言语境等三个层面逐一揭示其语境方法的特质。在伽达默尔看来，理解是在特定语境中进行的，理解主体与理解对象都具有历史性，两者内在地镶嵌在特定的历史语境中，不考虑历史语境追求纯粹客观性从根

① 郭贵春：《语境与后现代科学哲学的发展》，科学出版社2002年版，第82页。

本上讲是一种‘乌托邦’式的幻想。① 伽达默尔认为，无法用科学主义的方法来揭示人文学科领域内存在的真理，提倡用此在的存在方式——体验，也就是在特定的语境中与主体直接当下的背景信念、价值取向、时空情境相关的领悟和认同。

对心理学语境论影响最大的哲学人物，无疑要数佩珀了，心理学语境论的思想直接受益于他的观点和主张。1942 年，佩珀出版了《世界的假设》(World Hypotheses)一书，在此书中他宣称当前的大部分哲学观点可以在四种世界观中寻到自己相对恰当的位置，每一种世界观都有其自身的基本隐喻和真理标准。其中一种他称为是语境论(contextualism)，其他三种分别是形式论(formism)、机体论(organicism)和机械论(mechanism)。佩珀的观点被看做是当今心理学语境论的源头。佩珀认为其他三种世界观作为科学主义的方法论基础受到越来越多的质疑后，语境论逐渐出来争夺主角了。

依照佩珀的观点，形式论的基本隐喻是相似性，它的真理标准是个体与集体特征的相通性。例如，一种鸟之所以被称为是鸟，乃是因为它具有鸟群体的特征。机体论的基本隐喻是成长的有机体，事情根据预设的发展进程向前发展，直至达到确定的目的，机体论的真理标准是一致。机械论的基本隐喻是机器，机器的各个部分按照规定的方式进行运转，从而发挥整个机器的功能，机械论的真理标准是假设和实验发现之间的相通。许多人认为机械论是科学和当前心理学的隐喻。

佩珀认为，语境论的基本隐喻是历史事件(historic event)。历史事件纷繁复杂，由相互关联的种种活动组成，各种活动并不是稳固、恒定的，而是不停地发生着改变。语境论者并不认为过去的事件是死亡的和过时的，而是不断延续的存在，历史事件存在于当下语境中，对当前的语境产生影响，“要想不误解这个基本隐喻，就应该使用我们语言中的动词，如正在发生，正在承受，正在欣赏”。②

从这个基本隐喻出发，佩珀认为秩序不是事物必然的状态，混乱(非秩序状态)随时都会发生，“非秩序状态是语境论绝对的特征，这种特征非常基本……如果这种积极改变不是世界的特征的话，如果自然界有像形式论和机械论那样不变的结构的话，那么语境论就是错误的”③。既然没有固定不变的结构，那“语境论必然包含着新奇和改变”，这就暗示着预测规则是绝对

① 郭贵春:《语境与后现代科学哲学的发展》，科学出版社 2002 年版，第 132 页。

② Pepper, S. C.(1942). *World hypotheses*. Berkeley: University of California Press. p.232.

③ Pepper, S. C.(1942). *World hypotheses*. Berkeley: University of California Press. p.234.

不可能的。“一种现象今天是这个样子，明天就会变得不同，成为另外一个样子。”①

佩珀认为语境论的真理标准是真理的操作论。它有三种不同的规范，其中一种真理标准是“成效（successful working）”，针对这个标准，佩珀指出，“真理就是达到最终的或者成功的结果，这也是它最终的形态。”②真理就是任何在特殊情境中起作用的东西。佩珀认为成效不是语境论的唯一真理标准，也不是最好的标准，还有其他两种真理标准，一种是假设核查（verification of hypothesis），另一种是定性确认（qualitative confirmation）。

佩珀对分析的作用进行了批判，他认为在语境论中分析的地位非常有限。第一，对事件进行分析会产生消极的后果。任何想要将复杂事件分析成基本成分的企图都会歪曲事件，甚至可能会产生误导。第二，任何分析都不是完全的分析。任何分析都是试验性的，从此意义上讲，任何事件都不可能得到完全的分析。第三，任何人可以从自己的目的出发，根据自己的观点对任何事件进行分析。对语境论者来说，没有正确的或者错误的分析；事件可以从任何观点出发得到分析，在任何地方停止，分析的意义在于一个人所追求的目的，“从中我们可以看出这实际上是一种相对主义”③。

哲学对语境的关注，尤其是佩珀的语境论观点对心理语境论的兴起、发展产生了重大的影响。

第三，后现代主义与建构主义的影响。后现代主义和社会建构主义认为客观地理解世界是不可能的，因为所有的知识都是用语词进行社会建构的，而语词又是在社会进程中获得其意义的，同时这些意义又是随群体、时代的不同而有所改变。知识只是通过语言的形式由社会契约构成的。现实是由我们描述它的语词构成的。我们不可避免地嵌入文化的意义，同时，这些文化的或“局部的”意义是我们所能知道的一切。真理就是任何一致性的东西，而谬误简单地说就是不一致的东西，因为每一方从它自己的观点来说都是正确的。

在后现代主义者看来，科学是西方文化在一个特定时期发展出的一套复杂的文化约定。因此，科学并不像我们平常所设想的那样，是知识和用以检验有关自然界的猜想和理论的方法论的聚合体，而仅仅是作为复杂的政

① Capaldi, E. J. and Proctor, R. W. (1999). *Contextualism in psychological research? A critical review*. Thousand Oaks, CA: SAGE publications. p. 43.

② Pepper, S. C. (1942). *World hypotheses*. Berkeley: University of California Press. p. 270.

③ Capaldi, E. J. and Proctor, R. W. (1999). *Contextualism in psychological research? A critical review*. Thousand Oaks, CA: SAGE publications. p. 44.

治、经济和社会语境一部分的解释团体所创造出来的话语或讨论。对任何社会团体而言，由于关于知识的主张都根植于那个团体的标准，因此他们没有正当理由超越这种主张。因此，认识世界的科学主张仅仅是一个社会约定；这种关于真理的主张不会比占卜者的断言更有效。作为一种寻找假设真理的手段，科学的方法论仅在赋予它意义的科学社会团体约定中才是有意义的。①

后现代主义强调局部语境下的相互作用，它把主观的个体和客观的普遍规律看做是人类立身于世界的抽象概念。什么是有意义的，什么是真理，这都是人们共同参与的决策问题和决策结果。后现代主义用局部知识来取代普遍知识体系，用局部意义取代普遍意义。诸如普遍与个别、客观与主观这样的两极对立都由局部语境所取代。

在建构主义者格根等人看来，语言的重要性源于其在关系模式中的作用。语言并不是世界的镜子或地图，也不是参照事件或内部加工，而是一种社会交换。语言不是人们头脑中的思想，而是没有单独意义和含义的符号的无限排列。事物的可理解性来自于重复的语词模式，而语词是从关系语境中获得其意义的。

建构主义者坚持，所有的真理断言都是建立在语言的社会约定上。因为这些约定随着团体的不同而改变，也因为语言永远不可能是固定不变，而总是在不同的团体之间和不同的时间里有不同的意义，因此它不能被用来承载关于世界的真理。因此，它不可能去检验假设，不可能去决定关于世界的任何基本原理，因为这些同样也是由语言构成的。除了不同的团体有不同的意义这一障碍之外，研究者可以一直产生关于假设语境的更多的普遍假设，以至于每种论断永远无法确立其正确性或错误性。

虽然语言不是真理或理性思维的工具，但是它的确提供了一种共同认识的方法；这些认识依赖于社会的使用。通过叙事的内容，参与者建构了他们自己关于现实的观点。科学著作是一种现实观点，但是它没有关于精确性的主张，就像它没有关于虚假性的主张一样。那些我们称为知识的东西就是我们在交往中约定用语言表达的东西。我们的知识、我们的现实是由我们安排的用来描述它们的语词构成的。神话、民间传说、科学和神秘的东西都是社会约定的，它们的基础存在于语言的历史和文化约定之中。是语言根据特定社会团体及其语境的使用，为我们提供了建构世界的方法，而不

① Noel W. Smith 著，郭本禹等译：《当代心理学体系》，陕西师范大学出版社 2005 年版，第 204 页。

是个体的心理或意识。[①] 建构主义有两点主要结论：关于知识的陈述总是依赖于语境；因为语境是不断变化的，因此，不存在知识或真理——是建立在经验观察基础之上的主张。

3. **心理学内部的发展**

在心理学中，詹姆斯等人最早关注语境论的议题。然而语境论在心理学中并不像机械论那样备受关注、大受欢迎。直到 20 世纪 30 年代，心理学家还一直在寻求证据支持机械论模式的三个基本假设：公平的假设、价值中立的假设和普适性的假设。然而，早在 1927 年，霍索恩的研究已经开始对心理学观察中的客观论倾向提出质疑。罗森茨魏希和罗斯诺也关注心理学的客观化问题，他们认为心理学追求客观、确定的倾向是遵循了机械论的简化原则，对预测人格以及探讨社会心理学的问题来说，并不是适合的模式："在心理学领域中，仅仅利用观察行为来预测人类行为是很有限的。"[②]

到 20 世纪 60 年代中期，心理学家对机械论简化倾向的批评多了起来。此时行为主义开始衰败，认知心理学崭露头角，研究者越来越接受不可控变量发生的可能性，尤其在研究目的上，研究者逐渐认识到，被试的认知能够影响实验反应，而这些反应中有许多都是研究者不能预知的。"应该考虑到在一定的研究中，实验者的期望或者暗含的实验假设，会无意中达到'自我实现'。"[③]60 年代后期和 70 年代，诸多批判指向了心理学研究忽视人的主观能动性的问题上。传统主流心理学的机械论倾向之弊端也越来越明显地表现出来，受到来自各方面的攻击和批判，心理学家开始寻找一种新的世界观来引导心理学的健康发展，许多研究者将目光集中在了语境论的身上。

20 世纪七八十年代语境论在心理学中发展起来。柯尔曼对科学的价值中立倾向进行了批判，格根等质疑研究人类行动普适规律的可行性，指出心理学现行研究忽视了道德因素等的作用。麦奎尔提出了认知(Knowing)天性具有悲剧色彩的观点。他认为我们对已知事情无法达到完全的表达，因为离开当时的情境，当时环境信息的极其丰富性与人类加工系统的有限性，二者之间形成鲜明的对比，人类有限的加工系统不能全面地展现丰富的环

① Noel W. Smith 著，郭本禹等译：《当代心理学体系》，陕西师范大学出版社 2005 年版，第 206 页。

② Rosnow, R. L. and Georgoudi, M. (1986). The spirit of contextualism. In: R. L. Rosnow & M. Georgoudi(Eds.). *Contextualism and understanding in behavior science: Implications for research and theory*. New York: Praeger. p. 9.

③ Rosnow, R. L. and Georgoudi, M. (1986). The spirit of contextualism. In: R. L. Rosnow & M. Georgoudi(Eds.). *Contextualism and understanding in behavior science: Implications for research and theory*. New York: Praeger. p. 11.

境信息。“我们的加工能力使我们对已知事件的描述以简述和推论的形式出现，得到的理论就极有可能简化和歪曲事件和体验到的经历。”①索尔斯和罗斯诺等②认为，为了增加精确性而实施严格控制的研究会曲解观察到的人类现象，这样的研究会更加人为化和主观化。上述人物的思想虽然并不相同，但是可以统统归于语境论的世界观下。他们都认为人类行动具有积极性和目的性，将研究者看成是研究的积极参与者而不是冷眼旁观者，将心理现象看成是广泛的社会历史语境的组成部分，寻求揭示这些现象的历史结构和目的性本质的方法。语境论的规则开始成为众多心理学领域，如毕生发展心理学、人格心理学、人际心理学、环境心理学和社会心理学展开讨论的对象等。例如，在认知心理学中，詹金斯（1974）③将语境论和传统的学习理论和信息加工方法进行了比较，着重指出语境论是如何重新定义认知科学的目的和目标的。由此，心理学语境论开始兴盛与发展起来。

语境论的支持者日众，他们将语境论看成是心理学的新出路。“语境论者显示了机械论理解人类行为的客观论和还原论方法的不足；同时他们也积极地建构不同的科学概念和认知理论。在社会科学中，关于语境、主观性、开放系统、意义和理解等的讨论日渐增多。”④海斯等人在《科学语境论种种》一书中指出：“语境论已经受到心理学家和社会学家的广泛关注，直逼在心理学中占主导地位的机械论观点，语境论是一种阻断旧的争论、祛除心理学极化发展的全新方法。”⑤莫里斯认为语境论“为提出新问题，放弃旧问题并做出新回答提供了新的观点”⑥。许多语境论者认为语境论可以更好地理解自然现象和人类发展。海斯综合这些观点，宣称“语境论可以看成是一个网络结构，在其引导下心理学不断前进，消除了机械论的无能和哲学不一致

---

① McGuire, W. J. (1983). A contextualist theory of knowledge: Its implications for innovation and reform in psychological research. In: L. Berkowitz(ed.). *Advances in experimental social psychology*, vol. 16, New York: Academic Press. p. 3.

② Suls, J. M. and Rosnow, R. L. (1988). The rise of and reaction to concerns about artifacts in psychological experiments. In: J. Morawski(ed.). *Exploring Inner Space: The rise of experimentation in American psychology*. New Haven, CT: Yale University Press. p. 78.

③ Jenkins, J. J. (1974). Remember that old theory of memory? Well, forget it! *American Psychologist*, vol. 11, pp. 785～795.

④ Gillespie, D. (1992). *The mind's we: Contextualism in cognitive psychology*. Carbondale: Southern Illinois University Press. p. 39.

⑤ Hayes, S. C. and Hayes, L. J. and Reese, H. W. and Sarbin, T. R. (1993). *Varieties of scientific contextualism*. Reno, NV: Context Press. p. 6.

⑥ Morris, E. K. (1991). The contextualism that is behavior analysis: An alternative to cognitive psychology. In: A. Still & A. Costall(Eds.). *Against cognitivism: Alternative foundations for cognitive psychology*. Hempstead, UK: Harvester Wheatsheaf. p. 125.

的无能，语境论瞬时成了一个前进的选择"[1]。卡尔·拉特纳（Carl Ratner）认为："与实用主义相比，语境论对于文化的界定，文化与心理学的关系的理解，更加有帮助得多，而且，其更加适用于文化心理学的研究。"[2]2005年，语境行为科学联盟（the Association for Contextual Behavioral Science）成立，专门研究功能语境论在行为科学中的发展和进程。语境论者都将语境论奉为心理学发展的新契机和出路所在。

国外心理学界有许多研究者在关注语境论，他们纷纷著书立说，对语境论进行探讨。罗斯诺和格奥尔格欧迪于1986年编著了《语境论及其在行为科学中的理解》（*Contextualism And Understanding In Behavior Science: Implications For Research And Theory*）全面介绍了语境论在各个心理学领域中的发展。罗斯1991年出版的《发展心理学中的语境论》（*Contextualism In Developmental Psychology*）中介绍了语境论在发展心理学中的独特视角。吉莱斯皮于1992所著的《认知心理学中的语境论》（*The Mind's We: Contextualism In Cognitive Psychology*）则着重介绍了语境论在认知心理学中的发展。海斯、里斯等1993年编著《科学语境论种种》（*Varieties Of Scientific Contextualism*）一书，论述了不同的语境论类别，这本书是在1992年内华达语境论会议基础上总结的会议论文集。卡帕尔比和普罗克特在1999年出版的《心理学研究中的语境论？批判性回顾》（*Contextualism In Psychological Research? A Critical Review*）中对语境论进行了总体的评价。环境心理学、社会—人际关系心理学、治疗心理学等领域也在探讨语境论，许多研究者从各个不同的方面、角度对语境论进行阐述。

三、心理学语境论的内涵

1. 语境

语境（context）源自拉丁语"contextus"，是"contexere"的过去分词，意思是"组合在一起"，有语境、与境、境域等多种汉语译法，但基本的意思均指某一事物的意义存在于与其周围事物的关联之中。"Context"有两种含义，其

① Hayes, S. C. (1993). Analytic goals and the Varieties of scientific contextualism. In: S. C. Hayes and L. J. Hayes and H. W. Reese and T. R. Sarbin(Eds.). *Varieties of scientific contextualism*. Reno, NV: Context Press. p. 11.

② Carl Ratner. (2006). Contextualism versus Positivism in Cross-Cultural Psychology. In: G. Zheng, K. Leung and J. Adair (Eds.). *Perspectives and progress in contemporary cross-cultural psychology*. Beijing: China Light Industry Press. pp. 35～48.

一是指话语、语句或语词的上下文或前后关系或前言后语，主要是指由语言因素构成的上下文，语言学家称之为“言辞语境”，逻辑学家称之为“内涵语境”，哲学家称之为“狭义语境”；其二，指话语或语句的意义所反映的外部世界的特征，说明言语和文字符号所表现的说话人周围世界的方式，可扩展为事物的前后关系、境况，或者扩展到一个特定的“文本”、一种理论范式以及一定的社会、历史、政治、经济、文化、科技、技术等诸多要素之间的相互作用和相互联系，主要指各种情境因素构成的上下文，语言学家称之为“言辞外语境”，逻辑学家称之为“外延语境”，哲学家称之为“广义语境”。[①] 心理学语境论中所强调的语境是一种广义的语境、历史的语境，是心理发生所依赖的、必不可少的因素，是心理活动发生的时间、空间、社会、政治、历史、文化等因素的合集。与系统、环境等概念比较而言，语境既着重与系统之边界条件与环境诸因素的动态关联，着重于背景性渗透，又着重于其内部构成要素的相互作用，是系统与其环境的统一，历时与共时的统一。它既不是系统本身，也不是环境本身，而是二者的统一体。概言之，语境是其构成要素的系统性的形式与意义关联的综合体。[②]

2. 语境论

心理学对语境论的界定并没有达成统一的共识，詹金斯[③]为语境论所做的定义如下：经验(experience)是由事件(event)组成的，整个事件具有一个性质(quality)，通过性质就可以展现事件的全部意义。事件的性质是经验者与世界之间互动而产生的结果。也就是说，有机体与外界关联之间的互动为经验提供了支持，这种关联可以理解成结构(texture)，结构反过来组成了语境(context)的成分。

比较公认的是吉莱斯皮[④]所做的定义：对于语境论者来说，经验由全部事件组成，事件的特征鲜明。每个事件都有一个结构和性质，事件有知者和被知者，因此语境论是一种交互的、动力的世界观。事件中没有任何东西是永恒的、不可改变的，因为事件中的每个细节都会随时间的变迁而发生改

---

① 成素梅、郭贵春：《论科学解释语境与语境分析方法》，《自然辩证法通讯》，2002 年第 2 期，第 24～30 页。

② 魏屹东：《科学的维度及其广义语境解释模型》，《自然辩证法研究》，2002 年第 18 期，第 15～18 页。

③ Jenkins, J. J. (1974). Remember that old theory of memory? Well, forget it! *American Psychologist*, Vol. 11, pp. 785～795.

④ Gillespie, D. (1992). *The mind's we: Contextualism in cognitive psychology*. Carbondale: Southern Illinois University Press. p. 18.

变。语境论者重视经验的丰富性,以及因与他人互动而出现的分享意义(shared meanings)。真理产生于事件的整个语境中,因此我们的经历中蕴含了事件的意义。

以上所做的定义的基本内涵就是,个体与周围的世界是相互关联的,它们共同组成一个整体,这个整体是密不可分的,是认识与研究的对象。心理学中的语境论是一种关乎本体论和认识论的世界观,它主张知识和存在只有处于社会、环境和历史的语境中才具有意义,对行为和心理现象的理解不能脱离它们产生的语境。

语境论的基本隐喻是语境中正在进行的动作(ongoing act-in-context),如正在阅读一本书,正在吃一块三明治,正在授课等。这些事件都是具体的,正在实践的,是“某人为了某个目的在某个语境中正在完成的”①。语境论强调一个动作和它的语境是相互结合、相互联系的整体,任何将这个整体分成不同成分的做法都是为了达到实际的目的。例如,将行为事件分成不同的刺激、反应,只是为了达到某些目的(预测和影响行为),而不是为了揭示万物的“真正”组织和结构。对语境论者来说,人们的经历会验证思想,思想的意义会由它实际的结果来决定,真理会由这些结果反映的成功活动的程度来定义,因此,语境论的真理标准就是成效,真理就是达到最终的结果,就是实用,就是达到目的。

语境论认为心理学知识是具体的,是由相关的因素、关系和情境来决定的,人不是生活在社会真空中,人们的活动受到活动发生的时间、空间、社会、文化、历史等语境因素的影响。语境在此含义上是指事件的历史语境,而不仅仅是当前的物理语境,是作为历史的语境(context-as-history),而不是作为位置的语境(context-as-place)。在语境论中,语境并不仅仅包含心理活动所发生的环境,还包含历史的因素在其中,当前的动作反映了过去事件的影响,还会对未来的事件产生影响,因此,在语境论中,任何事件的语境意义都是“历史事件”。在行为科学、社会科学和认知科学中也有探讨语境的,但这些语境是指“背景、环境、条件、模式和情境”等,这些强调的都是将语境作为位置,而不是历史。②

“语境论这个术语曾经被认为是松散和变化的代名词,不同的人强调语

① Hayes, S. C. (1993). Analytic goals and the Varieties of scientific contextualism. In: S. C. Hayes and L. J. Hayes and H. W. Reese and T. R. Sarbin(Eds.). *Varieties of scientific contextualism*. Reno, NV: Context Press. p. 72.

② Morris, E. D. (1997). Some reflections on contextualism, mechanism, and behavior analysis. Psychological Record, Vol. 4, pp. 429~440.

境论观点的不同特征。”[1]对不同特征的强调形成了语境论不同的形式，也就是不同的语境论种类。

四、心理学语境论的种类及其主张

心理学语境论因其不同的研究者强调不同的方面而形成了不同的种类和派别。其中的一个分支是描述语境论(descriptive contextualism)，这种语境论反对主流心理学，认为自己的观点跟当前心理科学的主张截然不同。另一派是改进语境论(modified contextualism)，它也反对主流心理学，但认为自己的理论体系可以与科学相融，认为与统治主流心理学的主要世界观——机械论相比，语境论能更好地促进心理学的健康发展。改进语境论又分为发展语境论和功能语境论。

1. 描述语境论

描述语境论从哲学尤其是佩珀哲学中汲取了思想内涵，保留了哲学中语境论的很多观念和思想，也有的心理学家将其称为哲学语境论。它的支持者有布鲁纳、迪斯、罗斯诺和萨宾等人。描述语境论对传统主流心理学发起了猛烈的攻击，反对主流心理学的流行理论和研究模式，拒绝将心理学发展成为自然科学的门类，反对寻找心理学的普适规律，因为描述语境论者将知识看成是社会建构的，在他们看来，任何知识都是暂时的、持续改变的，因此不应该也不能建立规律性的东西。描述语境论反对传统主流心理学的方法，尤其是实验法，许多描述语境论者认为实验方法是现代主义的遗迹，它在获得知识时是无用的，应该丢弃在历史的垃圾堆里，而那些为实验方法寻求立足之地的描述语境论者也认为实验方法的地位很有限，实验方法仅仅是用来为各种非实验方法服务的。他们还对应用问题感兴趣。最后，描述语境论者认为应该限制或者忽视个体心理学的地位，他们转而强调人类学和社会学的规则。

(1) 描述语境论的特征。

描述语境论的本体论与佩珀论述的语境论本体论颇为相近：“有时说语境论拥有一种水平的宇宙哲学(cosmology)，这是与其它垂直宇宙论相比而言的。在语境论中，没有开始也没有结束，一切都无始无终。而在形式论、机体论或机械论中，只能采取某种特殊的方式对一件事情进行分析，通过分

① Jaeger, M. E. and Rosnow, R. L. (1988). Contextualism and its implications for psychological inquiry. *British Journal of Psychology*, Vol. 79, pp. 63～75.

析就能展现事情的本来面目，从而探寻事情的最终结局或者新的开始。语境论没有这种信仰，语境论者认为没有哪一种宇宙哲学的分析模式能保证得到全部真理或达到事情的本真。另一方面，也不必去寻求宇宙的本真。”①佩珀所说的是，语境论在一定程度上是激进经验主义，因为它坚信一个人所观察的实在(reality)就是全部，不可能有更多的超越观察的基本实在存在。这种本体论认为描述经验(describing experience)具有重大意义，并表明描述之外没有更基础的东西，这也是将其称为描述语境论的原因所在。描述语境论者认为不应该去寻找普遍适用的规律，因为普适规律是不存在的。描述语境论更看重对现象的描述而不是对其进行原因解释，认为对现象进行描述已经展现了现象的全部，不能也不应该继续进行探究了，因为现象会随着事件的改变而发生变化，一个给定的情境在一个事件中必然产生一个结果，而在稍后的事件中会有不同的结果。因为没有基本实在的地位所在，没有宇宙本真的探询，描述语境论就对启蒙思想中的“大叙事”进行了反叛，认为真理不再是全部科学围绕的中心、知识金字塔的最高点、思想统一的标志，对现代主义的基础主义进行了反叛，擎起了多元论的大旗。

传统主流心理学在方法论上支持客观论，与之相比，描述语境论则对主观主义情有独钟。“实在是多样的，它们存在于人们的思想中。”②在描述语境论中，没有基本实在的地位所在，实在只存在于人们的思想中，是局部的，是具体的，因此描述语境论在知识观上，强调局部的、非概括性的知识，认为知识是社会建构的、暂时的、不断改变的，而要获得暂时、不断改变的、局部的知识，就不能再采用客观化的方法，“如果实在只存在于人们的思想中，主观的互动似乎是唯一获得它的办法”③。这样，描述语境论就在方法论上对主观主义进行了支持。

(2) 描述语境论的主要主张。

第一，拒绝规律与科学，主张新奇。描述语境论者一致反对在心理学领域中探寻规律性关系。格根反对寻找社会心理的规律，他在一篇论文中指出：“社会心理学主要是一种历史性的研究，它不同于自然科学，它的研究对象——社会心理具有与其他自然现象不同的性质和特点，在很大程度上它具有不可重复性，会随时间的推移而发生改变。比如人际交往就不可能按

① Pepper, S. C. (1942). *World hypotheses*. Berkeley: University of California Press. p. 251.

② Capaldi, E. J. and Proctor, R. W. (1999). *Contextualism in psychological research? A critical review*. Thousand Oaks, CA: SAGE publications. p. 83.

③ Capaldi, E. J. and Proctor, R. W. (1999). Contextualism in psychological research? *A critical review*. Thousand Oaks, CA: SAGE publications. p. 83.

照预期进行发展，因为它在具体的语境中是不断发生变化的。”[1]可见格根认为社会心理学的研究对象具有复杂性和不可重复性，具有变动性和不可预期性，因而不太可能寻找到社会心理的规律性关系。格根甚至认为在整个心理学领域中探寻规律都是妄想。他的主张得到了罗斯诺和格奥尔格欧迪的呼应。他们认为：“语境论的观点在本质上蕴含了改变和发展，而反对规律和稳定（机械论世界观的蕴含），这意味着改变不是派生的，而是基础的或者本质的……从这种意义上讲，语境论暗示着改变是无条件的、绝对的，力图寻求行为的不变规律的研究仅仅是空想。”[2]霍夫曼和尼德以及布兰克等人对这些观点都表示赞同。描述语境论者反对寻求普遍适用的规律，认为研究个人行为的普适规律或者跨情境的范式都是不可能的，因为在他们看来现象会随着事件的改变而发生变化，一个给定的情境在一个事件中必然产生一个结果，而在稍后的事件中会有不同的结果。

描述语境论者极力反对在心理学中建立规律性关系的可行性。他们将矛头随即转向了科学。他们认为应该拒绝科学，至少应该将科学拒之于心理学的门外，心理学不应该接受科学的观点和主张，因为心理学不是科学。

描述语境论者认为，传统科学并没有给心理学带来什么好处，它使得心理学对心理和人性做出了错误的理解和解释，它无法促进心理学沿健康的方向发展，因此心理学应该放弃科学方法、远离科学、拒绝科学。萨宾曾经预期说，心理学如果采用文学的方法而不是实验的方法将会更加受益。他说：“我很心痛地知道这种预测带有半科学的色彩。我之所以说‘心痛’是因为，整整四十年我都认为自己是个科学家。当我回顾科学在如下领域内取得的成绩：异常的、催眠的、想象的，甚至是语言、道德发展、教学和学习，我必须承认，科学被错误地称为是救世主，起码在心理学中我们得承认是这样的。”[3]萨宾认为心理学不应该完全遵从科学发展的模式，批判传统心理学对科学的推崇。迪斯并不否认心理学在科学的引导下取得了进步，但是他对科学心理学的前景不抱多大希望：“要想将心理学建设成为通过严格的预测

① Gergen, K. J. (1973). Social psychology as history. *Journal of Personality and Social Psychology*, Vol. 26, pp. 309～320.

② Rosnow, R. L. and Georgoudi, M. (1986). The spirit of contextualism. In: R. L. Rosnow & M. Georgoudi (Eds.). *Contextualism and understanding in behavior science: Implications for research and theory*. New York: Praeger. p. 15.

③ Sarbin, T. R. (1977). Contextualism: A world view for modern psychology. In: A. Landfield (Ed.). *Nebraska symposium on motivation*, 1976: *Personal construct psychology*. Lincoln: University of Nebraska Press. pp. 1～41.

和控制来得到结果的硬科学（rock-hard science），那前途将是渺茫的。”①苛费尔也认为心理学不能发展成为科学，他甚至认为，当前的种种迹象表明，现代心理学的科学基础正在不断地瓦解，在科学引导下获得的心理学知识正在受到人们的厌倦和排斥，因为“相比艺术和人类学，心理学很少关注人的处境”②。传统心理学以科学为楷模，客观、严格、实证地对人开展研究，削减了人性的多样和复杂，将人性物化或者兽化，受到了描述语境论的批判。描述语境论者拒绝将心理学看成是一项科学事业，反对将心理学知识发展成为科学知识，排斥将心理学发展成为自然科学的门类，他们对科学采取一种排斥的姿态。这与传统主流心理学家将科学看成是扩充心理学知识和提高心理学理解的主要和不可取代的方式形成鲜明的对比。

描述语境论拒绝规律，反对科学，在很大程度上是因为它接受和主张新奇（novelty）。描述语境论者接受此时此地（here and now）新奇的实在，他们普遍接受新奇事件将会发生或者必然会发生的思想。在他们眼中，新奇是必然发生的、必定出现的，是语境论必然具有的特征，规律则不一定如此。埃弗拉恩、杰默和卢肯斯等亮出了自己的立场：“与机械论不同，语境论主张新奇会在任何地方自主地展现出来；新的行动模式不必等旧的‘习惯’消亡后再出现。”③这样，埃弗拉恩等描述语境论者就将新奇纳入了语境论的范畴，将其视为语境论的必然特征，因为新奇会在任何时候、任何地方发生。克拉布指出描述语境论注重事件的暂时性，“事件具有暂时性本质，这意味着一个人企图去寻求与特殊研究问题相关的证据，而当他发现这种证据时，现象和问题好像已经发生了改变”④。问题和现象是不断发生改变的，变化成为了万物唯一的常性。描述语境论者认为没有稳定的、不变的实在，新奇必然会发生，非秩序才是实在的形式，事件在他们看来就几乎无法捉摸，因为新奇随时随地会发生，这就和传统主流心理学对秩序的强调形成了对比。

第二，拒绝变量限制，反对实验。传统主流心理学主张，我们应该采取能够得到明确知识的方式，而要达到此目的就要对研究的对象、测查的变量

---

① Deese, J. (1996). Contextualism: Truth in advertising. *The General Psychologist*, Vol. 32, pp. 56～61.

② Kvale, S. (1992). Introduction: From archeology of the psyche to the architecture of cultural landscapes. In: S. Kvale(Ed.). *Psychology and postmodernism*. Newbury Park, CA: Sage. p. 10.

③ Efran, J. S. and Germer, C. K. and Lukens, M. D. (1986). Contextualism and psychotherapy. In: R. L. Rosnow & M. Georgoudi(Eds.). *Contextualism and understanding in behavior science: Implications for research and theory*. New York: Praeger. p. 177.

④ Crabb, P. B. (1988). A contextual psychology? The curious case of behavior-analytic theory. *Theoretical and Philosophical Psychology*, Vol. 8, pp. 28～34.

进行操纵，实验就是一种很好的变量控制方式，因此被大量予以采用。而描述语境论者反对控制要测查的变量，他们认为对变量进行限制不利于进行心理学研究和探讨："任何对变量进行限制的方式益处很少，或者就没有益处，因为当把新的变量添加到限制状态中的时候，不仅仅改变了现象的数量，而且改变了现象的质量，这时就产生了新奇。换句话说，把限制情境放在别的情境中，这种情境与限制情境不同，即使这种不同仅仅是小小的一点不同，限制的情境也无法为新情境带来有用的信息。"①传统主流心理学认为在一个情境中对心理现象进行测查，从中得到的信息对更广泛情境中心理现象的理解依然有用处，因此可以限制变量，可以规定研究的情境，而且这种限制和规定可以为更广泛的情境研究提供有用的信息，而描述语境论认为当有新的变量加进限制的情境中时，现象的基础或者质量发生了改变，因此对变量及其情境进行限制，将导致研究的人为性，产生结果的有用性很小，因为得到的结论仅仅适用于限制的情境，而不能进一步地推广、应用。

描述语境论反对限制要测查的变量和情境，拒绝采用传统主流心理学对变量进行限制的主要方法——实验法，认为实验法能够提供的信息非常有限，甚至认为实验方法无法对心理学的重要问题进行研究。格根对心理学的实验方法不屑一顾，他曾作以下描述："在很大程度上，科学已经被神化了，'勤奋'使用各种方式就能产生一定的事实——经验方法如同是绞肉机，真理像香肠一样从中生产出来。"②格根表达了对心理学实验方法的不满，他甚至认为这些方法对研究心理现象毫无用处。萨宾也完全反对采用实验的方法，尤其是实验室实验方法，他认为实验方法对变量进行了限制，对情境进行了规定，这些都是人为的限制，而"语境论的方法就是要抛弃实验室创设的各种贫乏、人造的情境"③。对实验方法，格根和萨宾采取的态度非常激进，而耶格尔和罗斯诺等人则相对缓和一些。耶格尔和罗斯诺认为实验方法在描述必然关系或者确定因果关系时能够起到一定的作用，但是它在心理学中的作用非常有限，"实验法具有明显的局限性和限制性，它不能考虑在一个事件中同时起作用的诸多因素，忽视了事件的复杂性，抹杀了对事件

---

① Capaldi，E. J. and Proctor，R. W.（1954）. *Contextualism in psychological research? A critical review*. Thousand Oaks，A：SAGE publications. p. 54.

② Gergen，K. J.（1985）. The social constructionist movement in modern psychology. *American Psychologist*，Vol. 40，p. 266～275.

③ Sarbin，T. R.（1993）. The narrative as the root metaphor for contextualism. In：S. C. Hayes and L. J. Hayes and H. W. Reese and T. R. Sarbin(Eds.). *Varieties of scientific contextualism*. Reno，NV：Context Press. pp. 51～65.

进行解释时的附加知识，没有考虑事件发生的相关的社会、文化、历史等语境信息。因此，实验方法既不适合描述一个事件的演变，也不能说明在事件变化过程中个人的作用是怎么发生的”①。迪斯对于实验的态度也比格根和萨宾温和，他相信实验对心理现象的探究有一定作用，但实验的结果不能跨情境推广。“没有什么方式可以使一个人将一个实验的结果推广到另一个实验中或者更一般的情形中。”②

第三，描述语境论主张的方法。描述语境论者反对对变量进行限制，拒绝采用实验方法进行心理学研究，而认为心理学应该采取各种非实验的方法。他们主张运用文学、历史学和哲学的方法来研究心理现象，获得心理学知识，如叙述法、解释学方法。不管采用何种方法，描述语境论都主张心理学的目标应该是对人类经验做出合理的解释，产生的结果将是类似历史和文学的心理学而不是物理和实验的心理学。

波尔金霍恩认为心理学应该从文学中寻求心理学方法的源泉。“更新的心理学应该采用人类学的规则，而不是自然科学的规则，得出的结论将更像文学的有效解释，而不是像逻辑和数学推理的结论。”③描述语境论者认为从文学中寻找有益于心理学的方法，将会使心理学发生根本性的变化，不会像 19 世纪和 20 世纪那样将自然科学视为楷模，而是强调语境的重要性，心理学理解的重点将会放在社会关系的研究上，这样才会更接近真实的人。

也有描述语境论者认为应该到历史学中寻找有益于心理学发展的方法。迪斯主张可以采用历史学中的“叙述”(narrative)方法对心理现象进行研究。“如果我们将心理学的发展建立在研究理论基础上，如同我们将人类历史建立在研究理论一样是无用的……历史学方法，在当前历史学家的语言中，就是‘叙述’的方法，幸运的是，布鲁纳已经在心理学中采用了。”④迪斯认为心理学与历史学的研究对象一样具有历史性和不可重复性，因此应当采用历史学的叙述方法对心理现象进行研究，展现叙述者的历史特征。萨宾认为要想很好地理解心理现象的历史本质，就要采用叙述的方法，叙述有两重功能：一是提供解释的形式；二是为行动提供指导。萨宾认为人们的经

① Jaeger, M. E. and Rosnow, R. L. (1988). Contextualism and its implications for psychological inquiry. *British Journal of Psychology*, Vol. 79, pp. 63～75.

② Deese, J. (1996). Contextualism: Truth in advertising. *The General Psychologist*, Vol. 32, pp. 56～61.

③ Polkinghorne. (1990). Psychology after philosophy. In: J. E. Faulconer & R. N. Williams (Eds.). *Reconsidering psychology: Perspectives from continental philosophy*. Pittsburgh, PA: Duquesne University Press. pp. 92～115.

④ Deese, J. (1993). Human abilities versus intelligence. *Intelligenc*, Vol. 17, pp. 107～116.

历和行为具有叙述性，他们会将自己或者他人的经历和行为讲述成故事。[1]

许多描述语境论者主张从哲学中寻找有益于心理学发展的研究方法。范朗恩霍弗主张采用解释学或者诠释学方法研究心理现象，“如果心理学采用诠释的模式，那么，心理学将变成一种建设得很好的学科”[2]。描述语境论者认为人一生的行动就如同一部故事，如同一本书的本文(text)，为了真正理解人，需要运用诠释学的方法论原理探索、检验人生的故事，并对人的行动做出解释。人的行动有多种可能性，随着生活本身的变化，人在生活舞台上始终可能有新的发现或创造，对人的行动宜做出多种可能的解释。也有的研究者主张采用现象哲学的方法来替代心理学中现行的各种方法，“将现象哲学作为心理科学的替代物是为了将心理学建设成人的科学而不是自然科学”[3]。

最激进的方法可能是格根所提出的。他主张用思考实验—假设性数据循环(hypothetical data rotation)的方法来替代心理学中的因果实验。“这是种自我反思(self-reflexive)的方法，通过这种方法调查者能迫使自己知晓那些‘知道而未说的’。程序的第一步是传统的预备步骤，生成一种实验研究的思想，挑选理论，形成假设，研究设计完成，进行程序想象，研究程序终止。”[4]格根认为不必采购设备，挑选被试，收集数据，分析数据等，只要在头脑中对程序进行一下想象，心理学的研究就完成了。

描述语境论者主张利用各种非实验的方法来对心理现象展开研究，认为采用这些方法才能展现人的心理生活的丰富性、多样性、真实性和复杂性，才能对人类的丰富经验做出合理的解释。

第四，强调互动，关注文化。描述语境论认为，知识是社会建构的，是个人和环境之间互动产生的结果，真理只能从人们的交往中诞生，因此心理学应该具有社会学的特征，应该强调人与环境的互动，应该强调文化的作用。在描述语境论者看来，个人不再是心理学关注的重点，个人心理学没有任何

---

① Sarbin, T. R. (1993). The narrative as the root metaphor for contextualism. In: S. C. Hayes and L. J. Hayes and H. W. Reese and T. R. Sarbin (Eds.). *Varieties of scientific contextualism*. Reno, NV: Context Press. p. 51.

② Van Langenhove, L. (1995). The theoretical foundations of experimental psychology and its alternatives. In: J. A. Smith, R. Harre and L. Van Langenhove (Eds.). *Rethinking psychology*. Thousang Oaks, CA: Sage. p. 11.

③ Giorgi, A. (1995). Phenomenological psychology. In: J. A. Smith and R. Harre and L. Van Langenhove (Eds.). *Rethinking psychology*. Thousand Oaks, CA: Sage. P. 42.

④ Gergen, K. J. and Gergen, M. M. (1991). Toward reflexive methodologies. In: F. Steier (ed.). *Research and reflexivity*. Newbury Park, CA: Sage. p. 83.

的意义，而且也不可能建立所谓的个人心理学。苛费尔表达了这种观点，“理解人们的行动必须知道文化、社会和历史的情境，因为人们的活动是在这些情境中发生的”①。描述语境论重视心理发生的社会、历史、文化等因素，认为只有在这些语境中才能展现人的心理的全部。人是社会中的人，通过各种方式与周围的人、周围的环境进行互动，因此不能孤立地对人进行理解。邵特指出：“我们一旦允许人们与他人不断地保持联系、进行互动，我们就不能将人们只看成是孤立的个体存在，将世界看成是外在于人的、与人无关的世界。因为，当第二个人对第一个人的行为发生反应并依靠他的行为进行活动时，我们就不能将第二个人的活动仅仅看成是他自己的活动了。”②布鲁纳也表达了相似的观点：“人们参与到文化中，并通过文化，意识到他的智力能量，这使得将人类心理学建立在研究单独个人的基础上是不可能的事情。”③他认为人类没有一件事情是能离开文化的。描述语境论者认为不能孤立地对个体进行研究，而只能把个体放在其所在的文化中进行研究，他们认为关注个体的学习没有任何意义，其它脱离具体文化语境的感觉、认知、问题解决等也是如此，一旦离开文化语境，学习、记忆或认知都不可能发生。因此，互动和文化在描述语境论者那里取得了重要的地位，成为重要的关注点。

第五，重视应用，忽视理论。描述语境论更关注应用(application)的问题。描述语境论认为探寻理论没有多大的用处，因为并不存在普遍的规律，只有局部和具体的知识，心理现象具有暂时性，是处于不断变化中的，只有在具体语境中起作用的东西才是重要的关注点，因此心理学要想取得进步，就要参与到丰富多彩的现实生活中，重视将心理学知识应用到人们日常生活中和解决现实问题上，而要忽视理论探讨和理论建构。

描述语境论者重视应用，强调要将心理现象放在实践情境中进行考察、研究。在实践情境中，个人和环境进行互动产生知识。巴越和弗罗登运用语境论的观点对学习进行了重新的理解，拒绝主流心理学的机械原则：学习是寻求正确理解固定实在和关系的过程，不依赖于人类活动而存在。他们主张，新奇的出现是学习的重要方面，学生与周围环境进行互动而产生了学习。在课堂中，教师和学生之间不停地互动。教师的任务是给学生提供挑

① Kvale, S. (1992). Introduction: From archeology of the psyche to the architecture of cultural landscapes. In: S. Kvale(Ed.). *Psychology and postmodernism*. Newbury Park, CA: Sage. p. 31.

② Shotter, J. (1997). Artificial intelligence and the dialogical. *American Behavior Scientist*, Vol. 40, pp. 813～828.

③ Bruner, J. S. (1990). *Acts of meaning*. Cambridge, MA: Harvard University Press. p. 12.

战性的问题，教师对这个问题提出各种评价，学生对教师的主张进行挑战性的选择，在教师与学生的互动过程中学习便产生了。[①]

除此之外，描述语境论相信个人不仅仅是由文化塑造的，还与文化中的语言息息相关，尤其是他们相互使用的语言在其中起了重要的作用。

描述语境论与传统主流心理学的主张形成鲜明的对比，它对传统主流心理学发起了猛烈的攻击，反对主流心理学的观点、主张、理论和范式，提出与之相对应的一系列的观点和主张等，形成了一种独特的心理学主张。但是后来的语境论研究者认为描述语境论的有用性很低，而且观点、主张太过激进，他们保留了描述语境论的某些特征，对描述语境论进行了发展，形成了改进语境论。

2. 改进语境论

改进语境论的支持者包括奇奇雷利、福特、海斯、李、勒纳、莫里斯和里斯等。改进语境论和描述语境论一样也反对传统主流心理学，也支持语境论的本体论——水平宇宙论，也认为没有最终的分析，但其许多主张却和描述语境论大相径庭。改进语境论主张将心理学建设成为一门科学，在对科学等的态度上和描述语境论形成了鲜明对比。

(1) 接受规律和科学，忽视新奇。

描述语境论者一致反对在心理学领域探寻规律，他们认为心理现象无规律可循，只有改变和新奇是必然的。改进语境论者并不认同描述语境论在此方面的主张，所有改进语境论者都接受规律发生的可能性。他们不仅认为探寻规律是有可能的，而且还可以通过研究去发现规律。李尤其反对格根关注心理学的历史特征而忽视基本规律的主张。他说："规律对我们的科学来说是重要的。"[②]莱内尔和考夫曼认为"语境论的观点不需要，也没有必要，而且不能……避免使用发展的普适规律"[③]。莫里斯和海斯等改进语境论者也都赞同规律的可寻性。可见，改进语境论者在对待规律的态度上与描述语境论者形成了鲜明对比，改进语境论者对规律的接受源自他们对科学的态度。

描述语境论者认为，传统科学并没有给心理学带来什么好处，无益于心理学的发展，因此心理学应该放弃科学方法、远离科学、拒绝科学。而改进

① Prawat, R. S. and Floden, P. E. (1994). Philosophic perspectives on constructivist views of learning. *Educational Psychology*, Vol. 29, pp. 37～48.

② Lee, V. L. (1988). *Beyond behaviorism*. Hillsdale, NJ: Lawrence Erlbaum, p. 123.

③ Lerner, R. M. and Kauffman, M. B. (1985). The concept of development in contextualism. *Developmental Review*, Vol. 5, pp. 309～333.

语境论者对此并不赞同。改进语境论者认为科学方法是得到暂时有效答案的最好方式，但他们认为机械论引导下的心理科学存在不足，采用的科学方法具有许多弱点，应该用语境论的方法来进行替代，他们相信语境论是科学的合法模式，在语境论引导下，心理学可以发展成为一门科学。海斯认为语境论中的行为分析方法（behavior-analytic approach）"是我们所知的产生精确实验科学的唯一的语境化观点"①。莫里斯也赞同采用行为分析方法进行研究，认为采用行为分析方法可以将心理学发展成为一门自然科学。② 心理学的某些领域也将改进语境论视为科学的研究方式，如社会心理学中的曼库索认为改进语境论可以引导心理学向科学的方向发展。③ 改进语境论者从各个不同的角度表达了他们对科学的支持和采纳。

改进语境论支持科学，认为科学可以为心理学服务，而且心理学应该是一门科学，有规律可循，与之相对应的就是他们对新奇的态度。在描述语境论中，新奇是种常态，是不断发生的，而改进语境论反对此种主张。改进语境论者认为新奇发生的可能性如此之小，甚至都可以予以忽视。改进语境论者福特和莱内尔④认为并不能排除新奇发生的可能性，但他们指出，新奇不是必然发生的，只是有可能发生。奇奇雷利认为，在许多领域中，改变是如此的缓慢，以至于从长时间来看，完全可以把新奇忽略掉。奇奇雷利的观点得到诸多改进语境论者的认同，许多改进语境论者强烈地要求忽视新奇，"真正新奇发生的可能性是可以忽略的"⑤。里斯等人也表达了相同的主张，认为新奇只是存在发生的可能性，而不是必然发生的。新奇与规律是相互对立的，当一个人接受规律性关系发生的可能性的时候，就不用奇怪他会降低或者忽视新奇发生的可能性了。

（2）接受变量限制，支持实验。

描述语境论的基础假设是，当新的成分加入到一个情境中的时候，情境

---

① Hayes, S. C. and Hayes, L. J. (1989). Is behavior analysis contextualistic? Theoretical & Philosophical Psychology, Vol. 9, pp. 37～40.

② Morris, E. K. (1993). Contexualism, historiography, and the history of behavior analysis. In: S. C. Hayes and L. J. Hayes and H. W. Reese and T. R. Sarbin(Eds.). *Varieties of scientific contextualism*. Reno, NV: Context Press. pp. 137～165.

③ Mancuso, J. C. (1993). Personal construct system in the context of action. In: S. C. Hayes and L. J. Hayes and H. W. Reese and T. R. Sarbin (Eds.). *Varieties of scientific contextualism*. Reno, NV: Context Press. pp. 111～133.

④ Ford, D. H. and Lerner, R. M. (1992). *Developmental systems theory: An integrative approach*. Newbury Park. CA: Sage, pp. 8～53.

⑤ Cicirelli, V. G. (1994). The individual in the family life cycle. In: L. L'Abate(ed.). *Handbook of developmental family psychology and psychopathology*. New York: John Wiley. pp. 33～34.

将发生基础性的改变，因此不应也不能对变量进行控制。与描述语境论相反，改进语境论接受对变量进行限制的观念，奇奇雷利反对描述语境论没有发展的重点，发展方向也不能进行预测的观点，主张对变量进行限制，“完全预测发展的方向是理想的状态，但是，可以采用策略对发展的方向进行一定程度的预测”①。

改进语境论接受对变量的限制，接受实验。没有一个改进语境论者拒绝采用实验研究方法，实际上，他们很支持实验方法。李明确反对描述语境论：“许多心理学家很难接受心理学研究中实验的合法地位。认为实验室是人造的，不能保持行动的完全特征。更进一步，行动的实验室研究被拒绝，认为它没有重视人们生活的人际、社会和其他关系。在此基础上，实验工作在理解行动上的恰当性受到了质疑，事实上，这是不足信的。”②李继而指出实验研究在心理学各个领域内都可以采用，他认为如果我们想发展科学知识的体系，实验研究对心理学来说是根本的、必需的。许多改进语境论者热衷于使用实验法进行研究。奇奇雷利测查了两组成年子女，根据她们婚姻是否美满进行分组，婚姻美满的人报告说，与自己的兄弟姐妹相比，她们给父母更多的帮助；但是婚姻不美满的人报告说，她们给父母的帮助跟她们的兄弟姐妹一样多。尤顿、里斯、施耐德等改进语境论者都采用实验研究对自己感兴趣的问题进行探讨。可见，改进语境论对实验的态度明显地不同于描述语境论，不是对实验进行排斥和否定，而是支持和欢迎，甚至采用其作为进行研究的有用方式。

以上的主张是改进语境论都接受的，但改进语境论内部也存在不同的声音，主要分成了发展语境论(developmental contextualism)和功能语境论(functional contextualism)两种。

3. 发展语境论

发展语境论是改进语境论的一种，是发展心理学领域内部接受语境论思想形成的，支持者有莱内尔、福特、拉特、威利斯、奥弗顿等人。发展语境论关注不断发展的人(developing people)和其不断改变的语境(changing context)间关联所发生的改变，个体的发展是在其语境中产生的，而个体的发展也会使其语境发生改变，二者是相互影响的。在发展语境论中，发展的人和不断发生变化的语境间的关系成为主要的关注点，人与语境间相关的

---

① Cicirelli, V. G. (1994). The individual in the family life cycle. In: L. L'Abate(ed.). *Handbook of developmental family psychology and psychopathology*. New York: John Wiley. pp. 33～34.

② Lee, V. L. (1988). Beyond behaviorism. Hillsdale, NJ: Lawrence Erlbaum, p. 127.

改变是发展的基本进程。发展语境论认为个体发展所依赖的语境不是单一的，而是多水平的，而且各个水平间是相互关联的。个体之间存在差异，而其发展的历史、文化和社会语境也不相同，因此人的发展可以呈现诸多的形式，相互之间存在差异。

(1) 发展语境论的起源。

20 世纪 70 年代，一些发展心理学家认为当前发展心理学的许多研究都是从机械论或机体论的元理论或世界观中获得前进的动力。他们认为在这些元理论指导下，发展心理学只是孤立地研究某种心理现象的内容、结构和功能，仅仅将个体看做是生物的、心理的或社会的某一方面的存在，没有将心理发展的各个方面看做一个整体，也不注重各方面的相互联系、相互作用。因此许多发展心理学家主张应该探索其他的元理论以促进发展心理学的前进。这导致接下来的二十年里许多发展心理学理论家寻求可供选择的哲学元理论，这种选择最后主要集中在语境论的身上。“实际上，对语境论元模式的持续关注，使得发展心理学家研究智力和经验活动的机械论和机体论倾向逐渐衰退，而与语境相关联的活动成了科学地研究人类发展的有效因素”①。

许多发展心理学家之所以转向采用语境论的模式，一定程度上是由于他们对发展的可塑性和多向性的期望。发展心理学家认为语境论注重人一生发展变化的个体差异性与多样性，可以更好地关注人发展的可塑性。但他们也意识到，描述语境论并不是他们的最佳选择，因为描述语境论难以达到他们的目标。“如果采取描述语境论作为发展理论的元模式，那么即使它能解决可塑性、多向性和个体差异——那也是在比较激进的方式上。描述语境论的观点太极端，它认为可塑性是无限的，改变是持续不断的，所以发展的方向难以确定，人们的发展之间也没有共性可言。”②显然，描述语境论的论述太过“纯粹”，支持语境论的发展心理学家认为描述语境论不能为研究人的发展提供理想的模式，需要对描述语境论进行发展和改进。

因此，描述语境论在发展心理学中获得了发展，而被改进成为发展语境论。维果茨基、布朗芬布伦纳和威廉的理论被认为是发展语境论的典范，这些理论将语境中的儿童作为分析的单元，探寻行为的社会文化根源，充分体现了发展语境论对人和环境互动关系的关注。维果茨基的发展理论坚持认

---

① Ford, D. H. and Lerner, R. M. (1992). *Developmental systems theory: An integrative approach*. Newbury Park. CA: Sage, pp. 8～53.

② Capaldi, E. J. and Proctor, R. W. (1999). *Contextualism in psychological research? A critical review*. Thousand Oaks, CA: SAGE publications. p. 93.

为，人的发展是在一定的历史、社会、文化背景下进行的，发展起源于社会文化和历史的发展，并受社会规律的制约，心理活动依赖于社会环境。“心理机能只有在社会环境中才有可能发生，而且他们反映了社会环境的特征……通过认同社会经济系统的价值，参与社会实践，心理活动才有具体的社会历史特征。”[①]维果茨基的发展理论认为，应当采用历史的观点，在社会环境中，在人与周围环境的相互联系中去研究人的意识和心理的发展。Rarter认为维果茨基的发展理论包含了语境论的思想，注重了个体与语境的关系，看到了心理发展的社会、文化和历史的特征。布朗芬布伦纳认为许多发展心理学家忽视了人类发展的语境，将人类的发展看成是外在于语境的，忽视了文化与文化、家庭与家庭等的不同变化。他探讨发展的生态方法，认为发展的个体镶嵌在一系列环境系统中，人们并不是受外界刺激影响的被动物，人们塑造着周围的物理和社会环境，并且反过来受这些环境的塑造。换句话说，“人和环境是相互影响的，人与环境组成一个系统，这个系统不是恒定的，而是动态的、不断发生改变的”[②]。布朗芬布伦纳的理论主张得到了威廉的继承和发展，他提出了生活历程理论（life course theory），认为在人的毕生发展过程中，不同的历史环境和特定的生活情境会对人的发展产生影响。他们的理论都被发展语境论者认为是遵循了语境论的内涵主旨：注重环境系统与个体发展之间的相互作用。

(2) 发展语境论的主要主张。

第一，多级确定。发展语境论的一个主要主张是多级确定（multilevel determination）。发展语境论认为人的发展是不断发展的人和不断改变的语境间共同组成的整体的发展，人发展的整体是由若干相互联系、相互影响的系统组成的，人类生活和发展的各个方面都与组织（结构）的多级水平变量相关联。因此，人的发展是由多级变量共同影响决定的。发展语境论者认为，所有支持发展理论的心理学家可能都同意这个观点，但大多数的心理学家只是在一个水平上检验变量，或者采用简化的方法，抽取几个水平来探讨心理现象和发展本质。而发展语境论综合考察多级变量对心理发展的影响。换句话说，发展语境论的观点是看变量的“总体水平”。发展语境论认为影响发展的多级变量，包含生理的变量（如身高、心率等生理因素）、个人内部的变量（如认知的、情绪的和人格机能的因素）、人际间的变量（包括家

① Vygotsky, L. S. (1989). Concrete human psychology. *Soviet Psychology*, Vol. 27, pp. 53～77.

② Sigelman, C. K. (1999). *Life-span human development*. Third Edition. Brooks/Cole Publishing Company. pp. 43～48.

庭或者同伴关系）、人际外的变量（像教育、政治、经济或者文化）等。布朗芬布伦纳描述了影响发展的几个水平的语境系统——微系统、中间系统、外层系统和宏系统。与人关系最近的语境系统是微系统，是个体最直接接触的生活环境，如儿童的家庭、学校等，在微系统里，个体的发展既受到个体自身因素的影响，又受到环境因素的影响，而环境对个体发展的影响是通过个体与环境的互动实现的。布朗芬布伦纳认为，只理解微系统还不足以理解人的发展，还得考虑中间系统——各个微系统之间的联系和相互影响。例如家庭中（一个微系统）的婚姻冲突可能让孩子对日托中心（另一个微系统）的其他孩子产生回避反应。环境中还包括外层系统——个体不会直接经历但是仍影响他发展的社会环境。儿童可能会受到他父母工作的经历或者家庭外的社会交往的影响。最外层的语境是发展的宏系统，是微语境、中间语境和外层语境镶嵌其中的宏观语境，如文化，这种更宽泛的社会环境实际上对人的发展起重要的作用。个体发展，外部的语境也发展，当我们改变自己的时候，外部世界也发生改变。“布朗芬布伦纳相信个体和环境组成一个系统或者一个单元，两者都不断地发生变化，一方的改变必然会带来另一方的改变。”①

第二，多级变量相关。发展语境论的第二个主张是认为影响人类生活和发展的多级变量间是相互关联、相互影响的，人的发展是由多级水平变量共同影响决定的，而发展的各个水平的变量间也是相互影响的，不同水平变量形成一个相互联系的动力系统，发展的一个水平的变量将对另一个水平的变量产生影响，并受到另一个水平变量的影响。福特和莱内尔认为：“组织的各个水平间是相互关联的，不是孤立的，它们是发展分析的主要关注点，水平间关联的变化组成了发展改变的主要进程。”②多变量间的关联、多水平间的互动是发展语境论的主要理论特征。发展语境论主张个体的发展与一个人的生理或机体特征（如基因、组织和器官系统）相联系，并且与组织的语境水平变量（包含个体内在的和外部的变量）动力地互动，生物变量影响语境变量，而同时也受语境变量的影响，二者是互动的。

许多发展语境论者承认不是所有影响系统的变量可同时得到研究，他们主张采用不同方式对变量进行限制。

第三，关注改变，强调积极的有机体。发展语境论关注不断发展中的人

① Sigelman, C. K. (1999). *Life-span human development*. Third Edition. Brooks/Cole Publishing Company. pp. 43～48.

② Ford, D. H. and Lerner, R. M. (1992). *Developmental systems theory: An integrative approach*. Newbury Park. CA: Sage, p. 55.

与其不断改变的语境间关联的改变。改变也就成为发展语境论者的一个主要关注点，他们相信人毕生都有发生改变的能力，人的一生都会有重要的改变贯穿始终。“这就对传统的观点提出了挑战，那就是认为早年的经历具有重大的影响，必然会阻碍青少年和成人性格的发展。”[1]发展语境论认为儿时经历事件的各种结果会随着日后经历发生改变，因此改变是人发展的必然特征。发展语境论展示了一种人类发展的可塑观，认为人的发展是可以改变的、可塑的，对人的发展持一种乐观的态度，认为人是积极的有机体，而不是消极地对刺激做出反应。发展语境论还认为没有任何两个人在生活中会经历相同的个人—语境关系，因为发展的语境不同，个体与语境的联系不同，因此人的发展会呈现出多样性和差异性。

发展语境论认为在主流心理学中，有机体是消极的，他们只是对外界刺激进行反应，而没有自己的内部活动。发展语境论认为自己之所以采用语境论的观点，而拒绝机械论的观点，是因为语境论关注人类的积极性和选择性本质。奇奇雷利说：“机械模式的核心是机器，人和世界都变成了机器或者类似物，机器基本是被动的……认为人类似于机器，就意味着人是消极的，没有自发的内部活动，人的行为只是在外界的刺激影响下而做出的反应。”[2]发展语境论认为有机体是积极的，他们能够积极地适应环境、改变环境。

发展语境论还有其他的主张，强调相互因果关系，他们认为传统主流心理学关注的是线性因果关系，只是由 A 导致了 B，而不必从 B 导致 A。这种解释模式是不对称的，只能描述原因和结果间单方面的关系，“发展语境论者坚持应该是 AB 同时相互影响”[3]。此外发展语境论认为应该测查不同环境中人的发展，并在真实的生活情境中对人的心理和发展进行研究，展现心理的复杂性。

4. 功能语境论

改进语境论的另一个分支是功能语境论，是在行为心理学中发展起来的一种语境论，主要代表人物有里斯、史蒂文、海斯、莫里斯。功能语境论与

① Lerner, R. M. (1993). A developmental contextual view of human development. In: S. C. Hayes and L. J. Hayes and H. W. Reese and T. R. Sarbin (Eds.). *Varieties of scientific contextualism*. Reno, NV: Context Press. p. 301.

② Cicirelli, V. G. (1994). The individual in the family life cycle. In L. L'Abate(Ed.). *Handbook of developmental family psychology and psychopathology*. New York: John Wiley. pp. 36～37.

③ Ford, D. H. and Lerner, R. M. (1992). *Developmental systems theory: An integrative approach*. Newbury Park. CA: Sage, p. 56.

描述语境论形成鲜明的对比。描述语境论认为知识是社会建构的、具体的、受时空限制的；功能语境论则认为知识是普遍的、抽象的、不受时空限制的，知识可以运用到所有相似的事件中，而不必在乎时间和地点。功能语境论强调语境的功能作用，认为语境赋予了行为意义（即功能），注重研究语境中的（普遍）行为，将行为的预测和影响作为自己研究的目标，并且认为应该将行为预测的规则应用到社会改造中。

（1）功能语境论的特征。

功能语境论的主要特征如下：心理学中的功能语境论者主张研究与历史语境和情境语境相关的整个有机体，强调心理活动的历史语境和当前语境的特征……功能语境论也认为没有基本实在的存在，没有对事物的最终分析，个体不能避免个人历史的影响，但认为行为发生具有普遍的规则存在，可以通过各种方式探寻行为的普遍规则，此时获得的知识是可以共享的，具有实用价值的，得到的普遍规则可以应用到行为的改变中。在寻求行为规则时，功能语境论者也接受随机的可能性。因此对广泛规则的偏爱不是本体论的宣称，而是实践的指向。① 功能语境论接受描述语境论的本体论，认为任何事件都不可能得到完全的分析，而寻求行为规则的主张只是实际运用的要求。

功能语境论对传统主流心理学的机械论进行了批判，认为机械论与功能语境论在以下几个方面是针锋相对的：基础主义对整体论；原因分析对功能分析；消极的有机体对积极的有机体。功能语境论认为机械论是基础主义的，而语境论是整体论的，机械论将儿童和环境看做刺激和反应的集合，刺激和反应都是固定不变的，拥有不变的功能或者意义，复杂活动由基本成分组成，成分是不变的，整体可以用各个成分组合，因此整体可以分解成为各个成分。在语境论中，行为是动力地、综合地、积极地联系在一起，是不断变化、发展的，刺激和反应仅仅是其中的组成成分，整体中还包括刺激和反应的功能，以及行为发生的历史语境和当前语境，刺激和功能没有内在的心理功能或者意义，因此相同的刺激和反应在个体中也不会具有相同的意义，每一个人的历史语境不一样，而当前环境又是独特的和不断变化的。因此在行为的功能以及行为的形式上，个体均存在差异。在机械论中，科学的任务是根据先行—结果、如果—那么来对行为进行分析，也就是根据自变量和

① Hayes, S. C. (1993). Analytic goals and the varieties of scientific contextualism. In: S. C. Hayes and L. J. Hayes and H. W. Reese and T. R. Sarbin(Eds.). *Varieties of scientific contextualism*. Reno, NV: Context Press. p. 24.

因变量之间的因果关系进行分析，在功能语境论看来，机械论注重原因分析。而功能语境论关注行为的基本功能，对行为进行功能分析。功能语境论还认为在机械论中，人是消极的有机体，而在语境论中有机体是积极的。

(2) 功能语境论的主要主张。

功能语境论者认为描述语境论的哲学性不能为科学研究提供很好的基础。他们指出，在描述语境论的基础上很难将心理学建设成一门进步的科学。因此他们发展出了功能语境论，期望能给心理学的发展提供更好的导向。

第一，强调行为的功能性。功能语境论认为行为与操作是等同的概念。他们认为操作具有功能性，因为在一定程度上，一个操作组中的操作会对环境产生相同的影响，也就是说操作具有相同的功能(作用或者意义)。例如下列的动作可以看成是操作的相似形式："猫可以用左爪压木棒，也可以用右爪，也可以用后背。所有这些都是相同的操作，因为他们都对环境产生相同的影响，那就是压木棒。"[①]在功能语境论看来，行为具有功能性，会根据以前的结果发生在特定的语境中。也就是，行为的反应是在相似的前提条件、相似的结果和相似的动机下发生的。例如一个孩子发脾气具有相似的前提和动机情境(如在商店中孩子想要一个东西)，并且具有相似的结果(父母满足了他的要求)，那就可以将孩子发脾气看成是一个操作、行为。孩子曾经因为发脾气得到了想要的物品，这个结果会强化他发脾气的行为。而如果父母在孩子发完脾气后不再给他买东西，那他的行为可能就会改变。功能语境论根据当前行为与先前的事件及其先前事件结果的关系来研究行为，并且认为当前的行为表现是个体学习先前事件以及先前事件的历史结果而产生的一个功能、作用。

另外，功能语境论认为行为是正在进行的动作，如跑着、开着车等。莫里斯研究认知时，研究"正在认知(cognizing)"；研究记忆时，研究"正在识记(remembering)"。"老鼠正在迷宫中奔跑，一个人正在开车回家，一位妇女正在洗衣服或者正在电话中闲谈……所有这些都是行为。"[②]功能语境论认为行为就是正在进行着的动作，心理学的研究要以此作为对象展开研究。

第二，重视语境，强调语境中的行为。像任何语境论将心理看成不可与它的语境分割一样，功能语境论认为行为是与它的语境相关联的，功能语境

① Capaldi, E. J. and Proctor, R. W. (1999). *Contextualism in psychological research? A critical review*. Thousand Oaks, CA: SAGE publications. p. 109.

② Capaldi, E. J. and Proctor, R. W. (1999). *Contextualism in psychological research? A critical review*. Thousand Oaks, CA: SAGE publications. p. 111.

论者认为对动作进行分析的时候要将语境考虑进去，重视语境中的行为。对功能语境论者来说，行为是语境中的动作，必须在语境中进行研究，行为和它的语境是一个整体，因为语境赋予行为意义（也就是功能）。例如，“查理斯要去某地”，这是一个基本的事件，除非理解了谁是查理斯，他去哪里，他从哪来，为什么他要去某地，他以前去过那里吗，他如何到达那里等，才能理解这个事件的基本意义。语境有历史和当前之分，每种承担着不同的功能。历史的语境决定了刺激和反应功能在新的行为中发生的可能性，行为的意义从不断发展的历史语境中获得，而当前的语境相对地决定了具体的行为是否发生以及怎样发生。

功能语境论将行为或者语境中的动作看做是分析的单元。“行为分析的观点是整体论的，认为行为是动力、积极的互动，反应、刺激仅仅是其中的一个成分，还包括反应、刺激的功能。分析的单元因此包含反应、反应的功能、刺激和刺激的功能，所有这些的发生都具有历史语境和当前语境。反应或者刺激并不具有意义、功能或者涵义，只有他们相互依赖或者与语境不分离时，才有意义、功能和涵义。”①功能语境论是在行为心理学中发展起来的语境论，坚持行为分析，也就是对刺激和反应的功能进行分析，认为行为包含了刺激和反应，但不能仅仅理解成为刺激和反应，还要看到刺激和反应的作用以及它们发生的语境。功能语境论者重视行为的刺激和反应要素，但认为不能离开语境来定义刺激和反应要素。“考虑到刺激和反应没有内在的功能或者意义，因此身体上相同的刺激和反应也不一定有相同的功能和意义，因为每一个人的历史，以及由此带来的当前心理环境都是独特的和不断改变的。反过来，身体的不同反应和接受的不同刺激可能有相同的功能和意义。”②功能语境论认为分析单元可以进行不断的组合和分割。例如，到商店买食品是一个整体、情境性的活动，但当逛商店整合进做饭这个更大的活动中时，那它仅仅是做饭这个大活动的一个单元，但当做饭成为宴请客人的一部分，它又变成了一个更大的单元的一部分……这样就可以有无穷的单元分类，就会产生无穷的结果，因此没有最终的分析。

第三，重视行为预测和影响，支持实验方法。功能语境论将行为的预测和影响作为自己开展研究的目标。重视语境、强调语境中行为的目的就是

---

① Morris, E. K. (1988). Contextualism: The world view of behavior analysis. *Journal of Experimental Child Psychology*, Vol. 46, pp. 289～323.

② Morris, E. K. (1991). The contextualism that is behavior analysis: An alternative to cognitive psychology. In A. Still & A. Costall(Eds.). *Against cognitivism: Alternative foundations for cognitive psychology*. Hempstead, UK: Harvester Wheatsheaf. p. 125.

要通过对语境的分析，达到对行为的预测和影响。他们认为一种分析如果达到了以下两种标准就可以说达到了预测：区分了研究问题中预测事件的变量；如果可以进行操纵的话，区分出的变量将影响事件发生的可能性。功能语境论者认为可以从精度、范围和深度上对行为进行预测和影响，精度意味着可以采用相对较少的概念和方式对给定的现象进行描述和解释，范围意味着采用这些概念可以分析较宽范围的现象，深度意味着一个分析水平的概念可以与其它水平的概念相符。通过研究行为所在的当前和历史语境，可以发展出对预测和改变各种情境行为有用的分析概念和规则。

功能语境论重视行为的预测和影响，认为对行为进行预测和影响的最有效的方式就是实验方法：操纵行为语境中事件的发生，测查他们对结果的影响。因此功能语境论对实验法采取支持的态度。

第四，重视规则的应用，反对理论解释。功能语境论重视规则的应用，他们认为应该将测查到的普遍性规律应用到对行为的预测和影响中，以期对行为改变产生影响，而且这些规则应该应用到社会中，对社会的改变和改善发生作用。功能语境论者认为行为规则可以运用在以下两种情况下：一方面是在特殊的情境中将这些规则用于个体的身上，将各式规则用于改变人们的行为，如各种行为矫正技术；另一种是将这些规则运用到整个社会中，用于对社会的改造和完善。功能语境论支持预测和控制，但它拒绝建立解释的理论，认为解释理论毫无用处，只有应用才是心理学发展的真谛所在。

此外，功能语境论和发展语境论一样，也认为有机体是积极的、主动的，它也反对线性因果模型等。

五、对语境论心理学的评价

语境论在心理学中真正获得发展也只有三十多年的时间，它从对传统主流心理学的批判入手，重新对心理学进行了建构。语境论认为传统主流心理学在发展过程中表现出强烈的机械论倾向，甚至认为主流心理学就是机械论的心理学，主张对其进行全面的批判和解构。语境论认为传统心理学在机械论的引导下已经处于危机之中，传统心理学忽视了生活、文化对心理的作用，对心理和人性进行了狭隘的理解，而语境论将心理看成是关系中的实在，是完整的、积极的、动态的，是在历史、文化、社会关系中获得发展的，展现了人心理发展的真实性和复杂性。

1. **意义蕴含**

语境论对传统主流心理学发起了攻击，阐述了自己对心理学的设想，语境论强调心理发展的语境，注重了心理发展的动态性和条件性，强调了心理发展的层次性和开放性，从而对心理学认识人的心理提出了重要的新视角，对心理学建设具有重要的意义蕴含。

(1) 语境论对心理学的机械论倾向进行了批判，认为心理学以机械论为世界观具有局限性，而以语境论作为替代，为心理现象的理解提供了不同的世界观或元理论支持。

传统主流心理学在发展过程中一直以机械论世界观为方法论基础来开展研究。从现代心理学之父——冯特开始，心理学研究者有意或无意地推动心理学走向客观的发展道路。华生为首的行为主义重视客观观察和严格的实验室研究，宣称心理学是自然科学的纯客观分支，从而将不能观察的内在意识驱逐出心理学的研究领域。行为主义这种机械论的研究指导思想将人“兽化”；认知心理学将人机进行类比，将人“物化”。行为主义和信息加工模式都采用了机械论的隐喻，他们都认为心理可以去语境化，可以还原成一系列的成分，并且通过综合的过程重新组合。主流心理学的这种机械论倾向使心理学陷入了还原论、客观论、价值中立和意义缺失、人性贬低等窘境，这些都成了语境论攻击的矛头指向。语境论批判机械论将心理看成是客观的、孤立的，认为机械论将心理活动跟意识截然地分开，将心理看成是机器，将人看成是消极被动的。相比而言，语境论提供了看待实在和心理的不同思路。语境论者将心理和实在看成是复杂的、相互关联的，他们将心理放在语境的背景下，为理解心理现象提供了不同的世界观指导。不再将人的心理看成是客观世界的机械反映，而是注重心理发展的外在和内在的结合，对人的心理进行了真实的还原，因此语境论在心理学中获得了重大的发展。Fox 等将功能语境论运用到了学习和教育中，吉莱斯皮著书认为认知心理学也在语境论的影响下发生了重大的改变，在毕生发展心理学、治疗心理学、认知心理学、环境心理学等领域都可以寻到语境论的身影。

(2) 语境论提出众多主张，为心理学开展研究提供了不同研究方式，拓展了心理学的研究领域。

传统主流心理学坚持研究对象的可观察性，缩小了心理学的研究范围。冯特将可内部观察的直接经验作为心理学的研究对象，而其弟子铁钦纳基本接受冯特的思想，但他认为冯特心理学体系中包含着统觉、意识等既不能观察又不符合经验证实原则的概念，心理学应该予以摒弃，冯特等人将诸如思维、想象等更高层次的心理活动拒之门外，使得心理学研究变得简单肤浅。华生为首的行为主义以可看得到、听得见、摸得着的可观察的外显行为作为研究点，为追求可观察且确定无疑的事实把意识从心理学研究中排挤了出去，使得心理学最终成为一门“无头脑的心理学”。现代认知心理学保留了行为主义心理学的研究方式，旨在从人的外部行为表现推论出认知过程的规律，将人的认知过程与计算机进行类比，只关注人的认知过程，忽视人的情感、意向、动机、人格等心理现象，无形中缩小了心理学应有的研究范围。

而语境论对心理学关注的不仅仅是可观察到的行为或者心理现象，他们注重探讨心理发生的时间、空间、历史、文化和社会等语境，而这些不是用肉眼可以直接观测到的，或者可以进行实验室研究的，这样就给心理现象以开拓的空间。语境论强调心理发展的条件性和过程性，注重其发展的动态性和开放性，将人的心理现象的发生和发展放在此时此地中进行认识和理解，揭示出人的心理发展处于不断变化过程中，不能离开心理发生的语境理解心理的发展，将心理发展看成了一个不断联系的过程，因此认为对人心理的认识没有最终的认识也没有最终的定论。描述语境论认为没有对知识的最终解释，对知识的分析与分析者的个人历史紧密相连。因此他们主张新奇，主张改变，认为改变与新奇的发生是必然的。描述语境论者反对寻求通用的规律，认为研究个人行为的普适规律或者跨情境的范式都是不可能的，因为在他们看来现象会随着事件的改变而发生变化，一个给定的情境在一个事件中必然产生一个结果，而在稍后的事件中会有不同的结果。这就给改变以足够的重视，质疑心理学一直以来寻求规律、寻求一致的做法，这也使得心理学重新思考心理科学所带来的研究偏向，重新审视心理的人文基点。发展语境论注重发展的各个相关语境及其诸多语境的相关，功能语境论强调语境的功能性，强调行为与语境的相互作用，也为心理学提供不同的研究思路，拓展了心理学研究的范围和领域。

语境论强调实际的效果，注重心理学的实用性和应用性。描述语境论者将心理现象看成是不断变化的，他们关注在具体语境中起作用的东西，他们认为不能在个人内部对他们进行研究，而只能把他们放在其所在的文化中进行研究，因此描述语境论认为探寻理论没有多大的用处，而应该关注实用问题。功能语境论者在此问题上，与描述语境论保持一致，他们重视规则的应用，认为测查到的普遍性的规律应该应用到对行为的预测和影响中，以期能对行为改变产生影响，而且这些规则更应该应用到社会中，对社会的改变和改善发生作用，这就将心理学的研究领域扩大到更广阔的环境中，拓展了心理学研究的范畴。

(3) 语境论具有颠覆方法中心的倾向，更加关注意义和价值。

传统主流心理学的机械论倾向坚持方法中心主义，将方法看成是解决问题的先导。冯特作为实验心理学之父，首先将实证方法引入心理学，铁钦纳表现出更明显的方法中心取向，他对冯特的实验内省法进行了严格的限制，对实验的被试提出了十分严格的训练要求，要求被试剥去内省的主观价值判断，这种实验内省法严重脱离了心理生活的实际。行为主义的开山鼻祖华生坚决用客观的研究程序代替主观的研究程序，认为只有这样才能确立心理学的科学地位。新行为主义者也信奉客观化理论和操作程序，并由此建立了自己的行为主义体系。这样一来行为主义以研究意识和心理缺乏科学的方法为理由，把意识和心理从心理学中驱赶出去。认知心理学在方法上深化了行为主义的客观化原则，通过严格的实验室控制，采用精密的仪器探讨变量之间的关系，并通过计算机模拟来研究人的信息加工过程，它是行为主义在新技术、计算机科学基础上出现的一种新形式。

传统主流心理学坚持方法为导向，走向了方法中心主义，远离人性和人们真正关心的问题，而走向了琐碎和虚构的极端方向，“科学心理学已经避免去研究那些人类存在的真正问题。它之所以这样做是因为它选择了一个自然科学的方法，而这种方法是不能很好地胜任调查这么一种问题的；同时也因为许多实验心理学家通过求助于不人道的客观科学以避免他们的个人冲突”①。语境论者吉莱斯皮认为，“传统的实验室观察如此局限和精确，以致对真实环境中的普通经验难以做出有意义的解释”②。语境论坚持将心理放在广阔的语境中进行理解，关注心理的意义和价值，关注心理发展的真实情境，还原心理的真实面貌，对心理现象的研究不是以是否适合某一方法为局限，而是采用方法来适应研究的问题。描述语境论采用各种非实验的方法就是想对心理学的方法中心主义开出一剂良方，他们不是将实验、实证方法视为“唯一正确的方法”，质化研究、多样研究、互动方式、释义的方法在语境论中得到了尊重和重视，而发展语境论和功能语境论虽然承认实验方法的地位，但却不是将其作为科学的全部，而是研究问题的适用方式。语境论与传统主流心理学在方法上形成了强烈的反差，不再是以方法为中心，而是以多元方法为手段，关注研究的问题，以问题为中心。

(4) 语境论重视语境的作用，重视社会、文化、历史等的作用，具有较高

① 保罗·凯林：《心理学大曝光——皇帝的新装》，中国人民大学出版社 1992 年版，第 161 页。

② Gillespie, D. (1992). *The mind's we: Contextualism in cognitive psychology*. Carbondale: Southern Illinois University Press. p. 9.

的生态效度，对传统主流心理学的还原论和客观化予以重创，为心理学的发展提供了更广阔的背景。

传统主流心理学坚持对心理进行还原和客观研究，忽视了心理的复杂性和心理发展的环境因素。传统主流心理学试图用生物、生理或者机械运动形式来解释人的复杂心理过程。冯特坚持使用元素分析方法，华生认为人的心理最终可以归结为物理的和化学的变化，新行为主义力图把心理现象还原为行为操作。现代认知心理学想方设法把人跟计算机进行类比，这些都是还原论的倾向。心理学"所研究人的心理和行为极其复杂，加上研究方法与手段不够成熟，所以在一定程度上，对心理和行为进行科学的分解和还原，以揭示心理与行为的规律，也是必需的，但必须慎重。因为从低级到高级、由简单到复杂方面的推论，必定有许多未知的事实或东西被忽略或被人为地添加进去，很容易出现偏差"①。而传统主流心理学坚持对心理进行客观研究，将心理看成是"机械的集合……用保持整体特征的各个部分建构，而不考虑整体存在的语境……这种客观论的倾向使心理学家们机械地引导实验，妄图在普遍规律基础上建立人们行为的因果理论。在人们行为中发现和揭示规则成为机械心理学的中心关注点"②。心理学坚持客观论，一方面会缩小心理学的研究范围，使得心理学成为没有"心理"的心理学；另一方面也会导致心理学中的"价值中立"倾向，认为心理学研究不受社会政治、文化、经济和历史因素的制约，只做纯粹客观的研究，从而试图使心理学摆脱任何价值的影响。这种客观论还使得心理学以客观为标准，排斥一切理论性的研究，使得心理学充满了破碎的"客观数据"，没有统一的理论框架和相互的沟通融合，导致今天西方心理学支离破碎的局面。

语境论强调语境的作用，人的心理和发展都要受到语境的影响，人与语境形成一个动态的整体，认为不能将心理还原成各个成分进行分析，也不能客观、刻板地对其进行研究。语境论强调人们的活动不是在社会真空中发展的，而是处在社会、历史和文化语境中，就像一个信息只有在它当时发生的语境中才能获得理解，人们的活动也受活动发生的时间、空间、文化、历史、社会等语境因素的影响，因此不能简单地把心理还原成某几个成分的组合，而要考虑到心理发展受多种因素的影响。语境论认识到心理受多种因素影响，因素之间也相互作用，不能客观、刻板地进行研究，不能忽视价值等

① 高峰强：《现代心理范式的困境与出路——后现代心理学思想研究》，人民出版社 2001 年版，第 64 页。

② Shotter, J. (1975). *Images of man in psychological research*. London: Methuen, p. 52.

因素的作用，从而使心理学研究关注机体和环境的相互关系，具有较高的生态效度，打破了传统主流心理学机械论客观、僵化的研究思路和模式，注重探讨社会、文化、环境、教育、历史诸因素对人的心理和行为的影响，也注重人对周围环境的影响，为心理学的发展提供了更广阔的背景。

(5) 语境论对人、世界等重新作了理解，使人性得到真实的还原，为心理学看待人性提供了不同的思路和视角。

传统主流心理学固守人为机器的模型，对人进行物化的理解。传统主流心理学遵循实证主义取向，在机械论世界观的指引下，逐渐放逐了心灵的意识观。“在严格的机械主义科学传统中，人的存在、心理、行为都被视作是具有机械性质的、线性的存在。这一观念带来的直接后果是：心的自然化。心的事实与神经状态之间被画上了等号。人成了‘无心的人’。”[①]人的主动性、能动性无法得到体现和尊重。例如，在行为主义中，“人的丰富多彩的心理行为完全是以‘去语境化的’和‘去时间化的’普适公式‘S-R’加以表达的。据称，伦理学意义上的‘快乐’的程度也可以通过能量理论的运用，而被概括为 G=(E+W)×(E—W)这一数学公式(其中 G 表示快乐的程度，E 是资源消耗的能量总数，W 则是被迫消费的总量)”[②]。可见，在机械论的导引下，人的心理遭到严重的物化，心理的主观感情色彩完全被抹杀。机械主义心理学方法论的所有弊端，最后汇聚成的乃是一个根本性的错误：对人、人性或人的心理的“物”化处理。[③] 人不是机器，从某种意义上说，实验室中被试的人性已经不复存在，他更像一具正等待主试解剖的“尸体”。[④]

西科德指出：“在自然的日常世界中，行为发生在开放的系统中。用通过人工实验室情境中得到的结果来概括各种情境，即使有可能，那也是很困难的。批评家指出现在的研究注重调查现象的细微本质而缺乏知识的积聚。经典的机械科学不能解决机体的复杂性。也就是说，它不能解释事件或者系统不同水平事实的变化和相互关系。”[⑤]的确，任何心理都是在特定的

① 邵迎生：《心灵真相在日常话语中的呈现——话语观念与心理学研究》，南京师范大学博士学位论文，2002 年，第 7 页。

② 邵迎生：《心灵真相在日常话语中的呈现——话语观念与心理学研究》，南京师范大学博士学位论文，2002 年，第 7 页。

③ 彭运石：《走向生命的巅峰——马斯洛的人本心理学》，湖北教育出版社 1999 年版，第 78 页。

④ 陈少华：《心理学理论体系建构中的几个问题》，《华南师范大学学报》(社科版)，1998 年第 5 期，第 65～70 页。

⑤ Secord, P. F. (1986). Explanation in the social sciences and in life situations. In: D. W. Fiske & R. A. Schweder(Eds.). *Metatheory in social science: Pluralisms and subjectivities*. Chicago: University of Chicago Press. pp. 197～221.

文化历史中形成的，具有复杂、多彩的一面。传统主流心理学固守机械论的理解模式，不能解释什么是本质的人，不能展现全貌的人，其所呈现的进展越大，事实上离真正的心理学也就越远。

而语境论对人的发展重新作了理解，看到了人的积极性、主动性、差异性，赋予人以人性。语境论考虑人发展的历史、社会、文化等因素，将人置于真实的世界环境中，使人回归到真实的生活世界中，回归到日常生活中，看到历史的延续，看到昨天的影响，使自然化了的心灵、意识、经验重新真实化、生活化。语境论强调人的发展是在语境中展开的，人们可以改变他们的环境，而不仅仅是环境刺激的被动反应者，人们对他们自己的发展负责，受到周围人和事件的影响，因受不同语境的影响，人的发展会呈现不同的方向，因此人的发展是独特的发展、多样的发展。这样，语境论为看待心理、实在提供了不同的概念体系，对人进行重新注解，使人性得到尊重。在语境论中，人的能动性得到了体现，人的心理得到了真实的还原。

2. 难以弥补的缺憾

（1）偏颇和独断的倾向。语境论的最主要错误在于宣称自己是开展心理研究唯一正确的方式，将语境论提升至无与伦比的崇高地位，而贬低了语境论之外的观点和理论，甚至认为应该拒绝这些观点和理论。语境论者将语境论看成是“误入歧途”的心理学的“救世主”，他们还认为所有传统主流心理学的理论和研究都是建立在所谓的机械论的基础上，将科学主义与机械论相等同，而认为机械论一无是处，因而表现出了偏颇和独断的弊端。

语境论对传统主流心理学进行了批判，其全盘否定传统主流心理学的依据和基础又是什么呢？语境论在解释心理现象时是否建立在更好的理论基础之上呢？答案是否定的，语境论并没有建立更完善的理论来替代传统主流心理学，许多语境论反对建立理论，批判对心理现象进行理论解释，这就使得语境论反对传统主流心理学时缺乏依据和根基。

那么语境论反对主流心理学的原因何在？语境论者经常采用两个主要理由。一是，他们判断一种方法是否有价值是根据它是否与其元理论——语境论相一致。一种方法如果建立在所谓的机械论理论的基础上，那么它将被语境论者视为没有价值；如果一种理论接受语境论，那即使这种理论在心理学中没有多少解释用处也没有关系。大部分主流心理学采用的都不是语境论的元理论，因此，语境论反对传统主流心理学。另一个理由是，语境论重视主流心理学没有给予足够重视的问题。他们的逻辑似乎是：“因为你没有回答我们认为是重要的问题，那么你认为重要的东西毫无例外是没有价值的。"[①]这样语境论还是表现出偏颇和独断的毛病。

语境论的确为心理学发展提供了新的理解视角、新的研究方式和思路，但是其对于在机械论引导下的传统主流心理学发展不做区别、不做分析地进行否定，认为其不可取、不实用，是过于偏颇和独断的。"心理学的百年历史也证明了，以实验、实证为主旨的科学主义心理学曾经为心理学的独立和突飞猛进的发展做出了有目共睹的贡献，在心理学的学科建设和基础研究等方面取得了很大的成就：获得了大量的客观精确的心理学知识；促进了心理学研究方法的不断改善和精致化；总结出了很多关于心理活动与行为反应的规律及其内、外在机制；建构了不少心理学的体系和理论；促进了心理学各分支学科的不断分化与发展。"[②]这些都是科学主义心理学在心理学发展过程中无法被忽视和抹杀的贡献，语境论若想忽视和否认这些功绩，只会使自己陷入自我营造的虚幻中。

(2) 相对主义的倾向。语境论的相对主义倾向在描述语境论中表现得尤为突出。描述语境论者接受新奇，将新奇视为必然发生的，事件在他们看来几乎无法捉摸。当有新的变量加进变量情境时，描述语境论者认为此时现象的基础或者质量发生了改变，在他们看来现象会随着事件的改变而发生变化，一个给定的情境在一个事件中必然产生一个结果，而在稍后的事件中会有不同的结果。因此，一切都是变化不定的，都是流动不已的，所以人的心理没有什么规律可以遵循，没有什么规则可以探究，只存在变化。这样，他们就滑向了相对主义的泥潭。当然，我们不能排除新奇发生的可能性，也承认明天可能跟今天不一样，但是今天的一些本质东西在明天依然会存在。

语境论者将主体和客观事物的整体作为认识的根本，在本体论上有折中主义倾向，而在认识论上滑向了相对主义。他们主张，一个认识的意义和价值不在于其是否反映了事物的本质规律，而在于它对于人们行为的具体效果，这在功能语境论中表现得尤为明显，强调有用就是真理，主张一切真理都是相对的，由此语境论否认了真理的客观性，片面夸大了认识和真理的相对性和主观性，走向了认识的相对主义。

(3) 理论混乱模糊，缺乏一致性。语境论不是一个观点主张完全一致的理论流派，而是一个复杂的整合体，其内部包含了太多的理论和观点，相互

---

① Capaldi, E. J. and Proctor, R. W. (1999). *Contextualism in psychological research? A critical review*. Thousand Oaks, CA: SAGE publications. p. 8.

② 高峰强：《现代心理范式的困境与出路——后现代心理学思想研究》，人民出版社 2001 年版，第 226～227 页。

之间存在差异，有的甚至针锋相对，这就使得语境论的理论混乱模糊，缺乏一致性。许多批评者认为语境论的主张太过模糊且不能解决概念和经验问题，同时存在概念混乱的现象。语境论对心理学的机械论倾向发起了攻击，认为其忽视了人心理发展的语境，从而将语境中心理的发展作为自己研究的重点，但是语境论中对语境所作的界定也是模糊不清。究竟什么是语境，语境包含哪些内容？语境论没有做出明确的阐述，描述语境论强调语境的历时性，强调过去历史对现在的作用，强调人的心理受到历史、文化、社会等因素的影响，这些与人的心理发展共同组成语境；发展语境论认为人的发展受到多重水平因素的影响，不能单独进行考察。我们承认人的心理的确要受到这些因素的影响，但是人的发展究竟受到多少语境因素的影响，在开展研究时如何确定这些因素，语境论在此仅仅做了大而泛的描绘。语境论者对传统主流心理学进行了抨击，指出了他们的缺陷所在，但却没有提供更好的改进措施，他们的批评或许很正确，但他们自身却没有做得更好一些。事实上，语境论只会批评，并没有提供什么新的东西。可以说，语境论从来没有给我们提供任何连贯、紧密的心理学理论，只给我们提供了过于分散、没有共同语言的阐述体系。

(4) 理论和方法缺乏有效性。语境论对传统主流心理学提出了批判，但其理论和方法的操作性和有效性却无法实现。语境论坚持要研究心理发生的语境，认为心理的发展离不开其产生的语境，但是如何研究历史、文化、社会等语境对行为和心理的影响，如何研究语境中的心理和正在进行着的行为，这些问题使得语境论的理论和方法有效性问题凸现出来。尤其是描述语境论，它坚持使用各种非科学的方法来解决各种经验问题，但是这些方法如何具体地进行操作，怎样用此等方法进行心理学研究，以及这些方法的有效性并没有得到很好的验证。而描述语境论拒绝采用实验等方法来进行心理学研究，而诸如实验等方法已经证明了在心理学中具有很高的价值。发展语境论认为人类的发展受到多重水平变量的影响，各个水平之间存在相互的联系，这些都会对人的发展产生作用，但是这些水平如何进行测查，如何确立各个水平之间的联系等，发展语境论都无法阐释清楚，这使得发展语境论的宣称只是美好的愿望。功能语境论坚持要研究语境中的行为，并将语境分成了历史语境和当前语境，但是如何才能考察、确定行为发展的各个语境也是功能语境论无法回答的难题。语境论都注重心理学的实用，认为有用才是心理学的宗旨所在，强调实际的效果，强调心理学的应用性，但其语境分析具有强烈的随意性，其分析的实用性完全取决于分析的目标，这就使得语境论具有强烈的实用主义倾向。语境分析本身蕴含着范围的扩大，因为语境是向外延伸的，语境分析该从哪里开始，又该到哪里结束，这都取决于研究者的实际目标，这也使语境论在心理学中开展研究的有效性受到了质疑。

心理学研究主要以人的心理作为研究对象，而人并不是简单的物，人不仅具有自然属性，还具有社会属性，既有共性的存在，又是独特的个体，人的心理是动态的，其形成与发展处于个体与环境交互作用的复杂系统中。这些都决定了心理学的研究对象极其复杂，也使得我们难以用一种研究方式来囊括所有复杂的心理现象，必须通过多种方式才能更好地进行研究，而不仅仅是偏重于一种或几种。尽管心理学语境论具有一定的价值，但是它难以抹杀传统主流心理学曾经取得的辉煌成就，二者只有相互沟通、兼收并蓄，才有利于心理学的发展与繁荣。

第二节　德国批判心理学

德国批判心理学在欧洲心理学界的发展已有三十多年了。虽然中国的心理学史教材中提到德国心理学的贡献时通常只是涉及到 1933 年前的德国心理学家及其成就，而且大多数国家的心理学工作者并不了解他们的理论主张，但是它在德国、奥地利、荷兰、斯堪的纳维亚地区却有着众多的追随者。20 世纪 60 年代的社会运动和传统心理学内部存在的弊端是批判心理学兴起的原因，也因为社会的发展及其自身理论的局限性以及新的批判方法的出现，从 20 世纪 80 年代到 90 年代这一取向逐渐走向衰退，尽管如此，德国批判心理学仍然具有广泛的影响力，此理论不同于美国主流心理学的流派。本节将对其起源、发展历史以及主要思想进行概括介绍。

一、德国批判心理学的兴起和发展

德国批判心理学是 20 世纪 60 年代末德国社会两种运动相互作用的产物，一是激进的学生运动，二是学术界的批判思潮。两种运动互相促进、互为因果。一方面学生运动激发了知识分子反对科学和知识的霸权主义，寻求民主和解放的愿望；另一方面，学术界的争鸣也指明了学生运动的方向。德国批判心理学正是在这汹涌的社会浪潮中竖起反权威、反传统的旗帜，试图在心理学领域给社会理论和实践带来一次革新。

二战结束，德国的战后重建工作一直恢复缓慢，引起了德国民众强烈的不满。学生运动一方面受法兰克福学派新马克思主义批判理论的鼓舞，另一方面也受反独裁主义的影响。起初，学生运动主要针对大学管理机构对学生权利的侵犯，后来逐渐对城市、政府、国家管理以及国际政治都公开表示抗议。政治上的批判浪潮席卷了学术理论界，人们开始对理论本身、理论和实践的关系进行反思，在心理学界也兴起了批判实证科学价值中立观，反叛心理学研究对其他自然科学模式的简单复制，以及批判资产阶级社会关系压迫的合理性等一系列学术运动，出现了许多不同的批判理论，如弗洛伊德马克思主义、后现代主义等。

当时的学生运动对心理学的研究、教学以及实践等各方面都非常不满，普遍认为心理学知识在政治上得到了滥用。1967 年，柏林自由大学创建了批判心理学协会。1968 年 5 月，首届批判心理学大会在汉诺威举行，来自德意志联邦共和国的一些学生和心理学家出席了这次会议。自由大学教授霍尔茨坎普(Klaus Holzkamp)提出："努力建设一个批判的心理学并不仅仅是为了反对主流的逻辑经验主义的心理学，而是使心理学成为社会科学的一部分，心理学要想得到解放，就必须与悲惨的现实做斗争。"①这一主张得到与会者的广泛认同。从此，他作为组织者开始引领学生运动的前行方向。很快，在学生运动的浪潮下，柏林自由大学的心理学院开始了民主化的进程，新大学法也相继出台，每个大学和学院都建立了与管理机构平行的红色组委会来监督大学的管理。红色组委会的建立加速了马克思主义在学生运动中的传播。特别是其成员研究了唯物辩证法和历史唯物主义，详细介绍了马克思对政治经济和资本的批判。在他们的努力下，柏林自由大学心理学院在 1969 年冬天正式开设了"政治经济批判"课程。

霍尔茨坎普是红色组委会的成员之一，也可以说是批判心理学的领军人物。在 20 世纪 60 年代早期，霍尔茨坎普就对实验心理学提出批评，特别关注实验、理论以及科学实践三者之间的联系。1972 年受苏联唯物主义心理学的影响，霍尔茨坎普出版专论《批判心理学：预备工作》，标志着批判心理学开始转向马克思主义，批判心理学家自此站在唯物辩证法和历史唯物

① Tolman, C. W. (1994). *Psychology, Society and Subjectivity: an introduction to German Critical Psychology*. London and New York Press, p. 10.

主义的立场上展开了对资产阶级心理学的批判，并尝试建立一个代表无产阶级利益的主观的心理科学。从1973—1983年，霍尔茨坎普的批判观逐渐成熟，他把达尔文的进化论作为分析自然发展史的起点，把马克思的历史唯物主义作为历史分析的主题，分析了资产阶级心理学的哲学基础和几个主要概念所存在的缺陷。他的理论鼓舞了柏林自由大学心理学院的其他研究者们，他们陆续分析了许多心理学概念，逐渐形成了一场运动，被大家公称为德国批判心理学。

1983年，霍尔茨坎普出版《给心理学奠基》，他运用历史经验法（empirical-historical method），追溯了心理的进化发展，提出了一个崭新的概念系统，分析了资本主义社会下人类心理的主要特征。这是批判心理学家的一个主要理论成就。1993年，霍尔茨坎普出版《学习——一种主体科学方法》，他站在主体的立场上研究了学习理论。从1983年至今，是批判心理学发展的第三个阶段。批判心理学家试图证明他们不仅在批判资产阶级心理学方面是成功的，而且还形成了可应用的理论。这一阶段批判心理学家强调心理学的立场的主体性，提出了主体定位的研究模式，认为心理学实验的被试不但是参与者同时还是合作研究者，心理学在这个意义上是为了人的研究而不是关于人的研究。

1979年，批判心理学家们创办了自己的学术刊物《批判心理学论坛》（Forum Critical Psychology）。自1973年以来，德国批判心理学已经召开了三届国际会议，出版了四十余本关于意识、动机、动物行为、心理学历史、知觉、实验统计方法、自动控制、逻辑算术学等方面的著作。20世纪90年代，德国批判心理学家所提出的主要思想被许多国家的后趋者所承袭。当今轰轰烈烈的批判心理学运动受批判理论、拉丁美洲解放运动、后现代主义思潮以及女权主义和反种族主义运动的影响，分化为许多不同的研究方向和不同的派别。虽然依然坚持反主流心理学和社会政治革命的立场，但与当初德国批判心理学家提出的思想已经有不小的差异。但谁都不可否认德国是批判心理学的发源地，霍尔茨坎普给批判心理学搭建了基本框架，他是批判心理学当仁不让的理论领袖。

二、德国批判心理学的认识论

1. 德国批判心理学的总体特征

德国批判心理学运用进化起源的方法试图重构基本的心理学范畴，尝试为心理学建构一个合理、客观、明确的理论基础。德国批判心理学家认为心理学的理论要和社会目标相联系，认为自己的研究是马克思主义的一部分，最终的目标是建立一个无阶级的社会。其中人与人之间的关系不再由市场关系所决定，每个人可以根据自己能力和需要来生活。他们试图将心理学建设成为一个辩证唯物主义的主观科学，一个马克思主义的心理学。

批判一词有两个意思，第一是对资产阶级主流心理学的批判。批判心理学认为主流心理学赖以生存的基础是整个资本主义制度，它的整套理论和方法都带有资本主义的性质。批判心理学家认为主流心理学的研究倾向，是造成人们不能在一定的社会文化背景下考虑社会问题的根源，这在一定程度上削弱了心理学解决社会问题的能力。他们认为心理学必须是一门具有历史性和社会文化性的学科，也就是说历史和社会文化性是心理学固有的性质。第二，批判代表了德国批判心理学的价值观，主张差异性和社会公正，寻求社会转变、实现人类进步。批判心理学认为倾听那些此前被否定的人或群体的声音是实现社会转变的一个必要因素，也就是说它不仅仅对主流心理学研究范式进行批判，它还关注那些受压迫群体生活质量的提升。德国批判心理学家指出，在资本主义社会中资产阶级是统治阶级，所有的科学理论和实践，自然也包括心理学的理论和实践中充满的都是资本家的态度和思想，而忽略了那些被剥削阶级的权利。批判心理学家力图让心理学的研究走出实验室，在现实社会里去改变人们的生活。

2. 德国批判心理学的哲学观

（1）在研究个体心理时，批判心理学家指出，人类有机体与心理现象是一种主客关系。笛卡儿主张心身交感论，首先提出主观和客观的差异问题，在心理学史上关于这个问题还有两种主张，一种是心身一元论，即主客观无差异；第二是心身平行论，即主观和客观是绝对对立的。在哲学发展史上，机械唯物论主张客观决定主观，降低了主观的能动地位，唯心主义则完全颠倒了主观和客观的真实关系，认为主观决定客观。德国批判心理学家在哲学上继承了马克思的辩证唯物主义思想，即认为主观和客观是对立统一的，主观就是客观进化和历史发展趋势本身。对于个体来说，主观既是个体经验的结果，又是系统发生和社会历史发展的结果，是物质和社会过程的必要组成部分。所以从心理学研究的角度来讲，个体的主观性既不能消除也不能降低，它科学地反映了个体在社会背景中所处的地位。因为主观性，个体意识到自己的存在以及和自己相关的社会支持系统，意识到自己行为的主观能动性，这种主观能动性既是物质生产和社会生活再生产的必要组成部分，又是个体本身存在的基础。

（2）在研究个体和自然、社会的关系时，批判心理学家所持的是历史唯物主义观。主观性作为一个客观的发展过程，同时也体现了个体和社会的关系，所以一旦在研究人类主观性现象时采取了辩证唯物主义观，就必须从社会历史的角度来看待这些现象，这意味着要把历史的和社会的因素考虑进去。人的存在具有社会性，心理学现象也必然具有社会历史性。批判心理学家主张以一定历史时期的物质或经济生活条件来说明个体主观性的发展以及个体和社会的关系，心理学研究的对象应该是具体的联系的个体而不是抽象的孤立的个体。根据历史唯物主义的观点，个体和社会再生产之间存在关联，个体只有在社会关系的创造和转变中才能产生和发展，而这种社会关系正是个体生存的环境。批判心理学家认为传统心理学忽略了这种联系，其研究的个体是片面的，只能被条件化，而没有形成和改变这种条件的可能性。社会劳动制造了人类的生存环境，传统心理学则把自然环境和人类绝对地对立起来了。

三、德国批判心理学的研究目标

1. 主体性行为

西方心理学在研究对象方面一直存在两种彼此对立的主张：或者认为心理学是关于意识的科学，或者认为心理学是关于行为的科学。德国批判心理学家以马克思主义方法论为指导，认为一方面个体活动和意识由客观的生活环境所决定，另一方面，人本身有意识地创造了自己生活的客观环境，意识和行为是统一的，统一于人作为主体的存在。心理学的研究目标应该是人的主体性行为。这里的主体不仅具有意识和精神属性，而且是呼吸着自然力的、有形体的、使用着实践力量、掌握着客体与自身知识、具有社会本质的、能动地表现自己的人。

批判心理学家认为马克思主义的目标是促进主体因素在历史过程中的发展，而批判心理学的原则便是“发展个体生活中的主体成分，扩大自我的决定性”①。一方面，主体作为自然个体可以控制自己的生活条件，另一方面个体作为特定社会阶级的一员也能控制社会生活。人作为主体的存在，是有机体长期地、有规律地发展到一定阶段的产物，社会实践活动是人实现其主体性的前提，因此，人只有在社会中才是现实的主体。批判心理学家呼吁恢复主体性在心理学研究中的地位，也就是关注个体研究的社会性质问题即主体和社会的关系。主体一方面对社会具有高度的依赖性，另一方面还

① Holzkamp, K. (1992). On Doing Psychology Critically. *Theory & Psychology*, p. 193.

有控制自己学习和发展以及满足需要的能力。批判心理学关于主体决定性的思想与传统的自主和独立观念不同,它强调个体对与他人的合作来组织和形成的生活条件的依赖性。因此,它关于社会生活的主体决定性概念是一个非个人主义的概念。

在传统心理学的行为概念里,个体是环境的被动接受者,行为只是一种条件反射,而批判心理学中的行为概念指的是个体行为的社会可能性。个体行为不是由外部客观条件所引起,而是由内部主体性所决定的,即行为者受各自行为背景的影响而对自己的行为做出选择,他们可以改变也可以不改变自己的行为。这样个体就有可能调整自己去适应环境。心理学家的任务就是解释主体的这种行为的可能性。

行为并非由机械的因果规则所决定,而是受行为者的行为背景的影响。行为背景通常是指主体间的主观情境,涉及到人类的主观感受。主观情境是主体性的一部分,是个体身处一种特定的环境中,对自己可能产生某种行为的评价。也可以说是个体对自身与环境之间关系的一种评价,涉及到个体的情绪和认知。不同的人对实际相同的客观环境的评价是不同的,通常受个体过去经验的影响。

批判心理学认为心理学是一门关于主体的科学,它研究人的主体性行为,这种行为是建立在主体主观背景基础上的一种可能性关系。心理学是一门特殊的主体性质的科学,这种特殊性应该在其研究分类和方法论上反映出来。但是传统的心理学研究并没有看到这一点,批判心理学家还认为“为了寻求民主、追求社会主义以及为了建设一个更具有人道主义的社会而进行的政治斗争,都是人们为了了解和处理社会主体性的本质需要的反映”①,学生运动也由此而得到激发。

2. 资产阶级心理学

德国批判心理学家认为科学和哲学从来都不是价值中立的,由于现代资本主义社会是资产阶级创造的,资产阶级是统治阶级,那么占据社会主流的科学和哲学理论就代表了资产阶级的价值观。德国批判心理学家们澄清了这样一个观念:资产阶级心理学并不全是主流的心理学,有一些心理学流派如人本主义心理学也属于资产阶级心理学的范畴,但并不占据主流地位。资产阶级心理学只为统治阶级服务,而忽略了工人阶级的利益。由于受资产阶级本身的阻碍或限制,资本主义社会的科学具有非批判性。这也是资

① Tolman, C. W. (1994). *Psychology, Society and Subjectivity: an introduction to German Critical Psychology*. London and New York Press, p. 18.

产阶级心理学的特点，即资产阶级心理学本身的局限性限制了心理学的进步。

资产阶级心理学有两个主要特征：(1) 非相关性(inrelevance)。德国批判心理学家提出了相关性的概念，认为这是心理学历史上每次争议与进步的主题，这也是他们批判资产阶级主流心理学的基石。他们认为心理学的理论与应用、个体和社会必须具有相关性，即理论和实践必须统一起来，个体和社会必须统一起来，它反对资产阶级主流心理学用孤立的、机械的个体代替社会性、历史性的个体，反对资产阶级主流心理学因崇尚客观性而忽略个体的主观性。(2) 非确定性(indeterminacy)。当代心理学领域学派林立，各执己见，不同的学者依据不同的理论研究的却是同一个问题，这是资产阶级心理学非确定性的体现。有的心理学家认为心理学这种多元的状态正是心理学的一个特点和优点，但批判心理学家认为要克服心理学理论和实践的非相关性问题就必须克服心理学理论的不确定性。批判心理学家同时还指出，心理学领域这种不确定性的多元状态恰恰是资产阶级心理学的必然产物，是一定历史条件限制的结果。

资产阶级心理学错误的哲学假说是造成非相关性和非确定性这两个特征的根源。批判心理学家认为资产阶级主流心理学的第一大哲学假说来源于实证主义思想。实证主义认为感性经验是知识的唯一源泉，一切知识均来源于经验，知识是建立在观察和实验的基础上的，研究者要在无偏见的经验的指导之下来发现自然的法则。批判心理学家指出，实证主义(包括孔德、马赫的实证主义和逻辑经验主义)重在探讨人的心理如何获得知识，却忽视了心理的主动性和理性思维的作用。他们追求研究方法的客观性而没有给主观性问题留下空间，正如霍尔茨坎普所说，他们使得“科学给霸权留下了足够的空间，科学活动显著偏离了理性控制的水平”①。

正是因为资产阶级心理学的哲学假说忽略了主观性的地位，才使得人们在进行研究时将人类孤立于历史和社会关系之外，即便是把社会因素考虑在内，它也只是作为一个影响因素或者是一个可控制的变量，使得抽象、孤立的个体和社会、历史分割开来。从激进的行为主义到认知心理学，从精神分析到人本主义，都在这一问题上存在不同程度的缺陷。正是因为对主观性的忽视，资产阶级心理学理论把抽象孤立的个体看做是“人类的全部”或者“全部有机体”。正如许多主流心理学家混淆了人类的主观性和动物的

① Tolman, C. W. (1994). *Psychology*, *Society and Subjectivity*: *an introduction to German Critical Psychology*. London and New York Press, p. 27.

差异，资产阶级心理学同时也抹杀了工人阶级和资产阶级主观经验的差异，而主观性的差异正是根源于一定的社会状况和历史发展阶段的。

德国批判心理学家将个体的主观性以及个体和社会的关系作为立论的焦点。他们认为有必要对资产阶级心理学的概念、范畴进行重构，并改变现有的心理学研究方法，使用指导实践的新的方法，才能说明主观性的社会性特征，才能还主观性以应有的地位。“唯有如此，人类个体在他自主掌握自己命运的条件下才能挖掘自己的潜在能力，进行有意义的实践，这样创造出来的知识才是心理学的知识，这样的心理学才能真正地具有批判性。”①

四、德国批判心理学的重构

1. 历史经验法

历史经验法即通过研究动植物的发展史（系统发生）和各种不同的生命形式之间的联系来说明心理学范畴的经验性和历史性。批判心理学家试图根据生物行为学的证据来理解心理的系统发生过程。

通过心理系统发生的分析，一方面掌握了前人类水平上心理的概念，另一方面也可以更好地理解“心理”作为一种特殊的心理形式的总体特征。心理的概念曾被机能主义和行为主义排除在心理学研究之外，现在批判心理学家通过这种方式又恢复了它在心理学研究中的地位。通过历史经验法，批判心理学家得出了心理的经验历史性的定义，这个定义使心理具有了人性和社会性。通过这种方法，人们可以看到人类心理和动物行为都具有生物遗传特征。但人类心理除此之外，还具有独特的机能即个体和社会再生产之间具有内在联系性，这是一种决定性的机能。那些在生物进化的基础上理解人类社会现象而建立起来的概念范畴便会不攻自破。总之，通过历史经验法，可以清楚地看到资产阶级主流心理学的概念、范畴所存在的局限性，从而建构符合意识发展规律、符合社会历史发展阶段的崭新的心理学范畴和体系。

2. 特殊的人类心理

人类心理的特殊性在于它的社会性。为了揭示心理（psychical）这个概念究竟是什么，批判心理学家在马克思主义自然辩证法思想的指导下，使用

① Tolman, C. W. (1994). *Psychology, Society and Subjectivity: an introduction to German Critical Psychology*. London and New York Press, p. 144.

历史经验法追溯了心理机能与结构的起源和发展。

首先，他们分析了从前心理到心理有机体的质的转变过程。自然界的长期进化，特别是生物种系的长期进化为人类的产生提供了生物学前提。批判心理学家指出，古猿以及古猿之前的生物体都属于"前心理"的生命形式，而人类属于心理有机体，两者之间的重要差距是感受性（sensitability）的发展，如产生了多种感觉、知觉，形成了一定的记忆和表象，出现了动作思维的萌芽，并能反映不同事物之间的关系等。感受性是最基本的"心理"概念，是人所特有的意识和思维发生的心理基础，感受性充分发展之后，人类就可以对周围的世界作出各种各样的反应。

人类心理的产生并不单纯是生物进化的结果，批判心理学家分析了个体学习和发展的过程。人类心理社会性的获得始于工具的制造，这意味着原始人开始提出劳动的目标和方法。许多动物也使用工具，甚至偶尔也会出现制造工具的行为（如黑猩猩折断树枝掏蚁洞），但这只是个别个体的偶然活动，这时期的原始人类与动物还具有某些相似性，处于一种亦进亦退、亦此亦彼的状态。随着思维能力的逐渐提高和行为方式的不断改进，制造工具逐渐成为比较普遍的、经常性的、起一定主导作用的生活方式。使用工具和制造工具相分离，社会分工开始出现，那种最初的动物式的本能活动形式逐渐让位于以改变自然为根本目的的专属于人的劳动。当个体更多地由社会而不是由生物特征来决定时，人和动物便区分开来。当个体认识到人类个体依赖于社会存在而存在时，特殊的人类心理就获得了。

人类心理的重要区别性特征是社会中介性（societal mediatedness）。前人类和世界的关系是一种直接的联系，像动物用自己的牙齿、爪子等，用自己的身体和自然界直接接触，而人类和世界的关系则是间接的，最明显的中介就是工具本身。人们和自然界从不发生直接的对抗，而是通过社会赋予自己的工具来和自然发生联系，如语言工具、生产工具等，而且即使使用工具的活动也是以他人的劳动产品为中介，因为这些工具的使用者并不是制造者。但是仅仅使用工具并不能满足个体的所有需要，个体要想满足自己的需要就必须参与社会分工，因为社会同样是每个人和物质世界发生关系的中介。人类的活动不再被自然、生物能力所决定，而是受社会发展阶段的约束。总之，人们的活动没有纯自然的东西，无不受到社会的控制，社会是充满了个体的主观性的世界。我们称之为"心理"的东西也是由社会存在所决定的。心理学的概念，如学习、情绪、动机、认知等无一例外地渗透着社会的影响。

所以，批判心理学家认为对人类来说，环境因素或社会条件和个体行为之间的关系不是强制性的，社会因素对个体存在的中介作用是人类心理的特点。

3. **重构心理学的基本范畴**

(1) 行为能力。行为能力是批判心理学的一个基本范畴，指个体为了满足需求参与社会分工系统的一种能力，每个个体都有行为能力，这是人类的特殊本质。行为能力与两个概念有关，一是可能性关系，二是主观情境。

批判心理学家认为人类的行为是一种可能性而不是一种必然性。人和动物的差异在于人能自由决定自己的行为，同时人的行为又受到社会的限制。人类生活在可能性关系之中，所以，人必须对自己的行为做出选择，正是这种情况使人类产生了只有人类才有的特殊感觉，如抉择和自由等，这些感觉正是行为者的行为背景。批判心理学家认为这个行为背景是主观性的一部分，称为主观情境。主观情境是个体对自己身处一种特定客观的环境下发生某行为的可能性的评价，同时这也是他对自身的一种评价。不同的人对实际相同的客观环境的评价是不同的，通常受个体过去经验的影响。

行为能力的发展分为两部分，一部分是个体行为能力的发展，每个人都通过合作行为来扩展自己和他人的可能性。这是社会持续存在的基础，也是个体的生活得到保证的前提。另一方面社会结构会对个体的扩充有潜在的限制，每个人只能有自己的一部分行为，每个人只占据整个社会中一个位置。个体的位置是有限的，因为一个人不可能掌握所有的本领、知识，他没有能力去做所有有利于他的可能性发展的事情。

行为能力分为两种：一般行为能力和限制行为能力。一般行为能力是概括化的，我们每个人都具有，它是理想社会的一部分，一般行为能力中的个体不再具有私人的特点，也没有了阶级划分和劳动分工的差别，它是包含主观情境和行为可能性在内的一个普及的网络。而限制行为能力是限制性的，它区分了个体特定的利益，每个人都有成本，每个人又同时是他人和社会的成本。

行为能力是批判心理学家重构工作中最重要的一个范畴，它实际上暗含了心理学中的另一个重要概念即需要。人类的需要和动物的需要具有质的差异，人类的需要是参与社会生产的需要。比如对食物的需求，动物的饥饿具有直接性，必须在自然环境中立刻得到满足。而人类需要食物的同时，还得参与和控制社会整体食物供应，不是去制造真正的食物，而是参与食物生产和加工过程。而这种需要正是人类满足自己行为能力的需要。个体的幸福依赖于这种需要满足的程度，即有无机会参与控制社会生产过程。如果行为能力受到了阻碍，需要得不到满足，个体就会体验焦虑，从而出现心理疾病。这就是为什么心理治疗必须和社会状况相联系，必须和个体机能相联系的原因所在。从某种意义上讲，就是心理治疗必须是政治性的。批判心理学家心理治疗的政治性观点为后来的女权主义者所吸收。

行为能力的概念展现了这样一对矛盾，即个体利益和社会利益的矛盾。在资本主义社会，财富和权力集中在少数人手里，这少数人并不代表多数人的利益，它实际上扭曲了社会整体利益，而个体的存在却不得不依赖于对这种扭曲的适应。因为不参与社会生产，人们就无法满足自己的需求，每个人都在某种程度上受这个历史环境的约束，人们不得不牺牲、违反自己的真正利益，被迫做着自我斗争。批判心理学认为这种历史性的歪曲是无意识的基础，无意识不是人类特有的，也不是非理性的。它反映了这样一个事实，即个人被迫做的事情违背了他的兴趣。从这个观点来看，无意识是理性的，它反映了生活的真正需要和行为基础的主观功能。批判心理学家认为无意识是个体存在的内置保证。

通过对行为能力的分析，批判心理学家还区分了两种认知：一种是解释思维，一种是理解思维。前者和限制行为能力有关，特点是没有考虑社会因素的作用，只是根据直接情形来定义个体行为能力所处的环境，因此，个体无法充分利用和扩展自己的行为可能性，比如不会从社会性质角度来考虑自己贫穷或者失业的原因，人们可能只是因为物质生活的贫乏而不快乐而没有考虑更广泛的社会背景。这种思维的结果是人们只关注如何提高自己的生活，社会状况却得不到一点改变，而这种社会状况恰恰是问题的根源。资产阶级心理学的简单复制正是这种解释性思维的体现。理解思维与解释思维不同，它是在社会和历史背景中来认识个体的行为能力。不管是从社会还是从个人出发，理解思维从长远来看对社会和个人都是必要的，没有理解思维就没有一般行为能力。批判心理学家还指出心理咨询和治疗应该采用理解思维的认知模式，这样心理学的应用就不会带有偏见和政治性了。

(2) 情绪。传统的概念认为情绪能够评价环境因素，是衡量有机体内部世界的准绳，因此情绪成为指导行为的认知成分。批判心理学认为情绪是认知的一个附属成分而不是组成部分。在限制行为能力条件下，认知、情绪和行为是各自独立的，个体的解释性思维认知影响了个体行为在问题解决上的效果，导致了个体不适情绪的产生，这意味着情绪是社会环境状况的被动产物。限制行为能力下的情绪具有私密性，比如对毁灭性核武器的恐惧成了一个个人问题，与核军备竞赛的合理性无关。在一般行为能力下的情绪是一种主体间情绪的联合(intersubjective emotional engagement)，人们共同努力来改变使人不愉快的环境，提高个体对环境的控制能力，此时的情绪“是一个支持者而不是一个敌人”①，批判心理学家认为在治疗中使用这种原则比简单劝告的效果更好。

(3) 动机。动机是对生活情境的主观情绪评定，个体通过预期更高级的情绪价来预测、决定行为的方向。动机反映的是自我和他人的真正的需要，很明显的表现是，在情绪失真的情况下，动机不会完全发挥它的作用。对人类来说，需要的满足受社会因素的影响，这使得通过动机活动可以预测整体行为能力。在一般行为能力下，动机是社会性的，即人们共同努力相互合作，达到提高情绪和生活质量的目的，这里的动机是个体和其他社会成员共同分享的东西。而限制行为能力下的动机与此不同，严格地说，限制行为能力下的行为不是动机性的，而是在内部强迫性下出现的行为。在资本主义社会中，人们无法理清行为是为个体利益还是为特定的他人利益(如资本)服务。为了维护限制性行为能力下的主观机能，意识和行为的真正需要受到了压抑，这是个体动机的无意识层面，也是社会压迫和霸权的根源之一。

五、德国批判心理学的方法论

资产阶级主流心理学家采用的是一种被德国批判心理学家称之为变量模式的方法。在这种模式下，被试被认为是一种可以测量的变量，这个方法有三个方面组成：测量、分析和推论。实验心理学家和心理测量家据此建立了预测个体和群体行为的法则。这种研究方法最重要的特点是将主观化特征分离，使被试只对客观条件作出客观反应，刺激的主体间性被排除，而这种主体间性恰恰是主观性的体现。比如实验中被试与主试的关系，为了保证实验的客观性，主试在理想状态下应该是看不见的、无形的，这样主试对被试的影响即作为一种无关变量不复存在了，但是主试的可见性是不可避免的，所以实验中只能假设主试是价值中立的，并对这种主观性进行控制。不过不管你使用什么方法，被试都是自由的个体，有时被试会表现出偶尔的不合作，这就影响到整个实验过程和结果，由此得到的实验数据必须被抛弃。主流资产阶级心理学的方法正好适合对个体的行为能力进行限制和约束。在这样的情况下，情绪通常被看做是一种内部的与认知和行为分离的东西，认知通常是一种解释而不是理解的形式，动机通常是内部强迫行为。

---

① Holzkamp, K. (1991). Societal and individual life processes. In: C. W. Tolman & W. Maiers (Eds.). *Critical Psychology. Contribution to an Historical Science of the Subject*. Cambridge, MA: Cambridge University Press, pp. 50～64.

这种概念范畴的确立使得实验统计方法的流行成为必然的结果。总之，在人类社会水平上，行为的主观基础是心理的一个特定特征，主流心理学的这种研究方法忽略了个体的主观性，要想克服这种研究方法的局限性，就必须把个体看做是关系的，把被试看做是主观性的。问题是如何既强调立场的主观性，又保持心理学研究的客观性。为此，批判心理学家提出了两个方法论原则。

（1）寻找中介因素。这种方法论受苏联历史文化学派特别是列昂节夫的影响。批判心理学认为主流心理学明显使用的是亚里士多德的思维模式，即从个体案例直接推论出一般法则，其结果以统计/频率的形式表现出来，这种方法忽略了个体差异，其结论高度抽象化并带有偶然性，常常和提供原始数据的个体并不相关。这是资产阶级主流心理学非相关性的体现。批判心理学家称自己的思维模式是伽利略式的，即在个体案例和一般法则之间寻找中介因素。如伽利略认为在上升的飞行器上旋转着的球体，它的旋转速度决定于当时的空气阻力和摩擦力，这就是这个球体和一般法则之间的中间因素。这样一来，知识就是具体的而不是抽象的了。在对弗洛伊德的精神分析进行评价时，批判心理学家便使用了上述方法论。他们认为弗洛伊德的理论遭到了无数人的攻击和嘲讽，但仍然还有那么多人趋之若鹜，采取了伽利略的方法论既是原因之一，比如抑制、投射、焦虑这些概念就好比是空气阻力和摩擦力，精神分析启发了个体具体的经验，解释了为什么个体以一种特殊的方式去经验世界以及如何通过行为的改变可以促进经验的进步。从个体主观性上来讲，精神分析与抽象统计的主流的科学心理学相比，在与个体的相关性方面表现更高，所以得到了人们更多的接纳。

（2）致力于范畴分析。这个方法论是批判心理学家自己的杰作，他们试图以此来克服资产阶级心理学理论的非确定性（indeterminate）。不过这也是德国知识界的一个传统，从马克思到康德到哈贝马斯，无不致力于范畴的建构。心理学存在一个最基本的问题，就是无法解决理论差异，心理学至今没有形成一个统一的理论或范式。根据霍尔茨坎普的说法，主流心理学认为理论来自于实验数据，结论来自实证主义的思维模式是错误的，实际上理论位于数据和概念的中间水平。批判心理学家肯定了理论和数据有关的思想，但认为理论绝不仅仅局限在其实验价值上。比如认为社会关系受强化刺激的影响，社会关系受认知平衡的影响，这些都是正确的，但无论是强化还是平衡，对人类社会性（sociality）而言都不是必要的，可能都和人类社会性不相关。一个理论是不是必要，研究目标是否明确，只能通过概念水平的分析才能做出判断，即知道什么是社会性。

六、德国批判心理学的具体理论主张

1. 人格发展观

德国批判心理学家用历史经验法来研究人格发展。他们认为个体是三种历史发展的结果：系统发生史（动植物发生史）、社会发展史和个体发生史。心理学在研究人格时必须研究这三种历史。通过分析，他们提出了两个原则：一是机能主义的原则贯穿于这三种历史，这使得人格的生物特征得以保留，这是生存的优势，在系统发生史中意味着物种的生存，在社会发展史中意味着社会的存在，在个体发生史中意味着社会生活的维持；二是人格特征具有一定的社会历史性，心理现象是社会的产物，是人类努力拓展对环境的控制力的产物，社会特征与生物特征都是人格发展的两个必要方面。人格的发展是生理发展基础上的社会发展过程。

儿童的基本发展任务是获得并扩展对环境条件的控制能力，这个过程与需要的满足有关。人格的发展就是一个满足生产性需要和必要感官需要的动机过程，两种需要的冲突与个体解决冲突的过程在人格发展中起着重要的作用。

人格在一定的社会背景中形成和发展，家庭和学校在这个过程中处于至关重要的地位。婴儿期感官需要占主导地位，生产性需要还未产生，没有足够的经验来规范自己的必要感官需要，诸如吃饭、喝水、穿衣等问题由父母和抚养者来帮助解决，他们对婴儿的指导起着决定性作用。随着儿童和抚养者之间的合作关系的发展，儿童开始了个体学习的过程，儿童在这一时期产生了生产性需要，这时的儿童已经是社会的产物，出现了有目的的行为，并开始意识到行为的意义。前两个阶段的发展主要位于家庭背景之中，随着儿童对自己的控制能力的增加，对社会意义的适应与扩展使得儿童和世界的关系更加复杂化。在第三阶段儿童的生产性需要逐渐占主导地位，儿童的行为背景不再受环境的直接决定。这是学校阶段的开始，这一时期教师对儿童人格的发展起着重要的作用。

对儿童来说，要想处理好各种各样的发展性冲突，一个最重要的条件是理解并执行教育者（父母或教师）的建议，这样可以促进他们对环境条件的控制能力，使他们变得更独立。但是教育者的建议并不完全是正确的，有时儿童的正确需要因教育者完全的否定而受到了压抑。对教育者来说，权威主义的态度最容易导致儿童的发展出现冲突。批判心理学家指出教育者要相信他们对儿童的指导是有用的，儿童有生产性需要，能克服冲突并受生产性动机的驱使，能接受教育者的建议。所以教育者需要根据儿童本身的兴趣来规范他们的行为。

批判心理学家分析了儿童的人格发展是如何受资本主义生产条件的影响而扭曲的。资本主义社会对人施加的压迫主要是人的生产性需要，而不是人的生物特征。只有在维护特权阶级统治的基础上，人们的行为能力才会得到发展。批判心理学家认为被统治阶级占人口的大多数，他们参与社会再生产，却无法决定自己的生活条件，所以资本主义社会里大部分人的行为能力都低于实际可以达到的控制水平。在儿童社会化的过程中，一些能力被给予了过多的刺激，而另一些能力则被剥夺，人格的扭曲是在教育者与儿童的相互作用中发生的。父母或教师通过模仿、指导、反馈和惩罚等原则，在儿童对两种需要的冲突解决过程中实现了限制行为能力的发展。

批判心理学家提出了超我的概念，超我来源于两种冲突，一种冲突是外部强加于儿童的。在大多数人对社会结构不起主要作用的社会里，成人对儿童的要求并非都能有利于儿童的独立。一些要求实际上阻碍了他们行为能力的发展。在这种情况下，教育者不能对儿童做出明确的指导，只能通过强制性压迫使他们服从，这种强制包括惩罚或威胁。儿童只能通过把他们认为是不正确的或者是不道德的冲动压抑下来，以迎合成人的要求来解决这些冲突。把冲突以这样强制性的方式压抑下来，就会产生一种永久的倾向，即儿童对成人的要求不再有疑问，并开始认同他们的观点。“儿童将成人的外部强迫性冲突内化，作为一种内部强迫性来和自己作斗争，他们习得了怎样谴责和抑制自己的行为冲动。”①批判心理学家称之为一种内部控制机制，即超我。另一种冲突来源于个体想增加自己对生活的影响，却受到环境的限制。比如，当一个孩子的能力发展超出了父母允许的范围，这种情境就会发生。环境阻碍了生产性需要和能力的进一步发展。为了避免和成人的立场相冲突，儿童除了接受父母或教育者所提供的条件外别无选择。这就会导致对超我的强化。

在此，我们必须分清楚德国批判心理学和精神分析有关的超我概念界定和理解的差异。批判心理学家认为超我的发展是冲突处理失败的结果，但原则上有可能得到积极的解决。在弗洛伊德的理论里，主体在俄狄浦斯情境中，除了压抑自己的冲动之外无能为力，个体只有在与自己的性欲断绝

① Holzkamp-Osterkamp, U. (1991). Personality: Self-Actualization in Social Vacuums. In: Tolman, C. W. (ed.). *Critical psychology: contributions to an historical science of the subject*. Cambridge University Press. p. 161.

关系时才能参与社会生活。批判心理学认为，超我是社会化不成功的象征，而不是社会化的一个必然结果，主体盲目地调整自己去适应自己还没有领会的权威的要求，顺从这样一种情境：他们从他人那里期待自己的行为方式，而不是出于自己的兴趣。弗洛伊德所说的超我是一种整体的人类冲突，而批判心理学的超我是在资本主义社会背景中个体发展受到了阻碍的现象。

批判心理学家也提出了防御机制的概念，但是关于防御机制的性质的看法与弗洛伊德的观点有所不同。弗洛伊德认为防御机制是个体用来驱除冲突、消除焦虑的策略；批判心理学家认为防御机制是一种禁止提出反对问题的意识和心理态度，它是一种社会机制，通过政治、文化的作用使人们的反抗思想和冲动受到抑制。批判心理学家对防御机制的分析类似于弗洛姆的社会潜意识论，弗洛姆认为社会潜意识是一个社会的大多数成员共同存在的被压抑的领域，这些共同的被压抑的因素正是一个具有特殊矛盾的社会不允许它的成员意识到的内容。如果大多数人能意识到社会的不合理性并充满怨恨情绪，那就会威胁到现存的秩序。德国批判心理学家指出，在资本主义社会，资产阶级向大众宣扬社会不变的思想，使得人们放弃了反抗和斗争，被动地顺从了社会现实。防御机制从属于超我，它在社会规范的作用下，实现了对个体独立、批判和反抗思想的禁锢。个体运用这些机制来处理自己的控制需求与限制他们控制的环境之间的冲突。在防御机制的作用下，人们因为害怕受到社会的孤立或排斥，而对自己的反抗冲动抱有一种负疚感。所以个体行为控制能力的提高存在一个真正的可能性，但由于受到个体本身意识的阻碍，使得个体的行为能力普遍低于其能够达到的水平。

2. 教育学习观

德国批判心理学的学习理论分为两部分：一是扩展学习论，二是学校批判主义(school criticism)。德国批判心理学中的学习指的是“人类从自己的角度出发带有一定目的的认识世界的活动，学习者用自己的经验和意图来解释现实”①，它以学习者的自我兴趣(self interest)为出发点。学习代表的是一种特殊目的的行为，这种行为的目标是扩展学习者的行为控制能力。

学习分为两种形式：一是防御学习，二是扩展学习。防御学习是指个体以取得权威的认可为目的而进行的学习，这是一种被动的有压力状态下的学习，学生即使克服了学习中的问题与困难，也没有做出最大的努力，相反，

---

① Holzkamp, K. (1993). *Lernen. Subjektwissenschaftliche Grundlegung* [*Learning: Subject-scientific foundation*]. Frankfurt am Main: Campus. p. 47.

他们会在保证达到目标的前提下“偷工减料”。而扩展学习不同，学习不是受教育者受到启发，而是起源于已有的经验与未有的经验之间的差距所引发的冲突，使得当前的学习目标从潜在的学习目标中产生出来。扩展学习是学生自发产生的学习兴趣，并期望通过学习来扩大自己的行为控制能力，它是学习者对自己做出的承诺，是一种积极的学习状态。扩展学习比防御学习效率更高。

学习过程中保持和回忆的方法分为三种：心理法、交流法和客观法。心理法指在注意的支配下，利用内部言语来改变个体经验，如记忆或用心学习；而交流法指的是不需要亲身记忆，通过询问别人来进行回忆的策略；客观法指用物质形式进行保持和回忆，如书籍和注释。从以上形式看，只有心理法适合学校教育中的知识记忆。

除了提出学习理论，批判心理学家还对学校教育形式提出了批评，认为学校教育形式在很多方面限制了扩展学习的发展。首先是学校的结构形式，分为两方面：一是空间结构，二是时间结构。空间结构指每个个体都有自己的位置，每个位置都有自己的个体，每个人的存在都相对于他人而存在。每个人都因为个体间的差异性而被等级排列。学校中的班级、年级就是空间结构的代表。时间结构指的是时间表，如学校中的学期和假期、上课时间和休息时间。时间的最大应用就是把它们划分为较小的单位，有效利用每一分钟。批判心理学家主张把学习时间和实践时间分开。他们认为在学校这种结构形式下必须贯彻两种教育技术才能保证扩展学习的效果：一是分等级的观察，使每个个体都能接受到随时的监督和管理；二是正确的评价，包括教育和指导，而不是惩罚。

教育目标即教育的成效对扩展学习也起着制约作用，批判心理学家批评学校的教育目标实际上代表的是“教育＝学习”[①]的思想，即一小时的教育可以影响到一小时的学习。学习是完全可以计划的，学习过程由教育者决定，学习成效可以计量。在这一思想的指导下，学校安排了固定的课程，确定每学年的教学目标，并通过考试来对学生的学习成绩进行评价。霍尔茨坎普认为这种思想一方面忽略了学习者的主观兴趣，另一方面还暗示了天赋差异的存在。假设学生的学习能力是遗传决定而不是后天习得，那么学校就不用为学生的成绩负责，学校的社会职能就是为社会输出合格的毕业者，如果学校的课程安排、教学计划都正常实施，而学生仍然成绩不良则责

① Holzkamp, K. (1993). *Lernen. Subjektwissenschaftliche Grundlegung* [*Learning: Subject-scientific foundation*]. Frankfurt am Main: Campus. p. 55.

任在于学生，如果学年结束学生达不到教育目标，这是学生而不是学校的失败。所以，先天能力存在差异的思想使学生的分数合法化。

最后，教师与学生之间提问与回答的学习模式也是限制扩展学习的重要因素。这个教育模式隐含了这样一种思想，即存在一个正确答案，而且只有教师知道它，学生的答案正确与否在于教师的评价。教师在学习的互动过程中拥有绝对的领导权。教师的每一个疏忽都会导致学生的消极评价。学校里这种相互作用的形式让学生的扩展学习受到了很强的抑制。

3. 心理治疗观

德国批判心理学家认为心理问题的根源在于行为主体背景的差异。不同阶级、组织和个体所处的社会条件不一样，就产生了不同的利益。个人追求的利益常常和他人所追求的利益相矛盾，这就导致了各种目标间的矛盾和个体间的冲突。这种冲突根源于利益的冲突，一方面是个体间利益的冲突，另一方面是个体利益和整体利益的冲突。对个体来说，必须意识到生活中有支持个体可能性发展的力量，也有阻碍个体可能性发展的力量，这两者是矛盾的。这是个体在社会生活中所必须面临的冲突，它使得个体行为背景的主体结构和心理机能过程出现矛盾，导致个体出现主体机能紊乱，进而扰乱了个体的发展。批判心理学家指出，在资本主义社会，人们对自然的控制能力通过科学技术的发展得以迅速提高，而人们对社会的控制能力却表现出滞缓的一面。人有扩展自己的行为能力的需要，却受到环境的限制。社会资源占有的缺乏限制了个体的行为可能性，个体想要安排自己的生活就会处于一种两难的境地：他必须既要满足自己又要接受控制，或者说既要适应潮流又要提高自己的控制力。

德国批判心理学强调要把患者的利益和需要放在首位。心理治疗的目的是“重塑患者在具体生活情境中的主体机能”[①]。患者的主体行为背景和心理状态不是单纯由客观环境所决定，治疗者不能简单地通过外部环境条件来分析患者的心理问题。批判心理学家认为要想分析清楚行为的主体背景和心理状态，就要说明主体问题与行为可能性的关系，也就是主体和客体的关系，这是心理分析的基础。这样就确定了什么行为是主体可能的，什么是不可能的，什么将会成为可能，而这些可能性又和患者的利益和需要有关。这样在治疗中就会明确患者的利益和需要，在治疗中真正做到关注患

① Dreier, O. (1991). Client Interests and Possibilities in psychotherapy. In: Tolman, C. W. (ed.). *Critical psychology: contributions to an historical science of the subject*. Cambridge University Press. p. 199.

者生活情境中的主体机能。

德国批判心理学认为，心理治疗的对象是患者的行为可能性。治疗者要帮助个体认识和维持目前状况下的行为可能性，并在此基础上去创造新的行为可能性。批判心理学家认为弗洛伊德的精神分析注重的是防御机制，而他们更注重对个体行为可能性的拓展而不是防御。心理分析和治疗的过程如下：首先，治疗者必须理解患者目前的行为可能性和限制性；第二，分析各种行为可能性下的患者主体性关系，即患者行为主体背景的结构；第三，要理解患者的行为能力以及主体性条件，即患者本身对客观可能性、主观需要的经验和评价；第四，认识与问题有关的患者的心理机能，如认知、情绪、动机等；最后，把专业帮助（professional help）、自我救助（self help）和非专业帮助（lay help）结合起来。

德国批判心理学家将社会关系分为两种：一种是情感关系，一种是合作关系。情感关系是人和动物都共有的特征，属于前人类水平的特征，而人类心理的特点在于它的社会性，人是在劳动过程中建立起人与人之间的关系的，合作关系是一种集体再生产关系。批判心理学家根据生活中的合作关系以及生产技能的发展来揭示心理失调现象。比如，工人为获得更多的民主权而进行罢工或其它形式的斗争，如果工厂将工人解雇，工人不但没有达到目标而且还会失去工作，这时工人的控制能力就所剩不多，因而也无法继续扩展自己的行为能力。为了避免这种消极的后果，就需要人与人之间的合作。批判心理学家指出，个体是无力反抗资本主义社会的，工人只有通过参与工会运动才能降低个体所面临的失业的危险，而增加成功的可能性。他们认为有组织的工人运动是一个很重要的社会力量，能增强个体对社会条件的控制，也有利于心理冲突的积极解决。

七、对德国批判心理学的评价

1984 年，两个荷兰作家伊日津多恩和韦埃尔（Van Ijzendoorn, M. H. & Van der Veer, R.）在纽约出版了《批判心理学的主要流派》一书。作者将批判心理学的奠基人霍尔茨坎普和维果茨基、里格尔相提并论，前者是苏联历史文化学派心理学家，后者是美国辩证法心理学的创始人。作者认为德国批判心理学继承了后两者特别是维果茨基的社会、历史、文化思维方法。虽然将后两者联合到批判心理学的麾下确实有点牵强附会，许多心理学家对主流心理学理论持有的是某种共同的批判态度，但却有着不同的理论和方法论观点，尚没有理由使他们联合成为一个流派。但从中也能够看出霍尔茨坎普的批判心理学在欧洲的广泛影响。

1995年后德国批判心理学并没有因霍尔茨坎普的去世而销声匿迹，相反，他所提出的一些观点和主张继续在他们的专业期刊《批判心理学论坛》上流行，至今已经发行了50余期。2007年11月30日，爱尔兰根大学的马克（Morus Markard）教授在德国左倾报纸《青年世界》（*Junge Welt*）上发表了《批判态度》一文，文章高度评价了霍尔茨坎普的奠基者地位以及对批判心理学的贡献。

我国心理学界对德国批判心理学的关注和研究比较少见，台湾"国立"大学教授宋文里把德国批判心理学作为文化心理学的起源之一并开设选修课，文化心理学被认为是超越客观心理学之外的另一种心理学，被称为"第二心理学"；台湾辅仁大学夏林清教授把霍尔茨坎普与维果茨基相提并论，在2002年发表的《寻找一个对话的位置：基进教育与社会学习历程》①一文中对德国批判心理学的主要概念和理论做了一定的介绍，并联系了台湾工人运动和女性运动的实践。

虽然自霍尔茨坎普之后国外批判心理学已经形成了一个不大却稳固发展的学术社群，但是对于许多心理学界的人士而言，还是一个想当陌生的名词。有些心理学工作者接触批判心理学之后会对其理论和目标表示认同和同情，而更多的人则认为，从传统的角度来看批判心理学是比较不"科学"的，或认为它太"政治化"了。

1．贡献与影响

心理学的知识和体系是在不同思想、不同派别的此消彼长、矛盾对立、不断争鸣中生成和进步的，而德国批判心理学也是作为主流心理学的一个反对派诞生并发展起来的。关注反对派的声音其实就是心理学本身的一种进步。德国批判心理学家对主流资产阶级心理学的现状和所存在的问题做了全面而深入的探讨，创建了独具特色的理论体系，并取得了一些不容忽视的成就。研究德国批判心理学让我们明白，在主流心理学之外还有很多心理学研究者在努力工作，对心理学的传统理论不断地反思与总结。

西方心理学存在两种不同的价值取向：一是科学主义价值取向，一是人文主义价值取向。科学主义价值取向建立在自然科学原则之上，采用系统的观察法和实验法，其哲学基础是实证主义的，科学主义追求心理学知识的精确性、严密性、清晰性。人文主义价值取向的心理学运用的是现象学、释

---

① 夏林清：《寻找一个对话的位置：基进教育与社会学习历程》，《应用心理研究》，2002年第16期，第119～156页。

义学、质化研究的方法，试图恢复人在心理学研究中的地位。在20世纪60年代，西方心理学内部存在着诸多的心理学流派。科学主义价值取向的有构造主义、机能主义、行为主义、认知心理学等；人文主义价值取向的有精神分析、格式塔学派、人本主义心理学等。两种价值取向的心理学的对立和发展促进了心理学的进步，扩大了心理学的研究范围，但同时也造成了心理学的纷争与对立。德国批判心理学家也预见到了心理学存在的这种学科危机，并将其归为资产阶级心理学的弊端之所在，即非关联性和非确定性。他们试图通过概念的批判和重构来建设一个崭新的心理学体系，重视人的主体性，强调人的主观经验，但同时他们也没有否认客观的研究方法，支持心理学吸收生物学、生理学、人类学的研究成果来补充心理学的研究证据。从这个方面来看，德国批判心理学家实际上是赞成两种取向的调和或整合，他们试图用自己的理论假说将学派林立的心理学统一起来。马克思认为科学与人文的对立不是永恒的，这种对立只是暂时的历史形态："自然科学往后将包括关于人的科学，正像关于人的科学包括自然科学一样：这将是一门科学。"①马克思预见了两者之间的联系和整合。20世纪80年代末到90年代初，关于心理学内存在分裂的危机现象曾经引起了不少的争论，很多社会学家、哲学家也参与进来。但是很多人并不知道此时的德国批判心理学已经在进行着这方面的尝试，虽然并没有成功，却给后人以许多的启示。

德国批判心理学的贡献表现在以下四个方面：

（1）德国批判心理学的产生与发展根源于当时的社会现状，受到许多心理学派的影响，也带动了心理学内部批判思潮的发展。在批判心理学之前，苏联社会文化历史学派就提出人类心理具有社会性，应该在特定的社会历史条件下进行心理学研究，德国批判心理学的思想可以说是对它的继承与推广；德国心理学深厚的哲学底蕴以及对个体主观性的崇尚，为批判心理学抹上了浓重的德国式哲学思辨的色彩，从康德的理性批判、黑格尔的辩证法到马克思的辩证唯物主义，在研究方法上他们都遵循范畴理解和系统分析的方法，法兰克福学派将这一方法运用到了社会科学中，而批判心理学家则让这一传统得以在心理学中应用；法兰克福学派对实证主义的批判，以及将弗洛伊德和马克思主义结合的尝试为批判心理学提供了可借鉴的路径或框架，比如，批判心理学家对防御机制的诠释与弗洛姆的社会潜意识论相似；德国批判心理学也吸收了一些格式塔心理学的思想，如强调整体性；霍尔茨

① 方明：《试论心理学中两种文化统一的一种可能途径》，《华中农业大学学报》，2002年第2期，第31页。

坎普等人对行为主义心理学的研究模式进行了猛烈的批判，认为实验和统计测量的方法使得主体性丧失，他们主张恢复人的主体性在心理中的研究地位，这一立场与人本主义、精神分析的理念相一致，但是对于根基于现象学的人本主义以及非理性的精神分析，德国批判心理学家也提出中肯的批评，指出它们都是资产阶级意识形态的产物，这对我们理解人本主义和精神分析提供了一个全新的视角；批判心理学家提到心理治疗具有政治性，这个观点为后来女权主义者所接纳，并成为她们的指导原则之一；批判心理学家与法兰克福学派一道对科学霸权主义的批判，对主体性的强调，对开放性、偶然性的重视，也影响了风靡 20 世纪 80 年代的后现代文化思潮。

(2) 德国批判心理学为中国乃至西方心理学工作者提供了一种思路，即利用和借鉴马克思主义原理和观点来进行心理学的研究。西方心理学从冯特至今都没有跳出唯心论和形而上学的老路，心理学的真正出路在于真正重视人的本质，并科学地去阐明人的本质，而要想做到这一点就必须和马克思主义相结合，在辩证唯物主义的基础上对心理学加以根本的改造。十月革命以后，苏联心理学界进行过反对唯心主义和机械唯物主义的斗争，尝试着把心理学建立在马列主义的理论基础之上，几十年来，他们在如何建设马克思主义的心理学方面取得一些成就，积累了一定的经验，他们的研究成果特别是维果茨基学派的研究在西方心理学界也产生了重大的影响，使心理学走上了新的发展阶段。建国后不久，我国学者潘菽先生就提出了“深入学习马克思列宁主义，在心理学研究工作中用马列主义的武器来处理所遇到的问题”①。心理学在中国的半个多世纪的发展中，心理学工作者一直坚持辩证唯物论，在马列主义、毛泽东思想、邓小平理论的指导下，为社会主义现代化建设服务，并取得了很大的成就。建国前中国的心理学完全是欧美资产阶级心理学的翻版，建国后我们一直在为建设一个有中国特色的心理学而不懈地努力着。

德国批判心理学家对资产阶级心理学进行了大量的分析和批判，特别是他们对科学主义心理学以及精神分析的反思，在一定程度上应用了马克思主义的一些理论观点，使得他们的立场和批判的力度都远比其他心理学派别鲜明、深刻。对他们的研究将会使我们更加清楚地理解马克思主义作为科学的指导原则的重要性。心理学学科建设是现代化建设的一部分，在这个过程中，我们需要一方面必须深入学习马克思主义，另一方面还必须对资产阶级心理学进行深入的分析和批判。德国批判心理学家为我们更加清

① 潘菽著：《潘菽心理学文选》，江苏教育出版社 1987 年版，第 123 页。

楚地认识资本主义心理学的脆弱性打开了一扇门扉。

德国批判心理学家对传统心理学所采用的批判的思维模式值得我们思考。积极学习和借鉴国外心理学中的有价值的成果和方法，但借鉴的过程必须经过认真的分析和批判，做到有扬有弃、有取有舍，不能盲目地照搬。德国批判心理学对我们建设有中国特色的心理学体系是有一定的启示意义的。

(3) 在具体的理论建设方面，他们的贡献可以分为三个方面：① 恢复了主体性在心理学研究中的地位。德国批判心理学有力地批判了主流心理学的弊端。行为主义和认知心理学强调客观原则而忽略了人的主体性；精神分析虽然标榜对个体主体性的关注，却有着生物学化和个体化的倾向，它的主体性是一种被扭曲的主体性，批判心理学家称其为无意识的资产阶级人类学。德国批判心理学家提出的在主体背景下研究心理现象的思想是心理学领域的一次革新。② 主张心理学研究的社会取向。他们站在辩证唯物主义的立场上，把人类心理的主体性和客观性、个体性和社会性结合起来，既强调个体心理的主体性、动力性和选择性，又注重人与自然、与他人、与社会的关系。在对人的社会行为的解释中，把政治因素和心理因素结合起来，把心理现象放到广阔的经济、政治和文化背景中加以研究，这一点使他们的学说不仅带有明显的社会倾向，还具备了政治实践性。③ 在方法论上使用了历史经验法，坚持历史唯物主义的立场，利用对范畴的历史分析来建构一种强调人类主体性的观念和理论。这在心理学研究中是独树一帜的。通过分析概念的起源和发展，批判心理学家向人们展示了资产阶级主流心理学在心理学的基本范畴上存在的缺陷，进而在理论建构上也不可避免地具有错误倾向。

(4) 德国批判心理学为世界批判心理学的发展奠定了基础。20 世纪 90 年代初，德国批判心理学的著作被翻译成英文并传播到世界各地，一些批判心理学的后继者在各自的领域和国家承袭着批判心理学的思想。现在批判心理学在国际上有两个组织：曼彻斯特和悉尼的批判理论比较协会。1999 年召开了两次国际性的会议：悉尼的“千禧年批判心理学大会”和曼彻斯特的“批判心理学及应用研究大会”。2001 年，国际批判心理学大会在加拿大的蒙特利尔召开，会议主要议题是超越理论和实践。2003 年 8 月，国际批判心理学大会由英国的贝斯大学心理系承办。目前西部悉尼大学已经成了批判心理学研究中心，那里的学生能受到专业的教育和训练，有专门从事批判心理学教学和研究的教授，他们还出版了一本新的杂志《国际批判心理学杂志》。英国的波士顿学院也设立了批判心理学专业，创办了《批判心理学评论杂志》。在北美,维多利亚大学的教授们翻译了大量德国批判心理学的资料,开设批判心理学课程,并在实践中应用批判心理学的思想。南非和拉丁美洲等发展中国家也张扬起了批判心理学的旗帜,呼吁关注西方主流资本主义心理学之外的本土心理学、种族心理学的研究。德国批判心理学建立之初,主要应用马克思主义原理来批判和重构传统的心理学,发展到后来,批判心理学受批判理论、拉丁美洲解放运动、后现代主义思潮以及女权主义和反种族主义运动的影响,这个领域开始出现了各自不同的研究方向和不同的派别。不可否认,德国批判心理学是世界批判心理学发展的基础,霍尔茨坎普为批判心理学的发展定下了基本的框架。批判心理学在世界范围内的传播再一次证明批判心理学的生命力所在。

2. **局限与不足**

德国批判心理学也有其局限性。

(1) 关于它和马克思主义之间的关系,我们认为德国批判心理学家虽然标榜自己是马克思主义者,但他们毕竟没有脱离认识上的局限,没有真正领会马克思主义的实质,其学说仍然带有资产阶级学说的弊端,从属于西方马克思主义的研究范畴。他们只是站在人道主义的立场上,对资本主义社会现实进行声讨,而不是立足于科学基础上的剖析,因而在根本上他们是非科学的,是与马克思主义背道而驰的。

① 他们所宣扬的马克思主义一开始就是一种极端夸大人的主观性的"左"倾思潮。这一点可以从当时的学生运动看出来,学生追求的自由和民主更像是一种无政府主义,至多只是发泄了对资本主义的不满,是一种极端民主化的自发行动,而不是如他们自己所说的革命高潮,这样的运动很快就被执政当局平息下去。

② 批判心理学家用概念的历史经验法代替了马克思主义的经济分析和阶级分析法,对资本主义制度及其两大对抗阶级的分析更多的还是建立在心理分析的基础上,而对资本主义经济结构中具体的劳动方式、分配方式和生活方式对人的影响没有进行深入的探讨。

③ 批判心理学家把心理现象和资本主义直接联系起来,但对资产阶级社会里出现的变化却几乎不感兴趣。马克思主义认为,一切事物都是发展的,早期资本主义和晚期资本主义也有很大的差异。但批判心理学家对此并没有予以足够的重视,他们的理论更多的是心理学和马克思主义的简单组合。他们对实证主义、精神分析以及对资产阶级的批判主要来源于法兰克福学派的理论观点。

④ 关于人的本质的理解扭曲了马克思主义的真正内涵。马克思认为,

人的本质是一切社会关系的总和，生产关系起决定作用，这里的社会关系包括多个方面，除了生产关系之外，还有两性关系、亲属关系、朋友关系、政治上的党派关系、民族关系、国家关系、阶级关系等，涉及到经济、政治、法律、道德、思想、文化、宗教、习惯等，内容十分丰富，所以，实际存在的人的心理现象也包含很多的方面和层次。批判心理学家对于政治关系的过分关注，使得其理论趋于简单化。人类社会生活不仅仅是控制和劳动，还有音乐、体育、艺术等，批判心理学的理论大多从工作、合作以及政治的立场出发，而没有考虑游戏、社会交互影响以及文化的作用。

（2）从具体的心理学理论上讲，这一学说也有很多的局限性。

① 对资产阶级心理学的批判是一种不触动现实的浪漫主义的批判。德国批判心理学家分析了资产阶级心理学的分类和基本特征，对其哲学假说和具体的理论流派进行了具体的批判，但是他们的批判仍然局限在理论层面。资产阶级心理学所赖以生存的基础是资本主义的政治经济制度，是一定社会历史阶段的反映，是心理学历史发展中的一个环节。

② 理论过于简单化。批判心理学家提出了几个基本概念，如一般行为能力和限制行为能力、理解性思维和解释性思维、主体间一般联合情绪和内在的情绪、生产性动机和内部强迫性冲动等，虽然他们对这些概念的界定与剖析有独到之处，但其分类过于简单化。以需要为例，美国人格心理学家莫瑞就列举了 20 多种需要，而人本主义心理学家马斯洛提出了需要层次理论，划分了生理需要、安全需要、归属和爱的需要、尊重的需要以及自我实现的需要等 5 个需要层次，而批判心理学家只用必要感官需要和生产性需要就囊括了人类的所有需要层次。将动物的感官需要和人类的生理需要等同起来，而用生产性需要替代人类所有的高级需要是不合适的。批判心理学家将心理学的主要研究领域简单地一分为二，其结果必然忽略或抹杀了心理现象的丰富性和复杂性，导致认识上的缺陷。

③ 概念表述不清，有简单复制的痕迹。批判心理学家一方面对别的心理学家曾经提出的概念进行重新定义，如超我、防御机制，另一方面有些概念又明显带有别家学说的色彩，只是对别家概念的简单复制。如主观情境、动机的概念类似于勒温的心理场、效价的概念；防御机制显然是弗洛姆社会潜意识的翻版。德国批判心理学家反对行为主义剔除意识的人兽不分的心理学思想，认为自己运用历史经验法恢复了意识在心理学中的研究地位，但是在他们的理论中并没有对意识进行明确的分析和介绍，意识、心理、行为、主观经验常常混为一谈。

④ 具体观点带有决定论的色彩。特别是在人格发展观中，批判心理学

家认为整个发展过程依赖于儿童周围的父母或抚养者的影响，而不是儿童本人。这显然忽略了人格发展中个体的积极能动性，带有明显的弗洛伊德童年期经验决定后期人格发展的悲观主义的色彩。在心理治疗观中，他们试图用合作关系来解释所有心理问题，但是心理治疗过程中，情绪、文化的影响也起着重要的作用，这一点被他们忽略了。

⑤ 缺乏实证性的检验和支持。德国批判心理学家虽然利用生物行为学的证据，运用历史经验法追溯了心理现象的诞生与发展，但是他们提出的许多概念和理论，如一般行为能力、超我、扩展学习等概念可以说是一种纯粹的逻辑演绎，他们过分地强调经验(主观)范式的重要性，缺乏有力的实验分析与佐证，难以涵盖现代心理学的全部内容。他们所运用的历史经验法和范畴分析法也停留在主观推理的阶段，尚不能成为心理学重要的研究模式。德国批判心理学对资本主义的批判来源于马克思主义，对现代变量心理学的分析汲取了法兰克福学派对实证主义的批判思想，对人类心理的历史经验分析则是借鉴了苏联心理学界对意识研究的成就。所以它更像一个多个学派思想的糅合。

批判心理学家在批判资产阶级心理学方面取得了一定的成功，但在建设一个有应用价值的理论方面却显得比较贫瘠和匮乏。正如艾伯斯(Elbers)所说："他们在形成自己理论的时候，不关心其他研究者所收集到的实验证据，到目前为止，他们的发展还是处在理论水平上。"①他们虽然认识到了心理疾病的社会原因，但并没有提炼出行之有效的方法；他们提到了社会变革的目标，却没有指明实现心理学革命的手段，所以它所构建的心理范畴带有明显的空想色彩，终究无法解决资本主义社会里人们所面临的实际问题。

① Elbers, E. (1987). Critical Psychology and the development of motivation as historical process. In: *Critical theories in Psychological development*. New York: Plenum Press. p. 170.

第六章

后现代心理学的治疗理论

不管是过于注重内部心理世界溯源的精神分析和人本主义，还是过于关注外部行为表现探究的行为主义，这三大治疗范式都坚持主客二分，深受科学主义、自然主义、个人主义的影响，忽视人的社会关系性存在，把一些主张整体论的非线性的和强调社会、文化、历史特殊性的治疗方法排出于应用的大门之外。同时，病理化分析、诊断的独裁性、男子中心主义和对文化的漠视，不仅会影响治疗的效果，还会给个体的成长带来不利影响。处于后现代文化背景下的心理治疗家，看到了上述心理治疗理论的弊端，开始建构后现代心理治疗理论，并在实践中得到了很好的运用。

第一节　社会治疗

现代心理学诞生以来，在心理咨询与治疗领域先后出现了精神分析、行为主义（认知—行为主义）和人本主义三大咨询与治疗范式。精神分析疗程较长，花费较大，疗效也不是很明显，对患者智力、文化程度的要求也较高。同时，对生物和本能因素的过于强调，对社会、文化、人际因素的忽视，也使其难以解决来访者日常生活带来的问题，对某些种族和文化群体无能为力。行为主义治疗范式认为，人们的问题或不适应的行为是由于过去不适当的条件作用、刺激反应所形成的，治疗的目的就是通过学习消除不适应的行为，习得更有效的行为。行为主义忽视关系、历史、文化因素，反对内省，要改变的是症状和行为，并非情绪或内在原因，虽然时间短，见效快，但易于反复，难以治本，可能会导致新的外显行为障碍或症状。人本主义疗法过分强调个体的主观体验，忽视社会历史环境的作用，其疗效一直受到人们的质疑。400多项研究结果表明，人本疗法是所有治疗方法中疗效最不明显的。它较适应于一般、全面、长期性的咨询治疗，且对具有一定内省能力和内省习惯比较好的来访者比较适用，不适合具有严重精神疾患和行为障碍的来访者，更倾向于发展性的咨询而非适时的行为干预和指导性治疗。

20世纪70年代，出于对现代心理治疗的批判、解构和创新，在心理治疗领域出现了一种后现代心理治疗范式或方法——表演社会治疗，简称为社会治疗。它是一种由美国当代心理学家弗瑞德·纽曼(Fred Newman)、洛伊斯·赫尔兹曼(Lois Holzman)所开创的以表演和活动为基础的后现代心理治疗方法。它把人视为一个健康的整体，把人置于社会关系的存在中，强调社会文化、历史与环境对人的影响，充分挖掘和利用个体所具有的创造性、情绪和社会资源，通过团体的表演活动来促进个体的成长。它强调即席创作的表演在治疗中的运用，所以又称为表演治疗。

国外的有关研究从20世纪70年代开始至今，已有三十多年了，在理论及实践操作方面已比较成熟，形成了从理论到实践的比较完整和系统的体系。不仅出版了多部专著，发表了数百篇文章，而且弗瑞德·纽曼编写的剧本多次在美国心理学协会年会上进行表演。许多心理咨询者、心理治疗学家、心理学家、社会工作者、教师和医生通过社会治疗方法的训练使自己的工作重新充满了活力；许多人从社会治疗的国际会议、合作项目、教育计划、研讨会和出版物中得到帮助；成千上万的人已在日常生活中接受了表演理论及其心理疗法的培训、治疗并从中受益。同时，以社会治疗理论和实践为依托还成立了不少企业、教育、管理等培训与咨询公司，如有名的以促进专业和组织发展为主要目标的培训和咨询公司——"一生表演"公司。表演社会治疗已渗透到人们生活的各行各业，如教育改革、医疗卫生、社区创建、企业发展、组织建设等，并在世界范围内逐渐形成了一场表演社会治疗运动。在美国本土，不仅成立了以纽约短期心理治疗东部研究所为中心的总部，还在亚特兰大、波士顿、费城、华盛顿等十多个城市成立了研究中心。另外，社会治疗还在加拿大、欧洲的一些发达国家受到重视，得到迅速发展，并且还在南非、波斯尼亚、南斯拉夫等不发达国家建立了联合的或独立的理论研究和实践活动基地。

作为一种后现代取向的反科学主义、反机械主义、创新现代心理治疗的心理治疗范式，社会治疗因其重大的影响而逐渐成为批判科学主义心理学及现代心理治疗的代言人。同时，由于其重心由现代心理治疗对个体内部认知结构的关注转向了社会的、历史的、文化的方面，并在方法上体现了后现代精神的超个体性、创造性及视角多元性，因而成为美国心理学界后现代思潮中影响最大的理论流派之一。

一、社会治疗的缘起

1. 社会治疗的兴起

社会治疗有广义和狭义之分。广义的社会治疗是指强调社会环境和人际方面，而不是精神内部方面治疗形式的总称，它包括群体治疗、心理剧以及其他种种形式。① 车文博教授主编的《心理咨询大百科全书》中有关词条也认为，社会治疗是根据精神分析的社会和文化学派的观点而提出的一种治疗形式，并认为社会治疗可回溯到第二次世界大战后在美国和欧洲兴起的“环境治疗”，其主要特点是强调治疗中的心理社会方面。埃德尔森认为，社会治疗家作为临床家，其工作领域是社会系统而不是人格系统。② 狭义的社会治疗是由美国当代心理学家、后现代非科学主义心理学思想的积极倡导者和践行者弗瑞德·纽曼、洛伊斯·赫尔兹曼等于20世纪70年代所开创的以表演和活动为基础的一种后现代心理治疗体系与方法。它主要是指利用即席创作和自发性角色扮演等方法作为鼓励个体自我表达的一种手段，最终达成对新的生活方式和人生观的重建，从而促进人生再发展的一种心理治疗方法。

表演社会治疗可追溯到20世纪初由维也纳精神病学家莫雷诺(Jacob L. Moreno)首创的心理剧(psychodrama)。1921年，莫雷诺创建了“自发性剧院”。在此剧院里，既没有剧本也无需排练，业余演员们根据自己的生活经历或事件即兴表演。他发现，“自发性剧院”不仅对崭露头角的年轻演员具有令人惊奇的训练效果，而且也大大改善了人与人之间的关系。后来，莫雷诺用团体治疗的成员取代了演员，用治疗学家充当心理剧的导演，心理剧

---

① 乐国安、郝奇：《以新的视角看待人生——心理的社会治疗理论与方法》，《心理学动态》，1998年第2期，第51～55页。乐国安、郝奇：《社会治疗的理论与方法——后现代主义心理治疗述评》，《南开大学学报》，1999年第6期，第86～91页。

② 郝奇、乐国安：《表演式学习——表演理论对“最近发展区”的发展》，《心理学探新》，1999年第2期，第9～12页。郝奇、乐国安：《“非科学的心理学”对社会心理学方法论的启示》，《自然辩证法通讯》，1999年第6期，第14～19页。郝奇：《一种心理的社会治疗方法——表演理论》，《社会心理学研究》，1999年第1期，第26～28页。郝奇：《论后现代心理治疗的理论与实践》，南开大学博士毕业论文，2001年。郝奇、汪新建：《表演理论与方法述评》，《心理发展与教育》，2003年第3期，第87～91页。

治疗由此诞生。通过演出这个角色，而不是讲述自己的事情，来访者体验到了一些以前没有意识到的情感和态度，从而带来行为的改变，而且这还会对观众中存在的类似问题起到间接的帮助作用。① 社会治疗在角色表演上同心理剧有类似之处，但社会治疗在方式方法上更灵活、更民主、更自由，不仅有舞台的演出、即席的创作，还有表演的谈话。更重要的是心理剧的关注点在问题上，而社会治疗则在未来的成长和发展上。就像洛伊斯·赫尔兹曼所说的，在心理剧中人们表演或角色扮演的目的是揭露或者暴露关于他们内部的一些事情（心理困扰、情绪创伤等），这种表演是工具性的，是为了达至结果的一种工具（a tool for result）；而社会治疗主要针对表演的整体性的活动，活动让人们学会了什么是创造。在这里，表演是一种工具和结果的统一（a tool-and-result），治疗成为现在和未来的桥梁，成为一种生活方式。

2．社会治疗的开创者

（1）纽曼。

弗瑞德·纽曼（Fred Newman）是社会治疗的开创者，美国短期心理治疗东部研究所的创建者，有三十多年的个人心理治疗实践经验。1962 年毕业于斯坦福大学，获分析哲学和基础数学的哲学博士学位，随后在大学教书。1969 年离开学术界，从事社区和政治组织活动。

纽曼兴趣广泛，在许多领域颇有建树，集哲学家、心理治疗学家、社会活动家、剧作家、戏剧导演于一身。自 20 世纪 70 年代创建短期心理治疗东部研究所以来，致力于社会治疗的研究、剧本的创作和治疗专业人员的培训，并在社会实践中以多种形式推介社会治疗的理论和方法，批判科学主义心理学及现代心理治疗的种种弊端，倡导心理治疗的革新、心理学的革命和新心理学的创建。他还是纽约市卡斯蒂罗剧院的艺术导演，经常把自己的作品搬上舞台。

纽曼还热衷于社会和政治活动，是积极的社会和政治活动家。三十多年来，纽曼致力于社区、团体的组织和创建，还在纽约及其他城市以社区为基础推广具有发展性的心理学的、教育的和文化的计划。他在美国有线电视台创办了《治疗美国》（Therapy for America）专题节目，很受欢迎。他还对美国社会的弊端提出批评，积极参与美国第三党派的组织和创建，积极支持第三党派成员参加州长和总统的选举，致力于民主、平等、发展性社会的创建。

纽曼现已出版《一生的表演：实现快乐人生的实践的一哲学的指导》

① 汪新建：《西方心理治疗范式的转换及其整合》，天津人民出版社 2003 年版，第 203～228 页。

(*Performance of a Lifetime*: *A Practical-Philosophical Guide to the Joyous Life*)(1996)、《让我们发展！对个人继续成长的指导》(*Let's Develop*! *A Guide to Continuous Personal Growth*)(1994)、《心理学的神话》(*The Myth of Psychology*)(1991)、《实践的—批判的活动》(*Practical-critical activities*)(1977)等 10 部著作,并发表了几十篇论文,此外,他还撰写了近 30 个剧本,其中 4 个剧本是专门为美国心理学协会年会创作的。

(2) 赫尔兹曼。

洛伊斯·赫尔兹曼(Lois Holzman)是发展心理学家、咨询师、演讲家、教育家、社会治疗的开创者,美国团体和短期心理治疗东部研究所的创建者、主任。目前主要负责东部研究所的研究设计和实施、国际合作、教育、文化和心理健康计划的培训等工作。1968—1970 年在哥伦比亚大学和布朗大学获得语言学专业的硕士学位,1977 年在哥伦比亚大学获得发展心理学专业的哲学博士学位。

她对人类表演能力及表演能力在学习中的重要性做了开拓性的探索。她不但在心理治疗实践中,而且在人生阶段性发展、医疗保健、组织和行政领导方面也对社会治疗方法论的发展做出了重大贡献,如青少年全明星计划的制定与实施、一生表演公司的发展等。

赫尔兹曼还组织了三次国际性跨学科会议:“非科学心理学:与其他声音的对话”(1996)、“表演世界:交流、即席创作和社会实践”(2001)、“表演世界 2:探索个人、组织和社会—文化变革的表演潜能的第二次国际会议”(2003)。她发起并与来自于美国、前南斯拉夫、瑞典、俄罗斯和其他国家的心理学家、社会工作者和教育家一道制定并实施了合作性的文化/心理学/社区建设计划。值得一提的是,她常被视为一个激进的学者,她在大学实践和社区实践之间搭建了一座沟通的桥梁,把彼此的传统和变革带给对方。

赫尔兹曼现已出版了包括《心理学研究:社会治疗临床导论》(*Psychological investigations*: *A clinician's guide to social therapy.*)(2003)、《后现代心理学、社会实践和政治生活》(*Postmodern psychologies*, *societal practice and political life*)(2000)、《表演心理学:心理的一种后现代文化》(*Performing psychology*: *A postmodern culture of the mind*)(1999)、《认知的终结:一种新的学习发展方式》(*The end of knowing*: *A new developmental way of learning*)(1997)、《非科学心理学:一种理解人类生活的文化的—表演的方法》(*Unscientific Psychology*: *A Cultural-Performatory Approach to Understanding Human Life*)(1996)等 10 部关于人类发展和学习、心理学、教育和社会治疗的著作,发表了 60 多篇文章。

心理学家西莫尔孟(Robert D. Simmermon)、电影及其他媒体特别委员会、美国心理协会对赫尔兹曼做出了这样的评价：洛伊斯·赫尔兹曼的工作提供了一面创造性之镜，通过它我们能够认识艺术中的自我和自我中的艺术；洛伊斯为21世纪的心理学提供了一个非常亟须的、独特的视角。

1976年，在赫尔兹曼刚完成发展心理学的哲学博士学业时，她遇到了刚刚离开学术界的纽曼。为纽曼的工作所鼓舞，30年来赫尔兹曼和纽曼建立了一种独特的合作关系，两人共同创建了团体和短期心理治疗东部研究所，共同致力于阐述、宣传和发展纽曼开创的社会治疗方法。他们不仅同美国十余个社会治疗中心一起，采用社会治疗的方法制定了各种教育、组织和心理健康的计划，还在美国以及世界范围内组织、研究、学习和推广在教育、保健、组织和心理健康的背景中采用社会治疗和其他文化方法的社区计划。在过去的十多年中，他们共同和分别撰写了10本著作和许多文章。因他们对科学心理学的致命性的挑战——通过日复一日的社区实践来使"认识终结"(end of knowing)——他们被看做是最严谨和最具有创造性的后现代发展主义者。

心理学家尼森、阿克塞尔、詹森对纽曼和赫尔兹曼的工作做出了如下评论：并不是所有的哲学家都对世界的不同解释感到满意，对他们来说最重要的是改变这个世界。众所周知，马克思就是这样一位哲学家，弗瑞德·纽曼是另一位这样的哲学家。并不是所有的心理学家都对实证性工作或一致性工作实践感到满意，对他们来说最重要的是以哲学为原则和基础的对根本性(radical)实践的理解。众所周知，维果茨基是他们其中的一位，洛伊斯·赫尔兹曼是另一位。

3. 社会治疗兴起的背景

(1) 文化背景。

心理学多元论文化运动开展和社会建构主义心理学的兴盛，开始将心理视为"文化的建构"，不仅重视社会文化因素对心理的影响，更强调心理与文化的互动，进一步关注文化"如何"投射于人的心理的具体过程。它将心理置于社会互动的过程中，倡导多元化的方法论和视角，谋求消解、超越主客对立的二元局限，扬弃实证的客观主义范式和文化心理学的主观主义范式，构建一种反基础主义、反本质主义、反普遍主义的全新理论框架。它以新的视角将心理学研究拓展到作为个体的人与社会、文化的关系领域，并引发了"对话精神"、"平等意识"、"生态观念"及理论、方法、实践多元化的兴起，这对于扬弃现代三大治疗理论，创建全新的社会治疗方法起到了重要的启发性作用。

后现代文化思潮是20世纪中叶兴起于西方世界的一种泛文化思潮，也是对现代文化哲学和精神价值取向进行批判和解构的文化运动。后现代文化思潮具有极其丰富、复杂的思想和理论内涵，其核心在于消解、破坏和批判现代文化，其主旨是“去中心化”和“多元化”，即反叛理性的独断和科学的霸权，崇尚多元性、不确定性、无序性，关注文化、历史、社会、环境等因素的作用。后现代文化思潮的这些鲜明特征对表演心理治疗理论及其方法的产生和发展具有重要的推动作用。后现代主义主张重构人与自然、社会和谐统一的关系，重构人与人之间平等、发展和成长的关系，倡导“生态主义”、“全球伦理”，将人看做内在、本质、构成关系之存在，人只有在互动的联系中才能相互理解。后现代主义否弃确定性，推崇创造性。它认为人并非只是由环境决定的被动的产物，并非只受内在确定性、普适性规律的制约。人具有积极性、创造性，能对其所处的环境做出自由主动的探索和反应，人只有在创造性中才能得到发展。

(2) 哲学背景。

纽曼的哲学观点和社会治疗的心理学理论受到了著名哲学家维特根斯坦(Ludwig Wittgenstein，1889—1951)哲学思想的影响。维特根斯坦在哲学观上进行了一次革命性的变革，他认为哲学不是科学，哲学的探讨不是科学的探讨。他提出哲学不是理论，不是一套学说，而是活动。他反对哲学的建设性功能，提倡哲学的治疗性功能，认为哲学家对问题的处理，就像是治疗疾病一样。在维特根斯坦看来，一切人类活动中最基本、最原始的活动就是使用语言的活动，因而，语言游戏不仅体现了人类的文化模式，更重要的是成为人类存在的基本状态，或者说最终确定了人类的存在。

针对哲学的病根在于偏食，维特根斯坦认为治疗这种病的方法就是改变这种偏食状况。他提出，哲学的研究就是获得语词、语法或者语言事实的全貌概观，对语言的用法有一个全面把握，提醒人们注意语言的误用。全貌概观是看待事物、看待世界的一种新方法，它不再追求世界的统一性，不探讨事物的本质，而是探讨世界的相似性和多样性，通过相似性来解释世界。它意味着要打破孤立地关注字词的一种语法或事物的一个侧面、一种方法的传统思维方式，而关注事物的多个侧面和看待事物的多种方法。

在维特根斯坦后期的思想中，他认为我们生活的这个世界是由各式各样、作用各异，但彼此间又相互联系、相互影响、相互交织的无限增长、无限丰富着的生活形式(forms of life)组成的开放系统。可以说，“生活形式”主要是指人类最基本的活动，它不仅包括一切语言游戏，而且包括了人类的某些身体状态和行为，如疼痛、情绪、饮食习惯等。这些最基本的状态确定了人类的存在。生活形式强调了关系性活动（relational activity）的重要性，即讲一种语言是活动的一部分，是生活形式的一部分。社会治疗以关系性活动为基础，只有在关系性的生活活动中，字词（words）才有意义，改变了生活形式就是改变了字词和话语（discourse）的意义。社会治疗学家要做的就是改变关系性的生活形式，即集体地、创造性地表演人们的生活。只有当我们创造出了新的关系性的生活形式时，我们才会说自己理解了行为的存在形式；只有当我们一起表演我们生活的时候，我们才能理解作为表演的我们的生活。根据维特根斯坦的观点，社会治疗的任务就是澄清迷惑，驱散心理的迷雾，创造一个没有神经症的环境。团体成员在广阔的范围内共同创造或表演关系发展区（维果茨基最近发展区的细微变化），共同创造新的生活形式、新的意义、新的生活。表演改变了原来的生活形式，也就改变了相应的情绪状态。

（3）心理学背景。

维果茨基（Lev Vygotsky，1896—1934）是苏联一位天才的心理学家，其短暂的一生对心理学做出了划时代的贡献。以维果茨基为首的社会文化历史学派形成于20世纪二三十年代，认为人的心理是受社会文化历史制约的，心理学研究应当从历史的观点，而不是抽象的观点入手；不是在社会环境之外，而是在同社会环境作用的联系中加以理解。社会治疗实际上是一种哲学方法论的创建过程，纽曼把维果茨基"工具和结果相统一"的方法论体系运用到了社会治疗实践中。社会治疗团体"既是工具，也是产品"，是工具和结果的统一，社会治疗过程也就是创造新的生活形式和生命意义的过程。纽曼非常崇尚马克思唯物主义辩证法的观点，认为人类的发展就是社会性与历史性共同展开的过程；他还特别中意马克思革命性实践、革命性活动的概念，并把自己看做是一个马克思主义者，革命性的表演、实践、活动构成了社会治疗的基石。

在维果茨基看来，最近发展区根本不是一个区域，而是历史表演的空间和舞台。纽曼的发展性表演实践，用维果茨基的语言来说，就是正在进行的许多重叠的最近发展区的创造。社会治疗从某种意义上讲就是帮助人们共同创建情绪最近发展区的过程。纽曼用这样一个比喻来说明社会治疗和其他心理治疗的区别：人们寻求心理治疗如同到五金店买工具，而来到社会治疗小组得到的是亲手制造工具的机会。在这里，人们用生活中的素材创造出新的东西，从而发现他们情绪的发展变化。

二、社会治疗的主要理论观点

1. 表演理论

纽曼认为，作为人类我们对于自己想成为什么样的人有独特的能力进行选择，也就是通过创造性的表演持续地参加选择我们怎么生活的活动。[①]人们就是在这种表演性的活动中进行自我发展的。表演与行为具有根本的区别。行为是个体在社会生活无数重复性的情境中，根据社会所赋予的角色，或者根据在诸如性别、年龄、种族、阶级和个性的基础上所选择的角色去行动。这些角色起初是在家庭中，随后在学校中被排演，最后作为成人而对社会制度的稳定做出贡献，从而我们作为妻子、司机、银行家等角色消失在社会情境中。表演不是一个人正常行为之中的事情，它是行为的替代物。表演是创造性的，是通过成为自己之外的他人，也即创造性地模仿他人来表达个体在历史与社会中的独特性。

表演是从戏剧中借用过来的概念，它对观察我们怎么生活而言，是一种有用的方法。戏剧同正常的生活有着很大的差别，它来自于而又不能远离人类正常生活中一直在做的事情，最重要的是我们有能力去创造性地表演我们怎么生活，而不是去想。我们可以在舞台上表演，可以以某种仪式，可以在某个时候聚在一起创作新的事物。如果你敞开了一条门缝，就改变了一切，改变了我们所意味的成长、发展以及对情绪的治疗。创造性的表演有能力改变社会行为、社会活动、社会存在，有能力创造性地改变我们做事情的整个背景，包括我们的情绪。

表演理论的目的不是解决一时一地的单一问题，而是重新唤起人类生活中的表演维度。在现代社会生活中，环境的限制、制度的压抑和习惯的束缚，使历史的、表演的维度被削弱了、被限制了、被职业化了，表演成了舞台上的事情，成了少数演员的专利，其他人只能以文化消费者的身份被动地接受别人的表演，表演只剩下了娱乐的功能，并且像娱乐一样无足轻重了。

表演理论强调人是会表演的物种。婴儿通过表演说话而学会如何说话。在他们知道自己正在做什么之前，即在知道自己的角色之前，他们创造性地模仿年长儿童和成人而获得成长和发展。婴幼儿的模仿同鹦鹉和猴子的简单模仿是不一样的，他们在社会情境中充分参与创造性、发展性模仿的社会活动，在他们学习应用早已存在的意义的同时制造出新的意义。正是

① 刘玉娟：《多元文化视野中的心理咨询与治疗》，中国优秀博硕士学位论文全文数据库，2003 年。

在社会环境中通过成为自己之外的他人的表演，人们实现了从婴儿学语到正式交谈的普通而又非常神奇的一跃。

表演具有无限广阔的范围。它不是人们的一种赞美，“如果你表演，那就是做非常精彩的事情”，也不是演员在对说台词。一些是真正排演的，一些是即席创作的，一些是许多事情的混合物，一些是精彩和诱人的，一些是无趣、沉闷和乏味的。表演不是少数人的专利，而是每个人的行为，每一个人都是表演者。

表演理论认为，历史是一部永无止息的生动的戏剧，是现在正在进行着的，并将永远继续进行下去的社会生活的全部。人生是一个舞台，历史和社会是一个统一体，人就是在社会和历史的互动发展中才具有了之所以为人的意义和内涵。每个人既是生活之杰作，更是生命之舞者；既要欣赏他人的绰约舞姿，更要展示自己的独特魅力。如果忽视了社会生活中发展性和创造性的历史维度和表演维度，仅把自己看做某一特定时期阶段性的产物，就无法欣赏斑斓多彩的生活这部戏剧。如果能够意识到生活中创造性的表演维度，意识到每个人不仅是观众，更是表演者，不仅是确定的，更是自由的，并在现实的生活中加以践行，那么便能达到人生快乐的境界。

现代主义把人生看成是生与死之间的一个短暂停留，把人看做是特定历史阶段的产物，人们的生活完全是由环境决定的，这种对自我的误解正是现代人孤独与痛苦的根源。因此，只有通过表演才能重建人们的社会感和历史感，再创人生的发展，让人们认识到能够对自己的态度和行为有所选择，自己与他人都是历史的积极创造者、贡献者，才能消除对人生的误解，体验生活的快乐，成为自己想成为的人，成为社会这个生生不息的舞台上的表演者，成为历史这部永无止境的戏剧的创造者。

2. 表演和治疗

表演是成为自己之外他人的活动，也即创造性地模仿他人的活动。在纽曼看来，社会治疗要解决人们深重的痛苦，最根本的就是帮助他们重新找回表演的能力，也就是成为自己之外他人(other than who they are)的能力。我们每个人都有这种能力，只是大部分人都没有充分利用和展现而已。我们每个人都有能力走上舞台表演李尔王或者麦克白夫人或任何人，都有能力开一个不好的玩笑，伸出自己的舌头，抽搐自己的鼻子以及跳起来。我们有能力进行表演，有能力创造表演的环境。我们能在任何地方创造舞台，我们是表演者，我们具有出色的表演天赋。社会治疗要做的就是帮助人们生活，帮助人们创造一些新的事物，帮助人们成为自己之外的他人，帮助人们表演，而不去探讨对一个人深刻的内部解释。治疗就是人类生活实践的琐碎化，人类表演成为自己之外他人的实践，是对人类生活的赞美。我们没有必要退缩到“我们不能做这个，我们不能做那个，因为那不是我们是谁”①。而在我们现在的文化中，我们是谁却变成了精彩的陈述：“我知道我是谁”，“我知道什么使我行动”，“我是悲惨的”，等等。

社会治疗是某种复杂的辩证法，经常在人们表演成为自己之外的他人和人们坚持成为自己间徘徊。社会治疗学家认为，直接移除痛苦或问题，我们就不能解除问题和痛苦，即使在某种外科的意义上。我们要做的就是要帮助人们成长和发展，以改变那些痛苦的问题和困难所存在的完形（gestalt）。用维特根斯坦的话语就是说，问题的“消失”是通过不断地创造某物以使问题、痛苦、困难和你是谁间的关系不断得以发展和转变而实现的。纽曼喜欢维特根斯坦“制造问题的消失”这一隐喻。他发现这个隐喻在社会治疗中是非常有用的，在工作中，没有清晰的原因和结果的瞬间，突然——好像——问题消失了。团体从事创造环境的过程，“就像魔法般的”，问题发生了转变。

3．活动和表演

社会治疗的基础是解决疏离的两种人类能力：活动和表演。社会治疗学家所说的活动，是指我们不断卷入其中的复杂的、连续的社会过程，也就是生活。采用马克思主义意义上的术语就是指“革命的、实践—批判的活动”。它是完全自我参照的、辩证的、工具和结果相统一的、从总体上进行转变的且不断出现的人类实践。正是人类实践通过把世俗的特定生活实践不断地转变成生活的新形式，而“彻底打破了事物的当前状态”②。革命活动是创造性的和不断出现的“所有的过程”，对社会治疗学家来说，它在一种非认识论的（非客观主义的、非认知的）方法论时代里，是心理学和心理治疗学的本体论单元。③ 表演是革命的活动，通过它人们创造自己的生活（发展），也就是从性质上改变和持续地改造我们和我们的环境（us-and-our environment）这个统一体。人类表演的能力，也即同时“我们是谁”和“我们正在成为谁/我们不能成为谁”的能力，对我们的实践是非常重要的。我们把来访者看做是表演的整体，他们作为其情绪成长的集体创造者来体验自己。因

① Gergen, K. J. (1994). *Relations and Relationships: Soundings in Social Construction*. Cambridge, MA: Harvard University Press. p. 135.

② Holzman, L. (ed). (1999). *Performing psychology: A postmodern culture of the mind*. New York: Routledge, p. 75.

③ LaCerva, C., Holzman, L., Braun, B., Pearl, D. and Steinberg, K. (2002). The performance of social therapy after September 11. *Journal of Systemic Therapies*, Vol. 21, No. 3, pp. 30～38.

此，作为革命活动的社会治疗可以被描述为一种生成(becoming)心理学。

4. 表演谈话

社会治疗学家把治疗的谈话看做是表演或表演谈话。就像我们所理解的，谈话治疗是非常有效的，因为某种发展不仅发生在剧本整体的、集体的表演过程中，还发生在我们自己相互谈话的表演中。① 团体真正的工作是要弄明白怎么谈论他们想谈论的东西，也就是用所提供的“材料”(stuff)如何创造一个环境、一次谈话、一个完整的产品。在此，治疗工作更多是方法论上的而不是心理学上的。治疗学家帮助团体进行方法的实践，也即创造一种独特的工具(在工具和结果统一中)，并进行特别设计来处理他们想谈论的东西。正是在团体创造方法的活动中，特殊的问题得以解决。社会治疗的过程不是帮助人们解决他们的问题，而是帮助人们创造环境以获得帮助。在参与创造环境、工具、谈话和一种新的社会单元的连续活动中，治疗的焦点是团体、整体。

5. 社会治疗的基本特征

(1) 非诊断性。

现代心理治疗对诊断过度强调，要求治疗学家根据DSM—IV的标准对号入座对来访者迅速做出诊断，然后施以与此相匹配的短程焦点治疗。这看似符合逻辑且有效率，但与现实没有什么太大的关系，更多是一种崇尚、实现科学准确性的虚幻的努力，既不现实也不受欢迎。在具有生理因素在内的严重情况下(如精神分裂、双相障碍、颞叶癫痫、药物毒性等)，诊断无疑会起到关键的作用，但对困扰轻微的来访者，以及涉及到一些情绪性、社会文化等因素的治疗来说，诊断常常会起反作用。

杰出的治疗学家欧文·雅洛姆(Irvin D. Yalom)认为，治疗是一个渐进的深入展开的过程，需要全面深入地了解来访者。② 断然的诊断不仅会限制治疗学家的视角，而且会影响治疗学家把病人当做人来建立关系的能力。一旦做出某种诊断，我们倾向于有选择地忽略病人不符合诊断的方面，而会过度关注那些可能会证实我们最初诊断的特征。而且诊断可以看做一个自我实现的预言过程，治疗学家把来访者看做“边缘人”或“歇斯底里型”，并与他(她)建立关系，可能会促进和推动来访者表现出这些相应特质。他还认

① Newman, F. (1996). *Performance of a lifetime: A practical-philosophical guide to the joyous life*. New York: Castillo International, p. 45.

② Holzman, L. and Mendez, R. (2003). *Psychological investigations: A clinician's guide to social therapy*. New York: Brunner-Routledge, p. 82.

为，DSM 人格障碍的类目诊断项目信度是很低的，在第一次面谈后就做出 DSM—IV 的诊断而不需要多次面谈对病人更多的了解，这难道不是一种很奇怪的科学吗？在心理治疗领域，我们需要很好的客观性，但不需要太多。如果把 DSM 诊断系统看得过重，就必然会损害到人性，损害到治疗本身的自发性、创造性和不确定性。

随着对诊断弊端的重视，特别是维特根斯坦对语言图式论的彻底否定和“关系活动论”的提出，越来越多的心理学家致力于探索关系性的活动。社会治疗就是要否弃传统的诊断疗法，通过连续非参照性的、非判断性的、公开的和民主的方式一起表演诊断，致力于探索和采用非诊断性的方法，不贴标签，不去挖掘来访者生活中的“真实”，而是帮助人们创造性地表演、践行新的生活方式，从而带来心理问题的解决和人生的再成长。

（2）发展性。

传统心理学认为，人类在儿童时期后的几年便停止了发展。儿童早期的经验对于塑造一个人的人格有着永久性的决定作用。当一个儿童到了五六岁或十岁时，随着认知、情感的发展和定型，一定社会角色、社会规范的习得，儿童形成了自我同一性，这就决定了他以后的一生能够学什么、做什么以及速度的快慢、效率的高低。虽然他可以在学业、知识、能力方面继续增长，但这时的学习已不能促进其实际的发展了。社会规范、角色的禁锢、自我同一性的过度中心化，约束了其开拓性、创造性地对别人角色的扮演，也就制约了发展。社会治疗学家认为，发展就是和他人一起创造自己的生活，以选择的方式来建构自己的生活。发展贯穿于人的一生，发展的停滞是人类的一个人为的灾难。当人们停止发展时，并不意味着他们的发展达到了极限，而是由于他们在固定的环境中不断地进行着熟悉的、重复性的活动。一个人停止了扮演他人角色的活动，停止了生活中的创新，也就意味着停止了对自己的超越，也就停止了发展。我们的生活是发展的，每个人也是不断发展的。我们不是固定的某个人，我们正在不断形成。在社会治疗学家看来，发展是实现快乐人生的必由之路，发展的意义就在于为生活打开可能性的大门，带给我们更多的选择。我们由于拥有选择的自由、发展的自由而快乐。

（3）社会性。

个人中心主义社会文化的影响，不仅在道德和法律的意义上，而且在知觉的意义上，把人们社会化为一个个独立的个体，并以个体的眼光看待事物。纽曼认为，社会治疗要超越“自助”(self-help)，使我们自己成长为“社会帮助”(social-help)的过程。[1] 在这个过程中，人们互相帮助、互相支持，努力发现与自我表达的内部过程相反的成长的社会过程。社会治疗以关联法(the relational approach)为基础，以社会变革(social transformations)为取向。社会变革也就是成长过程中作为一种自我意识要素的社会性(sociality)，它同个体主义是相对的。社会治疗认为人们要做的就是改变他们的社会性，并通过参与社会性来实行变革——即使是个体的变革，也不是通过参与个体性来改革社会性。最近发展区的创建被理解为人们不能以个体的方式获取成长，而是作为一个社会单元而成长。社会治疗学家否定私人活动的概念，他们认为每件事情都是表演的，所有的人类活动都是社会性的。在表演中，我们对个体主义的自我去疏离化，并重建在实践中的、在完全社会活动中的社会关系。[2]

(4) 团体性。

社会治疗起源于团体治疗，而且还是不断出现的发展性社区的基础。社会治疗的团体取向并不意味着这种治疗从不做个体工作(individual work)，而是即使个体工作也要设计成帮助人们经历一种社会化的过程。社会治疗不能设计来帮助某人更深刻地探究他们自己并体现他们的个体同一性(identity)，它更愿帮助人们去经受把我们的同一性看做是深奥的社会性的紧张的过程，以及通过变革我们是谁的社会性而不是个体性来帮助人们体验变革和成长的紧张过程。

团体成员通过一些性质上不同的活动来创建团体，来挑战自由主义的启蒙概念。社会治疗学家认为团体是成长的单元，这是对启蒙运动以来个体成长、个体竞争概念的批判。个体主义的概念认为，个体具有学得更多，知道得更多，知道得更好，能够不断成长的无限的能力，以至于能够理解事物的本质和获得个体想获得的东西，不管是经济的还是情绪的。

团体的创建是治疗的过程，它帮助人们以他们自己的方式克服个体成长中所遭受到的挫败。在某种程度上，生活中的很多事物都是治疗性的，它们揭露你做事情的局限性，一旦你的局限性被揭露，作为更好地理解你能够创造什么、你能够完成什么的过程中的一部分，这种局限的暴露在治疗上对你是有帮助的。社会治疗帮助人们学会如何做一些新的事情，也就是使团体成长。如果你能较好地学会如何使团体成长，那么你就能够促进发展。

---

① Marx, K. (1974). Theses on Feuerbach. In K. Marx and F. Engels, *The German Ideology*. New York: International Publishers. p. 57.

② Newman, L. and Holzman, L. (1997). *The end of knowing: A new developmental way of learning*. New York: Routledge, p. 69.

社会治疗使你认识到你自己不能获得成长，但是你能通过参与使团体成长的过程而获得成长。发展，在这儿就是通过团体成长而获得的发展，通过学习怎么使团体成长的活动而获得的发展。

(5) 精神性。

社会治疗提倡对精神性进行探讨，纽曼认为在精神性和人类成长间存在着一种非常紧密的联系。在 20 世纪的大部分时间里，传统心理学所做的许多事情就是试图以单纯行为、量化的术语理解变革、发展和成长。传统心理学的失败在很大程度上是因为它忽视了人类的成长在某种根本性的意义上是精神的，但这并不意味着信奉某种宗教观念。作为人类，我们的养料存在于我们同他人、同世界的其他部分精神的相互联系上。如果割断这种联系，如果存在过度的个人主义，且这种个人主义支配了我们广阔的文化，甚至支配了心理学，那么我们就会被剥夺人类生活的领域。纽曼还认为，人类对于付出(giving)有一种心理学上的需要。这不是一个道德的问题，而是一个情绪的问题。付出体验的剥夺会使人类的成长无效。在现实生活中，我们常常不是被强化为一个付出者(giver)，而是首先被强化为一个索取者(getter)。而在社会治疗中，人们学着怎样相互付出和怎样共同创建整个环境，并且人们观察和体验在那种环境中什么意味着成长。这就是一个精神的问题。在 20 世纪，特别在心理学和一般科学上存在一种明显的方向错误，就是远离精神性。心理学因为远离它而经受了巨大的损害。纽曼认为，这是最终需要改正的一种文化的问题，精神在社会治疗中是非常重要的。

6. **社会治疗的过程**

社会治疗可以分为两部分，第一部分是来访者带着问题来向治疗学家咨询，并试图发现和解决问题，其中包括讨论和发现情绪问题同生活事件的联系。这一部分(过程)无论从形式还是从内容上都接近于传统的治疗，人们以个体的形式提出问题，治疗学家对此进行更多的发现。所有这些都是进入团体前的准备。第二部分是创建环境，创建新的生活形式，从而进行团体成长的过程。来访者离开个体治疗，进入到团体中，接受积极的团体体验。当他们进入团体时，实际上就完成了被传统称作的治疗，而继续进行积极的成长。社会治疗团体是现在完成的治疗和后半生发展的桥梁。社会治疗学家往往把治疗中短时间的引导性时期看做是治疗。社会治疗是前后两部分过程的整体。团体成长的过程也就是第一部分的转化。虽然社会治疗学家也做“个体治疗”(一种最小的两人团体)，但团体是社会治疗的主要形态。社会治疗团体的大小根据具体情况会有所不同。一般的社会治疗团体由 10～25 个人组成——不同年龄、种族、性取向、专业和“问题”的男人和女人的混合体。大部分团体是正在进行的(也做一些有时间限制的团体)且每周会面一次,每次90分钟。有的团体保持数年,有的保持数月,其中既有旧成员的离开,也有新成员的加入。

(1) 团体开始。

经过对来访者一段时间的治疗后,治疗学家就会建议来访者进入团体中,通过帮助团体成员共同创造性地做一些新的事情,促进其发展性成长。治疗学家首先帮助团体成员创造一个发展性的环境。治疗学家常提醒他们说:"我们大家要做的就是共同来创造一种可以应用的环境,以帮助大家解决情感问题。我将帮助大家来创造这种环境。"①这样,一个全新的社会治疗团体就开始了。

接下来经常发生的是沉默。随后,团体成员可能就会问一些问题。诸如,"噢,那我怎么做?"以及"我有一个问题,我可以解决它吗?"等。治疗学家往往不受个体的影响。他们常常会说:"我们大家需要做的就是创造一种环境,在这个环境中你和他人都可以获得帮助。换句话说,也就是创造一种治疗环境,而不是应用一种治疗环境。……这是我们的任务。也是我们一起要做的事情。我们现在不会解决任何一个人的情感问题——除非它对完成我们的任务是有用的。"②这就是出发点。

(2) 关注团体。

团体和个体各有其特征,两者存在根本的区别。团体可以从事许多基于个体的看似相互矛盾的活动,而个体一般很难做到。如,一个团体可以同时以不同的声音说话,可以同时向左转和向右转,可以同时站起来和坐下,可以离开房间去浴室,也可以待在原处。团体和个体的情感生活也是不同的。团体比个体更缺乏耐心(patient),更易变化,而个体相对更富有耐心,对情绪性情境有更多的控制,这就需要在治疗中花费更多的时间来克服阻抗。团体最大的好处是不需要花费太多克服阻抗的时间,因为它易变化而不会产生阻抗。团体的易变性使它对一定程度上的变革更开放,而个体在情绪意义上则是相当保守的。

在治疗中,治疗学家谈话的实体针对整个团体。治疗的功能就是同团体成员一起工作来创建团体。治疗学家坚持仅同团体相联系,这样就在团

① Newman, F. (1999). A therapeutic deconstruction of the illusion of self. In Holzman, L. (ed.), *Performing Psychology: A Postmodern Culture of the Mind*. New York: Routledge, pp. 111～132.

② 张怡玲译:《给心理治疗师的礼物——给新一代治疗师及其病人的公开信》,中国轻工业出版社2004年版,第14页。

体成员和治疗学家间构建了一种创造性的张力(tension)。在个别情况下,如果对完成团体的任务有所帮助,治疗学家也同个体谈话。

社会治疗学家观察的实体也是团体。纽曼认为对团体进行观察变得越来越重要,并且团体也有其人格。他确信团体或者说关系,是社会的重要单元,也是心理学的重要单元。在一些团体中,人们始终进行个体的观察,纽曼认为这不是真正发展性的。以个体的眼光和视角,我们不但不能很好地观察团体的过程,而且难以真正地对待整个团体,难以发挥团体的真正功能。

一个人通过加入团体而变得具有创造性,而不是简单地去克服某个问题。直接着手去解决问题,反而不能克服它们。纽曼认为,如果人们能创造性地影响你的生活,那么就会有不同的体验。如果你改变了整个图景,你就改变了一些体验的相对强度。

(3) 自由和参与。

纽曼崇尚自由主义,他认为个体和团体都有选择做某事的充分权利。自由和参与是一种辩证的行为。如果团体成员同意做某事,那么他们必须以团体的认识参与到团体中来。治疗学家作为参与者以什么样的团体形式进行组织是非常重要的。社会治疗学家不支持对团体进行限制,而支持成员以团体的形式做某事。团体成员有选择加入团体的自由,有参与或不参与的自由,但没有参与了而不做团体正在进行的事情的自由。社会治疗学家认为人们在团体的共同工作中获益匪浅,而不是个体的自由受到了侵犯。在实践中,这条原则是非常有效的。

社会治疗学家在团体工作中给予团体成员自由和成长的空间,他们比大多数传统治疗学家更少强迫他人,而只是根据团体的工作提出恰当的要求。这是一种意见一致的活动。即使有的团体成员没有做其他成员或者治疗学家认为他们应该做的事情,治疗学家也会对此表示支持并予以尊重。治疗学家不对不讲话的人做出反应。而现代的大多数治疗学家往往试图使不讲话的人开口讲话。社会治疗学家不去预设团体成员有没有参与到团体中来,只要他们在团体中,他们就已经加入了这个团体。团体成员如何适当地进行参与,这不是社会治疗学家所做的,他们所做的就是帮助团体发展和成长,最具有发展性的事就是团体的创造和发展。如果团体发展了,每个人都会受益。在社会治疗中,作为一个发展主义者,治疗学家不会强加给团体成员某种平等参与的民主观念,或者某种形式的参与。他们认为许多事物各有其运行之道,对其强制实行某些行为模式是很难的。纽曼举了一个同他一起工作数年而实际上从未说过话的人的例子。这个人曾告诉他说,这是他一生中最具有发展性的体验。而一些从不停止讲话的人，反而没有收到应有的效果。纽曼认为，同团体成员谈什么并不重要，也不是一个主要问题，关键是怎么谈。治疗是一种定性(qualitative)的体验。

(4) 创造共享经验。

在社会治疗中要解决的问题常常是团体正在做的事情。人们可以带来他们能带来的任何东西——他们的历史、他们的需要、他们思考的东西。团体成员通过创造的情境共同做一些事情，共享经验。你可以认同一个个体所说的事情，但你不能以个体的方式分享它。作为社会治疗学家就是要观察团体如何对所有信息做出反应，对这些信息做出集体反应是社会治疗工作的主旨，这也是开始进行意义创造、集体发展和成长的时候。如果团体仅试图解决某个人的问题，这就是阻抗一个团体对正在发生的任何事物做出反应的活动。

在社会治疗中，任何人都可以提出好的主题。但团体发展的真实历史告诉我们，正是一些被认为不是很擅长于治疗的人经常决定这个团体对什么做出反应，因为这些人往往典型地、非常随意地说些荒谬、愚蠢的事情，这往往会激发团体成员的活力，反而成为团体反应的主题。这些看似"愚蠢的"问题实际上具有重大的价值，它们引发产生了一种共享经验的反应，团体正是伴随着这种共享经验反应的"剧变"而开始。当人们自作聪明而不这样做时，社会治疗就陷入了麻烦，难以取得良好效果。这也正如肖特尔(John Shotter)所指出的，从人类学的意义上看，作为一种社会活动的语言正是以这种方式产生的。语言不是开始于作为整个理性、机械的人开始采用乔母斯基语言法则，而开始于混乱。然后，就有一种团体的集体力量来整治这种混乱。社会治疗复制了生活的人类学事实。儿童语言的学习也是这样，你不能给儿童一本语法书后就让他们讲话。语言的学习也开始于混乱，儿童发出奇怪的声音，成人甚至发出更奇怪的声音回应他们。语言不是以把任何事物看成成品的方式来学习的，社会治疗也是这样。

在治疗过程中，社会治疗学家对一些感到困惑和不理解的事情，可以坦诚地说"我不理解"来和团体成员共同交流、分享。"我不理解"在某种程度上是非判断性的一种主观报告，它是同其他人一起保持这种活动的持续性所必需的。再者，打破帮助者—被帮助者模型所固定的角色也是很重要的，因为这一判断性模型可能设定了许多不正确的事情。治疗学家必须一直保持创造一种共同语言，这是在治疗学家和来访者两个方向上的一种根本转变，有助于团体经验的共享与理解。

(5) 把来访者带入团体。

当你把来访者带入团体时，你必须准备好要做的就是继续做你作为一个团体治疗学家必须要做的事情，假定这个人现在已经在这个团体中。在决定是否某人已经准备好了加入一个团体时要考虑的主要问题是将要对团体造成的影响，而不是对这个人造成的影响。把人们带入团体面临的真正困难不是你和团体能否应付这个新加入的人，而是团体是否将会和这个新人一块成长，这对团体来说是不是一件积极的事情。这应该是关注的焦点。

社会治疗学家不要把将来访者带入团体的时机定位在你已经和这个人建立了个体间的关系上，不能用自己和这个人的关系代替团体成员和这个人的关系，要帮助团体成员和这个人建立关系，特别是在异性团体成员间。如果不这样，可能开始阶段的发展看起来是好的，但最终效果不会很好，甚至造成治疗关系敌对。

(6) 倾听。

有些治疗学家认为，团体创建的媒介就是说话，如果人们在团体中不说话，他们就不能创建团体。社会治疗学家认为，团体创建主要来自于人们相互倾听的能力，而不是来自于个体说话的能力。倾听是一种非常亲密的活动，而说话仅体现了亲密的中等程度。

有的治疗学家认为，并不是每一个不说话的人都倾听。而社会治疗学家认为，以人们不说话而推断他们不倾听是对他们的侮辱。纽曼认为，那些认为“你必须说，你必须说，你必须说”的人真正是在说“你必须像我，你必须像我，你必须像我”①。社会治疗学家假定人们在听，他们发现不说话的人是一些最好的听众，他们的倾听将会对团体做出巨大的贡献。倾听不仅是听某事，更是一种听觉活动，是对发出大体可以识别的声音和噪声的人的反应，是团体社会治疗的一种重要因素。

(7) 形成直觉。

直觉在社会治疗过程中起着重要的作用。直觉在其起源上好像是概念上的(conceptual)和心灵主义的(mentalistic)。直觉概念暗示了特殊化的思想，表明了把它从我们整个认知的、态度的、活动的复杂格式塔中分离出去的思想。思考、感觉、情感表达、信任的过程……这整套复杂的物理、心理过程使直觉成为应该成为的、具有连续性(continuous)的东西。

直觉不是完全植根于一种具有充分解释性的过程或认知过程，而是某种类似的情感、认知以及其他的把你置于某种方向中的东西。社会治疗学

① Newman, F. and Holzman, L. (1996). Unscientific psychology: A cultural-performatory approach to understanding human life. *Westport*, CT: Praeger. p. 213.

家认为直觉是构成一个人的一部分，也是构成一个治疗学家的一部分。去除直觉的神秘化是非常重要的，直觉同经验证明的法则或主题一样可靠，人们能够依靠直觉对生活中的事件做出灵活的反应。直觉是在社会治疗中采用的方法之一。

案例分析：对一个四岁小男孩异常行为的剧本表演治疗

大卫(David)是一个四岁的小男孩，在幼儿园老师介绍下前来治疗。他经常咬和打他的同伴。每次这种暴力的行为发生时，他都会大发脾气，情绪很坏。他的父母开始不愿带他来治疗，但又没法消除发生在儿子身上的事。在大卫开始伤害他年幼的弟弟时，父母开始寻求治疗。妈妈是常春藤联合会大学的教授，快要被照顾两个孩子和维持学术生涯的巨大压力压垮了，并有挫败感。父亲是一个儿科医师，由于忙于学术和教学而很少顾家。从见到大卫和他妈妈开始，我们就共同创造一系列由他们主演的家庭剧本的表演。

第一次表演：(大卫的妈妈把他拖进办公室。他们坐下)

大卫：你不能帮助我。你所有的思想都不起作用，不要认为你是非常聪明的。你不能让我停止咬。他伸出他的舌头。(他的妈妈对他的敌意感到很无奈。)

妈妈：大卫，你很粗鲁而且没有礼貌。

社会治疗学家：很高兴见到你。你知道，一些事情花费人们数月、数年的时间才使其明白，我们不能阻止人们做任何事情。你是正确的，我不会对付你，因为你并没有什么问题。你很快就会知道。

(大卫笑了，并为自己感到自豪。大卫的妈妈开始纠正他并让他为其粗鲁道歉。妈妈开始自言自语地数落大卫的不好。)

他不听话。

他待人粗鲁。

他伤害他的小弟弟。

他打他的妈妈。

我怎样做才能接受这些？

社会治疗学家：这次表演的主题是什么？大卫是唯一的主演吗？

大卫：不是。妈妈对我很重要，她总是大声叫喊和伤害我的感情。维克托(Victor)，我的弟弟，打破我所有的玩具，弄破我的衣服。

妈妈：这是不对的，大卫。他才四个月。他甚至碰不到你的东西。你为什么撒谎？你一直在编故事。

社会治疗学家：你们都不喜欢这次表演。它真的也使我感到愤怒。你们感觉怎么样?

大卫:我讨厌它。

妈妈:我也讨厌它。

社会治疗学家:也许,我们能做不同的表演。我看到你们两个都擅长编故事。我有一个你们可能都很喜欢的游戏,就是在一起编故事。

第一次表演的剧本是不成功的,这是为了说明表演治疗是一个多方面共同探索的过程,表演主要不是放在当前问题上,而是可能性、成长性和发展性上。自发性的即席表演需要治疗学家的引导。

第二次表演:

(大卫穿着传令兵的服装,背着一个玩具医生的包,走上舞台左侧。他叫治疗学家和他玩,而不和他妈妈玩。治疗学家答应了。他们用想象的剑表演打仗。扮演医生。大卫拿出一条拴狗的皮带,让治疗学家走过来,好像他是一条狗。)

社会治疗学家说,自己对拴着皮带绕着来访者走来走去会产生内心的冲突,但为了和他创造一个新的表演,我需要加入他的表演。如果我教大卫和他妈妈怎么表演,就不能避开问题。创造性、成长性和发展性是最重要的,社会治疗学家更要克服自己的弱点,进行自我的创造、改变和成长。

社会治疗学家:这次表演的主题是什么?

大卫:"一条叫 Spot 的狗。"

(表演开始了。Spot 是可爱的、合作的,并且对社会治疗学家作为他的主人可能想要或需要的东西做出反应。当大卫表演他自己时,Spot 的表演同大卫的表演正相反。Spot 表演 45 分钟后,作为一场表演的组织者,大卫说:我认为你是一个好朋友。)这次治疗结束。

"Spot"的表演持续了两个月。大卫创造性地进行合作、支持,并向他的"主人"学习新的技巧。他坚持把他的父母排除在游戏之外。社会治疗学家也受到了指导,并把这些情况告诉了大卫父母。

两个月后,在大卫的同意下,他妈妈也加入进来。社会治疗学家就是努力创造一个适合解决他们的反应、冲突和尴尬的环境。

妈妈:我可以看到你是怎么对他做出不同的反应的。你不对他说的话做出反应,也不试图改变他的行为。我也想学如何这样做。我认为我不擅长这样做。

社会治疗学家:我尽力同大卫在表演中说的话保持一致,就是为了我们能够共同创造。

在下一次治疗中,大卫让他妈妈扮演治疗学家的朋友和隔壁的邻居——"简"。简不相信Spot多么可爱。他坐在她的腿上。他温柔地和她说话。他很放松。他坐在厨房的桌子上，叠餐巾纸，做家务杂活，并且带着一只新的小狗（刚增加进来的演员）在公园里散步。她没有看到大卫在家里表现出的敌对和攻击的痕迹。

妈妈：我几乎不能相信。我极少看到他会这样表现。可能，我不了解他，或者我只以一种方式了解他。我能够更好地明白你说的帮助我们家庭创造和界定我们想成为谁。我想，我们需要理解他。

接下来的三个月是Spot表演的转折期。大卫和他的妈妈共同表演，重新塑造自己的角色。他妈妈改变了对大卫旧有的看法和对待大卫的方式，并帮助大卫创造新的方式。大卫停止了伤害小弟弟，学校老师也说大卫的行为改变了。在学校中，再遇到和同学打架等不良情况时，治疗学家鼓励他表演Spot，表演我们的剧本，尝试不同的情节，并继续进行新角色的创造。最后，治疗不仅结束，而且成了大卫和他妈妈的生活方式。

从这次治疗中我们可以看到，治疗集中于存在的问题，不仅难以取得好的效果，而且易使问题更加严重。表演治疗也就是治疗学家和来访者共同编写新剧本和创造性自发扮演新角色的过程。表演是一种自然延伸、无限展开的过程，它体现在关注现在、创造未来的过程中。表演治疗不是补救和纠正，而是创造，不仅仅是一种治疗，更是一种新的生活方式。

三、社会治疗面临的主要问题

1. 性别社会角色的偏见

一般来说，女人对男人的反应程度比较低。这不仅因为男权主义和性别歧视等社会因素对女性的压抑和影响，还因为在许多背景中这样做具有一定的风险。纽曼认为，做出反应并不意味着是肮脏的或者会受到伤害的或者充满暴力的，相反他认为对女人来说有一个空间能够表达她们对男人的反应是一件非常健康的事情。

创造一个女人能够同男人交流的环境是一件非常好的事情。在某种程度上，这不但有利于团体的创建，也有助于每个人特别是男人说出他们一般不说的事情，有助于男人说出一些在某种原因下他们内心压抑的与异性或同性关系的事情。如果人们冒着说某些事情的风险，他们就有权获得一种反应。如果治疗学家不能给予人们这种反应，他们就不会明白让人们参与的逻辑基础。在团体中，治疗学家督促女人们做出响应和反应。女人的强大是一件好事，是用小的代价来创造一个更有帮助的和支持性的环境，但也要防止某种情况下对个别男人的压制。

在团体中，男人很少表现出剧烈的情绪性反应，因此他们很少在情绪性情境中有更多的表现。在大多数情绪性工作中，男人不会产生很大的负担。但在其他领域他们经常会产生负担，如智力上、身体上的负担，因此对男人的谈论，往往体现在更普遍的意义上。在治疗中，社会治疗学家要正确认识性别角色、社会特征所造成的差别，消除不良影响，积极创造团体成员良好沟通的环境。

2. 认知偏见

日常生活中，我们往往存在这样一种最基本的认知偏见：只有你知道怎么做，你才能够做任何事情。其实，生活中最深奥的发展性瞬间往往出现在我们根本不可能彻底了解正在发生的任何事情时。当我们在认知上刚意识到什么事情正在发生时，无论从量上还是从质上，这都表明了一种最猛烈发展的出现。但非常奇怪的是，随着我们的成长，这种模型颠覆了它自己，并证明了发展的前提是你必须对你正在做的事情有某种认知上的认识。制度性的偏见在认知上是如此强大以至于我们试图做某事时，必须先从认知上进行理解。为了解决这个问题，我们必须发现其他的一些并不特定是认知的社会活动，作为发展性变革的基础。表演就是这样一种社会活动，它不是特定的认知。在认知上以发展为基础的选择不是某种疯狂的无政府主义，而是创造性地“做你想做的任何事情。”

纽曼以自己作为一个导演(director)、剧作者和戏剧人员的生活经验发现，一些演员通过思考某种形象，思考某个人，思考人物的特征，以及关注自己的内在生活，并试图发现其中存在的资源等实际的认知过程来表演，但一些最出色的表演者正是仅以使自己成为自己之外的他人而进行表演，也就是说，他们没有一种特别要选择成为或模仿的另一个概念或形象。他们在舞台背景中、在排练中有能力成为自己之外的另一个人，有能力进行表演。就像维果茨基曾经说过的，领头的高个比他们是谁更重要。每个人都具有独特性，都能做各自奇特的、不寻常的和不同的事情。这种表演性的工作就是对认知偏见的一种巨大挑战。我们许多人常常在做自己已经做过的事情，这些都是习惯、深度意义上的习惯。我们必须做一些从根本上不同的事情，必须做一些创造性的表演，而不是接受你必须知道的认知偏见。

3. 脆弱的来访者

在治疗过程中，有的来访者非常脆弱，不敢面对咨询和治疗，难以参加团体的活动，这种情况下把来访者带入团体是比较困难的一件事情。如，一个小时候受过虐待的年轻妇女，在其好朋友出事故死亡后，一方面感到悲伤，另一方面感到自己做得不够好，从而具有罪恶感，所以非常抑郁，整天卧床不起。她害怕出门，接受咨询和治疗就像受到攻击一样，感到像被击倒了，常常哭泣。有的治疗学家在处理这种情况时，往往很谨慎，认为来访者还不具备加入团体的条件。

治疗学家首先应该发现来访者脆弱的原因，并寻求加深和来访者的关系，这是使他(她)加入团体的前提之一。团体是多用途的，它们可以以不同的方式被应用。团体应该比治疗学家能更好地发现来访者的脆弱或需要。团体在暴露来访者的情绪问题时应该比个体治疗学家做得更好。治疗学家可以把对来访者脆弱问题的探讨放在把他(她)带入团体的背景上，放在发现是否他(她)有一些想做的事情上。治疗中，团体应该在推动来访者上发挥更大的作用。

4. 沉默的来访者

社会治疗中，经常会遇到一些沉默的来访者。纽曼认为，社会治疗学家有只做团体治疗的特权，他们不一定必须对沉默的来访者做出反应，因为他们一般不同个体相联系，而同团体相联系，团体几乎很难沉默。

社会治疗工作是一种集体的创造性的活动，每一个人都在前进，人们以各种方式进行参与。这并不意味着我们不支持处于困难时刻的人。纽曼经常通过扮演一定的角色，如，通过身体语言或对团体成员面部的注视，或通过倾听一种新的声音(因为这种新的声音对团体充分利用不管谁说的话将是另一种有利因素)，来帮助人们清晰地阐明他们必须要阐明的事情。纽曼常会对长时间沉默的成员说“你在想什么”，这并不意味着他们会突然说出一些精彩的事情，而是因为这对团体过程的进行是有益的。这种益处来自于团体创造的共享的活动，每一个人从参与中获得实质的帮助。

5. 戏剧性的来访者

社会治疗中，有时会遇到一些戏剧性的来访者，他们可能在中断治疗后很长一段时间又突然回来，他们可能心境起伏变化不定，他们可能会做一些出乎预料的事情，他们可能一次这样一次那样，令治疗学家无所适从。如，一位曾得过病的来访者，反复几次住院出院。她具有自杀倾向、精神不稳定、人际关系失调、亲子关系不睦、经常处于幻想中，在中断社会治疗若干年后，又来寻求治疗。在治疗前一段时间神智非常清晰，富有洞察力，说话很有理性，但她的行为好像是故意操作的，治疗学家问她问题时，她的回答像是在绕圈子，真正想要帮助的事情根本没有阐述。

面对这种情况，治疗学家可能会感到困扰，对建立双方的关系和进一步治疗感到紧张、不安。治疗学家需要对这种情境进行戏剧化，并摆脱一些不恰当的情感，才能同这种来访者一起工作。治疗学家必须把这种来访者作为一般的来访者，否则就不能对其进行正常的观察。

6. **危机情境**

社会生活中，有时会产生一些灾难性的危机，如美国的 9·11 事件。危机产生的原因是复杂的，但对混乱的、瘫痪性的恐惧是主要原因。危机部分源于人们在某种生活情境中受其观察事物前进方向的潜在方式的制约。人们受到制约是因为他们把自己看做是不能发展的或不能成长的或不能改变的，他们对一定程度的混乱感到无能为力。纽曼在社会治疗中常对受到环境伤害的人说，“你想过做某某事吗”，这意味着对产生危机的环境的一种解构和重构。帮助处于危机情境中的人们，就是要帮助他们以一种新的方式建构某事，以发现危机的结构性资源。纽曼还认为，混乱是瘫痪的出路，混乱是对危机的治疗，长期以来他就这样做，并且是非常有效和有帮助的，因为当人们僵化地面对既定的情境时就会产生危机，在危机中人们是会被打垮的。混乱是治疗，就像历史为什么是治疗一样，因为历史在某种程度上是真正的混乱。在纽曼看来，混乱是一件好事情，混乱是一种非常有用的工具。人们来做治疗时常常说，“我想谈谈危机”。而纽曼说，“我想帮助你解决混乱”①。来访者什么都可以谈，治疗学家不是解决危机，除非是为了创造混乱。

混乱产生于削弱大多数人在大多数情境中存在的抑制机制。打破了抑制机制，人们就能表演一些他们在其他情况下不能表演的事情。纽曼认为，社会治疗学家不是建议人们改变情绪，而是怎么从根本上表演这些情绪的变化。在治疗团体中，存在一种集体同意和创造的混乱，它给人们提供了自由地做他们一般不做的某种情绪性事情的空间。混乱是集体创造的事情，当人们民主地一致同意时，你可能会突然发现团体是创造一种新的表演的地方。在社会治疗中，我们能够创造混乱的时刻，并在混乱之外创造新的事物。

---

① Holzman, L. & Mendez, R. (2003). *Psychological investigations: A clinician's guide to social therapy*. New York: Brunner-Routledge, p. 105.

四、对社会治疗的评价

社会治疗自20世纪70年代提出以来，对现代心理治疗进行了深刻的反思与追问，对心理治疗进行了全新的诠释和重塑，倡导一种积极发展的治疗观、人生观，对心理治疗的革新以及人们思维观念的转变和生活形式的创新产生了重要的影响。

1. 积极意义

(1) 对现代心理治疗模式的批判有一定的启示意义。社会治疗家认为现代心理治疗模式忽视社会生活环境、文化因素对心理问题的影响。受自然主义、理性主义的影响，现代心理治疗崇尚实证、追求客观，强调量化、还原、线性方法的运用，以至于把一些主张整体论的非线性的和具有文化特殊性的治疗方法排出于应用的大门之外。而对治疗技术作用的过分强调也易于陷入机械主义，忽视人的积极主动性和心理的自我调适功能；现代的诊断与治疗模式把治疗学家与来访者看做是一种特殊的医患关系并采用各种临床心理手段或方法解决来访者的心理问题。其主要特征，一是重临床，更多考虑、选择和使用临床心理学的方法和现代心理学的矫正技术。二是重表征，更多关注和消除来访者心理障碍或问题的外显症状。现代心理治疗通常认为，心理问题的产生主要是由于人们对社会生活的适应不良引起的。治疗的目的就是要消除存在的心理问题，帮助人们适应社会生活和环境，即使这个社会是落后的、保守的、种族主义的、性别歧视的甚至异化的。相反，社会治疗不是单纯地强调人们去适应社会现实，而是鼓励人们去改造、创造一个新的环境，去创造一种新的生活形式。社会治疗不仅成为一种心理调适的工具，更是一种全新的生活规划，其目的不仅在于改善人们的行为，更在于教会人们如何去发现和重构他们想要的生活，使他们成为新生活的建设者。社会治疗学家的工作就是努力使这种治疗成为一种生活方式。

(2) 带来了医患双方治疗角色的变化。后现代社会治疗要求治疗学家放弃对心理问题无所不知的权威态度，不对问题做任何预设，以排除先验图式的偏见，以免对新的意义关上理解的大门。通过鼓励来访者进行创造性的表演，以产生新的意义和生活方式。来访者不再是被动的被诊治者，而是具有主动性和创造性的表演者，是自己生活的专家和创造者，以表演的方式体验自己的生活，重塑自己的发展。而治疗学家成为了组织者、引导者、表演者和参与者。在这里，没有专家与权威，也没有来访者与病人，双方都是治疗过程中平等互动的参与者，是一种伙伴式、合作式关系，就像雅洛姆视为的“旅途中的伙伴”[①]关系。

(3) 治疗目的的变化。社会治疗的目的不仅是解决或消除来访者的症状，更重要的是重构其价值观念，重塑其生活形式，促进其身心的整合与发展，教会其如何发现和创建他们想要的生活，使他们成为新生活的建设者和创造者。社会治疗不仅是一种心理调适的工具，更是一种新的人生哲学和生活规划，对于表演者来说，他们的感受更像参加一个健身俱乐部，不依赖于治疗，却愿意把治疗建构于自己的生活中，以享受生活之乐趣。

(4) 整体性的全新视角。社会治疗受社会建构主义的影响，对历史、文化、社会背景等因素给予了更多的关注，尊重每一个来访者独特的故事和文化背景，视来访者为健康的个体，视个体为关系的存在，将个体心理的发展置于社会因素的互动影响中，把个体及其问题置于生活的大舞台上以整体性、全局性的视角加以审视，而非固着于个体内部认知结构的变化来探索其因由，这不仅拓宽了心理治疗的视野，而且会取得出其不意的疗效，把心理治疗又拉回到了生活中，使来访者成为自己命运的主人。

(5) 社会治疗推崇乐观主义的态度，着眼发展与未来，是一种积极的心理治疗范式。现代心理治疗过度关注来访者心理问题的分析、诊断与治疗，不仅易忽视或漠视个体的积极品质、自我实现以及社会性发展的需要，而且标签式的描述和病理化的诊断会给来访者带来不良暗示，固化其心理问题，是一种消极的心理治疗范式。社会治疗不但把个体看做是有能力的，能够利用自身的资源创造更好的答案和更多积极的故事，而且着眼于来访者整体、发展与未来，将其视为健全的个体，通过真实的表演促进他们的成长，助其自助，无论是从理论基础，还是原则与方法上都带给人们焕然一新的人生启迪。

(6) 多元方法论的创新。社会治疗反对以方法为中心的科学主义取向，倡导方法与对象的统一、方法与理论的统一，坚持辩证的方法论以及人的社会性先于个体性的人文主义价值取向，认为人生表演的舞台不再局限于个体内部，不再是孤立的，而是发生在人际间的、相互联系的、动态的过程，是总括了社会历史宏景的戏剧性史诗，主张在现实的总体性联系中探讨心理现象，倡导多元。

2. 局限性

(1) 社会治疗发轫于后现代文化思潮，并深受其影响，主张消解主客二

① Holzman, L. & Mendez, R. (2003). *Psychological investigations: A clinician's guide to social therapy*. New York: Brunner-Routledge, p. 82.

元及传统的基础主义、客观主义、理性主义，崇尚多元性、不确定性、无序性等。虽然，这具有积极的意义，但在科学主义做出巨大贡献（不仅是在心理学和心理治疗上）的今天，这未免过于片面，且具有一定的超现实性。另一方面，这种方法强调社会历史文化等因素的影响，关注治疗的生态效度，但如何把这些因素更好地结合到治疗中来，如何找到一个合适的研究和评估方法，需要治疗学家做出更多的探索。

（2）在治疗中来访者往往更愿意把治疗学家看做是专家，不愿将自己看做是专家，而社会治疗学家的“未知者”姿态和“来访者是专家”的看法，可能使来访者对治疗学家的能力产生怀疑，从而对治疗学家缺乏信心。同时，有些来访者来治疗时希望谈论他们的问题，可能会对社会治疗学家谈论问题的例外情况感到反感，这些可能会影响治疗的效果。

（3）社会治疗学家认为他们的治疗时间（主要是前期治疗）比较短，但从整个治疗的过程来看，在时间上并不比现代治疗更具有优势。再者，社会治疗学家认为他们的治疗效果比较快而明显，但这种有效性在一些传统的治疗学家和实证主义者看来，很少有实证的数据来证明治疗效果的有效性。一些批评家认为这些方法只是在加油，视角过于积极。

（4）社会治疗学家对传统诊断的批判及对非诊断性表演的倡导，虽具有创造性的、革命的积极意义，但也有失偏颇。传统的诊断对一些轻微的困扰、情绪性的以及有关社会文化的问题可能难以奏效，且还会带来不良的后果，但对一些涉及到躯体性、器质性的严重疾患或问题（如精神分裂、双相障碍、颞叶癫痫、药物毒性等）则会起到关键性的作用。在进行心理治疗时，要择其善者而从之。

（5）一方面，社会治疗对现代疗法进行了有力的批驳与否定，另一方面也承继了传统的精神，难以摆脱传统的影子。一些治疗方法，如来访者中心疗法、格式塔疗法等也重视或强调人的积极主动性及其资源的重要性，关注医患双方的互动性以及角色的变化。

3. 同其他团体治疗的主要区别

社会治疗主要是一种团体疗法，除了自己的特征外，同团体治疗、小组治疗、心理剧等团体疗法还有一些明显的区别。

（1）方法论与治疗观上。无论是一般的团体治疗、小组治疗还是心理剧等团体疗法，可以说都是现代或者传统的治疗，它们都遵循科学主义的思维观，遵循工具主义的方法论，是“为了结果的工具”（a tool-for-result），工具和结果、过程和产品都是分离的，治疗团体只是工具而已，治疗具有工具主义的功利性。而社会治疗崇尚后现代多元化的思维方式，是“工具和结果相统一”(a tool-and-result)的方法论，人同其行为的过程、产品或结果都是统一的，团体不是工具，不是结果，同时团体既是工具，又是结果，二者是辩证统一的过程，治疗具有发展的成长性。

在治疗观的假设上，传统的团体治疗把人视为一个个孤立的个体和某个历史阶段的产物，把来访者看做是具有某种问题或症状的“患者”，治疗的过程就是对问题的描述和再描述，治疗的目的就是解决问题，使来访者“康复”，适应社会的发展，这是一种消极的治疗观。社会治疗把人视为社会和历史的成长者、创造者，把人视为关系的存在，把来访者视为健康的个体而非“患者”，治疗非针对问题而是定位于来访者整体，探求来访者积极性的资源，治疗的过程是创造一种新的环境，展现来访者创造性、表演性的潜能，创建一种新的生活形式。

(2) 团体的形式上。传统的团体治疗，团体更多是一种形式上的，治疗学家关注的主要还是个体的表现和互动。社会治疗关注的主要是团体这个实体，通过团体的发展来促进个体的成长，一般不对个体做出反应。更重要的是，在社会治疗学家看来，他们的这种团体过程不是严格意义上的治疗，而是团体成员创造一种新的生活形式的成长和发展过程，是现在和未来生活的桥梁。也就是说，传统的团体治疗只是治疗的阶段，而社会治疗的团体阶段却是治疗后的成长和发展阶段。

传统的团体治疗主要通过团体活动、团体谈话、角色扮演等形式展开。社会治疗更侧重于即席的剧本创作、“舞台”(正式、非正式)表演以及表演性的活动、谈话等形式，它的自由度和灵活性更大，更能展现团体成员的表演天赋和创造潜能。心理剧虽在剧本创造、“舞台”表演、角色扮演等形式上和社会治疗有更多的相似之处，但它针对的主要还是来访者生活中的“问题”，而不是表演、创造一种新的生活形式，团体的形式还是单纯工具性的，而非“工具和结果的统一”。

4. 本土化的思考

社会治疗兴起于西方的美国，它视人为关系的存在，主要关注团体或集体，并通过团体的发展来促进个体的成长。这与中国集体主义的文化背景有相似之处，但要植根于中国，并得以开花结果尚有一定难度，必须对其进行本土化的改造。

(1) 文化差别对表演性的影响。社会治疗鼓励个体的自我表演、自我展现，主张通过自发的、即席的剧本创作、舞台表演、团体活动来作为治疗和促进个体成长发展的手段，这更多依赖于团体成员的积极性、主动性和创造性。如，在一生表演公司的培训以及青少年发展计划中，让毫无表演技巧和准备的青少年上台做或表演一些从未做过的事情，以及在治疗团体中依赖成员的互动来创造一种积极的环境等。这在崇尚个体主义和自由主义的西方世界显然较易操作，而在具有集体主义传统、个人服从集体、个人深受集体影响的中国等东方国家，要激发个体这种张扬的表演性和创造性，并取得好的治疗和发展效果，还需治疗学家付出更多的努力。

（2）治疗时间与费用的影响。在社会治疗前期的个体或小团体治疗阶段，治疗的时间一般在6个月以下，然后成员进入团体的成长阶段，有的团体保持数月，有的团体保持数年，团体成员有选择离开和加入的权力。短期的治疗一般有几个月的时间，长的可以有数年的时间（其他传统的治疗也是如此），这会是一笔不小的费用开支。由于西方社会的医疗保障体系比较完善，社会福利待遇比较好，个体参与心理治疗的费用就比较好解决，这也有助于来访者进一步参与团体的成长过程，以创造新的生活形式。同时在西方国家，心理健康、心理咨询和治疗的观念已深入人心，人人都关注自己的心理、精神方面的健康，对于治疗的方式方法和时间长度也易于接受，乐于尝试。

在中国，心理咨询与治疗处于刚起步阶段，大多数人还存在一定的认识偏见，主要的治疗方式也是传统的、短期的和即时功利性的，很少有人经过短期的心理治疗后，愿意再进入一种新的团体的成长过程，进行新的生活方式的创造和体验。再者，就中国目前的医疗保障体系而言，来访者的费用主要是自己负担，这也使来访者难以承受长期的治疗。同时，在中国内敛性、集体性、服从性的文化中，个体表演和成长的空间也存在一定的约束。

但是，社会治疗以一种后现代多元化的视角，对科学主义的霸权进行批判和反思，重新关注人的社会性、文化性和历史性的存在，重新回归人们生活的社会性，这与中国本土心理学思想以及传统文化观念具有契合之处。

第一，传统文化精神的契合。中国的本土心理学思想孕育在中国传统文化哲学中。中国的传统文化博大精深，主要包括儒家、道家、佛家三大思想派别。儒家主要关注人生幸福与社会和谐，强调人的社会责任，倡导积极入世；道家强调人的精神自由和对世俗社会的超越；佛家关注人的心灵，强调明心见性，通过体悟内心而与佛性合一，从而获得精神解放。无论那家那派都强调人之内心的自我展现，强调对天人合一精神性的诉求。

社会治疗重视人的社会性，重视通过团体的表演活动来展现个体的积极创造性和表演性，提倡对精神性进行探讨。纽曼认为，精神性与人的成长密切相关，心理学因避开精神性而受到了巨大损害，精神性应在社会治疗中起着巨大的作用。

第二，自我观的契合。在现代西方个体主义的文化中，人们往往把个体看做是相互分离、彼此独立的；而在中国集体主义的文化中，人们往往认为个体是相互依存、彼此联结在一起的。因而，现代西方心理学探讨的自我是相对封闭的自我、实体的自我；中国传统文化的本土心理学思想探讨的自我是相对开放的自我，是关系中的自我，自我的修养是自我不断开放的过程，不管是儒家的“自我修养”，道家的“至人无己”，还是佛家的“生死轮回”，所谋求的都是天人合一的“大我”。以社会治疗为代表的后现代心理治疗扩大了传统心理学和心理治疗的视野，对治疗对象的认识实现了由“实体人”、“主体人”向“关系人”理念的转变，这与中国本土心理学思想“集体性”、“关系性”的“大我”具有相通性和亲和性。

随着心理学理论的发展，目前，各种心理治疗理论与方法也出现了新的整合，更加关注文化、历史、社会环境等因素对人类心理健康的影响，关注心理治疗的生态效度，可以说所有的治疗学家都是杂家。这就要求我们在治疗过程中应针对不同情况，综合运用多种治疗方法，不管是精神分析的、认知与行为的，还是人本与存在的；不管是现代的，还是后现代的，这不仅是对传统治疗理论的超越和发展，更是真正大科学观本意之所在。

后现代也不仅是一个历史的名词或术语，也不仅是某个特定的历史时期或阶段，它更彰显了一种反叛、解构，并进而重新建构、超越和创新的理念。以社会治疗为代表的后现代建构主义心理治疗的兴起及其对现代心理治疗的反思和批判，标志着西方文化对人类自身的认识正在发生变化，开始摒弃现代主义的欧美中心、人类中心、个体中心、科学霸权、理性至上等观念，重新回归人之为人的社会性、文化性和历史性，重构东西沟通的桥梁，这也为后现代心理治疗的本土化转变带来了契机。心理治疗领域的这种后现代转向，一方面表明了我们在本土心理学和心理治疗的发展中要树立大科学观的视野，关注心理学的对象“人”不同于“物”的独特性、社会性、文化性和历史性，另一方面也昭示我们在心理治疗这一领域，不能盲信盲从、全盘西化，而应采取“拿来主义”的态度，救弊择善，立足本土，躬于实践，在实践中开创发展自己的本土心理学和心理治疗行之有效的方法，这样才能少走弯路，更好地为人类的健康事业做出贡献。

第二节　叙事疗法

叙事心理学是后现代心理学的理论形态之一，叙事疗法是随着叙事心理学的兴起而出现的一种治疗方法，因而也是后现代心理学的治疗理论与方法的有机组成部分。本节先介绍叙事心理学，然后介绍叙事治疗。

一、叙事心理学

1．叙事心理学的兴起

20世纪五六十年代，现代西方社会进入后工业阶段。科技和经济迅速发展，知识空前膨胀，在自然科学“全面侵占”的处境下，人文科学阵营变革缓慢、步步退却，使资本主义二百多年发展积淀的经济、政治、文化之间的根本对立、冲突日益尖锐起来，传统的权威、信念和人际紧密的关系荡然无存，社会杂乱无章，危机四伏。在这一背景下，后现代主义崭露头角，因反叛扬弃现代主义而成为风靡当代西方的“显学”。它以否定、超越西方近现代主流文化的理论基础、思维方式、价值取向为基本特征，以“去中心”和“多元化”，提倡差异性与创造性为基本精神。[①]

具体到心理学领域，心理学的目的并不在于探求各种心理现象和心理机能的一般法则，相反，心理学家要做的是“努力尝试着去揭示文化、历史中显露出来的当代行为模式”[②]。站在后现代的立场上，人绝不单纯地只是生物有机体，不是以不变性和恒常性为特征的现象主体，更不仅仅是“刺激—反应”的体现者；心理现象也不应该被看做是一系列不变的、恒常的、反映着某种因果关联的事件。相反，人及其心理现象是一个文化的载体，是通过与他人、与社会之间的相互作用（互动）而建构起来的关系集合。因此在对人及心理现象的理解这一问题上，后现代主义者主张应该从历史的、整体的、

① 乐国安等：《社会治疗的理论和方法》，《南开学报》，1999年第6期，第46页。
② 叶浩生主编：《西方心理学研究新进展》，人民教育出版社2003年版，第278页。

以个体的文化背景为基础的角度进行理解，着力探寻个人的意义、价值观以及经验世界。

在这样的背景下，迈克·怀特(Michael White)等人认识到现代的心理治疗学派所持的决定论、因果论、诊断与治疗方式都不能很有效地帮助来访者解决问题。他们在长期的家庭治疗实践中发现，来访者症状背后的原因是复杂的，往往是来访者主观建构的，并且站在不同角度的人看问题的真相也不一致。同一个来访者的问题，精神分析学派认为是童年创伤经验所致，行为学派认为是有效学习训练不足或奖惩不当造成的，认知学派认为是不合理的认知导致的，人本主义则认为是缺乏应有的尊重和接纳。因此，各种心理治疗流派用语言建构出来的心理治疗假说，往往是管中窥豹、冰山一角，充其量如同瞎子摸象得出的片面认识。在后现代主义心理治疗师的观念中，任何求治者都是一个特殊的个体，每个人都有独特的成长环境和人生经验，而将其诊断归类为某种精神疾病并采用所谓正确治疗方案的传统经验模式是不适当的，心理治疗应是个别化而非普遍性或系统化的。通过对现代各种心理治疗流派的批评与解构，应用社会建构主义并借鉴结构主义叙事论，“运用故事的隐喻，把众人的生活当成故事，以有意义且能实践的方式，体验他们生活的故事，以此治疗他们；以社会建构的隐喻，以人和人、人和习俗制度间的互动，建构每个人的社会和人际的现状，并把焦点放在社会现状对人类生活意义的影响上”①。1986 年，美国心理学家萨宾(Sarbin)主编了《叙事心理学：人类行为的故事性》。该书集中于一个观点：故事是修整经验和指引判断与行动的基础，②标志着叙事心理学正式成为一支独立的心理学分支。从此，一种富有后现代主义精神且真正“以人为本”的后现代疗法应运而生了。③

2. 叙事心理学的主要观点

(1) 什么是叙事？

所谓叙事，就是人们将各种经验组织成有现实意义的事件的基本方式，它赋予原始素材以情节结构，为生动经验的存在提供了一个载体和框架。简言之，叙事就是讲故事。通过我们讲的和听的故事，人类的全部经验才得以保存和诠释，这一过程实际上便是一个生活意义的建构过程。④ 我们可以

① Freedman, J. & Combs, G. (2000).《叙事治疗》，台北：张老师事业公司，第 26 页。

② John, D. & Lee(1996). *Life and Story: Autobiographies for a Narrative Psychology*. Praeger Publishers, p. 28.

③ 吴熙娟著：《最新又潜力无穷的疗法·叙事疗法导读》，张老师事业公司 2000 年版，第 3～5 页。

④ 尤娜、叶浩生：《叙事心理治疗的后现代视角》，《心理学探新》，2005 年第 3 期，第 7 页。

通过下面几个方面来理解叙事的文化生成过程。①

首先，叙事是各个时代和不同文化中的人们组织已有经验并赋予其意义的一种基本方式。其次，叙事是在我们与他人的关联中形成的。从这个角度说，叙事其实是一个我们的感知与他人的理解两者之间的互动过程。因此，我们一方面通过叙事塑造了我们生活于其中的这个世界，另一方面还在一个他人群体的语境中创造了我们自身的"现实"。再次，叙事不仅是在与他人对话的过程中产生的，而且叙事本身就是我们与他人的一种对话。在对话过程中，我们会逐渐地"展现出"我们的自我，我们的身份（包括社会身份和个人身份）由此得到界定。从这里可以看出，后现代主义把自我看做是一个叙事的建构过程而非一个具体化的实体，个体一旦形成了一个关于生活的故事后，这个故事本身及其形成过程就会成为个体的自我同一性。简要地说，个人自我其实都是故事式的自我。离开了叙事，便没有了心理学意义上的"同一性"。

然而，叙事是建构的同时也是一个解构过程。解构观念源自于康德、胡塞尔、海德格尔以及维特根斯坦等人的哲学传统，而德里达对解构做出了独特的论述。他认为解构不但要摆脱形而上学的那种非此即彼的思维方式，还要从根本上超越原来的那套话语系统，启用另一套话语系统来思考问题。在这里，德里达的解构哲学要反抗的是"逻各斯中心主义"，即否认有一种固定不变的意义秩序，认为与"存在的"和"在场的"相比，"可能的差异"和"缺席"（不在场）才是真正重要的东西。因此，在解构的话语中，被解构的东西并非变得完全无效，而是变得流动起来。换言之，事物不再是非此即彼，而是各不相同的。世界上只有差异和变化。

根据德里达的观点，语言这个符号系统没有天生的积极或者消极的价值，价值只有通过我们的意义生成之后才能赋予它们。一个语词的存在自动地包括了它自身和与之有关联的那些"不在场"语词之间的差异，通过与文本在场相反的那些语词和那些不在场的词及意义之间的差别，人们就会对同一事物的属性达到多重的理解。格根也曾指出，一个人永远不可能真正了解自己的意图，也不可能真正了解他人的意图，唯一的可能就是会产生多样的解释。理解不是通过对深层结构、潜在或者无意识材料的审察产生的，而是产生于个体之间的互动。因此，叙事的核心就在于把理解的观念从个体的理解转移到观察者和被观察者之间的互动场所：一个对现有理解重新建构的过程。

---

① 尤娜、叶浩生：《叙事心理治疗的后现代视角》，《心理学探新》，2005 年第 3 期，第 7 页。

在德里达、福柯和罗蒂工作的基础上，语言在后现代主义中扮演着一个重要的角色。语言并不反映现实，但每一种语言在每种局部情境中都提供了其自身的实在。个体自身作为一个言说者，要让位于作为媒介的说话者。文化本身是通过具有媒介作用的说话者而被表达出来。因此，语言把权力下放给个人。语言不是信息的传播者，而是对文化的叙事，是一个故事，讲故事者与听故事者相互确立他们各自在社会秩序中的位置。叙事的作用是保持团体的价值和社会秩序，而使用语言的参与者仅是团体一部分。放弃了对普遍真理和意义的追求，强调交流，文化为叙事者找到了一个新的角色。叙事者不只是向听者传播信息，两者在社会秩序中重新界定了自己的位置。①

(2) 叙事在心理学研究中的应用。

"叙事心理学"名称本身是否意味着一门新的心理学分支的出现并不重要，重要的是叙事方法应在心理学研究中被加以肯定和接受。事实上，叙事作为一种方法在心理学研究中早已被应用，有着不可替代的作用。中国学者施铁如总结叙事在心理学研究中的应用如下。②

首先，叙事可以帮助研究者从心理学研究中获得深度资料。叙事资料作为数据资料的补充，可以通过对具体个案的深入剖析而使研究能够揭示出一般的规律或独特的意义。事实上，在心理学研究中一直就有着对叙事材料分析的做法。早在 1903 年伍德沃斯对思维过程的研究，就以其两个小女儿解答简单问题的口述报告作为分析材料并得出有关的结论。认知心理学采用"出声地想"的方法分析思维的"黑箱子"。"出声地想"是由纽厄尔和西蒙在 20 世纪 70 年代初开始使用的重要方法。例如，他们通过分析被试解决密码算术题的口述报告，了解问题解决的一般思维过程。更大量地依赖于叙事资料的研究恐怕是心理咨询与治疗领域。其中弗洛伊德就对叙事资料非常重视。早在 1895 年，他创造的自由联想法，让患者如实报告自由联想到的一切，然后由心理分析家对之分析解释，从中找出患者潜意识中的矛盾冲突，即疾病的起因。弗洛伊德还通过释梦，分析患者诉说的生活经历，以获得对心理问题的洞悉。还有的研究者是从历史、文学文献中获取叙事资料进行有关心理研究的，例如荣格主张通过分析神话了解集体潜意识，认为通过考察神话中的妇女观念，诸如罪恶之源夏娃、祸害之源潘多拉，就可以理解当代人对妇女的态度。

① Noel W. Smith 著，郭本禹等译：《当代心理学体系》，陕西师范大学出版社 2005 年版，第 204 页。

② 施铁如：《后现代思潮与叙事心理学》，《南京师大学报》，2003 年第 2 期，第 91 页。

其次，叙事可作为现实生活中的干预手段。叙事总是与反思联系在一起，我们在叙说生活故事的过程中，也就审视了自己，以理想我评判和要求现实我。这种反思或审视是一种内源性的干预，使我们更加自律，对我们的生活更加负责。里克尔把这种责任感作为他的“叙事认同”概念的核心，认为自我在叙说生活故事的过程中得以存在。[①] 这种存在是动态的存在，是自我走向成熟、完善的过程。

作为一种干预作用，叙事较多地用于心理治疗。弗洛伊德就采用过“谈话疗法”。他在与病人面对面交谈的过程中，让病人自述患病经过，达到宣泄的目的。赫尔曼斯(Huber J. M. Hermans)把患者的叙事作为治疗的核心。他认为，“鼓励变化的最好策略不是强调改变的必要性和紧迫性，而是关注患者的个人经验的本性。许多人渴望改变并有意地努力于此，但失败了。因为大量的压力、紧迫、失望的感受会阻碍变化的进程而不是促进它。变化的过程需要一系列的自我反思和关注”。“当一个患者说了一个个人故事，他就对某一事件给出了特别的关注。这事件反映了个人的意义。治疗师与患者一起分析这些故事的内容和组织。当故事说了又说时，患者所关心的东西、问题和目标就发生了变化。这构成了治疗过程的基础。”[②]如果说倾听具有心理治疗的作用，那主要是因为它提供了人们叙说自己个人经历故事的机会。在这一过程中，被压抑的情感得到宣泄，更主要的是个人的意义、观念得到重组。倾听在这里起的只是引导叙事的间接治疗作用。

此外，叙事还可以作为研究成果的一种表述方式。个案分析就是一种叙事表达方式。它通过叙述围绕着研究对象的一系列事件所构成的故事，展现出问题、原因、对策和结果，使人们从中得到启发。自传或传记也是一种叙事表达方式。弗洛伊德在其《自传研究》中就比同代人或后来者更为坦率和公开地描述自己的生活，展现了作为一个精神分析学派创始人的思想历程。而后来由斯通写的传记体小说《弗洛伊德》在 1972 年出版后，立即成为轰动西方的畅销书。另外由约翰·李(D. John Lee)主编的题为《生活与故事》(副标题为《关于叙事心理学的自传》)一书，是一本自传式的介绍叙事心理学的文集。自传或传记展现给我们的不是一堆枯燥的概念，而是有血有肉、充满生命气息的人类心理世界本身。

作为研究者，以叙事方式写作不一定在研究的结束阶段，它往往贯穿于

---

① Crossley, M. L. (2000). *Introducing narrative psychology: self, trauma, and the construction of meaning*. Open University Press. p. 26.

② Huber, J. M. Hermans. (2002). The person as a motivated storyteller: Valuation theory and the self-confrontation method. http://www.socsci.kun.nl/hermans/Polyphony.html.

研究的始终。在这中间，可能是研究过程的片段，或者是叙事资料的整理与随感。最重要的不是写出了多少闪光的观点，而是进入一个个不间断的思考过程。“我写是因为我想知道在写之前我不知道的事情。”[①]因此，对于研究者自身来说，叙事方法具有收集整理资料功能、反思与重组观念功能以及成文的功能，它们往往融合在一起。这样最后形成的文章，展现的不仅是思维的结果和研究的结论，且还包括更具价值的思维和研究的行动历程与心理历程，从而给读者，还有作者自己以更深刻的启示。

(3) 叙事：理解生活的途径。

20 世纪 80 年代，许多社会科学学科采用叙事方法和叙事概念研究在一定社会文化背景中的人类生活——生活世界。叙事理论认为，生活中充满了故事，人的每一经历就是一个故事，人生就是故事发展的过程。一方面，故事使我们认识世界、他人和自己。没有人们对所发生和经历的各种事件的叙说，我们就无从知道世界发生了什么，以及人们所想所做的心理历程；另一方面，故事又以它所传递的社会文化规范、风俗习惯塑造着每一个人。这充分展现了故事在个体社会化过程中的强大力量。叙事的这种功能，使它必然为心理学所关注。根据杨锐和赵宗金的总结，叙事心理学为理解生活世界提供了更广阔的视野，可以从叙事思维、叙事主体、叙事方法角度进行考察。[②]

第一，从叙事思维理解生活世界。事实上，20 世纪哲学在从语言学转向，到解释学转向，再到修辞学转向的一系列转向中，语言始终是一个中心。20 世纪早期维特根斯坦在其《逻辑哲学论》中围绕七大命题建构了其语言的世界：世界是事实的总和，语言是命题的总和，语言和世界又是同构的，因此，语言是世界的图式。20 世纪后期，美国当代著名哲学家罗蒂从解释学视角提出其主张：哲学的本质不再是一种探索理性的世界图景和阿基米德式的理智活动，而是人类多种对话中的一种；哲学的方法不再是论证的或提供证据的，而是一种文明的、启示的、智力的、显现的、兴奋的对话，应以文学风格代替科学风格；哲学的目的不再是发现客观真理或追求绝对基础，而是保证对话的有效进行。

美国学者阿兰·盖尔指出，随着利奥塔德对现代性之“宏大叙事”的消解与批评，宏大叙事就逐渐失去了其显赫的地位。与叙事危机相伴随的是

① 陈向明著：《质的研究方法与社会科学研究》，教育科学出版社 2000 年版，第 340 页。

② 杨锐、赵宗金：《叙事心理学：理解生活世界的中介》，《吉林省教育学院学报》，2006 年第 3 期，第 62 页。

叙事学(即对叙事的系统研究)的可观发展。传统叙事在行将消亡时成为研究兴趣的关注点,只要学术著作和期刊允许,它们的重要性就得到声势浩大的宣扬。心理学家杰罗姆·布鲁勒指出,叙事是一种在逻辑和科学行使功能之外的补充方式,即是组织经验、理解世界、构造现实的一种方式。①

20 世纪后期,作为心理学后现代转向基础的后结构主义变得非常流行。心理分析学者拉康等人视“个人和自我为由语言包装起来的东西”,认为后现代主义的任务就是“解构”言语结构和社会—历史叙事,以便发现我们的知识实际上以什么为基础。后现代主义的一个核心观念是:知识不是由逻辑或理性所确定的,而是由语言的迂回曲折所确定的。虽然我们可能相信我们自己是语言的驾驭者,但更合适的说法是语言驾驭着我们。波特和韦瑟雷尔在其颇有影响的《话语与社会心理学》一书中指出,人们使用语言“做事”和获得一定结果。语言不仅仅是用以描述事物的抽象工具,它更多地用于建构自我和世界,并因此使事件发生。

与此同时,后现代叙事理论也开始取代了传统叙事理论的地位,不再将叙事作品和内在结构作为叙事研究的客体,而是研究叙事活动中的意义构成。所以在 1987 年以后所出版的关于叙事研究的书名不再用“Narratology”,而用“Narrative Theory”或“Narrativity”这样的词汇,宣称叙事无所不在,是一种思维和存在方式。这种叙事思维进入到心理学领域中的意义就在于以此来寻找理解生活世界的通路。人与生活世界之间存在有意义的关系,而叙事是意义的建构,两者以叙事为中介建构起了人对生活世界的理解。叙事的平民思维和话语方式被推上心理学研究的大雅之堂,不再被作为一种工具或一种研究对象,而成为理解我们日常生活世界的一种思维方式。它的目的不是为了推翻以前的研究,而是说明“真理”离开其产生的具体条件和语境就没有办法阐明“事实”。

第二,从叙事主体的角度理解生活世界。利希利希(Amia Lieblich)认为,人们天生就是故事的叙说者。故事使人们的经验一贯和连续起来,并在与他人的交往中发挥核心作用。了解内部世界的一个最清晰的频道是通过口头叙述,由个人叙述关于他们的生活和所经历的真实故事。一方面,故事临摹生活并展示内部真实于外部世界;同时,故事也塑造和建构着叙事者的自我与人格。一个故事通过生活而得以创造、叙说、修改和再叙说,展示了通向理解自我统一性的入口。自我与生活通过叙事建构起各自的意义,这种叙事主体所显现的真实和统一性则为全面有效地理解生活世界奠定了基础。

① 转引自王治河主编:《全球化与后现代性》,广西师范大学出版社 2003 年版,第 207 页。

如何体现主体真实性？叙事凸现一种强烈的作者意识，把原来在物理时间、物理空间演述的故事、性格化的人物尽可能归理、整合于作者意识之中，进行一种统一的人格化的叙述。在叙述上突出主体意识的渗透和方法论的意义，话语概念里强调的是“作者意识”而不是“作者”。文学叙事理论将这种使叙述升级的话语意识称为“元叙事”。这一类型的元叙事是最为哲学化的一种叙事规范。

而主体统一性的考察是在对经验统一的考察基础上确立的。从行为主义、人本主义及心理分析或心理动力学观点中都可以发现，自我是作为实体存在着的，并作为自然和物理的对象被发现和描绘出来。根据后现代心理学的观点来看，这是不正确的，因为它们没有考虑到每日生活世界中由语言所扮演的建构的角色。通过使用这样的语言，我们可以根据日常生活的实践和道德任务，经常不断地解释和改变我们自己和他人的行为。在后现代心理学的视域中，自我被看做是可解释的、变化的、相对的、流动的、不同的现象。人类自我和个人经验由于历史的、文化的和现实语境的不同而迥然有别，因而不能得出一个普遍的结论。因为缺乏一致性和恒久性，所以后现代宣布主体死亡，取而代之的是这种在生活世界中构建的主客体的统一。

生活中充满了故事，人的每一经历就是一个故事，人生就是故事发展的过程。每一个人都是自己故事的叙说者。在自我叙事中讲故事的是“我”，故事的主人公也是“我”。这两个“我”都是自我的不同侧面。自我具有多侧面、多角色、多身份的特点。这多身份的“我”各自有独特的观点，他们以对话形式交互作用。当一个人在讲自己的故事时，是“主体我”以“客体我”为主人公来构造故事，也是“主体我”对“客体我”的审视和反思。多种“我”构造了一个统一完整的自我统一性，在构建过程中理解作为“客体我”一部分的生活世界，同时也成为“主体我”的指向，“主体我”对“客体我”的审视和反思就是在理解生活世界的过程中进行，或者也可以说在这个过程中理解生活世界。

第三，以叙事方法理解生活心理学。现象学和存在主义的方法对叙事心理学的观念有特殊影响。按照现象学的观点，我们适应这个世界是通过每日的生活获得的时间一致性、关联、秩序以及经验的统一体。如果仅将人类经验定义为叙述故事，那是不是将经验看成是纯粹的独立事件的连续，一件接着另一件？卡尔区分了三种水平的人类经验：被动经验、主动经验、自我经验。在每个水平上，人的经验都被视为一种复杂的时间结构，有着类似于分层结构的构造。当我们经验时间时，我们只能将它视为一个过去、现在、未来的相关结构来经验它。

二、叙事心理治疗

1. 什么是叙事心理治疗?

公正地讲,到目前为止对叙事心理治疗恐怕还没有一个明确的定义。有的研究者①认为,它并非一种治疗方法或者一个心理治疗的理论体系,也不是一套心理治疗技术或某种特定治疗情境中的独特对策,同时它也不是某一套治疗方法或技术的发展形态,更不是某个人或某些人的专利,也不为某个学派所独有。但同时,叙事心理治疗又含括在以上所述的各个范畴之中,不能与这些范畴相剥离。那么它究竟是什么呢?

爱泼斯顿(David Epston)认为,指叙事心理治疗可以被视为一种世界观,或者可以这么说,但这还不够。或许它是一种认识论(epistemology)、一种哲学、一种做事的方法(commitment)、一种政治、一种伦理、一种践行、一种生活等。②

埃里克·斯温(Erik Sween)认为对"叙事心理治疗是什么"这个"大问题"可以试着作如下回答:③

(1) 通常这种探讨的过程中会发现一个人生活中容易被忽略的故事——令他感到惊喜的辉煌史。

(2) 每一种心理治疗的方法,都以生活的某个方面作为研究的基本单元,比如行为主义治疗关注行为,认知疗法关注思维正确与否,叙事心理治疗将故事看做基本的经验单元。

(3) 叙事心理治疗认为人们透过有关他们自我的某些特定故事来看生活经验,就像摄像机透过镜头录像那样。这些故事有种过滤作用,它们会将某些生活经验作为焦点,而将另外的经验滤出。不管实际情况出入有多大,这些有关身份的故事都会极为稳定。

(4) 作为人,我们不可避免地是意义的创造者。我们有某种体验之后就会给它附加一种意义,这就是故事。叙事疗法对我们生活其中的故事——那些关于我们是谁的故事和什么最重要的故事——非常感兴趣。叙事心理治疗要发现这些故事,理解它们、复述它们。

---

① 李明:《后现代叙事心理学探幽》,《医学与哲学》(人文社会医学版),2006 年第 8 期,第 33 页。

② White, M. (1995). *Re-authoring lives: Interviews and essays*. Adelaide, South Australia: Dulwich Centre Publications. p. 37.

③ Sween, E. (2006). The One Minute Question: What is narrative therapy? —Some working answers, http://narrativespace.com/sween.html.

(5) 很多心理学非常强调个体自性化的过程。他们认为一个人内部世界的构建几乎是由他自己完成的。叙事心理治疗的理论与这种观点恰恰相反。叙事心理治疗认为身份认同是一个人与他人,与自己的历史,与文化之间的交流过程中的一种共建。叙事心理治疗关注社会构建出的身份(认同)适合一个人的程度。

(6) 叙事心理治疗要理解塑造个人生活的故事或主题。叙事心理治疗认为,只有那些属于更大故事一部分的经验才对一个人的生活经验(lived experience,被经验的生活)具有重要的影响。所以叙事心理治疗重视建立一种情节(plot),统和一个人的生活经验。

(7) 一个人的生活中充斥着不可见的故事线索。叙事心理治疗要找出这些故事线索并扩大它们。有些提问方式被用来将谈话集中于对一个人的生活有重要意义的方面,通常包括意向、有影响力的关系、转折点、被珍视的记忆和这些方面之间的关系。

埃里克·斯温认为这张单子还可以无限地列举下去。他说如果你能用三句话说清楚什么是叙事心理治疗,那么你就还没有真正理解叙事心理治疗。

萨克斯博士认为叙事心理治疗在家庭治疗领域的理念与实践可以分为两路:(1) 诠释学的/对话的思路——关注诠释与对话在意义构建中的核心作用;(2) 通过谈话重写生活故事的思路——强调以特殊的谈话方式可以揭示元叙事,并发现独特成果(unique outcome)。①

叙事心理治疗的评价手段是合作评价。它让来访者与咨询师一起面对问题,而不是要咨询师与来访者相互对立。这样一来,来访者就从与咨询师的争辩中解脱出来,可以直面问题。实述(thick narrative,即在背景中呈现问题情境,承认问题的多面性,联系丰富,多种可能)与虚述(thin narrative,诊断和分类)比例的正向变化是评价的标准。

概而言之,我们可以说叙事心理治疗在从系统隐喻向叙事隐喻转变的大背景之下,以故事作为核心隐喻,强调生活经验的关联性与多样性,由家庭心理治疗领域开始,推及社区工作、教育教学、司法刑侦、心理咨询、危机干预、影视媒体等各种人文社会领域,影响澳洲、北美、欧洲、亚洲等国家和地区心理学界的许多学者,在文化共享方面具有独特优势的心理干预研究与实践的取向。②

---

① 李明:《后现代叙事心理学探幽》,《医学与哲学》(人文社会医学版),2006 年第 8 期,第 33 页。

② 李明:《后现代叙事心理学探幽》,《医学与哲学》(人文社会医学版),2006 年第 8 期,第 34 页。

2. 叙事心理治疗的基本理念

(1) 传承社会建构主义的内涵。

任何一种心理治疗技术都有关于现实与人及其关系的基本理念和世界观。[①] 叙事治疗的创立者在此问题上坚持社会建构主义的立场。现代科学认为现实是可知的，人类对现实的成分和运作可以准确而重复地发现、描述并运用，进而寻找和揭示物质世界与物体的规律。如将现代科学修理电器的做法迁移到对人类心理障碍的治疗上，即以把握物体规律的方式来对待人时，人就好像处在生产线上，人会觉得自己像机器一样。虽然一粒药或一种技巧可以使人的功能变好，但也可能将自己变得更差。叙事治疗家认为，这种现代主义的世界观强调事实、可重复的过程和普遍适用的法则，很容易忽视每个人的独特性和可变化性。当以现代主义理念视人为"客观的实在"时，就会把人当成物体来对待，也迫使他们进入消极被动的接受状态。后现代主义者相信，人类观察并描述世界的能力有其差异性和局限性。现代主义者关切的是事实与通则，而后现代主义关切的则是意义。在他们探究、考察意义时，发现人性的隐喻远比 19 世纪物理科学的现代主义式的隐喻更有用。

叙事治疗家奉行如下几个重要的基本理念：① 现实是社会建构出来的。他们在治疗中依据后现代世界观，其核心原则就是信仰、法律、社会习俗、饮食习惯等所有交织而成的心理"现实"，都是长期的社会互动造成的。人们在彼此的互动中，建构、调整并维持其真实而有意义的社会现实。② 现实是经由语言构成的。基于现代主义的世界观，语言被视为主客观世界间可信与准确的连结。"在外面"有个真实的世界，我们能凭借语言了解它，可以用语言毫不含糊地代表外在的现实，并且把内在的表征精确地反映到外在的现实上。后现代主义者的观念则不同，把焦点放在语言如何组成我们的世界和信念上，认为社会是在语言中建构其现实。言语并不是中性或被动的，每当我们说话的时候，是在揭示一个现实，每当我们以言语表达时，就把言语所产生的区别予以正当化。对心理治疗师而言，工作的重心在于，不管是信念、关系、感受或自我概念的改变，都牵涉到语言的改变。语言的变动性使治疗师与来访者之间对话，充满发展新语言的机会，因而可以把有问题的信念、感受和行为转化协调出新的意义，以新的语言描述自己的生活经验，因此产生许多新的可能性。③ 现实是以故事来组成并得以维持的。叙事治疗家从人类学研究与文学叙事中得到启示，认为如果我们存在的现实来自

① Freedman, J. & Combs, G. *Narrative Therapy*. 台北：张老师事业公司，2000 年，第 67 页。

于我们所使用的语言，现实因作为我们生活和述说的故事才得以保持生机并得以传承。人们对自己和世界的认识，之所以能得以组成、维持并交流，叙事起了核心作用。治疗师与来访者的对话可以视为故事般的叙事。对话好像任何故事一样，是由内容的形式和情节组成的。就像任何故事一样，治疗对话成为处理人们的困境、问题和寻求解决问题方式的有益尝试。他们治疗的方式是引导来访者为自己的与众不同而庆贺，并根据其生活的特殊性发展叙事，并在生活中表现出来。④ 世间没有绝对的真理。叙事治疗家认为，在社会建构主义的世界观中，由于无法客观地认识现实，所以我们能做的是诠释经验。诠释既有经验的方式有许多可能性，可是没有哪一种诠释是“真正的”真理。现实主义的世界观会使人们关闭不同的选择，以举世通用的诠释有条理地进行治疗，后现代主义却引导人们以多元性、多样性进行思考，以包含不同意义的不同观点重述相同的“事实”。因而在后现代“多元世界”中的各种故事和各种可能性中，叙事治疗相信并没有“绝对的”真理。在心理治疗中，来访者的“自我”概念是经语言而成的社会建构，并以叙事得以维持。自我并不存在于个体之内，而是发生在人与人之间的互动或合作之中。叙事治疗师进行心理治疗并不是寻找必然的自我，而是揭示不同的自我经验，并根据其背景，区别哪些自我是他们较喜欢的选择。所以，治疗师是帮助人获致可以支持“较喜欢的自我”成长和发展的适宜叙事。

（2）通过故事改变生活。

叙事治疗者认为，人们理解自身经验的方式对他们的生活有着重要的影响，而故事则有助于他们赋予构成其生活的各种离散事件以连贯的意义。人们的生活故事决定了经验的意义，也决定了人们要选择生活经验中的哪些方面来赋予意义。隐含在这些故事或叙事之后的，是对某种生活方式、关系类型和自我塑造技巧提供支持的生活知识。所以，故事也就不仅仅是“故事”本身，它还构成或者说塑造了人的自我和生活。而改变自我和生活，也就意味着改变故事。①

不论哪种故事影响了人们，它都能创造出与之相匹配的自我观念。因此，人的自我是多向度且蕴含多种故事的。但是，不是每种故事对人都有同样的影响力。由于社会中主流话语的存在和传播（通过媒介、教育机构、专家体系及许多传统心理治疗流派等），人们习惯或是被迫（不论是有形还是无形、被感知还是不被感知）以主流话语的尺度和要求来看待世界和自身，并形成所期待的自我版本和生活故事。而一旦这种故事在人心中扎根并逐

① 汪新建、吕小康：《叙事家庭疗法：以治疗解构文化》，《社会科学战线》，2005 年第 5 期，第 276 页。

渐控制人对自己和他人的看法、行为时，人们对自己生活的“厚描述(thick description)”①和丰富的个人特殊历史和文化传统就不能得以展现，他们也就不能生活在自己更喜欢的方式中，这便导致了问题的产生。

此外，主流叙事也不能完全覆盖个人丰富的生活经验。叙事治疗者借用社会学家的术语把它称之为“独特的结果”(unique outcomes)，它们包含了个人的希望、梦想、对问题故事曾有的反抗和挣扎。如果来访者能通过外化问题(这点我们将在下一部分进行详细论述)脱开主流故事的控制，就能发现这些独特结果的存在。借助对独特结果的聚焦、强调和放大，人们就可以赋予这些结果以意义，并组织成连贯的故事。有了这种新的可行故事之后，就能表达出原来处于主流叙事阴影之中的生活经验，反思这些经验对自己生活的真实影响，促进人们对新故事的修正和延伸，找到最适合自己的方式进行生活。因此，治疗者的任务就是创造一种合适的情境，帮助来访者对原来主导自己认知和生活的故事进行解构，使他们能注意到这些经验的存在并进行新的诠释，从而建立起新的更符合自己的故事，脱离限制性或压迫性故事的控制。在整个治疗过程中，叙事是作为一种“文化载体”(vehicle of culture)②出现并起作用的。故事必处于特定的社会、文化和历史环境中，它们不是凭空产生的。借助于叙事这种方式，我们可以认识蕴含于故事背后的文化、历史知识及习惯。因此，在对原有故事进行“卸载”(unpacking)时，也就绝不仅仅是对由这种故事所造成的来访者之负面认知进行解构。在这一过程中，故事内含的关于生活、思想和世界的假设也逐渐变得清晰起来，日常生活中许多习以为常和未经质问的对生活的理解成为被审视的对象，它们不再被认为是关于生活和人性的确凿无疑的真理或事实。由此，被怀特称之为“人们经验的政治学”(the politics of peoples' experiences)也就成了一个可以讨论的话题了。③

同样，在“重新创作”(re-author)故事的过程中，我们也不仅仅是在对人的生活重新构造一个故事，而是把它作为对另外一种存在方式和思维方式的代表，从而创造出一种合适的情境，使人们对自己生活的丰富描述成为可能。在这一转变过程中，一定的交流和分析技巧固然是必需的，但它们并不是治疗成功的秘诀所在。相反，促成转变的关键在于治疗者对来访者解决

① Geertz, C. (1973). *The interpretation of cultures*. New York: Basic Books. p. 127.

② White, M. (2004). Folk psychology and narrative practice. In: Angus, L. & McLeod, J. (ed.). *The handbook of Family Therapy: Practice, theory and Research*. Thousand Oaks: Sage. p. 67.

③ White, M. (2004). Folk psychology and narrative practice. In: Angus, L. & McLeod, J. (ed.). *The handbook of Family Therapy: Practice, theory and Research*. Thousand Oaks: Sage. p. 67.

问题能力的深信不疑和对来访者坚定不移的信心。对治疗者而言，选择合适的问题和技巧远没有时刻保持解构和解放的精神来得重要。

3. 叙事治疗的主要技巧及方法

叙事治疗主张兼容并包，詹姆斯(T. James)指出，只有运用叙事观才能将各种治疗策略及方法有机地结合，以使治疗过程更加具有弹性，不同治疗师在具体应用时必定会存在差异。① 一些常用的咨询技巧，如询问、质疑、解释、阐述及忽视等常会被运用到。国内学者刘亮、赵旭东等列举并分析了常用的几种方法和技巧。②

(1) 抱着不知的态度。

治疗师应该抱着"不知"(not-knowing)的态度，③把自己的专业视域搁置在一边(悬置判断)，引导治疗从"不知"开始，把来访者当做他自身问题的专家，不把自己的故事强加给来访者。这并不是说治疗师缺乏专业知识和治疗技巧，而是说他或者她尊重来访者的述说，与故事同步，并竭力避免以一套既定的观点或程序来控制治疗过程，避免让自己潜意识中的"专家"身份左右或掌控治疗过程。无论是询问、表示关心或提出建议，都是以一种新的方式表现出来的，这种方式传达了一种试探和愿意接受的姿态，描绘了尊敬的态度以及对他人和新事物的开放性。④ "治疗师应该弄清自己内心的体验，应该懂得自己的内心对话会对治疗性谈话产生的影响，并在治疗中加以注意。"⑤那么，怎样才能在治疗中达至"不知"呢？针对这一点，著名家庭治疗师安德松和哈罗德提出以下方法：⑥① 对当事人所讲述故事的各个方面保持质疑。② 避免被正常家庭生活的传统观念所禁锢。③ 采用接纳性的语言与来访家庭交流，即对各个家庭成员述说的故事都感兴趣，不以命令式的口吻对家庭成员的故事加以评论，并能不加挑战地接受。④ 不应先入为主地理解。治疗师不应常说"嗯。我明白了"，而应说"怎么说"、"愿闻其

---

① James, T. (2002). Postmodern implications for theoretical integration of counseling approaches. *Journal of counseling and development*, Vol. 80, pp. 318～332.

② 刘亮、赵旭东、缪绍疆：《后现代主义下的叙事治疗及其临床应用》，《上海精神医学》，2007 年第 4 期，第 233～235 页。

③ Harlene, A. & Harold, G. (1992). *The client is the expert: A not-knowing approach to therapy*. London: Sage Publications. p. 25～29.

④ Harlene, A. (2005). Myths About "Not-Knowing". *Family process*, Vol. 44, pp. 497～504.

⑤ Peter, R. (2005). The Therapists' Self in Dialogical Family Therapy: Some Ideas About Not-Knowing and the Therapists' Inner Conversation. *Family process*, Vol. 44, pp. 477～495.

⑥ Harlene, A. & Harold, A. (1988). Human Systems as Linguistic Systems: Preliminary and Evolving Ideas about the Implications for Clinical Theory. *Family process*, Vol. 27, pp. 371～393.

详”、“我不太明白，你可以说得更具体详细一些吗”、“我并不完全明白你的意思”等。这样，隐藏的故事才会浮出水面。⑤ 提出激发思绪的问题。比如，“如果明天一早起床后你的病一下子就好了，你会怎么样生活”，“如果你们夫妻俩有一周不吵架，生活会是怎么样的”。⑥ 创造一种允许问题向不同方向发展的讨论氛围。

不要明确地表示支持某个成员，而应对每个成员的所讲表达接纳的态度，让每个人说出自己的故事。只有这样，才能引出、澄清对家庭关系混乱的观点。

(2) 将问题与人分开，直接处理问题本身。

传统的心理治疗习惯于给来访者贴上“病人”的标签，这会让来访者从一开始便抱有“我本身就是问题”的负担，不利于其利用自己的积极资源解决问题。常见的情形是治疗师和来访者以及其家庭和社会环境共同造就了这样一个所谓的“病人”。比如，以系统家庭治疗的观点来看，在一个问题家庭中，由于被认定病人(IP)只是问题家庭症状的替罪羊，给来访者戴上某个疾病的“帽子”，只会使 IP 和其他家庭成员更加确定问题只出在 IP 身上，他们不会考虑家庭在造成 IP 症状中应负有的责任。

叙事治疗师认为不存在真正的“病人”。在治疗过程中，与其耗时费神地寻找某个有问题的人，不如直接关注当下问题本身。将问题和人分开，把贴上标签的人还原，让人是人，问题是问题。问题外化之后，当事人没有了心理上的负担，转而就有能力去解决自己的问题，同时治疗师可以集中精力解决问题本身，这和系统家庭治疗所提倡的资源取向观点相一致。[①]

在具体应用中，治疗师可以通过帮助来访者把问题看做一个客体“它”来达到问题外化的目的，我们看下面的临床案例：

来访者：我拖累了家人，家里现在被我搞得不成样子了。

治疗师：如果抑郁症没有缠住你的话，你家里会变成现在这样吗？

来访者：我想不会。

治疗师：如果它不纠缠你了，你觉得你的生活会恢复正常吗？

来访者：这是当然，没有得这个病之前我还是蛮能干的，工作也不错。

治疗师：那么其实说到底并不是你的错，都怪“抑郁症”这个东西，如果这个病没有找上你，你的家庭也不会变成现在这个样子，对吗？

来访者：那是当然。

---

① 赵旭东、宣熙：《“资源取向”家庭治疗的操作技术》，《中国临床心理学杂志》，1999 年第 7 期，第 119～121 页。

(3) 转化叙事，将内在的问题变为人与人之间的问题。

在叙事治疗中，治疗师可以试着帮助当事人借助“他人的力量”，将其个人的、内在的问题转化为与他人之间的、关系性的或者家庭系统内的问题，让带着症状来的人带着关系离开，让来访者借助他人的力量重新构建新的正性叙事。

(4) 奇迹式提问。

提出一些假设性的问题，为来访者家庭提供思考的机会，即一旦前来治疗的问题解决了，情况会是怎样的，这样目标就被确定了，使得家庭向一个重新构建的生活前进。如以下提问：“假如有一天早上起床发现你和你丈夫的冲突完全解决了：你知道它是怎样解决的吗？有何不同吗？你会看到有什么证实了奇迹的发生？你的丈夫会注意到些什么？你们之间的关系会发生什么变化呢？”

(5) 差异性提问，发现例外情况。

在叙事治疗师看来，仅仅期望达到某种例外的、更令人满意的情况，就会给来访者带来了有益改变的期望，并使得改变更容易发生。因此，治疗过程中应当努力发现来访者在问题故事之外的一些情节和经验，即发现例外的事例。这可以通过开放空间式提问：“有没有焦虑将要控制你，但没能得逞的情况？那时发生了什么事”；或选择性的提问：“用这种方式处理事情是好些呢还是更糟”；还可以用意义性问题提问：“你过去曾经有过没让焦虑得逞的例外，它说明了什么”。① 在发现例外事件之后，可以通过深入细节的方式将来访者的积极资源放大，让这个例外的叙事变得坚实，并让来访者形成积极有利的自我观念。我们可以看以下治疗性对话：

来访者：我成绩很差，上课无法集中精力，我脑子好像坏了。

治疗师：你说你脑子坏了，那你平时有没有什么爱好？

来访者：玩电脑游戏。

治疗师：喜欢哪些游戏？说来听听。

来访者：星际、魔兽争霸。

治疗师：为什么喜欢这些游戏？

来访者：我觉得里面的战略我很喜欢。

治疗师：你一般玩游戏可以玩多久？玩得好吗？

来访者：一般最少要 4 到 5 个小时，我很少会输。

① 张智：《叙事治疗及其应用价值》，《国外医学》(社会医学分册)，2004 年第 1 期，第 27～30 页。

治疗师：听见你说你可以集中精力在战略性很强的游戏上玩那么长时间，我很高兴。因为我知道你的脑子还没有坏，脑子也很好用，说明你还有救(来访者笑)。要知道，带兵打仗最重要的就是要有良好的战略头脑。

来访者：好像是的。我军棋下得也很好，在我们班我是最厉害的，有好几个同学曾经说过我适合去当将军。而且我也很喜欢军事节目，每个月的《环球军事》我都订，我觉得我以后上了大学还可以在这方面发展一下。

在上述案例中，来访者开始时没有意识到问题的所在和自己的长处，反而将问题归咎于自己脑子坏了。经过治疗师的差异性提问后，来访者意识到了自己的闪光点。再通过将故事一步一步地展开，启发了来访者以不同的观点重新审视自己原有的叙事和经验的局限性，使来访者从自己的闪光点中找回能力感和自信，增加对生活的信心，破除原有叙事的强势，进行叙事重建。

总之，我们可以看出，在叙事治疗操作上，治疗师的工作主要是倾听并回应来访者的叙述，通过“解构式问话”、“开启空间的问话”等，改变来访者旧的思维模式和习惯性的消极用语，借助询问、质疑、解释、阐述及忽视等谈话技术，分解来访者的自我认识，挑战其对自己生活经验的叙述。[①] 操作进程中，以“倾听”和“解构式问话”来“开启新故事的空间”；[②]以“故事中的闪亮事件”发展故事、拓展故事于未来；[③]用“解构式问话”、“开启新空间的问话”、“喜欢性选择的问话”、“发展故事的问话”与“意义性问话”等问话技术帮助当事人产生较喜欢的现实经验；[④]以“回响”塑造开放的询问和坦诚的讨论，使经验获得新的意义；[⑤]以“邀请听众参加治疗会谈”、“利用录音、录像带、信函和仪式”、“生命的誓言”和“联盟”等进行“消息的传播”，让来访者以某种社交的方式与他人进一步沟通，“说出自己的故事”来呈现新的自我。[⑥] 叙事治疗师在“通过谈话而改变的过程”中，始终扮演了促进者与参与者的角色。

4. 叙事治疗的特色

通过上面的介绍我们可以发现，叙事疗法是独具特色的。李明、孙文宁

① Parry, A. (1991). A universe of stories. *Family Process*, Vol. 33, pp. 37～54.
② Freedman, J. & Combs, G. (2000). *Narrative Therapy*. 台北：张老师事业公司，第 72 页。
③ Freedman, J. & Combs, G. (2000). *Narrative Therapy*. 台北：张老师事业公司，第 72 页。
④ 吴熙娟：《最新又潜力无穷的疗法·叙事疗法导读》，张老师事业公司 2000 年版，第 56 页。
⑤ Freedman, J. & Combs, G. (2000). *Narrative Therapy*. 台北：张老师事业公司，第 73 页。
⑥ Freedman, J. & Combs, G. (2000). *Narrative Therapy*. 台北：张老师事业公司，第 74 页。

等研究者将其与传统心理疗法作了如下对比。①

与弗洛伊德的精神分析相比，叙事心理治疗更加直接。弗洛伊德是心理治疗的开山鼻祖，从精神分析开始，心理的而不是身体的困扰才真正开始被主流文化所重视，不再囿于巫术与宗教的范畴。但是，精神分析治疗的哲学依据是决定论、线性因果关系。因而对早期经验，尤其是与性有关的创伤经验的解释，在弗洛伊德看来是患者改变的关键。可见精神分析是以"历史的真实"为中介进行治疗的。叙事心理治疗的哲学基础是后现代主义、解构主义和现象学。叙事心理治疗咨询师相信，在来访者的叙述之外再没有更真实的自我。因而心理治疗只能在来访者的叙事过程中进行。来访者叙事风格的转变，是来访者改变的关键所在。间接的治疗可能生效，但它需要时间和耐性。相比较而言，叙事心理治疗深入浅出、简洁明快，在快节奏时代更显得魅力独具。

与罗杰斯式的积极倾听相比，叙事心理治疗更加深入。在积极倾听过程中，咨询师力图将来访者的故事不加改动地反馈回去。叙事心理治疗在倾听的同时需要发现来访者讲述的故事中所蕴含的后设叙事。比如，一个离了婚的四十岁女性，向咨询师描述生活的种种痛苦时，罗杰斯会运用共情理解和无条件积极关注的方式，将来访者的描述反馈回去。罗杰斯相信来访者改变的充分必要条件就是共情理解和无条件积极关注。当然，这种反馈为来访者提供了反观自我的空间，有助于来访者的转变。这种空间(gap)也是叙事心理治疗咨询师关注的重要内容。叙事心理治疗咨询师认为提供自我与问题的距离——与问题分离——是来访者改变的前提。"人不是问题，问题才是问题。"这是叙事心理治疗的名言。但是，叙事心理治疗不停留在与问题的分离上。叙事心理治疗咨询师会试图发现来访者如何理解其自我与问题的关系——这是来访者叙事背后的内容，即后设叙事，是来访者相信"自然而然"的大叙事。上述例子中那位女士可能认为"离婚女人是被人抛弃的，是没有价值的"。然后叙事心理治疗咨询师要帮助来访者发现问题对自己的生活产生的影响。叙事心理治疗相信来访者与问题关系的改变，是治疗得以进展的契机。

与艾里斯的 REBT 相比，叙事心理治疗更为人道。在关注来访者叙事的后设假设这一点上，REBT 与叙事心理治疗有相通之处。这可能是 REBT 得以生效的条件之一。但是两者的理解又有不同，REBT 相信理性信念是

① 李明、孙文宁：《叙事心理治疗初探——一种新的心理治疗观的构建》，《烟台教育学院学报》，2003年第2期，第58页。

合乎逻辑的、真理性的。来访者在论辩、对峙等手段的重压之下，会改变其非理性信念，从而会达到治疗性转变。叙事心理治疗则认为来访者的问题在于他对自己叙事所依赖的后设叙事不能自知，是后设叙事中蕴含的“本然(理性)”导致了问题的产生。从这个意义上讲，叙事心理治疗与 REBT 对理性的关注相同，但对理性的态度相反。与 REBT 的维护理性、忽略来访者的感受相比，叙事心理治疗无疑更为人道一些。

叙事治疗现已广泛应用于治疗各种心理健康问题。它自身的特点也吸引着越来越多的人对其进行研究并从事叙事治疗，魏源总结了叙事治疗的特点：①

第一，以“叙事”为隐喻极富创造性。“叙事”(narrative)又称“叙述”，简而言之即“讲故事”。它是在人类开蒙、发明语言之后，才出现的一种超越历史、超越文化的古老现象，其本质就是通过讲故事的方式把人生经验的本质与意义传示给他人。叙事的媒介有许多，但都是一个动态的过程，即把人生的许多经验一段一段地拼接。虽然人生经验的本质和意义归纳在叙事的体式当中，但叙事并不直接去描绘人生的本质，而以“传”事为主要目标。“叙述”这一概念本身暗含阐释、神秘的直觉、复杂的时间性和重复等因素。叙事治疗以“叙事”为隐喻，把人们的生活经验当成故事，以有意义的方式体验人们的生活故事，以此进行心理治疗，这不能不说它有极大的创造性。治疗的问题源于生活，采用叙述又回归生活进行治疗，开启人们生活故事的新空间。叙事治疗的治疗理念与方式让人们感到既耳目一新又能轻松自如地接受与适应。一般说来，来访者过去生活中发生的系列事件是引起他心理苦恼的原因，通过精神症状表现出来。过去的系列事件一方面被来访者将某些事实过分地用语言叙说添枝加叶，给予这些事实十分重要的意义，另一方面又被陌生化，产生了一种来访者既不能接受又不能拒绝的意义。叙事治疗师所面临的问题不是对来访者挑明事情的“真相”，用问题成因的“真理”来取代控制来访者的不良感受，而是通过引导来访者重新述说、重新编织自己的生活史，从而改变事件的“意义”。叙事治疗的过程用语言来表述，就是通过叙说，在情节结构中换掉占主导地位的那些事件，以另一个情节结构取而代之，在新的情节结构中那些曾占主要地位的事件便处于附属地位。

第二，叙事治疗简洁实用。它的重点是将人与问题分开，且不是直接针对问题，把问题界定为由“有问题的叙说”造成的，不问症状、不寻找症状背

---

① 魏源：《解构并重述生命的故事——叙事疗法述评》，《台州学院学报》，2004 年第 4 期，第 81～82 页。

后的原因，导引来访者往问题真正改变的方向发展，强调来访者自我改变、自我发展的能力及潜质，尊重其价值观及生活的模糊性。叙事治疗师引导来访者将已有的对生活经验或问题的说法，转换为新的有助于问题解决的新叙说，因而改变了原有问题叙说的负面意义，从而有助于问题解决。叙事治疗真正体现了心理咨询、心理治疗“助人自助”、“以人为本”的基本精神，且缩短了疗程，减少了治疗成本。

第三，叙事治疗重视语言技巧。叙事治疗重视语言技巧，对语言和故事的运用充分发挥了创造性与人本性。心理治疗完全可以看做是一种言语交流、一种叙述性的工作与一种语言的艺术。掌握如何询问的技巧在该疗法中极为重要。对临床心理治疗工作者来说看似简单易学却难精通。叙事治疗师应该是一个掌握谈话艺术的大师。

第四，叙事治疗吸纳各家之所长。叙事治疗作为一种后现代主义心理治疗的理论与技术，并不与各种经典的现代主义疗法唱对台戏，而是吸纳各家之所长，力避各家之所短。稍微留意一下，我们会很容易在其间找到精神分析与人本主义疗法的影子、认知疗法与森田疗法的影子，似乎也能看到NLP简明心理疗法的某些影子。因此，叙事治疗是科学地运用心理学自身法则极好的典范。

5. 叙事治疗在中国

叙事治疗在20世纪90年代被引进台湾，近年来由台湾引入大陆，因其“新颖独到”激起许多心理学工作者尤其是临床心理工作者的极大兴趣。经临床实证和理论研讨，很多学者认为它非常适合在华人社会中应用。魏源对叙事心理治疗适合于中国的原因进行了总结：①

第一，中国人认为心理咨询、心理治疗要解决人的心理问题，来访者寻求帮助，不是“找人揭疤”。来访者的问题和疾病是在长期的人际交互作用中形成和发展起来的，而且问题常常是人对所在情境的主观反应，受个人认知建构与理解的支配。叙事治疗认为，人是人，问题是问题，问题永远无法界定人的整个存在。其理念摆脱了将人视为“有问题”的误区，而是去看问题如何对人产生影响，并且探讨人如何去影响困扰自己的“问题”。这正好顺应中国人的心理和想法。

第二，很多中国人特别爱面子、保面子，避讳“揭人伤疤”。因此，即使在

① 魏源：《解构并重述生命的故事——叙事疗法述评》，《台州学院学报》，2004年第4期，第80～81页。

心理治疗中也不愿意回顾“不堪回首的往事”。另一方面，中国人又普遍存在“人人都在背后说别人”、“人人都在被人说”以及“人言可畏”的心态。叙事治疗认为生命中的问题是由经验的叙说所决定的，使人们陷入困惑的问题是由自己或他人用语言构造的故事性的“现实”，问题主要存在于当事人有问题的叙说或语言中。这种理念符合中国人看问题的思维方式和产生问题的社会背景。

第三，叙事治疗看重来访者自我改变、自我发展的能力。不去了解问题是什么和问题发展变化的病理机制，而是去了解“故事中的闪亮事件”，引导来访者重构并正性转换对问题意义的认识。通过这种方式引导和充分利用来访者在特定情境中的能力和资源。这符合中国人乐意听好话、乐意别人谈论自己的闪光点与优良品质的观念与做法。

第四，心理咨询、心理治疗是一种有着帮助人的性质与特点的专业性工作。“助人自助”阐明了心理治疗中医患双方是一种协作性治疗关系。治疗师引导来访者成为认识自己问题的专家，这种叙事治疗过程是协作式的、平等的，来访者是变化的核心，治疗师考虑的是如何引导方向并激活来访者自身的能力，最终促使对方能采用改变问题的行为。这一要求和特点比较适合中国人尤其是知识分子的口味。

第五，一方面现实的中国人越来越讲求实际，追求实际效果，另一方面如果有了心理障碍以后，不少人感到比生理疾病还要痛苦难受，所以追求一种短期且指向治疗效果的咨询治疗方式符合众多来访者的心理需要。事实证明，叙事治疗的理念与技术非常好地与许多寻求帮助的中国人较为热切的期望相匹配。

第六，我国有许多与叙事治疗理念与方法相一致的临床实例。例如，有的癌症患者在未检查诊断之前生活工作没表现出与“健康状况”有关的问题，而一旦确诊后情况却急转而下，不久就撒手人寰，这些人往往是被“问题的认识”吓死的。另一些“病人”在得知诊断后，转换对问题意义的认识并“换一种活法”，以乐观的态度与积极的方式“重构生命的故事”，结果“健康长寿”，这与叙事疗法视域似乎不谋而合。

6. 对叙事治疗的评价

叙事疗法作为一种新的理论观点和视角，以其独有的方式推动了整个心理治疗运动，为心理治疗的发展做出了贡献，这表现在以下几个方面。

首先，叙事疗法推动了心理治疗向非病理学的方向发展，是对传统的精神治疗方法的一种补充、提升和完善。它在自我(源自社会的建构)、治疗过程(即共同创造新故事)以及问题的根源(主流文化话语的压制)等问题上也提出了颇具创意的见解,为有志于研究社会压迫和社会不平等的治疗者提供了将个人信念和治疗实践相结合的现实途径。同时,叙事疗法还使心理治疗脱离治疗者办公室(或诊所)的藩篱,进入了更为广阔的社会生活领域,使治疗实践成为一种社区性的、为来访者提供支持的社会运动。

其次,叙事疗法为心理治疗领域带来一系列令人耳目一新和富有成效的技巧,可以有效地提高来访者的自主性和独立意识,使他(她)们在认识自己所遭遇的问题时不再感到无助和迷茫。通过外化问题、解构文化话语,以及持续不断表示他(她)们对来访者能力和良好状态的恒久信心,叙事治疗者为来访者行为的改变提供了"良方"。而以提问的方式进行治疗也能使来访者更轻松和迅速地理解治疗者的意图和思维方式,并能有效促进良好的、合作性的治疗关系的建立。

最后,叙事疗法为心理治疗提供了新的动力,所提出的观念和方法本质上就是激进的和富有挑战性的。不断对视为理所当然的规则和做法进行反省和检讨,这是保持理论和实践的先进性的必要途径。而叙事疗法不仅帮助来访者进行反省、反思,同时也迫使所有的心理治疗者加入这一反思性运动的行列。由于叙事疗法对传统心理疗法的批评和自身的贡献,心理治疗领域遭受了一场强烈和持久的震荡和重构过程,心理治疗本身的故事由此也再不会和以前一样了。

但是,叙事疗法本身也存在一些不足之处。比如,把问题作为需要解构的故事来对待,就忽视了这样一个事实:来访者的真正心理冲突并不因为把问题外化而消失。而且在帮助人们重述他们经验的过程中,叙事治疗师经常会像认知—行为主义者那样,把不快乐的情绪——愤怒、恐惧、焦虑、抑郁等看成是需要躲避而不是需要探索的烦恼。

作为后现代主义者,叙事治疗者声称他们在治疗时不带任何假设,以表示对来访者的独特故事和文化传统的尊重。但是,要想在没有任何元理论或大叙事的背景下试图对来访者进行系统性改变,则几乎是不可能的。尽管治疗者可以通过摒弃传统思维中的治疗范畴和理念,在一定程度上避免对人们持有偏见,但在进行治疗实践时,他们是无法避免对人性和如何改变人性的基本假设的。因而叙事心理治疗还需要更多严格的研究来证明它是否真正有效,以及在什么情况下、对什么样的人群更有效,以便科学地具体运用。

第三节 家庭疗法

一、传统家庭疗法概述

家庭疗法的种类很多，从诞生到现在的时间跨度也很长。本节着重对后现代文化思潮影响下的一些新的家庭疗法进行阐析。在这之前，先对传统的也即早期的家庭治疗做简要介绍。

如果追根溯源，我们就会发现，一些早期的精神病学家和心理学家，如弗洛伊德、霍妮、阿德勒等已经注意到了家庭在个人身心健康中的重要作用。第二次世界大战以后，家庭问题显著增加，青少年的心理和行为问题急剧上升。有些精神病学家、心理学家和社会工作者在系统论、控制论和信息论的影响下，开始把家庭看做一个系统进行研究。贝特森最早把控制论引入了家庭治疗领域，并进行了开创性的研究。① 而家庭治疗真正诞生是在20世纪50年代中期，以1957年、1958年克里斯蒂尔、米德尔弗特(Christian Midelfort)和内森、阿克曼(Nathan Ackerman)《心理治疗中的家庭》和《家庭生活的心理动力学》的相继出版为标志。② 此后，以家庭单元为研究对象的新的治疗方法就逐渐成熟起来。不同的家庭治疗模式得以构建和发展。同时家庭治疗的学术性组织也得以成立，如美国婚姻与家庭治疗协会(AAMFT，1970年)，美国家庭治疗学会(AFTA，1977年)，国际家庭治疗协会(IFTA，1987年)等。有关家庭治疗的学术期刊目前有《家庭过程》、《美国家庭治疗杂志》、《婚姻和家庭治疗杂志》等40余种。

1. 家庭治疗的基本概念

家庭治疗(family therapy)，是指针对家庭的心理问题而实施的心理治疗工作。它以一个家庭的心理功能表现为出发点，当家庭心理功能(包括家

① 胡赤怡、李维榕、王爱玲：《试论家庭治疗的理论基础》，《医学与哲学》，2005年第8期，第64页。

② 杨建中、赵旭东、康传媛：《家庭治疗在精神障碍中的应用》，《国外医学》(精神病学分册)，2002年第2期，第74页。

庭结构、组织、沟通、情感、角色扮演、成员间联盟关系及家庭认同等)出现异常,影响其家庭的心理状态,难以由家人自行改善或纠正时,需由专业人员协助辅导,实施治疗工作以改进家庭的心理功能。[①]

有学者[②]把家庭治疗的基本特征归纳如下:(1) 家庭治疗以家庭人际关系而非个体自身为出发点,对家庭关系、家庭冲突和家庭功能的正常发挥更为关注;(2) 家庭治疗认为大多数出现问题的家庭都缺乏思想感情上的交流,因此重视并促使家庭成员间的沟通;(3) 家庭治疗的实施是有限度的,有其适用性的规定而并非万能的;(4) 家庭治疗以一种全新的治疗理念影响着治疗过程,有人把它解释为"一种特殊的思想方法,一种公正地对待人的社会性的方法"[③]。从某种意义上讲,与罗杰斯的来访者中心疗法一样,家庭治疗对治疗者来说是一种理念上的革新或指导。

2. 家庭治疗的理论根基

家庭治疗的理论根基有很多个方面,有学者将其归纳为以下几个方面。[④]

(1) 精神分析理论的影响。

家庭治疗发端于精神分析治疗的鼎盛时期,早期家庭治疗师多数都有精神分析治疗的专业背景,但是精神分析治疗的诸多不足,以及医生对病人疾病与家庭关系的观察,在一定程度上催生了家庭治疗。精神分析对家庭治疗的影响有三个方面:① 从关系角度出发寻找症状的根源,认为症状根源于人生的早年心理创伤,而这种创伤与其父母的关系有关,这成为家庭治疗的最重要的理论基石;② 自我防御机制的理论帮助家庭治疗师了解症状的潜在功能和意义,利于解释家庭中出现的问题的性质;③ 弗洛伊德的人格结构理论和性心理发展阶段理论给家庭结构理论和家庭生命周期学说以重要的启示。

(2) 系统论影响。

系统论认为,一个系统的整体大于部分之和,人类系统是个生态有机体而不是机械物,不应简化系统内的互动。因此家庭治疗师认为家庭不是个人的简单相加而是一个关系网,成员在系统内部通过相互依赖关系,满足各自的需要,某一成员的变化会引起其他人的变化,成员的行为只有在互动和

① 曾文星著:《家庭的关系与家庭治疗》,北京医科大学出版社 2002 年版,第 86、101 页。

② 苗青、贾林祥:《家庭心理治疗:一种科学的治疗理念》,《医学与哲学》,2006 年第 8 期,第 39 页。

③ N·佩塞施基安著,杨华渝译:《积极家庭心理治疗》,社会科学文献出版社 1997 年版,第 7 页。

④ 万利娟、李寿欣、贾光珍、任淑红:《家庭心理疗法评析》,《社区医学杂志》,2007 年第 1 期(下),第 33 页。

系统中才能被说明、被理解。即要理解个人的行为，就应考察整个家庭系统。心理障碍不是存在于个体身上，而是寄存于整个家庭系统中，疾病的发生与延续，是整个家庭成员相互作用的结果。

(3) 控制论影响。

系统要维持自身稳定，需从内外环境中获得必要的信息，根据反馈对自身做出调整。家庭作为一个系统，也是通过信息交换来维持稳定性，而且必须对各种性质的信息做出反应。某个成员的行为方式或心理问题，是整个家庭交流模式的一部分，与系统的其他部分构成相互制约的关系。由此，家庭成员间交流的失败和变态模式是问题产生的根源。

(4) 社会角色理论。

每个家庭成员除扮演社会确认的角色外，在家庭系统内还扮演着由家庭动力结构所确定的特殊角色。表现出问题的成员，不过是被家庭确定的病人，是有问题的家庭赋予某个成员特定的角色。

简言之，精神分析治疗本身的不足为家庭治疗的诞生提供了契机，系统论和控制论为家庭治疗提供了理论构架。

二、后现代文化思潮对家庭治疗的影响

1. 社会建构主义对家庭治疗的冲击

(1) 概述。

当代建构主义在不同领域和不同学者那里具有不同的表现形式和具体指涉，应该说，对心理治疗和家庭治疗影响最大的当属其中的社会建构主义(或社会建构论)。社会建构论直接的早期形态是产生于 20 世纪 20 年代的知识社会学。知识社会学认为社会文化是知识生产的决定因素，其研究的重点放在文化力量怎样建构了知识和知识的类型。在对现代心理学予以批判时，美国后现代主义心理学家格根从后现代视野出发，对现代心理学的合法性危机进行了深刻剖析。他指出，客观的、个人主义的与历史无关的西方知识观已经渗透到现代生活的方方面面，人们很少追问其合理性与合法性。现在很有必要用一种建立在社会建构论基础上的科学的元理论取而代之，选择一种元理论会将知识从依靠数据、专注实证的活动转向关注人与人之间相互联系的活动上。[①] 在心理学领域，社会建构论在一定的意义上代表了

① Gergen, K. J. (1991). *The Saturated Self: Dilemmas of Identity in Contemporary Life*. New York: Harper Collins, p. 16.

后现代主义的立场。

种类繁多的家庭治疗在建构主义的临床实践中已经变得非常重要。它将行为看成是循环因果关系的家庭系统的一部分，家庭系统涉及家庭成员之间循环的因果关系，而不是作用于个体的过去事件的线性因果关系。女性主义运动、社会建构主义和文化相对论在重塑家庭治疗中都具有很重要的作用(Hardy，1993)。女性主义使我们关注这样的事实，即我们生活在父权制社会中，男性施发号令，女性服从；文化相对论认为生活的所有方面都受到文化的影响，因此治疗不能忽视文化。什么是正常机能的，什么是机能失调的，会随着文化的不同而发生变化。

家庭自身是一种类型单元，其中治疗师和患者都是成员。由于治疗师与患者具有共同的经验，所以治疗师参与建构个人的家庭问题，其中一些也许正是患者所面临的问题。在个人建构主义治疗中，治疗师不再是一个权威或专家，而是一个共同解释者(co-interpreter)。

绍贝尔等人提供了以下几点家庭治疗的操作性特征：整个家庭是一个单元，任何数量的成员都可以以任何组合参与到治疗中来；组合可以随着时间不同而变化；由家庭确定出患者，他代表了整个家庭的适应不良；诊断针对整个家庭，治疗目标也是针对整个家庭；不是维护个人的秘密，所有的东西都要与家庭成员共享；治疗师关注家庭内部的关系和意义，强调可以达到健康的相互作用的方法。一些家庭治疗师走出家庭，进入社区，这样就将这种方法带入社区心理学的领域。①

社会建构主义家庭治疗不再遵从传统病理学式的家庭治疗范式，不再从病理学的角度思考和解决家庭中出现的问题，也不再认为在家庭中看见的事物就是“真实”存在的事物，而把它视作来访者、其他家庭成员和治疗师所持有的一系列假定——关于个人、家庭、问题以及它们与家庭之间相互作用的假定——的共同作用结果。因此，建构主义家庭治疗不再将焦点集中在家庭的互动模式上，而转向为探究和再评价人们面临问题时所持有的假设。重新建构意义成为它追求的核心目标。

在后现代文化思潮的影响下，心理治疗完全被看做是一种谈话活动，一种语言的艺术。一个人的问题是自己在用语言解释经验的过程中建构出来的，因此来访者自己才是解决自己问题的专家。治疗师的专家地位被彻底摧毁，他(她)的任务和职责只是引导来访者重新审视和叙说自己的生活经

① Noel W. Smith 著，郭本禹等译：《当代心理学体系》，陕西师范大学出版社 2005 年版，第 204 页。

验，利用自己的资源解决自己的问题，而不是把某种所谓的真理强加给来访者。①

（2）建构主义者眼中的家庭。

家庭是一个最小的社会系统。家庭为个体的发展提供了最初的社会基质，随着个体的成长，家庭边界不断延伸，并将影响个体可能性的各个方面的文化背景包含进来。任何一个家庭都具有两方面的功能：一是满足家庭成员的心理需要；二是平衡外界文化要求和个体需要之间的关系。② 家庭既可以改变与内外需求之间的关系，又可以保持足够的连续性以支持家庭成员。

同时，家庭是整个社会环境背景下的子系统，而这些环境背景会引出和限制家庭可利用的资源，所以家庭要依靠其既往历史来决定其在大环境中的意义和面临问题时所采取的应对方式。这种循环性的相互作用影响着家庭如何变化，以满足家庭成员的需要，以及对多重伦理、种族、宗教、阶级、政治、制度和文化从属关系的需求。家庭必须利用各种可能的资源以保持稳定性和变化之间的平衡。为了做到这一点，就要求家庭具备弹性的世界观，可行的信息加工风格、力量和影响力。社会建构主义家庭治疗认为，家庭在心理障碍的建构过程中是作为一种媒介的力量存在的。当一个家庭陷入到问题当中时，就是因为该家庭既不能给家庭成员提供足够的安全感和照顾，也不能很好地处理与外界社会文化环境之间的互动。治疗的目标就是帮助问题家庭去选择有效处理问题的方式，从而获得满足成员的心理社会需要的能力，以及与外部系统之间进行有效沟通或相互作用的能力。

社会建构主义对意义制造过程的强调，使家庭治疗师摆脱了以往的信念，即在家庭中看到的事物就是在家庭中真实存在的事物。社会建构主义家庭治疗师认为，家庭中的事实并不像它真实存在的那样，相反，它是观察者的心理建构。所以，他们不再将家庭中看到的事情当做是真实存在的事物，转而认为所看到的事物其实是他们所持有的一系列假定的产物，而这些假设是关于个人、家庭问题以及他们与家庭之间的相互作用。也就是说，治疗师不能过高评价观察结果的有效性，同时要仔细检查所持有的对观察的假定。

为了充分体现这种思想，治疗师改变了以往对家庭系统的单一关注，而

① 郑日昌：《后现代旗帜下的心理治疗》，《中国心理卫生杂志》，2005年第3期，第219页。

② Goldner, V. (1993). Power and hierarchy: Let's talk about it! *Family Process*, Vol. 32, pp. 157～162.

是检验涉及问题产生的整个意义系统，这个系统不仅包括家庭成员，而且包括所有与家庭有关的其他帮助者和治疗师，以及更广泛意义上的整个社会环境。家庭因而也不再是家庭治疗所依赖的唯一资源了。

(3) 社会建构主义家庭治疗的基本原则。

社会建构主义治疗范式主张采取比较宏观的研究视角：一个人存在的意义是被其所处的特定文化所规定的叙事方式和认识方式所决定的，由这种文化协商(cultural negotiation)所产生的关于个体状况的解释和说明便成了生活于这个文化中的个体之“真实”的生活经验。因此，个体的心理失调是社会建构的产物，有多少种文化就有多少种心理问题。这样一来，治疗师自然会把更多的注意力放在对文化的分析和批评上，同时也努力尝试更具系统性和合作性的治疗模式，在这种模式里，咨询家和来访者完全处于平等的地位。①

另外，社会建构主义还特别强调社会互动在进行意义制造过程中所起的重要作用；信仰是具有高度弹性的，会随着社会背景的改变而发生剧烈的变化。每个实体的经历都植根于关系网络中，而且在从一种关系转到另一种关系时，都要经历一个连续的改变。人们所建构的事实也植根于其语言系统。所以，也许不存在独立的个体；什么是真实、什么是好的感觉都不过是源于关系。离开了关系，个体所谓的世界也就不复存在了。

虽然社会建构主义本身有不同的表现形式和具体指涉，但是以社会建构论为立论基础的新的家庭治疗范式有一些基本的共同原则。

第一，人们的思想都是受社会环境控制的，没有所谓的绝对真理，所有的真理都是社会建构的产物。不存在完全客观的真理和绝对确定的知识，世界和真理并非处在某个角落等待人们去发现，而且处在不断地建构过程中。因此治疗师在治疗过程中，要帮助来访者去理解他们所信仰的文化根源，甚至是以前假定为天生的本质属性。

第二，个人及其自我是一个相互关联的、公共的、对话性的实体和过程，而不是孤立的自足体系。人们有着多重的身份认同，这种认同形成于社会互动之中，也可以通过社会互动而加以改变。个体总是多维关系的参与者，他之所以会有问题，并不是因为他本身出了什么问题，而主要是因为特定的关系情境中会建构出来所谓的“问题”。治疗过程，就是帮助来访者探索和认清这些情境对问题的建构过程，从而找到问题的根源。

---

① 汪新建：《关系的探究与调整：西方家庭治疗的新视角》，《心理科学》，2004 年第 5 期，第 1268～1271 页。

第三，治疗是一种言语活动。语言是人们认知世界并赋予世界以意义的工具。问题的根源和解决的办法，既不在个体也不在家庭身上，而产生于关系与对话性的情境中，也应当通过这一过程得以解决。因此治疗师在治疗过程中要引导来访者对问题进行重新建构，创造一种适合的、可以导致变化的关系性、对话性情境，其结果就产生这一对话过程。

第四，治疗是合作性的。因为治疗师和患者都无法将真理摆到桌面上，所以在谈话过程中双方共享一种意见并尊重他人的观点，从而产生新的事实。治疗师应当持一种非病理学的、非判断性的立场进入治疗关系，尊重、发掘和使用来访者的个人事实和独特性，避免对个体或家庭行为进行标签化的、责难性的归类，而采用谈话或叙述的方式进行治疗会谈。同时，治疗师应当承认并向来访者公开自己持有的信仰、价值观、偏见等，与来访者共同探讨可能的解决方案，帮助患者创造新的、更有用的建构，以完成治疗过程。

(4) 对社会建构主义家庭治疗的评价。

无疑，社会建构论代表了心理治疗领域中的一股新生力量，在心理治疗和咨询、临床心理学方面产生了不可低估的影响。正如一些心理学家所说的那样："心理学中的社会建构论运动引发了一场暴风雨，它在社会和行为科学以及整个咨询和治疗职业正在导致一场范式的变革。"①

第一，主要贡献。社会建构论给心理治疗领域带来了积极的影响。传统心理治疗在经验实证主义科学观的指导下，以自然科学为楷模，力图发现超越文化历史的"病理心理"，以便建立适合于各种文化、具有普遍意义的心理治疗模式。但是心理治疗领域的社会建构论倾向指出了病理心理的文化建构特性，指出病理心理并不是一种独特的"精神实在"，而是处于一定社会关系中的人们的话语建构。由于话语是文化的、历史的，因而病理心理的建构同文化是息息相关的。所以，心理治疗必须关注文化的作用。在这种思想的影响下，关注文化影响成为心理健康职业和心理治疗领域的一股不可抵挡的潮流。例如，研究主观幸福感的积极心理治疗认识到，"文化对个人主观幸福感有着最根本的影响，因为文化不仅提供了主观幸福感的特定涵义，而且建构了达到主观幸福的特殊路径"②。所以，积极心理治疗需要关注文化的意义。如今，大部分心理治疗理论不再把超越文化的一般模式作为

① Malley-Morrison, K. & Ashy, M. A. (2005). The Social Construction of Hurting, Helping, and Healing. *psyccritiques*, Vol. 50, p. 21.

② Lu L. (2006). "Cultural Fit": Individual and Societal Discrepancies in Values, Beliefs, and Subjective Well-Being. *The Journal of Social Psychology*, Vol. 146, No. 2, p. 204.

自己的追求目标，多元文化的心理治疗模式就是在这种思潮的影响下形成的。

由此可见，社会建构主义对传统家庭治疗和心理治疗的基本假设进行了有力的质问和反诘。其最大贡献在于它在家庭治疗内部、整个心理治疗领域、社会科学领域和社会生活领域，成功地掀起了一场广泛且深入地质疑传统假设、价值观、世界观、真理观的运动，从而极大地拓展了人类的思维视野和行为选择，从根本上改变了一些家庭治疗师的世界观和治疗观，改变了家庭治疗和心理治疗的话语体系，从而使家庭治疗迎来了一个重大的发展契机。

社会建构主义家庭治疗的产生，是家庭治疗乃至整个心理治疗发展过程中的极大突破。社会建构主义家庭治疗作为一种共同建构的、非病理性的治疗取向，旨在揭示、处理和重构关系问题。这种从病理性话语向非病理性话语的转变，是社会建构主义带给家庭治疗的首要贡献。

此外，除了促进人们反思传统治疗观的不足与偏颇之外，它还为解决心理治疗从诞生至今难以解决的一个问题——即寻找众彩纷呈的治疗流派的统合点——提供了一种可能的路径。社会建构主义往往是用新的术语来改造一些古典的概念，其目的就是为了发展一个综合性的理论，并将人类活动作为该理论的核心。因此社会建构主义在心理治疗领域中的应用，主要是借用其他理论派别的临床思想，如认知疗法、精神分析疗法、来访者中心疗法以及格式塔疗法等。对临床治疗师而言，他们需要做的就是将社会建构主义理论和心理治疗过程整合起来，从而帮助人们认识人是如何改变的，心理治疗师应当采取何种策略来促进这一改变过程。

第二，主要缺陷。社会建构主义家庭治疗也具有明显的内在缺陷，这主要源自于社会建构主义本身的致命局限：相对主义。大部分批评者认为社会建构论的认识论基础是相对主义和怀疑论的，同科学的世界观和方法论存在着相当大的距离。例如，人本主义心理学家认为社会建构论把人与社会有关的现象都看成是一种建构，从而否认了这些现象的实在性，这种观点对社会的发展没有积极的意义。人本主义心理学家指出："我们不应该完全拒绝社会建构论，相反，我们需要用某些核心的人类特征去补充它……我认为'品德'、'相互依赖性'都是如此的真实，都具有非建构的特征，人类不容置疑的道德要求正是建筑在这个基础之上。一种真正关心人类的人本主义心理学应该接纳和考虑这些特征，把它们视为'人的存在'，而不是把人类的一切看做是社会的建构。”①

社会建构主义的观点从温和到激进不一而足，但大都站在相对主义的立场上批判绝对客观主义和本质论的观点，一些激进的社会建构主义甚至全盘否定客观现实性和客观性标准，鼓励文化的相对性，这与其说是增加人们行动的开放性，不如说是增加了人们在具体选择时的无所适从感。如果说人们的解释总是一种建构的产物，那么社会建构主义本身也是一种建构，也必然存在着这样那样的假设与缺陷，那么，如何能够保证它对科学霸权、主流话语和传统治疗观的批判就不是一种偏颇的论断呢？因此，对社会建构主义及其治疗观的理解，最好放在传统治疗观极力宣传某一种价值观（通常是西方的，尤其是美国白人中产阶级价值观）、治疗时忽视或削弱文化多样性、低估或漠视个人和家庭本身的潜能等背景下，把它视为一种对这些陈旧观点的挑战和对新的治疗方式的尝试，而不能陷入激进相对主义的泥潭。

毫无疑问，社会建构主义已经成为家庭治疗中不可忽视的力量。在它的鼓励之下，家庭治疗的话语版图已经且继续产生着重大的改变。但由于其本身仍然存在的各种问题，它还不足以成为家庭治疗领域的统治势力，不过它的确成功地增加了家庭疗法的灵活性与反思性，并且建立起具有自己鲜明特色和理论体系的多种治疗模型。这对于饱受问题困扰的家庭或个人而言，多少是一种可喜的信号，因为他们的选择余地拓宽了。

2. 女权主义对家庭治疗的影响

(1) 概述。

这里所说的女权主义，主要是指 20 世纪 60 年代中期的妇女公民权运动和青春文化运动，也即第二次女权主义思潮。这次思潮中，女权主义者为争取女性的平等权利，把批判矛头直指美国社会中普遍存在的性别歧视现象，其斗争目标涉及到妇女权利和妇女权益的多个层面，因而对社会的各个领域产生了深远的影响。家庭治疗领域自然也不例外。

与心理治疗的其他领域相比，家庭治疗受到女权主义的冲击可能最为明显，其原因可能部分地在于女权主义的重要内容之一就是对传统父权制家庭结构与家庭意识的不遗余力的批判，而传统家庭治疗的治疗重点就是父权观念下的家庭结构及其沟通模式，当女权主义将批判的触角介入家庭之时，以家庭为工作对象的家庭治疗自然而然地发生了明显的改变。

女权主义对家庭治疗的冲击始于这样一种观点：即有关家庭理论或家

---

① Brinkmann, S. (2006). Questioning Constructionism: Toward an ethics finitude. *Journal of Humanistic Psychology*, Vol. 46, No. 1, pp. 94～95.

庭生活中所包含的那些文化态度会对女性的身心产生不良影响。20 世纪 60 年代末到 70 年代,女权主义运动开始盛行,家庭治疗的理论基础受到了挑战。1978 年,海尔·马斯汀(Hare Mustin, R. T.)作为第一个向家庭治疗发出挑战的女性,在其《女权主义者家庭治疗的方法》一文中,对传统家庭治疗模式提出了尖锐的批评,[①]并提出了家庭妇女参加妇女解放的意义。第二年,她与同事 Hines 在《婚姻和家庭治疗》杂志上发表论文《家庭治疗中的伦理道德》,这些标志着家庭心理治疗领域女权主义运动的开始。从此以后,女权主义者开始介入家庭治疗的具体领域,并尝试对家庭治疗进行女权主义的"改造"。女权主义者一系列犀利的批评和看法推动了家庭治疗的变化和发展,并由此诞生了许多女权主义取向的家庭治疗师。

其后,女权主义者又批判了传统家庭治疗模式中所固有的性别偏见,指出家庭治疗应该注重医患间的协作关系,关注事件的意义。她们还反对家庭治疗中所谓的价值中立立场。在女权主义者看来,任何所谓的科学都是人类的活动,不可能是完全客观和价值中立的,它不可避免地会受到其创造者之价值和信仰的影响。此外,女权主义者还对"信任家庭"(trusting the family)这一观点提出质疑,她们认为这完全是一种父权制价值观的体现,它将女性长期以来在家庭中所处的隶属地位以及不合理的角色分工、不合理的责任承担等都合理化了。

(2) 女权主义家庭治疗的基本观点。

虽然女权主义家庭治疗没有统一的理论,也没有统一的研究方法,但是她们抱有一些共同的目标,即:对女性的积极的态度;采用女性价值观或中立的价值观来看待社会和社会关系;反对父权制;要求授权于女性,提倡家庭平等。概括地说,女权主义家庭治疗主要是从性别角度入手来研究家庭系统中的个人、家庭系统中的人际关系以及家庭和社会系统的关系。女权主义思潮对家庭治疗的影响颇深,国内学者汪新建等[②]对此进行了总结,得出以下几个方面的结论。

第一,注重社会文化情境的考察。有关性别的观点是女权主义批判传统的家庭治疗理论和模式,确立自己的治疗特点的基础,也可以说是女权主义研究的基本工具。从女权主义社会性别的分析视角来看,性别是社会生活和社会分层的重要特征,因此,女权主义治疗师极为关注与性别相关的风

① Hare-Mustin, R. T.(1978). A feminist approach to family therapy. *Family Process*, Vol. 17, pp. 181～194.

② 汪新建、徐树芬:《西方女性主义视野的心理治疗》,《自然辩证法通讯》,2006 年第 4 期,第 46 页。

俗习惯、社会实践活动、语言以及那些控制男女之间关系、使男女权利不平等的法规性的信念上。女权主义家庭治疗师们坚决反对强调生物本质论的“去情境化”，并认为它使心理学家在解释性别差异时，将个体行为所表现出的在性别上的独特性归结为内部的、先天的生物学因素，从而隔断了女性与社会历史情境之间的联系，这是一种个体主义或还原论。凯恩（Kahn，A.）和约德（Yoder，J.）指出：“心理学中的个体主义使我们倾向于脱离历史情境对行为做出解释，因而，心理学研究往往将女性作为一种同类的和非历史的范畴，忽视了多样性和女性经验的历史变迁。”[①]在女权主义者眼中，“去情境化”是男性中心主义价值观的体现，是在为父权制文化的统治提供所谓的“科学”解释。

女权主义持有的是性别自由的观点，认为男女的差异是由于社会化过程的差异造成的，而不是先天注定的性别差异，认为人们无需按照一成不变的社会角色模式来束缚自己的行为。人与人之间以及群体与群体之间在年龄、民族、文化、性别以及性取向等方面都是平等的。人们可以自由选择自己所喜欢的生活方式、经验及男女共有的行为特征，而没必要迎合别人或社会的喜好，遵循一种单一的行为方式。许多研究结果表明：女性和男性有着不同的道德观，对人性的理解方式有差异，解决问题的风格和目标都不一样。人们通常教育女性要感情丰富，要善良、有同情心，要懂得关心和照顾等，这些品质都和家庭、团体有关；人们鼓励男性要勇敢、敏锐、准确，这些品质则和社会生活、个人有关。所以在家庭中男性必须专注于工作，女性则成了家庭主妇。女权主义认为正是由于男性和女性之间存在的这些差异，才造成了他们之间的不平等，这种不平等的关系是一方压制一方，一方服从一方，并且认为这是一个政治权力的问题，男性和女性在权力分配上是不平等的。她们认为传统的主流文化是建立在父权制之上，这种父权制就是造成男女差异和男女不平等的根源。

女权主义家庭治疗师主张要重视社会文化情境，如社会阶层、种族、性别、民族等对人类行为的影响，认为离开具体的社会文化情境就不可能真正地理解人类行为。这一看问题的视角使人们不得不对许多所谓的“心理疾病”和“心理症状”重新加以审视和评定，因为有些看似“疾病”或“症状”的行为，实际上却是人的符合逻辑的正常反应。例如，一位女权主义家庭治疗师一般不会认为一个妻子经常发脾气是一个需要矫正和解决的问题，她可能

① Maffie，J.（1995）．Naturalism，Scientism and the Independence of Epistemology，*Erkenntnis*，Vol. 43，pp. 1～27.

会做出如下的解释：所谓的经常发脾气，可能是这位妻子对不公平或是恶劣情境的一个健康而自然的反应。而且，女权主义治疗师还认为，那些所谓形容（包括自我形容）性的词语，如“令人讨厌的”、“挑剔的”、“烦躁的”等可能只是女性用来舒缓紧张和焦虑的一种方式，而不是对女性行为的直接描述。

对于人们广为关注的女性的饮食问题，女权主义家庭治疗师认为，它是当代美国社会最突出的一种由文化所导致的综合性的症状，它体现了饮食、肥胖、体型等在特定社会文化中对女性所具有的意义。辛普森指出，女性并不是天生就有紊乱饮食习惯的人群，她们只是将自己的饮食行为当成一种应对紧张的手段——因为不加节制的吃喝可以分散她们的注意力，使她们消极的情绪得到一定的缓解。辛普森在研究中发现，许多女性的饮食紊乱与她们过去曾经有过严重的危机相关，例如孩童时的性虐待、青春期的情感挫折以及经济上的极度贫困等。①

女权主义家庭治疗师也注意到了情境的差异性。她们指出，性别的意义对于来自不同种族和文化背景、不同经济环境以及不同性取向的妇女来说是迥然相异的。一些治疗师曾尝试用同样的治疗方式来对待来访者，但是这种做法抹杀了来访者的经历、自身特性等至关重要的方面，它同时也妨碍了对一些问题的讨论，即人种偏见、种族偏见、异性恋主义、对同性恋的憎恨情绪等是以怎样的方式来影响来访者的经历，造成来访者困难的。② 此外，文化的差异性还直接影响到诊断和治疗建议。在很多非英美文化中，原本心理上的悲痛的习惯用语可能是肉体上的，而不是心理上的。③ 而且，一些治疗上的干预可能被某些文化群体的成员所曲解甚至拒绝。例如，一些南亚的妇女并不愿意暴露和谈及关于性方面的话题，包括性方面的伤害，即使是在医学或是治疗的情境中也是如此。因此，必须要根据不同的情境采用不同的治疗方式和方法。

第二，倡导治疗关系中的协作与权力共享。女权主义者也主张将权力平等的理念运用到医生与来访者的关系中，尝试对其进行一番深入的改造。她们强调相互的协作、相互间的责任以及权力共享。一些女权主义治疗师指出，传统的也即治疗师处于绝对主导地位的治疗关系，是对女性来访者在

① Kim, J. (2000). What is Naturalized Epistemology? In Sosa and Kimeds, J. *Epistemology*: *An-Anthology*, *Malden*, *Mass*. Blackwell Publishers, pp. 301～313.

② Feldman, R. (2001). Naturalized Epistemology, In Zalta, E. N. (ed.). *The Stanford Encyclopedia of Philosophy* (Fall 2001 Edition), URL = http://plato · stanford · edu/archives/fall2001/entries/epistemology-naturalized.

③ Kitcher, P. (1992). The Naturalists Return. *Philosophical Review*, Vol. 101, pp. 53～114.

现实生活中处于附属地位的一种重演和复制。所以,建立相互协作、权力共享的治疗关系将能使来访者体验一种新的感受,以有利于来访者的康复。

女权主义家庭治疗师开始曾试图追求和建立治疗师与来访者之间完全的平等关系,但这种想法很快被心理治疗中不可能有绝对平等的治疗关系的观点所取代。此后的讨论和探索便集中在"应该怎样建立治疗师和来访者间的协作关系"以及"为什么建立治疗师和来访者间的协作关系"等问题上,而权力共享则是协作关系的关键。因为只有通过协作才能使来访者获得更多的权力,来决定治疗的方向和步骤,使来访者的能力及对自我的认识获得充分的尊重。同时,它也打破了治疗过程本身和治疗师所运用技术的神秘化,使之更加贴近生活实际。

迄今为止,女权主义家庭治疗师在治疗实践中已进行了许多协作和权力共享的尝试。例如,被应用得最广泛且讨论最多的是治疗过程中治疗师的"自我暴露(self-disclosure)"。在传统的心理治疗中,来访者通常被要求向治疗师讲述出自己的相关经历,尤其那些令人难堪、羞耻、伤心的事件。而治疗师却几乎从不在来访者面前谈及自己的过去。女权主义者认为,治疗师也应向来访者进行自我暴露。这种自我暴露会将医患关系放在一个更为平等的基础之上。治疗中治疗师最常进行的自我暴露就是让来访者知道,自己在生活中所遇到和所要解决的问题与来访者是差不多的,这种自我暴露除了能消除来访者对治疗师所持有的敬畏之情外,同时也给来访者以积极的自我暗示,使其树立起康复的信心。治疗师在其他方面所做的自我暴露还能向来访者转达这样的信息,即治疗师其实和她们一样,也是一些普通的、会犯错误的人,这对舒缓治疗师和来访者间的关系,提高来访者的主动性和积极性都有很大意义。此外,当治疗师和来访者从彼此不同文化和阶层的背景出发来合力进行治疗工作时,自我暴露就可以较为清楚地显示出文化上的差异和价值观方面的冲突,这有利于对问题做深入的分析和考察,并在此基础上找到解决问题的办法。尽管女权主义家庭治疗师提倡治疗中的自我暴露,但她们同时也认识到,自我暴露必须是适度的,因而对于谈什么样的问题、什么时候谈、用什么方式谈等一直是这些治疗师们所关注的热门话题之一。①

许多女权主义家庭治疗师反对在治疗师和来访者之间人为地划一条严格的界限,以示区分的传统做法,在治疗中更愿意采取较为随意、接近实际

① Ballou, M.(1995). Naming the issue, In Rave, E. & Larson, C. (ed.). *Feminist ethics casebook*. New York: Guilford, pp. 124~125.

生活的互动方式。例如，一位治疗师把自己所珍爱的珠宝饰物借给来访者，让她戴着去参加已疏远很久的儿子的婚礼，治疗师的用意在于向她暗示，经过治疗她已是一个有能力重新开始自己生活的人了；一位治疗师接受来访者的邀请，在治疗结束后与她一同去参观艺术展览，治疗师借此表明，她们是生活中的朋友；一位治疗师对来访者说她今天实在太忙了，还没有吃饭，于是向来访者要了些东西吃，这是在提示来访者她们间的关系应当是轻松和平易的。①

女权主义治疗师还尝试在治疗关系中给予来访者更多的权力。一些治疗师鼓励来访者在就诊之前多会见和走访一些治疗师，然后再做出最终的选择；一些治疗师与来访者共同协商，确立治疗目标，制订治疗计划和要点，澄清双方所应担负的责任等；还有一些治疗师与来访者一起商讨如何确定诊断记录和如何整理病案记录，以保证能从相关的保险公司获得足够的资金支持。

女权主义叙事治疗(feminist narrative therapy)为使治疗中的权力关系能得到均衡的分布，治疗师们还常采用非中心化和克制式的话语表述方式，把谈论话题的优先权交给来访者，并通过“扩展性的提问”，鼓励来访者扩充、修正和重新解释她们所经历的事情。治疗师尽可能避免直接解释、建议或指导，注意给那些常常被边缘化或被忽视的成员优先权，让他们说出自己的故事和经历。

第三，强调家庭治疗的价值取向。女权主义者反对家庭治疗中所谓的价值中立，她们认为心理学的价值中立论的影响在于它所具有的意识形态的功能：它能使公众毫无批判地接受心理学的主张，并将这些主张视为非政治性的真理，而不是一定社会历史条件下的陈述。在她们看来，任何所谓的科学都是人类的活动，它不可能是完全客观和价值中立的，它不可避免地会受到其创造者的价值观和信仰的影响。主流心理学所倡导的价值中立与客观性实质上是男性中心主义价值观在心理学中的体现，旨在为父权制文化的统治提供“科学的”解释。正如佩皮劳和康拉德(Peplau& Conrad，1989)所说：“在心理学发展史上，性别偏见与男性中心主义价值观贯穿于整个科学心理学的发展。性别偏见不仅影响研究课题的选择和心理学概念与理论的发展，而且影响研究方法的使用、心理学在治疗领域的应用以及职业

① Marecek, J. & Kracetz, D. (1998). Power and agency in feminist therapy, In Seu, I. B. & Heenan, M. C. (ed.). *Feminism and psychotherapy: Reflections on contemporary theories and practices*. London: Sage, pp. 14～29.

心理学的结构。”①

心理治疗自产生伊始便被根植于一种文化意识形态中，这种文化意识形态宣扬个人至上，把自由与社会规范对立起来，认为自由就是减低或摆脱社会的约束力，认为人类的理性高于人类的情感。同时它还将心理健康定义为个人自我的满足和个人优越感的获得，而不是人们共同的良好状态或群体人际间的协调和一致。女权主义者海尔·马斯汀进一步指出，心理治疗是现代欧美社会的一种文化行为，是当代生活中再生产性别、阶层、种族和种族划分系统的社会性实践。仔细分析一下心理治疗史上所记载的各种诊断和治疗的实践，不难看出，它事实上也同步进行着另一个过程，即复制了时代的阶层划分、男性主义中心价值观、性别歧视以及种族歧视等。

许多年以来，在以男性中心价值为导向的心理治疗中，那些有所谓“强烈性欲望”的成年女性或女孩会被诊断为“女性色情狂患者(nymphomaniacs)”，在处理这样的“案例”时，治疗师们所认定的治疗方式竟然是切开女性的阴蒂(clitoridectomy)；神经衰弱症(neurasthenia)在20世纪初被认为是有成就女性的病症之一，解决的办法是强制其长时间地躺在病榻上，把她与其他人隔离起来，完全禁止其阅读和写作等；而那些总是试图从她们的控制者那里逃出去的女性，则被认为是一种精神病态并被称之为漂泊狂(drapetomania)。

女权主义者还指出，在精神诊断标准上存在着很大的混乱。比如，一些标准来自美国精神病学会所颁布的DSM，也即《精神诊断标准手册》；一些标准则是依据某些理论前提所作的逻辑上的推论；特别是还有一些不时出现在流行文化中，用于指涉女性来访者，并在治疗师所常用的“术语”中表现出来的，如所谓的“性沉溺(sex addition)”、“自挫人格障碍(self-defeating personality disorder)”、“临界人格(borderline personality)”、“受虐女性综合征(battered woman syndrome)”、“流产精神损伤综合征(abortion trauma syndrome)”、“恋网症(internet addition)”等。这些被医学化了的语言修辞反映了一定的政治和文化价值观，同时，这些语言修辞所作的诊断分类又会引申和创造出许多新的习惯性用语，它们又将不可避免地影响生活于该文化中的成员理解、表达和体验痛苦和忧伤的方式。

毫无疑问，女权主义者及其治疗师试图让人们按她们的立场去分析、理解和治疗心理疾病，当然，她们并不是唯一在治疗中有价值诉求的人，但可

① Peplau, L. A. & Conrad, E. (1989). Feminist methods in psychology. *Psychology of Women Quarterly*, Vol. 13, pp. 379～400.

以说她们是这个圈子里最敢于把自己的价值观公之于众的人。她们相信，所有的心理治疗都建立在一定的价值和道德判断之上，所谓的价值中立或价值无涉是不可能的，实际上许多治疗师嘴上宣称价值中立，但在治疗实践中仍是尊奉男权中心主义：以男性的标准为标准，以中产阶级的行为模式作为判定心理健康的尺度。女权主义者正是要打破这种行规，使更多的人当然也包括心理治疗师能对文化价值因素予以足够的关注。

(3) 女权主义家庭治疗的特色。

第一，追求两性平等。传统的家庭治疗理论认同这样的观点：不同年龄的家庭成员中会拥有不一样的权力，年龄被认为是造成权力不均等的唯一因素。德纳认为家庭这种阶层制的组织虽然认可了父母与子女之间的权力差异，但是却忽视了这样的事实——父母双方或者说男人和女人不论是在家庭中还是家庭以外，彼此之间的权力和地位有很大的差异。① 导致家庭成员彼此之间权力不均等的因素中，年龄是一个被认可的变量，同时性别也是一个重要的变量，但是人们仍然忽视了男女两性在地位和权力上的巨大差异。传统的家庭治疗过程在忽视了社会性别的同时，也忽略了家庭中男女的权力差异。

许多研究表明，家庭生活通常是按照男性的喜好来安排的，建立在损害女性利益的基础上。有人研究发现，越是常态家庭中的女性越是负担过重，她们大都患有与精神压力有关的疾病，性生活方面也不满意，但这样家庭的男性却都感觉良好。女权主义认为，所谓的常态家庭其实是由各方面机能良好的丈夫和孩子以及一个感觉不好的妻子或母亲构成的。女权主义家庭治疗反对把这种病态的附属性的女性看成是常态的。父权制不但是构成常态家庭的基础而且贯穿了人类发展历史。女权主义把父权制看成是一种陈旧的但依然占据垄断地位的文化立场，它具有跨文化、跨信仰、跨历史的一致性。女权主义认为父权制维护的是强权的利益，但却剥夺了其他文化的生存权利，具体到家庭角度就是维护男人的利益，而忽略了女性的经验。女权主义试图通过反思过去的历史，联系当今人类的经验来解构父权制系统下男性的权力和神话，为女性立言，证实女性经验，创造女性的传说。

在女权主义治疗师看来，心理治疗必须要为实现社会的公平和公正做出努力。她们指出，权力不平等是造成夫妻双方诸多心理问题的基础。在由异性所结成的家庭关系中，权力的不平等包括家务和家庭责任的分工不

① Goldner, V. (1988). Generation and gender: Normative and covert hierarchies. *Family Process*, Vol. 27, pp. 17～32.

均衡、男性的观点和主张占统治地位、男性的需求和兴趣处于优先被考虑的位置等。而不平等的经济资源则是造成彼此间权力不平等的根本原因。在家庭中，经济资源少的人往往承担较多的家务和责任，而女性通常是这个角色的扮演者。女权主义治疗师强调，家庭生活是社会生活的重要组成部分，家庭中女性所遇到的困境和问题，如女性被日益削弱的获得报酬的权力、女性承担无工资的家务劳动和男性承担获取工资的家庭之外的工作的性别划分、母亲所处的既被赞誉又被指责的尴尬境遇、单身女性所要面对的非议和蔑视等，皆需放到社会背景，也即联系社会中性别角色分化的特点来加以理解。女权主义反对传统家庭治疗中对抑郁解释为是一种心理疾病，认为抑郁不是一种疾病，而是家庭系统中成员关系不平等的结果。女性的抑郁是维持生存、应付环境压力的反应，是一种创造性的应付压力的策略。女权主义家庭治疗师特别重视女性之间的交流对女性健康的重要性。她们认定，如果治疗师在心理治疗中不能充分考虑上述状况，那么种种治疗就会使男女间的不公平继续存在。

女权主义家庭治疗师设计出了一些使夫妻间权力进行重新分配的方法，如治疗师借助治疗过程中所了解的事实进行分析，即在各种不同的情境下谁掌握权力、谁不掌握权力，夫妻如何行使各自所拥有的权力等。治疗师会让夫妻双方仔细思考如下的问题：家庭中的决策是如何完成的？如何去调整夫妻双方权力不平衡的状态？当下的性别分工对于夫妻双方会产生怎样的结果？家庭中现存的、与性别相关的行为模式存在的优点和缺点是什么？该模式与造成夫妻前来治疗有什么样的关联？等等。治疗师还会与来访的夫妻一同认真观察在家庭生活细节中权力实施的状况，即谁在家庭中理财？谁承担某些特定的家务？于家庭之外工作所获薪资的一方是否能够在家庭中得到更多优先的地位？谁在家庭中可以更自由和随便一些？谁在孩子生病的时候要抽出更多的时间去照看？等等。这些做法对于人们更为清晰地认识夫妻之间不平等的权力关系，并在此基础上加以调整和改变，有着极为重要的意义。

采用叙事或社会建构治疗方案的女权主义治疗师，常把注意力放在分析人们习以为常的语言表述上，她们认为这些语言表述以潜移默化的方式使性别间权力的不平等得到了强化。挪威的家庭治疗师哈文德（Haavind，1984）指出，[①]人们所说的“女人气”（femininity），通常都是用来指称从属的

---

① Haavind，H.（1984）. Love and power in marriage. In Holter，H.（ed.）. *Patriarchy in a welfare state*. Oslo，Norway：Universities Forlaget，pp. 136～167.

地位和柔弱的特性;"男人气"(masculinity)则总是代表着支配的地位和刚毅的特性。而"男人气"处于主导地位被认为是合乎情理的、自然而然的。再比如,女性主动照顾别人被认为是她们的天性,并被当成一种女性所特有的美德而受到人们的赞扬;丈夫有高于妻子的特权是上天所赋予的,男性天生就比女性优越。对此,女权主义治疗师所采用的应对方法是:在那些具有权力不平等的地方努力嵌入一些新的语言习惯。例如,一对中年夫妇前来进行治疗,双方都认为妻子本身的挑剔和与之相伴随的强迫行为是问题的关键所在。显然,这里所说的"挑剔"并不是一个描述行为的中性词,而是有价值偏向的,它意味着妻子试图以极端性的和令人不快的方式来干涉、影响丈夫。同时,将夫妻双方的互动过程贴上"挑剔"这种标签,本身就暗示了妻子应对家庭不和睦的后果负责。对此,治疗师在治疗过程中尝试改变对妻子行为的语言表述,用妻子"在夫妻关系中承担了较多的责任"取代了"挑剔"。这就使妻子的行为有了新的、更为积极的意义,同时还把探索问题的眼光投到了丈夫身上。此种做法为该对夫妻找到一个新的角度来思考自己的问题,思考今后如何去建立一种更为健康和更具建设性的互动方式。

第二,认真对待家庭暴力。女权主义家庭治疗师对传统家庭治疗的批判之一,是认为后者纵容了男性在家庭以及其他场合对女性实施的暴力,一些研究者开始关注男性对女性的暴力和性虐待问题。从 20 世纪 80 年代后期到 90 年代初期,许多关于家庭暴力讨论及研究的文章陆续发表在家庭治疗的主流书刊上。女权主义治疗师特别尊重家庭中女性的经验。例如,在性虐待、家庭暴力、儿童虐待、饮食失调等这些基本性别现象中,治疗师鼓励女性表达她们自己的想法和情绪,让女性认识到传统的性别角色期待是如何影响她的思想和行为模式的,并支持女性接受女性的价值观,善待自己,为自己的权力做斗争。

女权主义者治疗师艾维斯在 1992 年发表了一系列令人难以置信的关于家庭暴力的统计数据:在 18 岁以前曾经历过性虐待的女性的比例为 37%;家庭中施虐者主要为男性,其比例高达 95%;女性在一年中遭受与其生活在一起的男性的暴力行为的频率为 1～6 次/年;大学男生中有 25%的人曾采用强迫手段与女同伴发生性关系;如果假定不会被发现或不会被惩罚,有 20%的男性认为自己会犯强奸罪。① 艾维斯指出,传统家庭治疗理论力主所谓的治疗价值中立,实际上是默许了人们的这样一种认识,即那些女

① Avis, J. M. (1992). Where all the family therapists? Abuse and violence within families and family therapy response. *Journal of Marital and Family Therapy*, Vol. 18, pp. 223～230.

性受害者之所以遭受到虐待,是她们自身的某些因素所招致的,因此她们应对男性的暴力行为负责。艾维斯在批评了传统家庭治疗存在的种种弊病以后得出结论:只要我们还是在传统的控制论和系统论的指导下培训家庭治疗师及其专业人员,不去自觉地认识社会权力在两性间的不平等性,不去改变或修正因袭已久的关于家庭治疗专业人员的培训方案,那么我们将继续造就出为数众多的捍卫男权的家庭治疗师,他们的工作将会危及到女性和我们的后代。她指出,采取女权主义者关于反对和批判男性霸权的立场就是采取了一种非价值中立的立场,这种立场不仅向男性的控制和统治权提出了挑战,而且也否定了男权社会对家庭暴力和施暴者的界定。

为了彻底改变家庭治疗过程中男权至上的倾向,捍卫女性这一弱势群体的权利,女权主义者博格瑞在其著述中向家庭治疗师提出了一系列需要深入思考的问题:在处理家庭暴力时,我们是如何使人身安全、男性和女性自主权和自我保护权等保持平衡状态的?家庭治疗师是在怎样的意义上来行使价值中立这一原则的?在治疗过程中,什么时候必须对男性施暴者进行定罪?怎样面对施暴者行为本身具有破坏性却又无法对其量刑、定罪的事实?当我们和那些与家庭暴力作斗争的家庭成员保持一种彼此尊重的关系时,我们有谋取治疗利润的动机吗?如果有的话,它到底有多强烈?[①] 博格瑞的这些问题反映了女权主义与传统家庭治疗观点的对立,总结了近年来家庭治疗师面临的一些主要困境。虽然一些人认为,这些陈述不过是社会关于男性刻板印象的翻版,是一种煽动性的言论,并由此引发了许多不满,但是女权主义者提出的这些问题对家庭治疗师而言,依然有着重要的启发作用,它们让家庭治疗师逐渐认识到,家庭暴力或者虐待妇女的行为是和酗酒、吸毒等问题的性质相类似的,也是一个与公共生活健康密切相关的重要问题。

许多女权主义治疗师指出,传统的家庭治疗没有看到家庭中存在家庭暴力是因为家庭治疗师从来没有在适当的人群、适当的场景问适当的问题。治疗师的治疗过程就像红十字会的成员参观监狱一样,当狱警在场的时候问囚犯"他们对你怎么样"。在家庭生活中,妻子宛若囚犯,丈夫如同狱警。一旦妻子将自己的真实状况告诉治疗师,治疗师作为援助者并不能在以后的生活中保证她们的安全,她们则宁愿保持沉默,以求避免其后的来自丈夫

① Bograd, M. (1992). Values in conflict: Challenges to family therapist thinking. *Journal of Marital and family therapy*, Vol. 18, pp. 243～253.

的变本加厉的暴力。[①] 因此，过去的家庭治疗师并不能真正了解到实际的情况。对此，女权主义的最显著的成果之一便是将家庭暴力和性强迫从角落里拉出来，令其暴露在人们面前，并让人们去正视和讨论这些事实。

有关的研究业已表明，社会中普遍存在的男性对女性的私下暴力给女性带来了极大的负面影响：身心遭受痛苦和折磨，生活质量大大下降，限制了个人的成长与发展，等等。[②] 因此，许多女权主义者在大声呼吁人们，特别是那些常与此类问题打交道的公职或专业人员应公正地加以处理，而不能熟视无睹、见怪不怪。在心理治疗中应该采用单刀直入的方式，与受害的女性直接讨论和评判其所遭遇的受侵犯的经历，使得她们对此保持警醒，在今后的生活中能较为从容地应对。近来，一些女权主义治疗师还尖锐地批评了社会中流行的关于男女两性的固定化分类，例如，女人总是无助的、头脑简单的受害者，男人则总是粗鲁的、充满着欲望的进攻者。如此分类的结果是把复杂的问题简单化了，好像男人施暴、女人受虐是本性使然，天生就该如此，这无疑是把问题的深层根源掩蔽了起来，将两性的不平等合理化了。男性对女性私下使用暴力是文化中普遍存在的，从现存的性别角色结构中产生出来的，而决不是孤立的、仅与个人病理状况相关的偶发现象。

第三，“不能只归咎于母亲”。传统家庭治疗师讨论导致家庭功能紊乱和家庭问题的因素时，常会谈及以下三方面的原因：父亲在家庭生活中处于边缘状态但却在实际上掌握着控制权；母亲过分关注和干涉子女的事务；孩子生活在不良的父母关系中，并产生了与此关系相对应的身心问题。但是，人们在实际分析问题时却把更多的注意力放在母亲身上，母亲往往承担了比我们想象中更多的责难。很长时间以来，许多治疗师特别是心理动力学派的家庭治疗师认为，母亲对孩子出现问题有着不可推卸的责任。他们指责母亲总是对孩子的行为举止过于敏感，她们过度地干涉孩子的生活，控制欲望太过强烈，等等。“谴责母亲”(mother blaming)成为传统家庭治疗领域最常见的问题之一。

对此，女权主义家庭治疗师告诉人们，母亲对于孩子的过度干涉是由于父亲较少关注家庭、较少关注孩子造成的。女性主义家庭治疗师曾试图通过调查那些父亲对家庭生活有较多涉入、母亲可得到相对解脱而孩子较为正常的家庭，以求能验证上述看法。同时，女权主义家庭治疗师提出了一种

---

① Kaufman, G.(1992). The mysterious disappearance of battered women from family therapists office. *Journal of Marital and Family Therapy*, Vol. 18, pp. 231～241.

② Goldner, V.(1985). Feminism and family therapy. *Family Process*, Vol. 24, pp. 23～31.

新的解决方法——就是将胜任的、理性的父亲引入到关于家庭问题的解决过程中。女权主义治疗师强调指出，被传统家庭治疗忽略的内容，恰恰是女权主义治疗师极力使人们去认识的内容：在那些问题家庭的典型案例中，母亲的过分干涉和父亲的边缘化与其说是一种临床的病例，毋宁说是传统家庭生活积淀的结果。① 长期以来，母亲们被置于家庭这个封闭的小圈子中，她们经济依附、感情孤立、缺乏安全感、不为人所理解，处于这种角色的人势必会变得过度敏感、反应失衡甚至歇斯底里，因而会表现出较为强烈的控制欲、非理性的行为以及过度干涉孩子生活等。可见，这并非精神病理学方面的原因，而是社会文化传统造就的。

女权主义家庭治疗师坚信，很难有人——不论是男人还是女人，能在这样的境况下依然保持稳定正常的心态和行为方式。鉴于此，女权主义治疗师将一个胜任的、理性的父亲引入关于家庭问题的解决过程中，决不是让父亲取代母亲的位置，从而使母亲的自尊心受到伤害，亦不是因为母亲不能胜任自己的角色，而是要帮助母亲以理智的态度来思考和改善自己的行为角色，同时也使父亲从边缘化状态中走出来，积极参与到养育子女和各种家庭事务当中去。在这个过程中，假如父亲能肩负起较多的家庭责任，母亲过度干涉子女的状况定会有所改善。

在女权主义治疗师看来，过度涉入的母亲和边缘化的父亲这种模式事实上并不是某个特定家庭的特征，而是整个父权制社会政治结构的再现。在这种结构里，男性被社会化为在公共领域工作而发挥职能的角色，而女性则被社会化为在家庭这样一个私人领域发挥作用的角色。因此，过度涉入的母亲和边缘化的父亲这种模式实质是父权社会中性别角色社会化所导致的文化现象，而并不是家庭本身的问题。所以，传统家庭治疗中的某些所谓的干预并没有真正起到平衡家庭职能的作用，反而是强化了对母亲的责备。

与此同时，女权主义家庭治疗师指出，要将母亲们的行为与具体的家庭生活情境联系来进行分析。比如一位母亲和处于青春期的女儿总是处于“对抗状态”，她干涉女儿的穿戴、交友，私下检查女儿的衣柜、钱包，偷看女儿的日记等。如果脱离当时当地的白人中产阶级文化来讨论，人们必然认为这位母亲控制欲过强、令人厌烦，是一种病态，需要进行治疗。但是，女权主义治疗师对此提出异议，指出这是由于白人中产阶级对青年人的性行为常持一种模棱两可的态度：一方面希望尽可能地向后推延，使之发生在更为

---

① Goldner, V. (1988). Generation and gender: Normative and covert hierarchies. *Family Process*, Vol. 27, pp. 17～32.

成熟的年龄阶段；另一方面，他们对青年人的性行为，尤其是男孩以哄骗、胁迫手段与女孩发生性关系的做法采取了默许的态度，使女孩处于不利的地位。因此，一位关爱女儿，害怕女儿受到伤害的母亲的上述举动，实际上是在帮助女儿保护自己，并非是病态的表现。

女权主义家庭治疗师将父亲纳入到家庭生活中，与母亲一起承担养育照顾孩子的责任，将母亲行为放到既定的社会情境中进行分析的方法，对于有效制止“谴责母亲”现象的扩大化和恶化，扭转传统家庭治疗中附和男性权威的现状发挥了积极的作用。这无疑是女权主义家庭治疗对传统家庭治疗的积极贡献之一。

(4) 对女权主义家庭治疗观的评价。

第一，女权主义家庭治疗观的贡献。

首先，女权主义对家庭治疗最重要的积极影响，莫过于它提出了“社会性别”的概念，对女性天生就隶属于家庭的生物决定论，以及家庭治疗中的男性中心主义价值观展开的强有力的批驳。女权主义者通过对传统家庭治疗认识论和方法论，如系统论、控制论、家庭结构功能主义、价值中立、“去情境化”等的批判，表明传统家庭治疗中男性中心主义价值观，是使女性附属化和边缘化的根源。同时也指出传统家庭治疗理论的生物决定论将女性置于消极被动的位置，这种简单的生物决定论的归因方式忽视了社会文化因素对社会性别的建构作用。女权主义者提出了社会性别的基本概念，强调要重视社会文化情境，如社会阶层、种族、性别、民族等对人类行为的影响，认为离开具体的社会文化情境就不可能真正地理解人类行为。

其次，女权主义取向的家庭治疗不仅对西方家庭治疗的正统地位发起了挑战，同时也对女权主义家庭治疗本身进行了反思。这种反思和挑战对于家庭治疗向多元化发展起了重要的推动作用。女性主义治疗师所做的深入剖析表明，一直声称价值中立、立场客观的西方家庭治疗实质上不过是欧美主流文化价值观也即中产阶级白人文化价值观的体现而已，它们并不是为所有人服务的，不能代表也不可能代表所有人的利益。随着女权主义自身的发展，她们也将批判的矛头指向了西方白人女权主义者的家庭治疗观。她们指出，长期以来女权主义者所倡导的女权主义家庭治疗其实是以西方中产阶级女性为基准的，并没有考虑到种族、性别、阶级以及国际环境差异等因素，忽视了第三世界女性、有色人种女性、同性恋女性以及她们所承受的多重束缚和压迫。第三世界的女权主义者们对此更进一步明示，不同文化价值形态下家庭治疗的知识形态应当有所不同，家庭治疗的理论和方法应该是多元的，而非固定不变的。这一批判对家庭治疗的非西方转向，以及家庭治疗的本土化提供了理论支持，对家庭治疗体系的扩充和完善有着积极的推动作用。

再次，女权主义家庭治疗师在从事理论批判的同时，也一直活跃在家庭治疗领域，丰富了家庭治疗的实践，完善了家庭治疗的理论，特别是他们对虐待儿童、家庭暴力、老年人歧视、同性恋问题以及种族、阶级、文化的差异等问题的揭示和研究日益受到人们的重视。今天有许多人不但在实际治疗中以性别的角度看待家庭问题，而且在理论上、在意识上都在实践着女权主义的理论。女权主义家庭治疗的生命力在于它的治疗原则和治疗技术可以和其他的治疗模式相结合，而它的治疗技术也被其他家庭治疗家所熟知并采用。例如，在针对“谴责母亲”、厌食症等问题时，女权主义者主张将行为放到更广阔的社会情境中来分析，而不是就事论事地进行所谓“病理”上的解释；在面对来访者的时候，女权主义者主张和来访者一起分享权力，让来访者参与治疗计划的制定过程，提高来访者的自主性；女权主义家庭治疗者还在治疗中提出了一些新的修辞和表达方法，来指称女性所遭受的不幸等。虽然人们对女权主义家庭治疗师的某些方法还存在争议，但是其中的一些方法已为家庭治疗师所接受，成为家庭治疗技术和实践方法的重要组成部分。

女权主义家庭治疗刚刚出现时，一些人其中也包括一些女权主义者对其未来的前景持怀疑态度。在她们看来，这一带有强烈反叛意味的“边缘性”的治疗体系在“主流”治疗体系的阴影下是很难成长起来的。但事实并非如此，它迄今已生机勃勃地发展了数十年，向人们展示了其旺盛的生命力，相信女权主义家庭治疗会在当今社会获得长足的发展。

第二，女权主义家庭治疗观的局限。

首先，女权主义的家庭治疗观在某些问题上仍然未摆脱父权思想的束缚。女权主义在批判家庭治疗理论基础——系统论和控制论时，指出系统论和控制论使女性承担了莫须有的罪名。例如，在以女性为目标的男性犯罪或家庭暴力事件中，女性常常会受到无端的指责——这些事件是女性自己招致或顺从的结果。女权主义者指责系统论和控制论将男性本身应该承担的责任平均化了。然而，如果接受了女权主义者这一看法，即在父权制社会中女性在婚姻关系和家庭生活中权力边缘化和受压迫，继而在家庭出现问题时，不应该一味指责女性，男性也应该承担相同的责任的话，那么这种观点又轮回到了父权制社会既定规则的漩涡中，因为这也是一种责任平均化。这是女权主义自身批判逻辑上存在的怪圈。

其次，在漫长的发展过程中，女权主义立场的前提是统一的女性经验，但是建立在这种女性共同经验基础上的"姐妹情谊"目前正受到人们的质疑。女权主义者一直强调女性处于社会边缘的共同经验，并以性别差异作为分析女性问题的最主要变量，以男权作为性别歧视的代名词，将推翻男权压迫作为女性解放的奋斗目标，这推动了女权运动的发展和女性研究的展开，但是随着第三世界女权主义、有色人种女权主义以及女同性恋女权主义对西方女权主义的批判，人们开始注意到女性群体内部的差异性，看到女性群体在阶级、种族、文化、历史等方面的差异性。女权主义自产生以来就流派纷呈，相互之间并没有形成一个统一的阵营，而第三世界和有色人种等女权主义的批判更使得这种分离的状况加剧了。女权主义阵营的分裂和相互攻击，大大挫伤了女权主义的锐气。2002年，美国著名妇女活动家菲莉丝·切斯勒（Phyllis Chesler）的新作《女性的负面》（*Women's Inhumanity to Women*）出版。这本书用大量历史的和文化的以及作者亲身经历的事实对女性之间的"姐妹情谊"进行了大胆的剖析和无情的揭露，并对长期以来西方女权主义运动内部争斗不休的问题提出了自己的见解。这令人们不能不去思考如下问题：书中大量列举的"姐妹情谊"的阴暗面是否真实地反映了女性之间的关系？女权主义运动的主要任务是什么？女权主义在今后的发展中所面临的最大敌人和最强阻力来自何处？是父权制社会，还是女性自身？

女权主义本身存在的问题必然是女权主义家庭治疗不可避免的，因为女性之间的差异性同样涉及到家庭治疗某些原则和具体操作的方式方法是否具有普遍适用性的问题。在家庭治疗过程中，如何面对女性在性别、种族、民族、阶层等因素的差异性和多样性，从而形成一种开放性、多元化的家庭治疗模式，将是女权主义家庭治疗实践者在本世纪面临的最大难题。

3. 多元文化思潮对家庭治疗的影响

(1) 概述。

西方社会是多种族、多元文化并存的社会。但是，长期以来由于白人在社会上的特权和强势地位，欧美白人中心主义的文化一直居于主流，其他弱势文化则处在受压抑的地位，在各种领域都得不到反映。西方心理学就是这种取向的产物，反映的仅仅是白人中产阶级的行为特征，以致西方心理学成为白人的心理学，由于西方心理学牢牢地植根于欧美白人主流文化中，西方心理学家难以意识到心理学的文化单一性。但是，随着移民的不断增加和白人出生率的下降，西方有色人种的比例发生了明显的变化。根据美国人口统计局调查，在过去的几十年里，黑人的人口增长率为13.18%，印第安人为37.91%，南美西班牙人为53.02%，亚裔美国人为107.71%，而白人的增长率仅为6.01%。人口中有色人种和白人的比例正发生着剧烈的改变，并将持续下去。预计到2050年，白人将成为西方社会中的少数民族，有色人种的比例将大大超过白人人口。人口比例的改变迫使西方心理学家正视有色人种及其文化背景，考虑传统心理学只关注白人人口的一元文化局限性。①

心理学的多元文化取向（multiculturalism）随之产生，它倡导将心理学的各种研究范式放在多元文化主义的立场上加以考察。具体到心理治疗领域，多元文化思潮提倡各种心理治疗理论应该注意到文化的多元性和治疗的复杂性。近十几年来，在家庭治疗领域，文化的异质性问题也不断地被提及，这极大地促进了传统家庭治疗师对治疗中文化问题的反思。家庭治疗中的多元文化取向，就是在这种背景下逐渐形成和发展起来，并建构起自己的理论立场的。

(2) 多元文化主义家庭治疗的基本观点。

第一，强调文化的多样性。多元文化主义家庭治疗师强调文化的多样性。多元文化论者认为，建立在一元文化基础上的传统西方心理学，只能适合西方白人主流文化。因此，他们主张文化的多元性，强调把行为的研究同多元文化的现实结合起来。就世界范围来讲，存在着不同的国家、地区，这些国家和地区往往有其各不相同的文化传统；就一个国家内部而言，往往也因种族、肤色、民族、性别倾向的不同而存在着不同的文化观念，特别是像美国这样的移民国家，文化的多元性十分明显，如果仅以白人的行为作为研究的范例，其研究结论怎么能解释白人之外的其它群体的行为呢？

因此，在对患者家庭进行评估时，治疗师应努力对他们的文化背景加以深入的理解，充分考虑到该家庭所从属的独特的亚文化，以及该文化对家庭问题可能产生的种种影响。

第二，正确理解群体认同。人们常常通过观察来认识到某些群体的价值观和各种习俗，并且假设它们是一致和稳定的。人们通常会认为拉美家庭是亲密的和互相依赖的，盎格鲁家庭有着极强的时间观念，爱尔兰家庭喜欢喝酒等。当我们用“群体认同”（collective identities）界定某个特定的种族群体时，乍看似乎是可行的。但是如果近距离地观察他们，就会发现不能仅凭简单的观察就得出结论。比如波多黎各的一对夫妇，女儿因癌症去世，于

① 刘玉娟、叶浩生：《多元文化的心理咨询与治疗理论刍议》，《心理学探新》，2002年，第2期，第18页。

是丈夫信奉"espiritismo"[①]，他保留着女儿的一切遗物，并且坚信这样做可以使他在某一天能与女儿进行交流，而妻子则不相信这种怀念的方式，她仅仅相信罗马天主教牧师对女儿的超度。这个例子证实，即使在一个家庭内部也可能存在鲜明差异。

因此，不能把群体认同视为是群体固有的本质属性，这些所谓的共同性是在种族和自身的文化群体中被建构起来的，种族、阶级、宗教、国籍等所有这些都会影响到家庭的文化系统和世界观，并对家庭文化进行解释和描述。同一文化背景下的家庭虽然在思想、感情和行为等方面有一致性，但是也同样存在着差异。

此外，生存于社会环境之中的群体，其一致性和同一性也被社会所建构，同时还受进化论、社会经济变迁理论和世界变迁（如全球化）的影响。理解了这些影响因素，就可以避免静止地看待既有的文化，而是把文化看成是一个不稳定的、复杂变动的建构。

第三，注重社会公平原则。多元文化主义家庭治疗师十分重视对社会公平的思考，他们注意到某些群体，如非洲裔美国人、墨西哥裔美国人、同性恋群体等，尽管在社会上得不到完全的认同，但仍然在努力维持着自己的权利和应有的地位。人们用白人的价值标准去判断其他所有的群体是不符合社会公平原则的。[②] 少数民族应该坚持自己的文化传统，通过争取社会资源和进行平等权利的运动去改变自己的地位，以获得公平的待遇。

对社会公平原则的重视令多元文化主义治疗师对患者家庭的生活条件差异和生存能力差异予以特别的关注。因为这些差异限制了患者家庭很多的发展机会，使他们处于社会的边缘，被排斥在主流社会之外，由此造成家庭成员的心理健康水平大大下降。多元文化主义治疗师认为，实现社会公平就要重视种族和种族歧视问题，着力解决家庭与大的系统之间（如社会）的权力分配问题。他们在面对少数民族亚文化群体时，通常会有意识地彰显文化的力量，以帮助患者家庭认清文化平等的意义。患者最终能够获得对社会经济、政治、文化、意识形态环境的认知，这些认识将有助于他们心理状态的调整和提升。

总之，多元文化主义家庭治疗师重视那些由于性别、经济条件和种族不平等所造成的权力差异，以及这些差异对于家庭的影响，而追求社会公平的

---

① 一种信仰的名称，相信不可见的精神，通常是指一个死去的重要他人的灵魂，这种信仰使他们相信自身或者他人的鬼魂会突然闪现，与活着的人交流。

② Waldergrave, C. (1990). Social justice and family therapy. *Dulwish Centre Newsletter*, Vol. 1, pp. 15～28.

原则则能有效地促进家庭的康复和心理健康状况的改善。[1]

第四,辩证地看待文化差异。多元文化主义家庭治疗师认为,由于患者及其家庭的文化传统常常不同于家庭治疗师的价值体系,很可能造成一些观点或行为被判定为异常或官能障碍。因此,在治疗不同文化背景的患者时,尊重文化间的差异,探索不同的行为方式,是非常重要的。尊重差异虽然重要,但倘若对于那些"我们是基于自己的文化才做这些事"的解释不加批判地接受,也是不足取的。[2] 如何让一个与来访者家庭文化背景迥然不同的治疗师去评估和处理上述问题呢?多元文化主义家庭治疗师经常采用的方式是,让治疗师在治疗过程中要始终对患者及其家庭保持好奇心和开放的态度,多向他们提出问题。治疗师在治疗过程中所表现出来的对文化的期待与渴望,将使患者及其家庭对治疗师产生信赖,并逐渐建立起良好的关系,这有助于他们配合治疗师的工作。

一般而言,家庭治疗师对文化差异的好奇会促使他们深入探究患者家庭文化范围内的一切治疗资源。同时,多元文化主义家庭治疗也明确反对文化批判主义所谓的"把外围的观点带进我们的文化思维,会破坏我们固有的思维方式"的看法,[3]认为不同文化之间的融合才是更重要的。

(3) 对多元文化论的家庭治疗的评价。

第一,主要贡献。

首先,与前面曾讨论过的女性主义家庭治疗一样,多元文化主义家庭治疗也同样注重对社会公平的思考,宣扬权利和地位的平等,只是前者所强调的重点在两性之间,而后者的重点则在不同的种族、民族等群体之间。在多元文化主义家庭治疗师看来,欧美白人文化并非是普遍的和唯一合理的,世界上存在着不同的国家、地区,这些国家和地区有其各不相同的文化传统,而一个国家内部往往也会因种族、肤色、民族、性别倾向的不同而存在不同的文化观念,因此,每一种文化都有自己独特的价值观,不同文化之间应该相互包容和理解,而不应该强迫其他文化接受自己的价值观和行为标准。这种观点促使治疗师把具体的治疗过程与对社会公平和正义的追求联系了起来,也把具体的治疗过程与对社会文化的批判和反思联系了起来。

其次,多元文化主义家庭治疗使用多维度的、生态系统的及比较的方

---

① Fowers, B. & Richardson, E. (1996). Why is multiculturalism good? *American Psychologist*, Vol. 51, pp. 421~452.

② Fowers, B. & Richardson, E. (1996). Why is multiculturalism good? *American Psychologist*, Vol. 51, pp. 421~452.

③ Krause, I. (1999). *Therapy across Culture*. London: Sage, p. 231.

法，在治疗过程中融入并注重文化因素，使求助家庭及其成员学会如何彼此观察，如何理解彼此的信息，以及如何改进互动关系和如何构建健康的家庭氛围。无论一个家庭面临的困境是离婚、再婚或亲子关系等问题，都要考察其中所反映出来的种族、阶级、社会阶层或宗教文化的差异，并在此基础上制订相应的治疗方案。在多元文化主义家庭治疗中，文化问题不在抽象的层面上讨论，而是在一个特定的背景线索中讨论，这就使文化的作用和意义变得更为清晰。

再次，多元文化主义家庭治疗提供一个既存的文化框架体系，提供了一个关于如何看待文化同一性和差异性的模式，用来指导家庭治疗师去思考各种生态线索，以及移民群体、家庭组织和家庭循环的周期。这对治疗师有很大的帮助，据此，他们既可在不同文化群体的家庭组织或社会环境中发现其潜在的联系，又可了解独立群体的文化特征。

第二，不足之处。

首先，在多元文化主义家庭治疗的实践中，治疗师对文化的限定有简单化之嫌。为使某一文化更具体、更容易理解和把握，治疗师往往使用一些简单化的表述来限定文化，这样做的结果就容易给文化背景相同的家庭贴上“同一”的标签，而忽略了对单个家庭之特殊性的考虑，从而使问题的解决和处理流于简单化。应当看到，在全球化的进程逐渐加快的情况下，各种文化信念和文化实践的相互交叉和相互融合越来越频繁，各种文化也在不停地变化和发展，这种多变性和复杂性是多元文化主义家庭治疗师所应关注和研究的。

其次，家庭治疗师对文化的理解和剖析还不够深入。尽管越来越多的家庭治疗师已经意识到必须重视和关注文化的多样性，并尝试着把多元文化理论运用到家庭治疗的实践中，但是，对文化本身及其差异进行深入思考还是很不够的。治疗师杰克逊在十几年前就指出，文化是一个模糊和难以理解的概念，很少有人能清楚地思考和评估文化。这种情形到今天并没有多大的改变。总体来看，目前家庭治疗师关于文化概念的理解仍是很粗略的。因此家庭治疗师还需要付出更多的精力和时间去深入地研究和探索文化的涵义及其各个相关侧面，多元文化主义家庭治疗的长足发展有赖于治疗师对文化及其特点的深入剖析与理解。

第七章

中外学者关于后现代心理学的研究

面对大潮涌动的后现代文化思想，心理科学没有也不可能置身于其外。在世界各国当然也包括中国，有不少心理学工作者从各自的专业和立场出发，探讨了后现代话语对心理学的适用性，分析和审视了心理科学在后现代思潮的助势下，抑或在后现代境遇中所应采取的姿态和行动。应该讲，这是一种值得重视的学术动向，也是一种心理科学的新的增长点。

第一节　后现代心理学在中国

如果说心理科学对后现代文化思潮或后现代哲学理念的反应相对滞后或迟缓的话，中国心理学界对发生在西方的心理学后现代转向之苗头或动态的洞察、把握、引介、阐发、评论和批评，则是相当敏捷、系统和全面的。

一、初期关涉

世纪之交，与国外心理学同仁一样，国内的心理学者也开始反思心理学百余年的成败得失和经验教训，并展望其未来的走向，出版和发表了许多很有影响的论著。特别值得关注的研究有：心理学界老前辈陈立先生在1997年发表的《平话心理学向何处去》，对心理学工作者只注重研究一些无关宏旨的课题，所进行的所谓“遭遇战”加以贬斥，对心理学过分倚重实验室研究和定量分析而忽视对意义的探讨倾向予以批评，同时也对认知心理学能否一统天下表示了怀疑。[①] 心理学家车文博先生在 1995 年撰文《20 世纪西方心理学发展的轨迹及其未来走向》，对西方心理学发展的内在逻辑，对西方心理学百年发展的历史启示，对心理学未来的进展进行了深刻辩证的分析。1996 年车文博先生又出版了学术专著《西方心理学史》，全书的思想逻辑围绕着心理学究竟是研究什么的(对象)和应该怎样进行研究(方法)这两个基本问题展开，力图超越西方学者的研究方式，开辟自己独具特色的探索模式。他凭借着学术的敏感性，在本世纪初撰写了《后现代心理学思想浅涉》手稿。车文博先生还认为人本心理学与后现代主义在以下方面具有一致性：抨击科学主义，重建人际沟通，实现人的个性。心理学家荆其诚先生于 1990 年出版《现代心理学发展趋势》一书，认为现代心理学目前还不是一门规范的科学，这表现为：第一，目前心理学还没有一个合适的范式；第二，心理学没有一个理论能贯穿人的整个心理活动；第三，心理学中的许多概念是从其他学科中转借过来的。[②]

佐斌在 1994 年发表的《西方心理思潮的当代特征——后现代主义心理学述评》一文中指出，当代西方后现代主义心理学是西方心理学历史发展的一个新阶段。它之所以出现，一方面是由于心理科学在自身的发展过程中不断暴露出一系列问题，心理学家不得不另择他途，另一方面是西方后现代主义哲学和社会思潮对心理学的冲击和影响所致。后现代主义心理学的可取之处表现在以下六个方面：第一，对现代心理学所固守的原子主义或普遍化倾向的批评，是对西方心理学中的教条主义和唯理性主义的反叛，在认识论上具有进步意义；第二，它反对心理学中的方法主义取向，即"心理学理论和研究都以方法为核心，心理学家选用最方便、最有统计学味道的方法来做研究"，他们认为这与心理学的发展是本末倒置的，这是一种比较清醒的看法，对当前流行的方法中心主义可起一定矫正作用；第三，强调以整体论来看待人、人的心理现象和心理学家的研究工作，这符合科学研究的系统性原则和发展性原则；第四，呼吁和强调心理学的社会参与意识和心理学家应具有的社会责任感，提倡心理学在建构世界新文化上的独特贡献，这对我国心理学的发展也有很大的借鉴意义；第五，后现代主义十分重视人与人的心理差异，如价值观的不同、风格的差别等，这比较符合具体的人性的看法，也在一定程度上突出了人的主观能动性，因而对心理学的研究是有利的；第六，后现代主义心理学家所具有的科学批判精神和敢于怀疑真理的勇气，也有

① 陈立：《平话心理学向何处去》，《心理科学》，1997 年第 5 期，第 46 页。

② 荆其诚著：《现代心理学发展趋势》，人民出版社 1990 年版，第 32 页。

可取之处。①

周晓虹在1994年发表的《现代社会心理学的危机与后现代社会心理学的兴起》一文中指出，长期以来，实证主义、实验主义和个体主义一直被认为是社会心理学的现代特征，但发生在70年代的整个现代社会心理学的学科危机使人意识到这三大现代特征也是造成现代社会心理学踌躇不前的根源所在。这一认识使人们开始考虑如何通过对实证主义的反抗，使陷入困境的社会心理学进入另一个全新的时代，这个时代的社会心理学因其与该学科的现代形态既延续又超越的关系，被称为“后现代社会心理学”。现在，绝大多数社会心理学家意识到了改造社会心理学现有知识体系的必要性和紧迫性，他们从各种可能的角度，就这一学科未来的发展提出了一系列富有远见卓识的设想，并展望了社会心理学的发展趋势。首先，社会心理学在20世纪90年代以后的发展中，将会也应该呈现出本土化和世界化相统一的趋势。本土化是世界化的前提(在这点上美国社会心理学是一个例证)，所谓只有民族的才能成为世界的(不过，并不是所有民族的都能成为世界的)；而世界化则是本土化的最终趋势，我们通过对每一特定民族的特定成员的研究，最终将获得有关人类社会行为发生发展的一般规律。其次，社会心理学在20世纪90年代以后的发展中，将会也应该呈现出实证主义与人文主义相并存的趋势。虽然实证主义的主张在近几十年来受到了极为猛烈的批判，人文主义主张迅速突起，但我们认为实证主义的主张及其方法在未来的社会心理学研究中绝对不会被完全抛弃，被抛弃的只是其原先在学科中的统治地位。再次，社会心理学在20世纪90年代以后的发展中，将会也应该呈现出各种研究取向相综合的趋势。自20世纪70年代以来，社会心理学开始出现了向下述两个方面变动的趋向：其一，更为关注从宏观的社会文化因素入手探讨人类行为的原因；其二，有可能从超微观的生物因素入手，重新探讨人类行为的先天和遗传倾向。可以设想，20世纪90年代以后上述两种倾向的研究份量将日益加大，并从根本上动摇心理学取向长期以来在社会心理学研究中的霸主地位。②

方俊明在1997年发表的《评后现代主义心理学思潮》一文中谈到，后现代主义心理学是20世纪90年代在西方兴起的一种新的思潮，是后现代主义时代精神的产物。在一定程度上，后现代主义心理学思想反映了科学技

① 佐斌：《西方心理思潮的当代特征——后现代主义心理学述评》，《华中师范大学学报》(哲社版)，1994年第5期，第93页。

② 周晓虹：《现代社会心理学的危机与后现代社会心理学的兴起》，《江苏社会科学》，1994年第4期，第128页。

术飞跃发展的信息社会，从产业商品过渡到消费商品时期人们的思维方式和社会心态。后现代主义心理学对行为主义的机械还原论、弗洛伊德的生物还原论以及人本主义学派的“自我中心论”的批评以及加强对高级心理研究的建议是值得深思的。但对主流心理学的全盘否定，对科学研究的客观性、因果决定论的怀疑是没有根据的。未来心理学的发展只能是在正确思想指导下，朝着文理结合、微观与宏观研究相结合、定量与定性相结合、理论与应用相结合的道路不断地探索与前进。①

王小章在1998年发表了《后现代景观下的心理学》一文，认为心理学目前正面临一场深刻的变革，即从实证主义方法论占绝对支配地位的现代心理学向强调理论和方法之多元性的后现代心理学的转变。从格根等学者对于现代心理学的反省和对于后现代心理学的构想中，我们可以获得一些启发：第一，心理学的研究是对特定社会文化状况的反应乃至响应，应随历史时代的演变和社会文化的变化而改变其模式和姿态。因此，心理学之可能的知识形态绝不止一种，而是多种，即无论在理论上还是方法上，心理学都应是多元的。由此也可看出，近年来许多人已经讨论和正在讨论的心理学之本土化也就成为顺理成章的事。长期以来，西方实证心理学一直把自己看做是超越本土文化的科学努力，导致了它毫无限制地称霸扩张。要改变这种观念和状况，真正实现心理学的本土化，必须从我国心理学的实际出发，加强对西方实证心理学的改造，使之更贴近适合我国特定文化圈中的心理行为；加强对我国本土心理学传统的关注，使其被实证心理学所掩盖而在今天尚有活力的东西重放光彩。第二，现代实证心理学视“客观方法”为神圣追求，要求研究者严守中立立场，这导致了心理学研究长期以来“只问事实怎样，不问应该怎样”的局面，价值、道德、文化利益等被看做因与科学心理学无关而受到冷落、忽视。而格根等关于心理学的后现代观念终止了视方法为神圣追求的观念，也瓦解了虚假的甚至虚伪的所谓“中立”观念。这就为心理学参与现实社会生活开启和廓清了通道，结束了实证心理学长期以来固步自封的做法，拓展了心理学的视野，从而导致了向“大心理学观”的迈进。②

此外李铮、乐国安、方汉文、杨韶刚、邵迎生、郝奇等在20世纪90年代纷纷撰文，引介和评析后现代心理学思想，分别就后现代文化思潮与心理学

① 方俊明：《评后现代主义心理学思潮》，《陕西师范大学学报》（哲学社会科学版），1997年第1期，第148页。

② 王小章：《后现代景观下的心理学》，《心理科学》，1998年第4期，第354页。

的关系、后现代文化心理、后现代心理治疗、当代心理学中文化冲突的后现代思考、人本主义心理学的后现代蕴含等众多主题或论题进行了深入的理论辨析和学术研究。

二、系统研究

跨入新的世纪，国内许多学者从不同的角度和层面对心理学的历史、现状和未来进行了颇有新意与启示的探究，表现出新一代学者对现代心理学命运和困境的思索与关切。

1. 以后现代心理学为论题的学术研究

刘金平指出，由于现代心理学存在着多方面的危机，在后现代主义思潮的推动下，后现代主义心理学便应运而生，其主要观点是：放弃追求普适性，承认历史性和具体性；批评唯一性，提倡多元性和差异性；坚持心理学的中间学科地位。这些观点是在解构西方科学心理学的过程中提出的，对于我国心理科学的建设有一定的启发意义。首先，后现代主义心理学反对心理和行为研究中的欧美中心论和男性中心论，这对于打破西方中心论和西方文化霸权主义，促进中西文化的沟通和交流有积极作用。其次，后现代主义心理学反对思想僵化，反对教条主义、经验主义和科学主义，反对实证论和自然论，可以帮助我们扩大视野，突破机械的思想框框，以多元视角看问题。①

叶浩生认为，当代西方心理学中存在着现代主义取向和后现代主义取向的对立和冲突。冯特以来的西方心理学流派大多属于现代主义的范畴，其特征是：重视科学的价值；强调科学的方法；信奉经验主义；主张个体的中心地位。后现代主义取向的核心是社会建构主义，其主要特征为：批判的倾向，对现代心理学的理论基础进行解构；把社会建构论作为认识论的基础；促进心理学实践的四个转变。叶浩生认为尽管两种倾向形成了鲜明的对照，但两者也存在着一些共同的方面，从而构成了超越两者的基础。两种取向的超越需要以科学实在论作为元理论的基础，并需要双方互补、合作和开放的态度。② 后来他又指出，后现代心理学家反对以往的心理学理论和流派把心理或行为看做是一个独立于研究者的"实体"。后现代心理学的典型特

---

① 刘金平：《略论后现代主义心理学》，《河南社会科学》，2003 年第 5 期，第 196 页。

② 叶浩生：《西方心理学中的现代主义、后现代主义及其超越》，《心理学报》，2004 年第 2 期，第 212 页。

征是反对基础主义和本质主义，它认为心理现象并不是一种“神实在”，而是一种文化的社会建构。后现代心理学的理论基础是社会建构论，多元文化论、后现代女性心理学都是后现代心理学的重要形式。[①] 在谈及后现代心理治疗时叶浩生提出，后现代心理学强调心理现象的建构特性和心理学知识的文化相对性。后现代背景下的心理治疗和咨询接受社会建构主义的认识论主张，认为病理心理是语言的社会建构，并没有客观的意义。所有的治疗和咨询理论都是一种“建构”或“叙事”，而不是所谓的“真理”。承认这一点，将有助于在后现代多元化的基础上，实现各种治疗和咨询理论的整合。[②]

关于后现代主义能否为心理学提供新的精神资源，霍涌泉从三个方面进行了分析。首先，后现代心理学的批判性精神资源能够促进心理学科自身的不断反思与进步。西方后现代心理学的批判精神是当代心理学发展所需要的一种科学品格及精神，正是在批判性研究的发展中，后现代心理学的元理论才得以形成、发展乃至实践，进而使其在对现代性的批判与解构中走向了对现代性形态的建设与重构的发展阶段，从而使当前西方的后现代心理学迈上了一个“后现代与现代特性相共存”的新的发展平台。其次，后现代心理学中的建构主义思想在理论上丰富了认识反映论的实质性内容。从认知主义向建构主义的转变是当前西方心理学基础理论核心假设转换的一个重要特点，其中，后现代心理学中的认知建构主义和社会建构主义贡献最大。以社会建构主义为代表的后现代心理学研究取向，从心理基础、生理机制和语言方面深入地揭示了认识过程的具体机制以及认识过程中的主体能动性、主体的认识结构和认知能力，即认识过程中主体的内源性因素，这是对反映论的具体化和深化。第三，后现代主义有助于推动心理学界科学知识公共程序的进一步完善。要打破现代主义的自然科学霸权主义垄断现状，急需引入后现代主义的科学精神，重新铸造全新的民主化科学认识与评价体制。后现代主义哲学与后现代心理学所提倡的是对公共知识、经验性知识的全面尊重，呼吁给弱者以声音，赋权予边缘势力以克服现代强势学科中“马太效应”的进一步肆虐和蔓延。当然，后现代心理学基础理论资源对现代心理学的学术贡献实质上是一把双刃剑：既蕴涵着不少积极的资源，同时包容着一种潜在的危险。[③]

---

① 叶浩生：《后现代心理学概观》，《南通师范学院学报》（哲学社会科学版），2004 年第 2 期，第 121 页。

② 叶浩生：《试析后现代心理学影响下的心理治疗与咨询》，《心理科学》，2003 年第 4 期，第 578 页。

③ 霍涌泉：《后现代主义能否为心理学提供新的精神资源》，《南京师范大学学报》（社会科学版），2004 年第 2 期，第 91 页。

蒋京川与叶浩生曾撰文《论后现代心理学的定位与理论存疑》，文章指出，后现代心理学冲击着现代心理学，并试图实现对它的超越。只要我们考察后现代心理学与现代心理学的关系，就会发现从现代心理学到后现代心理学并非一种库恩意义上的范式转换，两者之间的连贯性超过它们之间的断层性，后现代心理学要求我们寻求包括技术理性和价值理性在内的更多理性内涵。后现代心理学挑战了实证方法的霸权，批驳了价值中立的神话，强调了理论的实用价值。在看到积极意义的同时，也使我们保留着理论上的疑问。①

汪新建和吴晟从后现代视野下思考心理治疗，认为现代心理治疗与后现代心理治疗在认识论、知识的性质、标准、构造以及语言的作用等方面存在诸多差异，前者是对客观与理性的探寻，后者是对主观建构的追求，具体表现在：第一，从认识论的理论层次上看，后现代心理咨询经历了一个由客观主义到主观主义、由反映论到建构论的转变。在这一转变中有两个值得注意的特点，其一是吸纳了实用主义的观点；其二是吸纳了进化论的观点。第二，后现代心理治疗认为心理治疗的知识绝非永恒真理的发现，不过是特定社会文化的产物，它也只适用于特定文化下所产生(或所建构)的心理问题，故心理治疗的理论和方法应是多元的，而绝不是唯一的。这使我们不能不更为认真、严肃地对心理治疗的本土化问题进行深入的思索。第三，后现代心理治疗不认为知识是一种抽象、一种范畴的分门别类，相反，它强调知识是建立在对事物差异的把握和了解之基础上的。后现代心理治疗重视语言的作用，认为它创造了生活经验和客观现实，并通过话语叙述对其不断地进行加工和整理，故心理治疗成了一种语言叙述活动，成了一种积极之生活故事的创作或再创作的过程(即“文学性的解脱方式”)，而治疗家的角色可被称作“改变过程的艺术家”或是“对话过程的建筑师”、“助长者”和“促进者”。可以说，心理治疗原本就不仅是一种冷静严密的科学探索，同时亦是一种激情充溢的艺术创造。在探索人类心灵奥秘的道路上，后现代主义正向我们提供一个新的视野，展现一片独特绚烂的景观。②

赵梅认为，在后现代主义对现代主义的批判之下，心理学应用体系中受到最大启示的是心理咨询领域。不少主流心理辅导模式及大部分的家庭辅导理论均受社会建构主义的影响，渐渐脱离了现代主义的影子。后现代主

① 蒋京川、叶浩生：《论后现代心理学的定位与理论存疑》，《南京师范大学学报》(社会科学版)，2006年第2期，第101页。

② 汪新建、吴晟：《后现代视野中的心理治疗及其思考》，《心理科学》，2004年第5期，第1268页。

义对语言的重视开启了心理咨询向后现代的转向。在现代主义的世界观下，语言符号是表情达意的工具，人们可以借助语言去了解、描述外部世界，并能把内在的表征精确地反映出来；后现代主义者的信念则不同，他们认为世界是存在的，但是关于世界的描述则不然，语言并没有反映它，只是创造了它。因此，叙事治疗(narrative therapy)成了后现代心理咨询流派中最具代表性的方式，其哲学基础可概括为四句话：现实是由社会建构出来的；现实是经由语言构成的；现实是藉以叙事组成和维持的；没有绝对的真理。这就在最基础上颠覆了传统的以问题解决为治疗目标的治疗方式，治疗师不再专注于来访者“问题”的成因，而是参与对话，对何谓问题、谁构成问题、谁要负责任、谁要做出改变等一连串相关的话题，用不同的语言去描述，协助来访者以说故事的方式，做出重新的探索、澄清、扩展、删除以及创造。叙事治疗所体现出的重新叙说和重新生活，在后现代主义者看来正是心理学得以勃发的生命根基。①

关于现代心理学与后现代心理学之间的分歧与对峙，杨英和郭永玉认为，当现代心理学正身处众多困境时，后现代心理学者从新的视角和观点对其展开了攻势，因此在这近十多年里，西方心理学界充满了激烈辩论的声音。他们总结了西方心理学界围绕着后现代心理学这个话题展开的各种对话，包括在心理学认识论上的对话：真理是独立于人而存在的吗？在心理学研究性质上的对话：心理学研究真的具有客观性、普遍性和价值中立性吗？在心理学研究方法上的对话：实证的研究方法可靠吗？在后现代心理学价值上的对话：后现代心理学是一种相对主义或虚无主义吗？同时，他们还对两者的观点进行了论述，认为后现代心理学在短时期内不会消亡，现代心理学在短期内也不可能被后现代心理学取代，后现代心理学的出现促进了心理学的进步，这些研究不仅能使我们更加深入地了解后现代心理学和现代心理学的理论建构，也能促进心理学科的健康发展。②

仇毓文对后现代心理学的贡献进行了一些评价，指出心理学以实证主义为逻辑起点走向了其作为现代自然科学的道路，但百余年的发展并未真正解决心理学的根本性问题。作为后现代主义文化的重要组成部分的后现代心理学和后现代主义则对当代心理学做出了一定的贡献，这表现在对现代科学公共知识的进一步约束和完善上。③ 常丽和乔晓熔对后现代建构主

① 赵梅：《后现代心理学与心理咨询流派》，《理论学刊》，2005 年第 6 期，第 62 页。

② 杨英、郭永玉：《后现代心理学与现代心理学的对话》，《心理科学进展》，2005 年第 3 期，第 379 页。

③ 仇毓文：《后现代主义与后现代心理学》，《青海师范大学学报》(哲学社会科学版)，2005 年第 1 期，第 133 页。

义心理学加以析评，提出后现代建构主义心理学是后现代心理学的一种理论形态，是在对现代心理学的主客二元论和个体主义批判的基础上提出了自己的理论核心——建构。这里的"建构"是在话语中通过互动过程进行的，它关注文化、历史因素对心理的影响，提倡话语分析的研究方法，并对知识、自我、人格等进行了重构，形成了自己的知识观、自我观和人格观，从而为心理学的研究提供了一个新的视角。① 高学德撰文从研究对象、学科性质和研究方法三方面对后现代主义视野中的心理学进行了探析，反思了后现代主义心理学的贡献和面临的困惑，并提出以本土化心理学作为后现代心理学发展的突破口。可以说，后现代主义心理学的研究视野和基本观点为本土心理学的形成和发展提供了思想基础和新的契机，有助于透析传统科学心理学面对当代社会现实和人们的心理困境时的无奈与僵化，并为探讨和描述异质文化背景中人们的心理和行为的特点找到了新的出路。②

崔景贵认为后现代主义为心理教育领域提供了新的思路与视角，注入了新的生机与活力，具有积极的启发作用，后现代心理教育思潮的基本主张如下：一是在心理教育观念上的多样性主张。后现代主义教育家反对认为存在普遍本质的个性观，强调发展、维护个性的多样性和差异性；反对从单一理念出发观照心理教育、解释心理教育的做法，宣称所有的方法都有自己的局限性，心理教育也没有预设的终极目标。二是在心理教育目的上的异质性主张。心理教育的目的并不在于追求共识和统一的标准，而是通过宽松的争论去发现悖论和错误，追求一种异质标准，其共同之处是大都围绕如何克服现在西方资本主义危机，培养具有社会批判能力和认可多元文化的社会公民等方面。三是在心理教育关系上的平等性主张。后现代主义教育家反对教育等级观念，主张大众的、世俗的教育，真正无条件地给每个适龄儿童以符合其兴趣、个性特征和智力状况的充分教育，认为心理教育不能人为地把学生随意划等归类，采取二元逻辑来管理和施教，心理教师也不能一直处于中心位置，作为优势一方出现，而应该作为"平等中的首席"，更多地尊重学习者。四是在心理教育内容上的开放性主张。后现代主义教育家反对科学至上，极力强调"去中心"和"边界松散"，主张建设开放的课程以瓦解现代性支配下的心理教育，使心理教育内容具有批判的、怀疑的特征和恰当的不确定性。五是在心理教育课程上的生成性主张。心理教育课程是一个

① 常丽、乔晓熔：《后现代建构主义心理学取向》，《郑州航空工业管理学院学报》（社会科学版），2005年第1期，第118页。

② 高学德：《后现代主义视野中的心理学反思》，《甘肃联合大学学报》（社会科学版），2006年第2期，第26页。

生成的过程而不是预设的，是心理指导者与学生借助于现实活动而协作的过程。学生心理建构的过程就是自我不断生成的过程，自我的生成又不断地促进心理建构。心理课程的设计在自我的逐步生成过程中流动，自我的每一步新生都伴随着课程的不断设计、更新和延展。①

关于后现代主义思潮对心理学质化研究兴起的影响，闫杰认为后现代主义思潮把反对“唯科学”、提倡经验—批判方法、去中心化和交流合作作为自己的建构特征。在心理学研究方法上，后现代主义思潮一方面对盲目崇拜数字的量化研究进行了批判，另一方面其消解二元对立、质疑科学主义、颠覆权威话语的鲜明理念，对质化研究的兴起起了重要的催化作用。他认为后现代主义思潮对心理学质化研究的兴起的影响主要表现在以下四个方面：后现代主义思潮消解二元对立有利于心理学量化、质化多元并重研究范式的构建；批判理性至上，有利于质化研究“以人为本”研究范式的构建；强调人的多元性和独特性，有利于质化研究“深入现场式”研究范式的构建；颠覆权威话语，有利于质化研究平等对话研究范式的构建。②

2．关于后现代心理学的专著与分章节的探索

后现代心理学思想是在西方当代心理学哲学中一个新的较难把握的课题。它是在当代西方兴起的后现代文化思潮的冲击下，也是在科学主义心理学走向衰落和陷入困境的情境下产生的。国内外对后现代心理学虽有零散的介绍或论述，但全面系统的梳理和研究论著并不多见。高峰强于2001年出版了《现代心理范式的困境与出路——后现代心理学思想研究》这部关于后现代心理学的学术专著，这部著作是在车文博先生指导的博士学位论文的基础上经修改、扩充和调整而成的。该书详尽分析了后现代心理学产生的社会文化背景、哲学背景、科学背景和心理学背景，力图用辩证唯物主义观点阐明后现代心理学的历史逻辑、方法论、研究取向、理论建构及观点争鸣，剖析了后现代心理学对现代科学主义心理学的否定以及与行为主义、精神分析、人本主义心理学的关联，挖掘了精神分析的后现代视域和人本主义心理学的后现代蕴涵，探究了后现代心理学思想与后现代文化思潮的关系，概括了后现代心理学的基本论点和立场，既肯定了后现代心理学思想的积极意义，也指出了其视界局限和发展前景。此后又指导研究生就后现代心理学数种理论形态及实践应用等进行了一定的研究工作，引起了国内外

---

① 崔景贵：《“告别理性”：后现代主义与心理教育范式》，《教育科学研究》，2006年第12期，第48页。

② 闫杰：《后现代主义思潮对心理学质化研究兴起的影响》，《南京师范大学学报》(社会科学版)，2008年第4期，第103～107页。

心理学同行的关注，目前正在与美国、比利时、奥地利等国的学者开展关于后现代心理学和过程心理学等方面的合作研究。

中国学者在近几年出版的心理学史教材中，开始关注后现代心理学的理论形态、对现代心理学的反叛、主要理论观点、在心理学发展史中的地位与影响、主要贡献和明显的缺陷等。举其要者有：第一，叶浩生著《西方心理学理论与流派》[1]，本书为21世纪高校心理学教材，其中最后一章标题为《展望：未来属于后现代主义吗》。涉及到五节内容，分别为后现代主义与后现代心理学；社会建构论；多元文化思潮；后现代女性心理学；超越现代主义心理学与后现代心理学的对立。第二，叶浩生主编《心理学史》，本书为高等学校心理学专业课程教材，在书的最后一部分《总结与展望》里，专门论及后现代心理学的产生背景、主要观点及对其评价。[2] 第三，叶浩生主编《心理学通史》，本书为普通高等教育"十一五"国家级规划教材。本书有三章内容关涉了后现代心理学：文化心理学、女性主义心理学、社会建构论心理学，从涉及面到所占篇幅来看，在国内外同类教材中都是比较罕见的。[3] 另外，在叶浩生主编的《西方心理学研究新进展》(人民教育出版社 2003 年版)，郭本禹主编的《当代心理学的新进展》(山东教育出版社 2003 年版)，介绍了后现代心理学。车文博先生主编的《中外心理学思想比较史》(上海教育出版社 2009 年版)，也有三四章的内容是有关后现代心理学的，所占比重不可谓不大。

鉴于主流心理学的困境引发了众多的争论与冲突，许多心理学家另辟蹊径，开始寻找一条不同于主流心理学的道路，因而导致了心理学的多元化趋势。2006 年，叶浩生先生带领一批年轻学者，出版了一套《心理学新进展丛书》，系统详尽地分别阐述了社会建构论心理学、女性主义心理学、话语心理学、文化心理学、积极心理学、主体心理学、超个人心理学、生态心理学、联结主义认知心理学、叙事心理学、进化心理学和意识心理学等不同形式的心理学新的发展取向，以反映在后现代文化思潮影响下心理学的新进展、新动态、新方向，奠定了心理学创新的理论基础。

马一波和钟华所著的《叙事心理学》探讨了叙事心理学产生的背景和渊源，阐述了叙事心理学的理论基础和研究方法，介绍了叙事心理学在心理治疗等领域的应用研究，还讨论了叙事心理学的贡献、学界的批评以及未来的发展趋势。他们认为，叙事心理学是在后现代心理学思潮影响下兴起的一

---

① 叶浩生著：《西方心理学理论与流派》，高等教育出版社 2004 年版，第 447～475 页。

② 叶浩生主编：《心理学史》，高等教育出版社 2005 年版，第 463～468 页。

③ 叶浩生主编：《心理学通史》，北京师范大学出版社 2006 年版，第 532～595 页。

种新的研究取向，主张心理学应该研究人们的生活故事，因为故事本身反映了个体心理发展与变化的过程，人格与自我也是在述说生活故事的过程中得以存在的。人生在故事中展开，人性在故事中表征。这种观点颠覆了传统心理学对心理学作为一门学科的研究对象、研究方法的界定，为我们展示了一个完全不同的心理学图景，让我们感到既陌生又亲切。说它陌生，是因为它试图用一种新的范式——叙事的范式来展开心理学的研究，与我们熟知的传统心理学的实验与量化研究范式形成了鲜明对比；说它亲切，是因为“生活故事”本身就是我们每个人每天都在叙述和经历的事情，就是我们自己最熟悉不过的事情。这样一种新的心理学，可以不用那些“无情的”公式、数据或模型，而是用生动亲切的文字来表达心理学家对人性的理解，心理学家不再像一个板着面孔讲深奥难解的道理的长者，而是一个你可以也愿意与之交谈的朋友。

杨莉萍撰写的《社会建构论心理学》从后现代社会建构论心理学得以建构起来的社会、历史、文化、学科背景出发，对其理论内核的自我理论，以及其整体逻辑架构、所倡导的研究方法和当前学术界有关的争论做了多层面的综合性研究。她认为社会建构论心理学的基本观点包括：① 社会建构论心理学对心理学现代叙事的批判是多层面、全方位的，包括对本质主义的批判、对经验主义的批判、对普遍主义的批判。② 社会建构论心理学从属于后现代文化中的建设性向度，它与为否定而否定最终走向怀疑主义和虚无主义的解构性后现代向度具有本质的不同。社会建构论心理学正是以其对“世界”、“人”与“知识”等的本质及其相互关系的重构，为我们提供了一种全新的后现代心理学思想和理论框架。第一，新的逻辑起点：超越“内成论—外源论”的二元对立；第二，研究视点的转换；第三，从本质主义到关系主义的人格观；第四，强调知识作为社会共同体的建构的性质；第五，倡导多元文化方法论与话语分析的方法。最后，她还总结概括了社会建构论心理学的研究意义和价值。

郭爱妹的《女性主义心理学》全面系统地研究和阐释了女性主义心理学的历史逻辑和理论建构，揭示女性主义对心理学分支学科的影响以及女性主义心理学的方法论蕴涵，并在考察女性主义心理学的理论纷争的基础上对女性主义心理学的意义与贡献作了一个较为全面的、综合的评价，最后将它置于反主流文化中的现代性与后现代性之争的背景之上展望其未来的发展前景。她指出，女性主义心理学的理论建构主要分为三种研究取向，即经验论女性主义心理学、立场论女性主义心理学以及后现代女性主义心理学，它们在对科学心理学的批判与重构问题上持不同态度，这反映了它们对社会性别概念的不同诠释以及对女性主义心理科学的不同构想。目前,女性主义已经渗透到心理学的所有领域,尤其是对临床心理学、社会心理学、发展心理学以及实验/认知心理学等分支学科产生了重大影响。它在对"价值中立"说的冲击、社会性别批判范式的形成、对二元对立的消解以及促进心理学研究多元化等方面,都具有重要的方法论指导意义。

随着国内学者对现代心理学所遭遇到的尴尬困境的日益觉察,后现代心理学思想已逐渐为人们接纳和理解,可以预见的是,在未来的中国心理学界会涌现更多、更系统的关于后现代心理学的理论探索和研究,它定会成长壮大起来,成为心理科学研究与发展的一支强有力的生力军。

第二节　西方学者关于后现代心理学的观点

由于心理科学对后现代思潮的回应相对滞后和迟缓,也由于后现代思潮本身所具有的复杂性、不确定性和多元性。因此,当一些从事后现代心理学研究的开拓者们借助于后现代视野,从不同的领域和角度来进行心理学研究时,便不免会各执一端、产生分歧。西方学者关于后现代心理学的看法,我们大体上可以归纳出以下三种:第一种观点从科学主义的立场出发,认为心理学应坚持自然科学的学科定位,主张以实验、实证、定量研究的方法来探究人的心理和行为,否认后现代心理学有存在的必要与价值。应该承认这一观点在当下西方心理学界仍占据主导地位。第二种观点从人文主义的立场出发,认为心理学应坚持人文社科的学科定位,主张以释义、描述、定性分析的方法来探究人的心理和行为,肯定后现代心理学的合法性与价值。欣赏与接受后现代思潮之观念的心理学家及在心理学界处于非主流地位的精神分析学家、人本主义心理学家倾向于这种主张。第三种观点具有折中性质,一方面体认到科学主义心理学既有进步与合理的成分,又有难以克服的局限与缺憾,另一方面既支持心理学的后现代转向,但又持观望、保留态度。限于篇幅,我们仅就几位具有代表意义的学者们的观点与争鸣作简要阐析。

一、反对的意见

史密斯(M. B. Smith)作为坚持科学主义心理学研究范式，支持精密、客观的实证研究的热情斗士，其观点反映和代表了科学主义心理学对待后现代思潮及后现代心理学的立场。他于1994年发表文章①，指出目前在人格心理学、社会心理学、发展心理学、理论心理学等领域出现了一种值得警惕的具有危害性的倾向，那便是后现代主义的渗入与盛行，这种倾向代表了一种既反映出当代人格厄运却又无力应对的日趋时髦的元理论模式。

史密斯认为格根等人是心理学界的后现代风气之先，他们借用出现在人文学科中的后结构主义运动的力量，比如文学评论中的解构主义、认识论和伦理学中的反基础主义的观点和思路，来从事后现代心理学的研究。在他看来，后现代的态度是一种激进的相对主义，是用一种不受一般法则制约的视角来抵制科学的权利与要求，拒不承认关于真理的概念是可以接受的思想观念。他认为后现代的方法和定向是令人茫然失措而又无法确定的，格根等人的观点并没有揭示出这种乱七八糟的世界观才是造成社会饱和病理诊断与后现代自我困境和疾病的根源所在。

史密斯指出，后现代主义作为一场运动，在自然科学中并没有立足之地，如果有什么影响的话，也仅仅是冒出了地平线，不可能形成气候。其潜台词是后现代文化思潮在科学主义心理学中是没有市场的。史密斯指出，面对后现代思潮的挑战，考虑到采取虚无主义和相对主义的观点已经开始侵蚀心理学的研究，心理学家必须予以足够的重视和警惕，更没有必要跟在时髦的后现代思潮后面亦步亦趋。

美国学者塞德曼曾对后现代社会学理论进行过深入的研究和评析，如果我们借用他的观点，将许多学者关于西方后现代社会理论批评中的“社会学”换成“心理学”，似乎也特别有说服力：②(1) 后现代心理学不能遵循反而避开现代科学的标准。后现代心理学家有意摈弃科学视角，所说的东西是不能证伪的。它所提供的只不过是由来自不同领域的各种观念的组成的大杂烩罢了。(2) 后现代心理学缺乏明确的概念化体系，其提出的观念往往模糊、含混、意指不清，很难在现实生活中加以运用与操作。(3) 尽管后现代心

① Smith, M. B. (1994). Selfhood at Risk: Postmodern Perils and the Perils of Postmodernism, *American Psychologist*, Vol. 49, No. 5, pp. 405～411.

② 塞德曼编，吴世雄等译：《后现代转向——社会理论的新视角》，辽宁教育出版社2001年版，第337～353页。

理学批判现代心理学的宏大叙事和普适性真理观，但实际上自己也会犯同样以偏概全的错误。(4) 后现代心理学对现代心理学的批判的有效性、规范性值得深思。观点杂陈、多点进攻往往无功而返。(5) 后现代心理学长于批判与解构，但对“未来的心理学到底是个什么样子，心理学何去何从”却没有明确的看法和见解。(6) 后现代心理学容易使人对心理学的未来悲观失望，无所适从。其理论主张连贯性不够，带有一定的“自娱自乐”、“自说自话”的特点。(7) 当后现代心理学家试图将后现代的视角与其他比较传统的视角整合在一起的时候，他们却常常无法使任何视角的支持者感到满意。(8) 后现代心理学工作者的协作秉承了后现代文化思潮的叙述风格，因歧义叠出，让人不得要旨，常常授人以柄。(9) 尽管一些女权主义者追随后现代文化思潮，但作为一个整体，她们仍对后现代心理学持批评态度。

二、支持的声音

支持心理学的后现代转向，肯定后现代思潮对心理科学的发展具有重要价值，鼓励后现代心理学体系构建的学者可谓人多势众。拉泽在 1992 年分析了库恩、利奥塔德、德里达、福柯、哈贝马斯、罗蒂等后现代大师的思想对人文科学的影响，指出在这些后现代思想家的努力和呼吁下，实证主义所主张的价值中立的科学立场已经土崩瓦解了。① 斯里夫(B. D. Slife)和威廉姆斯(R. N. Willianms)认为，尽管科学主义心理学家无视各种后现代主义观点，但它们存在并广泛盛行于人文社科的学术话语之中。这些观点对文化中的学术环境有着显著和意义深远的影响，尤其是在心理治疗和教育等应用领域表现得更为明显。②

为史密斯所攻击的格根，主张用社会建构论的观点来超越现代心理学的研究模式，指出来自非西方社会和文化背景的心理学家、支持女权主义运动和人类学的研究取向的心理学家以及关注隐喻、叙事和意义解构的文学评论家都支持心理学的后现代转向。③ 1994 年，《美国心理学家》(第 5 期)发表了格根和史密斯的两篇针锋相对的争鸣性文章。格根针对史密斯的攻

① Lather, P. (1992). *Postmodernism and the Human Science*. In : Kvale, S. (Ed.): Psychology and Postmodernism, SAGE. Publicaiton: London. pp. 88～109.

② Slife, B. D. & Williams, R. N. (1997). Toward a theortical Psychology: Should a Subdiscipline Be Formally Recognized? *American Psychologist*, Vol. 52, No. 2, pp. 117～129.

③ Gergen, K. J. (1985). *Social Psychology and the Phoenix of Unreality*, In: Koch, S. & Leary, D. E. (Ed): A Century of Psychology as Science. New York: McGraw-Hill, pp. 428～457.

击毫不客气地指出，史密斯小心翼翼地掩盖甚或心存忧虑地不敢直面来自各方面的对传统观点的挑战，更无视后现代文化思潮在众多领域已取得的显著业绩和巨大市场，而是用诸如追赶时髦、由怨恨而生嫉妒、放荡等冷嘲热讽、不合学术规范的语词来诋毁当前学术界出现的新的潮流，这是一种心虚的表现。

史密斯和格根的文章引起了较大的反响，《美国心理学家》杂志于 1995 年第 5 期上发表了 6 篇文章，就后现代主义及其对心理学的影响展开了讨论。茹塞尔(R. L. Russell)等人撰文指出，后现代文化思潮肯定会而且已经对人们的生活和行为产生了深刻的影响，他们认为史密斯对后现代主义的理解有其片面性，心理学的理论与研究模式正在发生一些微妙的变化，心理学家已经从文化的、历史的角度来深入地探索人类的心理与行为的奥秘。门特(D. Mente)认为史密斯对相对主义的看法并不符合后现代主义者和建构论者的本意。他指出，在心理学领域，除格根积极倡导后现代运动之外，还有不少心理学工作者已经将后现代的观点引入到了自己的研究之中，他们看到的是新的可能性而不只关注黑暗与厄运(gloom and doom)。①

三、折中的观点

苛费尔的折中观很有代表性，他对科学主义心理学的原则立场及其理论误区有着深刻的洞见，同时又具有扎实的后现代主义素养，积极倡导心理学视野的改变，但对心理学未来前景的展望却不同于格根等人的看法。苛费尔注意到在学术心理学，尤其在社会心理学内部已经出现了几种明确与后现代话语相接轨的倾向：邵特的解构社会心理学的设想、格根的社会建构论等，他们追随的是德里达、福柯、拉康、利奥塔德、罗蒂等人的思路，但他认为这样的研究还没有形成气候。在他看来，学术心理学与职业心理学的紧张对峙，至少可部分地归因于主流的学术心理学是现代性的，而心理学的职业应用却必须面对身处后现代的人类的生活，两者所处理的文本是大不相同的。他为心理学后现代的发展前景设计了三种方案：第一种是极端的形式：后现代主体的死亡预示着心理学(关于主体的现代科学)的死亡。如果说现代心理学对现代性理解人来说是一种享有特权的途径的话，那么，后现代同样意味着一种后心理学(post—psychology)的时代。后现代使主体去

① Mente, D. (1995). Whose Truth? Whose Gopdness? Whose Beauty? *American Psychologist*, Vol. 50, No. 5, p. 391.

中心或许会导致关注主体的现代心理学去中心，现代心理学作为一门分离的科学将会消解，或许会合并到在后现代氛围中自由运转的其它学科之中，比如说计算机认知科学、神经心理学、生物心理学等。第二种也是极端的形式：当代心理学可视为后现代概念的大杂烩，将从其它领域中转借过来的观念和方法，顺应当前消费者对大众文化的要求，再循环利用或予以东拼西凑。借助于超常的适应性和灵活性，心理学像变形虫一样看上去既能向市场开放又能促进自我完善。第三种是可供选择或替换的（alternative）心理学：它从心理的考古学（archaeology）中走出来，而走进当今世界文化氛围之中，直接进入后现代的语境里。它直面在特定的文化和历史条件下人类生存的根源，以开放的胸襟吸纳由艺术和人文科学所提供的对人类状况的透析与洞悉；它欣然认可知识所具有的开放的、前展的、多歧的特性和由应用所获知识的合法性；它还容许研究的多元方法论，包括对人与世界关系的多样性的定性描述。苛费尔倾向于这种方案，而这种心理学也正是格根等人所积极追求的。

米查尔（M. Michael）认为，在心理学研究中，可以利用多重阅读和阐析的方法，其中包括得到一定修正的现代主义的视角，来超越现代主义和后现代主义的明显对峙。在他看来，现代与后现代并不是截然对立的，后现代对现代而言是一种继承与发展的关系，在一定范围或者一定意义上讲，现代主义者的一些观点完全可以为后现代主义者借鉴和利用。他所倡导的后现代心理学，旨在借助自身的僭妄潜势，经调整的现代主义的主张及其智能与实践上的合理成分，同样可以为其所用，也就是说现代与后现代的关系并非像格根的社会建构论所以为的那样泾渭分明、互不相干。①

怀特（D. White）等人在《美国心理学家》编发的那组文章中著文指出，有足够的空间将现代和后现代对心理学的探讨和研究容纳进去。由史密斯和格根所引发的对话能为心理学在现代和后现代两方面重新焕发活力而服务，心理学的美好前景有可能在来自方方面面的学者所进行的变革对话中得以实现。

相比较而言，人们似乎更倾向于接受或更容易理解和认同折中者的看法，因为他们对科学主义心理学及后现代心理学都给予了足够的重视，这为心理学在后现代寻找合适的前行道路不无益处。

---

① Michael，M.（1992）. *Postmodern Subjects：Towards a Transgressive Social Psychology*，In：Kvale，S.（Ed）：Psychology and Postmodernism，SAGE Publicatinds，London. pp. 74～87.

第三节　中外后现代心理学研究的比较分析

可能是思维习惯或认识方式有所差异，也可能是立论视野或学术场域迥然有别，或者也可能是中国几代学者受苏联学术批判风格的影响较深，以笔者管见，中国心理学工作者关于后现代心理学的梳理、剖析、定位和评判，似乎比西方尤其是美国从事后现代心理学创建、研究和实践的学者，更加条理化、理论化、系统化，这表现在关于后现代心理学的背景阐述、观点介绍、主题辨析、学术争论、问题质疑、前景展望等诸多方面。有时候读完西方学者一本后现代心理学方面的学术专著，看完一个关于后现代心理学的章节或一篇与后现代心理学有关的论文，往往不得要领、一头雾水，这可能与西方学者的表述风格与行文习惯有关，也可能是由于后现代心理学本身就是一个难以厘清的话题。

一、中外后现代心理学研究的共识

后现代心理学是在20世纪末生成并逐渐壮大起来的一种心理学的新倾向、新的研究范式。尽管国内外心理学工作者对其有不同的看法，但归结起来还是达成了以下共识：第一，后现代心理学作为后现代文化思潮的促成物和有机组成部分，与后现代文化思潮的命运是紧密地联系在一起的。因此不少主张和观点更多的是从其他学科知识门类中借鉴或移植过来的，因此一方面容易造成主流心理学家对其不理不睬，另一方面也容易使得后现代心理学一开始就显得观点纷呈、各自为政，难以形成合力进而产生太大的影响。第二，后现代心理学的孕育、萌生及不断的完善体现了时代的精神和心理学未来的发展方向。不管是喜欢还是反对，它已经堂而皇之地出现在心理学的舞台上，并引起了越来越多的关注。第三，后现代心理学有可能成为心理科学多维视野中的新的一极，成为心理学多元化运动的重要力量。面对这一风起云涌的心理学新取向，人们既无法挥之而去，也不能视而不见，只能理智清醒地直面这一取向，反思其功与过、得与失、利与弊，吸收其合理进步的成分，扬弃其偏颇过激之处，并借鉴其提供的新视野，反省心理学科的历史走程、现状与未来走向。

1．中西方社会文化背景的差异

（1）后现代的西方。

后现代主义在西方是“二战”后继现代终结而兴起的文化潮流，它广泛涉及哲学、文学、艺术和大众文化等领域，然而西方后现代文化思潮最为喧嚣的场所不是在哲学领域，而是在文学艺术领域，但其基本主张、基本特征归纳起来却是一些哲学口号，如反表象主义、反本质主义、反基础主义、反逻各斯中心主义(anti-logocentrism)、反西方文化中的浮士德传统等。

20世纪，随着美国经济的飞速发展，它已不再满足于仅以政治实力去影响欧盟国家，而是尝试从文化艺术的各个方面向欧洲扩张和渗透，因此，关于后现代主义的讨论“起源于北美洲的文学批评”，而且“在20世纪60年代，后现代主义几乎成了一个单单发生在美国的事件”，它被主要用来描述第二次世界大战后“美国性格的变化”、“后工业社会的一种状况”、[①]美国社会的各种“反文化”和存在主义的“智力反叛”力量，它标志着某种现代主义神话的解体，预示着各种“被现代主义‘废除’了的艺术风格的‘复活’”。参加讨论的学者几乎不约而同地认识到，这股自17世纪末就已缓缓流动的“次要的”潜流在20世纪50年代的逐步兴盛，并无法纳入现代主义范畴，更不可能意味着传统的现实主义的复归。这股潮流来势凶猛，打着反现代主义的旗号，试图以现代主义的对立面出现，因此其本质特征是与现代主义“断裂”。但是另一些信奉现代主义准则的学者则在这种相对的断裂中看出了它与现代主义的某种继承和自然延伸关系，主张同时从两个层面——共时的和历时的——来理解和描述后现代主义，即在时间上，后现代主义是伴随着现代主义的衰落而来的，但就其历史内容和本质特征而言，它又在更多方面显示出与现代主义的根本对立。[②]

应当承认，20世纪60年代发生在美国批评界的那场讨论之影响远远大于关于现代主义问题的讨论。这场讨论持续时间之长、涉及范围之广，确实在西方近代思想史上罕见，它造就了一大批有着国际声誉的后现代文论家和后现代主义研究者，同时也开创了一种始自北美，波及欧洲，进而走向世界，并最终衍化为一场国际性的文化艺术思潮和文学运动之先例。因而直到20世纪80年代初，美国学者王尔德还坚持认为，“后现代主义实质上是

---

① 丹尼尔·贝尔著，丁学良译：《后工业社会的来临》，新华出版社1977年版，第25页。

② 王宁：《后现代主义：从北美走向世界》，《花城》，1993年第1期，第203页。

美国的一个事件”①。然而，实际上，发生在 20 世纪 70 年代末、80 年代初的利奥塔德与哈贝马斯之争已经把始自北美批评界的这场讨论提高到了哲学与文化批判的高度。可以说，哈一利之争直接为后现代主义进行理论化的尝试，为詹姆逊从马克思的角度对之进行研究，甚至为哈桑的“包容性”后现代主义定义的提出铺平了道路。自 20 世纪 80 年代中期起，国际比较文学协会先后赞助主办或发起主持了三次国际研讨会，正式将后现代主义文学作为一前沿理论课题加以研究，至此，关于后现代主义的理论争鸣达到了高潮。“后现代”这一术语也在西方文化界逐渐成为“一个家喻户晓的用语，它不仅为哲学家、社会学家、艺术批评家和文学史家所使用，而且最近已成为宣传广告和政治学语言中的一个陈词滥调”②。

（2）现代化进程中的中国。

20 世纪 80 年代，改革开放的历史大潮，把中国紧紧捆绑在“现代化”这架马车上，冲破一切阻碍去追赶发达国家。这样一个历史机遇，促使西方文化思潮大量涌入，技术转让和进出口贸易额的急剧增加，以及第三产业的兴盛，使中国社会的文化和经济乃至社会意识发生多方位的深刻变化，也使得中国的“现代化”必然不可逆转地向着“后工业社会”迈进。

改革开放为“市民社会”的形成提供了契机，尽管中国的“市民社会”还不具备任何政治实践功能，但是其经济和文化活动确实提示了一个远离政治“一体化”的自由空间，特别是市民文化（又称大众文化、流行文化、商业文化）给封闭多年的中国增加了现代生活的活力。流行音乐、时装模特、影视广告、商业招贴画、歌舞厅、咖啡厅、酒吧、体育竞赛、明星崇拜、征婚广告、电子游戏机等，都成为当今中国现代都市混乱不堪而节奏热烈的文化潮流，那些发达国家有的娱乐文化，中国的大城市应有尽有，尽管质量水准略逊一筹，但它大张旗鼓地创造一种“现代化”生活方式和消费娱乐方式，创造现代的感觉方式和生活态度却是绰绰有余的。③

从整体经济水平而言，中国无疑还处在相当落后的“发展中国家”水平，但是，西方后工业社会的各种迹象在中国的大城市里不难找到。20 世纪 80 年代的中国“第三次技术革命”与“第四次技术革命”齐头并进，前者以电力工业、汽车工业和化学工业为核心，在中国已初具规模；后者以电子计算机为核心，以电子技术、生物技术、激光和光导纤维为主的通讯技术，虽然刚刚

① Wilde, A. (1981). *Horizon of Assent: Modernism, Postmodernism, and the Ironic Imagination*. Baltimore: Johns Hopkins University Press, pp. 64～65.

② 佛克马・伯顿斯编，王宁等译:《走向后现代主义》，北京大学出版社 1991 年版，第 1 页。

③ 陈晓明著:《后现代主义》，河南大学出版社 2004 年版，第 22 页。

起步，起点很低，但是对于处在这个社会的文化前列的一部分人来说，却足以构成强劲的感觉上的和心理上的冲击。

在开放省份和大中城市，经济高速增长使中国的现代化（工业化）初具规模。工业化不仅带来发达国家的先进技术和管理经验，同时也必然引发当代中国人的价值观和文化心理的变更。尽管20世纪60年代西方盛行的“趋同论”存在诸多谬误，但是，“趋同论”的某些观点还是符合历史实际趋势的。例如，工业化确实引起社会变化，技术进步确实影响了人类行为和价值观念。虽然亨廷顿认为“现代化并不必然包括走向现代政治制度的重要活动”，但是，他也看到“现代化总是包含着变化，经常也包含传统政治制度的瓦解”①。然而，当代中国走向现代化引发的社会变化最显著的方面，还是社会心理、价值观念和行为方式方面。这些变化并不单纯是由经济发达或工业化程序所直接决定，它们只是提供了一个广阔的背景，这个背景与当今依然保存的传统社会的政治、经济、文化构成极大的反差，形成一种冲突的、富有张力的文明情境——正是这种文明情境给“后现代主义”提供了产生的土壤。②

2. 心理学的全球化与本土化

(1) 心理学全球化运动。

历史的车轮跨过21世纪的门槛，全球化这一首先出现在经济、技术领域的概念，已通过政治的中介作用渗透到文化领域，并逐渐深入到人类的精神之域。纵观历史的发展与变迁，在今昔对比中我们不难发现今日科技发展之迅速、物质生活之富足，而且这一切还会以更快的速度向前推进。然而，发展的速度不是唯一的不同，另外一个巨大区别便是发展中的横向联系越来越密切，这让我们感到地球正变得越来越小。20世纪80年代，在西方报纸上出现了“全球化”一词，20世纪90年代，联合国秘书长宣布“世界进入了全球化时代”。自此之后一股浪潮奔腾而起，它以摧枯拉朽之势涤荡、影响人类社会生活的方方面面，以至于人们不得不从社会、政治、经济、文化、心理等诸方面去审视、探究、反思它，人们姑且命名这股浪潮为全球化。③ 因出版《东方学》而风靡全球学术界的萨义德也指出，电子通讯与全球规模的贸易、对资源的利用、旅游、关于天气状况与生态变化的信息把世界上边远

① 亨廷顿著，李盛平译：《变动社会中的秩序》，上海译文出版社1989年版，第38页。

② 陈晓明著：《后现代主义》，河南大学出版社2004年版，第22页。

③ 王治河主编：《全球化与后现代性》，广西师范大学出版社2003年版，第67页。

的角落都连在了一起。[1]

尽管人们对全球化具体开始于什么时间的看法并不一致，但无疑全球化最初是与人类的经济活动联系在一起的，“以生产资本为核心的市场经济的出现是人类经济史上划时代的革命，也是全球化时代的真正起点”。随着人类经济活动日益频繁，规模日益扩大，政治、文化不可遏止地进入全球化的轨道，因特网、便捷的交通运输系统作为中介又大大加速了全球化的进程。全球化的影响与撒播不只是停留在经济和国际交往上，文化的全球化日益凸现出来。美国文化的“全球化”被形象地概括为“三片”，即代表美国饮食文化的麦当劳的“薯片”、代表美国电影文化的好莱坞“大片”、代表美国信息文明的硅谷“芯片”。[2]

今天，全球化越来越走近我们，也正被越来越多的人所关注和探讨。全球化描述的是一种全球范围的深刻变化，这样的变化本来并不是新现象，从西欧资本主义在全球的扩张开始，国际分工与世界经济的形成，各种知识体系的全球扩散，民族国家的世界体系的形成，意识形态和宗教的世界范围的影响，到今天货物、技术、资本、信息、人员的跨国流动与资源配置，都是全球化的特征。全球化还可以进一步被理解为行为主体的发展并建立起全球网络这样一种动态的过程。从整体看，它是各种全球化网络的交互叠加。从本质上看，全球化就是指生产力（核心是技术）与社会关系在时间和空间上在全球维度的扩展。世界上再难有孤立的民族、孤立的国家，甚至孤立的地区、孤立的个人，其生存与发展很难不影响外界或不被外界所影响，经济、政治、文化是该网络的不同维度，它们之间相互影响，在更高层次上构成更大的网络。2008 年，由美国次贷金融风险而导致的全球性经济危机便很好地诠释了全球化的威力。世界不再是一个个民族的直线式发展，而是各个民族间相互联系、彼此影响，构成一个整体，形成世界的全球化的格局与基调。

全球化不仅仅是经济、政治、文化意义上的，它作为一种发展趋势，一种客观存在，必然对人的心理产生重大影响，作为研究人类心理发展规律的学科的心理学，在面对全球化的挑战时必须有所作为。心理学如何积极应对全球化带来的挑战就成为一个不可忽略、也不可绕过的话题。

① 全球化对人的心理的影响。全球化高度概括了当今社会、经济、政治、文化的发展模式，各主体间是相互密切联系的而不是彼此孤立的，发展的方向是整合的而不是单向度的。由此看来，全球化对整个世界的影响是

① 萨义德著，李琨译：《文化与帝国主义》，三联书店 2003 年版，第 5 页。

② 王治河主编：《全球化与后现代性》，广西师范大学出版社 2003 年版，第 150 页。

巨大而深远的，它是一种发展的趋势，是一种客观现实存在，它亦是一种巨大的力量，深深地改变着社会的方方面面，各种力量在不断竞争中此消彼长。马塞利亚（A. J. Marsella）将全球化趋势引起的问题概括为以下几个方面：迅捷的电信传媒；对传统伦理道德、宗教的挑战；相互依存的国家经济；发达的交通运输；爆炸的人口增长；日益严峻的环境问题；战争的威胁；犯罪与暴力的泛滥；水资源的匮乏危机；城市化的进程。由此可见，全球化带来的影响是全面的，这众多的影响中既有良性的，也有恶性的。

人是从事经济、政治、文化活动的主体，经济、政治、文化活动的全球化必然会对人的心理产生影响。以马塞利亚所概括的全球化趋势引起的问题本身会对人类心理和行为产生影响，而全球化对人的影响主要是通过文化的全球化实现的，因为人是社会文化历史的产物。全球化的文化对人的行为及心理的影响可以从以下两方面分析：

第一，对个体及民众的影响。尽管信息化高速公路构不成全球化进程的根本动力，但它作为全球化的中介因素发挥着不可或缺的作用，谈全球化便不能不谈到它。今天它的影响也正被越来越多的专家和学者所研究。我们不能不承认，自从有了各式各样的媒体，如网络、广播影视、书刊报纸，我们如同进入了信息的海洋，即使事情发生在地球另一端，我们也会在很短的时间里获得与之有关的信息，地球变得越来越小了，因而有学者指出，世界性媒介在21世纪将主宰人类的意识，作为理性媒体的外向扩展，向全球的每个角落，指引人类的思考和美好的追求。

以互联网为例，在人们的生活、学习、工作中，网络正发挥着重要作用。打开电脑整个世界便尽收眼底，人们从中获取知识、与人交往等，可以说网络大大提升了人类对世界的感知。然而网络带给人类的并不全是福音，它为人们快速认识这个世界提供了方便的同时，也让很多人尤其是青少年沉迷于它所提供的虚幻世界，并导致心理障碍。对过度使用互联网发生的心理障碍，心理学家霍尔和亚历克斯等人提出网络行为依赖这一术语，其并发症包括意志消沉、冲动控制障碍、低自尊等。正因为人们需要的很多信息都可以从网络中获得，这会使伴着网络成长起来的一代少了必要的独立和深入思考问题的时间、空间及意识，从而使得他们的思想流于肤浅，创造性降低；另外，网络也在一定程度上改变了人际交往的方式，不少人热衷于网上聊天，现实的面对面的交流倒成了次要的，这会导致这些人人际交往上的障碍、社会化程度的降低。虽然网络是福是祸还是取决于人们怎样使用它，但因网络而来的诸多问题毕竟是不争的事实，我们唯有面对这些问题，研究出切实可行的措施，将不利影响降至最低程度。

第二，对整个民族文化心态的影响。文化全球化进程中各民族文化都不再是各自独立地发展，而是处于对外开放中，一个民族的价值系统、思维方式、伦理观念、国民性格以及审美情趣等都处于与外族文化交流的过程中。我们对西方的影视作品津津乐道，吃着麦当劳、肯德基，听着杰克逊和麦当娜的劲歌，学习英语，这些都表明我们在自觉不自觉地接受着西方的文化影响。从一定程度而言，这是好事，它能开阔我们的眼界，增长我们的心智；对整个民族而言，在学习其他民族一些良好的价值系统、伦理观念、行为习惯的基础上，有利于整个民族反省自身的不足，通过对内外改革，最后达到壮大自己的目的。

然而，这只是一种理想模式，现实世界不会像我们期望的那样美好，其他民族也不会像我们预期的那般善良，全球化过程中每个民族都不可能自我封闭地发展，它不免要受到来自外界的冲击。马克思认为，人们奋斗所争取的一切，都同他们的利益有关。世界是充满竞争的，各民族都着眼于自身的发展，甚至有一些国家强行将它们的价值观念推向世界的每个角落，它们企图从意识形态上影响其它民族，改变他们的价值体系、思维方式，从而达到其政治目的。有学者提醒：弱国（而不是强国！）主要是如何在不被全球"化"掉的情况下去发展，去实现国家框架内的现代化，这是双重挑战。民族的独立不仅包括经济的强大、政治的独立，还应包括拥有强大的民族精神。

② 全球化背景中心理学的作为。从以上分析可知，在给人类带来福音的同时，全球化也给人类心理和行为带来许多不容忽视的问题，这些都呼唤心理学在新形势下能有新的突破。心理学可以在以下方面做出努力：首先，心理学要走全球化道路。心理学走全球化道路，一方面是世界全球化发展的内在要求，地球在缩小，世界性问题逐渐成为地区性问题。另外，也是由以往西方主流心理学的局限造成的。长期以来，心理学的主要力量在西方国家，我们在不断学习国外的心理学理论，大家似乎都有一个共识：各民族人民的心理发展是相通的，西方心理理论能适用于整个人类，可以不考虑文化的差异。然而，西方心理学研究的是西方文化背景下民众的心理机制及心理发展规律，有许多方面并不能用来解释其他文化背景下人们的行为表现。心理学走全球化道路，目的是要研究全球化下人类心理发展的新特点、新规律，并能预测将会遇到的问题。这就要加强国际心理学组织的力量，要探讨新的形势下心理学的研究对象、研究主题及研究方法。

其次，要进一步加强心理学的本土化研究。正如文化全球化不等于文化一体化，文化全球化下更要重视各民族的本土文化建设。心理学全球化也不能与一体化划等号，它不仅不能排斥本土化的研究，相反，只有充分尊重本土化研究，全球化心理学才能取得进展。研究本土心理学是研究全球化心理学的途径，在世界范围内，对不同民族的心理和行为进行极富文化色彩的本土化研究，在此基础上才有可能建构出全球性的心理学。重视本土心理学研究就是要加强对本民族文化背景下大众心理的研究，探讨在自身文化背景下全球化过程中遇到的问题，如青少年网络成瘾、民众价值观念状况等。当然，因全球化而生的诸多问题绝非心理学就能解决，它需要全社会多学科、多部门的共同研究，最终达到降低全球化对人类的负面影响，从而让全球化带给人类更多益处。

由此可见，全球化带来的影响是全方位的，在这众多的影响中既有良性的，也有恶性的。中国作为一个努力争取加入现代化进程的发展中国家，身不由己地卷入到全球化浪潮之中。经济全球化、世界一体化、意识形态多元化、民族主义高涨化已经成为当今世界多重变奏交响乐中此起彼伏、冲突而又间歇奏鸣的高亢音符。随着全球化——本土化、国际化——民族化、文化帝国主义——文化相对主义之间张力的日益加剧，随着中华民族伟大复兴口号的日趋高亢，政治、经济、文化、科学、教育诸领域都在自觉不自觉地回应或吟唱一些新潮的话语：建构——解构、霸权——交流、独白——对话、高雅——大众、中心——边缘、时尚——怀旧、地球村——乡土情怀等不一而足，这都成了中国式的后现代生存的直接土壤。

(2) 本土心理学的兴起。

本土心理学也开始崭露头角，它是在全球化交响乐中，来自心理学界的一种响亮的声音，也是在后现代文化思潮的冲击下，伴随着对欧美中心主义、唯科学主义和西方主流心理学话语霸权的反抗而兴起的多元文化论运动的一个有机组成部分。就现实生活而言，人们感受最深、谈论最多的所谓文化帝国主义，莫过于某种固有的本土文化受到外来文化的侵蚀与侵略。[①] 汤林森指出，运用政治与经济权力，宣传与普及外来文化的种种价值与习惯，牺牲的却是本土文化。萨义德也曾一针见血地指出，西方人把非白人的、非西方的、非犹太—基督教的精神气质与可以接受的、确定的西方精神分开，然后把它统统放在恐怖主义的、边缘的、次等的、不重要之类贬低性的标签之下。攻击这些范畴里的东西就是保卫西方精神。[②]

① 本土心理学的内涵及三种代表性声音。本土心理学概念由英国学者希勒斯(P. Heelas)和洛克(A. J. Lock)于1981年首次提出，它以关注人与社

① 汤林森著，冯建三译：《文化帝国主义》，上海人民出版社1999年版，第47页。

② 萨义德著，李琨译：《文化与帝国主义》，三联书店2003年版，第36页。

会的内在关联为突出特征，试图恢复本土民众在心理学领域中的话语权力，预示着西方心理学在心理学舞台上一枝独秀的格局正在悄悄地发生着变化。作为对西方现代心理学的一种超越，本土心理学历经对西方心理学研究方式的反思与批判，再到今天试图建立科学本土心理学的努力，它走过了一条从质疑、反思到求索的艰辛历程。正如有学者指出的，心理学本土化思潮对于长期以来遭受文化悲凉心态失落感煎熬的东方国家，尤其是国人来说，肯定是一剂可以宽舒胸怀、增强自信心的文化解药，因而显得魅力万千，令许多人为之陶醉。① 第三世界国家由于长期受到西方文化的殖民扩张和殖民渗透，本土心理学运动尤为壮观和剧烈，本土文化情绪日益浓烈，本土心理情结难以释怀。归纳起来，在我国本土心理学研究领域，存在着三种代表性声音：

第一，以香港、台湾心理学者为代表，这是中国本土心理学的起源地。他们力主稳妥、循序渐进地进行"纯学术"研究，而较少涉猎意识形态的本土心理学建设，主张以中西合璧的研究方式来试图实现对本土心理学研究的突破，至今已经对中国人所特有的人情、缘分、面子、孝道、社会化等范畴进行了验证性研究。其代表人物杨国枢先生所提出的"本土心理学研究的层次与方向"和"本土性契合"标准，至今仍然是本土心理学界研究的指南针与风向标。

第二，以我国内地南京师范大学和吉林大学为代表，老一代心理学者以潘菽、高觉敷、杨鑫辉、燕国才、车文博等人为开路先锋，新生一代以葛鲁嘉教授、曾红、汪凤炎博士等人为代表，致力于中国传统文化资源的挖掘与整理工作，以期从中国本土文化土壤里获取最地道的文化资源，梳理出能够理解、解释和干预中国本土民众心理生活的内涵和技术，以本土心理学能否有效为社会生活服务及能否通过实用的考验为依归。

第三种声音即是除了上述两种具有典型意义声音以外比较驳杂的"声音"，他们有一个共同点，即打着本土心理学大旗，却沿袭西方心理学研究道路，只是把研究对象由西方社会或西方人换成中国社会或中国人，但研究方式和理论说明却是西式的。②

这三种声音从不同视角和层面表达了各自独特的观点和洞见，进行了大量卓有成效的工作，并取得了丰硕的成果。当然，其间也有不少争论，如

---

① 程刚：《魅力与困惑：心理学本土化追求的两难处境》，《沈阳师范学院学报》(社会科学版)，2002年第5期，第33页。

② 马甜语、孟维杰：《本土心理学：理解"心理"的别样视角——本土心理学对西方主流心理学的超越》，《理论探讨》，2006年第3期，第57页。

心理学作为一门科学有没有、要不要国界(国际化—中国化)? 心理学有无必要中国化(本土化)、如何中国化? 怎样摆正学说引进与自身建设的关系? 何以能使本土化研究上升到科学的层面(本土化—科学化)? 中国传统的心理学思想遗产到底有无挖掘的价值?① 杨鑫辉曾旗帜鲜明地指出,心理学的本土化或中国化,就是要抵制全盘西化(当然过去也有全盘苏化的教训),就是要建立有中国特色的心理学理论体系,既要继承和发扬祖国心理学的优秀遗产,又要学习和借鉴欧美、苏俄等外国心理学中一切有益的东西。心理学的本土化或中国化,与心理学的世界性、国际化并不是对立不相容的,而是相辅相成、互相密切结合的。本土化是心理学的一个全球性的发展趋势,东西方心理学的内容和理论体系是同中有异和异中有同的,同的方面就是心理学的国际化、世界性问题,异的方面就是心理学的本土化问题。② 正如郭应剑所说的那样,以同一性为原则的全球化,事实上反倒激发了一种寻求特殊性、地域性和差异性的现象,并以这种特殊性、地域性和差异性去反省西方现代性本身的局限。③ 或许还像芬伯格所预期的:今天,随着西方霸权的衰弱,已经采纳了现代科技的各种各样的文化的不同条件可以提供这样的环境,在这种环境中,重新打开了已经遗忘的通往进步的道路,或者发现新的寻求局部适应的替代事物的道路。④

② 本土心理学探索的积极意义。本土心理学虽然是根据多元文化论,在后现代的背景上反对主流心理学大一统的全球化前景,但同时也基于对不同民族文化本土心理学充分发展的共同前景,来理解全球化心理学:“西方与非西方国家或社会同时拥有多套具有规模的本土心理学,就可分别就同一课题或范畴比较不同本土心理学所建构之原理原则的异同,从而在原本的或较高的层次加以统合,以建立一整套适用于所有人类在各种社会文化下心理与行为的人类心理学。以两套以上比较完整的本土心理学为基础,从事跨文化的分析、比较及整合,才是一种真正的跨文化心理学研究。同时以多套比较完整的本土心理学为基础,从事真正之跨文化心理学的分析、比较及整合,才能建立货真价实的世界人类心理学。”⑤在这种对全球化心理学的理解中,包含两种截然不同的全球化心理学统合建构的方式:“原

① 高峰强:《全球化浪潮中来自中国心理学界的另一种声音》,《心理学探新》,2003 年第 3 期,第 63～64 页。

② 杨鑫辉著:《危机与转折——心理学的中国化问题研究》,黑龙江人民出版社 2002 年版,第 23 页。

③ 汤林森著,冯建三译:《文化帝国主义》,上海人民出版社 1999 年版,(代出版说明)第 10 页。

④ 芬伯格著,陆俊等译:《可选择的现代性》,中国社会科学出版社 2003 年版,第 278 页。

⑤ 杨国枢著:《中国人的心理与行为:本土化研究》,中国人民大学出版社 2004 年版,第 51～52 页。

本的”层次和“较高的”层次。对于原本层次的建构而言,“从长远来看,只有把文化的变异性和跨文化的恒常性同时提到议事日程的本土心理学才是有生命力的”①,相对于当下更多地关注文化变异性的本土心理学,文化间的恒常性,各种文化互通和分享的基质性的文化心理与行为,被期许为全球化心理学的基本内容;而对于较高层次的建构而言,似乎可以从理论心理学的途径,展望“鼓励和运用多种文化、多学科、多地区和多民族的知识和方法的一种上位或元心理学(supero-dinate or metapsychology)”。② 离开了本土文化的全球化心理学是空洞的和毫无意义的。本土心理学以其特有的人文关怀、文化层面的理论视野,关注人的方法论及独特的文化资源,积累和构筑起独具魅力的心理学文化框架,成为今天心理学新生不可逾越之维,它独特的优势表现在以下方面:

首先,本土心理学浓郁的人文关怀为心理学中“人”的复归提供了精神家园。与现代西方心理学以实证方法来研究可观察的心理现象的客观主义旨趣不同,本土心理学将研究主题聚焦于人的主观精神世界,力图增进人的精神生活幸福,提升心理生活质量,促进人与社会和谐,并将现代主流心理学所遗弃的“人”重新寻找回来,作为自己追求的目标之一。如果说西方现代心理学给人一种冰冷的感觉的话,那么,本土心理学则让人感到温情,前者注重抽象的“人”之事,后者更注重现实的人之情。③ 无论是中国本土心理学所论及的孝道、面子、报恩、缘分等论题,印度本土心理学所关注的幸福、公正及超然态度,韩国本土心理学所涉及的 Woori(我们)等概念,日本本土心理学所针对的 amae(对依靠的需要),还是墨西哥本土心理学所考察的生活目的、处事方法和死亡观念,菲律宾本土心理学所研究的 pakikisama(与别人和睦相处或向别人让步)、kapawa(认识到与别人有共同的身份)、bahalana(顺从的宿命论)、utang na loob(将对别人的感激或人们之间的团结视为合约式的债务),希腊本土心理学所关注的 philotimo(按照群体规则行事),Lutz 等人所调查的密克罗尼西亚联邦 Ifluk 岛上居民 song(正当的愤怒),等等,无不是揭示某一文化语境下人的深层意向和需求,使人们开始在理性层次上审视自我、人格和行为特质,表现出了对人存在的终极关怀。所以,虽然本土心理学产生于西方心理学,但它是在西方以外的文化圈中扩张

① 杨国枢著:《中国人的心理与行为:本土化研究》,中国人民大学出版社 2004 年版,第 51～52 页。

② Marsella, A. J. (1998). Toward a lobal-Community Psychology Meet in the Needs of a Changing World. *American Psychologist*, Vol. 53, No. 12, pp. 1284～1286.

③ 马甜语、孟维杰:《本土心理学:理解“心理”的别样视角——本土心理学对西方主流心理学的超越》,《理论探讨》,2006 年第 3 期,第 57 页。

与拓展，并且能从西方心理学危机中看到或感悟到其固有的缺陷，并试图解决或规避矛盾，故而本土心理学的人文关怀正是其取长补短、彰显独特魅力之处，也为解读和构筑今天心理学的内在意蕴提供了可资借鉴的视角。

其次，文化是本土心理学研究中的核心元素。阿兰·盖尔指出，特定民族的一切方面，包括其言谈、举止、饮食的方式，其法律、建筑、宗教、社会观，其音乐、舞蹈形式，尤其是其语言，都被认为渗透了其文化的精髓，并且表现了该文化独一无二的式样和特质，甚至可以说文化的每个方面都反映了该文化的整体。① 西方现代主流心理学对人类行为的考察是一种独立—依存式分析。在这种分析中，文化被视为一种准自变量，行为被看做一种因变量，而整个研究过程和结果说明，文化作为无法预测和控制因素，被隔离于研究视野之外，即便是考虑到文化影响，也因为其方法论上的矛盾无奈地陷入文化与心理无限循环解释的悖论之中，从而心理学只是构筑起自然科学品性的"外壳"，并在科学主义时代精神引领和熏染下，日益坚实、宏大、气派，显露着十足霸气。当然也就忽略了对心理学文化品性的关注，致使它们之间关系发展走向了失衡、分离与割裂。文化之于本土心理学而言，不应被视为一个变量，一个准自变量，一个范畴或是个体行为的综合。文化之于人类，之于人类心理，实则是一种共生和互动关系。从本土心理学视角看，因为它兴起于对西方现代主流心理学"无文化"研究的觉醒和文化"帝国主义"心态的反抗，所以深谙文化与人类心理之间关系，一直将文化置于理解和解说人的心理和行为的核心地位。这种语境主义和具有生态效应的研究趋向，从根本上改变和突破了现代西方心理学所操守的平面化、符号化、数据化及图表化的抽象研究理念，赋予心理学研究中的"人"以生命色彩，并使之回归到人所生发的现实土地。杨国枢先生早就提出了本土心理学的性质具有"文化契合性"这一典型特质，这是从文化视角对心理学所拥有的自然科学品格以外的另一种品格——文化品格的深层解读，也为本土心理学找到了合法性生存和合理性发展的根基。更为重要的是，本土心理学的"文化契合性"为我们重构心理学和重新理解心理学找到了内在的立论根据。②

再次，本土心理学研究的现实性为重新理解和构筑基于文化传统的心理学提供了启示意义。西方现代主流心理学自踏上追逐科学化道路以来，一直就致力于人类心理规律的终极化探求，它以实证方法为支持，将不符合

① 转引自王治河主编：《全球化与后现代性》，广西师范大学出版社 2003 年版，第 214 页。

② 马甜语、孟维杰：《本土心理学：理解"心理"的别样视角——本土心理学对西方主流心理学的超越》，《理论探讨》，2006 年第 3 期，第 57 页。

实证方法和实验程序的元素如情感、价值、态度等排除在研究视野之外，只是专注于感知觉、智力、行为等可研究问题的普遍原理上，并热衷于以跨文化方式为路径，将研究过程与研究结果外推到西方文化圈以外，以验证其研究结论的普适性，而对与西方人本身息息相关的社会问题或生活问题关注的并不多。当20世纪五六十年代西方风起云涌的黑人运动、妇女解放运动及学生运动扑面而来时，心理学却显得束手无策，从而证明西方心理学与现实生活的沟壑如此之深。本土心理学则不尽然，它始终以问题为中心，即在研究中以现实问题的解决为关注核心，其研究旨趣不以个体心理生活建立原则性规定为题中之义，而是在具体社会情境中，着重关注和理解社会事件及个体心理生活是如何形成的，正如洛克在研究了人格在印欧文化和毛利文化的差异后指出的，文化背景对于理解人格具有重要意义。智力作为一个概念在客观现实中没有价值，在真实的自然世界中什么也说明不了。[①] 本土心理学的现实性研究体现着多样性，如韩国心理学者对韩国工业事故因素的分析；墨西哥心理学者关于墨西哥人的人格对家庭和社会作用的考察；中国心理学者对孝道、亲子关系、面子、缘分、命、迷信等问题的研究；加拿大和波多黎各等国也都结合本土心理学发展实际，针对本国现实问题，为本土心理学研究独立化和自由化，摆脱西方现代心理学的束缚和羁绊做出了不懈的努力和可贵的探索。应该说，本土心理学的应用研究取向既是与西方现代心理学取得对话资本的契机，也是促进对当地文化的本质属性的关注、增强当地民众对本土文化传统敏感性、改变本土心理学研究弱势现实的适应性策略。本土心理学以现实性问题为中心，致力于本土民众心理的理解、解释和干预，它以多样性的研究方法、研究范式及研究论题，将由现代心理学所摒弃的“人”重新回归到文化背景中和现实氛围中，以实现对本土民众心理生活质量的提升和心理生活意义的追问，努力建构当地民众与生活环境的和谐互动关联。这种研究趋向也使心理学文化品性的地位提升到前所未有且能与自然科学品性对话的位置。本土心理学的现实性研究取向不仅超越和继承了现代心理学研究范式之所长，而且力避现代心理学科学品味过于浓烈之所短，成为重新理解心理学的不可逾越的维度。[②]

最后，本土心理学在鲜明的民族性背后蕴涵着世界性元素和可能性。本土心理学是在特定民族、文化传统中发展起来，在心理学应用研究的推动

① Gergen, K. J. (1996). Psychological Science in Cultural Context. *American Psychologist.*, Vol. 51, p. 499.

② 马甜语、孟维杰：《本土心理学：理解“心理”的别样视角——本土心理学对西方主流心理学的超越》，《理论探讨》，2006年第3期，第57页。

下，它试图关注本土文化中人心与人性的基本课题，致力于恢复本土民众话语权利表达，努力寻求本土文化语境中富于背景化问题的解决，促进对本土文化本质的关注。换言之，本土心理学研究人的意向性行为和深层的心理结构，关注人的内心幸福，注重人们心理生活质量的提升，以促进人与社会和谐关系建构为使命，表达了人对自身生存状态以及对生活世界的态度，追问的是对人存在的终极关怀，这些既是各种文化语境中的人都存在的，也是心理学从内在质的文化品性所彰显的责任与道义，这就意味着本土心理学所关注、考察和探问的东西，无论是研究论域、研究方法还是研究论题，在一定意义上可以跨越本土文化圈，成为其他文化圈包括西方文化圈具有参考价值和启示意义的理念、精神和质料。正如葛鲁嘉教授所说："本土心理学并非是一种超本土努力，而是根源于特定的文化历史，是对本土文化圈生活的独有理解和构筑。但是也不能否认，这其中可以蕴涵着超越本土界限的具有普遍意义的启示。"[①]例如，菲律宾本土心理学创立的询访方法便是一种除了在菲律宾以外还在其他文化圈中广泛应用的一种方法；印度心理学也主张印度本土心理学并非要抛弃西方传统，它的目的不是要建立一种彼此排斥，以某一种文化为基础而对它种理论体系不予接纳的取向，而是特别需要一种相互交叉渗透的研究倾向。跨本土方法便是这样一种具有超越性的研究方法，它既可以应用于民族心理学，也可以应用于本土心理学，还可以在西方现代心理学研究中得到使用。[②] 所以，本土心理学所蕴涵的普适性元素或因子是本土心理学的独特魅力和个性之所在，尽显本土文化特殊性之中的超越性，也使我们从本土文化视角管窥到重构和重读心理学的新途径、新视角和新切入点，为心理学获得新生提供了关注人内心世界的文化根基。

③ 本土心理学面临的问题。当我们为本土心理学的产生和发展而欢欣鼓舞时，也必须深刻地认识到本土心理学在特别强调文化契合性的同时，会不可避免地因此而产生一些局限性，这主要表现在以下两个方面。

第一，对主流心理学收集和分析数据时所采用的量化方法的批评具有局限性。虽然本土心理学所采用的主要研究方法可以使我们加深对人的心理与行为的理解，但过分强调这种方法的优越性或以此取代客观的定量方法也是不足取的。因为，当较为客观的实验和测量方法在今天受到挑战的时候，人们不应该忘记主观的研究方法曾经在心理学的历史上，尤其是欧洲

---

① 葛鲁嘉：《本土的传统心理学与实证的科学心理学的关联》，《吉林大学社会科学学报》，1994 年第 2 期，第 33 页。

② Buggies, S. E. (1997). Indigeneous Psychology: Research and experience in Cultural Context. *Journal of Cross-Cultural Psychology*, Vol. 28, No. 3, p. 357.

非常流行,后来才渐次衰落。事实上,对于某一问题的研究,我们通常是从相对比较弱的方法向可以做出较强结论的方法转移。例如,我们常常是受到某个非同寻常的个案的启发后,才会产生对某个特定假设的研究兴趣。这反映出个案研究的真正作用所在:为进一步研究某问题提供一些假设,同时激发科学家用更为严格的方法来研究这些假设。总之,对于一个研究发现进行测试的需要从来也没有改变过,即使后现代心理学最近的历史也显示,研究者主观洞察的结论仍然需要研究者之外的其他人运用较为不主观的方法来确认或证伪。所以,本土心理学的研究不应局限于必须采用质的研究方法,在形成了一些假设的基础上,可以用更为客观的方法进行验证。毕竟,方法永远都是为解决问题服务的。

第二,对主流心理学普遍主义立场的批评具有局限性。主流心理学采取普遍主义的立场,即试图将它们认为是客观的、具有普遍性的研究成果推广到其他国家和地区,而本土心理学则相反,它突出强调所研究群体和研究范式与西方主流心理学的不同,这会导致文化上的独特性,而不是人类心理上的普遍性。事实上,无论普遍性还是特殊性,从严格意义上都不能被完全肯定或否定,二者是互补的关系,因此心理学不能仅发展其特殊性的方面,也必须同时强调对普遍性的追求。正确认识心理学的普遍性和特殊性,有助于心理学事业的健康发展。

一方面,心理学作为全人类的普遍科学是心理学作为一门学科应有之义,也是心理学发展所追求的目标,因为任何学科的认知建构都是为了使其成为可普遍化的知识,如果某一认知建构可通过外推的步骤成为可普遍化的知识,即可被更多其他个人、学科、文化群体所接受,则可以说它拥有更多的真理。而心理学的特殊性则表现为在发展心理学的过程中所需要解决的问题。尽管在实践中,这种特殊性深刻地影响着人们在心理学问题上达成共识的进程,但更应该看到,所有关于心理学特殊性的争论都是在为丰富和发展新的普遍性的心理学内容构筑新的平台。强调心理学的特殊性是为了使人们清楚地看到在心理学发展道路上存在的问题,而绝不能以特殊性抹杀心理学的普遍性,从而阻碍心理学事业的发展。另一方面,如果采取特殊性作为原则,会带来一系列难以解决的问题。首先,如果每种文化都致力于发展契合本文化的本土心理学,那么将会出现很多个本土心理学,假若如此,理想的本土心理学数目是个不可回避的问题,而对这个问题的回答是不容易的;其次,西方主流心理学被看做是民族中心主义的,因为它往往忽视其范围之外的其它地区和民族的心理学,但另一方面,在主流心理学中也存在着与其他世界相连的普遍知识,如果过分地强调文化的独特性以及处于某一文化中的民众心理和行为的独特性，不断地否认这种普遍知识的存在，也会反过来走向一种民族中心主义。此外，本土心理学的研究容易出现某种偏狭性。印度本土心理学家申哈曾提醒我们说，"本土心理学的目的并不是缩小心理学的范围，而是发展文化契合性的心理学"①。但偏狭性可以采取一种看似非常有文化针对性的形式，而躲过人们的审查。在偏狭性基础上发展起来的本土心理学，是以牺牲建立一个普遍的心理学和对非本土文化的刺激和观点的抗拒为代价的。如果研究者采取这些模式的话，就会去研究文化上独有的特性或概念，而不考虑它们在当代社会发生的普遍性以及它们在概念上是如何整合的或者它们是如何在行为上有意义的。

总之，西方主流心理学对人类心理和行为的解释显示了一定的局限性，本土心理学从外来的心理学的束缚中解脱出来，致力于建构具有文化契合性的心理学，是有其自身存在的基础和依据的。对此，我们应该理解和尊重。

尽管如今本土心理学研究依旧处于带有盲目性、多样性和尝试性的"失去规范阶段"，但不可否认的是，本土心理学三十多年来的发展为心理学提供了大量最新的论题、概念、理论和方法，培养了大量的研究人员，也造就了心理学的丰富性，它以其独特的本土文化视角，对人生活世界的内在关注，吸纳现代心理学合理内核及宽容的研究气度，对心理学自然科学品性的合理性批判和对文化品性的全新诠释，以自身特有的文化气息将现代心理学中的人由过去的失落到今天的回归所做的努力，已经有别于现代心理学对"科学"的理解，它用自身对文化的关注，在现代心理学重重包围和科学主义浓郁的现代性氛围中，努力寻求建立一个普遍的全人类的心理学。但是在心理学中如何将文化特殊性和文化普遍性联系起来，本土心理学还需要进行深入的探索。在今后的发展中，本土心理学应注意将文化的差异和跨文化的相似性都纳入其研究议程中，这样既可以增加对本文化的理解，又能对人类行为的普遍理解做出贡献，同时也会促进本土心理学乃至整个心理学更好地发展。

(3) 跨文化心理学研究。

跨文化心理学把人置于特定的文化情境中进行考察，着重研究文化作为一种因素对人的心理和行为所起的影响和调节作用。但是基于西方心理学背景下的跨文化研究也只能看做对是否存在普适真理的一次不成功的探

---

① Sinha, D. (1997). Indigenizing of Psychology. in:Berry, J. W., Poortinga, Y. H., Pandey, J. *Handbook of cross-cultural psychology*. pp. 129～169.

索。西方学者所做的关于心理学的跨文化研究在其文化背景和研究方法上存在着局限。

一方面，科学心理学的基本构架——它使用的概念、建构的理论和所运用的研究技术，差不多全部是在西方文化背景上建立起来的。并且西方学者在进行跨文化研究时也难以摆脱西方价值观、人性观评价标准的影响。因此，当西方心理学借其学术中心地位进行超地域的考察时，站在西方文化的背景上进行跨文化研究，必然会带来基于文化差异的偏差。

另一方面，跨文化研究主要采用了参与式调查的研究方法，西方学者在对其他民族尤其是对一些原始部落进行跨文化研究时，总是有先入为主的殖民情结，自然地把研究对象看成愚昧的、落后的，更甚于看做没有理性的生物。人类学家列位—施特劳斯认为，当白人认为印第安人是野兽时，印第安人却在怀疑白人是不是神，虽然双方的态度同样出于无知，但印第安人的行为肯定更符合人性。他认为人类的思维是把意义归附于事物的过程，原始思维和现代科学有着同样严格的逻辑，同样充满了理智，两者没有质的差别。从这个角度上讲，原始文化同样值得尊重。

更激进的反对者认为，西方学者进行的跨文化研究的背景永远是：研究者与被研究者不平等，这种不平等体现了调查者社会(群体)与被调查者社会(群体之间)，欧美殖民者与殖民地人民之间，城市化的欧美国家与穷乡僻壤的乡村或少数民族群体之间的压迫与被压迫的关系。从这个意义上来讲，应该鼓励第三世界国家的跨文化研究，但是我们可以看到的是现阶段的研究却并不令人乐观。

当代心理学的观点、理论大都是西方学者基于本国文化，根据对本民族被试的研究结果提出的。非西方学者采用西方的理论和研究方法的过程中，不自觉地接受西方文化的影响，压制本民族文化传统，因此也无法把西方心理学改造成一个真实描述本民族心理特征的理论体系。并且由于跨文化心理学以验证西方已有的理论或方法的跨文化有效性为能事，因此它无法看到非西方文化中独特的心理、行为和社会现象。无法真正建立一种研究本民族文化影响下的“人”的心理学。

由此可见，我们一方面要看到跨文化研究和跨文化验证对人文精神的回归和在推广心理学研究成果上做出的贡献。但是，建立在西方文化基础上的跨文化研究和跨文化验证，除了使心理学界西化之外，实则不能成为一种本土化的心理学。

3. 中国传统文化对后现代文化的滋润

（1）尊重文化差异。

对于传统文化来说，中国源远流长的文化背景为心理学本土化在中国开展提供了充分条件与必要条件。其一，我国历史、文化源远流长，中华民族作为一个有几千年文明的古老民族，其心理特征不是在短时间内形成和发展起来的，而是几千年来中国文化的结晶。换句话说，当代中国人的心理，无不带有深深的民族文化的烙印，是中国几千年来中国文化积淀的产物。这一点是中国心理学本土化研究的充分条件。其二，任何心理学的知识体系和方法都是在特定的文化背景中产生的。中国文化有不同于西方国家的历史文化背景，因此，不能用单一的西方模式来研究。需要中国的本土心理学来探讨其成员在中国文化背景下所展现的心理与行为的原理与原则，反映人们在中国特有的生存条件或生活环境下所表露的人性面貌及其运作法则，不断地充实心理学自身，这是本土心理学研究的必要条件。

不可否认，中国在改革开放以后受到了西方文化、道德观与价值观的冲击，但是文化是不断发展的，在吸取西方文化精髓的同时，中国文化本身也在发展和进步，并产生了一些独特的文化现象，这些文化现象并不是东方传统文化与西方现代文化所杂交的怪胎，它们是一类新文化，或者叫做东方现代文化。在当代，新文化已经代替传统文化成为主流。立足于现实，站在新文化的角度上考察国人的心理问题与社会问题，建立以东方现代文化为基点的本土心理学。我们认为这才是我国真正要关注的本土心理学的研究重点。

另外，在开展心理学中国化的过程中，要采取不卑不亢的态度，一方面不能唯西方文化马首是瞻；另一方面又不能为了研究的需要，贬低西方的人性观，来抬高中国传统文化的地位。要看到不同文化之间有差异，但没有优劣之分。尊重不同文化的差异，增进对话，减少对抗。

（2）中国传统文化的启示意义。

如果说西方现代主义是一种发端于逻各斯主义的建构性的共时态的文化思潮的话，那么中国传统文化则与之相反地体现了一种以大易精神为源头的解构性的历时态的文化追求。尽管西方后现代主义与中国传统文化处于完全不同的社会环境和历史时代中，但二者却有着不谋而合的共通之处，这主要表现在以下四个方面：

第一，西方后现代主义提出反理性主义，中国古代先哲们也很早提出了同样的主张。例如，道家以“无”释道的思想，这里的“无”是相对于规定性的

“有”而言的，“无”乃是对规定性之否定，故老子讲“为道日损”，认为道恰恰体现在对理性规定性的消解之中。所以，道家的学说是一种十分自觉、十分彻底的反理性主义。同时，也正是从这种非理性的“道”出发，老子对当时社会中的理性主义思潮予以了无情摧毁，并提出了人类最早的“反科学治国论”思想——“大道废，有仁义；智慧出，有大伪”、“绝圣弃知，民利百倍”，宣称“其民闷闷，其政淳淳”、“古之善为政者，非以明民，将以愚之”。后来，庄子继承并发展了这种思想，提出“是非之彰也，道之所以亏也”，以“混沌”之死为喻，说明理性是人类最大的敌人，理性的发展意味着人的寿终正寝，从而使中国古代的理性主义批判，从老子的社会学批判提升到人学批判这一更高水平。①

第二，西方后现代主义所提出的反基础思想，同样也可以在中国传统文化中寻找到其巨大的理论市场。尽管中国古人很早就开始了对宇宙本体——“道”的探索，但是他们从来不会把道视为终极性、绝对性的基础。庄子所提出的“道在屎溺”、“盗亦有道”、“脍不失道”等命题，不啻体现了人类最早的反基础主义的思想。后来华严宗哲学所推出的“缘集则有，缘散则无”、“一中解无量，无量中解一”的观点，使庄子学说中的这种反基础主义思想得以进一步阐扬。其实，儒家学说也蕴含了鲜明的反基础主义倾向，它不仅提出“日用即道”，认为“道”不越人的伦常日用，而且它所提出的“和而不同”与维特根斯坦的“家族相似”交相辉映，代表了一种中国式的反本质主义的哲学主张。

第三，西方后现代主义关于反进化主义的主张，从某种意义上可看做是向中国传统文化的回归。无论是中国古代的道家还是儒家，都对科技文明进步敬而远之，保持着一定的距离。庄子提出“有机械者必有机心”，从而对机器的发明“羞而不为”；儒家以所谓“奇技淫巧”为由拒斥工具理性，故道家和儒家都具有一种突出的反现代的复古情结，正如“复其见天地之心”这一易学思想所表明的那样，其历史观并非是以进化论而是以“无往不复”的循环论为依归。老子向往一种与现代隔绝的远古文明，“鸡犬之声相闻，老死不相往来”；孔子则认为现世是“天下无道”、“大道既隐”，以“兴灭继绝”、“克己复礼”为自己的使命。因此，尽管法家很早就推出了“法后王”的宏伟政纲，然而在中国传统文化中，人们所真正推崇的不是“后王”而是“先王”，唯有先王之世才是真正的大同之世，唯有先王之道才真正代表了人类所梦寐

① 张再林：《后现代主义与中国传统文化》，《人文杂志》，2002年第2期，第22～28页。

以求的光辉理想。

第四，在反中心主义方面，西方后现代主义与中国传统文化之间亦有殊途同归之处。虽然在“政统”领域，中国古代社会长期以来是高度中央集权的帝国社会，但是在“道统”领域，反中心主义的思想却始终占据主导地位。道家提出“道”是“衣养万物而不为主”、“以道观之，物无贵贱”，提出“有容乃大”、“海纳百川”。《中庸》提出“万物并育而不相害，道并行而不相悖”，如此等等都体现了一种极具包容性和整体性的多元决定论的思想。因此，在中国传统文化中从来没有为现代西方人的“自我中心主义”思想留有一席之地，而是反对“自以为是”，提倡“不争之德”，主张“不敢为天下先”，坚持“无我而后大”，在人际关系上始终突出的是谦让、仁爱、理解和互惠。[①]

众所周知，海德格尔后期的很多思想从中国古老的哲学中获益匪浅，德里达也曾毫不掩饰地称赞过中国传统文化。格里芬在为《后现代科学》中文版所写的序言里说，如果中国可以通过了解西方世界所做的错事，避免现代化带来的破坏性影响，那么“中国实际上是‘后现代化’了”。因此，有些学者认为中国传统文化乃是一种“准后现代主义”的文化，中国可以捷足先登直接进入“后现代主义社会”，这不能不说是中国传统文化对后现代的滋润作用。

二、西方的各自为战、多头并进与中国的系统整合、借鉴扬弃

在西方，随着后现代心理学逐渐崭露头角，它的反整体主义倾向也日益明显，表现为提倡和偏爱多元主义。后现代主义者看问题的角度往往是局部的、暂时的、特定的，反对总体化、反对系统性。对他们来说，异质的、矛盾的东西完全可以拼贴在一起，不需要统一与综合，差异不应该消除，而应该保留，分析和表述问题应该从微观入手，反对所谓“宏大叙事”。不少后现代主义者最喜欢利奥塔德提出的口号：“让我们向整体性开战”。

最近一段时间，许多不同方向的后现代主义开始各自为战、多头并进。一些致力于后现代研究的心理学者开始广泛涉猎社会、发展、教育、临床和有关后现代的各个领域，表达了各自不同的观点：有马克思主义和女性主义心理学谨慎的社会建构主义观，有解构主义的无政府主义，还有活动理论家或心理治疗医生的反范式主义。他们在后现代心理学、社会实践、政治生活中诠释了一些当代心理学的观点，如，多元文化主义、文化、心理学职能；心理学现象的事实；本体和本体信息；语言、交流和论述；人类发展的潜力和动

① 张再林：《后现代主义与中国传统文化》，《人文杂志》，2002年第2期，第22～28页。

力；当今心理学地位和作用的研究等。西方后现代心理学仍有一些热情的支持者拥护后现代，但并不总是以前的支持者了，人们对后现代对话有了新的热情。有许多人尝试重新详细地确定什么是后现代主义，从而挖掘出后现代的潜力，使之适应心理学的发展；有人试图追认已逝的作家为后现代主义者，想与那些非后现代主义的运动套近乎；有些早期的拥护者和后来的支持者决定远离后现代，他们认为后现代的发展还不够充分或者认为后现代有点过度“虚假繁荣”了；还有些人试图重新使用后现代曾经攻击过的一些方法，比如批判视域或新马克思主义等。

在中国，后现代心理学研究者本着系统整合、借鉴扬弃的态度，对于需要抛弃什么、追求什么都有着清醒的认识。一些中青年学者在积极反思西方后现代心理学的经验及教训之余，发表或出版了大量论著，致力于整合不同的后现代支流，全面系统地探索和阐析后现代心理学思想，深入挖掘其理论精髓。这些努力都预示着后现代文化思潮在中国心理学界的发展前景是乐观的。

三、中外后现代心理学研究的影响

1. 扩大心理学视野，换一个角度看心理学及其未来发展

国外关于后现代心理学的研究是由一些在主流心理学之外对其他人文社科知识或思潮相对亲近的心理学工作者发起的，他们一开始致力于对科学主义心理学狂轰滥炸，极力反拨，但往往破而不立，容易从一个极端走向另一个极端。后来随着研究队伍和研究领域的逐步扩大，在社会建构论、话语分析、叙事疗法、女权心理、多元文化论、表演疗法、生态伦理、过程心理学等方面出版或发表了大量的论著，且提出并形成了越来越具体、越来越有影响的理论观点和学术主张，研究方法也越来越多样化、可操作化，因此自身招致的冷遇或非议也越来越少。后现代心理学研究的日益深入，后现代心理学的不断发展，本身对扩大心理学的视野，站在主流心理学之外看心理学及其未来走向将大有裨益。

2. 警惕相对主义和怀疑论的泛滥

牛津大学伊戈顿在《后现代主义之幻象》一书的结尾写道：非常遗憾，我必须以这样的危言作为结束。后现代历史终结的思想，并不能让我们有一个与现在多么不同的未来，且它所歌颂的也不必然是多么好的视野。后现代主义最大的试炼，与任何其它政治信念一样，就是如何达到它所期望的目标。固然，后现代主义对于种族歧视、种族问题、认同思考的偏执、整体性的祸害、对“他者”之恐惧，以及对权力狡猾的敏锐思考等方面，都留下许多贡

献且极具价值。但后现代主义的文化相对主义、道德的墨守成规、在政治机制理论上的缺乏，以及它的怀疑论、实用论和地方主义对任何团结与纪律组织的嗤之以鼻，所有的这些问题都可能使它收到反效果……后现代主义乃是问题最后的那一部分，但并非答案。

在步入后现代的今天，倾听伊戈顿教授的这段话，无论对西方或中国都极具警示意义。现代的世界，价值的混乱已到了愈来愈极端的程度，古典的个人主义在“社会成其为社会，人成其为人”的前提下致力于人们地位的抬高和社会的整体进化。由于人们对公众事务的倦怠与麻痹，以及自身的不安全感与疏离感，遂转向借助自恋而维护自我。人们不再用古典意义里那种有超越性质的“自我”来定义自己，而将纯然世俗化的“身体”和“欲望”作为最高的认同指标，这是一种自恋主义，它使得每一个人或每一个小群体都将自己极度膨胀，并对其他人充满了怀疑和敌意，虚无、好斗、排他、自私开始淹没了这个世界。

这是个虚无的时代，而虚无产生于人们对意义的放弃，并以一种自鸣正义的方法来谈论自己的虚无。时代的变化在目前这个媒体挂帅的时刻已愈来愈加速。表面事像天天如走马灯的流转，尽管流转的都只是一些朝生暮死的皮相话题，但却足以让怠惰的人们相信世界的本质就是流转，并将自己没有去寻找意义认为是因为意义并不存在。[①] 这时再回头看伊戈顿教授的那段话，其警示意义也就很容易理解了。

后现代心理学由于其观点过于激进而招致了不少的批评，批评最多的便是其相对论的观点：知识也罢，心理也罢，只不过是特定文化历史条件下的话语建构而非真理；任何知识和认识没有真假之分，其价值是相等的。批评者指出，认识过程的自主性、能动性以及社会文化对知识的影响是应该考虑的因素，但是如果因此而否认心理学知识的客观性，则会陷入虚无主义和怀疑论的泥潭。有些批评者指出，如果按照后现代心理学的观点，后现代心理学的理念本身也仅仅是一种建构的产物，没有什么真理性可言，那么后现代心理学的观点又怎么能令人信服呢？[②]

① 南方朔：《后现代的自恋与躁郁》，《张老师月刊》，1998年第238期，第12页。
② 叶浩生主编：《心理学史》，高等教育出版社2005年版，第468页。

参考文献

中文文献

阿普尔比等著，刘北成等译：《历史的真相》，中央编译出版社 1999 年版。

阿瑟·雷伯著，李伯黍等译：《心理学词典》，上海译文出版社 1996 年版。

奥顿奈尔著，王萍丽译：《黄昏后的契机——后现代主义》，北京大学出版社 2004 年版。

包铭新等著：《国外后现代服饰》，江苏美术出版社 2000 年版。

鲍尔格曼著，孟庆时译：《跨越后现代的分界线》，商务印书馆 2003 年版。

鲍曼著，郁建兴等译：《生活在碎片之中——论后现代道德》，学林出版社 2002 年版。

鲍曼著，张成岗译：《后现代伦理学》，江苏人民出版社 2003 年版。

贝尔·胡克斯著：《女权主义理论：从边缘到中心》，江苏人民出版社 2001 年版。

彼得·科斯洛夫斯基著，毛怡红译：《后现代文化——技术发展的社会文化后果》，中央编译出版社 1999 年版。

波伏娃著，陶铁柱译：《第二性》，中国书籍出版社 1998 版。

波林·罗斯诺著，张国清译：《后现代主义与社会科学》，上海译文出版社 1998 年版。

波林著，高觉敷译：《实验心理学史》，商务印书馆 1991 年版。

博格斯著，李俊等译：《知识分子与现代性的危机》，江苏人民出版社 2002 年版。

曹路生著：《国外后现代戏剧》，江苏美术出版社 2000 年版。

常丽、乔晓熔：《后现代建构主义心理学取向》，《郑州航空工业管理学院学报》（社会科学版），2005 年第 1 期。

常宁生著：《国外后现代绘画》，江苏美术出版社 2000 年版。

车文博著：《西方心理学史》，台湾东华书局 1996 年版。

车文博主编：《心理咨询大百科全书》，浙江科学技术出版社 2001 年版。

陈金美：《析后现代哲学的三大特征》，《湖南师范大学学报》（社会科学版），1999 年第 6 期。

陈向明：《质的研究方法于社会科学研究》，教育科学出版社 2000 年版。

陈晓明：《历史转型与后现代主义的兴起》，《花城》，1993 年第 2 期。

陈燕谷：《多元文化主义与马克思主义》，见《原道》，1996 年第 3 辑，中国广播电视出版社。

陈振中：《论教育叙事研究的若干理论问题》，《上海教育科研》，2005 年第 9 期。

程青松著：《国外后现代电影》，江苏美术出版社 2000 年版。

仇毓文：《后现代主义与后现代心理学》，《青海师范大学学报》（哲学社会科学版），2005 年第 1 期。

丹尼尔·贝尔著，丁学良译：《工业化后社会的来临》，新华出版社 1977 年版。

德鲁克著，张星岩译：《后资本主义社会》，上海译文出版社 1998 年版。

多米·尼克斯特里纳著，阎嘉译：《通俗文化理论导论》，商务印书馆 2003 年版。

饭田隆著，包羽译：《维特根斯坦——语言的界限》，河北教育出版社 2001 年版。

方成著：《精神分析与后现代批评话语》，中国社会科学出版社 2001 年版。

方汉文：《后现代主义文化心理学：拉康研究》，上海三联书店 2000 年版。

方俊明：《评后现代主义心理学思潮》，《陕西师范大学学报》（哲学社会科学版），1997 年第 1 期。

方明：《试论心理学中两种文化统一的一种可能途径》，《华中农业大学学报》,2002 年第 2 期。

费瑟斯通著,刘精明译:《消费文化与后现代主义》,译林出版社 2000 年版。

芬伯格著,陆俊等译:《可选择的现代性》,中国社会科学出版社 2003 年版。

冯俊等著:《后现代哲学讲演录》,商务印书馆 2003 年版。

弗·杰姆逊著,唐小兵译:《后现代主义与文化理论》,陕西师范大学出版社 1986 年版。

弗里德曼、康姆斯著:《叙事治疗》,台北张老师事业公司 2000 年版。

高峰强:《全球化浪潮中来自中国心理学界的另一种声音》,《心理学探新》,2003 年第 3 期。

高峰强著:《现代心理范式的困境与出路——后现代心理学思想研究》,人民出版社 2001 年版。

高学德:《后现代主义视野中的心理学反思》,《甘肃联合大学学报》(社会科学版),2006 年第 2 期。

格尔茨著:《文化的解释》,译林出版社 1999 年版。

格里芬著,王成兵译:《后现代精神》,中央编译出版社 1998 年版。

格里芬著,鲍世斌译:《超越解构——建设性后现代哲学的奠基者》,中央编译出版社 2002 年版。

格里芬著,马季方译:《后现代科学——科学魅力的再现》,中央编译出版社 1995 年版。

葛鲁嘉著:《心理文化论要——中西心理学传统跨文化解析》,辽宁师范大学出版社 1995 年版。

顾铮著:《国外后现代摄影》,江苏美术出版社 2000 年版。

郭爱妹:《当代西方女性主义心理学的发展》,《国外社会科学》,2003 年第 4 期。

郭爱妹著:《女性主义心理学》,上海教育出版社 2006 年版。

郭本禹主编:《当代心理学的新进展》,山东教育出版社 2003 年版。

郭贵春著:《语境与后现代科学哲学的发展》,科学出版社 2002 年版。

郭贵春著:《后现代科学实在论》,知识出版社 1995 年版。

郭贵春著:《后现代科学哲学》,湖南教育出版社 1998 年版。

哈维著,阎嘉译:《后现代的状况——对文化变迁之缘起的探究》,商务印书馆 2003 年版。

韩林合:《维特根斯坦哲学之路》,云南大学出版社 1996 年版。

郝奇、乐国安:《“非科学的心理学”对社会心理学方法论的启示》,《自然辩证法通讯》,1999 年第 6 期。

郝奇、乐国安:《表演式学习——表演理论对“最近发展区”的发展》,《心理学探新》,1999 年第 2 期。

郝奇、汪新建:《表演理论与方法述评》,《心理发展与教育》,2003 年第 3 期。

郝奇:《论后现代心理治疗的理论与实践》,南开大学博士毕业论文,2001 年。

郝奇:《一种心理的社会治疗方法——表演理论》,《社会心理学研究》,1999 年第 1 期。

亨廷顿等主编,程克雄译:《文化的重要作用——价值观如何影响人类进步》,新华出版社 2002 年版。

亨廷顿著,李盛平译:《变动社会中的秩序》,上海译文出版社 1989 年版。

洪汉鼎著:《诠释学——它的历史和当代发展》,人民出版社 2001 年版。

洪晓楠著:《文化哲学思潮简论》,上海三联书店 2000 年版。

胡赤怡、李维榕、王爱玲:《试论家庭治疗的理论基础》,《医学与哲学》,2005 年第 26 卷。

胡克斯著,晓征等译:《女权主义理论——从边缘到中心》,江苏人民出版社 2001 年版。

胡佩诚等译:《心理治疗与咨询的理论及案例》,中国轻工业出版社 2000 年版。

华莱士·马丁著:《当代叙事学》,北京大学出版社 1990 年版。

怀特·大卫著,廖世德译:《故事、知识、权力——叙事治疗的力量》,台北心灵工坊公司 2001 年版。

怀特海著,杨富斌译:《过程与实在》,中国城市出版社 2003 年版。

黄希庭著:《人格心理学》,浙江教育出版社 2002 年版。

黄正东、唐少杰著:《文化和价值》,清华大学出版社 1987 年版。

霍涌泉:《后现代主义能否为心理学提供新的精神资源》,《南京师大学报》(社会科学版),2004 年第 2 期。

霍涌泉著:《意识心理学》,上海教育出版社 2006 年版。

吉登斯著,赵旭东译:《现代性与自我认同》,三联书店 1998 年版。

吉利根著,肖巍译:《不同的声音——心理学理论与妇女发展》,中央编译出版社 1999 年版。

继红:《当代西方女权主义》,《马克思主义与现实》,1997 年第 3 期。

加德纳·墨菲、约瑟夫·柯瓦奇著,林方、王景和译:《近代心理学历史导引》,商务印书馆 1980 年版。

贾林祥著:《联结主义认知心理学》,上海教育出版社 2006 年版。

江怡著:《维特根斯坦:一种后哲学的文化》,社会科学文献出版社 1998 年版。

姜静楠、刘宗坤著:《后现代的生存》,作家出版社 1998 年版。

蒋京川、叶浩生:《论后现代心理学的定位与理论存疑》,《南京师范大学学报》(社会科学版),2006 年第 2 期。

杰姆逊著,唐小兵译:《后现代主义与文化理论》,北京大学出版 1997 年版。

柯里著,宁一中译:《后现代叙事理论》,北京大学出版社 2003 年版。

科斯洛夫斯基著,毛怡红译:《后现代文化》,中央编译出版社 1999 年版。

莱斯利·斯特弗、杰里·盖尔主编,高文等译:《教育中的建构主义》,华东师范大学出版社 2002 年版。

乐国安、郝奇:《社会治疗的理论与方法——后现代主义心理治疗述评》,《南开大学学报》,1999 年第 6 期。

乐国安、郝奇:《以新的视角看待人生——心理的社会治疗理论与方法》,《心理学动态》,1998 年第 2 期。

黎黑著,刘恩久译:《心理学史——心理学思想的主要趋势》,上海译文出版社 1990 年版。

李炳全:《论文化心理学在心理学方法论上的突破》,《自然辩证法通讯》,2005 年第 4 期。

李炳全著:《文化心理学》,上海教育出版社 2006 年版。

李静之、张心绪等著:《马克思主义妇女观》,中国人民大学出版社 1992 版。

李文阁著:《回归现实生活世界》,中国社会科学出版社 2002 年版。

李喜先编著:《迈向 21 世纪的科学技术》,中国社会科学出版社 1997 年版。

李小江等著:《女性? 主义》,江苏人民出版社 2000 年版。

李银河著:《福柯与性》,山东人民出版社 2001 年版。

李银河著:《女性主义的崛起》,中国社会科学出版社 1996 年版。

利奥塔著,岛子译:《后现代状况》,湖南美术出版社 1996 年版。

利奥塔等著，赵一凡等译：《后现代主义》，社会科学文献出版社 1999 年版。

利奥塔著，罗国祥译：《非人——时间漫谈》，商务印书馆 2000 年版。

利奥塔著，莫伟民译：《后现代道德》，学林出版社 2000 年版。

刘放桐主编：《新编现代西方哲学》，人民出版社 2000 年版。

刘金平：《略论后现代主义心理学》，《河南社会科学》，2003 年第 5 期。

刘瑞珊：《科学技术人类学：科学技术与社会研究的新领域》，《南开学报》，1999 年第 5 期。

刘少杰著：《后现代西方社会学理论》，社会科学文献出版社 2002 年版。

刘玉娟、叶浩生：《多元文化的心理咨询与治疗理论刍议》，《心理学探新》，2002 年第 2 期。

刘玉娟：《多元文化视野中的心理咨询与治疗》，《中国优秀博硕士学位论文全文数据库》，2003 年。

陆扬著：《后现代性的文本阐释：福柯与德里达》，上海三联书店 2000 年版。

陆扬著：《精神分析文论》，山东教育出版社 1998 年版。

罗钢等主编：《后殖民主义文化理论》，中国社会科学出版社 1999 年版。

罗兰·巴特著，汪耀进等译：《一个解构主义的文本》，上海人民出版社 1997 年版。

罗兰·巴特著，许蔷蔷译：《神话——大众文化诠释》，上海人民出版社 1999 年版。

李欧梵著：《徘徊在现代和后现代之间》，上海三联书店 2000 年版。

马尔库赛著，刘继译：《单向度的人：发达工业社会意识形态研究》，上海译文出版社 2006 年版。

马斯洛著，刘烨编译：《马斯洛的智慧》，中国电影出版社 2005 年版。

马一波、钟华著：《叙事心理学》，上海教育出版社 2006 年版。

纳托利著，潘非等译：《后现代性导论》，江苏人民出版社 2004 年版。

Noel W. Smith 著，郭本禹等译：《当代心理学体系》，陕西师范大学出版社 2005 年版。

欧力同、张伟著：《法兰克福学派研究》，重庆出版社 1990 年版。

欧阳友权主编：《网络传播与社会文化》，高等教育出版社 2005 年版。

潘菽著：《潘菽心理学文选》，江苏教育出版社 1987 年版。

佩塞施基安著，杨华渝译：《积极家庭心理治疗》，社会科学文献出版社 1997 年版。

皮力著:《国外后现代雕塑》,江苏美术出版社 2000 年版。

切斯勒著,汪洪友译:《女性的负面》,中国社会科学出版社 2006 年版。

秦晓利著:《生态心理学》,上海教育出版社 2006 年版。

邱瑜:《教育科研方法的新取向——教育叙事研究》,《中小学管理》,2003 年第 9 期。

任俊著:《积极心理学》,上海教育出版社 2006 年版。

任平著:《交往实践的哲学——全球化语境中的哲学视野》,云南人民出版社 2003 年版。

瑞泽尔著,谢中立译:《后现代社会理论》,华夏出版社 2003 年版。

萨义德著,李琨译:《文化与帝国主义》,三联书店 2003 年版。

塞德曼编,吴世雄等译:《后现代转向——社会理论的新视角》,辽宁教育出版社 2001 年版。

塞尔托著,李淑芬译:《多元文化素养》,天津人民出版社 2002 年版。

沙莲香等:《社会学家的沉思:中国社会的文化心理》,中国社会出版社 1998 年版。

尚杰著:《德里达》,湖南教育出版社 1999 年版。

邵迎生:《心灵真相在日常话语中的呈现——话语观念与心理学研究》,南京师范大学学位论文,2002 年。

盛宁著:《人文困惑与反思:西方后现代主义思潮批判》,生活·读书·新知三联书店 1997 版。

石中英著:《知识转型与教育改革》,教育科学出版社 2001 年版。

舒炜光等主编:《当代西方科学哲学述评》,人民出版社 1987 年版。

宋兴川、金盛华:《多元选择——青少年偶像崇拜研究》,《青年研究》,2002 年 11 期。

苏国勋:《社会学与社会建构论》,《国外社会科学》,2002 年第 1 期。

孙志文著,陈永禹译:《现代人的焦虑与希望》,三联书店 1994 年版。

泰勒著,程炼译:《现代性之隐忧》,中央编译出版社 2001 年版。

汤林森著,冯建三译:《文化帝国主义》,上海人民出版社 1999 年版。

陶东风:《后现代主义在中国》,《战略与管理》,1995 年第 4 期。

陶宏斌、郭永玉:《实证主义方法论与现代西方心理学》,《心理学报》,1997 年第 3 期。

汪民安等编:《福柯的面孔》,文化艺术出版社 2001 年版。

汪新建,吕小康:《作为文化工具的心理治疗》,《自然辩证法通讯》,2004 年第 6 期。

汪新建:《从客观反映到主观建构——心理治疗范式由现代向后现代的转变及其意义》,《社会科学》,2001 年第 10 期。

汪新建著:《西方心理治疗范式的转换及其整合》,天津人民出版社 2003 年版。

汪行福著:《走出时代的困境——哈贝马斯对现代性的反思》,上海社会科学院出版社 2000 版。

王逢振等编:《网络幽灵》,天津社会科学院出版社 2000 年版。

王宁等主编:《全球化与后殖民批评》,中央编译出版社 1998 年版。

王宁著:《后现代主义之后》,中国文学出版社 1998 年版。

王晓升著:《走出语言的迷宫——后期维特根斯坦哲学概述》,社会科学文献出版社 1999 版。

王啸著:《全球化与中国教育》,四川人民出版社 2002 年版。

王岳川著:《后现代主义文化逻辑》,见《后现代主义文化和美学》,北京大学出版社 1992 年版。

王岳川著:《后现代主义文化研究》,北京大学出版社 1992 年版。

王岳川著:《后殖民主义与新历史主义文论》,山东教育出版社 1999 年版。

王政、杜芳琴著:《社会性别研究选译》,生活,读书·新知三联书店 1998 版。

王治河著:《扑朔迷离的游戏——后现代哲学思潮研究》,社会科学文献出版社 1993 年版。

王治河主编:《后现代主义辞典》,中央编译出版社 2004 年版。

王治河主编:《全球化与后现代性》,广西师范大学出版社 2003 年版。

王治河著:《福柯》,湖南教育出版社 1999 年版。

维特根斯坦著,汤潮等译:《哲学研究》,三联书店 1992 年版。

魏小萍著:《历史主客体导论——从宏观向微观的深化》,北京出版社 1999 年版。

吴熙娟著:《最新又潜力无穷的疗法:叙事疗法导读》,台北张老师事业公司 2000 年版。

夏基松著:《现代西方哲学教程新编》下册,高等教育出版社 1998 年版。

夏林清:《寻找一个对话的位置:基进教育与社会学习历程》,《应用心理研究》,2002 年第 16 期。

肖峰著:《高科技时代的人文忧患》,江苏人民出版社 2002 年版。

徐贲著:《走向后现代与后殖民》,中国社会科学出版社 1996 年版。

雅罗舍夫斯基著，陆嘉玉等译：《心理学史》，上海译文出版社 1997 年版。

闫杰：《后现代主义思潮对心理学质化研究兴起的影响》，《南京师范大学学报》(社会科学版)，2008 年第 4 期。

杨富斌：《怀特海过程思想述评》，《国外社会科学》，2003 年第 4 期。

杨国枢：《中国人的心理与行为：本土化研究》，中国人民大学出版社 2004 年版。

杨建中、赵旭东、康传媛：《家庭治疗在精神障碍中的应用》，《国外医学》(精神病学分册)，2002 年第 2 期。

杨莉萍：《从本质主义到社会建构主义的人格观》，《内蒙古师范大学学报》，2003 年第 3 期。

杨莉萍著：《从跨文化心理学到文化建构主义心理学——心理学中文化意识的衍变》，《心理科学进展》，2003 年第 5 期。

杨莉萍著：《社会建构论心理学》，上海教育出版社 2006 年版。

杨莉萍等：《社会建构主义心理学对二元世界的"僭越"》，《心理科学》，2003 年第 3 期。

杨韶刚著：《超个人心理学》，上海教育出版社 2006 年版。

杨雁斌等选编：《重写现代性——当代西方学术话语》，社会科学文献出版社 2001 年版。

杨英、郭永玉：《后现代心理学与现代心理学的对话》，《心理科学进展》，2005 年第 3 期。

姚大志著：《现代之后》，东方出版社 2000 年版。

叶浩生、郭爱妹：《西方女权心理学评介》，《心理学动态》，2001 年第 3 期。

叶浩生：《第二次认知革命与社会建构论的产生》，《心理科学进展》，2003 年第 1 期。

叶浩生：《多元文化论与跨文化心理学的发展》，《心理科学进展》，2004 年第 12 期。

叶浩生：《关于"自我"的社会建构论学说及其启示》，《心理学探新》，2003 年第 3 期。

叶浩生：《后经验主义时代的理论心理学》，《心理学报》，2007 年第 4 期。

叶浩生：《后现代心理学概观》，《南通师范学院学报》(哲学社会科学版)，2004 年第 2 期。

叶浩生：《女性心理学的进化与后现代女性心理学的产生》，《心理与行为研究》,2004 年第 2 期。

叶浩生:《试析后现代心理学影响下的心理治疗与咨询》,《心理科学》,2003 年第 4 期。

叶浩生主编:《西方心理学的历史与体系》,人民教育出版社 1998 年版。

叶浩生著:《西方心理学理论与流派》,广东高等教育出版社 2004 年版。

叶浩生主编:《西方心理学研究新进展》,人民教育出版社 2003 年版。

叶浩生:《西方心理学中的现代主义、后现代主义及其超越》,《心理学报》,2004 年第 2 期。

叶浩生:《西方心理学中多元文化论运动的意义与问题》,《山东师范大学学报》,2001 年第 5 期。

叶浩生:《心理治疗领域的本质论与社会建构论》,《心理科学》,2007 年第 3 期。

叶浩生主编:《心理学史》,高等教育出版社 2005 年版。

叶浩生主编:《心理学通史》,北京师范大学出版社 2006 年版。

伊格尔顿著,华明译:《后现代主义的幻象》,商务印书馆 2000 年版。

衣俊卿著:《现代性焦虑与文化批判》,黑龙江大学出版社 2007 年版。

尹国均著:《国外后现代建筑》,江苏美术出版社 2000 年版。

尤娜、叶浩生:《叙事心理治疗的后现代视角》,《心理学探新》,2005 年第 3 期。

余碧平著:《现代性的意义与局限》,上海三联书店 2000 年版。

曾文星著:《华人的心理与治疗》,桂冠图书公司 2002 年版。

曾文星著:《家庭的关系与家庭治疗》,北京医科大学出版社 2002 年版。

张国清著:《中心与边缘》,中国社会科学出版社 1998 年版。

张国清著:《无根基时代的精神状况——罗蒂哲学思想研究》,上海三联书店 1999 年版。

张俊芳:《社会文化心态的意蕴指向》,《东北师范大学学报》(哲学社会科学版),2002 年第 3 期。

张世英著:《西方哲学导论》,北京师范大学出版社 2002 年版。

张世英著:《哲学导论》,北京大学出版社 2002 年版。

张文新主编:《青少年发展心理学》,山东人民出版社 2002 年版。

张学广编著:《维特根斯坦:走出语言囚笼》,辽海出版社 1999 年版。

张岩冰著:《女权主义文论》,山东教育出版社 1998 年版。

张怡玲译:《给心理治疗师的礼物——给新一代治疗师及其病人的公开信》,中国轻工业出版社 2004 版。

张再林:《后现代主义与中国传统文化》,《人文杂志》,2002 年第 2 期。

张智:《叙事治疗及其应用价值》,《国外医学》(社会医学分册),2004 年第 1 期。

章仁彪著:《哲学导论新编》,同济大学出版社 1999 年版。

赵敦华著:《现代西方哲学新编》,北京大学出版社 2001 年版。

赵耸婷:《后现代主义与心理学中的社会治疗理论》,《医学与哲学》,2001 年第 3 期。

赵汀阳著:《没有世界观的世界》,中国人民大学出版社 2003 年版。

郑发祥著:《主体心理学》,上海教育出版社 2006 年版。

郑日昌:《后现代旗帜下的心理治疗》,《中国心理卫生杂志》,2005 年第 3 期。

郑荣双:《心理学全球化的趋势》,《心理科学进展》,2003 年第 4 期。

中国社会科学院"世界文明"课题组编:《国际文化思潮评论》,中国社会科学出版社 1999 年版。

周宁著:《独白的心理学与对话的心理学》,云南大学出版社 2005 年版。

朱新秤著:《进化心理学》,上海教育出版社 2006 年版。

朱新秤:《社会认知心理学研究的新进展》,《心理动态》,2000 年第 2 期。

邹广文:《20 世纪西方文化哲学的基本走向》,《吉林大学社会科学学报》,1994 年 6 期。

英文文献

Allyn and Bacon. (1999). *Multicultural Psychotherapy*. Viacom Company.

Aranda, K. (2006). Postmodern feminist perspectives and nursing research: a passionately interested form of inquiry. *Nursing Inquiry*, Vol. 13, No. 2.

Armstrong, S. (1989). Monhuman Experience: A Whiteheadian Analysis. *Process Studies*.

Arredondo, P. and Toporek, R. and Brown, S. P. and Jones, J. and Locke, D. C. and Sanchez, J. and Stadler, H. (1996). Operationalization of multiculturalism counseling competencies. *Journal of Multicultural counseling and Development*, Vol. 24.

Berry, J. W. (1991). Understanding and managing multiculturalism: Some possible implications of research in Canada. *Psychology and developing Societies*, Vol. 3.

Biglan, A. and Hayes, S. C. (1996). Should the behavioral sciences become more pragmatic? The case for functional contextualism in research on human behavior. *Applied & Preventative Psychology*, Vol. 5.

Biglan, A. (1995). *Changing cultural practices a contextualist framework for intervention research*. Reno, NV: Context Press.

Brizee, R. (1987). *Where in the World is God? God's Presence in Every Moment of Our Lives*. Nashville: Upper Room.

Bruner, J. (1991). The narrative construction of reality. *Critical Inquiry*, Vol. 18.

Buchanan, J. (1994). *Universal Feeling*. University Microfilms International Press.

Capaldi, E. J. and Proctor, R. W. (1999). *Contextualism in psychological research? A critical review*. Thousand Oaks, CA: SAGE publications.

Chan and Mark, L. Y. (2007). Following Jesus as the Truth: Postmodernity and Challenges of Relativism. *Evangelical Review of Theology*, Vol. 31, No. 4.

Charles, H. (1934). *The Philosophy and Psychology of Sensation*. Chicago: University of Chicago Press.

Cobb, J. (2003). *General Considerations and Pioneer Works on Process-Psychology*. Searching for New Contrasts, Peter Lang.

Cole. (1995). *Making Science-Between Nature and Society*. the University of Harvard Press.

Crawford, M. (1997). Agreeing to differ: Feminist epistemologies and women's ways of knowing. In: Gergen, M. & Davis, S. (ed.). *Toward a new psychology of gender*. Rortledge.

David, J. N. and Cromby, J. (1999). *Social Constructionist Psychol-*

ogy. Buckingham: Open University Press.

Dawn, V. E. (2001). Merging or Diverging? *Future directions in cross-cultural psychology*, Vol. 7, No. 4.

Doody, R. (2001). Working intersubjectively: Contextualism in psychoanalytic practice. *Bulletin of the Menninger Clinic*. Vol. 1.

Dreier, O. (1991). Client Interests and Possibilities in psychotherapy. In: Tolman C. W. (eds). *Critical psychology: contributions to an historical science of the subject*. Cambridge University Press.

Elbers, E. (1987). Critical Psychology and the development of motivation as historical process. In: *Critical theories in Psychological development*. New York: Plenum Press.

Ewman, L. and Holzman, L. (1997). *The end of knowing: A new developmental way of learning*. New York: Routledge.

Fine, M. (1992). *Disruptive voice: The possibilities of feminist research*. Ann Arbor: University of Michigan Press.

Fiona, J. (2001). Hibberd. Gergen's Social Constructionism. Logical Positivism and the Continuity of Error. *Theory & Psychology*, Vol. 11, No. 3.

Fiske, S. T. and Taylor, S. E. (1991): *Social cognition*. New York: McGraw-Hill.

Fowers, B. J. and Richardson, F. C. (1996). Why is multiculturalism good? *American Psychologist*, Vol. 51, No. 6.

Friedan, B. (1968). *The feminine mystique*. New York: Norton.

Furumoto, L. (1998). Gender and the history of Psychology. In: B. M. Clinchy & J. K. Norem(eds), *The gender and the psychological reader*. New York: New York University Press.

Galin, D. (1992). Theoretical Reflections On Awareness, Monitoring and self in Relation to Anosognosia. *Consciousness and Cognition*, Vol. 1, No. 2.

Gergen, K. J. (1985). The social Constructionist Movement in Modern Psychology. *American Psychologist*, Vol. 40.

Gergen, K. J. (1991). *The Saturated Self: Dilemmas of Identity in Contemporary Life*. New York: Harper Collins.

Gergen, K. J. and Kaye, J. (1993). Beyond narrative in the negotiation of therapeutic meaning. In: S. M. McNamee and K. J. Gergen(Eds.). *Therapy as social construction*. London: Sage.

Gergen, K. J. (1994). *Relations and Relationships: Soundings in Social Construction*. Cambridge, MA: Harvard University Press.

Gergen, K. J. and Gulerce, A. and Lock, A. and Misra, G. (1996). Psychological science in cultural contexts. *American Psychologist*, Vol. 51, No. 5.

Gergen, K. J. (1999). *An invitation to Social Construction*. London: Sage.

Gergen, M. and Gergen. K. J. (2003). *Social Construction*. London: Sage.

Gergen, K. J. (2001). Psychological science in a postmodern context. *American Psychologist*. Vol. 10.

Gergen, M. M. (2001). *Feminist reconstructions in Psychology: Narrative, gender, and performance*. Sage Publication Inc.

Gholson, B. and Barker, P. (1985). Kuhn, Lakatos, and Laudan: Applications in the history of physics and psychology. *American Psychologist*, Vol. 40.

Gillespie, D. (1992). *The mind's we: contextualism in cognitive psychology*. Carbondale: Southern Illinois University Press.

Goldberg, D. (1997). Multicultural Condition in Multiculturalism. *A Critical Reader*.

Govrin, A. (2006). The dilemma of contemporary psychoanalysis: toward a "knowing" post-postmodernism. *Journal Of The American Psychoanalytic Association*, Vol. 54, No. 2.

Griffin, D. (1988). *The Reenchantment of Science: Postmodern Proposals*. Albany, NY: State University of New York Press.

Griffin, D. R. (1997). Panexperiential Physicalism and the Mind-Body Problem. *Journal of Consciousness Studies*, Vol. 4.

Groze, E. (1990). *Lacan: A feminist introduction*. NewYork: Routledge.

Guidano, V. (1991). *The self in process: Toward a post-rationalist psychotherapy*. New York: Guilford Press.

Harding, S. (1987). Conclusion: Epistemological questions. In: Harding, S. (ed.). *Feminism and methodology*. Bloomington: University of Indiana Press.

Hare-Mustin, R. T. and Marecek, J. (1988). The meaning of difference. *American Psychologist*. Vol. 43, No. 6.

Hayes, S. C. and Hayes, L. J. and Reese, H. W. and Sarbin, T. R. (1993). *Varieties of scientific contextualism*. Reno, NV: Context Press.

Holdstock, T. (2002). Len: Postmodern Psychology and Africa. *American Psychologist*, Vol. 57.

Holzkamp, K. (1991). Societal and individual life processes. In: C. W. Tolman and Maiers, W. (Eds.). *Critical Psychology. Contribution to an Historical Science of the Subject*. Cambridge, MA: Cambridge University Press.

Holzkamp, K. (1992). On Doing Psychology Critically. *Theory & Psychology*, Vol. 2.

Holzkamp, K. (1993). *Lernen. Subjektwissenschaftliche Grundlegung* [*Learning: Subject-scientific foundation*]. Frankfurt am Main: Campus.

Holzman, L. (1999). *Performing psychology: A postmodern culture of the mind*. New York: Routledge.

Holzman, L. and Mendez, R. (2003). *Psychological investigations: A clinician's guide to social therapy*. New York: Brunner-Routledge.

Howard, G. S. (1991). Cultural tales: A narrative approach to thinking, cross-cultural psychology, and psychotherapy. *American Psychologist*, Vol. 46, No. 3.

Hruby, G. G. (2001). Sociological, postmodern, and new realism perspective in social constructionism: Implications for literacy research. *Reading Research Quarterly*, Vol. 36, No. 1.

Huber, J. M. (2002). Hermans, The person as a motivated storyteller: Valuation theory and the self-confrontation method, *http://www.socsci.kun.nl/hermans/Polyphony.html*.

Iijima Hall, C. C. (1997). Cultural malpractice: The growing obsolescence of psychology with the Changing U. S. Population. *American Psychologist*, Vol. 54, No. 3.

Jacobson and Neil, S. (1997). Can contextualism help? *Behavior Ther apy*. Vol. 3.

Kahn, A. S. and Yoder, J. D. (1989). The psychology of women and conservatism: Rediscovering social change. In: *Psychology of Women Quarterly*.

Kardiner, A. (1939). *The Individual and His Society*. New York: Columbia University Press.

Kaufman, G. (1991). The mysterious disappearance of battered women from family therapists' office. *Journal of Marital and Family Therapy*, Vol. 18.

Kinsbourne, M. (1996). What qualifies a representation for a role in consciousness? *Scientific Approaches to Consciousness*. Erlbaum.

Kraus, E. (1975). *A Whiteheadian Critique of B. F. Skinner*. New York: Fordham University Press.

LaCerva, C. and Holzman, L. and Braun, B. and Pearl, D. and Steinberg, K. (2002). The performance of social therapy after September 11. *Journal of Systemic Therapies*, Vol. 21, No. 3.

Landrine, H. (1992). Clinical implications of cultural difference. The Referential versus indexical self. *Clinical Psychology Review*, Vol. 12.

Leffert, M. (2007). Postmodernism and its impact on psychoanalysis. *Bulletin Of The Menninger Clinic*, *Winter*, Vol. 71, No. 1

Leong, F. (1999). Climbing the multiculturalism summit: Challenges and pitfalls. In: Pedersen P. (Ed.). *Multiculturalism as a fourth force*. Taylor & Francis.

Leslie, Swartz. (1999). Multiculturalism and Mental Health in a Changing South Africa. In: Pedersen, P. (Ed.). *Multiculturalism as a fourth force*. Talor Francis.

Lieblich, A. and Tuva, R. and Zilber, T. (1998). *Narrative Research: Reading, Analysis and Interpretation*. Sage Publications.

Maiers, W. (1987). The Historical Approach of Critical Psychology: Another Case of "Paradigm Promotion". *Current issues in theoretical psychology*.

Manuel, R. (1998): *Multicultural and multiracial psychology—The mestizo worldview and mental health*. Jason Aronson Inc.

Maoz, A. (2000). McIsrael? On the "Americanization of Israel". *Isra-*

el Studies, Vol. 5, No. 1. Masella, A. J. (1998). Toward a "Global—community psychology". *American psychologist*, Vol. 53, No. 12.

Martin, R. (1998). Truth, power, self: interview with Michel-Foucault, october, 25, 1982. In: Martin L. H. etc (ed.). *Teehnologies of the self: A seminar with Michel Foucault*. Amberst: University of Massaehusetts Press.

Marx, K. (1974). Theses on Feuerbach. In: K. Marx and F. Engels. *The German Ideology*. New York. International Publishers.

McHale and Brian(2007). What Was Postmodernism? or, The Last of the Angels. *Thamyris/Intersecting: Place, Sex & Race*, Vol. 15, No. 1.

McHugh, M. C. et al. (1986). Issues to consider in conducting nonsexist psychological research: A guide for researchers. *American Psychologist*, Vol. 41, No. 18.

Meacham, J. A. (1997). *Autobiography, voice, and developmental theory, Change and development: Issues of theory application and method*. Hillsdale, NJ: Erlbaum.

Michele, L. (2000). *Crossley, Introducing narrative psychology: self, trauma, and the construction of meaning*. Open University Press.

Miller-Jones, D. (1989). Culture and Testing. *American Psychologist*. Vol. 44.

Moghaddam, F. (1991). Training for Developing Word Psychologists: Can it be better than Psychology. In: S. Cam&J. Schumaker(Eds). *Psychology and the Developing World*. Westport, CT: Prager.

Moore, Mand Mary, E. (1991). *Teaching from the Heart: Theology and Educational Method*. Minneapolis: Fortress.

Moore, M. E. (2000). Critiquing Codependence Theory and Reimaging Psychotherapy: a Process Relational Exploration. *Process Studies*, Vol. 29, No. 4.

Morrow, S. L. (2000). Feminist reconstructions of psychology. In: Biaggio, M. & Hersen, M. (eds.). *Issues in the psychology of women*. Pacific University, Forest Grove.

Muran, J. C. (2002). A relational approach to understanding change: Plurality and contextualism in a psychotherapy research program. *Psychotherapy Research*, Vol. 2.

Mustin, R. T. (1987). The gender Dichotomy and Developmental Theory: A Response to Sayers. *New Ideas in Psychology*.

Newman, F. and Holzman, L. (1993). *Lev Vygotsky: Revolutionary scientist*. London: Routledge. Maxs, K. (1973). Thesis on FeuerBach. In: K. Marx and F. Engels. *The German Ideology*. New York: International Publishers.

Newman, F. and Gergen, K. (1995). "*Diagnosis: The Human Cost of the Rage to Order*". 103nd Annual Convention of the American Psychological Association. New York. August.

Newman, F. and Holzman, L. (1993). *Lev Vygotsky: Revolutionary scientist*. London: Routledge.

Newman, F. and Holzman, L. (1996). *Unscientific psychology: A cultural-performatory approach to understanding human life*. Westport, CT: Praeger.

Newman, F. (1996). *Performance of a lifetime: A practical-philosophical guide to the joyous life*. New York: Castillo International.

Newman, F. (1999). A therapeutic deconstruction of the illusion of self. In: L. Holzman(Ed.). *Performing Psychology: A Postmodern Culture of the Mind*. New York: Routledge.

Newman, F. (2000). Training dialogue on social therapy.

Nisbet, R. (2003). *The Geography of Thought: How Asians and Westerners Think Differently...and Why*. Free Press.

Pedersen, P. (2001). Multiculturalism and the paradigm shift in counseling: Controversies and alternative. *Canadian Journal of counseling*, Vol. 35, No. 1.

Pederson, P. (1999). *Multiculturalism as a fourth force*. Taylor and Francis.

Pei Yong(2005). Why China? The Significance of China to the Postmodern Movement. *Center for Process Studies*.

Peplau, L. A. and Conrad, E. (1989). Beyond nonsexist research: The perilsof feminist methods in psychology, *Psychology of Women Quarterly*.

Phillips, D. A. (2006). Masculinity, male development, gender, and identity: modern and postmodern meanings. Issues In Mental Health Nursing, Vol. 27, No. 4.

Ranazanoglu, C. (1993). *Up against Foucault: Exploration of some tensions between Foucault and feminism*. Routledge.

Ratele, K. (2006). Postmodern psychologies, societal practice, and political life. *South African Journal of Psychology*, Vol. 36.

Regan, T. (1990). The Matrix of Personality: A Whitehead Corroboration of Harry Stack Sullivan's Interpersonal Theory of Psychiatry. *Process Studies*, Vol. 19, No. 3.

Rice, C. E. (1997). Scenarios: The Scientist-Practitioner Split and the Future of Psychology. *American Psychologist*, Vol. 52, No. 11.

Rigazio-Digilio, S. (1994). A co-constructive cognitive-developmental approach to ecosystemic treatment. *Journal of Mental Health Counseling*, Vol. 16.

Rorty, R. (1979). Philosophy and the mirror of nature. Princeton. NJ: Princeton University Press.

Rosnow, R. L. and Georgoudi, M. (1986). *Contextualism and understanding in behavior science: Implications for research and theory*. New York: Praeger.

Roy and David. (1985). The Value of the Dialogue Between Process Thought and Psychotherapy. Process Studies, Vol. 14.

Roy and David. (2000). *Toward a Process Psychology*. Fresno: Adobe Creations.

Sarbin, T. R. (1998). Steps to the Narrative Principle: An Autobiographical Essay. In: D. J. Lee (Eds.). *Life and Story: Autobiographies for Narrative Psychology*. Praeger Publishers.

Schneider, D. (1991). Social cognition. *Annual review of psychology*, Vol. 42.

Schneider, K. J. (1998). Toward a Science of the Heart. *American Psychologist*, Vol. 53, No. 3.

Schulz, R. M. (2007). Lyotard, Postmodernism and Science Education: A Rejoinder To Zembylas. *Educational Philosophy & Theory*, Vol. 39, No. 6.

Schweiger, A. (1999). The Process Approach in Perception. *Salzburger Theologische Zeitschrift* Vol. 3, No. 2.

Sherif, C. W. (1979). Bias in Psychology. In: Bohan, J. S. (ed). *Seldom Seen, Rarely Heard: Women's Place in Psychology*. Bourlder, CO: Westview.

Sigelman, C. K. (1999). *Life-span human development. Third Edition*. Brooks/Cole Publishing Company.

Slife, B. D. and Williams, R. N. (1997). Toward a theortical Psychology: Should a Subdiscipline Be Formally Recognized? *American Psychologist*, Vol. 52, No. 2.

Sperry, R. (1975). Mental Phenomena's Causl Determinants in Brain Function. *Process Studies*, Vol. 7, No. 3.

Sterling, A. (1991). Race, Gender and Science. *Transformations*, Vol. 2.

Stolorow, R. D. and Atwood, G. E. and Orange, D. M. (1999). Kohut and contextualism: Toward a post-Cartesian psychoanalytic theory. *Psychoanalytic Psychology*, Vol. 16.

Sue, D. W. (1991). A diversity perspective on contextualism. *Journal of Counseling and Development*, Vol. 2.

Sue, S. (1999). Science, ethnicity, and bias: Where have we gone wrong? *American Psychologist*, Vol. 54, No. 12.

Sween, E. (2006). The One Minute Question: What is narrative therapy? —Some working answers. *http://narrativespace.com/sween.html*.

Szapocznik, S. and Kurtines, W. M. (1993). Family psychology and cultural diversity. *American Psychologist*, Vol. 4.

Tarnas, R. (1991). *The Passion of the Western Mind*. New York: Ballantine.

Thomas and Carrol, S. (1996). A sociological perspective on contextulism. *Journal of Counseling & Development*. Vol. 6.

Thomas, T. (1998). Klaus Holzkamp and the Rise and Decline of German Critical Psychology. *History and Psychology*, Vol. 3.

Thorne, B. (1993). *Gender play: Girls and boys in school*. New Brunswick, NJ: Rutgers University press.

Tolman, C. W. (1989). what's critical about critical psychology. *Canadian psychology*, Vol. 30

Tolman, C. W. (1991). *Critical psychology: contributions to an his-*

torical science of the subject. New York: Cambridge University Press.

Tolman, C. W. (1994). Psychology, Society and Subjectivity: an introduction to German Critical Psychology. London and New York.

Triandis, H. C. and Brislin. (1984). Cross-cultural psychology. *American Psychologist*, Vol. 39.

Trickett, E. J. (1996). A future community psychology: The contexts of diversity and the diversity of contexts. *American Journal of Community Psychology*. Vol. 24.

Vindhya, U. (1998). Feminist challenge to psychology: Issues and implications. *Psychology and Developing Societies*, Vol. 10.

Vygotsky, L. S. (1978). *Mind in society*. Cambridge, MA: Harvard University Press.

Weber, M. (2000). Whitehead's Axiomatization of the Contiguism of Pure Feeling. *Streams of William James*, Vol. 2.

Weisstein, N. (1971). Psychology constructs the female or the fantasy life of the male psychologist. *Social Education*.

Wheeler, D. L. (1998). Global Culture or Culture Clash: New Information Technologies in the Islamic World-A View From Kuwait. *Communication Research*, Vol. 25, No. 4.

White, M. and Epston, D. Narrative means to a therapeutic end, New York: Norton, 1991.

White, M. (1991). Deconstruction and therapy. *Dulwich Centre Newsletter*, Vol. 3.

Wilde, A. (1981). *Horizon of Assent: Modernism, Postmodernism, and the Ironic Imagination*. Baltimore: Johns Hopkins University Press.

Wittgenstein, L. (1953). *Philosophical investigations*. Oxford: Basil Blackwell.

Wittgenstein, L. (1965). *The Blue and Brown Books*. New York: Harper Torchbooks.

Wixkinson(2001). Theories perspectives on women and gender. In: R. K. Unger(eds). *Handbook of the Psychology of women and gender*. New York: Wiley.

Wolf, G. (1981). Psychological Physiology from the Standpoint of a Physiological Psychologist, *Process Studies*, Vol. 11, No. 4.

Woolley, H. I. (1910). Psychological literature: A review of recent literature on the psychology of sex. *Psychological Buttetin*, Vol. 7.

Worell, J. (1996). Opening doors to feminism research. *Psychology of women Quarterly*.

Zettle, R. D. and Rains, J. C. (1989). Group cognitive and contextual therapies in treatment of depression. *Journal of Clinical Psychology*, Vol. 45.

后 记

如果说以前每撰写或主编完一部书稿，品茗抽烟撰写后记会有些许自鸣得意或释然释怀之感的话，那么这次校对完清样并打出后记两字，过去已有月余却迟迟不想动手，完全没有了早先奋笔疾书、一气呵成的冲动，却有一种欲辩忘言、欲言又止的滞涩；不仅没有如释重负的惬意，反而多了一些杂乱无章的念想。

如果说当年撰写博士学位论文《后现代心理学思想研究》，并由人民出版社出版的前前后后三年的时间里，笃志求学、心无旁骛、思维贯通、挑灯夜战是何等的快意和充实的话，那么现在杂务缠身、心事繁多、思绪散乱、精力不济又是怎样的无奈与虚空呢！已到不惑之年却依然迷惑困惑，理应神闲气定、有所开悟，但还是心浮意乱、执迷不悟，难道真的是后现代生存方式惹的祸？

如果说在中国心理学圈子里从事理论心理学或心理学史的教学和科研工作多少有点旁门左道、低人一等的话，那么痴迷于后现代心理学研究便是歪门邪道、不可救药了。这就如同另类中的异类、弱势群体中的残疾，离正统、主流、强势、中心、精英之彪悍语境相去实在太远了。源于此，最近几年开始与弟子们做一些实证研究，甚而至于敢碰 ERP、眼动之类，与原先纯学理思辨大异其趣了。不过仔细检点又会发现，我们所研究的人群或课题仍然属于心理学的异族、支脉、弱势、边缘、大众之系列：就人群而言，我们关注下岗职工、空巢老人、农村留守儿童、城市务工子女、残障者、军人干警、科技工作者、播音主持、医护人员、网瘾青少年等；就研究课题来说，我们涉及到职业倦怠、工作压力、心理调适、社区心理援助体系、集体效能、心理养生、灾后心理应激、儿童青少年羞怯、员工心理帮扶计划、过程心理学等。从建设性的后现代心理学的视角审视，越是不引人注目的边缘人或弱势者，越应该被学者关注，他们理应得到更多的关照和帮助；越是不被看重的领域或课题，越是值得考量与深究，因为那或许是一块璞玉或宝地。这倒是很符合后现代的精神和要旨的，所以还真的深深地感谢后现代心理学的引领和滋养。

如果说现代意义上的学术专著大都是学者殚思竭虑、呕心沥血之独白式宏大叙事的话，那么这部书稿则是颇具后现代意味之团队协作、共生通融的建构式话语集成。此书稿作为外国心理学流派大系中的一部，领取写作任务是在2002年的夏天，至今已经六年多了。期间断断续续地构思大纲、零零星星地收集资料、慢慢悠悠地翻译文献、清清爽爽地分割任务。本书的雏形是本人的博士后出站报告，主体框架、核心理念留存下来，细节与篇幅则大大扩展了。书稿的大部分章节取材于我指导的三届硕士研究生的学位论文，带有鲜明的命题作文的性质：一者最近十年，后现代心理学在西方出现了很多值得梳理、阐析、探究的新动向和新趋势，本人势单力薄不可能“一手遮天”；二者所带研究生数量激增，一时难以找到合适的题目来做，将写作任务分配下去，弟子请命用心，导师号脉把关，可谓两全其美。本书各章节作者构成如下：导言、第一章、第二章（高峰强）；第三章第一节（孙源泉、高峰强）、第二节（高媛媛）、第三节（高峰强、李莉）；第四章第一节（艾娟、曹娜）、第二节（刘玉）；第五章第一节（马晓晴）、第二节（尚晓丽）；第六章第一节（陈明高）、第二节（范一鸣、高峰强）、第三节（范一鸣、高峰强）；第七章（高峰强、焦亭）。孙源泉、范一鸣协助对参考文献进行了整理。

如果说心理科学对后现代文化思潮或后现代哲学理念的反应相对滞后或迟缓的话，那么中国心理学工作者对发生在西方的心理学后现代转向之苗头或动态的洞察、把握，则是相当迅捷、深刻的；如果说本人在撰写博士学位论文的时候，关于后现代心理学的相关文献还较为匮乏的话，那么现在的局面则大为改观了：国外以后现代心理学及其分支为题的论著不断面世，国内也有诸多学者在此领域多有高见与建树。如果说起初涉足后现代心理学的时候还有点形单影只，同道中人尚各自为战的话，那么现在倒有一些“兵强马壮”了：中国心理学会理论心理学与心理学史专业委员会2003年学术年会的主题便是“后现代心理学及其进展”，与会同仁畅所欲言，各抒己见，好不热闹！后来又有不少学界青年才俊加入行列，著书立说，讲坛开播，一时间这一话题快成显学了。尤其值得提及的是叶浩生先生与其弟子杨莉萍、郭爱妹等人的工作，他们撰写的学术专著和发表的系列高质量论文为本书的第三章提供了大量值得特别鸣谢的素材和视域。乐国安先生、汪新建先生及其弟子关于后现代心理治疗的论述，施铁如先生关于叙事心理学的研究，马一波和钟华撰写的《叙事心理学》等都为本书相关章节的撰写助益匪浅，在此谨表谢忱。对国内外其他学者的研究成果和理论观点我们都力所能及地予以呈现，并在书中加以标注，在此一并致谢。

如果说早先的理论心理学研究主要依赖查阅国内外文献资料，追踪学术前沿动态，依照辩证唯物论的尺度进行论评，从思辨的层面做些归类与剖析就能完工；或者说皓首穷经、博览群书、闭门把玩、苦思冥想、单兵作战即可大功告成的话，那么处于后现代学术境遇中，观点碰撞、视域融合、价值多维、方法多元、沟通协商、合作交流、对话互动、及时高效、面向社会、关注民众、贴近现实、加强应用便是须臾不可或缺的。因之，由衷感谢我的博士生导师车文博先生对本书写作的时时督促和对内容构架的百般挑剔；真诚感谢我的博士后合作教授杨治良先生对我博士后出站报告的匠心斧正和悉心指教；十分感谢李其维先生、方俊明先生、陆有铨先生、梁宁建先生对博士后出站报告的认真评阅及提出的诸多前瞻性的批评意见；特此感谢众多专家学者对本人数位研究生的学位论文的中肯评价、严格审阅与善意质疑；非常感谢丛书主编郭本禹先生和山东教育出版社李广军编辑对本书的修改所提出的宝贵意见。

如果说研究或审视后现代文化思潮及其组成部分——后现代心理学需要多学科门类之间交融互惠、攘援共建的话，那么不同知识背景、专业素养的学者开诚布公地论辩启迪、开智补遗便显得尤为重要了。2003 年 9 月远在千里之外的著名后现代哲学研究专家，美国过程研究中心中国部主任、中美后现代发展研究院副院长王治河先生索要拙作《现代心理范式的困境与出路——后现代心理学思想研究》，自此便开始了越来越广泛深入的合作。由尊敬的王兄和中国部项目主任樊美筠博士鼎立撮合、美国过程研究中心监督指导、美国过程心理学家博坎(John Buchanan, Ph. D)博士和他的母亲(Marjorie Kiewit, Ph. D)博士慷慨解囊，2005 年在山东师范大学成立了“国际过程心理学、教育学研究中心”，这是国内第一个专门研究过程心理学和后现代心理学的研究机构，以此为契机，我们开展了一系列学术研究和交流活动。前后近万美元的资助、200 余本外文书刊对我们而言真的是雪中送炭；还是由王兄热情引荐，得以与仰慕已久、享誉世界的过程哲学家和后现代思想家柯布先生、格里芬先生见面并得到他们的指点；在参加国际怀特海学术大会期间，热心的王兄牵线搭桥，先后结识了奥地利、比利时、美国、澳大利亚、印度等国的志同道合者并开始合作课题研究；借参加过程哲学、建设性后现代主义研讨会或暑期班之际，认识了众多国内本行当的盟友，开卷有益、胜读群书、不亦乐乎？在此鞠躬向王兄和樊美筠博士深表谢意。借用世界著名过程哲学家怀特海的视界：探索后现代文化思潮尤其是建设性后现代主义或生态后现代主义，本身便是一种创造、一种历险，一种共生过程、更是一种享受与升华。

如果说和睦完整的家庭对一个人的不断进取或曰成功起着至关重要作

用的话，那么对于齐鲁之邦的学者而言或许体会更为深切。在那本2001年出版的博士论文的后记中，我特别提到要感谢自己的父亲和妻子。时过八年、弹指之间、物是人非、感慨良多：妻子张祖霞女士依然任劳任怨地耕耘在三尺讲坛、操持家务、抚教爱子；父亲却已驾鹤西归，作古四年有余。自知继承了家父的一点衣钵，还是有点喜欢舞文弄墨的，但几年来一直未能写出篇巴文什以怀念敬佩有嘉的老人家，内心的愧怍与不安可想而知；自知一切的努力、拼搏与追求，都是为了更好地报答老人的养育之恩，但一盒骨灰中、一掊黄土下原先家中的主心骨焉能知晓；自知家父对子女的每一次进步、所取得成果和荣誉看得比什么都要重，现在兄弟姊妹勤勤恳恳地工作、实实在在地做人，老人家九泉之下或许会有所慰藉吧；自知作为家中的老幺，一直也长不大，时常让老人操心、令家人生气。对犬子明鉴的教育，更是缺乏足够的耐心和付出，但我知道在他的心中爷爷的形象是十分高大的。他就要读高中了，按照常理也该多关心关心、帮扶帮扶他这个老人家手中的宝了。我深知父亲的为人之理、处世之道会传承下去：有出息、肯上进、多爱心、懂事理、明是非；自知对家父无以为报，今年的清明节一定会到您的坟前向您絮叨絮叨：儿子两次主动请缨去北川灾区以尽一名心理学工作者的职责，并获得了“山东省抗震救灾十大杰出志愿者”、“山东省科普奖”和“山东省十大责任公民”等荣誉或称号（母亲抱着这些奖杯爱不释手），我知道您喜欢听这些。会把近几年出版和发表过的您没来得及读到的东西，自然包括这本书捎去让您瞅瞅，我知道您喜欢看这个。走笔至此、不胜唏嘘，只好将那篇后记的最后一句话再抄录一遍以表心志：但我想，自己是不会令他们失望的，因为在他们心里，我一直是最好的。

高峰强

谨识于2009年元宵佳节